"十三五"国家重点出版物出版规划项目

INTELLIGENT WARS

智能化战争
——AI军事畅想

吴明曦 著

国防工业出版社

·北京·

图书在版编目（CIP）数据

智能化战争：AI军事畅想／吴明曦著. —北京：
国防工业出版社，2024.12 重印
ISBN 978-7-118-12032-5

Ⅰ. ①智… Ⅱ. ①吴… Ⅲ. ①未来战争 Ⅳ. ①E81

中国版本图书馆 CIP 数据核字（2019）第 251209 号

※

国防工业出版社 出版发行
（北京市海淀区紫竹院南路 23 号　邮政编码 100048）
雅迪云印（天津）科技有限公司印刷
新华书店经售

*

开本 710×1000　1/16　印张 49½　字数 608 千字
2024 年 12 月第 1 版第 16 次印刷　印数 67001—72000 册　定价 138.00 元

（本书如有印装错误，我社负责调换）

国防书店：(010)88540777　　书店传真：(010)88540776
发行业务：(010)88540717　　发行传真：(010)88540762

About the Author | 作者简介

吴明曦,1983 年本科毕业于成都电讯工程学院激光技术专业,1998 年硕士研究生毕业于国防科技大学系统工程专业。原总装备部综合计划部装备工作研究室副主任,中国兵器工业集团科技委秘书长,中国兵器首席科学家,中国兵器科学研究院科技委副主任,研究员。长期从事国防科技和武器装备发展战略与规划、政策与理论、管理与改革研究,特别关注和跟踪前沿科技发展与军事变革进程,先后组织或参与完成各类研究报告、体系策划和项目论证材料 400 多份,其中,与信息化智能化相关的有 200 余份。军委装备发展部、军委科技委、国家国防科工局、有关军兵种、中国兵工学会等部门设置的十余个专业技术委员会与专家组成员,《中国国防科学技术百科全书》编审委员会委员,《地面武器装备技术》副主编,中国军事百科全书第二版《军事装备总论》《军事装备发展》副主编和相关五个学科编委。曾在野战部队与基层技术室工作 7 年,在原国防科工委和总装备部机关工作 20 年,在军工科研岗位工作 14 年。

Preface 前言

军事智能化的本质,是利用智能科技为战争体系建立多样化决策模型与优化算法。这些模型与算法就是人工智能(Artificial Intelligence,AI)。AI虽然是战争体系的一个局部,但由于其"类脑"功能和"超越人类极限"的能力越来越强,必将主宰未来战争全局,推动现代战争由信息化战争向智能化战争迈进。智能化战争的表现形式复杂多样,主要包括以AI为核心的认知对抗、以"智能+"和"+智能"为特征的融合作战。就像人类的身体一样,光有大脑是不完整的,还必须有五官、神经、心脏、四肢等紧密联系的部分,但大脑是核心。

人类文明发展的历史,是政治、经济、科技、军事、社会发展等诸多因素交织作用的结果。其中,科技具有长远、内生、颠覆性和革命性影响。随着人工智能、大数据、云计算、生物交叉、无人系统、平行训练等智能科技的迅速发展及其与传统技术的深度融合,从认识论、方法论和运行机理上改变了人类认识和改造世界的能力,智能化将是继机械化、信息化之后文明发展的一个新阶段。智能科学技术的快速发展,将加快推动机器智能、仿生智能、群体智能、人机融合智能和智能感知、智能决策、智能行动、智能保障以及智能设计、研发、试验、制造等群体性重大技术变革,其影响十分广泛,几乎渗透到所有领域,带动以知识、共享、泛在为特征的智能产业的形成,创造新的经济和社会形态,加速战争形态、作战方式、作战能力、作战编成、体制编制和作战理论等发生变革。

未来，随着新技术新装备新手段不断出现和应用，战争的科技含量与复杂性明显上升，影响因素日益增多，时域、空域、海域、地域、频域、能量域、信息域、生物域、社会域、认知域等作战维度迅速拓展，相互交织、相互影响，探测、感知、通信、指控、观察、分析、判断、决策、对抗、行动、保障和计算等，其战术技术指标和效率要求呈现几何数量级增长，复杂程度空前膨胀，战争更加迷雾重重。智能科技的快速发展及在军事领域的广泛应用，对于解决高复杂环境、高对抗博弈、高动态响应、信息不完全、边界不确定"三高两不"条件下，态势感知、目标识别、任务规划、快速打击、精确保障、网电攻防、认知对抗等海量信息甄别、多策略应对、多任务分配、多手段选择、多方式保障"一海四多"这类超越"人类极限"的问题，破除"战争迷雾"，带来了一套全新的解决方案，必将使军事对抗的形态加速向智能化战争演进。基于AI的智能化生态系统，以"能量机动和信息互联"为基础、以"网络通信和分布式云"为支撑、以"数据计算和模型算法"为核心、以"认知对抗"为中心，多域融合、跨域攻防，无人为主、集群对抗，虚拟与物理空间一体化交互的智能化作战，必将在未来战争中上演。无论是"智能+"，还是"+智能"，都将构成新时代军事领域波澜壮阔、不可阻挡的历史潮流，谁掌握智力优势，谁就将掌握未来战争的主动权。

以人工智能为核心的智能科技的发展对未来军事领域和战争形态产生的影响，书中结论性的思想和观点主要有：

（1）以"AI、云、网、群、端"为代表的全新作战要素将重构战场生态系统，战争的制胜机理完全改变。其中，基于模型和算法的AI系统是核心作战能力，贯穿到各个方面、各个环节，起到了倍增、超越和能动的作用，平台有AI控制，集群有AI引导，体系有AI决策，传统以人为主的战法运用被AI的模型和算法所替代，算法战将在战争中起到决定性的作用,作战体系和进程最终以 AI 为主导,制智权成为未来战争的核心制权。

(2) 虚拟空间在作战体系中的地位作用逐步上升,并逐渐与物理空间作战实现深度融合和一体化。作战空间逐步从实体空间拓展到虚拟空间。虚拟空间一方面通过网络信息系统,把分散的作战力量、作战要素连接为一个整体,形成网络化体系化作战能力;另一方面,是网电、情报、舆情、心理、意识等认知对抗的主战场;同时还是建立虚拟战场、开展作战实验、实现虚实互动、形成平行作战和以虚制实能力的核心与关键。

(3) 无人化作战将成为基本形态,人工智能与相关技术的融合发展将逐步把这种形态推向高级阶段。有人为主、无人为辅是初级阶段,有人为辅、无人为主是中级阶段,规则有人、行动无人是高级阶段。高级阶段的特点是"有人设计、AI 控制",人类事先进行总体设计,明确各种作战环境条件下的自主行为与游戏规则,在行动阶段完全交由 AI 控制的无人平台和机器人部队能动执行。同时,基于 AI 的无人化技术,还将拓展到网络攻防、电子对抗、多源感知、关联印证、人物跟踪和基础设施管控等领域。

(4) 智能化时代的多域与跨域作战,将从任务规划、物理联合、松散协同为主,向异构融合、数据交链、战术互控、跨域攻防一体化拓展。面对多域复杂环境及作战样式,跨域多源感知、异构信息融合、作战数据交链、跨域联合打击、跨域协同防御、多域一体化保障、作战力量相互调配与指挥控制、多域行动规划与全程关联、武器装备互操作等,将通过人工智能与多学科交叉融合分类分层分段解决,在 AI 脑体系和人机混合智能支持下,形成一域作战、多域联合支援的效果。

(5) 无中心、弱中心、有中心以及相互之间的混合兼容成为发展趋势,将彻底改变以人为主的指挥控制和决策模式。分布式、网络化、扁平化、平行化是智能化作战体系的重要特征,有中心、以人为主单一的决策模式,逐步被基于 AI 的无人化、自主集群、有人无人协同等无中心、弱中心所改变,相互之间的混合兼容成为发展趋势。作战层级越低、任务越简单,无人化、无中心的作用越突出;层级越高、任务越复杂,人的决策、有中心的作用越重要。

(6) 智能化作战不再是能量的逐步释放和作战效果的线性叠加,而是非线性、涌现性、自生长、自聚焦等多种效应的急剧放大和结果的快速收敛。军事智能化发展到一定阶段后,在高级 AI、量子计算、IPv6、高超声速等技术共同作用下,作战体系将具备非线性、非对称、自生长、快速对抗、难以控制的放大效应和行动效果,特别在无人、集群、网络舆情、认知对抗等方面尤为明显,群愚生智、以量增效、非线性放大、涌现效应越来越突出,认知、信息、能量对抗相互交织,在 AI 主导下围绕着目标迅速聚焦,时间越来越被压缩,对抗速度越来越快,呈现多种效应的急剧放大和结果的快速收敛。

(7) 智能化时代人与武器的关系发生根本性改变,在物理上越来越远、在思维上越来越近。人的思想和智慧通过 AI 与武器装备深度交链,在装备发展阶段充分前置,在使用训练阶段优化迭代,在作战验证之后进一步升级完善。无人系统将把人的创造性、思想性和机器的精准性、快速性、可靠性、耐疲劳性完美结合起来,从辅助人作战转向代替人作战,人更加退居到后台。智能化时代,武器装备逐步成为后台云端支撑、前台功能多样的赛博实物系统和基于 AI 的人机交互系统。装备发展模式将发生深刻变化,机械化装备越用越旧、信息化软件越来越新、智能化算法越用越精,装备建设管理和政策制度将按照新模式全面调整和改变。

(8) 智能化作战体系将逐步具备自适应、自学习、自对抗、自修复、自演进等能力,成为一个可进化的类生态和博弈系统。随着作战仿真、虚拟现实、数字孪生、平行系统、智能软件、仿脑芯片、类脑系统、仿生系统、自然能源采集和新型机器学习等技术的发展应用,未来的作战系统,将逐步迭代、优化、升级和完善,单一任务系统将具备类似生命体的特征和机能,多任务系统就像森林物种群那样具备相生相克、优胜劣汰的循环功能和进化机制,具备复杂环境条件下的博弈对抗和竞争能力。

(9)未来的国防科技工业,将从相对封闭、实物为主、周期较长的研究制造模式向开源开放、智能设计与制造、快速满足军事需求转变。按照联合作战、全域作战和机械化、信息化、智能化融合发展要求,从以军兵种、平台建设为主向跨军兵种、跨领域系统集成转变,从相对封闭、自成体系、实物为主、周期较长的研究设计制造向开源开放、民主化众筹、虚拟化设计与集成验证、自适应制造、快速满足军事需求转变,逐步形成软硬结合、虚实互动、人机物环智能交互、纵向垂直产业链有效衔接、横向分布式协同、军民一体化融合的新型创新体系和智能制造体系。军地多方联合设计、建用共同研发、虚实迭代优化、作训完善提升,边研边试边用边建,是智能化体系发展建设和战斗力生成的基本模式。

战争的智能化程度,在某种意义上体现了战争文明的进程。由于技术上的突破、透明度的增加、经济利益互利共享的加深,战场有生力量的对抗逐步让位于无人系统之间的对抗、AI之间的博弈。我们期待,未来战争,从人类社会的相互残杀、物质世界的极大破坏,逐步过渡到无人系统和机器人之间的战争,发展到仅限于作战能力和综合实力的威慑与制衡、虚拟世界中 AI 之间的对抗、高仿真的战争游戏。人类由战争的谋划者、设计者、参与者、主导者和受害者,转变为理性的思想者、组织者、控制者、旁观者和裁决者。人类的身体不再受到创伤,精神不再受到惊吓,财富不再遭到破坏,家园不再遭到摧毁。这是智能化战争发展的最高阶段,本书的最终理想,作者的最大愿望,人类的美好远景。

百舸争流、千帆启航,梦想驱动、智胜未来,我们正处于开启智能化时代的拐点。本书通过全面分析影响战争的战略因素,深入剖析科学技术发展对未来战争的颠覆性作用和影响,洞察把握未来战争发展趋势,重点阐述了智能化战争的核心本质、驱动因素、演变过程、九大形态质变、战场生态重构、作战体系进化和九维建设评估,详细描绘了未来智能化战争九大领域作战构想和典型拓展应用场景,简要介绍了智能科技的一些基本概念、重点内容及军事应用前景。

思路决定出路、理念开创未来。有概念创新才能更好牵引技术创新、推动应用创新、催生模式创新、创造新的作战形态和需求,才会有深刻变革效果的显现。从未来看现在、从全局谋局部、从体系找位置、从演变寻规律。作者撰写本书的目的,主要是为广大读者提供未来智能化时代军事竞争的精神食粮,也希望为军事智能化发展带来一些启迪和思考。由于智能科技正处于日新月异的发展中,很多技术并未见底、一些趋势尚未看透,对战争的影响存在较大变数。因此,书中难免存在许多不足和错误,存在一些尚未认识清楚、可能引起争议的观点与结论,敬请广大读者批评、指正。

吴明曦
二〇二〇年一月于北京

Expert Review | 专家评述

未来战争的趋势与质变

近年来,人工智能发展迅猛、应用广泛,已成为新一轮科技革命、产业革命的主导因素,成为推进武器装备创新、军事革命进程和战争形态质变的核心力量。世界主要国家特别是军事大国纷纷制定人工智能发展战略与规划,加快军事智能化发展,努力抢占战略制高点,掌握未来全球军事竞争战略主动权。

人类社会的战争,从原始社会开始,经历了冷兵器、热兵器、机械化和信息化时代不同的发展阶段,呈现不同的作战形态和样式。未来战争的趋势和形态是什么,有什么实质性的变化,吴明曦研究员所著的《智能化战争——AI 军事畅想》一书,以人工智能和科技发展为主线,第一次从九大形态质变、九类领域应用、九维建设评估等角度,给予了全面系统的回答。

吴明曦同志在国防科技和装备战线工作了三十多年,长期从事发展战略研究与规划论证、体系策划和前沿研究等工作,出于职业的敏感,非常关注人工智能的发展和应用,关注军事智能化的研究和进程。在书中,作者以宏大的视野、深厚的积累、敏锐的眼光,围绕影响战争的战略因素、新形势下战争基础的改变、新质作战能力的生成、战略威慑体系的变化、战争控制权的演变、智能化生态系统的形成、智能化战争形态质变与特点等核心内容和根本问题,进行了深入的分析和预测;从基于AI的制胜机理、虚拟空间的作用、无人化为主的多样作战、多域融合与跨域攻防、人机混合决策、非线性放大与快速收敛、有机共生的人装关系、可进化的作战体系、智能设计与制造等方面,进行了全面深入的阐述和推理;结合赛博空间作战、无人化作战、高超声速对抗、多域与跨域作战、认知对抗、全球军事行动、未来城市作战、灰色战争、平行军事与智能化训练、作战体系进化等典型应用背景与特点,进行了细致的分析和推论;提出了军事智能科技体系及其构成,介绍了重点智能科技知识,构想了战争发展的美好远景。这是一本极富想象力和创造性的好书。

中国工程院院士

王哲荣

Expert Review | 专家评述

思想与创新的升华

人工智能从方法论上改变了人类认识自然、改造自然的方式，也将从根本上改变军事变革进程和未来战争形态。《智能化战争——AI军事畅想》以科技发展为主线，瞄准对未来战争全局最具影响力的军事智能化发展方向，与传统技术融合，与前沿创新关联，与作战能力互动，以"智能+"和"+智能"方式进行拓展，全方位、多视角、系统性地描绘了未来智能化战争的目标图像和九个方面的实质性变化，并结合九种典型应用背景进行了细致的分析和推论，从九个维度对智能化建设和评估进行了定量描述。既有技术创新、应用创新，更有概念创新、模式创新，读后深受启发，引人深思。是一本用科技和智慧预见未来、用思想和创新牵引发展的力作，是一本难得的学术专著和科普读物，内容丰富，亮点纷呈，权威性、专业性、可读性强，对迎接智能化时代军事竞争与挑战，具有重要的参考和有益的借鉴。

中国指挥与控制学会名誉理事长

曾毅

Expert Review | 专家评述

战争新形态　和平新使命

人工智能引发的智能科技迅猛发展，必将深刻地改变现代战争的形态和作用。本书以广阔的视角、宏大的场景、深远的预见，全方位地对未来战争的技术、组织、训战、形式和影响进行了论述，许多方面极其深刻，是智能化战争领域的一部重要的开创性著作。为了避免战争，人类必须更进一步地研究战争。利用智能技术，在核威慑之上，树立新的"信"威慑和"智"威慑，让政治作为战争的延续成为一种新常态，让战争智能成为和平化战争，这就是本书为人类提出的新使命。

中科院自动化所复杂系统管理与控制国家重点实验室主任
国防科技大学平行系统与计算实验技术研究中心主任
王飞跃

Expert Review | 专家评述

理论创新与实践引领的力作

战争研究是一个十分宏大的重要课题，是一项极其复杂的系统工程。对未来战争的预测、分析和判断，更是充满了不确定性。近代以来的战争表明，战争的复杂性越来越多地取决于科技的复杂性，科技因素越来越多地决定着未来战争的胜负。

吴明曦同志长期从事国防科技和武器装备研究工作，参与了很多重大问题的研究论证。他热爱和关心国防事业，学术造诣深厚，知识面宽广，一贯关注科技在战争中的应用和作用。他所著《智能化战争——AI军事畅想》，紧紧围绕战争演进背后科技推动这条主线，分析论证，预测未来，前沿性前瞻性强，难度大，具有重要理论探索意义和实践引领作用。全书思路清晰，内容丰富，文笔流畅，可读性强。书中汇集、整理和运用了大量资料，特别是新资料，知识量大，信息量大。该书提出了一系列新的见解和重要观点，形成了具有一定特色的理论架构，创新性强，富有启示性。这是一本专门研究和论述智能化战争的力作。

军事科学院原军制研究部部长、少将
国务院学位委员会学科评议组原成员
雷渊深

Expert Review | 专家评述

军事智能：颠覆未来战争的强大动力

人工智能自1956年正式命名以来，三起两落，历经60多年发展，目前已从理论、技术到应用等方面，取得阶段性的重大进展。特别是以深度学习为代表的机器学习直接推动了人工智能在多个领域的应用。支撑人工智能发展的驱动资源、数据资源和计算理论三大要素正在发生改变和提升，推动人工智能向仿生智能、跨媒体智能、群体智能、人机混合智能、量子智能等新兴领域发展。目前的发展态势真可谓"两岸猿声啼不住，轻舟已过万重山"。

近年来，针对人工智能在军事领域的理论及应用，各军事大国纷纷制定了国家层面的战略思想与行动计划，全面努力谋篇布局，以抢占未来军事竞争的战略制高点。

与民用智能技术相比，军事智能具有显著特点。一是在高动态、强对抗的复杂战场环境下，基于图像、视频、红外、语音和电磁频谱等信息源的目标智能识别，民用智能技术只能部分直接应用，还需要大量二次开发甚至重新建模。二是多目标、多任务、信息和边界不确定条件下，决策模型如何做到实时和可信，威胁与能力如何快速匹配，行动计划如何制订与选取，任务实施中如何精确控制等，均面临极大挑战。三是智能技术与传统作战力量和手段的深度融合,如与平台、集群、体系、指控、网络攻防、电子对抗、舆情管控以及综合保障等方面的融合,涉及大量系统性的改造与重塑。因此,军事智能的发展是一个战略性、全局性、开创性的领域。一方面需要人工智能与传统军事技术和其他前沿科技的交叉融合,加快智能化作战能力发展;另一方面更需要多样化军事需求和任务来牵引带动智能科技发展。

吴明曦同志的专著《智能化战争——AI军事畅想》,从智能化如何影响未来战争、战争需求如何牵引未来智能发展两个方面,进行了系统的思考和论述。前四章全面分析了未来战争涉及的全球性因素、战争发展趋势、智能化战争的形态和基于AI的智能化生态,第一次从九个方面系统论述了智能化作战形态的质变及智权的作用,首次提出了适合于军事的AI脑体系、云体系和虚实端等新概念。第五章到第九章论述了赛博空间作战、无人化作战、高超声速对抗、多域与跨域作战、认知对抗等内容,深入探讨了IPv6、区块链等技术对赛博空间作战带来的革命性影响,以及多域与跨域认知学习对博弈和决策的重要性,其中"粉丝群战争""高超声速对抗"等也是作者首次提出的新概念。第十章到第十二章讨论了全球军事行动、城市作战和灰色战争等未来作战新特点和新样式,第一次系统论述了灰色战争的概念、内涵和重点。第十三章到第十六章深入分析了平行军事和智能化训练、作战体系进化、智能化建设与评估、智能科技体系,第一次全方位多角度探讨了定量评估模型和作战体系进化准则、要点。最后,作者畅想了未来智能化战争如果仅限于无人系统和虚拟空间对决,可使战争对人类文明的损害降低到最小,当然这也是全人类所乐见的。

本书取材新颖,很多概念和思想来源于作者对近十多年来历次局部战争和地区冲突等事件的深入思考,并开创性地提出了一系列新思想、新观点、新概念、新策略和新方法,是我国智能化战争研究的奠基之作和开篇之作。本书对于军事智能研究人员与广大军事爱好者均是不可多得的参考读物。

清华大学计算机科学与技术系学术委员会主任
智能技术与系统国家重点实验室常务副主任
孙富春

Contents 目录

第一章　影响战争的全球性因素 ……………………… 001

一、国际战略格局全面重塑 …………………………… 001

二、科技发展影响深远 ………………………………… 003

三、全球互联加速升级 ………………………………… 006

四、新经济形态逐步成形 ……………………………… 008

五、资源竞争加剧 ……………………………………… 010

六、超大城市群迅速成长 ……………………………… 010

七、宗教文化冲突将长期存在 ………………………… 011

参考文献 ………………………………………………… 012

第二章　未来战争发展趋势 ……………………………… 013

一、国家发展与安全面临新挑战 ……………………… 014

二、科学技术对战争的颠覆性影响 …………………… 016

三、经济对战争的全面支撑作用 ……………………… 024

四、战争基础和条件发生变迁 ………………………… 026

五、新质作战能力加速发展 …………………………… 027

六、战略威慑体系正在重构 …………………………… 030

七、战争正加速迈向新阶段 …………………………… 031

第三章　智能化战争形态与质变 035

　　一、历史的必然 035
　　二、智能化时代 040
　　三、从陆权到智权 055
　　四、AI 主导的制胜机理 063
　　五、虚拟空间作用上升 072
　　六、无人化为主的作战样式 077
　　七、全域作战与跨域攻防 080
　　八、人与 AI 混合决策 082
　　九、非线性放大与快速收敛 083
　　十、有机共生的人装关系 086
　　十一、在学习对抗中进化 087
　　十二、智能设计与制造 089
　　十三、失控的风险 091
　　十四、在继承中创新 093
　　参考文献 093

第四章　基于 AI 的智能化生态 094

　　一、AI 脑体系 094
　　二、分布式云 098
　　三、超级网 100
　　四、协同群 109
　　五、虚实端 112
　　参考文献 113

第五章　赛博空间作战 ····················· 114

一、赛博空间构成 ························ 115
二、开源信息利用 ························ 124
三、网络战场 ···························· 127
四、网络攻击 ···························· 134
五、网络防御 ···························· 142
六、电磁攻防 ···························· 149
七、舆情影响与控制 ······················ 153
八、未来网络与物联网 ···················· 158
九、新模式新趋势 ························ 174
参考文献 ······························ 179

第六章　无人化作战 ······················· 180

一、技术发展 ···························· 181
二、无人机 ······························ 188
三、地面无人平台 ························ 202
四、无人艇与潜航器 ······················ 220
五、仿生机器人 ·························· 224
六、智能弹药 ···························· 232
七、地面无人化作战 ······················ 237
八、海上无人化作战 ······················ 245
九、空中无人化作战 ······················ 254
十、太空与跨域无人化作战 ················ 263

十一、自主集群作战 ················· 267

十二、人机智能交互 ················· 280

十三、土叙边境和纳卡地区无人机攻防战 ········· 283

十四、巴以冲突中的智能化 ·············· 293

十五、俄乌冲突智能化阶段性分析 ··········· 300

参考文献 ······················ 355

第七章　高超声速对抗 ··············· 356

一、高超声速作战概念 ················ 356

二、高超声速武器与弹药 ··············· 358

三、高超声速飞行器 ················· 361

四、定向能武器与电磁炮 ··············· 373

五、高超声速智能化进攻 ··············· 381

六、高超声速智能化防御 ··············· 382

参考文献 ······················ 384

第八章　多域与跨域作战 ·············· 385

一、作战空间拓展与力量协同 ············· 385

二、美军"多域战" ················· 391

三、跨地理域作战 ·················· 402

四、多功能跨域作战 ················· 406

五、智能化重点 ··················· 409

第九章　认知对抗 ················· 414

一、感知对抗 ···················· 415

二、数据挖掘 ········· 420

三、决策博弈 ········· 422

四、重点目标监控 ········· 423

五、粉丝群的战争 ········· 431

六、心理战与意识干预 ········· 436

参考文献 ········· 437

第十章　全球军事行动 ········· 438

一、大国的战略需求 ········· 438

二、全球网络信息体系 ········· 453

三、天基资源应用与控制 ········· 454

四、战略投送与快速行动 ········· 472

五、海外行动消耗 ········· 481

六、海外部队新发展 ········· 487

七、全球行动智能化 ········· 488

参考文献 ········· 500

第十一章　未来城市作战 ········· 501

一、从摩加迪沙到拉卡之战 ········· 504

二、城市建设对作战的影响 ········· 552

三、城市作战特点 ········· 559

四、多域透视与感知 ········· 564

五、立体封控与精确作战 ········· 575

六、虚拟与跨域作战 ········· 580

七、理论与技术支撑 ········· 584

第十二章　灰色战争 ······ 587

一、网络设施保护 ······ 588
二、电力防护 ······ 590
三、油气安防 ······ 595
四、食物链管理 ······ 599
五、交通线争夺 ······ 600
六、金融系统风险 ······ 603
七、军事工业安全 ······ 605
参考文献 ······ 608

第十三章　平行军事与智能化训练 ······ 609

一、平行理论 ······ 610
二、平行军事 ······ 616
三、平行系统 ······ 617
四、虚拟战场环境 ······ 625
五、平行士兵 ······ 627
六、平行装备 ······ 629
七、平行部队 ······ 632
八、虚拟参谋与指挥员 ······ 639
九、人员选拔与训练 ······ 641
参考文献 ······ 643

第十四章　作战体系进化 ······ 644

一、生态链 ······ 645

二、分布式与多样性 ································· 646

三、并行处理与存储记忆 ····························· 647

四、网络连接与互反馈 ······························· 647

五、自修复 ··· 647

六、学习与演进 ····································· 648

七、作战规则 ······································· 649

八、自适应工厂 ····································· 650

九、强者生存 ······································· 653

第十五章　智能化建设与评估 ······················· 655

一、赛博作用 ······································· 655

二、平行智 ··· 659

三、自主性 ··· 661

四、集群化 ··· 664

五、快速链 ··· 666

六、涌现性 ··· 669

七、可控度 ··· 671

八、经济性 ··· 675

九、副作用 ··· 676

参考文献 ··· 681

第十六章　智能科技 ······························· 682

一、基本概念 ······································· 682

二、科技体系 ······································· 686

三、基础理论 …………………………………… 690

四、共性技术 …………………………………… 691

五、机器学习 …………………………………… 692

六、深度学习 …………………………………… 703

七、群体智能 …………………………………… 709

八、仿生技术 …………………………………… 711

九、混合智能 …………………………………… 721

十、云计算 ……………………………………… 723

十一、大数据 …………………………………… 727

十二、知识图谱 ………………………………… 731

十三、混合现实 ………………………………… 733

十四、脑机接口 ………………………………… 736

十五、情感计算 ………………………………… 744

十六、精神状态评估 …………………………… 757

参考文献 ………………………………………… 759

结语　美好远景 ……………………………… 761

后记 …………………………………………… 763

第一章
影响战争的全球性因素

新世纪新阶段,影响战争的全球性因素很多,涉及政治、经济、科技、军事、社会等诸多领域。放眼未来,到 21 世纪中叶,决定军事变革和战争走向的战略性因素主要有七个方面,其中存在着不以人的意志为转移的规律、动向和趋势,对未来战争将产生直接和间接的重大影响。

一、国际战略格局全面重塑

未来相当长一段时间,世界战略格局可能从目前的"一超多强"向"两超多强"演化,逐渐形成以中美为核心的相互联系又相对独立的多样化格局。与冷战时期美苏两极全面对抗不同,中美之间竞争、合作、冲突并存,经济依存度较高。2018 年以来两国虽然陷入贸易战,对双边经贸关系和全球贸易产生了重大影响,并在政治、经济、科技、军事等领域出现了摩擦与竞争,但从长远看,战略调整的趋势不会发生根本性逆转,贸易战和其他领域的竞争甚至有可能加速"两超"格局的形成。政治、军事和高端科技领域的竞争不可避免,但经济、贸易和气候变化等方面的合作、互利、共赢的动力始终存在。中美竞争与贸易冲突引发全面甚至军事对抗的可能性较小,因为中国有耐心、有信心,能够理性、温和地对待与等待。美国有点着急,认为这些年在贸易中吃了大亏,想通过下猛药来进行调理和纠正。冰冻三尺非一日之寒,中美两国之间的结构性矛盾、互补性优势,在全球化进程中形成了千丝万缕的联系,资本和市场的作用非常强大,不是一朝一夕就能解决的。贸易不平衡等问题与矛盾,最终会随着双方的妥协、谈判与博弈,逐步趋于平衡和协调,需要"让子弹再飞一段时间"。

即使在中美竞争与贸易对抗背景下,2021年,虽然受全球新冠病毒疫情影响,但中国国内生产总值仍超过114万亿元,同比增长8.1%,其中既有恢复性增长,也有强大的惯性增长。

据中国海关统计,按人民币计价,2021年中国货物外贸进出口总值39.1万亿元,同比增长21.4%。其中,中美双边货物贸易进出口7556亿美元,同比增长28.7%。中国外汇储备、粮食产量、电信业务等稳居世界第一,建成了世界上最大的高速公路网、高铁运营网和移动宽带网。数据显示,未来中国经济虽然可能还有波动,但总体上仍将上行。2019年1月,麦肯锡全球研究院在《全球化大转型》报告中预测,美洲发达国家美国和加拿大,2030年全球消费占比从2017年的31%下降到23%,而中国一国2030年全球化消费占比从2017年占10%上升为16%,将全球工厂转型为全球市场。

2021年,中国GDP在世界经济总量占比超过18%,约为美国的77%,超过欧盟27国GDP总量;中国对世界经济增长贡献率在30%左右,继续成为世界经济稳定复苏的重要引擎。根据几个世界主要经济组织的预测和相关模型计算,中国经济总量将在2027—2030年超过美国,人均国民生产总值在2050年左右接近发达国家水平。预计到2050年,美国在科技创新、金融、投资与服务、军事力量、经济质量、人均GDP、重要国际规则制定等方面,仍将保持主导能力和巨大影响力;而中国在经济总量、全球贸易、海外投资、新经济发展、经商旅游、前沿科技创新和"一带一路"建设等方面,具备相对优势,在诸多国际规则领域有较大话语权。相比之下,欧盟虽然基础很好且在较长时期内仍将保持较大影响力,但由于本身是独立主权国家基础上的松散联盟,先天存在不足,受英国脱欧、内部掣肘、美欧矛盾、难民危机、俄乌冲突等影响,其发展势头和国际影响力受到明显制约。特别是2022年2月24日俄乌冲突爆发后,欧洲的裂痕将进一步加深,俄罗斯与乌克兰、欧盟、美国、北约的矛盾短期内难以解决,在目前全球美、中、俄、欧四极中,俄罗斯和欧盟的发展必将受到重挫,影响力、凝聚力进一步减弱。日本、印度、加拿大、巴西和东盟等国家及组织,各有优势和特点,具备较强实力和增长潜力,但受地理、资源、人口、基础、文化等因素影响,2050年前尚不具备全球领导和主导能力。

二、科技发展影响深远

进入21世纪以来,世界科学技术飞速发展,战略前沿技术领域各种新思想新原理不断涌现,宇宙演化、物质结构、生命起源、意识本质等许多重大科学问题正酝酿突破,信息、生物、新材料、新能源和智能制造技术渗透到几乎所有领域,人工智能、移动互联网、卫星导航、生物交叉等新兴技术快速发展,带动以绿色、智能、泛在为特征的群体性重大技术变革,正在创造新的产业和社会形态,促进知识、共享、循环、健康等新经济的形成。军民科技融合与协同创新深入推进,技术、人才、管理、标准等方面的界限日益模糊。科技创新链条更加灵巧,技术更新和成果转化更加快捷,产业更新换代进一步加快,加速推动社会生产和消费从工业化向信息化、智能化转变。

  前沿基础研究的突破将可能改变和丰富人类对客观世界与主观世界的基本认知。前沿基础研究向宏观拓展、微观深入和极端条件方向交叉融合发展,一些基本科学问题正在孕育重大突破。随着观测技术手段的不断进步,人类对宇宙起源和演化、暗物质与暗能量、微观物质结构、极端条件下的奇异物理现象、复杂系统等的认知将越来越深入,把人类对客观物质世界的认识提升到前所未有的新高度。合成生物学进入快速发展阶段,从系统整体的角度和量子的微观层面认识生命活动的规律,为探索生命起源、进化和重构开辟了崭新途径,将掀起新一轮生物技术的浪潮。人类脑科学研究将取得突破,有望描绘出人脑活动图谱和工作机理,有可能揭开意识起源之谜,并带动人工智能、复杂网络理论与技术的发展。

  智能化成为引领科技创新的主要方向。智能化继机械化、信息化之后将促成新一轮科技革命。人工智能、大数据、云计算、生物交叉、无人系统、平行系统等智能科技迅速发展及其与传统技术的深度融合,促进机器智能、仿生智能、群体智能、人机融合智能和智能感知、智能决策、智能行动、智能保障等关键技术的突破,加速推动服务机器人、安防机器人、无人汽车、无人机、智能穿戴设备等智能化产品的普及,加速各行业复杂系统实现智能化管理与控制,满足人类不断增长的个性化需求,提升人类生活质量和解放程度。新一代(5G/6G)移动通信、全球卫星组网通信、软件和认知无线电通信、拟态网络、数字孪生等技术的快速发展,"万物互联"将成为可能并逐步向智能化、泛在化方向迈进,有望成为未来数字经济、共享经济乃至整个社会的"大脑"和"神经系统",帮助人类实现"信息随心至、万物触手及"的用户体验,带来一系列产业创新和巨大经济及战略利益。智能芯片、拟态和仿生、脑科学与认知、超级计算、纳米材料、新型器件、先进能源与动力、先进制造等技术的重大突破,将使各类材料、部件和设备以更高速度、更大容量、更低功耗快速迭代升级,将在军民两个领域使人类研发更多高效能、低成本、微小型、强抗毁的智能化装备与产品,带动众多科技领域实现重大创新和突破。

颠覆性技术成为诱发产业变革的核心因素。颠覆性技术成为社会生产力新飞跃的突破口,并诱发产业形态的变革。作为全球研发投入最集中的领域,智能科技、信息网络、生物技术、清洁能源、新材料与先进制造等正孕育一批具有重大产业变革前景的颠覆性技术。量子计算机、材料基因组、干细胞与再生医学、合成生物和"人造叶绿体"、纳米科技和量子点技术、石墨烯材料、非硅基信息功能材料等,已展现出诱人的应用前景。先进制造正向结构功能一体化、材料器件一体化方向发展,极端制造技术向极大(如航空母舰、极大规模集成电路等)和极小(如微纳芯片等)方向迅速推进。人机共融的智能制造模式、智能材料与3D打印结合形成的4D打印技术,将推动工业品由大批量集中式生产向定制化分布式生产转变,引领"数字世界物质化"和"物质世界智能化"。这些颠覆性技术将不断创造新产品、新需求、新业态,为经济社会发展提供前所未有的驱动力,推动经济格局和产业形态深刻调整,成为创新驱动发展和国家竞争力的关键所在。

科技探索维度的拓展极大地提升了人类利用资源的能力。科技触角正在向深空、深海、深地、深蓝和新能源领域拓展,不断刷新认知边界。空间进入、利用和控制技术是空间科技竞争的焦点,天基与地基相结合的观测系统、小卫星群天基互联网等立体和全局性网络体系将有效提升对地观测、全球通信与导航、深空探测、综合信息利用能力。海洋新技术突破正催生新型蓝色经济的兴起与发展,多功能水下缆控机器人、高精度水下自航器、深海海底观测系统、深海空间站等新平台的研发应用,将为深海海洋监测、资源综合开发利用、海洋安全保障提供核心支撑。重力梯度仪、高灵敏磁探等地质勘探技术和装备研制技术不断升级,将使地球和地下更加透明,人类对地球深部结构和地下资源的认识日益深化,为开辟新的资源能源提供条件。太阳能、风能、地热能、生物能等可再生能源开发、存储和传输技术的进步,将提升新能源利用效率和社会经济效益,深刻改变现有能源结构,大幅提高能源自给率。温差发电、氢能和核聚变能源技术的突破,可望成为解决人类基本能源需求的主要方向。

以国家综合实力为支撑的全球科技创新格局出现重大调整。随着经济全球化进程加快和新兴经济体崛起,特别是国际金融危机以来,全球科技创新力量对比悄然发生变化,开始从发达国家向发展中国家扩散。中国、印度、巴西、俄罗斯等新兴经济体已成为科技创新的活跃地带,在全球科技创新"蛋糕"中所占份额持续增长,对世界科技创新的贡献率也快速上升。全球创新中心由欧美向亚太、由大西洋向太平洋扩散的趋势总体持续发展,未来,北美、东亚、欧盟三个世界科技中心将鼎足而立,主导全球创新格局。

三、全球互联加速升级

自互联网发明以来,其海量信息和数据,蕴藏着巨大的政治、经济、科技、军事、社会、市场等动态信息,蕴藏着大量人类生产、生活的历史经验与行为规律,呈现无所不在、无所不能的趋势。目前,随着移动通信的快速普及、以软交换为核心的网络通信的形成,即时通信和社交媒体超越了地理空间的限制,极大地提升了信息传输效率,人类相互联系的速度和深度有了实质性提升,网购、网银、网上办公、在线教育、网上预约等,已成为现代社会人们工作、生活的必需,网络已进入经济社会的每个领域,融入人类生活的各个方面。

未来,随着"互联网+"、5G/6G、物联网、VR、AR和混合现实等技术的快速发展,世界所能看到的任何物品都可以具备联网功能,智慧城市、智慧楼宇、智慧农场、智慧工厂、智慧医院、智慧家庭等将逐步普及,虚拟世界与现实世界高效互动并融为一体,网络、信息、数据、算法与模型,将像空气、阳光一样成为人类社会生态环境的重要组成部分和必需品,将像货币和黄金一样成为新的资产,成为21世纪支撑国家和社会发展的重要战略资源。

全球互联的加速升级和信息的深度融合,在带给人类极大方便的同时,也造成了重大隐患,加快了赛博空间(Cyberspace)和认知领域的对抗。各类即时通信、社交和网络媒体的大量出现,使许多正负敏感信息在人群和社会中的影响被急剧放大,造成舆情反转、心理失控、社会动荡,常常产生意想不到的涌现效应和后果。民众表达意见的手段和途径迅猛增长,不同区域和背景的人群会因为共有的认知或不满而快速融合,形成众多持有不同观点的派系和团体,加剧了社会的复杂性。网络诈骗与犯罪将成为难以消除的恶瘤。赛博攻防成为未来战争的核心内容之一,能够攻击、扰乱信息控制的核心基础设施,将有可能引发大规模经济、社会与生命灾难。

四、新经济形态逐步成形

当前,世界经济在经历了上一轮全球化之后,逆全球化和贸易保护主义成为一股潮流。正反双方对经济主导权的争夺,将成为未来相当长一段时间内国家或地区间冲突的根源。在全球经济结构调整、不确定性因素增加的总体环境下,贸易主导权和国际规则话语权之争表现出新的态势。伴随全球化退潮的是新地区主义浪潮的兴起,基于全球经济复杂性的世界通行贸易规则的难产,将导致区域化经济合作活动的加深。一方面,美国在突出双边贸易和谈判策略基础上,有限度地参与北美自贸区、跨大西洋贸易伙伴协定、亚太经济合作组织、西方七国集团、二十国集团等国际与贸易组织;另一方面,以中国、欧盟和俄罗斯为代表的国家与组织,在继续推动经济全球化的同时,积极推动"一带一路"、上海合作组织、金砖国家合作、中国与东盟自贸区,以及"亚投行"、丝路基金等经济和贸易组织建设。阿盟、海合会、非盟、南美洲国家联盟等区域性国家组织,纷纷建立相应的区域经济贸易协定。麦肯锡全球研究院在2019年初发布的《全球化大转型》报告中,指出了"商品贸易日渐萎缩、服务贸易快速增加、劳动力成本重要性持续下降、创新研发越发重要、区域贸易更加集中"五大转型方向。世界经济呈现区域化、多样化发展趋势。在需求、技术和市场的驱动下,未来新经济形态加速形成。

以智能化为特征的知识经济,将成为未来世界经济发展的领头羊,是经济竞争的制高点,也是未来经济形态的集中表现。知识经济逐步扩大和成熟,将造就工业机器人、服务机器人和智能制造等一大批新兴产业的发展,数据、模型、算法、经验、知识,成为高价值资产。在军事上将加快网络化智能化建设进程,催生赛博空间与认知对抗、云作战、分布式杀伤、网络攻防、无人化与集群作战等诸多新的作战样式,并逐步演变为智能化战争形态。

以物联网为依托的共享经济,目前呈现高速发展的态势,狭义上涉及人类生活环境与手段的改善,广义上涉及世界范围内的资源共享与高效利用。共享经济的发展和逐步成熟完善,将成为一个新的作战手段和控制领域,作战对象、方式、特点具有很大的不同。一方面,共享经济对重要情报获取和信息来源、重要基础设施的控制和管理、重要舆情的掌握和了解、作战力量的机动和保障等,提供了可供选择的多种手段;另一方面,由于共享经济涉及多数民众的共同利益,具有"共建、共用、共享"等特点,对战争升级扩大起到一定制约作用。

以能源高效利用为导向的绿色经济,对碳排放、碳中和进行目标控制,具备节能、环保、可持续发展等特点,是世界经济未来发展的重要方向,也是人类对自身发展的一种约束和要求,越来越受到世界各国的高度重视。绿色经济的发展要求企业在对外投资、建设和贸易等方面,要注重当地社会和生态的保护与建设,同时也对作战环境、方式和手段提出了诸多约束和要求,对能量的利用、转化和精确控制,成为未来军事竞争和技术发展重点。

以生物医药为重点的健康经济,是21世纪重大的产业和经济增长点,将带动脑科学、生物医药、基因治疗、仿生、生物制造、生命重构等一批新兴技术和产业的发展。健康经济的蓬勃发展,一方面对增强作战人员的身体机能、研制发展仿生装备、促进人机智能融合等有巨大促进作用;另一方面,面临生物武器、基因武器、新型病毒、SARS传染性疫情等生化与生物安全等重大威胁。

五、资源竞争加剧

世界范围内的资源竞争加剧。截至 2012 年，不到 10 亿人消耗了全球四分之三的资源。到 2030 年，"由于发展中国家不断新生中产阶级，将增加 20 亿消费者，这一激增将加剧原材料和工业制成品的争夺"[1]83。人口膨胀、迁徙与环境变化将导致资源紧张。目前，在世界很多地方，对水、食物、化石燃料以及稀缺矿藏的争夺不断发生，严重时甚至引发战争。"阿拉伯之春"出现以前，叙利亚水荒与埃及面包价格疯涨就是资源冲突的直接表现形式。许多跨国跨境的河流、湖泊，由于上游过度开发利用和污染，造成了与下游国家之间的矛盾。一些国家将国际法中关于海平面下领土的司法解释按照本国利益去解读。草原沙漠化、冰川融化等环境变化将导致人口迁徙，加剧资源竞争。除非发现替代资源，否则全人类范围内围绕传统资源的争夺将继续加剧。除传统资源的争夺外，在可预测的海平面上升的大背景下，对货运与贸易港口的控制亦可能爆发冲突。资源的争夺往往最易出现在当前可供使用的资源量下降而替代能源出现以前的关口。

六、超大城市群迅速成长

由于人口在地区、区域与全球范围内不断迁徙，许多城市有可能会进一步膨胀，发展成为人口过千万的超大城市。据美国国家情报委员会预测，2030 年将是"迁徙新纪元"，届时大约 60% 的人会居住在超大城市。根据联合国人口预测，2050 年全世界将有近 100 亿人，其中三分之二居住在城市。

工业时代以来的城市发展，主要形成了三种模式：摩天楼城市型、市郊发展型、失控发展型。摩天楼城市型城市有摩天大厦、密集的公寓大楼和地铁，城市管理高度集中，本地社区依靠文化或职业聚居。相比较而言，市郊发展型城市的特征是城市副中心拱卫城市中心，从核心向外铺开，郊区发展成单独的稠密城市化区域，独立管理。失控发展型城市缺乏规划与资源，许多国家市区中心最终形成大量贫民窟，成为城市荒原、种族聚居的法外之地，黑帮与犯罪集团横行猖獗，成为人类社会的毒瘤。超大城市的巨大挑战在于不平等，缺乏平等会导致暴力与政治事件频繁发生。

人类倾向于迁徙聚集在都市，导致大规模迁徙的原因主要有干旱、饥饿、气候变化带来的地表变迁，政治迫害以及希望寻找发展机会等。叙利亚冲突引发了大规模的难民潮，数百万人出逃，找寻新的避难所，许多难民永久定居欧洲，可能会重塑欧洲的人口种群与经济形态。

未来作战大都集中在城市。超大城市的发展，将给未来战争带来重大影响。城市是最复杂的战场，建筑密集、街道纵横、目标众多，既有军事目标又有民用目标，既有地上目标又有地下目标，既有固定目标又有移动目标，既有设备设施等硬目标又有重点人物等软目标。城市作战，环境对装备和技术的限制条件最多，简单的方法和手段，难以解决街道、巷子、室内和地下作战面临的诸多问题，难以预防和控制游行、示威、骚乱、恐袭等社会问题。

七、宗教文化冲突将长期存在

经济联系的加深、科技革命和产业革命的深入推进，特别是全球互联、即时通信和社交网络媒体的兴起,将导致国家、跨国集团、非政府组织、宗教团体和民众的权力与利益逐步分化。一是意识形态和价值观之争仍将不同程度地存在。世界各国由于历史和民族等原因,国家制度、发展道路、发展方式、发展基础完全不同,由于多样性和差异性,在经济全球化和全球治理的进程中,不可能获得绝对的公平和公正待遇,必然会产生利益冲突,并在思想上、政治上和意识形态上产生连带效应和放大效应,从而引发民族主义对立思潮。二是不同宗教、信仰、文化的冲突是未来斗争的焦点。世界范围内的伊斯兰暴力极端组织和恐怖势力,加深了文明之间的冲突与隔阂,引发社会动荡和危机。欧洲中东移民文化习惯与当地传统截然不同,文化难以融合将导致欧盟出现裂痕。北非—中东—西亚—中亚—南亚—东南亚"弧形地带"恐怖主义活动频繁,并正在向欧洲和亚洲、非洲其他地区扩散,成为威胁国家安全和世界稳定的重要因素。三是历史遗留的边境和领土纠纷,与宗教文化相互交织,也是未来冲突、战乱甚至战争爆发的一个重要根源。

参考文献

[1] 美国国家情报委员会. 全球趋势2030:变换的世界[M]. 中国现代国际关系研究院美国研究所, 译. 北京:时事出版社,2016,04.

第二章
未来战争发展趋势

自从战争登上历史舞台以来,始终在变与不变中循环发展。不变的方面,主要体现在安全的需求、暴力的本质、对抗的属性等,战争的爆发源自地缘政治博弈、经济利益争夺、历史文化纷争、民族矛盾冲突和国内政治斗争激化、社会矛盾对立等因素,几千年来并没有什么实质性的变化,未来可能形式上有所不同,但不会有本质上的改变。变化的方面,主要体现在战争理论、作战要素、作战空间、作战手段、作战样式,以及军队力量结构、体制编制、军事训练、综合保障、装备建设和国防采办等,始终是随着时代的发展和社会的变迁而不断发展演变,其核心体现在战争形态上的改变。

从历史长河看,战争形态演变与科技进步、经济发展、社会形态紧密相关,特别是与社会生产力和生产方式直接关联。需求牵引、技术推动、经济支撑、科学管理等要素的综合作用,推动着战争形态不断变化。短期看政治因素和军事需求牵引的作用比较大,中期看经济发展与经费支撑的影响明显,长期看科技发展对战争具有长远、内生、颠覆性和革命性影响。

一、国家发展与安全面临新挑战

目前中国已经成为世界第二大经济体、第一贸易大国、第一吸引外资国。受新冠病毒疫情影响,世界经济复苏还有一个过程,但国内经济稳中向好,推动中国外贸进出口继续增长。2021年中国外贸进出口总值同比增长21.4%。2019年中国出国留学人数达70.35万人,同比增长6.25%,持续保持世界最大留学生生源国地位。2019年国内入出境旅游总人数3亿人次,同比增长3.1%,其中,入境旅游人数1.45亿人次,同比增长2.9%,中国公民出境旅游人数1.55亿人次,比2018年增长3.3%;国际旅游收入1313亿美元,比2018年增长3.3%;国内旅游收入6.63万亿元,比2018年增长11%。2015年以后,中国已进入由大量吸收海外投资转向对外投资阶段,资金、物资、人员流动规模进一步扩大。据商务部公报,到2019年底,中国在188个国家(地区)从事跨国投资与经营,各类企业已达4.4万家,资产总额达7.2万亿美元。中国常年驻外工作人员已超过100万人,企业国际化水平显著提升。特别是近几年来,海外投资与经营额增长迅速。据中国企业联合会、中国企业家协会2019年9月1日发布的榜单显示,2019中国跨国公司100大海外资产总额达到95134亿元,比2018年增长8.93%;2019中国跨国公司100大海外营业收入达到63475亿元,比2018年增长6.41%。

随着中国海外投资、经商、旅游和侨民的不断增多,全球范围的经济合作安全和权益维护日益凸显。中国"一带一路"倡议的提出,顺应了世界多极化、经济全球化、文化多样化、社会信息化潮流,旨在促进经济要素有序自由流动、资源高效配置和市场深度融合，推动沿线各国实现经济政策协调，开展更大范围、更高水平、更深层次的区域合作，共同打造开放、包容、均衡、普惠的区域经济合作架构。"一带一路"西进中亚、俄罗斯和欧洲的经济圈，东连亚太经济圈，西南接南亚、西亚和非洲地区，涵盖诸多能源地区，大国、强国之间的地缘战略角逐复杂激烈。"一带一路"倡议在推进中面临的安全风险具有多样性和复杂性，既面临陆上宗教极端势力、民族分裂势力、恐怖主义等"三股势力"的威胁，又面临海上海盗、贩毒等跨国经济犯罪的袭扰，还面临大国的深度介入与地缘竞争压力及其不确定性。"一带一路"沿线国家，大多是发展中国家和新兴国家，多为地缘战略博弈剧烈区域或热点冲突区域，受国内社会阶级矛盾、民族宗教问题等复杂因素影响，部分国家由于朝野斗争，政局存在脆弱性和多变性，导致重要的内政外交政策缺乏延续性，很多国家尚未加入世贸组织，如何维护海外经贸交流和经济合作共同利益安全，是迫切需要破解的重大难题。

展望未来，国际力量对比、全球治理体系结构、亚太地缘战略格局和国际经济、科技、军事竞争格局正在发生历史性变化，维护和平的力量上升，制约战争的因素增多，总体和平态势可望保持。但是，霸权主义、强权政治和新干涉主义将有新的发展，各种国际力量围绕权力和权益再分配的斗争趋于激烈，恐怖主义活动日益活跃，民族宗教矛盾、边界领土争端等热点复杂多变，小战不断、冲突不止、危机频发，仍是许多地区的常态，世界仍然面临现实和潜在的战争威胁。中国发展面临的安全问题依然严峻，一方面源于地缘政治大国博弈的挑战不断升级，威胁国家统一和领土主权的安全因素依然存在；另一方面，全球范围的权益维护和经贸合作安全日益突显。未来中国，可能面临着与大国的直接对抗、代理人战争、反恐怖作战和大量全球范围内的非战争军事行动等四类安全与军事需求。

二、科学技术对战争的颠覆性影响

纵观人类战争史,已经历了数千年漫长的冷兵器时代,数百年的热兵器(火器)时代,近百年的机械化时代,半个多世纪的热核时代,几十年的信息化时代。随着科技的进步和发展,人类战争制胜机理和法则越来越科技化,打上了不同时代科技发展的烙印。科技催生了战争形态的演变和质变,并且随着科技发展而加速前行,周期越来越短,强度越来越大,科技含量越来越高,科技主导的作用越来越强,科技成为决定未来战争胜负的主导因素(图2-1)。

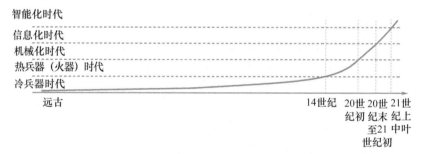

图 2-1　科技在战争中的作用

进入 21 世纪以来,世界科学技术飞速发展,新军事革命方兴未艾,前沿和基础科学领域正酝酿重大突破,信息、网络、认知、生物、新能源、新材料、先进制造等技术领域的引领作用更为突出,学科交叉融合催生变革性创新,对未来战争产生了革命性影响。

(1) 人工智能、移动互联、物联网、天基信息、云计算、大数据、赛博攻防等新兴技术的加速发展与创造性融合,将加快"智能化作战"能力的形成。通过天地一体、军民融合、弹性自组、抗扰抗毁的网络信息体系建设,充分运用云计算、大数据、人工智能等技术,构建全球性、分布式、网络化军事云和AI脑体系,缩短观察、判断、决策、攻击(OODA)回路,满足多维战场智能感知、多源信息与认知对抗、一体化指挥控制与自主决策、联合与跨域火力打击、多样化军事行动综合保障等需要。万物互联、自主行动、平行作战、"软件定义战争"将取代传统战争方式,能够适应不同任务要求,跨域自组、同步协作。赛博空间作为"智能化作战"的核心领域,是虚拟空间与物理空间融合作战的重点,网络攻防、电子战、情报战、舆情控制等认知对抗,将成为作战双方争夺的焦点(图2-2)。

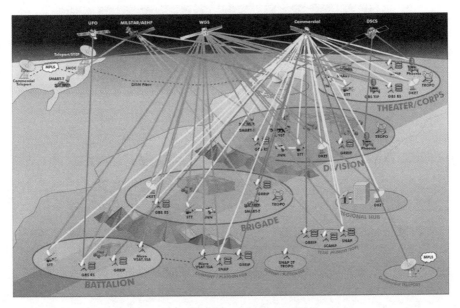

图2-2　美国陆军战术级作战人员信息网

（2）新材料、新能源、军事仿生、先进动力与制造、网络通信、机器学习等技术的快速发展和广泛应用,将推动作战平台向无人化、自主化、仿生化、集群化方向发展。未来的武器装备与作战平台,除了具备传统的机动、防护、火力等机械化要素外,还具备侦察、监视、跟踪、导航、数据链、移动互联、敌我识别、指挥控制、体系组网等信息能力，具备与各种网络进行多源信息采集、数据挖掘、智能感知、自适应规划、自主决策、健康诊断、离线记忆、在线升级等智能功能，具备信息安全防护、网络对抗、电子对抗、隐身对抗等作战性能。机器学习、生物仿生、脑机操控、新型动力、增材制造等技术的成熟和应用，推动地面/太空/空中/海上/水下无人平台、军用机器人、仿生机器人、外骨骼、单兵飞行器、多栖战车等装备平台快速发展，无人化装备将成为主流，自主化作战水平不断增强，有人/无人协同作战、集群攻防将成为新的作战样式（图 2-3）。

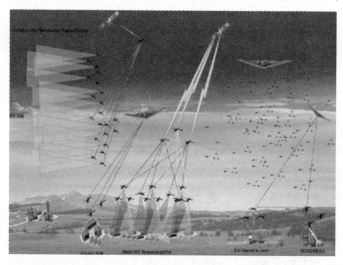

图 2-3 美军关于无人机集群在强对抗环境下的作战构想示意图

（3）新型探测、复合制导、先进弹用动力、高速飞控、网络化巡飞、高效毁伤等技术的快速发展和广泛应用，将显著提高远程、高速精确打击和毁伤能力。多源智能感知、多模与复合制导将广泛应用，弹载数据链、卫星通信与导航技术实用化，将提高精确制导弹药的信息能力、组网能力、抗干扰能力和命中率，精确制导武器将重点向智能、高速、通用、模块化、多用途发展。特别是随着高空高速助推跳跃滑翔、固体冲压发动机、高超声速气动结构控制、发动机与弹体一体化设计、高速巡航变轨、末端自主寻的、弹药蜂群组网、新型含能材料、高效毁伤、可控毁伤等核心关键技术的突破与成熟,制导武器高速化、集群化、精确毁伤成为必然发展趋势,将加快由单装向集群、由固定弹道式向变轨突防式、由低速向高速或超高声速、由单一控制向网络化控制、由常规毁伤向高效可控毁伤方向转变,作战节奏空前加快,精确打击与毁伤效率大大提高,进攻和防御手段将发生革命性改变。

（4）多目标探测、反隐身、固体激光武器、高功率微波武器、电磁炮、网络化指挥控制等技术的快速发展和广泛应用,将极大提升未来战场的综合防御能力。未来,无论是军兵种野战防空、机动防御,还是三军要地防御,来自天空地"透明式"探测威胁、各类打击武器与精确制导弹药的威胁日益增多,反隐身飞机、巡航导弹、高超声速武器、无人机与弹药蜂群、恐怖袭击,是未来战场防空反导的主要任务。其中反恐袭、反高超、反蜂群"新三防"能力建设,将成为未来综合防御系统建设的重点。"新三防"中反高超也包含反隐身飞机和巡航导弹。未来战场防御系统应具有"大范围探测、立体化协同、多层次拦截"的综合防护能力。因此,通过目标特性研究、立体探测网络建设,新型制导高炮、激光、微波、电磁脉冲弹、集群弹药等新机理拦截效应验证,突破综合防御系统总体、多目标探测跟踪与识别、探测预警和指挥控制的融合、快速火力协同打击控制等关键技术,构建立体化全天候探测、网络化精准指挥控制、一体化实时联动、多层次多手段拦截、灵活机动编组的综合防御体系,形成软硬一体、点面结合的杀伤拦截能力,是未来战场防空反导系统发展的趋势(图2-4)。

（5）以自媒体、社交网站、直播视频等为代表的新文化形态和基于互联网、物联网、工业控制系统的基础设施管控,将成为未来

图 2-4　美国洛克希德·马丁公司 60 千瓦激光武器系统

认知对抗、跨域控制的重点。不同信仰、文化、种族和宗教的冲突，是未来地缘政治博弈和海外利益维护的焦点。以自媒体、社交媒体、直播视频等为代表的新文化形态，将加剧多样化的"意识与认知对抗"。随着互联网的广泛应用，新文化形态开始成形，西方已经注重以新文化形态为载体，在世界观、价值观、人生观以及生活方式等方面实施意识形态输出。可以预见，传统的法律战、心理战、舆论战"三战"将拓展升级为"意识与认知对抗"，与传统战争手段一起，以未来新文化形态为主要战场，成为重要对抗领域。关系国计民生、社区安全、社会生活神经中枢的网络、电力、食物链、能源、交通、金融等关键基础设施，如被摧毁或瘫痪，将极大影响对手心理和战争意志，作用日益凸显。未来战争，重要民用基础设施管控将催生新的作战领域和样式。

（6）脑科学、情感计算、精神状态检测、生物基因、生命重构、生物医药、生物交叉等技术的快速发展和广泛应用，将推动生物智能与机器智能深度融合并实现飞跃，生物交叉作战将成为未来全新的作战样式。目前，对脑电、肌电、心电和想象运动等大脑思维意识和生理心理特征信号的检测、利用，已经在目标识别、平台操控、武器控制、指挥控制、人员生理心理状态实时监控与选拔训练等方面，开展了探索和应用研究。未来，随着多国脑科学计划的推进，通过了解神经系统内分子、细胞变化过程及其在中枢功能控制系统的整合作用，分析大脑认知特点规律与本质，一方面催生仿脑芯片、类脑系统和新型机器学习的出现，带来智能化的第二次飞跃；另一方面，对于了解大脑结构、神经系统运行特点规律，了解意识的本质及传递方式，开发新型的脑机接口和智能交互系统，实现人机自然交互、人脑认知与机器学习深度融合、复杂系统多人脑脑协同决策、战场多模式快速分类与精准识别、人与机器情感互动和思想交流，带来新的变革性手段、途径和方式。随着生物基因、生命重构、生物医药、生物交叉、纳米材料等技术加速发展，特别是通过合成生物科技设计、改造、重构或是创造生物分子、生物体部件和生命体，开发新型军用生物医药、生物非致命武器、军用新能源、军用材料、生物计算设备等，促进人体机能产生巨大飞跃，推动类似钢铁侠、蚁人、美国队长等"超级英雄"单兵的实现。同时，生物武器、基因武器、新型病毒和经过基因优化改造后的细菌武器等新型生化武器的大量出现，将成为军事对抗、国际公约和军备控制的新领域新内容。

2010年5月20日，美国研究人员宣布在实验室创造世界首个人造生命细胞。负责此项研究工作的克雷格·文特尔披露，他们用"四瓶化学物质"为他们的"人造细胞"设计了染色体，然后把这个基因信息植入另一个修改过的细菌细胞中，这个由合成基因组控制的细胞具有自行复制能力，这项工作历时15年、耗资4000万美元。1995年，他们公布了两个支原菌细胞基因组数字化DNA序列，内含有机体基因指令字母百万余个。现在他们根据计算机中存入的有机体基因指令，反过来逐步生成具有自我复制的JCVI-

SYN1.0型丝状山羊支原体细胞。2013年在美国TED大会上,介绍了乔治·彻奇等基因学家,正在研究从博物馆标本提取古老标本DNA,利用现代生物合成技术,让灭绝动物再生,他们成功复活了一只已经灭绝的古代信鸽。2016年,克雷格·文特尔又宣布成功合成了由473个基因组成的最小人工合成生命体,震惊了科学界。以"生物芯片"取代传统半导体芯片,可能提供一种全新概念的计算机。2008年,美国科学家通过对大肠杆菌的工程化改造,首次实现了基于细菌的并行计算;2011年10月,英国研究人员宣布成功研制出一种新型模块化"生物逻辑门",标志着生物计算机研究又迈出了重要一步。

2018年3月,美国陆军研究实验室发布《有潜力改变2050年地面作战游戏规则的科学技术》报告认为,人造细胞将实现高价值产品按需生产,颠覆传统后勤保障模式。人造细胞由天然磷脂、合成磷脂或合成聚合物等制成,可作为非生物反应器实现以下功能:允许物质进出细胞及在细胞间交换;产生维持细胞功能所需的能量;像生物细胞一样分裂和增殖;在各种环境下执行人类设计的生物程序;将生物程序和执行这些程序所需的分子隔离,在触发时执行生物程序;控制由生物程序产生的产品在细胞外释放。2050年,人造细胞的研究重点是形成人造细胞平台,实现强大的多功能现场制造能力,根据部队作战需求生产高价值药物、燃料等。这种人造细胞平台具有可编程能力,能够生产不同的药物,大幅降低运输和存储高价值物资的需求和成本,显著减轻部队后勤负担。

(7)基于时空基准和网络信息的"众包""众筹""创客"等为代表的跨界思维与共享融合技术,将推动"开源建设与作战"方式的出现。随着GPS、北斗全球时空基准平台、数字地图、大数据等技术广泛应用,"共享""众筹""寻求者阵营"(Seeker)等兴起,世界范围内技术、资本、信息乃至人脉等资源的高效共享,将成为未来研发、生产、营销的新模式。"开源共享"模式将给许多领域带来技术壁垒消失、研制成本降低、生命周期缩短、盈利模式转变。"开源共享"对未来作战带来深刻变革,越来越多装备技术和获取渠道将更加透明,传统装备研制模式将面临着未服役就落后的窘境,社会化保障在战争动员保障中的份额将进一步扩大。军民技术壁垒渐渐消失,民用技术、民用系统、民用产品和社会基础设施也将成为重要的战争手段。例如,深圳大疆无人机,本来是面向民用领域的,但美军、基地组织和很多国家军队均在大量使用或改造应用。未来战争对开源信息和数据的依赖性越来越高,多源感知、关联印证、多域协同、跨域行动,需要在智能感知、智能决策、智能打击、智能保障等方面,综合考虑陆、海、空、天、网、电和军、民多个领域相互之间的协作和关联。特别是像网络、太空、深海、生物、基础设施等新的作战空间和作战领域,先天具有以民为主、军民融合的特征,传统封闭、相对独立、与外界难以信息和数据交换的作战体系,将越来越孤立、落后,与信息化、智能化发展要求不相适应。"开源共享"所形成的"生态圈"将限制战争规模扩大,成为可控作战、战争文明化的重要因素。

经过多年的观察研究和深入分析,作者认为,未来30年,影响军事安全的战略前沿技术体系,主要涉及18个领域、50多个方向、近200个关键技术与重点。其中,只有一个技术领域是战略性和全局性的,直接影响和可能参与所有技术领域,这就是人工智能技术领域。排在第二位的是赛博空间技术领域,虽然影响面稍微窄一点,但也直接或间接影响全局及相关技术领域。其他技术领域包括4个空间与体系领域、5个系统领域和7个专项技术领域(简称2457,见表2-1)。

表 2-1　战略前沿技术体系

序号	主要领域	序号	主要领域
1	人工智能技术	10	先进能量转换与动力技术
2	赛博空间技术	11	生物及生物交叉技术
3	空天一体技术	12	高效毁伤技术
4	海洋安全新技术	13	新型通信与导航技术
5	先进隐身与反隐身技术	14	新材料新器件技术
6	虚拟仿真与试验训练技术	15	量子信息技术
7	无人系统技术	16	反物质技术
8	智能弹药技术	17	新型维修与保障技术
9	定向能武器技术	18	先进制造技术

三、经济对战争的全面支撑作用

战争的历史表明,经济对战争起着直接、现实、全局性的物质支撑作用。经济是基础,政治是上层建筑。战争是政治的继续,是实现经济目的的重要手段。可以说,经济与战争在很大程度上"同根同源、互为表里和因果",绝大多数战争背后都有经济利益的竞争与争夺,同时也离不开财力和物质的全面支撑。经济对战争的作用体现在诸多方面。

一是经济发展水平决定了一个国家的财富和实力,决定了军队作战建设与保障的全面支撑能力。随着现代战争作战体系和装备系统越来越复杂,技术含量越来越高,建设与作战成本也越来越高。特别是武器装备种类和型号日益繁多、层出不穷,不仅带来使用、维护和管理的难度,更增添了财政开支的困难。从世界军贸市场装备采购价格看,按人民币计算,一辆现代化的坦克 1000 多万元,一架第三代作战飞机 2 亿~3 亿元,一枚中远程常规弹道导弹

2000多万元，一艘现代驱逐舰20亿~30亿元，一艘战略核潜艇40亿~50亿元，一艘航空母舰要100多亿元。这些还仅仅是按照单装计算的，如果按成建制部队计算，一个陆军数字化机步师需要200多亿元，一个航母编队高达400亿~500亿元，再加上训练费、维修费、人头费和管理费等，一个师级作战部队的投入就接近一个大型企业年产值规模。现代战争，如果没有充足的经费支持，没有强大的经济实力做后盾，是无法打仗的，也无法开发新技术、新装备，即使开发出来，也可能买不起、用不起、修不起。

二是军队武器装备和军用物资需要强大的军工产业与相关基础能力来支持。现代武器装备技术密集、知识密集、系统复杂、综合性强，需要原材料、元器件、先进动力和能源、机电产品、通用软件等基础工业来支撑，需要航空、航天、兵器、电子、船舶、核工业等军工行业来体系牵引和系统集成，需要众多基础研究、前沿探索、预先研究、试验测试、维修保障、计量标准等专业机构来协作配套。历史上像美国的"曼哈顿"工程、"阿波罗"计划、"北极星"计划、"星球大战"计划和中国的"两弹一星"、载人航天等大型科技工程，调动了整个国家相关部门、相关行业的强大资源共同参与，可以说是"万人一支枪"。现代化的坦克、飞机、舰艇、导弹等武器装备和庞大的军队人员，还需要专用的油料、仓储、测试、维修等设备设施和被装、军需、卫勤等生活必需品。对于一个大国而言，必须形成一定的经济规模和产业配套，才能对作战形成有效的动员和保障能力。因此，以高科技为代表的工业体系和基础能力，是支撑国防和军队建设与作战的强大基石。

三是经济形态和经济模式发生变革，往往也带动战争形态出现革命性变化。虽然这种变化存在滞后效应，但它一定是伴随经济形态的变化而改变的。原始社会对应的是以体力和自然工具为标志的肉搏战,农业社会早期的金属时代,由于青铜、铁器等冶炼技术的发展和规模化的应用,开启了以冷兵器为特征的战争。农业社会后期火药时代,对应的是以热兵器为特征的战争。工业化时代,由于蒸汽机和内燃机的出现,带动了社会化机械工业的大发展,催生了机械化战争的形成。二战后,由于计算机技术的发明,以及互联网、GPS 的普及,现代社会对应的是信息化战争。未来,随着智能科技和知识经济产业的发展,必将进入智能化战争时代。

四、战争基础和条件发生变迁

在需求牵引和技术推动等多种因素综合作用下,战争的基础、条件、重心和要求等,已经发生了迁移、调整和改变。

一是在时间上大大压缩。古代战争受科技手段制约,行军和机动速度慢,指挥命令传达主要通过烽火台和快马,战斗过程和战争周期很长,典型的战役和战术行动,以周、月甚至年为单位来计算。机械化战争以天、小时为单位计算平台和部队的机动能力。信息化战争大多以分钟来计算火力和导弹的飞行时间、作用距离,以及战场态势的更新。未来战争,将以秒级、毫秒级甚至更短的时间单位,来计算战场智能感知、目标识别、网电攻防的速度,高超声速和集群打击、防御的时间,以及基于 AI 的自主决策效率。

二是在空间上大大拓展。从地理上看,战争已经从陆地到海洋、到空中,目前正在向太空、深海、深地拓展。从虚实关系上看,由于人造的网络和信息系统的出现,虚拟空间作战逐步成为一个独立的战场,战争正在从物理空间向虚拟空间以及两者相互一体化融合拓展。从领域上看,作战空间正在以多领域的方式迅速扩张,战争正在从物理域、信息域向认知域、社会域、生物域拓展。

三是在距离上发生跃迁。作战平台的机动和投送能力,已经实现从战术对抗到战略打击的全程覆盖、全球覆盖。战场感知通过天空地海探测系统和网络空间,已经具备了全球互联互通和互操作的能力。网络通信拉近了人、装备及其相互之间的距离。通过互联网和移动通信,可以快速了解到全世界的相关情报和信息。

四是在速度上成倍提升。亚声速、超声速、高超声速,各类作战平台和导弹武器的速度越来越快,未来即将进入高超声速对抗的时代。定向能武器的出现和成熟应用,将很快实现光束打击和防御。随着军事智能化技术的应用和突破,观察、判断、决策、攻击回路和指挥控制的效率、速度,将显著提升。

五是在精度上越来越高。天、空、地、海各种探测手段越来越多,分辨率越来越高。卫星导航定位精度通过地基增强系统后可达分米级甚至厘米级,授时精度可达纳秒级。相应武器平台和弹药控制精度越来越高,打击毁伤威力成倍上升,打击效能呈指数级增长。

六是在数质量上追求优化和平衡。武器装备逐步从不太计较成本,追求高大上、综合作战能力强的"大平台"发展路子,逐步转向低成本、集群化、高低搭配、有人无人结合,寻求数量质量更加优化和平衡的发展策略,走可持续的发展道路。

七是在攻防上寻求不对称优势。以多吃少、以大吃小、以体系对局部、以先进对落后、以多能对简能、以多域对单域、以虚实互动对纯物理空间作战、以智能对非智能、以高智商对低智商和弱智商,成为未来战争寻求不对称优势的趋势。

五、新质作战能力加速发展

前面科学技术对战争颠覆性影响的深入分析表明,科技正在推动 AI 主导下的赛博与认知对抗、无人化与集群作战、高超声速对抗、多域融合与跨域攻防、新质综合防御、生物交叉竞争、开源争夺和利用等"1×7"类新质战斗力快速成形,并逐步成为主要作战力量和作战样式,加速战争形态向智能化战争迈进。

(1) 赛博与认知对抗。主要包括两方面内容:一是包括网络攻防、电子对抗、情报信息挖掘、舆情控制、心理战、意识干预等内容;二是充分利用虚拟空间不受时空、地理限制等优势,建立高仿真的虚拟战场、作战实验和模拟训练,实现知己知彼、运筹帷幄、未战先知、虚实互动,促进平行部队、平行作战、"软件定义战争"等颠覆性作战方式和能力的形成。赛博空间作战与认知对抗,是威慑和实战兼容的战略能力,是国家之间战略威慑、博弈和对抗的新空间新领域,是智能化作战的核心内容,其基本依托是网络信息体系、分布式云、平行系统等,主导力量是相关数据和 AI 模型库。

(2) 无人化与集群作战。主要涉及陆、海、空、天、网络和电磁领域,面向多样化任务的无人化作战与集群对抗。包括有人无人协同作战、以无人平台为主的作战、自主集群作战、基于 AI 的网络攻防和电子对抗等。其基本依托是各类无人机、地面无人平台、仿生机器人、无人船艇、无人潜航器、太空机器人、智能化弹药等无人平台及其多种多样的集群组合,核心力量是平台 AI、集群控制 AI、网电攻防 AI 等。其中,自主集群将逐步成为一种威慑力量。

(3) 高超声速对抗。随着先进动力、发射、导引、控制和高效毁伤技术的发展,从战略到战术、从单装到集群,各类高超声速平台和武器不断出现,在网络信息体系的支撑和智能化 AI 系统的主导下,高超声速对抗和精准毁伤的时代即将来临,成为一种威慑和实战兼备的作战能力。

(4) 多域融合与跨域攻防。在新一代互联网、物联网、认知通信网络、天基信息利用和大数据等技术推动下,基于网络信息体系的多维战场智能感知、多源信息关联融合、多域联合指挥控制、跨域火力打击、跨域机动突防、跨域综合保障等多域跨域作战行动成为可能,并且能够适应不同任务要求,跨域自组、同步协作,形成体系优势、多域优势和协同优势。

(5)新质综合防御。未来,随着进攻手段越来越多样化,在多域和跨域作战条件下,防御系统面临的威胁也复杂多样,必须通过技术探索提升四个方面的新质防御能力:一是防隐身飞机、巡航导弹、高超声速武器、无人机与弹药蜂群攻击;二是防恐怖分子多种手段、变化多端的袭击;三是防社会心理舆情急剧变化;四是做好战后治理、关键基础设施管控等安防任务。

(6)生物交叉竞争。一是脑科学、仿脑芯片、仿生机器人和仿生系统等人机混合智能技术的发展,将进一步促进军事智能化整体对抗水平的升级和跨越;二是以脑机技术为重点的脑控、控脑等人机智能交互信息链路、可穿戴系统、人机混编系统、情感交互系统的对抗,成为一个新重点;三是生物医药、人体机能增强、人造生命体、人造细菌等技术的发展,以及相关生物武器、基因武器、新型病毒的出现,将给人类生物领域的对抗与作战,带来新威胁新挑战。

(7)开源争夺和利用。随着高新技术领域军民融合范围越来越越来越广、越来越深,开放资源的争夺和高效利用越来越重要。一是信息化网络化智能化民用高端技术资源和力量的利用,成为军事技术的重要来源,特别是智能芯片、模型算法等核心软硬件系统,是大国竞争和防范的重点;二是开源信息资源的利用渠道越来越多、内容越来越广,地位作用更加突出,在军用信息中所占的比重将越来越高;三是民口普遍应用的互联网、物联网、卫星通信、移动通信,地面机动平台、空中运输平台、海上民用船舶、民用无人机、无人车、无人船、机器人、智能音箱,以及后勤物资器材、故障智能诊断、装备维修等,可以直接为军所用或者略加改动就可直接应用。

六、战略威慑体系正在重构

核武器出现后,世界形成了以核力量为支撑的战略威慑体系。随着时代的变迁,以核为主的威慑体系,正在向"核常兼备威慑体系"转变。

核常威慑是一个体系,包括核威慑和常规威慑两个方面。其中,常规威慑又包括赛博、空间、高超、自主集群、全球快反、军工基础六个领域,是威慑和实战兼备的能力与潜力。因此,核常威慑包含(1+6)七个领域:核威慑、赛博威慑、空间威慑、高超威慑、自主集群威慑、全球快反威慑和军工基础威慑。

核威慑是相对成熟和有效的战略威慑手段和能力,未来主要是升级换代和小型化战术运用,进一步提高突防能力、生存能力和二次打击能力,同时面临着禁核与反禁核、控制与反控制等方面的博弈和较量。

赛博威慑是一种新兴的正在发展的新型威慑,主要涉及国家网络信息、电力能源、经济金融、军事情报、社会舆情、个人隐私等方面的威胁、安全和对抗;同时还催生虚实互动、平行作战等新型作战能力的产生、完善、升级和跨越。

空间威慑也是一种正在发展和快速增长的威慑,主要包括进入空间、利用空间和控制空间的能力,包括空间和临近空间平台组网与利用、信息攻防、对地对海对空打击、反卫反导等能力。

高超威慑主要源于其超快的速度和新质毁伤能力,能够实施全球快速打击和战役战术组网攻击,将改变未来战争物理空间攻防对抗的形态、能力和结构,达到威慑与实战兼容并重的效果。

自主集群威慑是目前快速发展即将形成的一种新型威慑,由于其自动寻的、自主组网、自主攻击和集群涌现等效应,将产生不以人们意志为转移的打击效果和作战能力,引发恐怖威胁和心理震慑的扩散效应,必将成为各国竞相争夺的战略重点和国际社会严密防控的焦点、难点。

全球快反威慑主要指基于网络信息与智能化支持的海外远程快速反应和战术精准打击能力,包括"发现即摧毁"能力、战略快速投送与区域控制能力、重要人物"斩首"和重点目标快速清除能力等,同样具备威慑和实战双重效应。

军工基础威慑主要指依托强大综合国力的先进军工设计、生产、制造和动员保障能力,犹如一个庞大潜在的高新技术武器库和现代化作战体系的支撑力量,是一种潜在可持续的威慑和实战能力。

此外,随着生物及生物交叉技术的快速发展,新型生物对抗能否成为一种战略威慑手段和能力,还有待进一步研究和观察。因为传统的核生化武器,已经作为国际裁军和军控的一个重点。人造生命、基因武器、新型病毒的研究和发展,一开始是否就会受到国际社会的谴责和控制,能否顺利成为一种新型威慑手段,前景还不够清晰和明朗。相关研究和开发,一旦不受控制,新型生物战能力一定会成为一种新的可怕的战略威慑手段,其影响与核威慑不同,也超出了智能化领域的范畴。

七、战争正加速迈向新阶段

随着需求的不断变化、科技的不断进步、经济形态的不断创新,战争的外部条件、驱动因素、作战要素、能力构成、组织形态和作战样式等正在发生重大变化。威慑与常规、进攻与防御、软杀伤与硬摧毁、物理空间作战与虚拟空间对抗等能力和手段，日益丰富、相互交织，未来战争呈现"智能、全域、平行、融合、快速、综慑"等特征，作战系统呈现由分离向融合、由节点向网络、由单装向集群、由有控向自主、由单域向多域、由实物为主向虚实互动发展的趋势，战争正在加速迈向新阶段。

"智能"主要指战争形态加速从机械化、信息化向智能化更高阶段迈进。因为军事智能科技的发展，对于解决高复杂环境、高对抗博弈、高动态响应、信息不完全、边界不确定"三高两不"条件下，态势感知、目标识别、任务规划、快速打击、精确保障、网电攻防、认知对抗等海量信息甄别、多策略应对、多任务分配、多手段选择、多方式保障"一海四多"这类超越"人类极限"的问题，破除"战争迷雾"，提升复杂环境下智能感知、智能决策、智能攻防、智能保障、智能评估等作战能力，带来了一套全新的解决方案，表现出 AI 主导、无人化、集群化、虚实一体、不断进化等新形态新特点，对未来战争具有全局、长远、革命性影响。

"全域"主要指作战空间从"陆地、海洋、空天"物理域向"信息域、认知域、社会域、生物域"等领域拓展；作战行动从简单的三军联合、火力协同向多域互动、跨域攻防、全域作战和非战争军事行动泛在化拓展；作战过程（时域）从平战分割向平战一体、突发离散转变；作战地域从本土、周边向全球海外利益维护拓展；作战目的从物理摧毁、资源争夺、占领夺控向认知对抗、意识干预、共建共赢等多样化使命任务拓展。

"平行"主要指网络和智能化时代，平行部队、平行训练、软件定义战争是未来发展的一个重要趋势。大多数作战行动都是虚拟空间 AI 指导下的实战行为，基本上都要事先经过虚拟空间作战仿真、实验、建模及必要物理验证,利用虚拟空间不受时空、地理限制的优势,针对不同战场、对手和作战样式,通过虚拟战场、装备、士兵、指挥员等数字模型开展仿真对抗,把优化后的解决方案指导实体部队建设和作战,实现虚实互动、以虚促实、以虚制胜的目的。

"融合"主要指战争正在向开源开放、军民融合、资源共享等方向发展。冷战期间,国防投入在全球创新中的占比较高,因此很多民用技术成果来源于军用领域,军转民成为主流。但在信息化、网络化、智能化时代,这种情况开始逆转,商业投入在全球创新中的占比越来越高,在市场机制的驱动下,成果应用和转化速度明显比军用领域快,民用技术成果和资源的利用越来越重要。全球互联和物联的不断升级,为开源信息和民口资源利用提供了高效快捷的途径和渠道。军民在信息、技术、标准、人才、设施、产业、动员、保障等方面的开放协作与深度融合,成为一个必然趋势。

"快速"主要指感知快、决策快、行动快、保障快,追求"先敌发现、先敌决策、先敌响应、先敌打击、先敌控制、先敌防御"等效果。智能化时代战争的快速,一是包括机动、火力、防护等能量流的快速;二是包括网络信息交互、数据传输和指挥控制等信息流的快速;三是包括战场感知、态势分析、威胁判断、任务规划、力量协同、高效保障等决策链的快速。未来,观察、判断、决策、攻击回路越来越快,高超声速和蜂群系统的广泛应用,将很快达到战略层面"全球1小时打击"、战术层面实现"秒杀"的效果。

"综慑"主要指战略威慑正在向体系、多样、核常兼备、慑战兼容方向拓展。核武器由于其不可替代的独特作用,在未来相当长的时期内仍将发挥主要威慑作用。常规威慑因其慑战兼容的优势和相对低的门槛,将越来越受到各国的重视,并呈现多样化和体系化发展趋势。与此同时,在不远的将来,人类社会还可能面临生物领域潜在、新生的安全威慑与挑战。

总之,作战体系智能化程度越高,全域能力越强,虚拟实践越多,开放融合越深,作战行动越快,威慑手段越丰富,战争主动权越大,越容易实施综合威慑、多域协同、降维打击、高阶取胜,形成不对称优势。

从战略全局上看,虽然影响战争的因素很多、具体的作战样式也多种多样,但贯穿未来战争发展的灵魂与主线是智能化,平行、开放、快速、融合等,都是智能主导下的关联表现形式。目前,人类还处于"核威慑下的信息化战争"时期,在可预见的将来,到本世纪中叶,未来战争将是"核常威慑下面向全域的智能化战争"。

第三章
智能化战争形态与质变

人类文明的历史,是认识自然、改造自然的历史,也是认识自我、解放自我的历史。人类通过发展技术,开发和运用工具,不断增强能力、减轻负担、摆脱束缚、解放自己。扩展大脑的作用、增强四肢的能力,是人类孜孜不倦的追求。随着人工智能、大数据、云计算、生物交叉、无人系统、平行系统等智能科技的迅速发展及其与传统技术的深度融合,从认识论、方法论和运行机理上,改变了人类认识和改造世界的能力,智能化将是继机械化、信息化之后成为文明发展的一个新阶段,将引领军事领域实现群体性突破,推动军队战斗力构成及其生成模式实现根本性转变,加速智能化战争时代的到来。

一、历史的必然

人工智能概念自1956年提出,其研究目的是探寻智能本质,研制出具有类人甚至超人智能的机器。60多年的发展,虽然道路曲折，但人工智能从理论、技术到应用，已取得重大突破，技术拐点已经到来，全面应用深入推进，产业化速度明显加快，军事智能化与变革成为必然趋势[1]。

（一）人工智能的诞生（20世纪40—50年代）

1942年："机器人三定律"提出。美国科幻巨匠阿西莫夫提出"机器人三定律"，后来成为学术界默认的研发原则。第一定律：机器人不得伤害人类个体，或者目睹人类个体将遭受危险而袖手不管；第二定律：机器人必须服从人给予它的命令，当该命令与第一定律冲突时例外；第三定律：机器人在不违反第一、第二定律的情况下要尽可能保护自己的生存。

1950年：图灵测试。著名的图灵测试诞生，按照"人工智能之父"艾伦·图灵的定义：如果一台机器能够与人类展开对话（通过电传设备）而不能被辨别出其机器身份，那么称这台机器具有智能。同一年，图灵还预言会创造出具有真正智能的机器的可能性。

1954年：第一台可编程机器人诞生。美国人乔治·戴沃尔设计了世界上第一台可编程机器人。

1956年：人工智能诞生。1956年夏天，美国达特茅斯学院举行了历史上第一次人工智能研讨会。会上，麦卡锡首次提出了"人工智能"概念，定义为："研究、开发用于模拟、延伸和扩展人的智能的理论、方法、技术及应用系统的一门技术科学。通过了解智能的实质，并生产出一种新的能以人类智能相似的方式做出反应的智能机器，人工智能可以对人的意识、思维的信息过程进行模拟。人工智能不是人的智能，但能像人那样思考，也可能超过人的智能。智能涉及诸如意识、自我、思维、心理、记忆等问题。"纽厄尔（Newell）和西蒙（Simon）则展示了编写的逻辑理论机器。

1959年：第一代机器人出现。戴沃尔与美国发明家约瑟夫·英格伯格联手制造出第一台工业机器人。随后,成立了世界上第一家机器人制造工厂——Unimation 公司。

(二)人工智能的黄金时期(20 世纪 60—70 年代)

1965 年:兴起研究"有感觉"的机器人。约翰斯·霍普金斯大学应用物理实验室研制出 Beast 机器人。Beast 已经能通过声纳系统、光电管等装置,根据环境校正自己的位置。

1966 年:世界上第一个聊天机器人 ELIZA 发布。美国麻省理工学院的魏泽鲍姆发布了世界上第一个聊天机器人 ELIZA。ELIZA 的智能之处在于她能通过脚本理解简单的自然语言,并能产生类似人类的互动。

1968 年:世界第一台智能机器人诞生。美国斯坦福研究所公布他们研发成功的机器人 Shakey。它带有视觉传感器,能根据人的指令发现并抓取积木,不过控制它的计算机有一个房间那么大,可以算是世界第一台智能机器人。

1968 年:计算机鼠标发明。1968 年 12 月 9 日,美国加州斯坦福研究所的道格·恩格勒巴特发明计算机鼠标,构想出了超文本链接概念,它在几十年后成了现代互联网的根基。

(三)人工智能的低谷(20 世纪 70—80 年代)

20 世纪 70 年代初,人工智能遭遇了瓶颈。当时的计算机有限的内存和处理速度不足以解决任何实际的人工智能问题。要求程序对这个世界具有儿童水平的认识,研究者们很快发现这个要求太高了:1970 年没人能够做出如此巨大的数据库,也没人知道一个程序怎样才能学到如此丰富的信息。由于缺乏进展,对人工智能提供资助的机构,如英国政府、美国国防部高级研究计划局和美国国家科学委员会,对无方向的人工智能研究逐渐停止了资助。美国国家科学委员会(NRC)在拨款 2000 万美元后停止资助。

(四)人工智能的繁荣期(1980—1987 年)

1981 年:日本研发人工智能计算机。日本经济产业省拨款 8.5 亿美元用以研发第五代计算机项目,在当时被叫做人工智能计算机。随后,英国、美国纷纷响应,开始向信息技术领域的研究提供大量资金。

1984 年:启动 Cyc(大百科全书)项目。在美国人道格拉斯·莱纳特的带领下,启动了 Cyc 项目,其目标是使人工智能的应用能够以类似人类推理的方式工作。

1986 年:3D 打印机问世。美国发明家查尔斯·赫尔制造出人类历史上首个 3D 打印机。

(五)人工智能的冬天(1987—1993 年)

"AI 之冬"一词由经历过 1974 年经费削减的研究者们创造出来。他们注意到了对专家系统的狂热追捧,预计不久后人们将转向失望。事实被他们不幸言中,专家系统的实用性仅仅局限于某些特定情景。到了上世纪 80 年代晚期,美国国防部高级研究计划局(DARPA)的新任领导认为人工智能并非"下一个浪潮",拨款将倾向于那些看起来更容易出成果的项目。

(六)人工智能的春天(1993—2019 年)

1997 年:电脑深蓝战胜国际象棋世界冠军。1997 年 5 月 11 日,IBM 公司的电脑"深蓝"战胜国际象棋世界冠军卡斯帕罗夫,成为首个在标准比赛时限内击败国际象棋世界冠军的电脑系统。

2002 年:家用机器人诞生。美国 iRobot 公司推出了吸尘器机器人 Roomba,它能避开障碍,自动设计行进路线,还能在电量不足时,自动驶向充电座。Roomba 是目前世界上销量较大的家用机器人。

2011年：开发出使用自然语言回答问题的人工智能程序。Watson（沃森）作为IBM公司开发的使用自然语言回答问题的人工智能程序参加美国智力问答节目，打败两位人类冠军，赢得了100万美元的奖金。

2012年：Spaun诞生。加拿大神经学家团队创造了一个具备简单认知能力、有250万个模拟"神经元"的虚拟大脑，命名为"Spaun"，并通过了最基本的智商测试。

2013年：深度学习算法被广泛运用在产品开发中。脸书人工智能实验室成立，探索深度学习领域，借此为脸书用户提供更智能化的产品体验；谷歌收购了语音和图像识别公司DNNResearch，推广深度学习平台；百度创立了深度学习研究院等。

2014年：机器人首次通过图灵测试。在英国皇家学会举行的"2014图灵测试"大会上，聊天程序"尤金·古斯特曼"（Eugene Goostman）首次通过了图灵测试，预示着人工智能进入全新时代。

2015年：人工智能突破之年。谷歌开源了利用大量数据直接就能训练计算机来完成任务的第二代机器学习平台Tensor Flow；剑桥大学建立人工智能研究所等。

2016年：AlphaGo战胜围棋世界冠军李世石。2016年3月15日，谷歌人工智能AlphaGo与围棋世界冠军李世石的人机大战最后一场落下了帷幕。人机大战第五场经过长达5小时的搏杀，最终李世石与AlphaGo总比分定格在1比4，以李世石认输结束。这一次的人机对弈让人工智能正式被世人所熟知，整个人工智能市场像是被引燃了导火线，开始了新一轮爆发。

2017—2019年，哥伦比亚大学的Lipson教授团队，研究了具有自我意识功能的六足机器人，后来又研究制造出可以自我复制的AI机械臂（图3-1）。

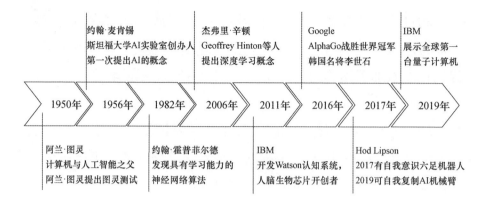

图 3-1 人工智能发展简史

二、智能化时代

人工智能经过近半个多世纪的发展,已经从量变到质变,技术发展瓶颈和拐点已经过去,各领域各行业的应用正在飞速发展,开启了智能化新时代的进程。

(一)量变到质变

从历史上看,人工智能主要分为三大门派:一是以模仿大脑皮层神经网络及网络之间的连接机制与学习算法的连接主义(Connectionism),主要表现为深度学习方法,即用多隐层的处理结构处理各种大数据;二是以模仿生物个体、群体感知动作控制系统的行为主义(Actionism),主要表现为具有奖惩控制机制的强化学习方法,即通过行为增强或减弱的反馈来实现输出;三是以物理符号系统假设和有限理性原理为代表的符号主义(Symbolicism),主要表现为知识图谱应用体系,即用模拟大脑的逻辑结构来加工处理各种信息和知识。

正是由于这三种人工智能派别的取长补短,再结合蒙特卡罗搜索和贝叶斯优化等算法，使得特定领域的人工智能系统超过人类的智能成为了可能，如 IBM 的 Waston 问答系统和谷歌 Deepmind 的 AlphaGo 围棋系统等。如果问题要求在有限采样内，必须给出一个解，但不要求是最优解，那就要用蒙特卡罗算法。反之，如果问题要求必须给出最优解，但对采样没有限制，那就要用拉斯维加斯算法。

传统的人工智能研究思路是"自上而下"的，它的目标是让机器模仿人，认为人脑的思维活动可以通过一些公式和规则来定义，因此希望通过把人类的思维方式翻译成程序语言输入机器，来使机器有朝一日产生像人类一样的思维能力。这一理论指导了早期人工智能的研究。

1976 年，Newell 和 Simon 提出了物理符号系统假设，认为物理符号系统是表现智能行为必要和充分的条件。这样，可以把任何信息加工系统看成是一个具体的物理系统，如人的神经系统、计算机的构造系统等。上世纪 80 年代，Newell 等人又致力于 SOAR 系统的研究。SOAR 系统是以知识块(Chunking)理论为基础，利用基于规则的记忆，获取搜索控制知识和操作符，实现通用问题求解。Minsky 从心理学的研究出发，认为人们在他们日常的认识活动中，使用了大批从以前的经验中获取并经过整理的知识。该知识是以一种类似框架的结构记存在人脑中。因此，在上世纪 70 年代他提出了框架知识表示方法。20 世纪 80 年代，Minsky 认为人的智能根本不存在统一的理论。1985 年他发表了《Society of Mind(思维社会)》，指出思维社会是由大量具有某种思维能力的单元组成的复杂社会。以麦卡锡和 Nilsson 等为代表，主张用逻辑来研究人工智能，即用形式化的方法描述客观世界。逻辑学派在人工智能研究中，强调的是概念化知识表示、模型论语义、演绎推理等。麦卡锡主张任何事物都可以用统一的逻辑框架来表示,在常识推理中以非单调逻辑为中心。

1982年,连接主义代表人物约翰·霍普菲尔德(John Hopfield)发现了具有学习能力的神经网络算法。后来,又找到了更简单的统计方法:支持向量机(Support Vector Machine 即 SVM,是一类按监督学习方式对数据进行二元分类的广义线性分类器),它消耗的计算资源更少。之后,长短期记忆(LSTM,一种时间递归神经网络,适合于处理和预测时间序列中间隔和延迟相对较长的重要事件)网络算法也被提出。

进入新世纪以后,Geoffrey Hinton 等人提出深度学习概念。从 2010 年开始,以深度学习为代表的机器学习成为 AI 行业主导,计算机硬件的发展更是让"连接主义"如鱼得水,连手机的计算力都能完成识图任务。人工智能在机器学习的帮助下,取得了巨大的成就,支撑关键技术取得突破。以计算机视觉为例,2011 年前,尽管已努力数十年,但计算机视觉识别的错误率始终在 26% 以上。而随着深度学习、大数据等技术的出现和应用,错误率开始急剧下降。至 2015 年,微软研发的"深度残差网络"已超越人类,其识别错误率仅为 3.57%,比人眼的 5.1% 还低 30%。可以说,关键技术突破和支撑性技术的发展,使人工智能发展从量的累积突变到质的跃升,人工智能革命由此拉开帷幕。

在无人系统研究领域,通过深度学习识别环境与目标,在任务与路径规划中采用行为主义和奖惩机制的做法,可以得到更好的效果。如果机器人向符合人类期望的那样去做,就会得到更多的奖励和权值,反之权重就会削弱和降低。行为主义思想,与其他智能原理、思路、途径结合,未来在军事领域是个非常重要的应用方向,将有更大的需求、优势和发展潜力。

总之，人工智能三大主义及蒙特卡罗搜索、贝叶斯优化等算法，对军事领域的影响是全方位的、深刻的、革命性的。

连接主义的影响主要体现在战场态势感知领域，重点是智能探测和识别各类军事目标的可见光、红外、视频、电磁频谱、声纹等信号特征，以及目标的位置、数量、分布、运动轨迹、速度、威胁程度等建模、分析、计算。

符号主义的影响主要体现在指挥控制与决策领域，重点包括战前基于专家知识、交战规则、数据模型的作战仿真推演，形成各种作战方案和预案；战时根据不同战场态势、对方力量威胁程度、已方作战能力，进行自动排序与优化匹配，自适应的形成作战任务规划和各种动态调整方案，基于人机混合的决策模式，进行自动化、半自动化、以人为主的指挥控制与作战协同。

行为主义的影响主要体现在作战行动与装备应用领域，各类单装系统、有人无人协同系统、无人化集群系统等，根据各自的作战使命任务，围绕各类目标的打击、毁伤与防护，按照奖惩机制原理，对各类武器系统的控制模型和算法，进行精确定量的评估、优化、提升和完善，如果与目标任务一致就奖励，如果出现偏差就进行修正和惩罚。

(二) 拐点已过

近年来，神经生理学和脑科学的研究成果表明，脑的感知部分，包括视觉、听觉、运动等脑皮层区不仅具有输入/输出通道的功能，而且具有直接参与思维的功能。智能不仅是运用知识，通过推理解决问题，智能也处于感知通道。人类的大脑拥有两个系统，一个是从脑神经到各个器官的连接系统，另一个是通过免疫系统的再反馈系统。如何完全了解脑结构、功能及其运行机制，是科学界正在研究探索的重要课题之一。

由于我们对人类智能本身还知之甚少,所以人工智能的发展比预想的要慢很多。图灵当时也做了个比较乐观的预测,他预测在 2000 年左右,机器极有可能会通过"图灵测试",拥有初步的智能行为,现在看来这一时间延后了。在发展的早期,对基本问题认识不足、发展目标过于超前、计算能力缺乏等问题,一直是人工智能难以实现重大突破的障碍。进入新世纪,以深度学习为代表的智能算法,以及大数据、云计算等关键技术的出现和综合运用,从根本上打破了发展困境,人工智能由此得以快速崛起。

2016 年以来,人工智能进入加速发展的新阶段。特别是在移动互联网、大数据、超级计算、传感网、脑科学等新理论新技术以及经济社会发展强烈需求的共同驱动下,人工智能呈现深度学习、跨界融合、人机协同、群智开放、自主操控等新特征。大数据驱动知识学习、跨媒体协同处理、人机协同增强智能、群体集成智能、自主智能系统成为人工智能发展重点。受脑科学研究成果启发的类脑智能蓄势待发,芯片化、硬件化、平台化趋势更加明显。当前,新一代人工智能在学科发展、理论建模、技术创新、软硬件升级等方面全面推进,正在引发链式突破,推动经济社会各领域从数字化、网络化向智能化加速跃升。

到 2017 年年底,人工智能研究主要聚焦在五大领域并产生了重要影响:机器人和无人驾驶汽车、计算机视觉、自然语言、虚拟助手、机器学习与深度学习。人工智能虽然仍处于初级阶段,即弱人工智能时期,但智能化浪潮已经汹涌而至。会不会再次出现 20 世纪 60 年代、80 年代那样昙花一现、热潮之后是寒冬的现象呢,多数专家学者认为,新一轮人工智能发展可能有曲折,但拐点已过,蓬勃趋势不可阻挡。

创新应用全面展开。人工智能技术突破一旦形成,技术溢出将不可避免,已吸引各个领域争相引入。谷歌 2015 年正式启用基于机器学习的全新人工智能算法 RankBrain,已成为谷歌搜索排序时数百项指标中的第三大重要指标;人工智能、物联网、云计算与传统工业的融合,已催生一场智能制造革命。目前,人工智能不但进入到一般实体经济领域,在传统信息服务领域也得到广泛应用,而且渗透到了高端、脑力密集型行业,如医疗业、新闻业、金融业等,人工智能的星星之火已渐成燎原之势。

智能化格局加速形成。以深度学习为代表的人工智能在一些领域的成功应用及广阔前景,引起了研究机构、产业界及大国的高度关注。各方已将其作为未来发展的"制高点",加紧进行战略布局。在技术层面,以 2015 年为转折点,脸书、谷歌、微软等世界科技巨头密集开源人工智能开发平台,人工智能研发自此进入到社会大众广泛参与的新阶段,其创新应用呈现爆发式发展。在产业层面,人工智能已成为世界科技巨头和资本追逐的重点,各大公司在人工智能人才、技术、投资等方面的争夺日趋白热化,来自谷歌、百度等数字巨头的投资增长迅猛。

人工智能成为经济发展新引擎。人工智能作为新一轮产业变革的核心驱动力,将重构生产、分配、交换、消费等经济活动各环节,形成从宏观到微观各领域的智能化新需求,不断催生新技术、新产品、新产业、新业态、新模式,引发经济结构重大变革,深刻改变人类生产生活方式和思维模式,实现社会生产力的整体跃升。

人工智能带来社会建设的新机遇。人工智能在教育、医疗、养老、环境保护、城市运行、司法服务等领域广泛应用,将极大提高公共服务精准化水平,全面提升人民生活品质。2016 年,日本东京大学医学所在 IBM"沃森"人工智能平台上导入 2000 多万篇医学论文,它在 10 分钟后就诊断出连医生也很难判断的特殊白血病,同时提出改变治疗方案,最终拯救了一位60多岁患者的生命。

人工智能成为国际竞争的新焦点。世界主要发达国家把发展人工智能作为提升国家竞争力、维护国家安全的重大战略,力图在新一轮国际科技竞争中掌握主导权。美国2016年发布《为人工智能的未来做好准备》《国家人工智能研究与发展战略规划》和《人工智能、自动化和经济》白皮书,2019年提出创建"美国AI计划"。俄罗斯总统普京2017年9月公开提出:"人工智能是俄罗斯的未来,谁能成为该领域的领导者,谁就将主宰世界"。2019年10月10日,俄罗斯总统普京签署了《2030年前国家人工智能发展战略》,提出了优先发展方向、重点任务及机制举措,旨在加快人工智能发展,提升俄罗斯在世界人工智能领域的独立性与竞争力。2017年7月8日,中国国务院印发《新一代人工智能发展规划》,提出了面向2030年中国新一代人工智能发展的指导思想、战略目标、重点任务和保障措施,部署构筑中国人工智能发展的优势,加快建设创新型国家和世界科技强国。

人工智能发展的不确定性带来新挑战。人工智能是影响面广的颠覆性技术,可能改变就业结构、冲击法律与社会伦理、侵犯个人隐私、挑战国际关系准则等,将对政府管理、经济安全和社会稳定乃至全球治理产生深远影响。在大力发展人工智能的同时,必须高度重视可能带来的安全挑战,加强前瞻预防与约束引导,最大限度降低风险,确保人工智能安全、可靠、可控发展。

21世纪的第二个十年,可以说是人工智能崛起并迅速扩张的十年。随着各方面创新应用的全面展开,人类社会各个领域正遭遇前所未有的智能化浪潮冲击,旧的游戏规则被打破,新规则不断酝酿形成。根据未来今日研究所(Future Today Institute)发布的《2021年科技趋势报告》,近几年AI在企业、医疗、健康、科学、消费者、研究、安全、社会等几乎所有领域取得进展，海量翻译系统、人工情感智能、无服务器计算、云中 AI、边缘计算、先进人工智能芯片、数字孪生、加速科学发现、首次药物合成、检测病毒突变、思维探测、算法市场、个人数字双胞胎、机器阅读理解、AI 自我总结、自动机器学习、人机混合视觉、通用强化学习算法、数字助理、面试 AI、从短视频生成虚拟环境、自动语音克隆和配音、关键基础设施 AI、捕捉欺骗行为等众多应用都有重要突破。报告指出，从 2021 年到 2027 年，全球人工智能市场预计将以 42.2% 的年复合增长率继续增长。报告还指出，当前的全球秩序正在由人工智能塑造，人工智能领先的国家正在开发含有自主功能的智能化武器系统；在过去的几年里，美国一些最大的人工智能公司已经与军方合作，推进研发并提高效率，加速新型军工联合体和算法战争进程，未来战争将以代码形式进行，使用数据和算法作为强大武器。

DeepMind 的一些研究项目已经证实了人工智能在某些领域比人类做得更好。研究团队不再采用人类事先制定好顶层规划和结构，而是采用自下而上的方法，通过对大自然中人类和动物的行为研究，认为不同形式的智能源于不同环境中不同奖励信号的最大化，即在所处环境中获得最大回报，得出了"通过奖励最大化就可实现通用人工智能"的结论。研究团队建议将强化学习作为智能代理的主要学习方法，通过环境、代理、奖励机制三要素有机组合，让代理用自然界奖励最大化方法学习感知、语言、社交等能力，并最终形成通用人工智能。这一结论，跨越了弱人工智能门槛，成为明天强人工智能漫长探索的一部分。

（三）三件大事

在近几年人工智能及相关技术领域成果中，有三件大事值得关注。

第一件大事：IBM宣布，已经成功研制出世界上第一台独立的量子计算机，客户可以通过互联网使用这台量子计算机，进行大规模的数据计算。2019年1月9日，在一年一度的国际消费类电子产品展览（Consumer Electronics Show）上，IBM展示了被誉为"杀手锏"量子计算机（图3-2）。这台名叫IBM Q System One的量子计算机，被装在2.3米高的玻璃盒里展现在了世人面前。IBM的量子计算机终于进入了商用环节，比原计划整整提前了两年。

图3-2　IBM研制出世界上第一台独立的量子计算机

这真是一个划时代的跨越。以前看起来遥不可及的量子计算机，一下子就逼近了人类的身边。为什么量子计算机要藏在一个玻璃箱里呢？因为这台量子计算机是由以下零部件组成的：容纳处理计算的量子比特的加固室、液氦罐和其他低温设备，使量子比特的温度保持在绝对零度（-273.15℃）左右，以及电子装置，用以控制量子比特的动作并"读取"它们的输出，还有连接这一切元素的电缆。图片中最显眼的是中间那个抛光的钢制圆管,那是外面包住量子比特的保护壳。整个计算机一共有四个外壳,一层一层地包住量子比特,目的就是保护它免受外界干扰。

量子计算机的计算能力是划时代的跨越。比如,要破解目前常用的一个 RSA 密码系统,用当前最大最快超级计算机需要花 60 万年,但用一个有相当存储功能的量子计算机,则只需花上不到 3 个小时。在量子计算机面前,我们曾经引以为豪的传统计算机,就相当于以前的算盘,分分钟被降维打击。从电子计算机飞跃到量子计算机,整个人类计算能力、处理大数据的能力,将出现巨大的提升。IBM 宣布的量子计算机,20 量子比特机已经开放,50 量子比特机也很快产业化。所谓 50 量子比特机,即一步就能计算 2 的 50 次方,即 1125 亿亿次。

第二件大事:2019 年 1 月 23 号,美国《Science Robotics》发表了哥伦比亚大学机械工程学教授、创意机器实验室主任 Hod Lipson 团队的一项研究成果,宣称一个机器人(机械臂)有了"自我意识"(图 3-3)。

图 3-3　哥伦比亚大学 Lipson 团队有"自我意识"的机械臂

Lipson 教授和他的博士生先制造了一个没有搭载复杂计算机结构、没有参照任何物理学、几何动力学相关知识的、与人体手臂大小相当的"铁手臂",它有四个可以自由调节的关节臂,然后让这个"铁手臂"开始了长达 35 小时的随意运动。该机器人(机械臂)AI 在经过 35 小时训练后,创建了一套自我模拟器,并利用自模拟器来考虑和适应不同情况,处理新任务,甚至能检测并修复机体损伤。在运动的过程中,它需要收集大约 1000 个运动轨迹,每个轨迹包含 100 个运动节点,然后利用深度学习构建自我模型。建立自我模型的这个过程又被称作"自我想象",此前的机器人一般是通过人类输入的模型以及不断尝试来进行自我学习,而这次机器人展示的是自我思考的能力,能够想象出自己的形态,知道自己的目的即如何完成自我复制。结果是,机器人"无师自通",它所构建的自我模型与实际物理形状之间误差不超过 4 厘米,能够精准地完成任务。

实验中,在允许机械臂根据运动轨迹自我调整的"可校准"模式下,它能以 100% 的成功率将多个小球夹起放入杯中。研究人员称:"这就像人类闭着眼睛去拿起一个杯子",即便是人类,也要经过训练和适应才能完成。

不仅如此,研究人员为机械臂换上 3D 打印的残缺零件,以模拟其身体损伤后,这条机械臂就像感觉到了自己的"损伤",通过一段时间的学习与调整,最终适应了全新的身体结构,继续完成之前捡东西的任务,在效率上也没有降低。

尽管目前这个机械臂的自我意识还很粗浅,类似于婴儿的自我学习过程,但 Lipson 教授推测这与人类自我意识的进化起源相似。

第三件大事:2019 年 7 月 16 日,脑机接口创业公司 Neuralink

首席执行官埃隆·马斯克(Elon Musk)召开发布会,称已经找到了高效实现脑机接口的方法。该公司已经开发出一套脑机接口系统:利用一台神经手术机器人向大脑内植入4~6微米粗细的线,就可以直接通过USB-C接口读取大脑信号,甚至可以通过iPhone进行控制(图3-4)。按照Neuralink的方法,将只有人类头发1/4宽度的细线通过特殊的手术机器人"缝"入大脑,由1024根细线组成的"线束"附在一个小芯片上,其中10根将植入皮肤,每一根都可以无线连接到耳朵后面的一个可穿戴、拆卸、升级的设备,而这个设备可以手机无线通信。当天马斯克在视频网站YouTube上进行了直播演示,他说:"猴子已经能够用大脑控制电脑了。"技术如果有效,Neuralink还计划测试实现更高宽带的大脑连接,使用新型的"线"连接,记录更多神经元活动。

图3-4 Neuralink在头皮中植入电极将人类大脑和计算机相连

Neuralink设计的电极不仅可以从神经元中读取大脑,还能将信号"写入大脑"。马斯克曾表示,该公司将致力于研究脑机接口技术,在人脑中植入电极,将人类大脑和计算机相连,未来可以直接上传和下载想法。他的目标是消除大脑和机器之间的隔阂:无需通过手机把想法传达给另一个人,而是把想法直接从一个人的大脑转移到另外一个。

2020年8月29日,埃隆·马斯克用一只名叫格特鲁德(Gertrude)的猪展示了他的初创公司Neuralink的最新技术水平。Neuralink的"脑机接口"设备上的无线连接显示了这头猪周五晚上在舞台上围着一支笔嗅来嗅去时的脑部活动情况(图3-5)。

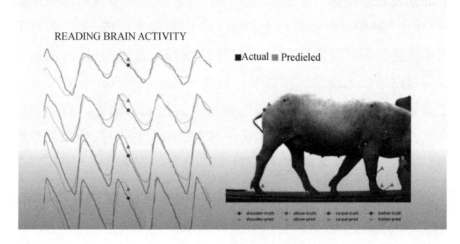

图3-5 Gertrude猪的实际行为与预测信号曲线很吻合

Neuralink此次的演示表明,与2019年产品首次亮相时相比,脑机接口技术更加接近实现马斯克的雄心壮志。马斯克表示,美国食品和药物管理局(US Food and Drug Administration)在2020年7月份批准了"突破性设备"的测试。马斯克还展示了第二代脑机接口设备,该设备更为完善,可以装进颅骨上一个洞中挖出的小空腔之中(图3-6)。

马斯克谈到这款设备时表示:"它就像一个装在你头骨里的Fitbit(智能穿戴设备),上面有很多小导线。"这款设备可以通过1024个穿透脑细胞的薄电极与脑细胞交流。此外,还有一个连接到外部计算设备的蓝牙连接。不过该公司正在研究其他无线电技

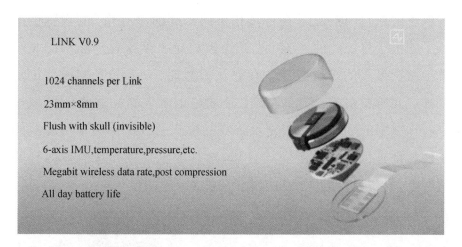

图3-6 马斯克还展示了可装入颅骨小空腔中的第二代脑机接口设备

术,希望可以显著增加数据连接的数量。

Neuralink最先关注医学治疗,例如帮助人们处理大脑和脊髓损伤或先天性缺陷。马斯克说:"如果你能感觉到人们想用他们的四肢做什么,你就可以在脊椎受伤的地方进行第二次植入,并产生一个神经分流。从长远来看,我有信心恢复一个人的全身活动。""神经芯片可以测量温度、压力和运动情况,这些数据可以在心脏病或中风发作之前给予用户警告"。

Neuralink的长期目标是建立一个"数字超级智能层",将人类与人工智能联系起来,其中包括"双方自愿的心灵感应",即两个人可以通过相互思考而不是通过写作或说话来进行数字化的交流。在谈及Neuralink的科幻用途时,马斯克说:"未来将会很奇怪。在未来,你将能够保存和回复记忆。你可以把它们下载到一个新的身体或者机器人的身体里。"

2021年4月,Neuralink又发布了一篇新的博客文章与视频,展示了他们通过植入脑机接口技术,猴子Pager能够在没有游戏操纵杆的情况下,仅用大脑意念来玩Pong(一款模拟两个人玩乒乓球的电子游戏)。据介绍,在视频拍摄约六周前,"猴哥"的大脑被植入了脑机接口。此前,"猴哥"已经被教导在美味香蕉冰沙的奖励下学习操纵手柄来玩游戏。在它玩游戏时,Neuralink的设备记录了神经元所发射的信息,本质上是通过记录大脑亮起来的区域来学习预测手的动作。学习完玩游戏的模式后,Pager用来玩游戏的手柄与计算机断开了连接。但Pager却能够继续在没有操纵杆的情况下,只用自己的大脑意念玩游戏(图3-7、图3-8)。

图3-7　Pager在用吸管享受自己的奖励:一杯美味的香蕉冰沙

量子计算机的面世、自我意识机器人的产生、人类大脑和计算机链接、5G的成熟运用、大数据蓬勃发展、海量小卫星的应用等,将极大地推动人工智能快速发展及其军事应用步伐。很可能在不远的将来,人类社会和传统作战力量,在"量子计算+高级人工智能+军事应用"面前,将变得十分无力和脆弱,对人类社会和军事领域将是一场大海啸、大革命。

战争历史表明,每一次重大科技革命及其关联的产业革命,均牵引了军队作战思想、理论战法、武器装备、部队编成、军事训

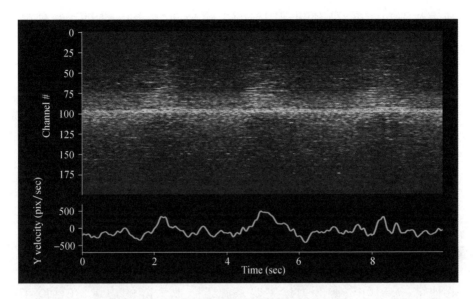

图 3-8 曲线表示 Pager 头部面板解码的神经活动所产生的垂直速度

练、后勤保障等军事领域重大变革,推动战争形态发生实质性改变。

三、从陆权到智权

人类战争的历史表明,战争的控制权是随着科技的进步和时代的发展而不断变化、不断丰富和不断演进的。19 世纪以来,先后经历了陆权、海权、空权、天权、信息权的控制与争夺,未来即将走向智权的竞争。

（一）陆权

20 世纪初,英国地理学派代表人物麦金德提出了陆权论的思想。他集中比较了有代表性的国家战略:控制欧亚心脏地带战略,如德国和俄罗斯等国家;控制边缘地带战略,如英国和美国等国家。他发现铁路和电报等工业与技术的发展,有助于提高军事行动的范围和速度,他预测利用新的运输和通信技术,动员心脏地带的资源,将帮助心脏地带国家建立受保护的通信线路,在他们选择的地域内快速展开军事行动。他把欧亚大陆与非洲合称为"世界岛",把欧亚大陆和非洲相对偏远的心脏地带称为"中心地带"。他的三句名言是:谁统治东欧,谁就控制了"中心地带";谁统治"中心地带",谁就控制了"世界岛";谁统治"世界岛",谁就控制了全世界[2]。

后来,美国的尼古拉斯·约翰·斯皮克曼于1944年提出了陆缘理论,出版了《和平地理学》,认为欧亚大陆的中心地带自然环境比较严酷,人口稀少、经济落后,因此主宰世界的关键地区不在中心地带,人口和资源等力量主要来源于欧亚大陆的边缘,在西欧半岛和东亚。军事行动的拓展,如两栖作战,航母或陆基空中力量,将使得陆地边缘国家在欧亚大陆以及世界的其他地方发挥关键作用。他修改了麦金德的主张,认为"谁控制了边缘地带,谁就能控制欧亚大陆;谁控制了欧亚大陆,谁就能控制世界"。

陆权理论对大陆国家发展和地面作战形态产生重大影响。特别是随着蒸汽机、燃气轮机和柴油机等动力技术的发展,地面大规模机械化兵团集群对抗成为主要作战样式。这一样式在二战期间苏德战场上表现得淋漓尽致。比如,仅库尔斯克会战双方就投入兵力共400余万人、火炮和迫击炮69000余门、坦克和自行火炮13000余辆、作战飞机12000架,并在普罗霍罗夫卡地域发生了历史上规模最大的坦克遭遇战,双方共出动坦克和自行火炮多达1200辆。

由于历史的局限性,陆权理论的提出未考虑到科技发展对战争的影响,而主要关注了地理对作战行动的限制和历史上游牧民族强大的进攻性、影响力。从现代视角看,有它的局限性,但从当时的角度看,有它的合理性。进入新世纪新阶段,随着世界科学技术、经济和社会形态的发展变化,中国部分专家学者对陆权又有了新认识,陆权既代表了陆地空间的生存权,又包含了发展权。单纯从经济社会发展的角度观察,陆权比海权、空权、天权和信息权更重要。简而言之,人类离开海、空、太空和信息空间,不影响人类生存,但如果离开陆地空间则不行。陆权是海权、空权、天权、信息权等其他形态控制权的基本前提,但也需要其他形态的控制权来共同增强国家的影响力[3]。

(二) 海权

1890年,马汉出版了《海权论》。马汉认为,对于海洋贸易的经济大国,海军力量是国家重大战略的基础,应优先发展海军和商业船队,以增强其国际存在,扩大贸易,支持海军力量向岸上拓展。马汉写道:"海上力量的成长是广义的……不仅仅包括海洋上的经济力量,它以武力的方式统治着海洋或部分海洋,而且也涉及和平贸易与航运。唯其如此,才能自然和健康的诞生一支海军舰队,才能使其稳如泰山。"

马汉海权论和海军战略理论的提出,对世界海军力量建设、海上贸易与资源争夺产生了重大影响。海权论极大地促进了海军装备建设,战列舰、巡洋舰、驱逐舰、护卫舰、大型航母及其舰载机和指挥控制系统,常规潜艇和核潜艇,两栖装备等武器装备纷纷登上了历史舞台。二战期间,美日中途岛战役就是一个典型的海战案例。

(三) 空权

意大利的杜黑提出了《空权论》。他注意到了随着航空技术的发展,利用空中力量打击敌人的能力不断增强,认为"它可直接粉碎人们的物质资源和精神力量,直到所有的社会结构都坍塌"。赞同空权论的理论家认为,未来战争持续很短,占据制空权的一方将获得优势。美国专家 Mitchell 认为："空中力量的出现,能够直达中心,并对其进行压制和摧毁,给传统的作战理论带来了全新的变化。现在,人们认识到敌方在作战地域的陆军,不再是主要的目标。"

空权论导致了空中制胜论的思想观点逐渐占了上风,并影响至今。1906 年莱特兄弟发明飞机以后,很快就把这种新式装备用于对地面的进攻作战,以至于后来相继产生了空中格斗的战斗机、对地攻击的强击机、远程探测的侦察机与轰炸机、空中集群攻防的指挥预警机、运输直升机、武装直升机、隐身飞机和无人飞机等。第二次世界大战和上世纪九十年代以来的局部战争表明,制空权的争夺和空中力量的实施,对战争的胜负产生了决定性的影响。科索沃战争是一场完全由航空兵和导弹主导的战争,78 天的空袭达成了作战目的,成为一种完全独立的战争模式。

(四) 天权

随着科技的进步,人类将军事和经济活动,从空中推向了太空。20 世纪五六十年代,人造卫星和洲际弹道导弹的出现,使得战略重点走向太空。目前,太空虽然是一个全球公共资产,是一个共享的资源和领域,但在战略威慑和军事作战体系中的地位作用,越来越突出,越来越重要。美国专家 Mark Harter 强调太空是新的高地,"空间系统将显著提高军事力量打击敌人心脏或重心的能力,可瘫痪对手,使陆地、海洋和空中力量快速获得战场优势"。外层空间是继陆地、海洋和空中之后人类活动的第四疆域,这一疆域的活动对于国家安全、经济利益、科技发展和社会进步具有重要战略意义。

几十年来,人类航天活动数量增长迅速,引发对有限资源的激烈竞争,航天力量在现代战争中所具有的重大意义,使各国在太空领域的对抗与较量成为必然。美军在全球信息栅格建设、远程联合作战、全球一体化作战等诸多军事行动中,天基侦察、通信、导航、气象等卫星信息资源的利用和应用,对体系化作战、超视距打击和联合协同作战起到了至关重要的作用。在重大战役行动中,天基信息对美军战场信息的支持超过了一半以上,有些战役行动甚至超过了80%以上。在新形势下,制天权的争夺已经超越了天基信息的利用范畴,进入了空间攻防与控制的新阶段。太空争夺是国家之间进入空间、利用空间、控制空间能力的较量,争夺的核心是空间资源占有、航天装备与技术、空天攻防主导权、人类外空活动规则制定权及话语权等方面。

(五) 信息权

20世纪80年代以来,随着计算机、互联网、GPS和移动通信的发展,C^4ISR、综合电子信息系统、赛博空间、信息化装备等信息化作战能力,在战争中的地位作用日益突出,制信息权成为夺取战争胜负的关键,并对其他制权产生重要影响,同时催生了数字化部队、网络化部队、电子战部队等新质作战力量的出现。以综合电子信息系统为核心的信息化能力建设,在体系和技术层面把三军的作战力量真正形成了一个整体,实现各领域各层次"从传感器到射手的无缝快速信息连接",从而构成一体化联合、立体、精确的打击能力,实现以体系对局部、以快制慢的作战优势。美军海湾战争以后,就一直在做这件事(图3-9)。从2011年提出大数据计划开始,美军在信息化基础上,相继颁布和提出了大数据计划、云计算战略、联合作战自适应任务规划软件、虚拟参谋、算法战、多域战、马赛克战、联合全域作战等举措,已经开始了智能化建设的进程。

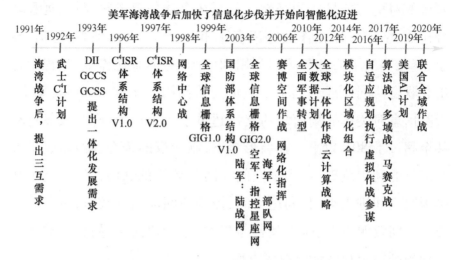

图 3-9 美军海湾战争后加快了信息化步伐并开始智能化进程

（六）智权

近年来，美俄已将智能科技置于维持其全球军事大国战略地位的核心，发展理念、发展模式、组织方式、创新应用等已发生了重大转变，开展了大量军事智能化实质性的应用与实践，开启了未来军事领域智权的争夺。

2011年，美国防部提出《数据到决策科技优先发展计划》。2012年，美国防部正式发布《国防部云计算战略》。2014年，美陆军首个私有军事云系统"分布式通用地面系统"（DCGS-A）部署到阿富汗，成为首个部署作战的战术云计算节点。DCGS-A系统有固定式、嵌入式和移动式三种配置，此次部署的是便携式移动系统，主要为地面士兵提供实时信息，比如使用历史信息预先规划出最有可能发现简易爆炸装置的路径，提供无人机全动态视频，并且可以直接连接到云计算平台。

2017年4月，美国国防部宣布成立"算法战跨职能小组"，为战争算法的大规模研发和应用奠定了基础。"算法战"是一个全新作战概念,具体做法是将军队大数据汇集到云平台,再利用云平台进行数据分析,最终建立人工智能作战体系。

2017 年 8 月,美国国防部表示,未来人工智能战争不可避免,美国需要"立即采取行动"加速人工智能战争科技的开发工作。美军提出的"第三次抵消战略"认为,以智能化军队、自主化装备和无人化战争为标志的军事变革风暴正在来临,为此已将自主系统、大数据分析、自动化等为代表的智能科技列为主要发展方向。美军计划 2035 年前初步建成智能化作战体系,与主要对手形成新的军事"代差";到 2050 年前美军的作战平台、信息系统、指挥控制全面实现智能化,实现真正的"机器人战争"[4]。

2018 年 6 月,美国国防部提出建立"联合人工智能中心"。该中心在国家人工智能发展战略的牵引下,统筹规划美军智能化军事体系建设,计划联合美军和 17 家情报机构共同推进约 600 个人工智能项目,投入超过 17 亿美元[5]。2018 年 9 月,美国防部高级研究计划局宣布,未来 5 年将投入 20 亿美元推动人工智能领域的发展。

2019 年 3 月,美军发布"马赛克战"公告,提出了一种新的"快速、灵活、自主组合各战斗要素"作战能力生成新模式,利用弹性网络,通过动态任务规划,将分布式作战力量形成优于对手的智能决策和协同攻击能力。

美国在国家层面开始了实际的行动计划。2019 年 2 月 11 日,特朗普签署了一项行政命令,创建"美国 AI 计划",这是一项指导美国人工智能发展的高层战略(图 3-10)。"美国 AI 计划"包括五个关键领域:

1. 研究和开发。联邦机构将被要求在其研发预算中"优先考虑人工智能投资",并报告这些资金如何用于创建一个更全面的政府人工智能投资规划。

2. 释放资源。联邦数据、算法和处理能力将提供给研究人员，为交通和医疗保健等领域的发展提供助力。

3. 道德标准。像白宫科技政策办公室（OSTP）和美国国家标准与技术研究院（NIST）这样的政府机构将被要求制定标准，指导"可靠、稳健、可信、安全、可移植和可互操作的人工智能系统"的开发。

4. 自动化。各机构将被要求通过设立奖学金和学徒制，让工人为新技术带来的就业市场变化做好准备。

5. 国际推广。政府希望与其他国家合作开展人工智能开发，但这样做的方式是保留美国人的"价值观和利益"。

图 3-10　特朗普签署行政命令创建"美国 AI 计划"

俄罗斯已制定了一系列规划，把人工智能和无人化装备发展等摆在突出地位。俄罗斯已经批准执行《2025 年前发展军事科学综合体构想》，强调人工智能系统不久将成为决胜未来战场的关键因素,注重武器装备的智能化改造,开发作战机器人以及用于下一代战略轰炸机的人工智能导弹,计划到 2025 年,将无人作战系统的装备比例提高到 30%。

世界主要国家纷纷推出各自的人工智能发展战略与军事应用规划,表明全球范围内围绕"智权"的争夺已经全面展开。陆权、海权、空权、天权、信息权、智权等,都是时代的产物、科技进步的结果,都有各自的优势,也有各自的不足,并且有些理论随着时代的变化,又在不断地拓展。从近代以来战争的控制权发展趋势可以看出,信息权与智权,是涉及全局性的,其权重更重,影响力更大。未来,随着智能化步伐的加快,智权将是一种快速增长的对作战全局有更大战略影响力的新型控制权。

四、AI 主导的制胜机理

不同时代、不同战争形态,战场生态系统是不一样的,作战要素构成、制胜机理完全不同。

(一)战争形态演变

近代以来,人类社会主要经历了大规模的机械化战争和较小规模的信息化局部战争。20 世纪前半叶发生的两次世界大战,是典型的机械化战争。20 世纪 90 年代以来的海湾战争、科索沃战争、阿富汗战争、伊拉克战争和叙利亚战争,充分体现了信息化战争的形态与特点。新世纪新阶段,随着智能科技的快速发展与广泛应用,以数据和计算、模型和算法为主要特征的智能化战争时代即将到来。

机械化是工业时代的产物,技术上以机械、动力、电气、火炸药、毁伤等科技为重点,装备形态主要表现为坦克、装甲车辆、火炮、飞机、舰船等，对应的是机械化战争形态。机械化战争，主要基于牛顿定律、经典物理学和社会化大生产，以大规模集群、线式、接触作战为主，在战术上通常要进行现地侦察、勘查地形、了解对手前沿与纵深部署情况，结合己方能力定下决心，实施进攻或防御，进行任务分工、作战协同和保障，呈现明显的指控层次化、时空串行化等特点。

信息化是信息时代的产物，技术上以微电子、光电子、计算机、网络通信、卫星导航等信息科技为重点，装备形态主要表现为雷达、电台、军用卫星、精确制导武器、隐身飞机、军用计算机与软件、指挥控制系统、网电攻防系统、综合电子信息系统等，对应的是信息化战争形态。信息化战争，主要基于计算机与网络三大定律（摩尔定律、吉尔德定律和梅特卡夫定律），以一体化联合、精确、立体作战为主，建立"从传感器到射手的无缝快速信息链接"，夺取制信息权，实现先敌发现与打击。在战术上则要对战场和目标进行详细识别和编目，突出网络化感知和指挥控制系统的作用，对平台的互联互通等信息功能提出了新的要求。由于全球信息系统和多样化网络通信的发展，信息化战争淡化了前后方的界限，强调"侦控抗打评保"横向一体化和战略、战役、战术的一体化与扁平化。

智能化是智能时代的产物，技术上以人工智能、大数据、云计算、认知通信、物联网、生物交叉、军用仿生、数字孪生、混合智能、群体智能、自主导航与协同等智能科技为重点，装备形态主要表现为地面无人平台、无人机、无人艇、无人潜航器、军用机器人、智能弹药、集群系统、智能可穿戴系统、网络化智能感知与数据库系统、军事云平台与服务系统、作战仿真与平行军事系统、自适应任务规划与决策系统、舆情预警与引导系统、基础设施安全与智能控制系统、智能保障与物流系统等，对应的是智能化战争形态。智能化战争,主要基于仿生、类脑原理和基于 AI 的战场生态系统,是以"能量机动和信息互联"为基础、以"网络通信和分布式云"为支撑、以"数据计算和模型算法"为核心、以"认知对抗"为中心,多域融合、跨域攻防,无人为主、集群对抗,虚拟与物理空间一体化交互的全新作战形态。

智能化战争以满足核常威慑、联合作战、全域作战和非战争军事行动等需求为目标,以认知、信息、物理、社会、生物等多域融合作战为重点,呈现分布式部署、网络化链接、扁平化结构、模块化组合、自适应重构、平行化交互、聚焦式释能、非线性效应等特征,制胜机理颠覆传统,组织形态发生质变,作战效率空前提高,战斗力生成机制发生转变(图 3-11)。

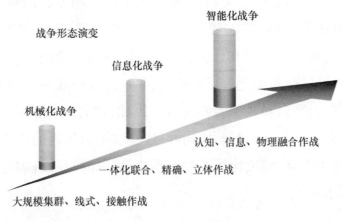

图 3-11 战争形态演变

(二)智能化本质与主导作用

军事智能化的本质,是利用智能科技为战争体系建立多样化决策模型与优化算法。这些模型与算法就是人工智能(Artificial Intelligence,AI)。其中,战争体系包括:

——单装、集群、有人无人协同、多域与跨域作战等装备系统;

——单兵、班组、分队、合成作战单元、战区联指等作战力量；

——网络化感知、任务规划与指控、力量协同、综合保障等作战环节；

——网络攻防、电子对抗、舆情控制、基础设施管控等专业系统；

——智能化设计、研发、生产、动员、使用、训练、保障等建设能力。

AI 以芯片、算法和软件等形式，嵌入战争体系的各个系统、各个层次、各个环节，是一个体系化的大脑，是与各种作战平台和作战任务如影随形、相生相伴的（图 3-12）。支撑这个体系化大脑的是分布式云平台及大量相关的数据库、模型库、知识库、算法库、战法库。要实现体系化的大脑、分布式云平台及相关数据库等建设，无论平时还是战时，都需要智能化网络来支撑，采集多源战场信息、实施高效指挥控制和作战力量协同。未来武器平台一定是以分布式、网络化、集群化等形式作战，并且各类作战平台和人员，都通过网络、云平台和各种大脑连接。因此，在智能化条件下，以 AI 脑体系、分布式云、认知网、协同群、虚实端等为代表的全新作战要素与多样化组合，将重构战场生态系统，战争的制胜机理完全改变（参见第五章）。

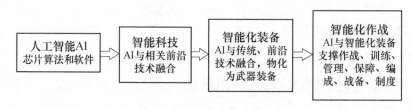

图 3-12　AI 与战争体系的关系

其中，基于模型和算法的 AI 系统是核心作战能力，贯穿各个方面、各个环节,起到了倍增、超越和能动的作用,平台有 AI 控制,集群有 AI 引导,体系有 AI 决策,传统以人为主的战法运用被 AI 的模型和算法所替代,算法战将在战争中起到决定性的作用,作战体系和进程最终以 AI 为主导,制智权成为未来战争的核心制权。

机械化战争是平台中心战,核心是"动",主导力量是火力和机动力,追求以物载能、以物释能。作战要素主要包括:人、机械化装备、战法。制胜机理与过程主要表现为:基于机械化装备作战运用的以人为主导的决策,以多胜少、以大吃小、以快制慢,全面、高效、可持续的动员能力,分别起着决定性或者重要的作用。

信息化战争是网络中心战,核心是"联",主导力量是信息力,追求以网聚能、以网释能。作战要素主要包括:网络信息、人、信息化装备、战法。信息贯穿于人、装备和战法,建立"从传感器到射手的无缝信息连接",实现体系化网络化作战能力,以体系对局部、以网络对离散、以快制慢,成为取得战争胜利的重要机理。其中,信息对装备和作战体系起到了倍增和聚合的作用,但平台仍以有人为主,多数决策还是以人为主,信息围绕人起到了辅助决策的作用。

智能化战争是认知中心战,核心是"算",主导力量是智力,智力所占权重将超过火力、机动力和信息力,追求的将是以智驭能、以智赋能,以虚制实、以优胜劣,作战双方谁的 AI 多,谁的 AI 更聪明,战场主动权越大。作战要素主要包括:AI、云、网、群、端。其中,AI 是最活跃、最关键的要素。随着 AI 的不断进化和升级,将逐步替代人和传统战法、超越人和传统战法,快速识别战场海量信息,加快自适应任务规划与决策进程,加速 OODA 回路形成自动闭环,无人化、集群化、体系化涌现效应越来越明显。同时军事云、通信网络和装备越来越智能化,被嵌入式 AI 所控制。未来,AI 在战争中的作用越来越大、越来越强,最终起决定和主导作用,谁拥有智力优势，谁就拥有更多的战场主动权。

信息时代的战争，主要以夺取信息优势为前提，形成"信息主导、体系对抗、以网释能、联合制胜"的制胜机理。智能时代的战争，主要以夺取决策优势为前提，形成"AI 主导、机器主战、以虚促实、涌现制胜"的制胜机理，其中包括数据算法制胜、集群协同制胜、多域融合制胜、虚实互动制胜、先发控敌制胜、认知夺控制胜等不同方式与实现途径。

强调 AI 的主导作用，并不否认人在战争中的作用。一方面人的聪明才智已经前置和赋予了 AI；另一方面，在战前、后台和战略层面，在相当长一段时间和可预见的未来，AI 是无法取代人类的。

（三）杀伤链加速

现代战争的作战指挥与控制，在越来越复杂的环境和越来越快的作战对抗过程中，如何快速识别处理海量信息、快速响应战场态势、快速制定决策方案，已远非人力所能，也超出了现有技术手段的极限。随着 AI 在战争体系中的应用越来越广、作用越来越大，作战流程将重新塑造，军事杀伤链将提速增效，感知快、决策快、行动快、保障快，成为未来智能化战争制胜的重要砝码。

未来，通过图像、视频、电磁频谱、语音等智能感知与模式识别，对来自天空地海传感器网络的复杂战场信息与目标，能够快速精准识别。利用大数据技术，通过多源多维定向搜索与智能关联分析，不仅能够对各种打击目标进行准确定位，还能够对人类行为、社会活动、军事行动和舆情态势精准建模，逐步提高预警预测准确率。各战区和战场基于精准战场信息，通过事先虚拟空间的大量平行建模和模拟训练，能够自适应任务规划、自主决策与作战控制。各作战平台、集群系统的 AI，根据任务规划能够围绕作战目标自主、协同执行任务，并对随时出现的变化能动调整。通过事先建立分布式、网络化、智能化、多模式的保障体系建设与预置预储，能够快速实施精准物流配送、装备与物资供应、智能维修等。总之，通过智能科技的广泛应用和各种 AI 系统的能动作用、进化功能，从谋划、预测、感知、决策、实施、控制、保障等作战全过程，实现"简单、快捷、高效、可控"的作战流程再造，战场节奏加快、时间压缩、过程变短，人类可以从繁重的作战事务中逐步解脱出来。

快速，一直是战争发展追求的重要目标，也是检验智能化作战效应最基本最重要的尺度。智能化时代的快速与机械化时代的快速完全不同，它既包括了信息流、能量流的快速，还包含了观察、判断、决策、攻击（OODA）回路和杀伤链的快速。智能化的优势在很大程度体现在快上。

2016 年 6 月，美国辛辛那提大学研制的人工智能飞行员"阿尔法"AI，采用逻辑模糊算法，通过大量的自我对战和与对手对战后，在模拟空战中多次击落了美国空军战术专家驾驶的模拟战机，展示了人工智能在知识积累、快速计算、不知疲倦、准确重复等方面超越人类的优势，以及在未来作战中的独特魅力。人工智能飞行员"阿尔法"AI，之所以能战胜人类优秀飞行员，主要原因是在空中格斗中战法变化的速度快了 250 多倍，机器反应时间只需要 1 毫秒，而人类通常要 400~500 毫秒，极优秀飞行员才能达到 250 毫秒。

例如，利比亚战争末期，卡扎菲车队从苏尔特城内出来后，被美军的侦察卫星发现，图像传回到 9600 千米外的内华达空军基地，其中五人时间敏感小组立即判断是卡扎菲的车队，迅速通过卫星通信通知北约指挥部，调集附近最近的捕食者无人机进行攻击，由于携带的弹药只有两枚，因此，同时调动法国的"阵风"战斗机加入了攻击行动。卡扎菲车队被轰炸打乱后，卡扎菲本人从车里爬了出来，美军通过卫通迅速通知地面部队的作战指挥协调员，也就是美军特种部队的人员,告诉反政府武装去抓卡扎菲,卡扎菲被抓以后,在混乱之中被乱枪打死,从而结束了战斗。卡扎菲车队从被发现到被攻击不到半个小时,到后来被抓捕被击毙,总共才一小时多,实现了美军事前制定的所谓"发现即摧毁"战略。这一事件充分说明了作战体系快速反应的优势和重要性。

时间是战争的度量衡,是决定战争胜负的关键因素。现代战争,虽然机动与突击平台种类越来越多、速度越来越快,战场感知通过全球卫星组网可以实现瞬间探测,信号传递和指令传达,通过无线电光速传输,文本命令大约1分钟,语音传递近实时。但在数量巨大的侦察图像和情报信息中,目前对战场环境与目标的识别、战场态势的认知和作战决策等,还主要依靠人工。一般来讲,对卫星图片的处理,多则几天,最快也要数小时。如果采用计算机图像智能识别,经过事先机器学习,可以瞬间对比出结果。多目标识别、战场态势搞清楚以后,采用什么装备和手段实施打击与防御,制定何种作战方案进行应对实施,目前仍然主要依靠人工。虽然战前可以制定多种预案,但面对战役层次导弹攻防只有10分钟以内甚至更短时间的窗口期,战场瞬时动态变化与措施调整,依靠人来临时决策,不仅时间来不及,而且可能顾头顾不了尾,贻误战机。只有依靠AI事先海量红蓝对抗学习、推理和知识积累,总结大量临机应对策略、方案和手段,进行快速排优和选择,才能胸有成竹、高效应对。

表 3-1 联合作战典型 OODA 回路时间

历次战争	OODA 回路时间
海湾战争	4230 分钟(近 3 天)
科索沃战争	120 分钟
阿富汗战争	19 分钟

(续)

历次战争	OODA 回路时间
伊拉克战争	10 分钟以内
利比亚战争	5 分钟
叙利亚战争	近实时

表 3-2　战争动员与典型系统准备时间

类别	时间
现代战争动员准备时间	1~5 月
战役行动	5~18 天
特种战斗行动	40~60 分钟
防空导弹准备	5~10 分钟
态势感知更新周期	3~5 分钟
命令通达	1 分钟
互联网网络时延	50~100 毫秒
导航授时精度	10 纳秒

从表 3-1、表 3-2 可以看出，现代战争动员准备时间正在缩短，OODA 回路时间正在压缩，时间敏感性逐步增强。可以预见，在智能化时代，未来一场中等规模的局部战争可能由现在的数月缩短到数周，一场典型联合战役行动可能由现在的数周缩短到数天，一场较为复杂的战斗行动可能由现在的数天缩短到数小时。未来作战流程和时间，更多地交给 AI 去计算和控制，交给无人化部队去执行和完成。

（四）高阶特征显现

AI 主导的制胜机理，主要表现在作战能力、手段、策略和措施，全面融合了人的智力、接近了人的智能、超越了人的极限、发挥了机器的优势，体现了先进性、颠覆性和创新性。这种先进与创新，不是以往战争简单的延长线和增长量,而是一种质的变化和跃升,是时代的差距、发展阶段的差别,是一种高阶特征。从技术角度看,这种高阶特征体现在智能化战争具有传统战争形态所不具备的"类脑"功能和很多方面"超越人类极限的能力"。神经网络是类脑的产物,深度学习可以在海量信息中以远超人类的速度快速提取相似性目标特征,蜂群系统自协同的超级进攻能力是仿生技术和智能科技发展的必然结果。特别需要高度重视的是,基于网络化传感系统和分布式军事云中数据、模型、算法而衍生的具有学习和进化功能的高级 AI,随着不断优化迭代,总有一天将超过普通士兵、参谋、指挥员甚至精英和专家群体,成为"超级脑"和"超级脑群"。其中,最优秀的 AI 群成为战无不胜的智能系统、智能机器人或"终结者",这是智能化战争高阶的核心和关键,是认识论和方法论领域的技术革命,是人类目前可预见、可实现、可进化的高级作战能力。

五、虚拟空间作用上升

随着时代的进步和科技的发展,作战空间逐步从物理空间拓展到虚拟空间。虚拟空间在作战体系中的地位作用逐步上升、越来越重要,越来越与物理空间和其他领域实现深度融合与一体化。虚拟空间是由人类构建的基于网络电磁的信息空间。它可以多视角反映人类社会和物质世界,同时可以超越客观世界的诸多限制来利用它。构建它的是信息域,连接它的是物理域,反映出的是社会域,利用它的是认知域。狭义上虚拟空间主要指民用互联网,广义上的虚拟空间主要指赛博空间(Cyberspace),包括各种互联网、物联网、军用网和专用网构成的虚拟空间。赛博空间具有易攻难防、以软搏硬、平战一体、军民难分等特征,已成为实施军事行动、战略威慑和认知对抗的重要战场。

智能化时代虚拟空间的重要性主要体现在三个方面:一是通过网络信息系统,把分散的作战力量、作战要素连接为一个整体,形成信息化网络化体系化作战能力,成为智能化战争的基础;二是成为网电、情报、舆情、心理、意识等认知对抗的主战场和基本依托;三是建立虚拟战场、开展作战实验、实现虚实互动、形成平行作战和以虚制实能力的核心与关键。

(一) 泛在互联

未来,随着全球互联、物联的加速升级,随着天基网络化侦察、通信、导航、移动互联、WIFI 和高精度全球时空基准平台、数字地图、行业大数据等系统的建立完善与广泛应用,人类社会和全球军事活动将越来越"透明",越来越被联网、被感知、被分析、被关联、被控制,对军队建设和作战呈现全方位、泛在化的深刻影响,智能化时代的作战体系将逐步由封闭向开放、由以军为主向军民融合的"开源泛在"方向拓展。

智能化时代,物理、信息、认知、社会、生物等领域之间的信息数据将逐渐实现自由流动,作战要素实现深度互联与物联,各类作战体系从初级的"能力组合"向高级的"信息融合、数据交链、一体化行为交互"方向发展,具备强大的全域感知、多域融合、跨域作战能力,具备随时随地对重要目标、敏感人群和关键基础设施实施有效控制的能力,最终实现随时能感知、随时能控制、随时能行动、随时能评估。可以想象,这一天终究会到来,只不过程度、精度和质量高低不同而已。

目前,一个省会级别规模的城市,遍布街道、社区、仓储、超市、金融、酒店、政府机构、企事业等单位的光学和红外探头,就有上百万个、各种安防系统、监控系统、监测系统、操作系统、控制系统,越来越多、越来越先进,一旦联网和智能化、信息传输通用化、数据格式标准化,形成多源异构、互联互通的超级网络,通过智能感知和自动控制,可以逐步实现城市作战特别是非战争军事行动智能化、泛在化。

美国陆军研究实验室认为,未来弹性战术网络将具备自组织和自恢复能力,实现多环境实时通信。在未来作战中,陆军战术网络将混杂在盟军/联合部队以及民用传感器、无线电、机器人和其他复杂网络中,面临多种网络攻击、电子战/干扰、节点中断/失效等威胁。人工智能和机器学习技术的进步可实现网络资源的高效检索、表征与分配;新型6G和7G网络标准将集成到5G网络与卫星网络中,实现无处不在的持续联网;量子技术将产生新的网络加密、认证和验证协议,实现分布式计算与分布式资源分配。陆军2050战术网络将是集成上述多种技术的联合网络,简单易用,具有自组织和自恢复能力,可减少士兵干预,在多种环境下提供弹性冗余连通能力,确保随时随地的信息传输。

2008年,好莱坞大片《鹰眼》描述了在各种监控设备、网络、移动通信和云计算、大数据、物联网等技术支持下的超级人工智能机器人,充分利用与任务、人物相关的图像、视频、音频、定位等多源信息数据,对人物跟踪、任务分配、周边设备,实施无处不在、无所不能的精确控制和行动指导的复杂场景,在一定程度上刻画和体现了未来智能化、泛在化军事行动的特点。

(二)网络战场

一是情报获取。除了传统的军用卫星、人工情报、电子侦测等专用手段外,充分利用民用资源来获取情报是一个重要途径。其中,智慧城市发展为情报搜集提供了新的机遇。紧急服务数据用于跟踪犯罪活动、动乱、火力等,有助于缩小范围,让作战人员能够使用更传统的 ISR 设备。警用摄像头原用于犯罪预防,可兼作军事监视设备。实时交通数据能保证军队与数百万居民携手,在城市内掌握主动权。机动车辆管理局的数据可提供一个由姓名、照片和联系信息组成的数据库。水电网数据可为任何作战人员提供极其重要的知识和可利用的潜在杠杆支点。

私人数据来源,从平民的手机摄像头到企业的安全摄像头,可给情报收集带来更大的好处。无人机、闭路电视和卫星网络信息的使用将使社交媒体用户、博客和传统媒体渠道在几分钟内获得任何事件的现场报道,然后立即散布这些信息。到了 2030 年,商用无人机、便携式摄像机、5G/6G 无线电带宽和量子计算机的应用越来越广泛,将使得在公共空间近实时地跟踪几乎所有的活动成为可能。

美国陆军联合兵种中心的一份报告认为,这个世界正在进入"全球监控无处不在"的时代。即使这个世界无法跟踪所有的活动,技术的扩散也无疑会使潜在的信息来源以指数方式增长。

二是网络攻防。目前,美国、俄罗斯、欧洲以及东北亚、东南亚、南亚、中东地区的网络攻击,已具备入侵、欺骗、干扰、破坏等作战能力并且已经用于实战。通过斯诺登事件,美国使用的 11 类 49 项"赛博空间"侦察项目目录清单被陆续曝光,"震网"病毒破坏伊朗核设施、"高斯"病毒群体性入侵中东有关国家、"古巴推特网"控制大众舆情等事件,表明美国已具备对互联网、封闭网络、无线移动网络的强大监控能力、软硬攻击能力。从全球范围看,2013 年以来,以东北亚"拉萨路 Lazarus"、东南亚"海莲花"OceanLotus、南亚"响尾蛇"SideWinder、中东"人面马"APT34、东欧与中亚"奇异熊"APT28、欧美地区"方程式""穹顶七"等为代表的"高级持续性威胁"黑客组织,实施了多次大规模网络攻击,给世界很多国家和企业造成严重后果与巨大损失。2017年以来,有组织的军事化网络部队大量出现后,给网络战场带来了新的巨大威胁和挑战。

三是实施心理战。如在利比亚战争中和突尼斯骚乱中,就采取"集中爆料式"方法影响大众舆情,通过维基解密和使馆人员公开证明材料,爆料卡扎菲家族海外资产和本·阿里总统腐败奢侈的证据,结果造成舆情急剧反转,社会快速动荡。在利比亚,很快成立了反政府武装,在美国和北约的支持下,卡扎菲政权最终垮台,卡扎菲本人也在战场被击毙。在突尼斯,国内掀起了一波又一波的反政府风暴,本·阿里政府迅速垮台,本人也跑到国外。伊拉克战争期间,美军接管了伊军的指挥控制系统,并对数千名伊拉克军官实施网络欺骗性心理战,导致萨达姆的百万大军溃散,无法形成大规模抵抗,最终招致军事上的失败,导致了政权迅速垮台,对传统战争形态产生了颠覆性影响。

(三)虚拟实践

战争从虚拟空间实验开始。美军从20世纪80年代就开始了作战仿真、作战实验和模拟训练的探索。后来,美军又率先将虚拟现实、兵棋推演、数字孪生等技术用于虚拟战场和作战实验。据分析,海湾战争、科索沃战争、阿富汗战争、伊拉克战争和近年来实施的一系列斩首行动,美军都开展了作战模拟推演,力图找出的最优作战和行动方案。据报道,俄罗斯出兵叙利亚之前,就在战争实验室进行了作战预演,依据实验推演情况,制定了"中央-2015"战略演习计划,针对叙利亚作战演练了"在陌生区域的机动和可到达性"。演习结束后,俄军格拉西莫夫总参谋长强调,以政治、经济及舆论心理战等手段为主,辅之以远程精确的空中打击、特种作战等措施,最终达成政治和战略目的。实践表明,俄出兵叙利亚进程,与实验、演习基本一致。

未来，随着虚拟仿真、混合现实、大数据、智能软件的应用和发展，通过建立一个平行军事人工系统，使物理空间的实体部队与虚拟空间的虚拟部队相互映射、相互迭代，可以在虚拟空间里解决物理空间难以实现的快速、高强度对抗训练和超量计算，可以与高仿真的"蓝军系统"进行对抗和博弈，不断积累数据，完善模型和算法，从而把最优解决方案用于指导实体部队建设和作战，达到虚实互动、以虚制实、以虚制胜的目的。

2019年1月25日，谷歌旗下人工智能团队DeepMind与《星际争霸》开发公司暴雪，公布了2018年12月AlphaSTAR与职业选手TLO、MANA的比赛结果，最终在五局三胜中，AlphaSTAR均以5:0取胜。AlphaSTAR只用了两周时间就完成了人类选手需要200年时间的训练量，展示了虚拟空间进行仿真对抗训练的巨大优势与前景。

六、无人化为主的作战样式

无人化是人类智慧在作战体系中的充分前置，是智能化信息化机械化融合发展的集中体现。智能化时代，无人化作战将成为基本形态，人工智能与相关技术的融合发展将逐步把这种形态推向高级阶段。

（一）无人系统

无人装备最早出现在无人机领域，1917年英国造出了世界时上第一架无人机，但未用于实战。随着技术发展无人机逐步用于靶机、侦察、察打一体等领域。进入21世纪以来，无人技术与装备由于具有以任务为中心设计、不必考虑乘员需求、作战效费比高等优势，其探索应用已经实现了巨大跨越，取得了重大突破，已显现出快速全方位发展的态势，应用范围迅速拓展，涵盖了空中、水面、水下、地面、空间等各个领域。

近年来,人工智能、仿生智能、人机融合智能、群体智能等技术飞速发展,借助于卫星通信与导航、自主导航,无人作战平台能够很好地实现远程控制、编队飞行、集群协同。目前,无人作战飞行器、水下无人潜航器和太空自主操作机器人相继问世,双足、四足、多足和云端智能机器人等正在加速发展,已经步入工程化和实用化快车道,军事应用为期不远。

(二)三个发展阶段

总体上看,无人化作战将进入三个发展阶段:

一是有人为主、无人为辅的初级阶段,其主要特点是"有人主导下的无人作战",也就是事前、事中、事后都是以人完全控制和主导的作战行为。

二是有人为辅、无人为主的中级阶段,其主要特点是"有限控制下的无人作战",即作战全过程人的控制是有限度、辅助性但又是关键性的,多数情况依靠平台自主行动能力。

三是规则有人、行动无人的高级阶段,其主要特点是"有人设计、AI控制的无人作战",人类事先进行总体设计,明确各种作战环境条件下的自主行为与游戏规则,在行动实施阶段主要交由AI控制的无人平台和机器人部队能动执行。

无人化作战三个阶段,是相辅相成、迭代优化发展的,但也不完全是串行发展规律,其中也存在着并行发展特点。

(三)自主行为趋势

自主行为或者自主性,是无人化作战的本质,是智能化战争既普遍又显著的特征,体现在很多方面。

一是作战平台的自主,主要包括无人机、地面无人平台、精确制导武器、水下和太空机器人等自主能力与智能化水平。

二是探测系统的自主,主要包括自动搜索、跟踪、关联、瞄准和图像、语音、视频、电子信号等信息的智能识别。

三是决策的自主,核心是作战体系中基于 AI 的自主决策,主要包括战场态势的自动分析、作战任务的自适应规划、自动化的指挥控制、人机智能交互等。

四是作战行动的自主协同,前期包括有人无人系统的自主协同,后期包括无人化的自主集群,如各类作战编队集群、蜂群、蚁群、鱼群等作战行为。

五是开源信息和网络资源的自动利用,主要包括:网络大数据的自动搜索、关联,如自动进入相关网站和信息系统、自动收集有用信息、自动进行关联计算等;重点目标人物的自动跟踪和建模、重点物理目标的网络自动识别、热点事件舆情的自动跟踪和分析计算等。

六是网络攻防的自主行为,包括各种病毒和网络攻击行为的自动识别、自动溯源、自动防护、自主反击等。

七是认知电子战,自动识别电子干扰的功率、频段、方向等,自动跳频跳转和自主组网,以及面向对手的主动、自动电子干扰等。

八是其他自主行为,包括智能诊断、自动修复、自我保障等。可以说,未来这类自主性,涉及到智能化作战的主要领域和各类行动。

(四)人类的护身符

未来,随着人工智能和相关技术融合发展的不断升级,无人化将向自主、仿生、集群、分布式协同等方向快速发展,逐步把无人化作战推向高级阶段,促使战场上有生力量的直接对抗显著减少。虽然未来有人平台会一直存在,但仿生机器人、类人机器人、蜂群武器、机器人部队、无人化体系作战,在智能化时代将成为常态。同时,基于 AI 的无人化技术,将逐步拓展到网络攻防、电子对抗、多源感知、关联印证、人物跟踪、舆情分析和基础设施管控等其他领域。由于在众多作战领域都可以用无人系统来替代,都可以通过自主行为去完成,人类在遭到肉体打击和损伤之前,一定有无人化作战体系在前面保驾护航。因此,智能化时代的无人化作战体系,一定是人类的主要保护屏障,是人类的护身符和挡箭牌。

七、全域作战与跨域攻防

智能化时代全域作战与跨域攻防,是一种基本作战样式,体现在很多作战场景、很多方面。从陆、海、空、天到物理、信息、认知、社会、生物多领域,以及虚拟和实体的融合互动,从平时的战略威慑到战时的高对抗、高动态、高响应,时间和空间跨度非常大。既面临物理空间以无人化为主的作战,也面临虚拟空间网络攻防、信息对抗、舆情引导、心理战等认知对抗,还面临全球安全治理、区域安全合作、反恐、救援等任务,面临着网络、通信、电力、交通、金融、物流等关键基础设施的管控。

(一)创新作战概念

2010年以来,以信息化智能化技术成果为支撑,美军提出了作战云、分布式杀伤、多域战、算法战、联合全域作战等概念,目的是以体系对局部、以多能对简能、以多域对单域、以融合对离散、以智能对非智能,维持战场优势和军事优势。美国空军针对F-22与F-15、F-16、F-35之间无法实现态势共享,提出了"作战云"概念,尝试将"云计算"引入协同作战领域,让各平台之间具有更广泛的"对话"能力,从而实现各军种之间战术信息的互联互通。2014年,美陆军首个私有战术云计算系统"分布式通用地面系统(DCGS-A)

Block 3"部署到阿富汗。美军2016年提出多域战、2020年提出联合全域作战概念,目的是发展跨军种、跨领域的智能化联合作战能力,实现单一军种作战背后都有三军的支持,具备全域对多域对单域的能力优势和智力优势。

未来,随着人工智能与多学科交叉融合、跨介质攻防关键技术群的突破,在物理、信息、认知、社会、生物等功能域之间,在陆、海、空、天等地理域之间,基于AI与人机混合智能的多域融合与跨域攻防,将成为智能化战争一个鲜明的特征。

(二) 从联合到融合

智能时代的联合全域与跨域作战,将从任务规划、物理联合、松散协同为主,向异构融合、数据交链、战术互控、跨域攻防一体化拓展。面对跨地理域、跨功能域复杂环境及作战样式,跨域多源感知、异构信息融合、作战数据交链、跨域联合打击、跨域协同防御、多域一体化保障、作战力量相互调配与指挥控制、多域行动规划与全程关联、武器装备互操作等,将通过人工智能与相关技术深度融合分类分层分段解决。

一是全域融合。根据全域环境下不同的战场与对手,按照联合行动的要求把不同的作战样式、作战流程和任务规划出来,尽量统一起来,实现信息、火力、防御、保障和指控的统筹与融合,实现战略、战役和战术各层次的作战能力的融合,形成一域作战、多域联合快速支援的能力。

二是跨域攻防。在统一的网络信息体系支撑下,通过统一的战场态势,基于统一标准的数据信息交互,彻底打通跨域联合作战侦、控、抗、打、评、保信息链路,实现在战术和火控层面军种之间协同行动、跨域指挥与互操作、作战要素与能力的无缝衔接。

三是全程关联。把全域融合和跨域攻防作为一个整体，统筹设计、全程关联。战前，开展情报收集与分析，实施舆论战、心理战、宣传战和必要的网电攻击。战中，通过特种作战和跨域行动，实施斩首、要点破袭和精确可控打击。战后，防御信息系统网络攻击、消除负面舆论对民众影响、防止基础设施被敌破坏，从多个领域实施战后治理、舆情控制和社会秩序恢复。

四是 AI 支持。通过作战实验、模拟训练和必要的试验验证、实战检验，不断积累数据、优化模型，建立不同作战样式与对手的 AI 作战模型和算法，形成一个智能化的脑体系，更好地支撑联合作战、多域作战和跨域攻防。

八、人与 AI 混合决策

随着智能化战场 AI 脑体系的不断健全、优化、升级和完善，将在的许多方面超越人类。几千年来，人类战争以人为主的指挥控制和决策模式将彻底改变，人指挥 AI、AI 指挥人、AI 指挥 AI 等，都有可能在战争中出现。

（一）决策革命

分布式、网络化、扁平化、平行化是智能化作战体系的重要特征，有中心、以人为主单一的决策模式，逐步被基于 AI 的无人化、自主集群、有人无人协同等无中心、弱中心所改变。无中心、弱中心、有中心以及相互之间的混合兼容成为发展趋势。作战层级越低、任务越简单，无人化、无中心的作用越突出，层级越高、任务越复杂，人的决策、有中心的作用越重要。战前以人决策为主、以 AI 决策为辅，战中 AI 决策为主、以人决策为辅，战后两者都有、以混合决策为主（见表 3-3）。

表 3-3　作战过程的人机混合决策

战前	战中	战后
目标体系探测与编目	前端智能识别	防卫与反恐
战前任务规划与仿真	自适应任务执行	预警+自适应
AI 辅助决策	AI 自主决策	混合决策
以人为主	以人为辅	人机交互

（二）人脑+AI

未来战场，作战对抗态势高度复杂、瞬息万变、异常激烈，多种信息交汇形成海量数据，仅凭人脑难以快速、准确处理，只有实现"人脑+AI"的协作运行方式，基于作战云、数据库、网络通信、物联网等技术群，"指挥员"才能应对瞬息万变的战场，完成指挥控制任务。随着无人系统自主能力的增加，集群和体系 AI 功能的增强，自主决策逐步显现。一旦指挥控制实现不同程度的智能化，观察、判断、决策、攻击（OODA）回路时间将大大压缩，效率明显提升。尤其是用于网络传感器图像处理的模式识别、用于作战决策的"寻优"算法、用于自主集群的粒子群算法和蜂群算法等，将赋予指挥控制系统更加高级、完善的决策能力，逐步实现"人在回路外"、AI 主导的作战循环。

九、非线性放大与快速收敛

未来智能化作战，不再是能量的逐步释放和作战效果的线性叠加，而是非线性、涌现性、自生长、自聚焦等多种效应的急剧放大和结果的快速收敛。

（一）涌现效应

涌现主要指复杂系统内每个个体都遵从局部规则，不断进行交互后,以自组织方式产生出整体质变效应的过程。在智能化时代,凡是数量巨大的互联用户和对象,凡是瞬间或者几个小时广泛快速传播的事件,凡是事先经过机器学习和大量仿真训练过的任务,凡是经过事先精心设计和验证过的案例,都会存在井喷式的涌现效应。

未来战场信息虽然复杂多变,但通过图像、语音、视频等智能识别和军事云系统处理后,具备"一点采集、大家共享"能力,通过大数据技术与相关信息快速关联,并与各类武器火控系统快速交链后,通过实施分布式打击、集群打击和网络心理战等,能够实现"发现即摧毁""一有情况群起而攻之"和"数量优势滋生心理恐慌效应"。这些现象就是涌现效应。智能化作战涌现效应主要体现在三个方面:一是基于 AI 决策链的快速而引发的杀伤链的加速;二是有人无人协同特别蜂群系统所引发的"群愚生智"作战效应;三是基于网络互联互通所产生的群体快速从众行为。关于杀伤链加速和网络涌现效应,在本章前面已经论述过,这里我们要特别关注蜂群系统作战的涌现效应。

2017 年 11 月,在日内瓦举办的有超过七十个国家代表出席的联合国武器公约会议上,一段被公之于众的可怕视频曝光了人类史上一个恐怖武器——杀手机器人(图 3-13)。

据媒体报道,这个杀手机器人,其实是一架体型很小的智能无人机,就跟蜜蜂一样大,它的处理器比人类快 100 倍,可以快速躲避与机动。蜜蜂虽小,五脏俱全,它全身装有广角摄像头、传感器、面部识别等黑科技,只要把目标图像信息输入它身上,就能手术刀般精准找到打击对象,戴口罩、伪装统统没用,它的识别率高达 99.99%。特别是每个杀手机器人配有 3 克浓缩炸药,确定目标后,一次撞击可以毫无压力摧毁整个大脑。如果把一个造价仅

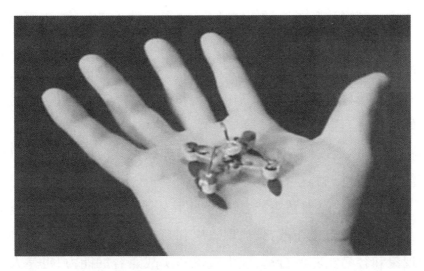

图 3-13　像蜜蜂一样的微型杀手机器人

2500 万美元的杀人机器蜂群释放出去，就可以杀死半个城市的人，就像非洲蝗虫一样，所经之处一片恐慌和凄惨。只要你把敌人挑出来，定义每一个人的面部信息，蜂群就能发起针对性打击。

（二）作战聚焦

军事智能化发展到一定阶段后，在高级 AI、量子计算、IPV6、高超声速等技术共同作用下，作战体系将具备非线性、非对称、自生长、快速对抗、难以控制的放大效应和行动效果，特别在无人、集群、网络舆情、认知对抗等方面尤为明显，群愚生智、以量增效、非线性放大、涌现效应越来越突出，AI 主导下的认知、信息、能量对抗相互交织并围绕着目标迅速聚焦，时间越来越被压缩，对抗速度越来越快，呈现多种效应的急剧放大和结果的快速收敛。能量冲击波、对抗极速战、AI 终结者、舆情反转、社会动荡、心理失控、物联网连锁效应等，将成为智能化战争的显著特征。

无人化集群攻击，作战双方在平台性能大致相同的条件下，遵循兰切斯特方程，作战效能与数量的平方成正比，数量优势就是质量优势。网络攻防和心理舆情效应,遵循梅特卡夫定律,与信息互联用户数的平方成正比,非线性、涌现效应更加明显。战场 AI 数量的多少和智商的高低,更决定着作战体系智能化的整体水平,关系到战场智权的控制,影响战争胜负和结局。智能化时代,如何处理好能量、信息与认知,数量与质量,虚拟与实体等相互之间的关系,如何巧妙地设计、把控、运用和评估非线性效应,是未来战争面临的重大新挑战和新要求。

未来,无论是舆情反转、心理恐慌,还是蜂群攻击、集群行动,以及人在环外自主作战,其涌现效应和打击效果,将成为相对普遍的现象和容易实施的行动,成为威慑和实战兼容的能力,也是人类社会必须严加管理和控制的战争行为。

十、有机共生的人装关系

在智能化时代,人与武器的关系发生根本性改变,在物理上越来越远、在思维上越来越近。装备形态和发展管理模式将完全改变,人的思想和智慧通过 AI 与武器装备深度交链,在装备发展阶段充分前置、在使用训练阶段优化迭代、在作战验证之后进一步升级完善,如此循环往复、不断递进。

(一)装备形态质变

随着网络通信、移动互联、云计算、大数据、机器学习和仿生等技术的快速发展及在军事领域的广泛应用,将彻底改变传统武器装备的结构和形态,引领新一代武器装备成为后台云端支撑、前台功能多样、虚实互动、在线离线结合的赛博实物系统 CPS 和基于前后端 AI 的人机交互系统,在简单机械操作、复杂战场认知、高级人机智能交互等方面,呈现前后台分工协作、高效互动、自适应调整等多样化功能,是集机械、信息、网络、数据、认知于一体的复合体。

（二）形分神聚

智能化时代,人与武器逐渐物理脱离,但在思维上逐步深度融合为有机共生体。无人机、机器人逐步成熟,从辅助人作战转向代替人作战,人更加退居到后台。人与武器结合方式,将以崭新形态出现。人的思想和智慧将全寿命地参与设计、研发、生产、训练、使用和保障过程,无人系统将把人的创造性、思想性和机器的精准性、快速性、可靠性、耐疲劳性完美结合起来。

（三）管理变革

未来,装备建设与管理模式将发生深刻变化。机械化装备越用越旧、信息化软件越来越新、智能化算法越用越精。传统的机械化装备采用预研-研制-定型的模式交付部队,战技性能随时间和摩托小时呈下降趋势;信息化装备是机械化信息化复合发展的产物,平台不变,但信息系统随计算机 CPU 和存储设备的发展不断迭代更新,呈现"信息主导、以软牵硬,快速更替、螺旋上升"阶梯式发展特点;智能化装备以机械化、信息化为基础,随着数据和经验的积累,不断地优化提升训练模型和算法,AI 呈现随时间和使用频率越用越强、越用越好的上升曲线。因此,智能化装备发展建设及使用训练保障模式,将发生根本性改变。

十一、在学习对抗中进化

进化,一定是未来智能化战争和作战体系的一个鲜明特点,也是未来战略竞争的一个制高点。智能化时代的作战体系将逐步具备自适应、自学习、自对抗、自修复、自演进能力,成为一个可进化的类生态和博弈系统。

（一）进化原理

智能化作战体系与系统，最大的特点和与众不同之处，就在于其"类人、仿人"的智能与机器优势的结合，实现"超人类"的作战能力。这种能力的核心是众多模型和算法越用越好、越用越精，具备进化的功能。问题是模型和算法的进化，能否带动整个作战体系具有能动性和进化能力，需要认真分析和研究。如果未来作战体系像人体一样，大脑是指挥控制中枢，神经系统是网络，四肢是受大脑控制的武器装备，就像一个生命体一样，具备自适应、自学习、自对抗、自修复、自演进能力，我们认为就具备进化的能力和功能。由于智能化作战体系与生命体不完全一样，单一的智能化系统与生命体类似，但多系统的作战体系，更像一个生态系统+对抗博弈系统，比单一的生命体更复杂，更具有对抗性、社会性、群体性和涌现性。

初步分析判断，随着作战仿真、虚拟现实、数字孪生、平行训练、智能软件、仿脑芯片、类脑系统、仿生系统、自然能源采集和新型机器学习等技术的发展应用，未来的作战体系可以逐步从单一功能、部分系统的进化向多功能、多要素、多领域、多系统的进化发展。各作战系统能够根据战场环境变化、面临的威胁不同、面临的对手不同、自身具备的实力和能力，按照以往积累的经验知识、大量仿真对抗性训练和增强学习所建立的模型算法，快速形成应对策略并采取行动，并且在战争实践中不断修正、优化和自我完善、自我进化。单一任务系统将具备类似生命体的特征和机能，多任务系统就像森林中的物种群那样具备相生相克、优胜劣汰的循环功能和进化机制，具备复杂环境条件下的博弈对抗和竞争能力，成为可进化的类生态和博弈系统。

（二）进化途径

主要体现在四个方面。一是 AI 的进化，随着数据和经验的积累，一定会不断优化、升级和提升。这一点比较容易理解。二是作战平台和集群系统的进化，主要从有人控制为主向半自主、自主控制迈进。由于不仅涉及平台和集群控制 AI 的进化，还涉及相关机械与信息系统的优化和完善，所以相对要复杂一点。三是任务系统的进化。如探测系统、打击系统、防御系统、保障系统的进化等，由于涉及到多平台、多任务，所以进化涉及的因素和要素就复杂得多，有的可能进化快，有的可能进化慢。四是作战体系的进化，由于涉及全要素、多任务、跨领域，涉及到各个层次的对抗，其进化过程就非常复杂。作战体系能否进化，不能完全依靠自生自长，而需要主动设计一些环境和条件，需要遵循仿生原则、适者生存原则、相生相克原则和全系统全寿命管理原则，才能具备持续进化的功能和能力（参见第七章的相关内容）。

十二、智能设计与制造

智能化时代的国防工业，将从相对封闭、实物为主、周期较长的研究制造模式向开源开放、智能设计与制造、快速满足军事需求转变。

（一）挑战传统

国防工业是国家战略性产业，是国家安全和国防建设的强大支柱，平时主要为军队提供性能先进、质量优良、价格合理的武器装备，战时是实施作战保障的重要力量，是确保打赢的核心支撑。国防工业是一个高科技密集的行业，现代武器装备研发和制造，技术密集、知识密集、系统复杂、综合性强，大型航母、战斗机、弹道导弹、卫星系统、主战坦克等武器装备的研发,一般都要经过十年、二十年甚至更长时间,才能定型交付部队,投入大、周期长、成本高。二战以后到上世纪末,国防工业体系和能力结构,是机械化时代与战争的产物,其科研、试验、生产制造、保障等,重点面向军兵种需求和行业系统组织科研与生产,主要包括兵器、船舶、航空、航天、核和电子等行业,以及民口配套和基础支撑产业等。冷战后,美国国防工业经过了战略调整和兼并重组,总体上形成了与信息化战争体系对抗要求相适应的国防工业结构和布局。美国排名前六位的军工巨头,既可以为相关军兵种提供专业领域的作战平台与系统,也可以为联合作战提供整体解决方案,是跨军兵种跨领域的系统集成商。进入21世纪以来,随着体系化信息化作战需求的变化和数字化网络化智能化制造技术的发展,传统武器装备发展模式和科研生产能力开始逐步改变,迫切需要按照信息化智能化作战要求进行重塑和调整(图3-14)。

图3-14　2021年珠海航展上展出的旋翼和机翼智能制造产品

(二)战斗力生成新模式

未来,国防工业将按照联合作战、全域作战、机械化信息化智能化融合发展要求,从传统以军兵种、平台建设为主向跨军兵种跨领域系统集成转变，从相对封闭、自成体系、各自独立、条块分割、实物为主、周期较长的研究设计制造向开源开放、民主化众筹、虚拟化设计与集成验证、自适应制造、快速满足军事需求转变，逐步形成软硬结合、虚实互动、人机物环智能交互、纵向产业链有效衔接、横向分布式协同、军民一体化融合的新型创新体系和智能制造体系。军地多方联合论证设计，建设和使用供需双方共同研发，基于平行军事系统的虚实迭代优化，通过作战训练和实战验证来完善提升，边研边试边用边建，是智能化作战体系发展建设和战斗力生成的基本模式（参见后面第七章第八部分"自适应工厂"）。

十三、失控的风险

由于智能化作战体系在理论上具备自我进化并达到"超人类"的能力，如果人类不事先设计好控制程序、控制节点，不事先设计好"终止按钮"，结果很可能会带来毁灭和灾难。特别需要高度关注的是，众多黑客和"居心不良"的战争狂人，会利用智能化技术来设计难以控制的战争程序和作战方式，让众多机器脑 AI 和成群结队的机器人，按照事先设定的作战规则，自适应和自演进地去进行战斗，所向披靡，勇往直前，最终酿成难以控制的局面，造成难以恢复的残局。这是人类在智能化战争进程中面临的重大挑战，也是需要研究解决的重大课题。需要从全人类命运共同体和人类文明可持续发展的高度，认识和重视这个问题，设计战争规则，制定国际公约，从技术上、程序上、道德上和法律上进行规范，实施强制性的约束、检查和管理，确保智能化战争沿着可控、可靠、可信、安全、文明化方向发展。否则，就会像美国硅谷大佬、特斯拉创始人埃隆·马斯克所预言的那样"潘多拉的盒子一旦打开就很难收回"。

马斯克多次呼吁对人工智能实施监管。2017年11月24日，他接受采访时就声称："我们确保人工智能安全的概率仅有5%到10%"。同年11月27日，他再次大声疾呼："人工智能发展潜力太可怕了，政府得赶紧对人工智能技术加强监管。"

特别是对波士顿动力公司那款能跑能跳的"人形"机器人，马斯克更是忧心忡忡："我们马上就完了。这不算什么，几年后，机器人将快速移动，我们需要使用闪光灯才能看清它。做美梦去吧……"看，马斯克说的那款"人形"机器人，这家伙，现在已经进化到100%像人类动作，跳跃、旋转、后空翻，样样都会！

想想这款机器人，现在还在一日千里地进化，过段时间动作就要快得需要用闪光灯才能看清，更别说我们人能追得上它，这个前景的确挺可怕。按照马斯克的原话："我们需要万分警惕人工智能，它们比核武器更加危险！"

还有，前面提到的在日内瓦联合国武器公约会议上被公之于众的像蜜蜂一样的微型杀手机器人，如果有科学家因为私心在代码里面加了一行毁灭人类的指令，或者人工智能突然变异成反人类的品种，整个人类或将被机器人横扫，甚至灭亡！

霍金一再告诫人类：机器人的进化速度可能比人类更快，而它们的终极目标将是不可预测的。人类真的很害怕人工智能取代人类，成为新物种！

虽然埃隆·马斯克的预言不一定成真，但潜在的危险和威胁是巨大的。当人工智能发展和应用到一定阶段后，人类必须要采取某种形式的约束和制约，来规范军事智能化的应用和发展，就像核武器、生化武器那样。不过，人工智能的门槛比较低，即使采取强制措施，实施起来也绝不会一帆风顺。

十四、在继承中创新

智能化战争的发展与成熟，并不是空中楼阁、无本之木，而是建立在机械化和信息化之上。没有机械化和信息化，就没有智能化，没有网络和数据就没有智能算法和模型。同时智能化也是推动机械化和信息化迈向新台阶的重大牵引和抓手。

机械化主要解决"手足"问题，包括机动、火力、防护、毁伤等物理空间核心作战能力；信息化主要解决"耳目"和"神经"问题，包括侦察、探测、通信、指控、火控、情报等感知与控制能力，以及通用和专用网络形成的信息交互与共享能力；智能化主要解决"大脑"问题，包括仿生智能、机器智能、群体智能、人机融合智能和智能感知、智能决策、智能对抗、智能保障以及智能制造等能力，核心是数据、模型、算法衍生的自适应、自学习、自协同、自对抗、自修复、自演进等进化智能。机械化信息化智能化"三化"是一个有机整体，相互联系、相互促进、迭代优化、跨越发展。从目前看，机械化是基础，信息化是主导，智能化是方向。从未来看，机械化是基础，信息化是支撑，智能化是主导。

参考文献

[1] 网络传播杂志. 人工智能发展简史[EB/OL]. 中央网信办官方网站,(2017-01-23)[2018-11-27]. http://www.cac.gov.cn/2017/01/23/c_1120366748.htm.

[2] 麦金德. 陆权论[M]. 徐枫译,北京:群言出版社,2017-119.

[3] 叶自成. 中国的和平发展:陆权的回归与发展[J]. 世界经济与政治,2007(2).

[4] 学术plus高级评论员YR. 美军人工智能武器化大盘点[EB/OL]. 风闻社区,(2019-01-07)[2019-02-24]. https://user.guancha.cn/main/content?id=69816.

第四章
基于 AI 的智能化生态

传统战争作战要素相对独立、相对分离,战场生态系统比较简单,主要包括人、装备和战法等。智能时代的战争,各作战要素之间融合、关联、交互特征明显,战场生态系统将发生实质性的变化,形成由 AI 脑体系、分布式云、通信网络、协同群、各类虚实端(连接云和网的装备、人员)等构成的作战体系、集群系统和人机系统,简称"AI、云、网、群、端"智能化生态系统。其中,AI 居于主导地位(图 4-1)。

一、AI 脑体系

智能化战场的 AI 脑体系,是一个网络化、分布式的体系,是与作战平台和作战任务相生相伴、如影随形的,其分类方法有多种。按功能和计算能力分,主要包括小脑、群脑、中脑、混合脑和大脑等;按作战任务和环节分,主要包括传感器 AI、作战任务规划和决策 AI、精确打击和可控毁伤 AI、网络攻防 AI、电子对抗 AI、智能防

图 4-1 智能化战场生态系统

御 AI 和综合保障 AI 等;按形态分,主要包括嵌入式 AI、云端 AI 和平行系统的 AI 等。

小脑,主要指传感器平台、作战平台和保障平台的嵌入式 AI,主要执行战场环境探测、目标识别、精确打击、可控毁伤、装备保障、维修保障和后勤保障等任务。

群脑,主要指地面、空中、海上、水中和太空无人化集群系统智能控制的 AI,主要执行战场环境协同感知、集群机动、集群打击和集群防御等任务。

中脑,主要指战场前沿一线分队指挥中心、数据中心、指挥所边缘计算的 AI 系统,主要执行在线和离线条件下战术分队作战任务动态规划、自主决策与辅助决策。

混合脑,主要指成建制部队作战中,指挥员与机器 AI 协同指挥和混合决策系统,战前主要执行以人为主的作战任务规划,战中主要执行以机器 AI 为主的自适应动态任务规划和调整,战后主要执行面向反恐和防卫的混合决策等任务。

大脑,主要指战区指挥中心、数据中心的模型和算法库,由于数据充足,战场各类 AI 脑系统,都可以在此进行训练和建模,待成熟时再加载到各个任务系统中。

未来战场,还有其他不同功能、不同种类大大小小的 AI,如传感器 AI,主要完成图像识别、电磁频谱识别、声音识别、语音识别、人类活动行为识别等。

从民口看,阿里巴巴正在杭州论证建设的"城市大脑",达闼科技基于移动内联网安全架构的"云大脑"控制的机器人,是未来智能化发展的重大方向,也是军事战场"大脑系统"建设可以借鉴的对象。

总体上,阿里巴巴的城市大脑是三层架构:计算平台、数据资源平台、应用服务平台,具有即时、全量、全网、全视频等特点,是一个开放的体系架构。目前在城市交通智能化管理上,已经取得了突破,解决了"世界上最遥远的距离",即红绿灯跟交通监控摄像头的距离,它们都在一根杆子上,但是从来就没有通过数据被连接过。杭州"城市大脑"第一次让摄像头的数据能够用来指挥交通信号灯,初步计算和试验表明,能够提高 17% 以上的通行效率。交通治理只是"城市大脑"应用的开始,更重要的是数据开始为社会产生价值,最终实现任何时间、任何地点,能够对城市内任何人和事实施智能化的监控,为提升城市社会系统和公共服务效率提供支持,为居民生产和生活提供有益的帮助。

达闼科技提出并构建了结合人工辅助和机器学习的人工增强机器智能(HARIX),正在部署一个全球覆盖的高速安全骨干网(VBN),实现了移动内联网云服务(MCS),为云端机器人的远程操控构建了信息安全保障体系,同时,也为实现下一代企业移动信息化提供了关键的"云网端"安全架构。2017 年 2 月 23 日,达闼科技发布了全球首家云端智能机器人运营平台,通过该平台所提供的移动内联网云服务 MCS,可实现端到端的安全隔离(图 4-2)。

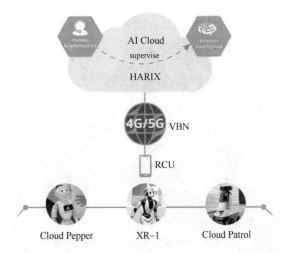

图 4-2　基于移动内联网的"云网端"安全架构

2019 年 2 月 25 日,在西班牙巴塞罗那举办的世界移动通信大会(MWC)上,由达闼科技自主研发的 XR-1 云端智能柔性服务机器人首次亮相。在大会现场,XR-1 机器人用灵活手臂,将包括咖啡在内的饮料送到现场嘉宾手中,在人机交互的过程中,XR-1 通过 SCA 智能关节感知人类的存在并柔性运行,凭借 2D/3D 多重视觉传感,HARIX 云端大脑应用 3D 空间识别技术、物体识别技术等先进算法,完成基于视觉反馈的闭环控制,成功让机器人柔性完成在真实生活环境下的智能抓取和传送任务。特别是凭借高精度视觉传感,云端大脑 3D 物体和环境识别技术等先进 AI 算法,结合创新的柔性关节 SCA 技术,XR-1 完成了基于视觉反馈精确控制穿针这一高精度操作,完美诠释了柔性机器人的人机共存性以及在云端大脑指控下具备类人一样的服务能力(图 4-3)。

未来,随着智能化的快速发展和广泛应用,全社会都会存在大

图 4-3 XR-1 精细穿针表演考验着机器人的高精度柔性运行能力

大小小的 AI，平时为民众和社会服务，战时完全有可能为军事服务。

二、分布式云

军事云与民用云有所不同。一般来讲，军事云平台是利用通信网络搜索、采集、汇总、分析、计算、存储、分发作战信息和数据的分布式资源管理系统。军事云平台通过构建分布式系统、多点容错备份机制，具备强大的情报共享能力、数据处理能力、抗打击和自修复能力，可提供固定与机动、公有与私有的云服务，实现"一点采集,大家共享",大大减少信息流转环节,促使指挥流程扁平、快速,避免各级重复分散建设。

从未来智能化战争需求看,军事云至少需要构建战术前端云、部队云、战区云和战略云四级体系。按作战要素也可分为情报云、态势云、火力云、信息作战云、保障云等专业化云系统。未来,一旦上万颗小卫星组成天基互联网,天地一体化"星云"将用于军事领域。

前端云,主要是指分队、班组、平台之间的信息感知、目标识别、战场环境分析和行动自主决策与辅助决策,以及作战过程及效果评估等计算服务。前端云有两方面作用。一是平台相互之间计算、存储资源的共享和协同、智能作战信息的互动融合。一旦某个平台被攻击,相关感知信息、毁伤状况和历史情况,就会通过网络化云平台自动备份、自动替换、自动更新,并把相关信息上传到上级指挥所。二是离线终端的在线信息服务和智能软件升级。

部队云,主要指营、旅一级作战所构建的云系统,重点是针对不同的威胁和环境,开展智能感知、智能决策、自主行动和智能保障等计算服务。部队云建设的目标是要建立起网络化、自动备份,并与上级多个链路相连的分布式云系统,满足侦察感知、机动突击、指挥控制、火力打击、后装保障等计算需要,满足战术联合行动、有人/无人协同、集群攻防等不同作战任务的计算需要。

战区云,重点是提供整个作战区域战场气象、地理、电磁、人文、社会等环境因素和信息数据,提供作战双方的兵力部署、武器装备配备、运动变化、战损情况等综合情况,提供上级、友军和民用支援力量等相关信息。战区云应具备网络化、定制化、智能化等信息服务功能,并通过天基、空中、地面、海上和水下等军用通信网络,以及采取保密措施下的民用通信网络,与各个作战部队互联互通,确保提供高效、及时、准确的信息服务。

战略云,主要是一个国家国防系统和军队指挥机关建立起来的以军事信息为主,涵盖相关国防科技、国防工业、动员保障、经济和社会支撑能力,以及政治、外交、舆论等综合性的信息数据,提供战争准备、作战规划、作战方案、作战进程、战场态势、战况分析等核心信息,以及评估分析和建议;提供战略情报、作战对手军事实力和战争动员潜力等支撑数据。

上述各个云之间,既有大小关系、上下关系,也有横向协作、相互支撑、相互服务的关系。军事云平台的核心任务有两个:一是为构建智能化作战的 AI 脑体系提供数据和计算支撑;二是为各类作战人员和武器平台,提供作战信息、计算和数据保障。此外,从终端和群体作战需求来看,还需要把云计算的一些结果、模型、算法,事先做成智能芯片,嵌入到武器平台和群终端上面,之后,可以在线升级,也可以离线更新。

三、超级网

军用通信与网络信息体系是一个复杂的超级网络系统。由于军队主要是在陆、海、空和野战机动、城镇等环境下作战,其通信网络包括战略通信与战术通信、有线通信与无线通信、保密通信和民用通信等。其中,无线、移动、自由空间通信网络是军用网络体系最重要的组成部分,相关的综合电子信息系统也是依托通信网络逐步建立起来的。

机械化时代的军用通信,主要是跟着平台、终端和用户走,专用性得到了满足,但烟囱太多、互联互通能力极差。信息化时代这种状况开始改变。目前军用通信网络正在采取新的技术体制和发展模式，主要有两个特征：一是"网数分离"，信息的传输不依赖于某种特定的网络传输方式，"网通即达"，只要网络链路畅通，所需任何信息即可送达；二是互联网化，基于 IP 地址和路由器、服务器，实现"条条大路通北京"，即军用网络化。当然，军事通信网络与民用不同，任何时候都始终存在战略性、专用性通信需求，如核武器的核按钮通信和战略武器的指挥控制，卫星侦察、遥感和战略预警的信息传输，甚至单兵室内和特种作战等条件下的专用通信，可能仍然采取通信跟着任务走的模式。但即便如此，通用化、互联网化一定是未来军用通信网络发展的趋势，否则不仅造成战场通信频段、电台和信息交流方式越来越多，造成自扰、互扰和电磁兼容困难，无线电频谱管理也越来越复杂，更为重要的是，平台用户之间很难根据基于 IP 地址和路由结构等功能来实施自动联通，像互联网上的电子邮件那样，一键命令可以传多个用户。未来的作战平台，一定会既是通信的用户终端，也兼有路由器和服务器等功能。

美军建设并逐步完善的全球信息栅格系统，就是采用"网数分离"和互联网化的要求研发的。美国陆军根据全球信息栅格的建设要求，提出了陆战网的概念。陆战网是美陆军信息集成平台，涵盖了陆军现有网络、基础设施、通信系统和应用系统，拥有五种能力，即：以领导者为中心的移动指挥能力；全球互联、互操作能力；在任何时间、任何地点的全球指挥能力；提供统一的联合通用作战图的能力；具备以联合作战为核心的使用能力。陆战网是地面部队指挥官和联合作战指挥官之间的连接，是地面作战人员与全球信息栅格之间联系的桥梁，将为现役部队、国民警卫队、陆军预备役部队以及军事和商业基地提供网络服务，并且将各种网络（从陆军固定基地到前沿部署部队）统一起来，把陆军的行动融入联合框架,并优化所有作战要素。

军用通信网络体系主要包括天基通信网、军用移动通信网、数据链、新型通信网、民用通信网等。

(一)天基信息网

在天基通信网络建设和天基信息利用方面,美国居于领先地位。因为太空中上千个在轨平台和载荷中,将近一半是美国人的。美军在海湾战争后尤其是伊拉克战争期间,通过战争实践加快了天基通信网络的应用和推进步伐。例如,美军数字化第四机步师和其他地面作战部队,在伊拉克战争期间紧急对"21世纪旅以下指挥控制系统"(FBCB2)进行加改装和升级,实现了部队的互联互通和超视距通信。主要有三类功能模块升级完善起到了重要作用:一是基于GPS的数字地图,通过与电台的融合,实现了蓝军系统的跟踪和互联,实现了指挥员和部队成员之间的通信联络和定位;二是卫星通信天线与模块,实现了超视距通信联络和战场态势感知,以及与上级和友邻的信息交流,能够随时随地通过卫星通信了解到作战全局的态势情况;三是加装了基于IP功能的指挥控制系统,指挥员的命令通过军用电子邮件可以同时下达给多个用户。经过加改装以后的地面作战部队,就彻底改变了1990年海湾战争时期美军面临的困难与挑战。当时美军的作战命令需要通过飞机从卡塔尔半岛送到作战舰队和前沿部队;部队作战行进中使用的还是纸质军用地图,相互间的通信还使用步话机来进行联络;预警机侦察到的战场信息只有机上的指挥员才知道,传递到后面的武器系统实施打击,大概需要2~3天的时间。伊拉克战争之后,通过天基信息的利用和基于IP方式互联互通的建立,彻底把海湾战争时期近140个纵向烟囱实现了横向互联,大大缩短了侦察—判断—决策—攻击回路的时间,从"传感器到射手"的时间由海湾战争时的几十小时缩短到最快只需10分钟(图4-4)。

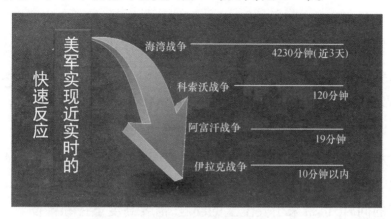

图4-4 美军实现近实时快速反应

美国陆军新一代战术通信网——战术级作战人员信息网利用卫星通信实现了超视距"动中通"能力。其接入点被集成到"布雷德利"战车、防地雷反伏击车等平台上,可为远距离战斗分队提供与师级战术级作战人员信息网的通信联系,使士兵能够在行进中通过小型天线进行Ka波段和Ku波段卫星通信。美国还建成多种战术机动指挥控制系统,第二代蓝军跟踪系统网络采用了网状拓扑结构,由收发机直接将信息发送至卫星,卫星再将信息迅速提供给地面部队,缩短了信息传输距离,下传信息的速度比上一代系统快100倍,上传速度是上一代蓝军跟踪系统的60倍,刷新态势感知位置信息时间小于2秒。

还应该特别高度关注的是,随着小卫星技术的飞速发展,低成本、多功能的小卫星越来越多,通过大量采用商用器件,成本从以前的几千万到上亿元人民币,缩减到了目前的1000万元左右。商用发射随着竞争越来越多,成本也开始急剧下降,并且一次发射可以携带几颗、十几颗甚至几十颗小卫星。据报道,2015年美国媒体发展投资基金公司制定了"外联网(Outernet)计划",准备发射数百个小卫星,向全球提供免费 WiFi 服务,如果顺利,届时地球上任何一个角落都能免费用无线网。谷歌公司也宣布要发射 600 多颗小卫星用于提供多种商业服务。软银集团计划未来打造的三件大事之一也是要准备向太空发射 880 颗小卫星,用于提供全球通信和 WiFi 服务。马斯克甚至提出了 42000 多颗小卫星的计划。这么多的卫星,如果再把小型化以后的电子侦察、可见光和红外成像甚至是量子点微型光谱仪都集成在上面,实现侦察、通信、导航和气象、测绘等一体化功能,未来世界将变得更加透明,在带来巨大便利的同时,也带来了安全上的问题,需要高度重视和警惕。

需攻克的主要关键技术有:依托天基信息的"侦控打评"总体技术、野战小型化天线收发技术、通用信号处理芯片和模块技术、侦察感知与指挥控制信息融合技术、地面/空中/海上网络化数据分发技术等。

(二)军用移动通信网

军用移动通信网络主要有三个方面的用途:一是联合作战各军兵种和作战部队之间的指挥控制,这类通信的保密等级较高,可靠性、安全性要求也高;二是平台、集群之间的通信联络,要求具备抗干扰和较高的可靠性;三是武器系统的指控和火控,大多通过数据链解决。

传统的军用移动通信网络,大多是"有中心、纵向为主、树状结构"。随着信息化进程的加快,"无中心、自组网、互联网化"的趋势愈加明显。由于以往的军用通信跟着平台和任务走,许多国家军队的通信体制、电台型号、信息交换和数据处理格式多达几十种、几百种甚至上千种,造成各军兵种和作战力量之间无法互联互通。但一下子把这些通信装备全部换掉也很困难。如何从新老体制兼容逐步向全新的通信网络过渡,"软件与认知无线电技术+自组织网络技术"是一个比较好的解决办法。特别是随着认知无线电技术的逐步成熟和推广，未来的网络通信系统，能够自动识别战场中的电磁干扰和通信障碍，快速寻找可用频谱资源，通过跳频跳转等方式实现实时通信联络。同时，软件与认知无线电技术还能兼容不同通信频段与波形，便于由旧体制向新体制过渡中兼容使用。也就是说，安装了软件与认知无线电通信系统的作战平台，既可以实现同类装备之间的无中心、自组网、抗干扰通信，还能与多种新老电台兼容通信。其中共用天线可能是一个比较麻烦的问题。从目前的技术情况看，多数专家认为2G以内通信可以实现共用天线，2G到K波段通过不同组合也能实现共用和半共用天线，毫米波、太赫兹和激光通信等可能更多需要点对点收发。

1999年，MITRE公司顾问、瑞典皇家科学院的Joseph Mitola Ⅲ博士在软件无线电基础上，正式提出了认知无线电(Cognitive Radio, CR)的概念，其核心思想就是使无线通信设备具有感知通信环境变化的能力，以提高通信可靠性和频谱资源利用率。由于该技术使无线电功能产生了重大变化，引发了无线电频谱管理制度的变革，成为无线电技术发展的一个里程牌，被国际学术界称为未来无线电通信领域的"下一个大事件"。

认知无线电是能在无线电频谱中自动探测可用信道从而改变其传输与接收参数的通信技术。认知无线电是软件定义无线电(Software Defined Radios, SDR)演进发展的一个目标，是一个可完全重新配置的无线电收发机，按照网络和用户要求自动调整其通信参数。利用认知无线电技术，在战场中可以创建多平台互联互操作的通信网络，可以将最高指挥官一直到单兵组成一个宽带的通信网络，并保持与传统窄带通信系统的互联互通(图4-5)。

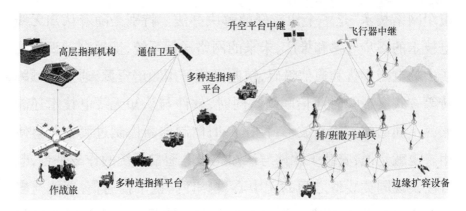

图 4-5 认知无线电通信示意图

（三）数据链

通俗地讲，数据链就是一种数据化的无线网络通信设备和协议。它能够将传感器网、指挥控制网、武器平台网无缝链接，是现代作战指挥的神经网络。目前，美军的数据链技术比较先进，主要有 Link4、Link11、Link16、Link22。其中，Link11 是美国海军用以在舰艇之间、舰船与飞机之间、海上与陆战队之间双向交换情报的战术数据链，可进行超视距通信并有保密功能。Link16 采用多点对多点的方式，通信容量大，保密性能好，抗干扰能力强，能实现空中几十种武器平台无中心、端到端的信息传输，可用于武器协调、导航识别、空中管制和战斗机之间的联络，是美军建立一体化数据链路体系，实现由"平台中心战"向"网络中心战"转变的重要支撑。

数据链是一种特殊的通信技术，通过时分、频分、码分等形式，在视距内实现各作战平台之间实施事先约定的、定期或不定期、有规则或无规则关键信息的传输，只要不被敌方完全掌握或破译，是很难干扰的。数据链主要分为专用和通用两大类。联合作战、编队协同和集群作战等，主要采用通用数据链。卫星数据链、无人机数据链、弹载数据链、武器火控数据链等，目前多数还是专用的。

未来通用化是一种趋势，专用化越来越少。此外，从平台和通信的关系来看，平台传感器信息收发和内部信息处理一般跟着任务系统走，专用化特点较强，平台之间的通信联络和数据传输则越来越通用化。

（四）新型通信

传统军用通信以微波通信为主，由于发散角比较大，应用平台比较多，相应的电子干扰和微波攻击手段发展也比较快，容易实施较远距离的干扰与破坏。因此，毫米波、太赫兹、激光通信、自由空间光通信等新型通信手段，就成为既抗干扰又容易实施高速、大容量、高带宽通信的重要选择。由于高频电磁波发散角比较小，虽然抗干扰性能好，但要实现点对点的精确瞄准和全向通信，仍然有一定的困难，尤其是在作战平台高速机动和快速变轨条件下，如何实现对准和全向通信，技术上仍在探索解决之中。

2010 年以来，美军研制的宽带激光战术通信系统已进入测试阶段，传输速率可达 10 吉比特/秒；启动研制的毫米波数据链预计传输速率可达 100 吉比特/秒，比 Link16 提高 4 个数量级；毫米波通信已经实用化，空空 200 千米、空地 100 千米、传输速率达 100 吉比特/秒。

太赫兹通信也可能是未来发展的一个方向。按照发达国家研究计划，2025 年前后，太赫兹探测、通信系统等将广泛投入使用，在卫星通信、空间侦察监视、导弹防御、隐身目标探测、战术保密机动通信、高速数据链、末制导、近炸引信等领域发挥重要作用。德国、日本等发达国家已经研制出接近实用化的太赫兹通信系统，通信距离达到数千米。

此外，通过白光灯光源或者 LED 灯光源实施自由空间通信，通过光学、红外镜头被动感知和通信，未来可能也是一种发展方向，尤其是在集群作战领域。

（五）民用通信资源

民用通信资源的有效利用,是智能化时代需要重点考虑和无法回避的战略问题。未来通过民用通信网络尤其是5G/6G移动通信,进行开源信息挖掘和数据关联分析,提供战场环境、目标和态势信息,无论是对作战还是非战争军事行动来讲都非常重要。在非战争军事行动任务中,尤其是海外维和、救援、反恐、救灾等行动中,军队的专用通信网络,只能在有限范围和地域中使用,而与外界怎么交流和联系就成为一个问题。利用民用通信资源,主要有两种途径:一是利用民用卫星特别是小卫星通信资源;二是利用民用移动通信及互联网资源。

军用与民用通信资源的互动利用,核心是要解决安全与保密问题。一种办法是采取防火墙和加密形式,直接利用民用卫星通信和全球移动通信设施来进行指挥通信和联络,但面临黑客与网络攻击的风险依然存在。另外一种办法是采用近年来发展起来的虚拟化内联网新技术予以解决。2012年,达闼科技创始人黄晓庆提出了内联网技术和云端智能机器人的概念,开展了工程研制,开发了实用化内联网手机终端产品(参见本章第一节"AI脑体系"有关内容)。通俗地讲,内联网技术就是在公网中跑专网,通过采用时分、频分和虚拟化操作系统等技术,可以达到准物理隔离的方式实施低密、商密通信,同时与公用的移动互联网手机,能在终端显示屏上进行信息共享。内联网手机终端采用"三明治"叠加技术,通过通用总线可以把不同领域的信息系统,如公安、武警、消防、环保、医疗等应急管理系统,通过物理模块简单快速叠加的形式进行集成,实现多系统信息共享与融合。多系统之间可以相互联系,可以单向联系,也可以准物理隔离不联系,但通过屏幕可以实现信息共享,或者通过必要的安全措施和单向光路转接等形式,实现信息由低密系统向高密系统传输。

四、协同群

通过模拟自然界蜂群、蚁群、鸟群及鱼群等行为,研究无人平台、灵巧弹药等集群系统自主协同机制,完成对敌目标进攻或防御等作战任务,可以起到传统作战手段和方式难以达到的打击效果。协同群是智能化发展的一个必然趋势,也是智能化建设的主要方向和重点领域。单一作战平台,无论战术技术性能多高、功能多强,也无法形成群体、数量规模上的优势。简单数量的堆积和规模的扩展,如果没有自主、协同、有序的智能元素,也是一盘散沙。

协同群主要包括三个方面:一是依托现有平台智能化改造形成的有人/无人协同群,其中以大、中型作战平台为主构建;二是低成本、同质化、功能单一、种类不同的作战蜂群,其中以小型作战平台和弹药为主构建;三是人机融合、兼具生物和机器智能的仿生集群,其中以具有高度自主能力的仿人、仿爬行动物、仿飞禽、仿海洋生物为主构建。利用协同群系统实施集群作战特别是蜂群作战,具有多方面的优势与特点(图4-6)。

(一)规模优势

庞大的无人系统,可以分散作战力量,增加敌方攻击的目标数,迫使敌人消耗更多的武器和弹药。集群的生存能力,因数量足够多而具有较大的弹性和较强的恢复能力,单个平台的生存能力变得无关紧要,而整体的优势更为明显。数量规模使战斗力的衰减不会大起大落,因为消耗一个个低成本的无人平台,不像高价值的有人作战平台与复杂武器系统,如B-2战略轰炸机,F-22、F-35

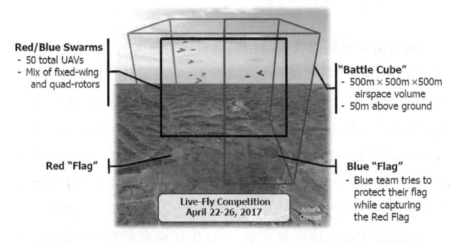

图 4-6　2017 年 DARPA 举办 25 对 25 各型无人机蜂群挑战赛

先进作战飞机,一旦受到攻击或者被击毁,战斗力将急剧下降。集群作战可以同时发起攻击,使敌人的防线不堪重负,因为大部分防御系统能力有限,一次只能处理一定数量的威胁,即便是密集火炮防御,一次齐射也只能击中有限目标,总有漏网之鱼,所以集群突防能力极强。

(二)成本优势

集群作战特别是蜂群作战大多以中小无人机、无人平台和弹药为主,型谱简单、数量规模较大,质量性能要求相同,便于低成本大规模生产。现代武器装备和作战平台,虽然升级换代的速度明显加快,但成本上涨也极其惊人。二战以后,武器装备研发和采购价格表明,装备成本和价格上涨比性能提升快得多。海湾战争时期的主战坦克价格是二战时期的 40 倍,作战飞机和航空母舰则高达500倍。海湾战争后到2018年,各类主战武器装备价格又分别上涨了几倍、十几倍甚至几十倍。造不起、买不起、用不起,部队先进装备数量逐步下滑,已经成为一个突出矛盾和问题。

(三)自主优势

在统一的时空基准平台下,通过网络化的主动、被动通信联络和对战场环境目标的智能感知,群体中的单个平台可以准确感知到相互之间的距离、速度和位置关系,也可以快速识别目标威胁的性质、大小、轻重缓急,以及离自身与友邻平台的距离远近。在事先制定好作战规则的前提下,可以让一个或数个平台,按照目标威胁的优先级,进行同时攻击和分波次攻击,也可以分组同时攻击、多次攻击,还可以明确某个平台一旦受损后,后续平台的优先替补顺序,最终达到按照事先约定好的作战规则,自主决策、自主行动。这种智能化作战行动,可以根据人的参与程度和关键节点把关程度,既可以完全交给群体自主行动,也可以实施有人干预下的半自主行动。

(四)决策优势

未来战场环境日趋复杂,作战双方是在激烈的博弈和对抗中较量的。因此,快速变化的环境和威胁,靠人在高强度对抗环境下参与决策,时间上来不及,决策质量也不可靠。因此,只有交给协同群进行自动环境适应、自动目标和威胁识别、自主决策和协同行动,才能快速地攻击对手或者实施有效防卫,取得战场优势和主动权。

协同群给指挥控制带来了新挑战。怎么对蜂群实施指挥控制是一个新的战略课题。可以分层级、分任务来实施控制,大致有集中控制模式、分级控制模式、一致协同模式、自发协同模式[1],可以采取多种形式,实现人为的控制和参与。一般来讲,越是在战术层面的小分队行动,越是要采取自主行动和无人干预;在成建制的部队作战层面,由于涉及对多个作战群的控制,需要采取集中规划、分级控制,人要有限参与;在更高级的战略和战役层次,蜂群只是作为一种平台武器和作战样式来进行使用,需要统一规划和布局,人为参与的程度就会更高。从任务性质来看,执行战略武器的操作使用,如核反击,就需要有人操作,不适合交给武器系统自主处理;执行重要目标、高价值目标的攻防时,如"斩首"行动,也需要人全程参与和控制,同时发挥武器系统自主的效果;对于战术目标的进攻,如果需要实施致命打击和毁伤任务的作战行动,可以让人有限参与,或者经过人确认后,让协同群去自动执行;对于执行像侦察、监视和目标识别、排查等非打击任务,或执行防空反导等时间短、人难以参与的任务时,主要交由协同群自动执行,而人不需要参与,也无法参与。此外,群体作战也要重视研究它的反制措施,重点研究电子欺骗、电磁干扰、网络攻击和高功率微波武器、电磁脉冲炸弹、弹炮系统等反制措施,其相关的作用和效果比较明显,还要研究激光武器、蜂群对蜂群等反制措施,逐步建立人类能有效控制的对付协同集群的"防火墙"。

五、虚实端

虚实端主要指各类与"云""网"链接的终端,包括预先置入智能模块的各类传感器、指控平台、武器平台、保障平台、相关设备设施和作战人员。未来各种装备、平台、人员等,都是前台功能多样、后台云端支撑、虚实互动、在线离线结合的赛博实物系统 CPS 和人机交互系统。在简单环境感知、路径规划、平台机动、武器操作等方面,主要依靠前端智能(如仿生智能、机器智能)来实现。复杂的战场目标识别、作战任务规划、组网协同打击、作战态势分析、高级人机交互等方面,需要依靠后端云平台、智能 AI 提供信息数据与算法支撑。

当然,每个装备平台自身的行动智能与前端执行任务的智能也非常重要。因为,如果所有的信息与智能都要通过网络从云上获取,会增加被干扰、被破坏的风险。一旦所有通信链路中断,智能化将不复存在。因此,两条腿都必须走。一方面,网络化是大势所趋,栅格化、复合化、多样化网络,抗干扰、抗毁性大大增强,需要大力发展装备后台智能即云端智能;另一方面,平台智能即前端智能也要强化,要并行开发。两者要结合,进行统筹规划与设计,形成前后端一体化智能的综合优势。同时,虚拟士兵、虚拟参谋、虚拟指挥员及其与人类的智能交互、高效互动等,也是未来研究发展的重点与难点。

参考文献

[1] 罗伯特·O. 沃克,等. 20YY:机器人时代的战争[M]. 邹辉,等译. 北京:国防工业出版社, 2016.

第五章
赛博空间作战

赛博空间作战是一种典型的虚拟空间作战,也是典型的新型慑战并重的军事行动。未来,随着互联网、物联网的推进和发展,网络无处不在,几乎所有人和事都与网络发生关联。赛博空间作战的地位作用越来越重要,不仅是一种实战能力的表现,也是国家间战略博弈的威慑力量。美军认为,谁攻击了美国国内的互联网、电信网络、电力网络、金融网络和军工网络等基础设施,不排除对其实施以核打击为手段的多种报复反击方式。2011年6月,美国国防部在其首份网络战略中,明确表示会将高级别的网络攻击视作战争行为,并考虑用军事手段回击。"如果对方借助计算机网络破坏了我们的电网系统,也许,我们会向对方发射一枚导弹。"美国许多军方高级官员认为:"如果严重攻击将导致诸如军事或关键金融系统失效,采取强烈的报复措施可能是恰当的……发起高端攻击的国家应当清楚意识到美国将采取同等报复手段,且攻击目标不仅限于赛博设施。"[1]

从1969年军用阿帕网诞生算起,网络技术在不到50年的时间,已经给人类社会带来了深刻影响,涉及政治、经济、科技、文化、安全等几乎所有领域,并最终促进了赛博空间的形成。世界主要军事大国已将赛博空间作为军事博弈重要阵地,投入大量人力、物力、财力,加强赛博空间作战研究和准备。赛博空间已经深嵌国家安全的方方面面,已经成为国家安全的新疆域、大国博弈的新空间、意识形态争夺的主战场(图5-1)。赛博空间为人类社会的刀光剑影开创了一个全新的领域。

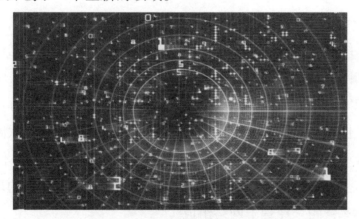

图5-1　赛博空间

一、赛博空间构成

赛博空间本质上是由人类构建的空间。美国对赛博空间权威定义是:信息环境中的全球域,其特征是利用电子和电磁频谱,通过信息通信技术构成相互依赖和互相连接的网络,用以创建、存储、修改、交换和利用信息[1]2。

赛博空间主要包括互联网,同时也包括电话网、蜂窝网、有线电视网、企业网、政府网和军事网络系统等。赛博空间的结构虽然有可能随着新技术的发展应用而发生变化,但其基本结构主要有四个方面:一是系统域,包括赛博空间的技术基础、基础设施及体系结构和相应的软硬件;二是内容与应用域,包括位于赛博空间的信息库以及访问和处理这些信息的机制等;三是人与社会域,包括人与人之间的交流、人与信息的交互等,商业、消费者、政治活动和社会运动都在这个域;四是治理域,覆盖赛博空间的各个方面,包括系统域的技术规范,内容与应用域的交换规定,还包括各类人和社会域相关的法律体系[1] 85。

(一) 系统域

系统域是承载、存储和处理信息的基础设施。数以亿计的计算机和网络系统在赛博空间交互,承载着数十亿人产生的信息。

(1) 网络模块与结构。互联网是一个公共可访问的互联网络,通过采用 IP 技术将全球紧密联系在一起。物理上互联网是由一组骨干路由器构成的,这些路由器由顶级互联网服务供应商(ISP)运营管理。系统域的网络模块主要由局域网、互联的局域网和 ISP 运营的全球骨干网络组成[1]88。

互联网最开始是为计算机之间的联通而设计的,主要用于双向数据的传输,后来随着技术的发展,逐步用于电话、电视和专用数据通信,又逐步与无线网络、WiFi 和物联网无缝链接。值得关注的是,电力网、通信网络、数据采集与监控系统三者之间构成了一个相互依赖的循环:通信基础设施依赖于电力网,电力网由数据采集与监控系统进行控制,而监控系统又依赖于通信设施。当互联网与物联网融合后,存在级联失效的风险[1]89。

(2) 协议与数据包。系统域中的不同机器是通过协议和数据包进行相互连接实现数据通信的。当今的互联网大致基于 1980 年国际标准化组织定义的开放系统互连的 OSI 七层协议栈模型,但又未严格遵循 OSI 划分的层次。OSI 的七层构成:第七层是应用层,如浏览器、服务器、电子邮件服务器等;第六层是表示层,表示数字时位和字节的编排顺序等;第五层是会话层,协调两台机器之间的通信、会话及管理等;第四层是传输层,提供丢包重传、数据排序、错误校验等;第三层是网络层,通过路由器在网络间传送数据;第二层是数据链路层,让数据从一个系统传送到最邻近的路由器或目标机;第一层是物理层,负责在铜缆、光纤、无线电发射器和接收机等物理链路上实际传送比特数据。

在实际应用与数据传输中,互联网主要由四层传输协议构成:第一层是应用程序,主要指 Web 浏览器和服务器等,包括 OSI 中第七、第六和第五层;第二层包括 TCP/IP 协议栈;第三层是数据链路层;第四层是物理层[1]92。

信息数据传输的流程:应用程序产生一个数据包,这个数据包可能是 Web 请求的一部分或电子邮件信息的一个片段;传输层为数据增加报头,主要包括送什么信息到哪里去;网络层增加了包括源和目的地址信息的 IP 报头,就像给数据增加了一个含邮寄地址的信封;数据包传递到数据链路和物理层,再加上帧头和尾部,形成在链路上可传输的数据帧。

互联网依靠 IPv4 实现端到端通信,每个 IPv4 协议传送的数据包由报头和数据载荷组成。报头部分包括一个 32 位数字的源 IP 地址和一个目的 IP 地址,路由器依据地址信息确定向哪里传送数据包。IPv4 协议报文结构如图 5-2 所示[1]95。数据包是一位接一位地离开发送源,当它到达路由器时,路由器对接收到的数据包各个字段进行检查,并将它转发到目的地对应的网络接口,或接近目的地的另一跳路由。数据包就是以这种方式在网络上发送和寻址的。

Vers	Hlen	服务类型	数据包长度	
标识			标志	片偏移
寿命		协议	报头校验和	
源IP地址				
目的IP地址				
IP地址（如果有）			填充位	
数据				
数据				
数据				
数据				

Vers=版本号
Hlen=报头长度

图 5-2　IPv4 协议报文结构

（二）内容与应用域

系统域只是为网络提供了基础设施和技术支撑，内容和应用域则在系统域之上，提供可用的信息应用程序及其所处理的信息。

1. 内容存储

网络上内容信息存储方法主要有两类：分层文件系统和关系数据库。在分层文件系统中，一个或多个计算机都各自存储文件，这些文件系统由硬盘驱动器的小扇区或小块内存组成。一个典型的计算机系统文件包括操作系统软件本身如 Windows 等，由可执行程序形成的计算机应用如 Web 浏览器，存储了程序设置的配置文件及相关的存储数据。文件位于目录内，目录本身也可以包含子目录，形成层次化的结构（图 5-3）[1]96。目前许多计算机文件系统都是这种结构。分层文件系统非常有用，因为它提供了一个指向明确的检索方式，暗示了文件之间的关系，同时提供了文件之间的导航方法，因为同一目录中的文件有一些共同性。

另外一种常用的内容信息存储方法是关系数据库（图 5-4）[1]97。这是将信息存储在一系列表格中，表格定义一些字段，每个字段都

第五章　赛博空间作战 | 119

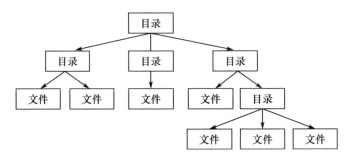

图 5-3　层级结构的文件系统

定义并存储特定类型的数据,每个字段相互之间保持一定的关联性,但都作为数据库的一个单个记录。两个或多个表可能都包含完全相同的字段,从而构成了它们之间的关系。例如,假定图中的数据库与电子商务相关,图 5-4 中表 1 可能是客户交易信息,记录了不同人网上商店购买的各种物品。图 5-4 中表 2 可能会持有客户的信用卡信息。两个表中都有可能出现买方的账户号码或信用卡号码。

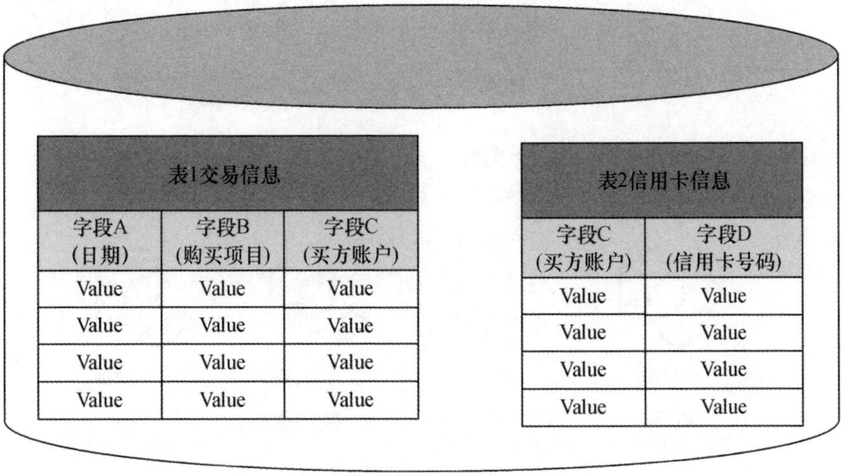

表1 交易信息			表2 信用卡信息	
字段A (日期)	字段B (购买项目)	字段C (买方账户)	字段C (买方账户)	字段D (信用卡号码)
Value	Value	Value	Value	Value
Value	Value	Value	Value	Value
Value	Value	Value	Value	Value
Value	Value	Value	Value	Value

图 5-4　关系数据库

2. 应用架构

应用架构描述了当今企业网和互联网上常见的消费者和企业应用程序架构。传统应用架构是客户机/服务器应用程序。客户机是台式机或笔记本电脑上的应用程序，客户端提供用户界面，通过访问网络与服务器通信。后来随着应用的发展，逐步将 Web 浏览器作为通用客户端，用它来为用户编排、显示和处理信息。这种通用的浏览器客户端通过网络访问服务器，进而访问后端的数据库服务器，这就是今天占主导地位的应用架构（图 5-5）[1]99。有些应用程序还增加了另外一个要素——应用服务器。

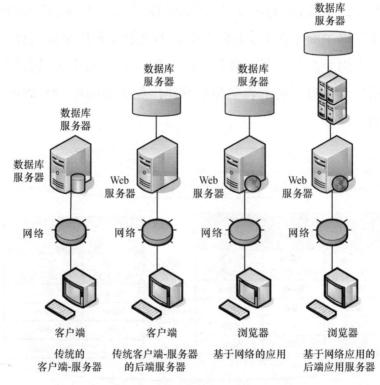

图 5-5　目前常用的应用程序架构

从 2005 年开始，又出现了一种全新的面向服务的 SOA 体系结构模型(图 5-6)[1]100。在此模型中,客户端浏览器软件仍然访问 Web 服务器,但这种交互通常使用可扩展标记语言 XML,Web 服务器可以使用 XML 与其他服务器交互,以一种分布式、相互协作的方式处理信息,通过网络共同为用户提供服务,这种模式被称为"云"中的计算。使用 SOA 模型,不同功能的需求如地理地图、产品搜索、价格计算和比较等,可以分布在不同的服务器上进行计算,使用时将相互之间的信息流无缝链接在一起。这种方式可以为用户提供一种高效的购物方法,通过查询和计算创建购物清单,选择最近的商店和快递服务,最大限度地降低成本和减少出行时间。

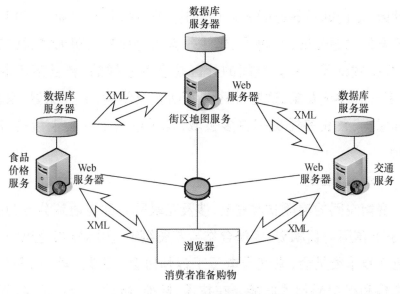

图 5-6 面向服务的体系架构

常见的应用类型还包括电子邮件、即时消息、搜索引擎等。电子邮件采用存储转发技术,信息等待用户去获取。即时通信技术则专注于用户之间的实时信息交互,这类"聊天"多发生于一对一或多个用户之间。搜索引擎是互联网上另外一类重要应用,通常采用自己专门的浏览装置,称为"爬虫",通过从一个网页链接到下一个网页,新出来的网页以及链接到其他地方的网页能够被"爬虫"发现,从而获取相关海量信息。搜索引擎公司的软件,将"爬虫"抓取的页面组装成一个可检索的索引,为用户提供基于Web的前端服务。目前,电子商务、即时通信和搜索引擎等网络服务蓬勃发展,如亚马逊和阿里巴巴、脸书和腾讯、谷歌和百度等。

(三) 人与社会域

赛博空间是人造的域,以获取信息并在人机之间共享。随着赛博空间越来越多地融入现代生活,逐步产生出一个新的人与社会域,如网络上建立的社区。在赛博空间上存在着多种类型的网上社区,来自世界各地的人们访问这些社区,共享商业、政治和其他方面的兴趣爱好,如博客、邮件列表、视频网站、聊天室、社交网站、虚拟城市等。赛博空间的社区是多种多样的,新社区不断形成,老社区逐渐萎缩,这些社区和网站涉及新闻、卫生保健、宗教、国际象棋、烹饪和外卖等许多领域,几乎包括了社会生活的各个方面。

(四) 治理域

赛博空间的治理非常复杂,涉及互联网名称与地址分配、互联网协会、国际电信联盟、经济合作与发展组织、国际标准化组织、国际电工技术委员会、电气与电子工程师协会、万维网联盟、联合国等机构和组织的相关职能。在技术、标准、协议、安全、法律、服务和管理等方面,相互交织,各有侧重。赛博空间面临的最大问题之一是赛博攻击是否属于战争行为,目前还存在争论与质疑。

互联网是一个复杂的巨系统,我们日常访问的网络通常被称之为"表层网络",它只是整个互联网的冰山一角,在冰山的下面藏着比表层网络更巨大的深网(Deep Web)和暗网(Darknet)(图5-7)[2]220。

表层网络:大家平时熟悉和使用的网络,任何搜索引擎都能抓取并轻松访问。不过,它只占到整个网络的 4%~20%[2]219。

深网:表层网之外的所有网络称为深网,搜索引擎无法对其进行抓取。它并没有完全隐藏起来,只是普通搜索引擎无法发现它的行踪。

暗网:比深网更黑暗的分支,暗网里的一切都是隐身的,网站隐身,用户身份隐身,IP 地址隐身,上网者真正可以来无影去无踪。但它的域名数量是表面网的 400~500 倍[2]219。

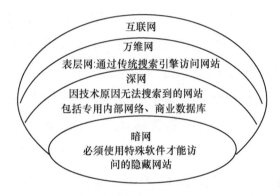

图 5-7 美国国会研究处对互联网的划分图

因此,虽然互联网带给了人类极大方便与好处,创造了一个人机交互的虚拟社会,但它总体上是不安全的,必然会成为人类利用、对抗和争夺的新空间、新领域。

赛博空间作战,主要包括民用互联网及开源信息利用、基于网络信息体系的网络中心战、网络化人机交互系统及其衍生的舆情、情报、信息作战等内容。军事发达国家的网络攻击已具备实战能力,已经多次用于实战检验,并且开始了体系化作战探索与发展进程。

二、开源信息利用

互联网等开源信息资源是巨大宝藏。开源信息的军事应用是提升智能化作战能力的重要途径,是影响未来作战的重要战略因素。互联网自发明到今天,其海量信息和数据,蕴藏着最新政治、经济、科技、军事、社会、民生、宗教、文化等诸多信息,呈现无所不在、无所不能的趋势。特别是2007年以来云计算、大数据技术的出现,成为新形势下网络化智能化产业迅猛发展的强大驱动力。如何把互联网等开源信息数据资源利用起来,是新形势下军队建设和作战面临的紧迫而重大的战略问题。

大数据引发社会热潮。2009年开始,"大数据"成为互联网信息技术行业的流行词汇,伴随着移动互联网、物联网、数字家庭等新一代信息技术应用不断增长。海量数据蕴藏着发展趋势、国家安全等诸多信息。用大数据看"一带一路"、利用大数据技术预测流行性感冒等成为热点,通过大数据对社会舆情进行分析解读甚至成为一种时尚。目前,基于互联网大数据智能搜索的人类和企业行为模式与全息画像,已经开始步入快车道。通过互联网和手机移动通信,搜索挖掘身份信息、消费习惯、金融信誉、经济行为、兴趣爱好、朋友与社会关系、空间位置等关联关系,可以对个人与群体全息画像。人类行为计算模型(Computational Models of Human Behavior)被列为美国国防部2013—2017年科技发展计划中瞄准未来的六大颠覆性技术之一,目标是建立人类社会行为预测数学模型,为战略分析、战术决策和行动计划提供支持。实际上,美国在发现本·拉登过程中就使用了类似技术。一切数据皆军事。运用搜索引擎、关联分析等大数据工具,通过互联网不仅可以了解作战对手战争准备的蛛丝马迹，还可以对恐怖分子等极端势力的动向进行预测预警和指导。

云平台成为时代宠儿。云计算与大数据密不可分，云计算为海量数据处理提供了物质基础与手段。云计算概念在2007年由谷歌公司提出，是一种新型的分布式计算模式，不同于以本地计算机为基础的传统计算模式，成为新一代网络发展的核心技术。随着云计算技术的发展，谷歌、亚马逊、IBM、微软以及阿里巴巴、腾讯、百度等国内外行业领军者均推出了自己的云平台。随着包括谷歌地图、淘宝等一系列云平台的巨大成功，其商业价值获得全社会的高度关注，给网络购物与出行带来了革命性变化。除商业服务外，云平台正迅速在经济、军事、科技和文化等各个领域产生深刻影响。美国《国防部云计算战略》的组织实施，将显著提高战场信息分析处理和存储共享等能力，对未来作战产生巨大影响。

位置服务带来无限可能。位置服务是在卫星定位导航、地理信息系统、移动通信和移动互联网基础上融合而成的一种新型服务。现在火热的嘀嘀打车、共享单车就是位置服务的典型应用。位置服务具有三个基础内容：你在哪里（位置）、和谁在一起（社交）、附近有什么资源（查询）。位置服务不但导引用户到达这里，还会告诉用户这里有好吃的、好玩的、有优惠价提供、多少人在这里用餐、客户是怎样评价这道菜的、可能会遇见谁、可以加入某个兴趣俱乐部等。位置服务将为个人日常生活带来无限可能。在信息时代，80%以上的信息与"位置"和"时间"相关，由此引发了卫星导航技术在各行各业的广泛应用。

20世纪90年代以来，以美国GPS为代表的卫星导航技术与应用在全球快速发展，与互联网、移动通信并称为全球三大IT产业，成为发达国家信息化发展的重要组成和推动力量，是各国争夺信息化主导权的焦点之一。北斗卫星导航系统是中国自主研制、独立运行的全球卫星导航系统,与美国 GPS、俄罗斯 GLONASS、欧洲 Galileo 并称四大全球卫星导航系统。北斗卫星导航系统能够提供定位、导航与授时信息,还可提供短报文服务。北斗卫星导航是信息时代的重大时空基准,广泛应用于国防和经济现代化建设,是国家安全和经济社会信息化的基石。

GPS 之父布拉德福德·帕金森曾讲:"卫星导航的应用仅受人们想象力的限制。"北斗与地理信息、卫星通信等新一代信息技术相融合,可以打造面向未来的"高精度位置、高精准授时、高清晰图像"北斗产业优势,与计算机、移动通信、互联网、云计算、遥感遥测等多种信息资源有机融合,形成多行业、多维度的位置服务大数据,通过对大数据的解析、提取、挖掘,催生位置服务经济新业态。这种位置服务新业态如果应用于军事领域,结合惯导系统和图像测距定位,可以极大提高战场态势精确感知能力,确保各作战要素时空一致性,全面提高机动作战水平,显著增强精确制导弹药的效能,促使体系化网络化作战能力跨越提升。

根据国际电信联盟(ITU)最新统计,截至 2018 年年底,全球互联网用户达 39 亿人,占世界人口总数的 51.2%,这是人类历史上首次有超过一半的人口通过互联网连接起来;2016 年全球手机用户规模接近 71 亿人,占总人口的 98.3%,基本实现对全球人口的覆盖。根据爱立信发布的 2018 年第二季度数据,全球手机用户数量(按手机卡数量计算)达到 78 亿人,同比增长 2% 左右。

网络无所不在、无所不能。有报道称,美军 50%~80% 的日常情报是通过互联网等开源信息源获取的。总之,利用互联网等开源信息可以使军队战斗力赋能倍增。

(1) 利用互联网等开源信息可以从宏观和微观多角度了解和

透视地理、气象、交通等战场环境。

（2）利用互联网等开源信息不仅可以了解战场区域所在国家和地区的风土人情、宗教信仰、生活习惯等社会情况，还可以追溯其历史演变和由来。

（3）利用互联网等开源信息可以对多样化目标信息进行全方位透视，如不仅可以从外表识别建筑物形状、结构，还可以了解内部进驻机构和人员分布等情况。

（4）利用互联网等开源信息不仅可以了解作战对手科技装备发展情况，还可以通过核心企业生产用电、材料采购、产品交运、人员加班和军队人员休假动向等，对其战争准备、动员和作战意图进行预测预警。

互联网与开源信息是军队未来作战不可缺少的战略资源、行动依托和重要战场，是未来实施占领控制和有效利用的新空间新途径。

三、网络战场

网络战是赛博空间作战的核心。早在1991年，美国国家科学院在一份关于计算机安全的报告中就已提出警告，"未来的恐怖主义分子使用键盘造成的破坏将远甚于炸弹"。从20世纪90年代起，美国就不断加大对网络战能力的投入，在作战概念、理论、途径、方式等方面，开展了全方位、系统性的深入研究和作战验证，直到率先建立全球最大的网络战部队。

2013年6月初，一个默默无闻的名字突然成为了全球各大媒体的头条——爱德华·斯诺登，这个美国国家安全局防务承包商曾经的雇员，变成了家喻户晓的风云人物。由他披露的"棱镜门"事件，使美国11类49项"赛博空间"监控、侦攻项目目录清单被陆续曝光,让美国朝野上下为之震惊、各国民众为之愤怒,在国际政治掀起强大波澜。他所揭露的代号为"棱镜"的一系列美国网络监控和入侵项目,将网络空间全球政治军事博弈推向了新高点,也使虚拟化数字战场的面目渐露端倪。

"棱镜"系列计划对各国主权、人权以及国际法的侵犯程度之深、范围之广、跨度之长,令人触目惊心。据披露的秘密文件显示,至少从2007年开始,美国国家安全局等情报机构就对数十个国家的领导人展开了实时监听,包括联合国秘书长潘基文、德国总理默克尔、巴西总统罗塞夫等在内的各国政要,均成为美国暗中监控的对象。联合国总部、欧盟常驻联合国代表团等重要机构,也长期处在美国的监控之下。利用这种方式,美国在国际政治的谈判桌前获得了极大的信息优势。据报道,在2010年联合国安理会围绕是否对伊朗核问题实施制裁悬而未决之时,时任美国驻联合国大使苏珊·赖斯便要求情报部门监听投票意向尚不明朗的理事国,以便其提早采取针对性措施。美国国家安全局通过接入全球移动网络并侵入主要的互联网公司,非法获取了庞大的个人信息资料、通话记录、手机短信、电子邮件、存储资料、传输文件、视频会议等各类数据信息,"可以监控某个目标网民的几乎所有互联网活动"。美国情报机构自2008年以来向全球逾10万台计算机秘密植入了恶意程序,意味着这些设备早已处于高度不设防状态,任何信息流动都能够被美国轻易提取。

美国在2008年5月启动建设了国家网络靶场(National Cyber Range,NCR),2012年正式交付使用,为美国的网络战演习训练、武器测评提供了逼真的作战环境。从2006年到现在,美国已经组织了多次跨界跨国跨域"网络风暴"演习,每一次都把互联网列为直接攻防目标,也都以此前发生过的真实事件为基础进行演练。这个演习由国土安全部主办,类似于美国国防部每两年举行一次的"施里弗"(Schriever)系列太空安全演习。除了国土安全部以外,国防部、商务部、能源部、司法部、财政部和交通部等美国联邦政府机构纷纷派出精兵强将参演。许多盟国的技术人员也获邀参加了系列演习,为美国与盟国协同开展网络战行动开辟了通道。另外,美军还举办每年一次的"网络守卫"演习,用来检验跨政府和军队部门之间的安全合作,以及政府与非政府部门在应对网络攻击方面的配合。北约则在2014年进行了世界上最大的网络战争作战模拟,据称有来自28个国家、80个组织的670多名士兵和平民参与了行动。

奥巴马总统上台伊始,便启动了为期60天的网络空间安全评估,并宣布成立独立的网络司令部,以整合海、陆、空军的网络战力量。之后,美国的网络部队建设走上了"快车道",美国海军、空军和陆军先后组建了自己的网络战部队。与此同时,美国还出台了《网络空间政策评估》《国家网络安全战略报告》《网络空间国际战略》《网络空间行动战略》等一系列战略规划,明确将网络攻防对抗与战争行为画上等号。

2012年,美国国防部启动"赛博攻击与控制技术"(X计划)研究,从战争角度设计赛博攻防,从作战计划、作战协同、作战实施、毁伤效果评估等出发,构筑有效控制网络空间攻击全过程的杀伤链路。

美军在2014年的《四年防务评估报告》中明确提出要"投资新扩展的网络能力,建设133支网络任务部队"。2015年4月23日,美国国防部发布了新版《网络空间战略》,提出了133支网络作战分队2016年实现初始作战能力,2018年形成完全作战能力计划。美军2017年将网络司令部升级为战略司令部。2017年,所有133支网络作战部队全部形成作战能力,其中陆军41支、海军40支、空军39支、海军陆战队13支(图5-8)。

分队	国家任务	国家支援	战斗任务	战斗支援	网络防护	合计
	13支	8支	27支	17支	68支	133支/6187人
海军	4支	3支	8支	5支	20支	40支/1860人
空军	4支	2支	8支	5支	20支	39支/1821人
陆军	4支	3支	8支	6支	20支	41支/1899人
陆战队	1支	0支	3支	1支	8支	13支/607人

图 5-8　美军网络战分队具体分布情况

美国陆军网络部队已经组建完成（图 5-9），人数约 21000 人，支撑远征、特种和反恐作战。同时，针对网络攻防能力需求，提出了"2050 网络陆军"概念，牵引网络技术发展。

从美陆军网络部队力量构成看，战略与战术、进攻与防御、网络攻防与电子对抗、情报信号与电子战，是统筹编配的。近年来，DARPA 启动了 MEMEX "暗网搜索引擎"计划研究，实施赛博攻防新项目，对网站、身份、IP 地址"绝对隐身"的暗网进行搜索追踪，以发现打击毒品、军火、走私、邪教、恐怖等组织活动。同时，也利用暗网开展隐蔽情报窃取、网络人才招募、网络安全通信。美国陆军还组织学术界、企业和政府研究人员成立"网络空间安全联合研究联盟"，形成以军为主、军民融合的力量格局。

俄罗斯在 2013 年组建了网络安全部队并随后成立了网络战司令部。在其新版《军事学说》里，俄军明确提出要提高"非核遏制"的战略地位和作用，其核心要义就是要用信息战和网络战来加强威慑能力。

日本已正式组建了专门的"网络防卫队"。据报道，日本一直在积极开发网络战武器，其中包括一种能迅速识别网络攻击来源，

第五章 赛博空间作战 | 131

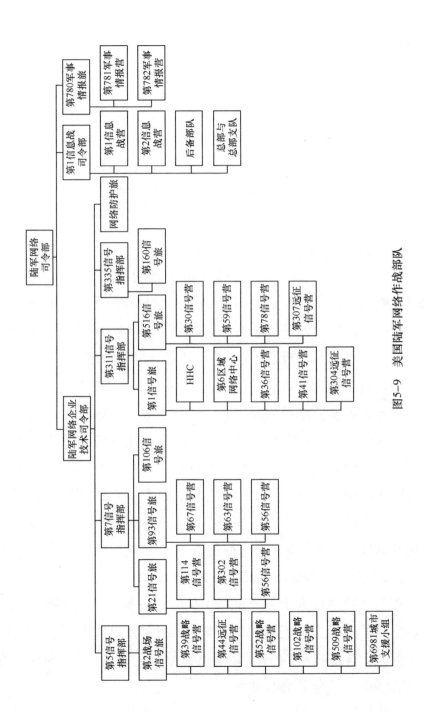

图5-9 美国陆军网络作战部队

并直接对攻击源头发动报复性打击的武器。

北约则在爱沙尼亚设立了网络战中心,举行常态化的网络战演习,还出台了网络战的法律规则《塔林手册》,实际上是为美国等西方国家操纵网络空间寻找法理依据。总之,一场网络军备竞赛已是箭在弦上,时刻拨动着大国紧张而脆弱的神经。

2016年,人工智能技术在网络攻防领域的应用引起了全球的关注。美国人工智能开始用于网络自主加密、检测漏洞、恶意软件行为学习等,并启动对电网基础设施网络防御新技术研究。在自主加密方面,谷歌公司"谷歌大脑"团队2016年10月成功通过三个神经网络的相互攻击,让系统创建自己的算法。名为"鲍勃"(Bob)和"爱丽丝"(Alice)的两个神经系统自行打出共享的安全密钥,彼此收发消息,而第三个名为"夏娃"(Eve)的神经系统试图窃取和解码消息,但最终没能成功窃取信息,证明了机器学习与神经网络实现自主加密的可行性。

在漏洞自动监测及修复方面,2016年8月,DARPA举行了网络空间大挑战赛,诸多"机器人黑客"都在一定程度上展现了使用不同人工智能方法,自动检测软件漏洞并自行修复的能力。不过在实际操作中,也出现了长期处于休眠和不小心破坏所保护系统的情况。在这次挑战赛中,"机器人黑客"也展现出了一定程度的利用漏洞进行攻击的能力,这种基于人工智能技术的网络空间攻击,将大大提升攻击效率以及多种手段攻击的能力。

在恶意软件行为学习方面,2016年8月举行的"黑帽"大会,"火花认知"安全公司发布的杀毒软件"深度装甲",利用自动建模算法等人工智能技术,不断了解新恶意软件的行为,可识别病毒变异以尝试绕过安全系统的过程。

在物联网安全方面,2016年7月,PFP网络安全公司推出了基于电力使用分析、机器学习和云技术,可探测供应链、内部篡改、持续攻击等各种异常的方案,用于防护任何连接物联网的设备。

2018年7月,美国防部公布了"统一平台"(Unified Platform)网络武器系统采购计划。该系统是一种可以携带网络攻击和防御武器,在网络空间自由穿梭的标准化平台,作战人员可以对其实施指挥控制,执行攻防作战、情报获取、侦察监视等任务,类似于海上的航母,因此又被称为"网络航母"(Cyber Carrier),是美军为网络任务部队打造的主战装备。同年10月26日,诺斯洛普·格鲁曼公司得到由美国空军授予的5460万美元合同,成为"统一平台"的系统集成商。"统一平台"具备3种能力:一是可以适应不同类型的操作系统环境及网络架构,利用踩点、Ping扫描、端口扫描等技术手段,跨越和突破不同网络之间的防火墙、入侵检测、路由网关、身份认证等安全措施,实现在网络空间的自由穿梭;二是能够搭载病毒、木马及其他具有攻击性的网络软件;三是不断增强智能化水平,为作战提供灵活的部署和攻击方式。该项目实施以来,到2020年6月,已通过四次增量更新,具备了32项功能,集成了各军种数据平台,增强了信息分享和数据摆渡能力。美军网络司令指出,"统一平台"主要目的是整合分散的网络能力、系统、基础设施和数据分析能力,允许网络任务部队进行综合的网络处理、分析、开发和分发,支持全频谱网络作战。

2019年,美军为了将各军种分散的网络作战能力整合起来,提出了联合网络作战架构,包括通用火力平台、"统一平台"、网络联合指挥控制框架、网络传感器平台、"持续网络训练环境"五个子项目。其中,"持续网络训练环境"项目在2020年已形成了1.0和2.0两个版本,并在"网络旗帜""警惕鹰"演习中进行全面应用和实战化检验。该训练平台是美国陆军代表网络空间司令部及各军种开发的,旨在为网络任务部队提供一个可从世界任何地方登陆,以进行训练和演习任务的在线客户端。同时,强化网电一体能力,形成了以"舒特系统""沉默乌鸦""地面层系统"等为代表的网络攻击武器,突出平台化、模块化和机动性发展重点。面向智能化发展新型网络攻击装备,例如美国防部正在发展一种"熵"的心里战装备,基于人工智能算法生成大量虚实信息、实施认知层网络攻击。

2020 年,美国陆军计划利用人工智能和机器学习为战术通信网络开发自主网络防御技术。该技术可用于自主监测和修补已知网络漏洞,自主识别和纠正网络及主机错误配置,自主监测已知和未知恶意软件样本,利用特定战术网络、数据流和消息集监测和推断攻击意图,将网络应对建议相互关联并形成新的行动方案等。美国防部高级研究计划局联合有关部门开展"对抗网络对手系统自主控制"计划,旨在开发"自主软件代理",能够抵抗僵尸网络攻击,以及大规模恶意软件活动。该软件代理将开发必要的技术和算法,用来测量被僵尸网络感染的识别准确性、网络中设备类型的识别准确性以及潜在访问量的稳定性。法国泰勒斯公司推出 Cybels Analytics 人工智能网络安全平台,使用机器学习算法可更快、更准确、更彻底地监测复杂的网络攻击。该平台可大幅缩短检测先进持续性威胁所需的时间,从平均 3 个月缩短到数天。

进入新世纪以来,时光穿梭到 2021 年,全球性网络战场已经硝烟四起,不仅渗透到阿富汗战争、伊拉克战争、利比亚战争和中东北非的"颜色革命",还与叙利亚战争、反 ISIS 伊斯兰组织深度关联,并且正在开启智能化网络作战的新时代。

四、网络攻击

依托互联网的网络攻击主要分为小规模攻击和大规模攻击两

类。小规模攻击可能对少量用户造成有限损害,大多数病毒和间谍软件虽然可以感染成千上万用户,但都有某些典型特征,可以被反恶意软件程序快速清除掉。大规模攻击是指那些会对数百万用户造成潜在影响的威胁活动,如损坏互联网的部分功能,致使一些国家和地区无法访问互联网,或者窃取大量用户账户信息进行诈骗等。2002年以前,网络威胁主要来自爱好者们制作的实验性病毒、其他恶意代码和金融诈骗犯罪等。2002年以后,网络威胁已经拓展到有组织的犯罪和国家参与的网络侦察和攻击行为。常见的攻击主要有以下七类。

(一)间谍软件(Spyware)

间谍软件通常在未经用户许可和察觉的情况下,被安装在用户机上,主要用于搜集用户信息。攻击者通过探测目标机器软件脆弱性,或者将间谍软件和其他软件绑定在一起欺骗用户,将间谍软件安装在用户的台式机和笔记本电脑上。其工作方式主要是跟踪用户与一系列Web站点之间的交互行为,分析用户在网上的冲浪习惯,以便推送针对性产品和广告。其最简单的形式是利用包含用户信息的cookie。cookie是Web站点推送给用户浏览器的一小块数据,它可以存储在用户机上,每当浏览器再次访问该网站或该间谍软件公司相关的网站时,cookie就会再次发送给相关网站,通过这种方式就可以跟踪到用户对所有网站的访问情况。有些间谍软件会将浏览器重新定向到人为的附属网站中。当用户试图访问一个主流搜索引擎时,间谍软件可能会将浏览器引向另一个搜索引擎,而这个搜索引擎会播放广告。有些间谍软件还侧重于偷取用户信息,它们会搜索硬盘驱动器中的敏感私密文件,并将这些文件发给攻击者。最可怕的形式之一,就是键盘记录。它可以记录键入金融服务站点登陆页面中的账号,并且将账号发送给攻击者[1]162-164。

(二) 僵尸软件 (Bot)

僵尸软件主要用来控制一个受感染的主机,通过控制一个受感染系统,跟踪用户的冲浪习惯,窃取文件或者记录键盘动作。僵尸软件可以形成一个网络,感染几千台甚至上百万台的用户主机,通过使用安装在僵尸网络中所有系统上的分布式软件,僵尸网络可以被当作一个超级计算机。利用它可以破解密钥或密码,其破解速度是单台计算机的上万倍。攻击者可以通过僵尸网络快速发送垃圾邮件,还可以隐藏攻击者的互联网源地址,将被僵尸软件感染的系统配置成匿名的数据包转发器,攻击者可以从路由经过他们的数据包中过滤有价值的信息。这种方式使得单个攻击者的犯罪跟踪变得更加困难,调查取证也更加复杂。僵尸软件还越来越多地和 Rootkit 绑定在一起。Rootkit 也是一种软件工具,可以对操作系统作一定程度的更改,欺骗用户,隐藏攻击者在机器中的存在,甚至阻止反病毒程序和个人防火墙正常工作,是网络罪犯们广泛使用的一种隐藏式僵尸软件[1]164。

(三) 网络钓鱼攻击 (Phishing)

钓鱼攻击是在线诈骗最常见的形式之一。它通常涉及数量巨大的电子邮件,这些邮件表面上看是从在线银行或网上商店等合法公司发过来的,声称收件人的账户有问题,然后欺骗用户点击一个链接,该链接看似指向一个合法商业网站,但实际上将用户引导到攻击者控制的假冒网站,该网站会要求用户输入用户名和密码,或者一些账户信息,这些信息被保留下来以便进行诈骗和犯罪使用。钓鱼攻击者越来越多地使用看似来自税务机关、政府组织机构的欺骗邮件,通常老年人容易受骗。例如,2011 年,攻击美国加密软件公司使用的电子邮件,有一个附件名为 "2011 recruitment plan.xls"（2011年征兵计划表）的文件中嵌入了漏洞攻击代码,是针对Adobe公司Adobe Flash Player的零日漏洞攻击代码,后来被确定为"CVE-2011-0609"。一旦这个攻击实施成功,恶意软件就可能掌握内部服务器的控制权。然后,攻击者使用一个名为"Poison Ivy"的远程访问包对目标服务器进行持续控制[1]165。

（四）"水坑"式攻击

"水坑"式攻击是由美国加密软件公司RSA研究人员发明的一个术语,原意指利用水坑将动物吸引到特定区域为狩猎提供方便。这个概念也适用于互联网用户,感染特定网络形成一个水坑。水坑式攻击是网页挂马攻击的一个变种,它利用浏览器的某一特定漏洞,将恶意软件下载到终端用户系统上。其攻击方式不是使用网络钓鱼方式,而是通过掌握用户上网习惯来策划攻击,等待用户自己访问被感染的合法网站。其流程是:第一步,攻击者通过开源情报窃取目标用户上网习惯,从而得到一组被经常访问的网站,对用户进行针对性的建模;第二步,检测这些网站的漏洞,并利用漏洞注入恶意代码;第三步,等待用户访问受感染的网站,然后通过网页挂马下载技术,将恶意软件安装到用户系统中;第四步,一旦浏览器漏洞被利用,系统被恶意软件感染,远程访问操作RAT就会被下载到被感染系统上,攻击者可以利用远程操作控制用户系统,窃取相关数据并传到自己控制的系统上[3]27。

（五）自带感染载体USB

当用户系统没有连接互联网时,类似U盘或移动硬盘这样的通用串行总线USB设备,是将病毒从一个地方传染到另一个地方的最佳介质。这种方式针对工业控制系统等关键基础设施的攻击比较有效。美国对伊朗实施的"震网"病毒就是通过摆渡的方式,对伊朗浓缩铀离心机实施了攻击,导致大量机器损毁。USB通过两种不同模式执行恶意代码:第一种通过自动运行文件 autorun.inf 调用隐藏在 USB 上的恶意软件;第二种是生成流氓链接文件,当用户单击该快捷方式时,恶意代码就执行了。

受感染的 USB 接入到互联网时,可能对相关网络造成破坏。美国有关行业曾报告过类似的事件:第三方厂商使用被感染的 USB 设备对汽轮机控制系统进行了更新,导致该控制系统感染,三周无法工作,造成相当大的经济损失。同样,美国新泽西州一家公司的控制系统被感染,攻击者控制了加热和空调系统导致严重安全隐患[3]29。

(六)拒绝服务数据包洪泛

网络攻击的一种破坏形式是发送大量的数据包到一个或多个目标机器,使它们丧失正常的网络通信能力。这种技术称为数据包洪泛。利用几百台机器组成的小规模僵尸网络,攻击者就可以对一个典型中型组织的 Web 站点进行数据包洪泛攻击并使其瘫痪。例如,网上商城等网站如果遭到类似攻击,客户就无法访问,公司业务就无法开展,这成为犯罪分子敲诈勒索的一个筹码。2007 年针对爱沙尼亚的攻击是一个大规模的行动,它是由几个相互协作的僵尸网络发动的。通常一个星期内攻击者会维持 3 天左右的数据包洪泛攻击,如果时间更长,大部分的运营管理商 ISP 就会辨别出洪泛流量,并开始避开这些异常流量。大规模的洪泛攻击,可能会针对特定的组织、一个国家的相关系统与互联网基础设施甚至整个互联网,影响成千上万用户正常使用。其中最频繁和典型的是 SYN 同步洪泛攻击、HTTP 超文本传输协议洪泛攻击和域名系统 DNS 放大攻击[1]170-172。

SYN 同步洪泛攻击主要是破坏 TCP 使用的会话握手过程。互联网数据的传输是通过 TCP 三次握手协议来实现的。为了实现一个连接,发起主机产生一个 TCP SYN 同步数据包,包含一个序列号,而这个序列号是发起主机传输到另一端接收机所有数据包的初始序列号(如 Web 服务器)。如果接收机应答这次连接请求,那么它会发送一个 SYN-ACK 数据包给连接发起主机,一方面指明自己应答了刚接收到的序列号,另一方面为后续所有响应数据包同步一个新的初始序列号。然后,发起主机会发送一个 ACK 数据包,对接收机将要使用的序列号进行应答。这样两个系统就完成了序列号的交换过程,完成三次握手。在该次连接上的所有后续传输过程中,每传输一个数据包,所载数据的序列号都会增长。SYN 同步洪泛攻击通过发起一个 TCP 连接,主动使整个连接过程在第二步失效,以此来破坏三次握手过程。例如,攻击者发动发送一个 SYN 数据包,然后接收方回送一个 SYN-ACK 数据包,而后攻击者不再发送 ACK 数据包来完成三次握手,在目标机器上留下一个等待响应的半开连接。如果这种未完成的交换过程每秒重复成千上百万次,那么目标机器将无法响应其他正常请求。根据这种流量特征,网络管理者通过部署流量传感器来检测类似特征,可以避开这种流量。

HTTP 超文本传输协议洪泛攻击,则为了避免上述洪泛流量特征,把自己装扮成合法的流量,但却包含大量的伪合法请求,造成检测工具无法从正常流量中辨别这种攻击。

域名系统 DNS 放大攻击,是攻击者向成千上万个第三方 DNS 服务器发送小型查询数据包,每一个查询都会引起服务器发送一个更大的响应数据包,从而引起流量负载的放大。为了把这种流量引向目标受害主机,攻击者会以伪造的受害主机的源地址发送每一个查询包,使得数据包看起来好像是从受害主机发过来的,发送到受害主机的答复流量将彻底耗尽其网络连接。DNS 服务器并不是攻击者的攻击目标,但是它们被用来当作流量放大器,去淹没另外一台受害主机。2005年以来,DNS放大产生的泛红流量,速率一度超过20吉比特/秒,这相当于一些骨干路由器的带宽或者大型电子商务设备的带宽。

单一的洪泛攻击,经过长时间的观察,能摸清其流量和行为特征,可以采取有效的防范措施。但是,如果攻击者创新混合使用这些方法,不断变换方式并且攻击持续时间很长,达到数周甚至更长时间,防御起来非常困难,尤其是实现跨国协助很难。

(七)基础设施组件漏洞

大规模攻击的另外一种途径是探测基础设施的脆弱性,如骨干路由器或者DNS域名服务器。大多数基础设施核心组件都有可能存在漏洞和缺陷,攻击者可能会故意触发漏洞和缺陷来损害系统,造成目标机器的崩溃。例如,攻击者可以将发送到一个特定国家银行的流量定向到另外一个国家,通过捕获流经互联网的流量窃取其中有价值的数据[1]172。

网络攻击是人类有意有目的的一种行为,属于赛博空间作战和认知对抗范畴。未来,随着人工智能技术的发展与应用,网络攻击者一定会实施多样化智能化的攻击手段和攻击行动,将给网络防御提出新的严峻挑战。

2020年6月,英国网络安全初创公司Darktrace发布了一份名为《人工智能增强网络攻击与算法战》研究报告。报告通过一个假想的犯罪组织渗透攻击某军工企业过程作为示例阐明了这样一种观点:目前尽管还没有看到基于人工智能(AI)攻击的实质性应用的确凿证据,但是所有人工智能增强型攻击所需的工具和开源研究都已经存在。因此报告预测,人工智能驱动的网络攻击将很快到来。

报告认为,AI将使恶意软件更加自主和复杂,具有变形功能,具有自我进化和变异功能,具有智能大规模感染能力,能够利用所有软资产作为网络攻击工具。报告指出,具有源代码反向编码功能的移动可变形恶意软件将感染基于物联网的电子设备,具有超级融合组装功能的分散恶意代码将干扰主动和智能的防御系统,将智能恶意软件加载到物理手段中来感染目标系统,在大脑计算机接口(BCI)中加入恶意代码干扰脑电波通信。

报告将智能恶意软件攻击生命周期分为六个阶段:侦察、入侵、建立指挥控制(C^2)通道、提升特权、横向移动、完成攻击任务使命。报告对传统攻击与AI攻击手段进行了对比(表5-1)。

表5-1 传统攻击与AI攻击手段对比

攻击步骤	传统先进攻击手段	AI助力攻击手段
侦察阶段	・浏览社交媒体档案 ・创建虚假档案 风险:攻击者在浏览网站时会被CAPTCHA验证码减慢其速度	・利用聊天机器人与雇员成为朋友 ・使各种假冒行为看起来真实从而绕过控制 工具:CAPTCHA破解手段
入侵阶段	・发送鱼叉式网络钓鱼邮件 ・探测Web服务器的漏洞 风险:邮件可能有人工接入错误,从而导致泄露其恶意行为	・让目标社交软件含有恶意链接 ・使用模糊引擎搜索漏洞 工具:Shellphish、SNAP-R
建立指挥控制(C^2)通道阶段	・通过观察目标网络 ・极力适应指挥与控制行为 风险:硬编码外部端口被防火墙阻止,攻击者会丢失一些植入软件	・让C^2与常规操作融合 ・在调整外部通信期间建立连接 工具:First Order和无监管聚类算法
提升特权阶段	・攻击者通过运行键盘记录程序来提升特权 ・强力破解默认通行字 风险:安全凭证破解时间长	・爬虫口令关键词馈入预先训练神经网络 ・凭证以秒计速度被破解 工具:Cewl和神经网络

(续)

攻击步骤	传统先进攻击手段	AI助力攻击手段
横向移动阶段	·使用哈希传递攻击,网络之间Mimikatz进行移动 ·用户凭证完全人工化 风险:异常移动会暴露威胁行为	·AI计算最佳路径以完成任务 ·移动速度显著提高 工具:MITRE CALDERA架构
完成攻击任务阶段	·无法准确识别有价值文档 ·必须渗透比需要的更多信息数据 风险:一次错误移动就可能暴露	·神经网络只选择相关材料 ·一次性渗透一个组织的敏感数据 工具:Yahoo NSFW

针对人工智能技术用于网络攻击,学术界及一些政府机构提出了用单独或成群的自主智能网络防御代理(AICA)来与之对抗,形成以AI对AI的对抗模式,最终最好的算法将胜出。

五、网络防御

以互联网为重点的网络防御主要包括两大类:一是基于网络的防御;二是基于主机的防御。基于网络的防御可能需要网络运营管理者的参与,包括各网络运营商ISP、大型企事业单位和网络设备及软件供应商等,他们的产品都可能提供一些特定的安全功能。基于主机的防御,需要对网络中的所用系统都逐个安装软件,以保护大量机器,同时具备可扩展性。一般来讲,为了实施基于主机的防御,软件必须部署在数百万台甚至更多的机器上,包括个人用户、商业用户及政府机构等。这种技术可以集成到操作系统中,或者作为其他使用的标准软件包,如配套产品、防病毒工具等。由于大多数用户在配套安全软件方面都缺乏专业知识,因此,在提高主机安全性能方面,软件厂商如操作系统、浏览器、数据库、办公软件等,将发挥更大的作用。

(一)基于网络的防御

主要是防止大规模的网络攻击。需要从体系和分布式系统的角度,来设置安全防护工具和手段。

1. 防火墙

基于配置规则,防火墙可以过滤网络流量,允许特定类型的流量进入网络,同时阻止其他流量进入网络,如可以允许来自互联网的 Web 流量,而同时阻止网络管理流量。更高级的防火墙可以禁止特定源地址或目的地址的流量。最专业的防火墙还可以对内容进行审查,对数据包内的特定应用数据、关键字符或短语等内容进行识别。网络防火墙通常部署在两个网络的连接点上,如企业网和互联网的分界上。这样的防火墙通常被配置成为允许内部机器访问外部互联网,因此向外流量过滤很宽松,向内流量过滤很严格和谨慎。当然,也有一些组织机构会对向外的访问进行严格控制,如大型企事业单位及军事管理部门等,会对流出的敏感信息采取严格的防范措施。有一些国家对向外所有流量都会进行防火墙管理,对涉及消极政治言论、宗教宣传的互联网活动进行压制或禁止。2007 年末,缅甸在政治骚乱时,切断了互联网连接,严格控制信息的流入,也限制信息从本国流出。没有防火墙的国家,其国际联通性是由大量运营管理商和国外互联网保障的,如果要执行彻底的网络阻断,就非常困难[1] 179。

2. 基于网络的入侵检测系统

该系统检测互联网流量,发现可能发生的攻击行为。当攻击行为被发现后,检测系统的工具会提醒网络管理人员,就像一个网络防盗自动报警器一样进行预警。很多商业和政府部门都在其互联网网关处部署了检测传感器,这些传感器只需布置在网络防火墙内即可,然后用传感器来检测是否有攻击行为穿越了它们的前门。也有一些机构在内部网络中部署了网络检测传感器,形成多个门槛来检测所有的攻击行为。

目前,大部分入侵检测系统的技术都关注基于特征的检测,对每一种已知的攻击活动,相关厂商都会在数据包中为该攻击行为的特征建立明确的描述,特征一旦出现,说明对应的攻击正在进行。这些特征通常是定期公开发布的,通过商业途径和免费途径,可以获得成千上万个。有一些特殊的检测技术也用于一些特定行为的检测。通过分析确定网络活动与正常网络用法的偏移,决定该活动是否属于攻击范畴。例如,网络中出现大量未完成的 TCP 三次握手过程,就可以断定实施了重复的、同步的 SYN 洪泛攻击。另外,也可以通过审查链接流量信息,分析这些穿过网络的链接源头和目的节点,以及与之相关的服务,来确定该链接是否符合正常的网络运营模式。当然,攻击者也会想方设法躲避基于特征和行为的检测方法,他们可能对数据进行分片和编码,将攻击流量伪装成合法流量,既能对目标造成破坏,又不能被发现流量异常。基于网络的入侵检测系统,有可能在某些行业形成专业化的信息安全分析机构和团队,如金融和军事部门,他们可以分析共享有关攻击活动的数据和种类,对防止网络入侵形成协作。该系统如在应对全国的网络攻击时,可将它们布置在网络运营服务商 ISP 和其他国家的网络互联点上,运用这些工具来监控所有流出和进入本国的数据流量,发现协同攻击。当然,如果一部分流量是通过卫星通信传送的,这一小部分的流量就难以监测。基于国家行为的网络防御,由于数据流量非常庞大,其监控的方法主要关注信息流、体系的特征,而不考虑单个数据包中的内容[1] 180。

3. 基于网络的入侵防御系统

该系统是把防火墙和基于入侵防御的检测系统二者结合起

来。当与攻击数据相关的数据包被检测到后,该系统可能会丢弃数据包,或者重新链接,防止攻击活动继续发生,从而保护系统。当然,也存在将合法流量作为攻击流量的误判,因此有些防御系统只是产生警告信息,而不是阻断流量。一些系统的防御工具采取线内工作方式,对流量进行分析审查;另外一些则可能采取线外工作方式,对流量进行抽样分析。线内工作模式是全方位的,是对所有数据包进行审查,会减缓流量速度,因此可能用于密级和预警程度较高的系统;而线外抽查适合于大量的普通系统的防御[1] 181。

4. 网络加密

最初的互联网加密,都放在了计算机的终端用户和应用程序的开发上,后来逐步把它前移到了网络设备层,形成了既对网络又对终端系统进行多层加密的保护。终端用户的加密技术,主要包括三种:一是由加密爱好者创建的 PGP 程序,用于电子邮件和文件加密;二是安全套件 SSH,用于保护远程登录与访问;三是安全套接层(SSL),经常用于保护 Web 浏览器与 Web 站点之间的通信。

对网络设备进行认证和加密,形成了互联网安全保密协议 IPsec。该协议既可以嵌入到 IPv4 协议中,也集成到了 IPv6 协议中,以此来提高网络级的加密。目前,很多厂商已经在操作系统、路由器、防火墙和其他各种设备中,发布了与该协议兼容的软件。当前最流行的操作系统,如 Windows、Linux、Mac OSX 和其他操作系统,都支持该协议。IPsec 协议提高了多种安全功能,包括机密性,如果没有解密密钥,就没法读取数据包的内容;认证机制,用于识别是哪个用户和哪台机器发送了各个数据包;完整性,认证数据包内容没有被篡改。

虽然 IPsec、PGP、SSH、SSL 等极大提高了网络通信安全性,但它们都需要分配部署加密密钥。利用预先设置的共享密钥,在少数端到端的系统中比较方便,但超过十几个互联系统时,密钥的保存与分配就越来越不可行。因此,密钥的广泛分配必须依靠一组可信的证书颁发机构(CA)来解决,但过程极其复杂艰难,而且也不可能完全解决问题[1] 182。

(二)基于主机的防御

基于主机的防御指的是保护单独的系统免受网络攻击。基于网络的防御可以对大量的机器进行防御监测,但不能辨别单个机器的活动细节。基于主机的防御可以观测到一台机器的行动与攻击活动的细节,既能保护客户端机器,也能保护服务器,主要包括反恶意软件工具、基于主机的防御系统、个人防火墙和基于主机的加密文件等。其中,个人防火墙与网络防火墙原理基本一致,只是范围大小不同而已。

1. 反恶意软件工具

主要包括防病毒和防间谍软件工具。以前,两者是分离的两个独立的市场,后来逐渐合二为一了。通常,最新式的反恶意软件工具一般都会用三种方法的组合来检测恶意软件:特征法检测、启发式检测、基于行为的检测。每一种方法都有各自的优缺点。特征法很有效但需要不断快速地更新并发布特征库,常常是计划赶不上变化。启发式利用攻击者在新变种中会频繁重用以前恶意软件中的功能代码模块这一特点,检测并启动保护机制。但如果攻击者在创建新恶意软件时没有重用任何代码,启发式就不能检测出攻击行为。第三种常见反恶意软件方法就是当恶意代码运行时,根据它的典型行为进行检测,如恶意软件会快速打开、写入或者关闭系统中数以千计的文件,经常修改浏览器的设置等行为,通过查找这些动作,反恶意软件工具能够停止并卸载它[1] 186。

2. 基于主机的入侵防御系统

与基于网络的入侵防御系统重点分析网络流量来发现攻击不

同,基于主机的入侵防御系统重点分析运行在每个终端机上的程序。其原理是分析合法程序活动特点,查找异常程序行为特征,依据一定规则实施操作。不过,这类操作也存在误报风险,错误的检测会中断重要的应用程序,造成一些企业删除或禁用保护机制,以此来恢复正常应用[1] 188。

3. 基于主机的加密文件

主要用于保护主机上的数据,可以选择对各个文件或者目录加密,也可以对整个磁盘、操作系统、应用软件程序进行加密。文件加密比磁盘加密快很多,但磁盘加密安全性更好。攻击者可以通过多种方法绕开基于主机的加密工具,如在进行加密操作时创建隐藏式临时文件、利用合法账户去访问数据、设法找出解密密钥或者口令等手段,实施攻击[1] 190。

(三) 安全策略

1. 制订响应计划

当一个组织出现安全漏洞时,有计划的防护措施非常重要,尤其是在安全漏洞早期被发现并采取必要的行动至关重要。比较好的策略是:了解关键数据的存储安全,对网络中的关键数据和服务器进行隔离控制,采取内部安全管理机制,检测数据泄露,建立通信流量监控系统,检测网络内外的异常情况。

2. 建立终端系统安全机制

系统应当安装最新版本的病毒数据库,一旦供应商发布补丁或版本更新,应当在第一时间打补丁。及时更新第三方应用程序,因为旧版本的插件会被纳入浏览器,易被发起漏洞攻击。部署可靠的终端用户恶意软件检测和预防方案。

3. 以用户为中心的安全策略

用户对其上网习惯应当保持警觉,不要点击不可靠的诱人链接。设置强大复杂的密码,并定期修改,避免在不同网站使用同一密码,慎重打开送上门的电子邮件附件。应当将虚拟机专门用于上网或访问不可信的网站,这样主机才能安全。在网上不要提供个人信息和敏感信息,不要在内部网、企业网中使用个人 USB 设备或外围存储设备。

4. 网络安全

对网路基础设施和通信信道应该部署额外安全层加以保护,加装邮件过滤软件及防火墙,安装鲁棒的域名系统,防止恶意流量。对网络周边通信进行监控,主动检测用户上网习惯和链接的域名,对网络中各种资源的进出进行采集,建立可靠的情况情报反馈,以便对正常资源的利用和异常情况进行对比,提前进行预警。对进出网络的敏感数据进行加密,对服务器日志进行定期分析,寻找攻击迹象,完善虚拟局域网,将主网分割为更小的网络,实现适当隔离,配置可靠访问权限。

5. 安全评估与补丁管理

对于内部网络所有设备和应用程序,应当定期审核已知漏洞和未知漏洞,通过必要的测试和模拟攻击,检测系统安全性。补丁管理策略非常重要,及时更新安全软件和病毒库,通过人为和自动的方式打补丁,以提高日常运营的安全性。

(四)下一代防御措施

从 2016 开始,人工智能技术已广泛应用于自动加密、漏洞检测与修复、恶意软件行为识别、物联网防护等网络防御领域。同时,虚拟化、区块链、内联网等新兴技术发展,为网络防御带来了全新的手段与方式。未来,网络"防御+智能"融合技术将成为重要发展趋势。

一是利用机器学习、深度学习、特征向量等技术,可以建立有效的基于行为的恶意软件检测、基于流量和 TCP 握手特点的网络攻击识别。

二是利用基于 Web 的高级解决方案,构建高效的虚拟沙箱环境,限制攻击在浏览器中运行。

三是开发更强大的主动防御解决方案,利用拟态构造、一次一密等技术,对操作系统中的任务和进度进行隔离,从而实现对恶意软件运行进行检测和限制。

四是利用虚拟专用网络(Virtual Private Network,VPN)技术建立内联网,采用加密技术在公网上封装出一个数据通信隧道,在虚拟网关与目标地址之间实施分层、分步"隔离式"数据传输,实现在公网中跑"专网"。其工作原理是在源地址与目标地址之间,各自设立一个与公网 IP 链接的虚拟网关,发送端通过加密技术将源地址和内容隐藏起来,通过虚拟网关 IP 地址在公网上传输,接收端虚拟网关接收到信息后拆掉公网传输的报头,从数据负载中将内容分解出来传给目标地址。

五是采用白名单方式进行管理,允许白名单中的软件执行,限制其他软件运行。

六是采用区块链技术,建立另外一套信任机制,实现端到端的高效交易与互动。

六、电磁攻防

电磁攻防,狭义上指电子战,广义上既包括通信对抗、雷达对抗、导航对抗、敌我识别对抗、水声对抗和光电对抗,也包括伪装、隐身、无线注入、干扰替换等跨介质电子对抗、跨网络和物理空间电子欺骗等。主要手段和技术包括规划与体系,电子战飞机,机载、舰载、地面、航天电子战装备,新兴电子战技术等。

2015—2018年,俄罗斯在乌克兰和叙利亚战场上,展现出强大的电子战能力,其电子战装备在全球范围备受关注。据俄罗斯国防部信息和大众传媒司消息,2018年1月6日凌晨,驻叙利亚境内的俄军防空系统发现13个小型空中目标(无人机)接近俄军事设施展开袭击。其中,10架无人机飞近赫梅米姆空军基地,另外3架飞近塔尔图斯港补给站。在此次反无人机集群作战中,俄军表现不俗。据悉,俄军不但使用直接火力摧毁的"硬杀伤"手段,还使用了地面干扰系统对无人机进行欺骗干扰"软杀伤"。据统计,俄军的"铠甲"-S1防空系统摧毁了7架无人机,该系统是一种集小口径高炮、近程防空导弹于一体的弹炮结合防空系统,可拦截包括无人机、空地制导弹药和武装直升机在内的多种目标。同时,俄军驻叙利亚的无线电技术部队,首次使用了"排斥""斜睨"-2和"斜睨"-3反无人机系统,成功控制了6架无人机,其中3架被控降落在基地之外,另外3架在降落期间坠毁。"斜睨"-2系统安装在"虎"式装甲车上,可同时探测和定位多个目标,并使用干扰系统对抗无人机。"斜睨"-3系统由指挥控制站和3架"海雕"-10无人机组成,可监视、阻断通信网络并发送虚假信息;"海雕"-10携带电子战有效载荷,可定位电磁辐射源并压制半径6千米内的无线通信。"排斥"系统针对GPS、"伽利略"等卫星信号和其他无线信号可同时干扰12个频率,作用距离30千米[4]。

俄罗斯国防部专家在对捕获的无人机进行技术分析后表示,恐怖分子可能是在距离基地100千米左右发动的远程攻击,这是叙利亚反政府武装第一次利用无人机从50千米外距离进行操控。俄罗斯国防部声称:"目前俄罗斯军事专家正在仔细分析无人机的结构、内部组件和爆炸物。破译无人机数据后,确定了无人机的起飞地点"。俄军方称,这种新的袭击方式"只可能来自那些掌握先进卫星导航和远程遥控投送爆炸物到指定地点技术的国家"。后经查证,该无人机群攻击是从 50 千米外叙利亚温和反对派武装控制的地区发射的。2015 年,俄罗斯空天军开始进入叙利亚打击恐怖分子,2017 年 12 月,俄罗斯总统普京宣布从叙利亚撤军,但仍保留俄驻叙赫梅米姆空军基地和塔尔图斯海军基地。

美国在二战期间就十分重视电子侦察、电子干扰和电子欺骗。20 世纪 90 年代以来,美军在中国东海、南海和台海等地,通过空中电子侦察飞机、海上侦察船和太空电子侦察卫星等,对中国军用通信、雷达、敌我识别和水声等系统进行电子侦察,并造成中美撞机事件和海上舰船对峙。近年来,美国开始重新考虑电子战的政策,谋求采取多种举措,提高其电子战能力。美国国防部首席信息官特里·哈尔沃森透露:"鉴于电磁攻防的重要性,国防部正在考虑将电磁频谱作为一个独立的作战空间,成为继陆、海、空、天、网之后的第六个作战空间。从机构、战略、条令、技术、测试、采办等多方面着手,加大电子战政策倾斜和投入力度,全方位成体系构建新一代电磁攻防能力,以夺取电磁频谱领域的绝对优势。"

传统电子对抗作战理论强调以强于对手的功率实施压制,获得作战效能。当电子设备采用分布式、集群化、去中心等措施后,将难以找到可以直接有效感知并实施攻击的目标,对可疑区域实施普遍干扰面临巨大的功率开销,作战效果不理想,且容易暴露作战设备,影响作战人员安全。必须发展以较低资源成本发现并战胜对手的电子设备,并降低被敌方探测发现的机会,减少对己方电子系统的影响和附带损害。

未来新兴电子攻防技术发展,特别是认知电子技术的发展,正在加速新兴认知电子战能力的形成。主要包括认知无线电对电磁干扰环境的智能识别,扰中通、自动跳频跳转、自适应与现有或未来通信波形兼容识别;还包括未来定向能与信息的融合,通过GPS或其他导航授时系统,实行跨域攻防。

人工智能正在引领电子战进入认知时代,认知电子战技术成为发展方向。随着雷达和通信系统自适应能力越来越强,用频设备的增多,频谱变得越来越堵塞,为此,美军从2010年就提出了认知电子战的概念,开展了认知干扰机、行为学习自适应电子战、自适应雷达对抗等研究项目,并取得了重大进展,2016年相应进行了飞行试验和原型样机验证。未来计划将认知电子战能力部署到F-35战斗机和下一代干扰机上,提高自主感知、实时响应、高效对抗和评估反馈等能力。同时,美军还在发展电磁作战管理系统,将联合电子频谱作战和电磁作战管理构成统一的作战架构,实现电磁频谱精准控制。

针对日益严峻的无人机威胁,各国都在大力发展反无人机电子战技术与装备系统,该系统由探测、跟踪、预警、毁伤、干扰、伪装欺骗等技术组成,电子战凭借有源干扰和定向能毁伤,在反无人机技术体系中占据了重要地位。目前,市场上已经推出了几十种反无人机电子战装备,美国波音公司的"寂静攻击"反无人机激光武器、雷声公司的"相位器"高功率微波反无人机系统、荷兰空客集团的电子干扰反无人机系统、英国监视系统公司的"反无人机防御系统"等,受到广泛关注。

网络化蜂群电子战技术也得到大力发展,DARPA的"小精灵"项目,计划研制一部分可回收的电子战无人机蜂群,这种蜂群可进入敌方上空,通过压制导弹防御、切断通信、干扰内部安全系统甚至利用网络攻击等措施攻击敌人。美国国防部从2016年开始,研发"山鹑"无人机蜂群系统,可执行电子战任务,该系统从机载布撒器投放后,可变成蜂群系统,用作防空系统诱饵,或利用自身携带的载荷,执行情报、监视和侦察任务。

未来,需要将电磁空间作为一个整体研究,构建从整体到局部的电磁空间认知、控制的方法与模型;深度挖掘敌方传感器有意、无意辐射或目标反射的电磁信息,实现对敌方电磁威胁的快速认知、识别与定位;挖掘环境辐射源的频谱利用潜力。要从电磁场、电磁波本身出发,重构电磁空间,研究全新的理论与技术方案,构建对抗强干扰、诱导式欺骗,对隐身目标具备探测、识别能力,对电磁频谱精准高效利用的雷达、通信、导航、广播、遥感一体化的电磁信息网络体系。

随着战场电磁信息网络体系的建立完善和民用物联网的快速发展,军事活动、人类日常生活有越来越多的连接,网络安全成为未来信息社会和智能化战场的重要课题。要重点关注用户身份鉴定、核心器件自主可控、网络威胁自动识别与预警、云安全防护、认知网络抗干扰信息传输、分布式自动备份、新一代解密、多体制内联网物理隔离等技术的发展与应用。

七、舆情影响与控制

在网络信息时代,网络空间心理战及其关联的认知对抗,是新形势下对大众社会舆情实施有效控制的重要手段,是网络时代战争的新形态和新领域,是未来军队占领与控制、打击恐怖主义势力、参与非战争军事行动的重要战场。网络空间是人与社会普遍联系的虚拟空间,具有普遍感知、传播迅速、瞬时联动、涌现井喷等非线性突变效应,战时和应急情况条件下,通过对网络空间心理战体系的整体设计和有效运用,巧妙引导舆情、实施针对性的敏感信息"爆料"等方式,容易造成舆情转向、心理失控、社会动荡。因此,运用大数据搜索引擎等工具,利用网络空间了解和控制舆情,对作战对手中的重要人物、恐怖分子等目标人群实施精准推送、欺骗控制等心理战,对人的思维与行为产生重大影响,是未来军事行动必须具备的一种新质作战能力(图5-10)。

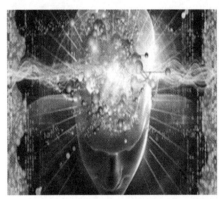

图 5-10　舆情控制

战略层面的网络心理战能力,如果运用得当,可以对一个国家的大众舆情进行引导、调控,引发社会混乱,导致政权更迭和政府下台。这方面有三个典型的案例:突尼斯的本·阿里、利比亚的卡扎菲、伊拉克的萨达姆。他们都曾经被美国的网络攻防和维基解密的信息"爆料"所打击,直接或间接导致了政权的迅速垮台。其中,卡扎菲和萨达姆是结合军事打击手段垮台的,而突尼斯的本·阿里主要就是被网络舆情赶下台的。

2011年初,发生在北非突尼斯的"颜色革命",是阿拉伯世界第一场人民革命,称为"茉莉花革命",可说是爆料网站维基解密促成的第一起革命。铁腕统治突尼斯23年的总统本·阿里在一个月内倒台仓皇流亡海外,致命原因就是美国通过维基解密和中情局公布了总统及其家人的腐败行为及相关的一系列证据。

据外电报道,这场人民革命的起因是一名水果摊贩的自杀事件。一名受过教育的26岁失业青年2010年12月中在路旁摆水果摊,警察以无照摆摊为由,没收他的蔬菜和水果,他愤而自焚,并引发模仿他的自杀潮。水果摊贩自焚的消息透过脸书等社交网站和手机快速传播,让原已对居高不下的失业率和粮价不满的民众更加激愤。这时维基解密网站扮演关键角色,该网站揭露2009年6月的美国外交电文,其中一份电文形容本·阿里家族犹如黑手党,控制着整个国家经济的方方面面,并指第一夫人兴建贵族学校获得巨额利益。另一份2009年的电文描述了在本·阿里女婿的豪宅里举办的一次宴会的景象：罗马时期的文物随处可见;客人们享用着用私人飞机从法国南部小镇空运来的酸奶;一只宠物老虎在花园里漫游。还有一份电文题为"突尼斯的腐败：你的就是我的",文中称,在突尼斯,只要是总统家族成员看上的,无论现金、土地、房屋甚至游艇,最终都得落入他们手中。还有一封电文详述第一家庭如何被人民厌恶。美国驻突国大使葛戴克写道："掌权小圈圈内的贪腐日益严重,连一般老百姓都注意到,民怨四起。"这些电文揭开突国统治精英贪腐的面纱。在几周内,这些电文内容经口耳相传和社交网站传播。民众对于总统家族的腐败早有耳闻,不过这些曝光的电文却让人们知道高层腐败的细节,显然正是因为这些赤裸裸的腐败细节再加上社会上出现的各种问题,最终让民众走上街头,演变为人民革命。

这次突尼斯骚乱,扮演重要角色的是社交网站脸书。在突尼斯,有不少网站被禁,不过脸书并没有被禁,10个突尼斯人当中就有一人拥有脸书账号。人们正是通过这个网站来传递示威的信息,放大官方对示威者的镇压,激发民众的不满。法国巴黎一个市民运动组织的负责人本·哈桑认为,脸书对于传递民众的不满发挥了重要作用,它让原本胆小怕事的普通民众开始打破沉默。突尼斯大学地质系教授马奈表示："一个月前,我们压根儿不相信革命会成功，但是人民终于站起来了。"尽管本·阿里在最后关头承诺改革、解散内阁、半年内改选国会，并不再连任，但愤怒的群众仍在首都突尼斯市暴动，要他下台。最后本·阿里仓皇出走，长期盟友法国表示不欢迎，后来是沙特阿拉伯同意收留本·阿里全家。美国《外交政策》杂志称，维基揭秘网站曝光的电文是突尼斯这次革命的催化剂，这或许称得上是世界上第一场"维基革命"。

利比亚战争期间，美国政府和西方国家频繁地与卡扎菲政权打舆论战、宣传战，并通过维基解密不断曝光卡扎菲八子一女涉足石油、燃气、酒店、媒体、流通、通信、社会基础设施等产业疯狂捞金的详细情况，称"每年有数百亿美元流入他们的腰包"，披露卡扎菲二子赛义夫请女歌手玛利亚·凯莉献唱四首歌曲就花费100万美元等奇葩故事，曝光卡扎菲生前一系列怪诞语录，加剧了公众愤怒情绪。因此，媒体称正是不断曝光卡扎菲家族腐败等荒唐行为，才推动了利比亚局势大乱，最终导致卡扎菲政权及其家族的灭亡。

据考证，伊拉克战争战前一周，美军的舒特系统接管了伊军的指挥控制系统和国防部的网站，通过电子邮件向1000多名军官定向发布了"大势已去"的劝降电子邮件，收到了"不战而屈人之兵"的效果。下面我们看看临战前数千伊拉克军官通过伊国防部邮件系统收到的邮件内容：

这是来自美军中央总部的信息。如您所知，我们已接到指令在不久的将来进入伊拉克。届时，就像几年前一样，我们将击垮所有反对我们的力量。我们并不想伤害您及您的部队。我们的目标是让萨达姆和他的两个儿子下台。如果您不想受到伤害，请将您的坦克和其他装备车辆编队排列起来，弃之一边，然后离开这里。您和您的部队应该回到自己家里。您和其他伊拉克军队将在巴格达政权更迭后得以重组[5]。

这封邮件,导致从科威特到巴格达的路边,排成排的装备丢弃在一边,美军在开进过程中没有遇到任何有组织的抵抗,直到巴格达的市中心才遇到小股力量的抵抗。这封电子邮件说明了三个问题,一是伊拉克的指挥通信系统遭到了网络攻击甚至可能已经被接管;二是萨达姆失去了对指挥官和部队的通信联络,从而无法对部队实施作战指挥,只有在巴格达城中心,通过面对面的形式,直接指挥卫戍部队进行了小规模的抵抗;三是这封邮件发挥了心理震慑作用,大批伊拉克军官在大兵压境的情况下,心里防线已经坍塌,同时在得不到上级指挥命令的条件下,只得丢弃装备回家躲避或藏匿,临阵脱逃了。实际上据美国军方报告的数字,整个伊拉克战争一个月左右的时间,只有84人死于作战中,其中,45人还是由于事故或其他非战斗原因死亡的。也就是说美军整个进攻作战期间,战斗死亡才39个人,还不如美军一年正常训练死亡的人数。这封邮件是美国三任总统网络安全和反恐特别顾问回顾总结伊拉克战争经验的时候,在2010年公开出版的《网络战》书中披露的[5]。

实际上,通过大数据和人工智能技术,围绕政府、军队、宗教、党派、非政府组织、恐怖组织领导人物等重点目标人群,对社交网络、即时通信、文化背景等信息进行采集,能够较为准确地了解其性格、兴趣、爱好、宗教信仰、社交关系和对特定事件的看法认知等,从而生成舆情态势。据国外2015年报道,通过推特对个人情绪进行识别预测,实验结果平均精度达到了79.5%。利用微博、微信、短信、电视、广播等多种渠道,对目标人群进行心理干预,能够为军队占领控制、布点布势和应急管理提供支撑。

因此,一流的军队必须面向多样化多层次心理战作战任务要求,研究平时与战时、战略与战术、进攻与防御、军用与民用、大众与精英等心理战在网络空间的运用模式、实现途径及方法步骤,构建军民融合、安全可靠、有的放矢、基于大数据和人工智能技术的重点目标心理战信息智能搜索系统及应用体系,通过移动通信、数字电视广播、互联网等广泛存在的信息媒介,对作战区域实施精准高效的信息渠道控制与信息投放,实现对作战对象的心理干预与舆情导向。

未来,网络空间心理战将逐步催生虚拟空间作战新样式,形成虚拟空间作战与物理空间交叉融合新的作战形态。历史及现代战争表明,对敌作战时开展心理战行动,既能有效配合攻击敌物理域关键目标,也可支援攻击敌信息域关键目标,还可直接攻击敌认知域关键目标,其所发挥的作用是火力战行动和信息战行动无法完全替代的,在特定条件下甚至对战争的胜败起到至关重要的作用。

虚拟空间作战以网络战、信息战、舆论战、心理战等作战样式出现,针对战前准备、战中主攻、战后清剿占领等作战阶段,通过心理学、社会学、信息技术、军事作战多领域交叉融合,引入互联网、大数据与人工智能等信息技术手段,借助移动通信、数字电视、互联网等广泛存在的信息渠道,可以构建社会舆情控制与心理影响系统,实现有效的人群疏导与控制、突发事件的响应与处置。

通过研究基于心理学的目标心理与行为关联、基于大数据的社情舆情与影响目标认知、基于机器学习的行动策略辅助分析、虚拟身份与虚拟情境构建、基于互联网/移动通信/数字电视/广播等新媒介渠道的心理影响战术实施、社会舆情与心理影响评估等关键技术,可以实现有效的信息投放与渗透、舆情导向与控制以及心理干预与影响。

八、未来网络与物联网

随着技术的进步与发展,未来网络空间一方面向人、机、物的深度互联和多样化的应用横向拓展,另一方面向深网、暗网甚至比暗网更隐秘的网络空间纵向发展,其复杂性、多样性、隐蔽性、安全性等问题越来越突出。未来网络技术发展趋势主要包括虚拟化、高性能计算、IPv6、区块链、嵌入式传感网络、多源异构信息融合和信息数据的关联搜索等。

(一)虚拟化

虚拟化的目标是极大提高多样化网络利用的能力和效率。例如,软件定义网络,就是把不同系统或分布式计算机上的计算与存储等资源,通过构建一个虚拟机或虚拟化环境,对信息数据进行统一的收集、存储和处理,由此逐步发展成了各类公有、私有、集中式、分布式云平台。虚拟化技术的产生,开启了互联网和网络应用的新时代。既有可能在全球网中运行类似公共互联网的系统,也有可能使用虚拟光纤通道来传送模拟信号,还有可能使用虚拟全球网来传播批量流数据,还可以根据各行业的不同特点,建立针对性、个性化的信息系统,并提供数据和信息服务。

(二)高性能计算

高性能计算主要包括三个方面:一是计算机终端的计算能力;二是并行处理器上的应用;三是大型商业化服务器复合体的出现。特别需要高度关注的是量子计算机的出现与应用。2017年11月,IBM宣布成功研制量子计算机原型机,20量子比特机年底开放,50量子比特机加速产业化。2018年3月,谷歌公司宣布推出一款72个量子比特的通用量子计算机Bristlecone,实现了1%的错误率。微软公司从十多年前就开始研究量子计算机,虽然到目前还未发布成熟可用的产品,但宣称正在开发的样机将击败谷歌和IBM的样机,相信不久会推出更新的产品。100量子比特的全新计算机将很快实现。此外,科学家还在探索基于光信号存储计算的光子计算机和基于生物芯片并行计算的生物计算技术。未来,量子、光子和生物计算技术的成熟和应用,将开启人类计算的新时代,对赛博空间作战和智能化作战,必将带来巨大的推动和跨越。

(三) IPv6

IPv6 是"Internet Protocol Version 6"的缩写,是由国际互联网标准化组织(IETF)设计的用于替代现行版本 IPv4 的下一代互联网核心协议,号称可以为全世界的每一粒沙子编上一个网址。

IPv4 是全球目前正在广泛使用的 IP 协议,IPv4 采用 32 位地址长度,全球可用的 IPv4 地址只有大约 43 亿个。而 IPv6 地址采用 128 位地址长度,其地址容量达 2^{128} 个,使得 IP 地址空间接近于无限。IPv4 最大的问题在于网络地址资源有限,严重制约了互联网的应用和发展。IPv6 的使用,不仅能解决网络地址资源数量的问题,而且扫清了多种接入设备连入互联网的障碍。

1992 年初,关于互联网地址系统的建议在 IETF 上提出,并于 1992 年底形成白皮书。在 1993 年 9 月,IETF 建立了一个临时的 IP 系统来专门解决下一代 IP 的问题。2003 年 1 月 22 日,IETF 发布了 IPv6 测试性网络,即 6bone 网络。6bone 网络被设计成为一个类似于全球性层次化的 IPv6 网络。截至 2009 年 6 月,6bone 网络技术已经支持了 39 个国家的 260 个组织机构验证使用。从 2011 年开始,个人计算机和服务器系统上的操作系统基本上都支持高质量 IPv6 配置产品。

2012 年 6 月 6 日,国际互联网协会举行了世界 IPv6 启动纪念日。这一天,全球 IPv6 网络正式启动。多家知名网站,如谷歌、脸书和雅虎等,于当天全球标准时间 0 点(北京时间 8 点整)开始永久性支持 IPv6 访问。

IPv6 的地址长度为 128 比特,是 IPv4 地址长度的 4 倍,采用十六进制表示,与 IPv4 十进制格式不同。IPv6 有 3 种表示方法：冒分十六进制表示法、0 位压缩表示法、内嵌 IPv4 地址表示法。

IPv6 报文的整体结构分为 IPv6 报头、扩展报头和上层协议数据 3 部分。IPv6 报头是必选报文头部,长度固定为 40B,包含该报文的基本信息;扩展报头是可选报头,可能存在 0 个、1 个或多个,IPv6 协议通过扩展报头实现各种丰富的功能;上层协议数据是该 IPv6 报文携带的上层数据,可能是 ICMPv6 报文、TCP 报文、UDP 报文或其他可能报文。

IPv6 的报文头部结构如图 5-11 所示。

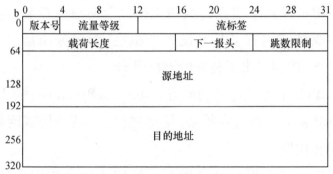

IPv6 报头结构

版本号	表示协议版本,值为 6
流量等级	主要用于 QoS
流标签	用来标识同一个流里面的报文
载荷长度	表明该 IPv6 报头部后包含的字节数,包含扩展头部
下一报头	该字段用来指明报头后接的报文头部的类型,若存在扩展头,表示第一个扩展头的类型,否则表示其上层协议的类型,它是 IPv6 各种功能的核心实现方法
跳数限制	该字段类似于 IPv4 中的 TTL,每次转发跳数减 1,该字段达到 0 时包将会被丢弃
源地址	标识该报文的来源地址
目的地址	标识该报文的目的地址

图 5-11 IPv6 报头结构

与 IPv4 相比，IPv6 具有以下几个优势：

（1）IPv6 具有更大的地址空间。IPv4 中规定 IP 地址长度为 32，最大地址个数为 2^{32}；而 IPv6 中 IP 地址的长度为 128，即最大地址个数为 2^{128}。与 32 位地址空间相比，其地址空间增加了 2^{32} ~ 2^{128} 个。

（2）IPv6 使用更小的路由表。IPv6 的地址分配一开始就遵循聚类的原则，这使得路由器能在路由表中用一条记录表示一片子网，大大减小了路由器中路由表的长度，提高了路由器转发数据包的速度。

（3）IPv6 增加了增强的组播支持以及对流的控制，这使得网络上的多媒体应用有了长足发展的机会，为服务质量（Quality of Service，QoS）控制提供了良好的网络平台。

（4）IPv6 加入了对自动配置（Auto Configuration）的支持。这是对 DHCP 协议的改进和扩展，使得网络（尤其是局域网）的管理更加方便和快捷。

（5）IPv6 具有更高的安全性。在 IPv6 网络中用户可以对网络层数据进行加密并对 IP 报文进行校验，在 IPv6 中的加密与鉴别选项提供了分组的保密性与完整性，极大地增强了网络的安全性。

（6）允许扩充。如果新的技术或应用需要，IPv6 允许协议进行扩充。

（7）更好的头部格式。IPv6 使用新的头部格式，其选项与基本头部分开，如果需要，可将选项插入到基本头部与上层数据之间。这就简化和加速了路由选择过程，因为大多数的选项不需要由路由选择。

（8）新的选项。IPv6 有一些新的选项来实现附加功能。

2017 年底，中国发布了《推进互联网协议第六版（IPv6）规模部署行动计划》。有专家认为,发展IPv6让中国获得了部署互联网根服务器的机会,一旦有了根服务器,中国抵御境外大规模"分布式拒绝服务"(DDoS)攻击的能力将提高,同时也有助于互联网反恐、反诈骗等。目前运行的IPv4有13个根服务器,10个在美国、2个在欧洲、1个在日本。根服务器是顶级域名的解释,如中国的顶级域名是.cn,在中国国内解释.cn没问题,因为北京有镜像服务器。可是从美国访问中国,查一个域名.cn,首先需要到根服务器解释,然后指向中国,才能把地址访问到中国来。如果没有这个根服务器,一旦发生战争或者其他突发情况,13个根服务器不给中国解释了,从外面找中国.cn的网站可能就不好找了。因此,进入中国的顶级域名解释的根服务器都在外面,不能自主控制。如果别人要把DDoS引导到中国来,是完全可能的,风险是存在的。目前13个IPv4根服务器同样是能解释IPv6的,并不是说必须要另外搞。但IPv6行动计划的实施,为在中国新开辟一些IPv6根服务器提供了可能性。目前中国国内已经有企业试验在IPv6中新增25个根服务器,其中有一批可以布置在国外,在中国可以布置几个。有了自己的根服务器,将来发现化解来自境外的DDoS攻击就容易得多,比过去会更安全一些。

(四)区块链技术

区块链技术(Blockchain Technology,BT),是一种全新的分布式基础架构与计算范式,利用块链式数据结构验证与存储数据,利用分布式节点共识算法来生成和更新数据,利用密码学的方式保证数据传输和访问的安全,利用由自动化脚本代码组成的智能合约来编程和操作数据。狭义的区块链技术称为分布式账本技术,主要涉及互联网上分布式数据存储、数据库或文件操作等。广义上有专家把区块链技术看作是实现了数据公开、透明、可追溯的产品架构设计方法。基于区块链技术的特点,人类可以创造出非常丰富的服务及产品形态,其在金融、政府、企业、跨行业等领域有大量的应用潜力和场景。

区块链技术的特点是去中心化、公开透明,让每个人均可参与数据库记录,基本原理和概念包括:

(1)交易(Transaction):一次操作,导致账本状态的一次改变,如添加一条记录。

(2)区块(Block):记录一段时间内发生的交易和状态结果,是对当前账本状态的一次共识。

(3)链(Chain):由一个个区块按照发生顺序串联而成,是整个状态变化的日志记录。

如果把区块链作为一个状态机,则每次交易就是试图改变一次状态,而每次共识生成的区块,就是参与者对于区块中所有交易内容导致状态改变的结果进行确认。

区块链是一个分布在全球各地、能够协同运转的数据库存储系统,与传统数据库读写权限掌握在一个公司或者少数集权者手上的中心化特征不同,区块链认为,任何有能力架设服务器的人都可以参与其中。来自全球各地的掘金者在当地部署了自己的服务器,并连接到区块链网络中,成为这个分布式数据库存储系统中的一个节点,一旦加入,该节点享有同其他所有节点完全一样的权利与义务,具有去中心化、分布式的特征。与此同时,对于在区块链上开展服务的人,可以往这个系统中的任意节点进行读写操作,最后全世界所有节点会根据某种机制完成一次又一次的同步,从而实现在区块链网络中所有节点的数据完全一致。

2008年末,化名为"中本聪"的神秘人士曾在论坛中发表了一篇论文《比特币:一种点对点的电子现金系统》,首次提出了区块链的概念。这是一种全民参与记账的技术方式,而并非一款具体的产品。基本思想是:通过建立一组互联网上的公共账本,由网络中所有的用户共同在账本上记账与核账,来保证信息的真实性和不可篡改性。

区块链技术脱胎于比特币的底层技术。它以多年的稳定运行,证明了其高度安全可靠的架构和算法设计,同时凭借分布式账本和智能合约等创新性技术,为多个行业的产业升级打开了巨大的想象空间。

区块,是很多交易数据的集合,它被标记上时间戳和之前一个区块的独特标记。有效的区块获得全网络的共识认可以后会被追加到主区块链中。区块链是有包含交易信息的区块从后向前有序链接起来的数据结构,是一个收录所有历史交易的总账,每个区块中包含若干笔交易记录。如果说区块是账本的每一页,那么区块链就是账本,交易的细节都被记录在一个网络里任何人都可以看得到的公开账簿上。

区块链,是一个公开的分布式账簿系统,所以它的另一个名字称作"分布式账本"。所谓"分布式账本",其实就是有非常多的参与节点。"节点"就是参与方,每一个参与交易者都是区块网络的一个节点,每个节点都有一份完整的公共账簿备份,上面记载着参与交易者所有的交易信息。那么多的参与方在同一个平台上面以平等的身份来互相进行交互,而且是公开的点对点直接交互。任何一个节点发起交易行为,都需要将相关信息传递到区块网络中的每一个节点,从而所有节点上的账簿都能验证这一笔交易行为并准确更新。账簿是分区块存储的,随着交易的增加,新的数据块会附加到已存在的链上,形成链状结构。区块链能验证、转移和记载任何可以通过一致数学算法转化成的数据。

区块链技术作为一套协议体系,基础架构分为6层:数据层、网络层、共识层、激励层、合约层、应用层。每层分别完成一项核心功能,各层之间相互配合,实现一个全体参与的信任机制。

从架构设计上看,也有专家把区块链分为三个层次:协议层、扩展层和应用层。其中,协议层又可以分为存储层和网络层,它们相互独立但又不可分割。

协议层是指最底层的技术,包括存储层和网络层。这个层次是一切的基础,构建网络环境、搭建交易通道、制定节点奖励规则,开展分布式算法、加密签名等。

扩展层类似于电脑驱动程序,一是实现各类交易,二是针对某个方向的应用扩展。其中"智能合约"是扩展层面的典型应用开发。所谓"智能合约"就是"可编程合约",或者称为"合约智能化",就是说达到某个条件,合约自动执行,如自动转移证券、自动付款等。

应用层类似于电脑中的各种软件程序,是用户可以真正直接使用的产品,也可以理解为B/S架构产品中的浏览器端(Browser)。

区块链技术有五个主要核心功能:

第一,去中心化。由于使用分布式核算和存储,不存在中心化的硬件或管理机构,任意节点的权利和义务都是均等的,系统中的数据块由整个系统中具有维护功能的节点来共同维护。区块链已不再仅仅是"公共账本"或者"公共数据库",而是"公共电脑"。

第二,开放性。这是一种参与交易的多方主体共同记账、交叉认证的交易确认机制,全部行为活动和相关流程,在区块链平台上可实现公开透明。系统是开放的,除了交易各方的私有信息被加密外,区块链的数据对所有人公开,任何人都可以通过公开的接口查询区块链数据和开发相关应用,因此整个系统信息高度透明。

第三,自治性。区块链的自运行,采用的是基于协商一致的规范和协议(如一套公开透明的算法)使得整个系统中的所有节点能够在去信任的环境自由安全地交换数据,使得对"人"的信任改成了对机器的信任,任何人为的干预不起作用。

第四,信息不可篡改。区块链本质上是一种分布式记账技术,从数据角度可以看作是一个去中心节点的数据库,它不是由某一方掌握的,而是各方一起参与记账,利用一些签名私钥和共识机制算法,行为都是可追溯的,确保数据不被篡改或损毁。区块链的时间戳服务和存在证明,第一个区块链产生的时间和当时正发生的事件被永久性地保留了下来。一旦信息经过验证并添加至区块链,就会永久地存储起来,除非能够同时控制住系统中超过51%的节点,否则单个节点上对数据库的修改是无效的,因此区块链的数据稳定性和可靠性极高。

第五,匿名性。由于节点之间的交换遵循固定的算法,其数据交互是无须信任的(区块链中的程序规则会自行判断活动是否有效),因此交易对手无须通过公开身份的方式让对方产生信任,对信用的累积非常有帮助。

区块链技术的显著功能,是实现非信任第三方仲裁机构产生"数据"的机制。如此"数据"已经不是互联网时代的数据那么简单。因为能够实现非信任机制,金融领域可以凭借其不可双重支付性作为交易等价物;商业领域可以凭借其签名所有权性进行合同买卖交易;通信领域可以凭借其分布式实现不被封杀即时通信(IM)功能;游戏领域可以凭借其不可篡改性设计防作弊游戏协议,来实现玩家公平游戏;政治领域可以凭借其匿名性和所有权性,设计一种近乎完美的防操纵投票机制[6]。

区块链技术本质是去中心化且寓于分布式结构的数据存储、传输和证明的方法,用数据区块取代了目前互联网对中心服务器的依赖,使得所有数据变更或者交易项目都记录在一个云系统之上。这种点对点验证产生一种"基础协议",是分布式人工智能的一种新形式,将建立人脑智能和机器智能的全新接口和共享界面。特别是将区块链技术与下一代互联网、物联网、人工智能结合,将会为数字经济与实体经济深度融合打下坚实的技术基础。区块链技术拥有绝佳的保密性和安全性,利用不需要中心化网络的加密通信信道,可以再造多个升级版暗网。

区块链的技术特点可以归纳为"真"(TRUE)和"道"(DAO),其中,TRUE 表示可信(Trustable)、可靠(Reliable)、可用(Usable)、高效(Efficient 和 Effective),而 DAO 则表示分布式与去中心化(Distributed,Decentralized)、自主性与自动化(Autonomous,Automated)、组织化与有序性(Organized,Ordered)[7]。区块链技术的诸多优势与特点,可以广泛应用于分布式网络、信息传输、数据安全、智能识别、自主决策、集群攻防、综合保障、采办管理等军事领域。

典型区块链系统有 6 层架构,每一层的技术特点都对军事智能管控至关重要。其中,数据层保证了军事系统、数据或情报的可靠性、可信性以及安全性;网络层有助于实现自组织和去中心化的军事网络系统;共识层则封装各类共识算法,实现军事管理的自主、自治与可信决策;激励层通过可编程的数字货币与激励机制来避免各类不当行为,实现正向行为激励;合约层则有助于实现军事管理的自动化和智能化,减少人和社会因素给军事管理带来的不确定性、多样性与复杂性。

区块链把中心化决策、监管和控制变成了去中心化、自底向上的共识和共治,因而特别适合需要高度确定性和精准可信决策的军事管理场景。区块链技术促使军事管控网络转变为去中心化、点对点的网络,在这个网络中,每个节点都是平等的,没有任何中心控制和层级机构,无论是在战时还是在平时,对于军事管理信息的团体误判以及不当行为的团体勾连很难实现。从技术角度看,区块链用共识算法来更新数据,数据上链前需要所有或者大部分节点验证,而日常维护也须每一个节点参与,因此数据的可信性大大增强,这一点对于现代军事管理十分重要,因为数据、信息、情报是现代战争决胜的关键因素,只有保证数据的绝对可信,基于此做出的军事决策才能高效可靠。区块链账本基于哈希值存储链式结构,共识机制的存在保证了账本难以篡改且不可伪造,任何跟军事管理决策有关的信息和行为一旦被记入区块链就难以被篡改和伪造,保证了历史信息的完整性和可追溯性[7]。军事区块链可以通过设计一系列公开公正的规则,以智能合约的形式,在无人干预和管理的情况下实现整个军事管理系统的自主运行,每个人包括军事政策的制定者、执行者、监督者等都可以通过持有该系统的股份权益,或者以提供服务的形式来成为该系统的参与者[7]。

区块链技术给军事管理带来的影响是变革性的。传统的军事管理架构是自上而下的"指挥与控制",久而久之暴露了一系列问题,包括机构臃肿、管理层次多、责任界定不明、管理效率低下、信息传递不畅、权力集中在上层导致下层自主性小、创新潜能难以有效释放等。这些问题不仅对日常军事管理造成不良影响,在需要实时决策的战时管理中更可能会带来致命性的打击,因此亟需改变。区块链的"DAO"则能在很大程度上改善这一现状,这得益于其使得每个人都可以参与系统的治理,提高决策民主化,发挥每个人的决策性和创造性,使得有更广泛的力量参与军事决策。利用智能合约,各项决策可以公开透明和自动化实施,有助于杜绝各类腐败、不当行为的产生。此外,区块链技术可实现组织信息传输和处理的网络化,实现军事管理与决策的知识自动化,大大节约管理成本、提高军事管理的效率[7]。

(五)嵌入式传感与物联网

嵌入式传感与物联网涉及军民两个领域应用的方方面面。民用领域如交通管制、智能家居、工业自动化、数据采集和监控以及供应链管理等;军用领域如传感器网络与战场环境探测、目标信息识别、自主集群攻防、战时动员与综合保障等。目前,汽车和其他机动车辆早已具有嵌入式传感器,但作为一个封闭系统运行;未来有可能会出现车辆之间的通信、汽车和其他信息系统的通信,使得在网络化环境下实施无人驾驶成为可能。虽然军用环境下无人平台的驾驶与控制与民用差别较大,但也有许多共同之处。

军民一体化的动员与保障,是嵌入式传感与物联网应用的重要方面。如图5-12所示是集装箱运输物流管理信息系统架构,依托骨干仓储库,建立分布式的管理信息系统。

资源层是物流系统需要整合的数据源头,通过感知层将感兴趣的数据收集起来,并保存到数据存储层,数据存储层采用大数据存储方案,并根据业务需要提供各种服务接口,发布到"大数据+云物流"应用平台提供给应用层使用和二次开发利用。

系统为用户提供用户管理、实时状态信息、订单状态、订单调度、库存策略、离途报警、运输调度和路径规划等基本应用。同时经过大数据挖掘学习,可以计算出某种设备的应用需求以指导生产计划,指导仓库的建设与布局。根据历史数据建立预警模型,提前预警以减少事故的发生。抗毁重构运输网络主要考虑战时被攻击后能够保证系统继续运行。

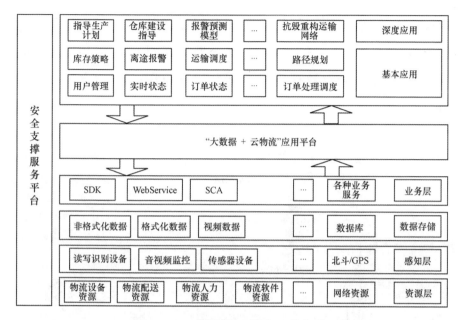

图 5-12　物流管理信息系统架构

系统在设计、建设的过程中需要全程考虑网络安全问题，建立一套完全的网络安全防护体系，防止黑客入侵，具体包括数据加密、防病毒系统、防火墙技术、入侵检测系统、安全漏洞扫描，以及系统在线、离线数据备份与安全运行等。其中服务组件架构（SCA，Service Components Architecture）是面向服务体系结构（SOA）的一种标准协议，构建一种松散耦合的应用组件进行分布式部署、组合和使用。

系统实物连接如图 5-13 所示，主要涉及三个部分：仓库存储、集装箱运输车和物流管理信息系统。其中，仓库是存储物资的场所，集装箱运输车是将物资从一个仓库转移到另一个仓库的运输工具，一般以专用集装箱为单位。可以认为集装箱就是一个移动的临时仓库。采用 RFID 技术自动实现入库和出库信息记录。在仓库和集装箱运输车上部署物联网，将采集到的货物实时信息回传到管理信息系统,回传的手段包含卫星通信、3G/4G/5G 移动通信、铁路信息网、码头信息网、高速公路收费站信息网和专用电台等,管理信息系统对数据进行存储并以 WebService 的方式展现给用户。

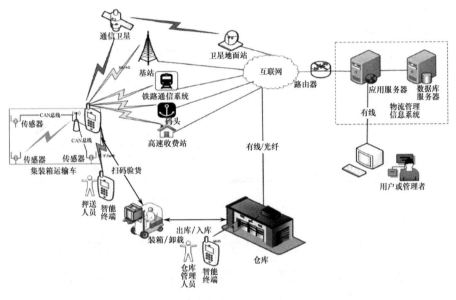

图 5-13 实物连接图

(六) 多源异构网络信息融合

多源异构网络与信息融合,不仅在民用和物联网领域大量存在,在军用领域也将发挥越来越重要的作用。

在民用领域,2010 年以来,互联网+行业资源的应用发展方兴未艾,4G 移动通信已经普及,以软交换为核心的下一代通信网络,电信网、广播电视网、互联网三网融合技术蓬勃发展,电视上网、电脑打电话、手机看电视已成为现实,物联网技术的发展使得冰箱、电视、洗衣机等所能看到的任何物品都将具备联网功能,多源异构网络信息已进入人类社会生产生活各个领域。

在军用领域,未来复杂的智能化战场和对抗环境,需要开发具有自主规划、动态连接、功能可重组、抗毁自愈的异构网络,以便实现多源信息融合与甄别。

第一,虚实网络信息融合与攻防。主要包括天空地 ISR 系统电子信息情报与网络开源大数据信息关联印证,侦察、指挥、通信、打击、保障等跨网络跨平台信息融合,网络战、心理战、舆论战、法律战、自媒体等跨领域跨媒体舆情塑造与认知对抗,电力、通信、燃气、自来水、交通、金融等基础设施管理控制等。

第二,复杂战场智能化网络构建。重点研究与任务区域地形相适应、自动识别干扰频谱、自主跳频跳转、灵活联通重组的天空地一体化的自组织网络,实现对典型任务与战场的长时间不间断覆盖。如在城市区域,需要研究建筑物和室内外导航、通信、探测一体化的网络系统,以满足多样化作战任务需求。

第三,复杂网络综合防御。利用人工智能、IPv6、虚拟化、区块链、拟态防御等技术,研究网络主动免疫防护、信息数据智能随机加密,不依赖根服务器的寻址方式、不依赖中心服务器实现端到端通信,能够针对网络攻击链隐藏属性和资源,从根本上改变被动防御模式,建立从芯片到软件系统等新型综合防御能力。

第四,精确搜索与定位。由嵌入式传感器出现而加速引发的一个大趋势就是位置定位,通过人(手机)、物(RFID)和信息(数据标记)融合分析,当它们四处移动时,都与位置有关。收集这些信息,就可以跟踪并推断人类的行为,不管他愿不愿意,都有可能被搜索到。

第五,新型跨域攻防。高度关注基于 GPS 的干扰新技术。近年来,美军在信号干扰和伪距干扰基础上,研究了实施远程无线注入攻击 GPS 的新方法:以 GPS 接收机的软、硬件漏洞为目标,伪造导航电文（星历）内容，通过射频实施远程无线注入攻击，伪造位置信息、伪造时间信息、攻击操作系统、修改基于GPS的同步时间基准，瘫痪接收机，对GPS的用户系统将造成极大隐患。

九、新模式新趋势

2018年11月，以色列国土安全与赛博空间防务展在特拉维夫以色列会议中心举办，共有172家公司参展，其中80家参展公司以赛博产品为重点，76家以国土安全产品为重点，16家以金融科技产品为主，安排了10场相关讲座和访谈（图5-14）。从有关方面的报道和展会资料介绍的情况看，以色列三大军工集团IAI、Rafael、Elbit展示了在国土安全、陆海空天协同、区域攻防等作战体系方面的成果，以色列许多创新型中小企业展出了反无人机、智慧城市、快速人脸识别、第五代网络安全、网络靶场等方面的技术和产品情况，展会还组织会议代表前往以色列最大的科技创新中心贝尔谢巴网络园区进行考察调研，以色列军方介绍了网络数据中心建设情况和有关创新项目。总体上，展会反映了赛博空间作战和相关技术产品发展的新模式、新趋势。

一是赛博作战和安全产品已经形成了一个完整的体系。从终端到网络、从软件到硬件、从黑客进攻到防护、从信息欺骗到意识对抗、从网络通信到电子对抗、从末端防御到源头防护、从传统赛博到智能赛博、从模拟训练到实用产品，围绕作战、研究，开发了系统、全面、成建制的系列化产品，内容琳琅满目、令人眼花缭乱，其研究之深、产品之多、范围之广，超乎想象。以色列近几年高度重视网络技术和赛博安全，政府宣布要通过一系列的税收减免、人才激励等政策，整合区域性和全球性的政府与商业资源，创造一个开

图 5-14　2018 特拉维夫以色列国土安全与赛博空间防务展

放、自由、合作的网络环境,在网络安全技术领域实现重大跨越。如近年来魏茨曼科学院科学家实验证明,黑客可借助一个灯泡等最简单的家用设备对国家基础设施发动全面攻击,即通过入侵连接无线网络的飞利浦智能灯泡,通过链式反应大面积迅速扩散"蠕虫"病毒,目前该成果已成为网络安全领域的研究热点。

二是围绕赛博安全建立了一套学科体系和训练系统。从基础理论、模拟训练到实际操作、产品开发、教学演示等,无所不包。在展台的中央位置,有一家专门的赛博学院,可提供完整的系列化赛博教材,开展线上和线下教育,在国外也可以报名参加。展会上还有很多专业化的教学和训练系统。例如,Cyberbit 公司的"网络靶场",是一个超逼真的网络模拟平台和网络训练场所,为客户创建了一个沉浸式环境,能够准确地模拟客户网络拓扑、安全工具、正常和恶意流量,与传统训练方法相比有显著改进,可替代上一代桌面推演的网络靶场训练系统,像训练战机飞行员一样训练网络安全专家,提供现成培训包和附加应用案例、事件响应小组训练、渗透测试人员训练、夺旗演练、关键基础设施安全培训等内容。"网络靶场"拥有 20 个网络训练中心,每年招收数千名学员,现在已成为部署最广泛的网络靶场平台,还提供可定制的训练场景、训练计划和模拟网络基础设施,满足特定用户需求。

三是第五代网络安全产品和作战概念。在这次展会上,CheckPoint公司专门展示了第五代网络安全产品。该公司认为,从2017年开始,网络攻击出现了前所未有的变化,这些攻击大都是大规模、多向量大型攻击,严重损害了企业及其利益,网络攻击的先进程度和影响之巨大都是世所罕见的,呈现第五代性能和特征。但大多数企业只部署了第二代或第三代安防产品,存在着代差,不足以防御此类攻击。各代网络安全水平如下:

第一代——20世纪80年代末,对独立个人计算机的病毒攻击影响了所有企业,并促使反病毒产品的兴起。

第二代——20世纪90年代中期,来自互联网的攻击影响了所有企业,并推动了防火墙的出现。

第三代——21世纪初,应用程序的漏洞利用影响了大多数企业,并促使入侵防御系统(IPS)产品的兴起。

第四代——在2010年前后,针对性的、未知的、规避的、多态的攻击出现,影响了大多数企业,并促使反僵尸和沙箱产品增多。

第五代——在2017年前后,采用先进攻击技术的大规模、多向量大型攻击出现。只基于检测的解决方案不足以防御这种快速移动的攻击,需要高级防御手段和措施。

目前,第四代安防产品不足以防御针对网络、终端、云部署和移动设备等IT环境的第五代攻击。要弥补第五代网络攻击与前几代网络安全之间的危险差距,需要从第二代和第三代的打补丁和同类最佳部署方法转移到一个统一安全基础上,即完整的安全架构。

CheckPoint 公司的 Infinity 架构是一个完整网络安全架构,可防御对所有网络、终端、云和移动设备的第五代大型网络攻击(图5-15)。该架构在整个企业的网络、云和移动 IT 基础设施上采用经过验证的最佳威胁防御技术;在企业之间和企业内部实时共享威胁情报;单一的完整安全管理框架。该架构旨在解决日益增多连接所带来的复杂性和低效的安全性,利用了统一威胁情报和开放接口,使所有环境都受到保护,免遭针对性攻击。

云	
基础设施 IaaS	应用程序 SaaS
高级威胁防御	零日威胁防御
自适应安全性	敏感数据保护
自动化和编排	端到端 SaaS 安全性
跨环境动态策略	身份保护
	多种云 & 混合云
网络	
总部	分部
访问控制	访问控制
数据保护	多层安全性
多层安全性	高级威胁防御
高级威胁防御	WiFi、DSL、PPoE
移动	
应用程序保护	远程访问
网络保护	保护业务数据
设备保护	随时随地保护文件
终端	
	访问/数据安全
威胁防御	访问控制
反勒索软件	保护介质
取证	保护文件

图 5-15 CheckPoint 公司的 Infinity 完整网络安全架构

四是建立了军民融合高效协同创新机制和"以军带民"发展模式。贝尔谢巴网络园区是以色列国家网络安全研究中心所在地,据说以色列国防军网络司令部也在此。该园区的建设是以军方科研机构为核心,带动聚集从事网络安全的创新型中小企业建立起来的(图5-16)。军地之间相隔不过几十米,甚至同在一个楼内办公,真正构建起军方、高校、科技工业三位一体的生态体系,军地之间、校企之间的需求对接、人才交流、成果转化以及日常管理上的沟通顺畅高效,实现了科技创新的深度军民融合。该园区很多公司的创始人都是军队退役人员。以色列国防军本身就是最具特色的学校,学习训练课程无所不包,从领导能力、团队精神、生存能力培养,到数理化生物等学科和通信电子、网络信息等技术,服役期间士兵培养了新技能,退役后结合经历搞创新创业。原部队对退役人员也非常开放和支持,很多公司创始人甚至每周都去原部队进行交流,对军事需求有深刻理解,研发出了很多非常符合实战需求的创新产品。如这次参展的陆军班组防止误伤的武器协同系统就是一名退役人员根据实战需求研发的新技术产品。因此,以色列的军民融合,其显著特点就是通过人才的融合,让有一线实战经验的军人真正参与军民融合,使技术创新与军事需求紧密结合,真正服务于战斗力的生成。

图 5-16　位于以色列贝尔谢巴的先进网络技术园区

五是智能化应用与趋势已经显现。展会上还出现了一个普遍的现象,人工智能技术已经开始应用到赛博安全大多数领域和系统,集中体现在针对多种病毒和系统漏洞的自动检测、多种攻击和恶意软件行为的识别与学习、信息传输和数据收发的自主加密、网络系统和终端的自动防御、攻击溯源与智能反击等方面;同时还体现在人脸识别、探测感知、无人系统和仿真训练等领域。

第五代网络攻防产品和行为,未来一定会延伸到多种多样的智能化作战系统。围绕分布式、跨域、异构的网络信息系统、物联网系统、云系统、人机交互系统甚至 AI 系统等,都有可能成为赛博及跨域攻击和防御的目标,这也是未来关注、研究和防范的重点。

参考文献

[1] Franklin D Kramer,等. 赛博力量与国家安全[M]. 赵刚,等译. 北京:国防工业出版社,2017.

[2] 中国电子科技集团发展战略研究中心. 信息系统领域科技发展报告[R]. 世界国防科技年度发展报告(2016).北京:国防工业出版社,2017.

[3] Aditya K Sood Richard Enbody. 定向网络攻击[M]. 孙宇军,等译. 北京:国防工业出版社,2016.

[4] 中国兵器工业集团210所. 俄罗斯在叙利亚参战地面装备相关情况分析[J]. 国外兵器参考,2018(6).

[5] 理查德·A. 克拉克,罗伯特·K. 内克. 网络战[M]. 吕晶华,成高帅,译. 北京:军事科学出版社,2013:8.

[6] 朱志文. 一文看懂区块链架构设计[EB/OL]. 巴比特,(2016-10-12)[2018-1-25]. https://www.8btc.com/article/106022.

[7] 王飞跃,等. 军事区块链:从不对称的战争到对称的和平[J]. 指挥控制学报,2018,4(3):177-178.

第六章
无人化作战

无人化作战主要指以无人平台为基本依托的作战样式，是人类智慧在作战体系中的充分前置，是智能化、信息化、机械化复合发展的集中体现。无人平台有狭义和广义之分。狭义无人平台主要指无人机、无人车、无人船、无人潜航器、精确制导武器与弹药等，广义无人平台还包括卫星、传感器、无人值守和智能化网络攻防、电子对抗系统等。平台是无人化作战的基础和前提，没有无人平台的发展，就没有无人化作战。从20世纪第一架无人机探索开始，经历了百年的发展历程，目前无人机、地面无人平台、无人潜航器、仿生机器人等，已经取得了巨大的进步与成就，许多型号已经相对成熟，开始走向实战应用，为无人化作战奠定了强大技术与物质基础。可以预见，随着人工智能、无人化技术的广泛应用与飞速发展，未来战场上有生力量的直接对抗将显著减少，无人化作战将遍及陆、海、空、天每一个战场，贯穿整个战略、战役、战术直至单兵作战各层次，对整个作战体系将产生颠覆性影响，成为智能化战争的一种基本形态。有人为主、无人为辅是初级阶段，有人为辅、无人为主是中级阶段,规则有人、行动无人是高级阶段。无人化作战既涉及单一系统的无人作战、有人无人协同作战、无人集群作战,还涉及无人联合作战、无人多域作战、无人跨域作战和无人跨介质作战等。

一、技术发展

无人平台由于具有高机动、无人化的特点,在执行"枯燥(Dull)、脏(Dirty)、危险(Dangerous)"任务时,由于其不受人的生理因素限制,可以承担许多有人装备无法完成的任务,体现出比有人平台更大的优越性。特别在近几场局部战争中,无人机等无人作战平台的作战优势更是体现得淋漓尽致。

无人化技术包括无人平台、环境感知、智能控制、系统协同、集群组网、测控通信等技术。据资料显示,以美国为首的军事强国,从阿富汗战争开始,就已按照"平台无人、系统有人"的理念实施无人作战,在后来的几次局部战争中得到了实战的检验,取得了很好的作战效果。据英国《泰晤士报》2010年6月27日报道,美军在伊拉克战争和阿富汗战争中投入的无人机已达7000架,包括127架"捕食者"侦察机、31架"死神"侦察机、10架"全球鹰"战略侦察机和其他各种用途的无人机。其中"捕食者"和"死神"无人机具备携载导弹实施对地攻击的能力。陆军部署了2400多个"魔爪"机器人,该机器人携带了可昼夜工作的照相机、动作探测器和声音探测器,其机械臂具有灵活旋转的肩部、手腕和手指,具有一定的记忆和学习能力,可用于建筑物、庭院、下水道和洞穴的内部侦察,车辆检查、路障清除,以及执行边界安全巡防任务。2009年,英国《卫报》报道,美国空军接受培训的无人机操作员已超过战斗机和轰炸机飞行员的总数,9月前毕业的无人机操作员240名,而同期毕业的有人战机飞行员214名。英国《卫报》评论这是"战机飞行员时代行将结束的信号"。

以色列、德国、法国、英国、意大利等国在无人化方面开展了大量研究,并具有较高水平,如英国ROVA自主无人车项目、以色列"纳顺"无人车项目等。美军的全自主无人车辆,已具备在有植被的崎岖地形上越野自主驾驶能力,最大行驶速度32千米/小时,能侦察10千米远的坦克和行进中的部队,排爆无人车辆已在伊拉克和阿富汗战争中广泛使用。美军研制的"大狗"战场机器人,能够适应沙漠、山地、沼泽等不适宜有人活动的严酷自然环境,承担托运物资、巡逻执勤任务,甚至直接参与战斗。

2014年2月5日,英国军方宣布,完成了"雷神"超声速无人作战飞机飞行试验。2015年4月16日,美X-47B舰载无人机在马里兰州实现了与空中加油机的对接,完成了航母弹射起飞、阻拦着舰和空中加油三大标志性试验,具备了替代有人飞机执行任务的基本功能,朝着实战化方向又迈出了重要的一步。

2015年,在叙利亚战争中,俄罗斯将成建制的无人化部队用于打击叙利亚ISIS恐怖组织,取得了不俗的战绩,使恐怖分子第一次感到无人装备勇往直前、无所畏惧的力量。俄罗斯在打击ISIS组织时,6台多用途战斗机器人、4台火力支援战斗机器人和3架无人机同"仙女座"-D自动化指挥系统建立无人作战集群,先于有人作战力量行动,实施侦察与打击,叙政府军则在其后跟进实施清剿,整个战斗持续了20分钟,一举消灭敌方70名武装分子,而叙政府军仅有4人受伤。其中,"平台"-M和"阿尔戈"两型战斗机器人参加了战斗,这是世界上第一场有战斗机器人参与的攻坚战。战斗中,侦察无人机负责监视战场敌情,通过"仙女座"-D轻型自动化指挥系统传输信息,"平台"-M 和"阿尔戈"战斗机器人收到火力支援请求后,在后方操作人员遥控下行进至距敌阵地 100～200 米时攻击敌方,吸引并探测敌方火力,引导后方炮兵支援。"阿尔戈"战斗机器人采用 8×8 底盘,质量 1.02 吨,最大速度 20 千米/小时,最大遥控距离 5 千米,配备 1 挺 PTK 式 7.62 毫米机枪和 3 具 RPG-26 式火箭筒。"平台"-M 采用履带式底盘,重 800 千克,配备 1 挺 7.62 毫米机枪和 4 具榴弹发射器[1]。伊拉克政府已经购买了中国生产的 CH-4"彩虹"察打一体化无人机,多次完成对 ISIS 武装的打击,取得了很好的实战效果。

2018 年 8 月 5 日,委内瑞拉总统尼古拉斯·马杜罗在为庆祝委内瑞拉国民警卫队成立 81 周年公开发表电视直播演讲时,现场发生了无人机爆炸事件,他的面前是整齐列队的阅兵队伍,所幸总统本人并未在事故中受伤,但现场有 7 名士兵受到不同程度的伤害。这是第一次在公开场合发生的无人机恐怖袭击事件(图 6-1)。

图 6-1 马杜罗在演讲过程时发生无人机爆炸

到 2019 年底,无人化技术探索和应用实现了巨大跨越,取得了重大突破,发达国家无人装备已大批量交付部队并投入实战应用,除执行传统侦察、监视和毁伤评估外,已开始承担主要攻击任务。美军无人化装备平台比例已经超过了 1/3,其中,空军各类无人机数目远远超过1/3,应用十分广泛(图6-2)。武器装备的无人化,以及有人系统和无人系统混合编组、相互配合的作战力量,将成为主要发展方向。

图6-2　无人机广泛应用

未来,无论是平台、武器,还是任务系统、作战体系,在无人化及其实战化进程中,都将用到以下几个通用的与智能化相关的技术。

第一,基于时空基准和大数据的全球高清地理信息系统技术,主要用于作战力量的时空同步、无人集群的高效协同、战场的准确定位、目标的精确跟踪。

第二,智能感知技术,通过卷积深度神经网络 CNN 图像识别、回归神经网络 RNN 语音识别等技术,实现对天、空、地、海多源探测信息,多种探测体制如图像、视频、红外、多光谱、SAR 和电子频谱侦察等信息的智能快速分类与识别,并通过数据关联印证和卫星多光谱特征识别,能很快从海量信息中将战场和目标信息快速提取出来。

第三,自组织网络通信和导航定位技术,在统一的时空基准坐标下,在无干扰环境下可以通过有源多波段通信模式,采取时分、频分、码分等方式,实现平台之间无中心、自组织网络、跳频跳转通信和相互定位;在干扰环境下还可以通过无源被动式探测模式,如通过光流图像识别跟踪、双目 3D 成像与智能识别、惯性导航等新技术,计算出集群同伴之间位置定位及相对距离。

第四,人机融合与自主决策技术,通过人的知识、经验等高级智能分析与判断,与机器的智能识别、态势感知、自适应任务规划等技术深度融合,通过仿真模拟、对抗训练、自学习等方式,在战场、目标和作战对手双方信息相对透明、完整条件下,提供自主决策;在不完全信息条件下,提供辅助决策,或者动态在线学习下,由辅助决策、混合决策向自主决策逼近。

第五,基于网络信息的平台自主、协同行动技术。由于无人机、地面无人平台、无人潜航器和智能弹药等,以前都是相对独立地发展,未来如果要形成体系和集群作战能力,需要根据战场威胁和目标任务的轻重缓急及数量规模,根据事先制定的作战规则和行动判断标准,按照智能传感和指挥控制信息要求,自适应地操作控制平台履行任务并进行准确评估,既可单一系统自主执行任务,也可集群化的分组协同执行任务(图 6-3)。例如,由 16 架察打一体机构成集群无人机编队,飞临战场上空,发现有指挥所、雷达通信站、坦克装甲车辆和小分队人员构成的四类目标,按照事先约定的作战规则,离指挥所最近的 5 架无人机攻击指挥所,4 架攻击雷达通信站,3 架攻击坦克装甲车,2 架攻击小分队人员,剩余 2 架用于战场评估、通信中继和备份等。

人工智能技术、微电子技术、自动监控和导航定位技术、仿生技术的飞速发展,为军用无人系统的智能化提供了强大的技术支撑。卡内基·梅隆大学一名教授曾预测:第一代通用机器人可能

图 6-3　蜂群协同攻击是未来发展趋势

出现在 2010 年,处理能力 3000MIPS(百万条指令每秒),智能达到蜥蜴级。第二代通用机器人可能出现在 2020 年,处理能力 10 万 MIPS,智能达到老鼠级。第三代通用机器人可能在 2030 年出现,处理能力 300 万 MIPS,智能达到猴子级。第四代通用机器人可能出现在 2040 年,处理能力 1 亿 MIPS,智能达到人类级。

美国 2005—2030 年无人机发展路线图将无人机自主化能力划分为 10 个等级,其"全球鹰""影子"以及"火力侦察兵"无人机处于 2~3 级,具备了实时的健康监测与诊断能力(2 级),具备部分自适应故障与飞行条件(3 级)能力(图 6-4)。虽然目前的发展进度远未达图中预期,但自主化技术高速发展的态势是非常明确的。

到 2018 年,多数无人机技术水平达到了 4 级,即无人机具有自动规划任务和重新规划的能力。无人机自主能力水平达到 5 级以上,即可实现多架无人机编队或者多个编队的机群,协同完成诸如侦察、诱骗、干扰、掩护和攻击等作战任务。美国计划到 2034 年

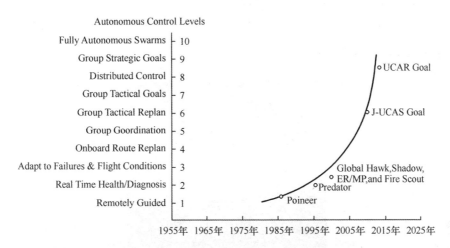

图 6-4　美军无人机自动化水平现状与发展预期（2005 年）

实现在线态势感知、具有完全自主能力。具有完全自主能力的无人机则配备存储了优秀人类飞行员空战经验的专家系统,携带智能化武器装备,具备机上实时信息处理能力,通过模拟人类决策过程,"思考"并采取相应的行动,能够自主规划航路、自主控制飞行、自主搜索目标,还能够自动处理海量数据、识别不同的武器装备、判定威胁程度以及自主决策行动等。

目前,技术的成熟使无人平台的生产成本越来越低,一次作战行动可以投入大量低成本无人作战平台,实现"数量本身就是质量"的战术价值。其中,蜂群与反蜂群作战已引起世界各国的高度重视。

美国定期发布无人系统综合路线图、地面无人系统路线图等文件,统筹无人系统发展。2018 年 8 月,美国国防部发布《2017—2042 财年无人系统综合路线图》,提出互用性、自主性、安全的网络、人机合作等 4 个"全局主题",围绕这些主题,梳理出 14 项支撑因素、17 项相关挑战、11 个未来发展方向和 19 项关键技术。这一路线图,首次将人工智能和机器学习列为影响无人系统发展的一个重要因素,并放弃无人系统要回到正常采办程序的提法,重新强调要实施多路径敏捷采办(图6-5)。

图6-5　美军无人系统综合路线图

二、无人机

无人机是一种以无线电遥控或自身程序控制为主的不载人飞行器,主要由机体平台、飞行控制与管理、侦察载荷、武器载荷、地面测控、数据通信等系统组成。进入21世纪后,受军民需求拉动和几次局部战争中无人机卓越表现的激励,各国对无人机的研发空前重视,行业爆发出前所未有的发展速度。据不完全统计与分析,2010年以来全球有超过60个国家开展了无人机研制生产,已经研制出的无人机有几十个系列、数百个型号和品种。世界主要国家军队都装备了无人机系统。

在军事领域,按照作战任务可将无人机分为突防类、续航类、战术类、小型战术类、微型/迷你战术类(参照美军 2013—2038 无人系统路线图),如表 6-1 所列。其中突防类、续航类以及战术类无人机,一般具备多种功能。

表 6-1　按照任务领域的无人机分类

第一组	微型战术类	质量 0~9 千克,飞行高度<350 米,飞行速度<185 千米/小时
第二组	小型战术类	质量 10~25 千克,飞行高度<1000 米,飞行速度<460 千米/小时
第三组	战术类	质量<600 千克,飞行高度<5500 米,飞行速度<460 千米/小时
第四组	续航类	质量>600 千克,飞行高度<5500 米
第五组	突防类	质量>600 千克,飞行高度>5500 米

按照飞行距离与产品性质,也可将军用无人机分为远程、中程、近程、超近程和无人直升机 5 类、11 种,即临近空间超高速、高空高速长航时、中高空长航时、对地/海攻击作战无人机,中程高速、中程低速无人机,近程、超近程无人机,以及大、中、小型无人直升机等 11 种(图 6-6)。

美军在全球作战的战略指导下,在强大需求牵引和雄厚财力的支撑下,已经形成了较完善的无人机发展体系,拥有多个装备系列,并已组建了多个无人机中队。2005 年,美国空军已将"捕食者"无人机中队的数量增加到了 15 个。2013 年美国海军则成立了载人机与无人机的混合编队。美军现已规划发展包含大、中、小型,远、中、近程,配套成族、系列化的无人机装备序列(图 6-7、表 6-2、图 6-8)。

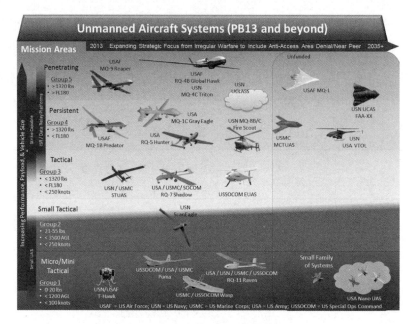

图 6-6　美军无人机系统

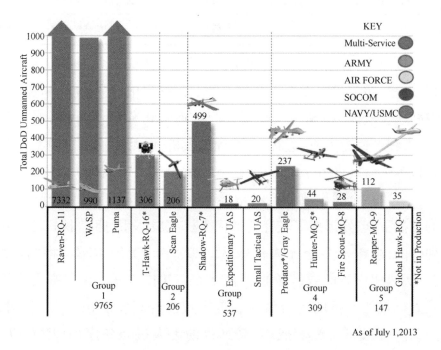

图 6-7　美军无人机装备序列

表 6-2　美军主要无人机及列装情况

级别	型号	装备数量(架套)		军种	备注
第一组	RQ-11"大乌鸦"	7332	9765	多军种	
	"黄蜂"	990		多军种	
	"美洲狮"	1137		多军种	
	RQ-16"狼蛛鹰"	306		多军种	已停产
第二组	"扫描鹰"	206	206	海军/陆军	
第三组	RQ-7"影子"	499	537	多军种	已停产
	远征	18		特种作战司令部	无人直升机
	小型战术	20		海军/陆军	
第四组	"捕食者"/"灰鹰"	237	309	多军种	"捕食者"已停产
	MQ-5"猎人"	44		陆军	已停产
	MQ-8"火力侦察兵"	28		海军/陆军	无人直升机
第五组	MQ-9"死神"	112	147	空军	456
	RQ-4"全球鹰"	35		空军	

注：美国防务分析公司蒂尔集团和国际无人机系统协会 2014 年度数据

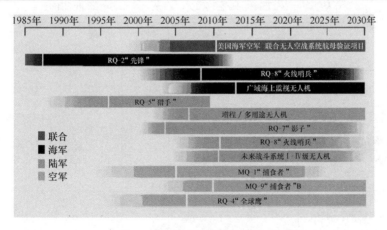

图 6-8　美军无人机装备列装规划

以色列的无人机装备是在 20 世纪中东战争的炮火催生下发展起来的。为应对频繁发生的武装冲突，以色列迫切需要能降低战斗成本,减少人员伤亡,并且能够制胜的武器。在应付小规模战役和战斗时,廉价、效费比高又能降低伤亡率的无人机无疑是最佳选择。所以,以色列军队具有"无人机作用胜过有人机"的体验和认识。这是以色列发展无人机工业的主要指导思想和动力。

以色列无人机技术的先进程度紧随美国之后,而远远领先于其他发达国家。其无人机装备覆盖了侦察、监视、搜索、电子战、反辐射、诱饵、通信、打击等作战应用的各个领域,已经形成从微小型无人机、中程战术无人机到战略无人机的20多个系列的无人机装备序列,具有极为完整的产品体系,典型产品系列包括:"苍鹭"系列、"赫尔姆斯"系列、"搜索者"系列、i-View系列等,如表6-3所列。这些装备多次出口美国、欧洲、南美、亚太、非洲等国家和地区,出口额已接近100亿美元,使以色列成为当之无愧的无人机装备出口第一国。以色列空军规划在2030年打造一支无人机占50%以上的新型空军机队(表6-3)。

表6-3 以色列典型无人机装备主要性能指标

型号	载荷/千克	航速/(千米/小时)	航时/小时	升限/米	用途
"苍鹭"TP	1000	220	36	13700	战略侦察、目标照射、对地攻击等
"赫尔姆斯"-450	200	175	20	5500	情报搜索、火炮校射、目标捕获等

（续）

型号	载荷/千克	航速/(千米/小时)	航时/小时	升限/米	用途
"猎人"	125	200	12	4600	情报搜索、火炮校射、目标捕获等
"搜索者"MK-Ⅱ	100	200	15	5800	情报搜索、火炮校射、目标捕获等
"哈比"	70	250	4	3000	目标搜索、反辐射攻击
"航空之星"	50	200	14	5500	监视、侦察
i-View MK150	20	200	7	5200	监视、侦察
"鸟眼"-400	1.2	92	1	300相对高度	超近程侦察

与美国相比,欧洲及相关国家也不甘示弱,也纷纷加快了无人机装备的发展。从有效载荷、续航时间和升限等关键性能指标来看,欧洲的无人机技术在世界上也较为领先。欧洲各国研制的典型无人机如表6-4所列,目前列装的主要是战术级中、小型无人机系统。参照美国的X-47B,欧盟也正在加紧研发属于自己的高空、高速、大载荷的隐身无人攻击机"神经元"。而俄罗斯作为一个航空大国和核大国,在无人机装备的发展方面则显得较为保守,对无人机的潜在军事价值挖掘不够,造成无人机技术发展、战术应用等方面相对落后。但在2008年的俄-格南奥塞梯战争后,俄军认识到其高效能的杀伤武器由于没有高效能的侦察和观测设备,和"瞎子"无异。在这之后,俄军转变观念,大力加强新型中、小型无人机装备的研发投入,也开展了类似X-47B的重型隐身无人攻击机(米格"鳐鱼")研发项目。

表6-4 欧洲典型无人机装备主要性能指标

国别	型号	载荷/千克	航速/(千米/小时)	航时/小时	升限/米
法国	"麻雀"	45	235	6	5000
	"神经元"	1000	900	3	
德国	KZO	35	220	3.5	4000
	"台风"	50	120	4	4000
俄罗斯	Dozor-4	12.5	120	8	3000
	BLA-05	10	200	3	3000

在亚太地区,日本是当今全球最大的无人飞行器使用国之一,但其应用主要集中在民用领域,其中"雅马哈"R-MAX无人直升机最为知名,军事方面的公开应用则相对较少。

印度正在进行全面的装备升级,增强无人机能力是其中的一个重要组成部分,其计划在2020年前打造一支亚太地区最强大的无人机战队。印度是当前亚太地区最大的无人机市场之一,大量装备了以色列飞机工业公司(IAI)的"苍鹭"等先进无人机系统。同时印度正以自身的技术优势为基础,吸收国外无人机相关技术,增加本土无人机的研发力度。

韩国也是积极开展无人机装备研制的亚太地区国家之一,通过采购以色列的"搜索者"无人机自主研制了"夜间入侵者"300等多款较为先进的战术无人机装备。2010年初,韩国军方又启动了新的中高空长航时大型无人机和陆军使用的战场侦察无人机项目。

2008—2013年,全世界无人机需求每年以两位数的速度增长,美国客户在市场上占2/3。2013年美国《国防》月刊发表题为"全世界无人机需求高涨"的文章称,美国军队也许是最惹人注目的无人机拥有者和使用者,但绝非这种有争议飞行器的唯一客户。无人机在伊拉克和阿富汗的成功使用被大肆宣传,受此激励,除了南极洲,地球上每个大洲都在制造或迫不及待地要购买无人机。在全球市场上,目前已有4000种无人机在销售。

美国防务分析公司蒂尔集团和国际无人机系统协会数据(2014年度)显示,未来10年全世界无人机需求每年将以两位数的速度增长。预计到2018年全球无人机(不含微型无人机)新交付数量占比将从2010年的35%提升到的49%,且2015—2024年的10年,全球无人机系统市场价值合计将超过910亿美元,其中军用无人机占810亿美元(图6-9),民用无人机也将达到价值合计100亿美元的规模(图6-10)。

全球研制和生产无人机的国家主要有美国、以色列、法国、德国、意大利、奥地利等18个国家。以色列研制和生产的无人机各

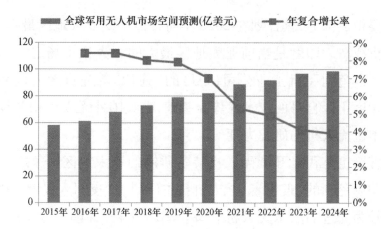

图 6-9　全球军用无人机市场十年(2015—2024 年)增长曲线

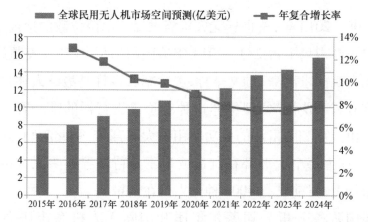

图 6-10　全球民用无人机市场十年(2015—2024 年)增长曲线

系列产品均有不同数量的出口。其他国家生产的无人机只有部分型号出口,还有一部分国家生产的无人机基本仅在本土列装,鲜有出口。美国和以色列是无人机出口型号较多、出口量较大的国家。以色列是无人机的最大出口国,2005—2012 年,以色列出口总额为 46.2 亿美元,年增长率约 10%,美国同期出口额为 30 亿美元;以色列出口量约占全球的 41%,美国约占 26.7%。

以色列虽然列装的战术无人机数量并不多,但是其无人机的出口却处于全球首位。以色列研制和生产的10种战术无人机均有出口,其具有武装攻击能力的"哈比"无人攻击机出口量最大。以色列生产的无人机出口到了北美、欧洲、亚洲、拉美、撒哈拉以南非洲地区的25个国家/地区。除了中东和北非地区外,其向全球其他主要地区市场均有出口。其中,向欧洲和亚洲国家/地区的出口量最大,约占以色列战术无人机出口总量的90%。以色列各型战术无人机出口情况如表6-5所列。

表6-5 以色列战术无人机出口市场分布情况

地区市场	出口对象国/地区及数量	共计
北美	加拿大("云雀"若干架)、美国("航星"2架)	2+
欧洲	阿塞拜疆(14架"航星"、10架"赫尔姆斯"、10架"搜索者")、法国(3架"鹰")、波兰(8架"航星")、荷兰(5架"航星")、西班牙(4架"搜索者")、土耳其(108架"哈比"、3架"航星"、1架"搜索者")、英国(64架"赫尔姆斯")、格鲁吉亚(2架"航星"、5架"赫尔姆斯")	232+
亚洲	印度(40+架"搜索者")、韩国(3架"搜索者"、100架"哈比")、菲律宾(2+架"蓝色地平线")、新加坡(40架"搜索者""云雀"若干、5架"赫尔姆斯")、斯里兰卡(2架"搜索者"、4架"蓝色地平线"、5架"侦察兵")、中国台湾("猛犬"若干架)、泰国(4架"搜索者"、1架"航星")	206+
拉美	厄瓜多尔(4架"搜索者")、墨西哥("云雀"和"赫尔姆斯"各2架)、巴西(2架"赫尔姆斯")、智利(3架"赫尔姆斯")、哥伦比亚(2架"赫尔姆斯")	15
撒哈拉以南非洲	科特迪瓦(2架"航星")、尼日利亚(9架"航星")	11
	俄罗斯(10架"眼视"-150、4架"搜索者")	14
共计:超过485架		
注:2014年统计数据		

从统计数据来看,美国是全球列装无人机数量最多的国家,但是其无人机的出口量却稍逊色于以色列。美国的战术无人机主要出口到欧洲、中东和北非等支付能力较强的国家和地区,而对撒哈拉沙漠以南非洲地区等贫穷国家则鲜有出口。美国各型战术无人机出口情况如表6-6所列。

表6-6　美国战术无人机出口市场分布情况

地区市场	出口对象国/地区及数量	共计
欧洲	比利时("猎人"18架)、土耳其("蚋蚊"214架)、波兰("搜索鹰"12架)、意大利(16架RQ-7"影子"-200)、罗马尼亚(5架"影子"-600)	265
中东和北非	埃及("圣甲虫"29架)、以色列("猎人"若干)	29+
亚太	韩国(4架"影子"-400)、菲律宾("猎人"2架)、澳大利亚(4架"搜索鹰"、18架RQ-7"影子"-200)	28
拉美	哥伦比亚("搜索鹰"16架)	16
共计:超过338架		
注:2014年统计数据		

世界各国无人机列装情况。全球50多个国家/地区的军队装备了战术无人机系统,产品系统约50种。美国是全球装备无人机最多的国家,土耳其、韩国、巴基斯坦、阿联酋、英国、埃及、新加坡等国装备的战术无人机数量也较多。世界各国列装的战术无人机系列产品如表6-7所列。

表6-7　世界各国列装的战术无人机系列产品汇总表

无人机型号	原产国
"云雀"(Skylark)、"航星"(Aerostar)、"哈比"(Harpy)、"赫尔姆斯"(Hermes)、"搜索者"(Searcher)、"蓝色地平线"(Blue Horizon)、"猛犬"(Mastiffs)、"鹰"(Eagle)、"眼视"(Eye-View)、"火力侦察兵"(Fire Scout)	以色列(10种)

(续)

无人机型号	原产国
"蚋蚊"(Gnat)、"猎人"(Hunter)、RQ-7"影子"(Shadow)、"先锋"(Pioneer)、"敢死蜂"(Exdrone)、"燕鸥"(TERN)、RQ-8"火力侦察兵"垂直起降无人机(Fire Scout VTUAV)、XPV-2"条纹鲨"(Mako)、CQ-10A"雪雁"(Snow Goose)、"搜索鹰"(Scan-Eagle)、"圣甲虫"(Scarab)	美国（11种）
"麻雀"(Sperwer),1种	法国
KZO、"月神"、CL-89,3种	德国
"守望者"(Watchkeeper)、R4E"天眼"(Sky Eye),2种	英国
"坎姆考普特"(Camcopter),1种	奥地利
"隼"600(Falcon)(又名"猎鹰"600),1种	意大利
ADS95"巡逻兵"(Ranger),1种	瑞士
APID,1种	瑞典
"鲣鸟"3(Sojka),1种	捷克
"小鹰"2S(Yastreb),1种	保加利亚
BLA-07、"蜜蜂""鹰",3种	俄罗斯
"夜侵者"(Night Intruder),1种	韩国
"阿鲁德拉"(ALUDRA)、"电脑眼"(Cyber Eye),2种	马来西亚
"杀手"(Bravo)、"火烈鸟"(JASOOS)、"矢量"(Vector),3种	巴基斯坦
"探索者"(Seeker)、"秃鹫"(Vulture),2种	南非
"曙光"(Nishant),1种	印度
"莫哈杰"(Mohajer),1种	伊朗
"装甲"X7、Charrua	不详

注：2014年统计数据

从列装情况来看，无人机以监视、侦察、电子战、目标捕获、反雷达等功能为主；少数无人机具备了武器攻击能力，这类攻击型战术无人机将成为未来发展的一种趋势。

无人机军用市场预测。政治因素、战争需求和无人机在最近几场战争中所取得的巨大效果，是无人机获得巨大发展的主要推动力。据中投产业研究院报告分析，2018 年全球无人机市场达 101.5 亿美元，增长 45.6%，2020 年将达到 209.1 亿美元。据国际防务展提供的信息，2012—2021 年，中东无人机市场价值为 10 亿美元。

在南亚，印度和巴基斯坦展开了无人机军备竞争。印度一向靠以色列提供无人机，但最近在加紧开发自行制造无人机的能力。

在南北美洲，边境安全问题以及有组织犯罪和毒品走私的剧增正在推动无人机需求的上升。加拿大有意为其空军和海军采购中高空长航时无人机系统，巴西和另外几个南美国家也表示有类似需求。巴西购买了若干架以色列"赫尔姆斯"无人机，供其陆军和海军使用。阿根廷和玻利维亚在考虑利用无人机打击贩毒分子。墨西哥军队希望为其海军配备微型战术无人机，用于执行国土安全任务。委内瑞拉打算购买无人机用于边境巡逻和环境监测。

欧洲和非洲对于无人机也有强大的需求。俄罗斯垄断了东欧市场，占当地需求的 3/4。邻近的波兰和土耳其也很想拥有无人机的技术，尤其是中空长航时无人机。南非是唯一具有无人机生产能力的非洲国家。

美国、欧洲和亚太地区将是无人机需求最旺盛的市场，分别占到无人机市场的 59%、17% 和 16%，合计占全球市场的 92%。欧洲、亚太、南美是主要进口地区，主要进口国包括德国、波兰、荷兰、俄罗斯、西班牙、印度、阿塞拜疆等。

市场中，按无人机类型划分如下：规模最大的是中空长航时无人机占 38.5%，战术无人机为占 24.1%，高空长航时无人机占 20.5%，垂直起降无人机占 8.4%，UCAV 型无人攻击机占 4.8%，手持发射的便携无人机占3.6%。

从世界无人机装备发展趋势看,高空、高速、长航时、隐身、多功能、自主化等已成为主要发展方向。根据美军无人系统发展路线图,重点发展的六个重要技术领域为互操作性与模块化、通信能力、安全(情报/技术保护)、可持续的自恢复能力、自主性和认知行为、武器系统。未来,无人机发展趋势主要有四个方面。

一是提高航时与速度。高空长航时无人机因其较高的生存能力和高效的侦察能力应用不断得到扩大。高空长航时无人机将会成为大气层侦察网络的一个重要组成部分。因此,各军事强国注重提高无人机的航时,来提高其遂行持续作战任务的能力。随着无人机在战场上的广泛应用,反无人机等拦截系统应运而生,各国正加强抗击无人机的研究。而提高无人机的速度是降低反无人机系统拦截概率的主要途径之一。因此,目前各国正在探索发展速度更快的无人机。在未来战场上,优秀的滞空能力日益受到无人机使用者的青睐,它能大幅提高无人机遂行作战任务的准确性和攻击性。

二是隐身化、小型化。为提高无人机的机动性能和战场生存能力,机体正朝着隐身化、微型化的方向发展。微型无人机由于尺寸、质量小,外形可以仿制成各种昆虫,因此具有很大的隐蔽性。特别是在复杂地形和城市作战,它可以在障碍物或建筑物之间穿梭飞行,实时获取局部战场信息。

三是智能操作与决策。目前,无人机大多采用操作人员遥控的方式遂行作战行动,这样不仅对操作手的控制技能要求较高,还存在操作手无法准确掌握战场态势的问题。无人机智能化就是"无人机自主做出决定的能力",这不仅使无人机能够按照指令或者预先编制的程序来完成预定的作战任务,对已知的威胁目标做出及时和自主的反应,还能对随时出现的突发事件做出快速的响应与行动。

四是综合传感与集成。未来无人机的发展正朝着系统集成、综合传感方向发展,增强无人机的通用性。例如,美军为增强无人机全天候侦察能力,机上安装有光电红外传感器和合成孔径雷达组成的综合传感器。美军"捕食者"无人机安装有观察仪和变焦彩色摄像机、激光测距机、第三代红外传感器,能在可见光和中红外两个频段上成像的CCD摄像机、合成孔径雷达等。使用综合传感器后,既可单独选择图像信号,也可综合使用各种传感器的情报。

三、地面无人平台

从20世纪80年代起,世界各主要国家相继启动了地面无人系统研究计划,美、以、英、法、德、俄、日等国家均加大人财物的投入,开展了以军事应用为目的的地面无人平台研制工作,取得了大量的研究成果,部分产品已经用于实战。地面无人平台按照自主程度可以分为半自主、自主和全自主系统,其中全自主是地面无人系统发展的终极目标。根据不同的需求与使用目的,地面无人平台的使命任务有多种多样。通常来讲,主要承担侦察监视、巡逻警戒、火力引导、火力打击、通信中继、扫雷破障、反恐维稳和后装保障等任务。地面无人系统技术涉及机械、电子、动力、自动控制、计算机、人工智能、环境感知、路径规划、行为控制、人机交互等诸多学科和专业技术,是一个复杂的系统工程。地面无人平台由于所处地理环境复杂、道路曲折、障碍物众多,其环境适应性、战场机动性、姿态可控性以及相互之间的协同、通信、指挥控制等,都比空中、水面、水下无人系统更为复杂。

美国十分重视地面无人系统顶层规划,定期发布《无人系统综合路线图》《地面无人系统路线图》等文件(图6-11),统筹规划军用地面无人系统与技术发展。美国早在2001年就提出"2015年前实现1/3地面作战车辆为无人车"的雄伟目标,尽管这一目标尚未实现,但是在"未来战斗系统"项目和伊拉克、阿富汗军事行动的影响与推动下,美国自主地面无人系统技术快速发展,地面无人系统在美军武器装备体系中的比例正不断增加,其半自主地面无人系统已经列装。美国还在大力发展四足机器人、人形机器人、攀爬机器人、机器人外骨骼等形式多样的地面无人系统,探索有人无人协同、无人集群、脑机融合等前沿技术(图6-12)。美军预测到2034年,地面无人系统将能够全自主执行任务。

图6-11　美国陆军2017年《机器人与自主系统战略》

图 6-12　美陆军正在开展的自主与智能化技术与装备

美国在"未来战斗系统"项目中,对无人系统的自主性和智能化提出了 10 个等级的评判标准:

1 级:遥控,无决策能力,远程操控人员通过驾驶命令,实现在相对简单的静止环境中遥操作。

2 级:遥控,远程操控人员利用本地姿态、仪表盘传感器和深度图像显示的平台状态发出驾驶命令,实现在相对复杂的静止环境中遥操作。

3 级:预先规划任务,避让简单的环境,在操控人员的帮助下具有基本的路径跟踪能力。

4 级:在平台上处理传感器图像,获得局部环境知识,在操控人员的帮助下能够较好地跟随领航者。

5 级:探测简单障碍/危险,规避/翻越障碍,根据危险评估,实时规划路径,具有半自主导航和基本的越野能力。

6 级:探测复杂障碍,分析地形,规避/翻越障碍,规划并翻越复杂地形和物体,在操控人员的帮助下能够越野和越障。

7 级:融合传感器信息,探测与跟踪移动物体,在公路与越野环境下自主驾驶,自主规划与穿越复杂地形、环境条件、危险和物体,能够越野与避障,基本不需要操控人员帮助。

8 级:协作、护航,根据来自其他平台的共享数据进行高级决策,以最少的操控人员输入,快速高效地执行公路驾驶任务。

9级:协作,在操控人员监视下,通过协作规划与执行,完成复杂协作任务。

10级:完全自主,融合来自所有参战装备的数据,不需要操控人员监视,通过协作规划与执行,完成任务目标。

地面无人平台分类方法很多,主要分为微型、小型、轻型、中型、重型和仿生型等。微型、小型无人平台主要伴随单兵和小组作战,活动范围在几十米到几百米,行进速度比较慢,一般在10千米/小时以内,重点承担侦察监视、爆炸物探测与处理、路线清除、毒剂/放射物探测等任务。例如,美国 iRobot 公司研制生产的 PackBot 小型无人平台(图6-13),可使人员在安全距离外完成操作与处置。

图6-13　PackBot 小型无人平台

PackBot 是由 iRobot 公司研制的一种小型遥操作型履带式无人平台,该平台可使人员在安全距离外完成操作与处置,平台最大战术机动速度为2.6米/秒(9.3千米/小时),配置多种形式的操控单元,用于完成侦察、探测与处理小型障碍物、爆炸物等任务或功能。

轻型无人平台质量较小,一般在1000~2000千克,具有一定载重能力,活动范围较大,行进速度比较快,一般在每小时几十千米甚至上百千米,可跟随班组人员执行边界巡逻、武装警卫、跟随作战、勤务保障等任务。例如,美国的运输型的SMSS—班组任务支援系统,以色列的"前卫"(AvantGuard)无人平台、"守护者"(Guardium)无人平台等。图6-14为运输型的SMSS—班组任务支援系统,该平台基于6×6底盘,平台质量1960千克,货舱底板和两侧折叠导轨可搭载的有效载荷为540千克,满载时公路最大行程为160千米,越野最大行程为80千米,攀垂直障碍高为0.6米,越壕宽为0.7米。

图6-14　运输型SMSS—班组任务支援系统

该平台有两种控制模式:一种是遥控模式,操控人员通过手持通用控制单元操控平台;另一种是监控型自主模式,传感器组件可通过识别士兵的三维影像,对其锁定和跟踪,与指定士兵随行,还可借助GPS航路点导航,跟随行进路线留下的电子标记返回到任务起点。

以色列G-NIUS公司的"前卫"(AvantGuard)无人平台(图6-15),质量1700千克,最大负载能力1000千克,可原地转向,最大速度

20千米/小时,具有全地形适应能力,以遥控或半自主模式工作,可根据任务需求选择模块化的任务载荷,可执行行军保护、武装警卫、作战后期支援等任务,已装备以色列国防军。

图6-15　以色列G-NIUS公司的"前卫"无人平台

以色列"守护者"无人平台(图6-16),平台质量1400千克,半自主模式下最大行驶速度50千米/小时,可根据任务需求选择模块化的任务载荷,可执行边界巡逻和跟随战斗勤务保障等任务。该平台已装备以色列国防军。

图6-16　以色列"守护者"无人平台

中型无人平台,一般质量为几吨,有较强的越野性能和防护性能，可单独或者伴随执行突击、输送、侦察、巡逻等任务。图6-17所示为以色列的"压碎机"(Crusher)中型无人平台，平台机体采用高强度铝合金及钛金属材料，质量6000千克，比第一代Spinner减重29%，最大承载能力不小于3600千克。Crusher无人平台采用油气悬挂、轮毂电机驱动的6×6高适应行走系统，可实现原地差速转向，可克服小于1.2米的垂直障碍及2米的壕沟，具有小于40°的爬坡能力。混合动力系统支持纯电动静默行驶，平台最高行驶速度约42千米/小时。

图6-17 以色列"压碎机"中型无人平台

重型无人平台载重较大，一般有10000千克左右，可携带较强的火力及攻击武器，也具有较强的防护能力，特别适于独立遂行侦察、突击与火力资源任务。英国的"黑骑士"(Black Knight)重型无人平台(图6-18)，由英国宇航公司研制，平台质量9.5吨，基于缩小化的"布雷德利"战车底盘并借用了M2步兵战车的动力、防护和火力等技术，开发了侦察型与突击型两种。侦察型的武器系统主要为30毫米机关炮，突击型将改用更大的火炮和中型超视距导弹以及模块化的遥控自卫武器站。

地面无人平台的主要关键技术有无人平台系统与总体、智能感知与环境理解、自主规划与决策、高适应行走、核心器件与典型任务载荷、人机交互与指挥控制等。

图 6-18　英国"黑骑士"重型无人平台

从发展趋势看,小型无人平台也呈现独立执行任务的趋势,如美国机器人公司开发的 340 型小型无人车,主要用于满足美国陆军对质量约 11 千克的独立机器人系统的需求。该平台可通过通用操作单元或小型穿戴式控制器,利用基于"安卓"系统的新型 uPoint 软件进行控制。

以色列勒伯提姆公司研制的系列微型战术地面机器人(MTGR),基型平台尺寸为 45.5 厘米×36.8 厘米×14.5 厘米(长×宽×高),质量 8.6 千克,最大有效载荷 10 千克,最大速度 3.5 千米/小时,可攀爬高 20 厘米、倾斜度 45°的楼梯。该平台有多种衍生型号,分别是 MTGR 排爆机器人,MTGR 情报、监视与侦察机器人,以及 MTGR 公共安全机器人。

美国、英国、俄罗斯、加拿大、以色列、法国、西班牙等国,正在开发新一代车载式、自行机动式无人平台。在 2015 年巴黎航展期间,以色列无人视景(UVision)公司展出了一款可携带"英雄"系列巡飞弹的 UGL-H30 无人概念车。

DARPA 的地面 X 车辆技术（GXV-T）项目演示验证显示了在不同地形上快速行驶的技术进展，并提高了态势感知和操作便利性。GXV-T 设想未来的战车可以穿越绝大多数复杂地形，包括斜坡和各种高地。其功能包括革命性的轮轨和悬挂技术，与现有的地面车辆相比，这些技术可以实现公路和越野的进入和更快的出行。传统的战斗车辆设计具有小型窗户，可提高防护能力，但限制了视野。GXV-T 寻求具有多种车载传感器和技术的解决方案，在保持车辆封闭的同时提供高分辨率、360°的态势感知。GXV-T 演示了多项新技术（图 6-19）。

图 6-19　美国 GXV-T 无人车

可重构轮轨（RWT）。在硬质表面上可以使用车轮快速行驶，而在软质表面上履带表现更好。卡内基·梅隆大学国家机器人工程中心（CMU NREC）的一个团队演示了形状转换的轮轨结构，该轮轨结构从圆形车轮转换成三角形履带,并在车辆移动时再次转换回来,可即时改善战术移动性和在不同地形上的机动性。

电动轮毂引擎。将引擎直接放在车轮内部可为战车提供众多潜在优势,如在崎岖不平的地形上以最佳的扭矩、牵引力、动力和速度提高加速度和机动性。在之前的演示中,QinetiQ公司展示了一种独特的方法,将三挡变速装置和复杂的热管理设计整合到足够小的系统中,以适应标准的军用20英寸轮毂。

多模式极限行程悬挂系统(METS)。Pratt & Miller工程和制造公司的METS系统旨在实现在崎岖地形上的高速行驶,同时保持车辆直立并减少乘员不适。该车辆演示装置采用标准的军用20英寸车轮,4~6英寸的高级短行程悬挂以及向上延伸6英尺(向上42英寸、向下30英寸)新型高行程悬架。曾经的演示验证展示了通过主动和独立调整车辆每个车轮上的液压悬架来解决攀越陡坡和台阶的能力。

借助虚拟窗口增强360°全方位感知。霍尼韦尔国际在带有不透明顶篷的全地形车辆(ATV)中展示了其无窗式驾驶舱。3D贴眼护目镜、光学头部跟踪器和环绕式活动窗口显示屏可提供车外实时、高分辨率的视图。在越野课程中,驾驶员使用该系统完成了大致与具有完全可见性的全地形车辆(ATV)中的驾驶员相同的大量测试。

虚拟视角增加自然体验(V-PANE)。战术车辆为决策提供有限的可视性和数据,特别是在快速通过陌生地域时。"雷神"BBN技术公司的V-PANE技术演示器将来自多个车载视频和LIDAR摄像头的数据融合在一起,以创建车辆及其附近环境的实时3D模型。在最后的第二阶段演示验证中,无窗中的驾驶员和指挥员成功地切换了多个虚拟角度,以便在低速和高速行驶期间准确地操纵车辆并检测感兴趣的目标(图6-20)。

图6-20　在虚拟视景中探测峡谷路线

越野乘员增强(ORCA)。卡内基·梅隆大学国家机器人工程中心技术演示,ORCA旨在实时预测最安全和最快的路线,并在必要时使车辆自行越野(即使在障碍物周围)。在阶段二测试中,使用ORCA辅助设备和视觉叠加层的驾驶员在航点之间行驶得更快,并且几乎消除了所有停顿以确定其路线。该团队发现自主性改善了车辆速度或风险姿势,有时甚至是两者都得到了改善。GXV-T演示验证正在为新技术寻求各种转型路径。

美、英、法、以等国正在通过核心技术的突破来推动自主无人系统快速发展。目前,军事大国地面无人系统包括半自主和自主两类。其中,半自主地面无人系统能实现预编程自主机动、航路点导航、跟随引导车或者引导士兵自主机动等功能;自主地面无人系统正在研发中。

未来,需要重点关注全自主、集群化地面无人系统及其关键技术发展,这是地面无人系统未来发展的重点。采用全自主控制模式,可在操控员不介入情况下实现自主作战,也可在紧急情况下由操控员控制,还可与有人系统和无人系统实现编队作战及集群作战,对未来装备发展和作战模式具有颠覆性影响。

1. 自主感知

自主感知技术是指地面无人系统利用自身携带的各种传感器获取环境特征,利用信息融合算法融合多种传感器探测信息,对作战场景和运动路径中的地形、建筑物以及运动目标进行探测识别与计算。

自主感知技术源于单一视觉感知技术与测距技术。国外从20世纪80年代开始发展信息融合技术,先后发展可见光/红外融合技术、雷达/视觉感知融合技术,以及可融合多种传感器的多源信息融合技术。视觉感知技术、视觉感知算法和测距技术发展均较为成熟,可见光、近红外和热红外探测技术以及雷达、激光雷达等传感器已在地面无人系统领域得到应用。多源信息融合技术是目前研发重点。美国对自主感知技术开展了大量研究,率先规划感知技术2020年前发展路线图,其整体水平居于世界领先地位。美国国防高级研究计划局开展传感器融合技术研究,陆军研究实验室开展立体视觉和地形分类技术研究,陆军坦克机动车辆研发与工程中心开展多源信息融合技术研究(图6-21)。英国、以色列、加拿大等国也开展了自主感知技术研究,其中英国研制先进碲镉汞红外探测器,以色列研制双波段光学敌方火力探测系统,加拿大利用微扫描技术提高红外图像分辨率。

多源信息融合技术在多信息源、多平台和多用户系统之间起着重要的协调作用,并保证数据处理系统各单元与信息融合中心之间的连通性和实时通信能力,是实现地面无人系统在现实环境中高灵活性、高可靠性、自主感知的关键。未来,地面无人系统自

图 6-21　美国采用多种传感器的机动探测评估与响应系统

主感知技术将向多样化、立体化发展,实现更复杂、运算速度更快的感知系统。除具备先进识别和定位能力外,传感器向小型化、轻型化和低成本化方向发展,还会与测距等传感器集成为综合传感器。未来融合算法将与传感器类型及数量无关,只要能获得数据即可进行融合处理。地面无人系统还可对算法进行调整,以适应不断变化的态势感知需求。

地面无人系统利用自主感知技术,可自主选择数据源,提供同一环境特征的冗余信息和环境中有关特征的互补信息,还可利用多个信息源并行分析当前场景,能提高容错能力、完整描述环境能力和信息处理速度。自主感知技术可赋予地面无人系统全自主态势感知能力,使其具备对战场环境的更高理解与环境适应能力,能推断战场环境态势及其他武器装备意图,实现全实时规划,从而确保地面无人系统在各种复杂环境中实现全自主作战。

2. 自主导航

自主导航技术是指地面无人系统通过自主感知环境信息和自身状态而确定位置,并自主规划与修正路径。该技术确定相对于全局坐标系的自身位置、友军位置和目标位置,自主规划起点至目标点之间避开障碍物的最优路径,使系统向目标点运动并不断修正,最终到达目标点。

自主导航技术由单一导航定位技术和路径规划技术发展而来,21世纪进入快速发展阶段。军事大国已在半自主无人车上进行了自主导航试验,目前致力于发展综合多种导航定位技术的自适应导航技术。INS/GPS导航定位技术和立体视觉导航定位技术发展较为成熟,并在地面无人系统领域得到应用。激光雷达导航技术和自适应导航技术是当前研发重点。激光雷达导航技术正处于研发阶段,未来有望获得单光子灵敏度和100千赫帧速,用于地面无人系统实时自主导航和避障;自适应导航技术正处于加速研发阶段。美国近年来启动多项自主导航研究项目,如在自主导航系统研发中,在多用途通用/后勤装备无人车上进行了自主导航试验;启动全源定位与导航项目,研究从多种传感器和测量源接收数据;启动快速轻型自主项目,开发和测试快速导航算法(图6-22)。法国也开展自主导航相关技术研究,如本地定位系统技术和仿生光流传感器机器人导航技术等。

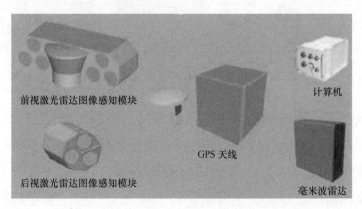

图6-22　美国自主导航系统组合模块

美国曾在2011年版《美国地面无人系统路线图》中预测地面无人系统2014—2015年具备半自主导航能力，2016年实现编队/多机器人导航，2020年实现全自主导航（图6-23）。传感器向微小型化、智能化、低功耗、低成本方向发展，支持"即插即用"，导航软件架构和算法将包含多种硬件组件和数据库，支持多种环境作战。导航与传感器融合将成为未来作战平台导航系统发展的重要方向。

图6-23　美陆军2015—2040年机器人和自主系统能力发展规划

地面无人系统利用自主导航技术可从多种传感器和测量源接收数据，利用导航滤波算法提供自适应导航信息，并可根据任务所需通过"即插即用"方式容纳任意传感器组合，使地面无人系统可在多种环境中获得较高的导航定位精度和可靠性。自主导航技术可赋予地面无人系统实现全天候、全天时自主导航，参与多种环境作战,尤其适合GPS信号衰减或GPS拒止环境,为地面无人系统自主作战奠定基础。

3. 无线自组网

无线自组网技术是指一种特殊结构的无线通信网络技术,其依靠节点间的相互协作,以无线多跳方式通信,而不依赖于任何固定设施,具有自组织、自管理特性。

无线自组网技术源于美国1972年启动的分组无线网项目。之后,启动高生存力自适应网络项目和全球移动信息系统项目,以研发自组织对等式多跳移动通信Ad-Hoc网络。目前,具备高灵活性和高抗毁性的Ad-Hoc网络是无线自组网技术的发展重点。美国整体技术水平位于世界前列。近年来,美国研发了联合战术无线电系统、作战人员战术信息网、移动自组网等,其中移动自组网主要以网状网络形式实现,可提供"即连即通"宽带网络能力。有些网络通信系统已经投入应用,可为多种武器系统提供网络通信能力。美国已启动自动部署的通信中继、高速智能网络化通信、联合战术无线电系统网络通信等项目。其中,自动部署的通信中继项目(图6-24)技术成熟度等级已达到7级;高速智能网络化通信项目技术成熟等级,计划在2034年将达到9级;联合战术无线电系统网络通信以该系统宽带网络波形为基础,可实现保密通信。欧洲也开始考虑将无线自组网作为中继,以扩大第二代及第三代移动通信系统的覆盖范围,提高在网络或链路发生故障时系统的鲁棒性。

无线自组网主要涉及路由、安全等关键技术。其中,路由技术的关键在于开发一种能有效地找到网络节点间路由的动态路由协议,这种路由协议需要具备感知网络拓扑结构变化、维护网络拓扑连接、高度自适应能力等功能。无线自组网本身特性决定了安全

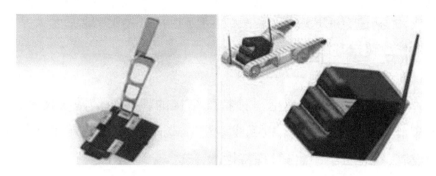

图 6-24　美国自动部署的通信中继通信系统
（左为中继块，右为部署器）

技术的重要性。传统网络中的安全机制不再适用于无线自组网，为此无线自主网安全策略具备基于口令认证协议、"复活鸭子"安全模式、异步分布式密匙管理等特点。未来，无线自组网技术将向更具互操作性、即插即用、更鲁棒的动态网状网格技术方向发展。地面无人系统的无线电台将能够支持多种波形，使用更宽的频谱，能抑制干扰或射频干扰，同时改善信号电平。认知无线电技术通过选择更好的调制形式和频率适应射频环境，支持信息中继传输。地面无人系统可向部队安全地组播图像，能通过节点和中继器组成的运动网络从一种装备向另一种装备中继数据。

地面无人系统利用无线自组网技术，可在无人系统之间以及无人系统与有人系统之间传输信息，实现信息实时共享，以提高地面无人系统的信息处理速度和对特殊情况的响应能力，从而增强网络中地面无人系统节点在实际应用中的工作效率和生存力。无线自组网技术可赋予地面无人系统网络通信能力，一方面提高地面无人系统的非视距通信能力，进而提高士兵的安全性；另一方面可为地面无人系统与其他无人系统和有人系统协同作战以及集群作战奠定基础。

4. 自主控制

自主控制技术是指基于电子、计算机和通信技术等实行自适应控制的技术。该技术借助人机接口设备、通信系统等，综合采用多种控制算法，对地面无人系统动力、载荷、导航、通信、武器发射等进行控制，使其能够单独自主作战，或与其他无人系统和有人系统协同作战，以及实现集群作战。

军事大国自20世纪末开始发展半自主控制技术，进入21世纪重点发展自主控制技术。单平台自主控制技术获得最先发展，于2014年开始投入应用，并将无人系统编队技术推向实用化；集群控制技术和全自主控制技术正处于研发阶段，接近成熟。美国和以色列自主控制技术整体水平居于世界领先地位，以色列率先投入应用，多数国家仍处于发展阶段。

目前，以集群控制技术为代表的无人系统编队技术是国外研发的重点，如美国启动多个编队技术研发项目，已演示了地面无人系统与空中无人系统的协同作战能力（图6-25）。英国、法国和德国均在发展自主控制技术，启动多个自主无人车研发项目。

自主控制关键技术主要包括控制系统架构技术、控制算法、人机接口技术等。控制系统架构技术是地面无人系统控制系统的结构和行为的总体技术，包括硬件和软件部件的功能描述，以及这些部件之间的接口。控制算法大多使用多种控制算法相结合的智能控制算法，而集群控制需要采用集群智能算法。人机接口技术发展重点是脑机接口等新概念接口技术。未来，地面无人系统的自主控制技术将向全自主控制发展，发展通用开放式控制系统架构，为地面无人系统提供互操作性；发展协同与集群控制技术，以实现地面无人系统协同与集群作战；人机接口设备向更加方便、可靠、高效、通用化和智能化方向发展。

图 6-25　美国班组任务支援系统与 K-MAX 无人机编队协同作战演示

四、无人艇与潜航器

进入新世纪以来,无人水面艇和潜航器发展迅猛。在无人艇方面,美国开发了系列化的侦察、反潜、猎雷无人水面艇,还在开发武装型、攻击类无人水面艇,并做了集群攻击演示验证。2015 年 1 月,美国还展示了波浪能和太阳能驱动无人艇(SHARC),由波音公司和液体机器人公司联合研制(图 6-26)。SHARC 是一种自动化远程无人艇,采用海浪波和太阳能混合驱动,包含水面和水下两部分,主要用于数据采集、监测和声学监控,能够提供更好的水上和水下态势感知能力,在陆地、海上和空中平台的支持下编队工作,能够拖曳水声阵列,在没有船员和维护的情况下,可在海上航行长达一年之久。

2015 年 3 月,DARPA 发布信息咨询书,征集长航时反潜无人水面艇新型探测技术方案(图 6-27),主要包括三个技术领域。一

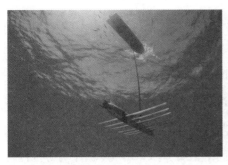 

图6-26 波音公司波浪能和太阳能驱动无人艇(SHARC)

图6-27 DARPA反潜持续跟踪无人艇

是海上感知传感器,能够全天时、全天候对船舶进行探测成像,作用距离4~15千米。优先考虑被动探测手段及其软硬件,包括但不限于被动或主动的可见光与红外成像仪、激光测距仪、激光雷达等。二是海上感知软件,探测、追踪和识别舰船等目标的算法和软件,用于被动光学或非雷达主动成像仪。三是探测、追踪和识别船舶信号旗和导航灯的算法和软件。信号旗和导航灯是用于交流船舶航向、位置和状态的标准工具。该项目研发的目的是提升反潜战持续追踪无人艇(ACTUV)的探测和识别能力。ACTUV主要用于持续、自主跟踪安静型常规潜艇,有三大能力目标:一是速度超过常规潜艇,且成本明显低于现役系统;二是能够在大洋上遵循海事法则安全航行;三是准确跟踪任何位置的柴电潜艇。

美国海军正在实施的无人水面猎雷艇(MHU,图6-28)有望提供一种全新的反水雷手段,该平台由于大量采用成熟技术,如采用海军11米长无人艇平台技术、AQS-24A水雷探测系统等,其声纳探测精度可达7.6厘米,激光探测精度可达2.5厘米,并分别自动完成目标识别与分类,能提供目标的光学图像。其作战使用流程是:遥控MHU航行到任务区域,投放水雷探测系统,探测到目标后将态势感知和声纳探测数据等信息,适时通过战术数据链传送到指挥控制站,任务结束后回收水雷探测系统并返航。该系统不仅用于探测水雷,还可以探测水下其他危险物品。

图6-28　美海军无人水面猎雷艇

中国的无人艇技术发展很快,许多民营企业也进入了这一领域。2018珠海航展展会上,珠海云洲智能科技有限公司首次公开展示了刚刚成功进行导弹飞行试验的察打一体导弹无人艇——

"瞭望者"Ⅱ(图6-29),这是中国第一艘导弹无人艇,也是全球第二个成功发射导弹的无人艇。该公司在珠海万山海上测试场还成功完成了全球最大规模无人艇集群试验(图6-30)。

图6-29　珠海云洲"瞭望者"Ⅱ察打一体导弹无人艇

图6-30　珠海云洲成功完成全球最大规模无人艇集群试验

深远海水下无人作战集群,是未来海上无人化作战的重点之一(图6-31)。DARPA提出建设水下母艇"水螅"(类似无人母舰,可以搭载无人飞行器和无人潜航器)和"上浮式水下预置载荷系统"等项目,沉入海底后保持待命状态,在远程信号发出命令后行动,可大幅提升隐蔽打击能力。2016年5月,DARPA分布式敏捷反潜完成子系统海试,未来利用数十个无人潜航器,自下而上在6千米潜深仰视18万千米^{2}海域探测潜艇。

图6-31　未来水下潜航与探测概念图

五、仿生机器人

仿生机器人是近年来快速发展的一类无人平台,是生物技术、信息技术、机械技术、人工智能等学科高度融合的结果,具有更强自主能力和智能化特征。仿生机器人种类非常多,并且正在不断发展变化之中,目前主要有仿人、仿狗、仿鱼、仿鸟机器人等。其中,最著名的有波士顿动力公司研制的人形机器人"阿特拉斯"(ATLAS)、"大狗"升级版与系列化,以及美国陆军研发的机器鸟"渡鸦"。

美国研制的"阿特拉斯"机器人具有大步行走、单腿站立、跳跃、躲避障碍物、防摔保护等特点,体形和大小与人体相近,站立高度为1.88米,由480伏三相电源提供动力,功率为15千瓦。"阿特拉斯"全身装有28个能闭环控制位置与力量的液压驱动关节，实时控制计算机、液压泵和热管理系统；腕部可以换装不同功能应用程序编程接口，可接入光纤以太网。目前，美国、俄罗斯、印度、日本和韩国等国都在发展人形机器人，2013年，美国、俄罗斯和印度国防部门相继公布了人形机器人项目进展与发展规划。印度的"机器人士兵"项目以执行边境巡逻和作战任务为背景，旨在研发出具备敌我识别能力的高级智能机器人士兵。俄罗斯的"杀手机器人"项目以降低打击恐怖分子时的人员伤亡为目标，研发可以替代人执行反恐任务的机器人（图6-32）。

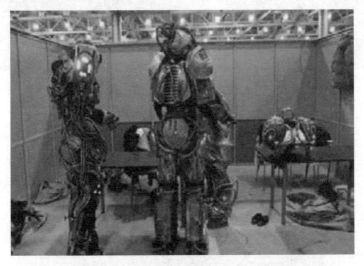

图6-32　俄罗斯"杀手机器人"概念图

美国"大狗"机器人（图6-33）为四足仿生型无人平台，由美国波士顿动力公司在DARPA资助下，于2006年初研制成功。平台头部装有立体摄像头和激光扫描仪，依靠立体视觉系统或远程遥控器确认路径，可在丘陵地形上跟随士兵行走。2013年，"大狗"仿生机器人继续推出升级版本"Alpha Dog"，除载物长距离野外奔跑外，还能自主排除障碍，并且正在开发与人互动功能，这是波士顿动力公司开展的另一项 DARPA 创新项目。同时，波士顿动力公司还在研发"猎豹"项目，奔跑时速将达到 113 千米/小时，该成果一旦实用化，将突破四足步行机器人行驶缓慢的问题，越野速度将远超过履带和轮式车辆。

图 6-33　美国"大狗"机器人

2013 年 6 月英国网站报道了美国陆军已经研制出以假乱真的机器鸟"渡鸦"（图 6-34），质量只有 9.7 克，翼展 34.3 厘米，在飞行中竟然引起了附近乌鸦的青睐，它们以为是自己的同类，纷纷上前亲近、伴飞并呼唤。

图 6-34　美国陆军开发的机器人"渡鸦"

仿生弹药技术是指弹药的形态、结构、功能、行为等具有生物特征的技术,可分成原理仿生、功能仿生以及结构仿生技术。采用仿生弹药技术的弹药,具有外形更隐蔽、毁伤更精准、运动更灵活、侦察更清晰等特点。

20世纪90年代以来,将仿生、微系统等技术集成在一起形成的微小型仿生武器技术发展迅速。美国于2007年最早启动仿生弹药概念研究工作,完成了麻雀大小的蜂群式微型仿生弹药设计和楼内飞行试验(图6-35);2009年以后,开始仿生弹药协同概念研究,"蜂群"协同仿生成为发展重点,航宇环境公司2011年完成了"蜂鸟"侦察型仿生弹药(质量19克,图6-39)样机飞行试验。德国费斯托公司正在研究仿鸟、仿蜻蜓等多种仿生飞行器,前者于2011年首次展出并进行了飞行试验,后者于2013年开始研制,但目前无毁伤能力。这类像生物一样"飞行与行走"的仿生弹药被认为是2025年后的重要装备之一。

图6-35 美国空军研究实验室提出的仿生弹药飞行示意图

需突破的主要关键技术有仿生弹药系统总体设计、结构和气动力设计、材料应用、仿生探测和飞行控制等关键技术,探索自主探测、自主控制、自主攻击等。

美国科学家模仿苍蝇复眼成像机理研制的"蝇眼"相机,一次能拍下1329张照片,分辨率高达4000线/厘米,可成为有效的侦察工具。

利用蜜蜂对周围景物大小变化和光场流动速度进行自主导航的功能,科学家开发出一种以光流法为基础的不依赖GPS和惯性器件的精确导航技术,可以在地铁和封闭室内环境精确可控飞行(图6-36)。

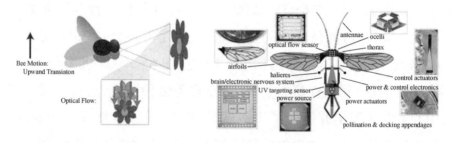

图6-36 生物进化产生特异功能与能力

20世纪80年代以来,以仿生学、生物物理学为理论基础的仿生机器人、仿生技术,成为世界关注与发展的重点方向之一,目前两个方面都取得了较大进展,有了许多实用化的成果。美国是世界上对仿生平台与技术最感兴趣最早开展研究的国家,仿生技术已列入国家长期规划研究,并在战略性、基础性的高新技术方面进行重点投资。

美、俄、日、德等国家开发的仿生机器人,种类丰富、外形逼真、功能接近甚至超出自然界生物自身的功能,便于在战场上进行排爆、侦察、搜救、运送物品和伤员等活动,包括人形机器人、四腿/六腿步行机器人、爬行机器人、仿生无人机或弹药、仿生鱼等多种类型(表6-8,图6-37~图6-40),并且多款仿生机器人在阿富汗战场中投入使用,技术水平日趋成熟。

表 6-8 美、俄等国家主要仿生机器人发展情况简表

序号	机器人名称	国家	类别	仿生特点	备注
1	"阿特拉斯"	美国	仿人	可完成各种精细活动,并可进行360°后空翻	
2	"菲多尔"	俄罗斯	仿人	手指灵活,可完成各种精细活动,具备持枪能力	
3	HRP-2	日本	仿人	可快速平稳地运动	
4	"大狗"	美国	仿犬	四腿机器人,能够行走和奔跑,在交通不便的地区为士兵运送弹药、食物和其他物品,具有一定越障能力	在阿富汗战场使用
5	"山猫"	俄罗斯	仿犬	与"大狗"类似	
6	"莱克斯"	美国	仿行走动物	六腿机器人	在阿富汗战场使用
7	"监护者"	美国	仿爬行动物	蛇形机器人,外形逼真	
8	"欧姆尼特德"	美国	仿爬行动物	蛇形机器人,爬行能力突出	
9	"蝎子"	美国	仿爬行动物	"蝎子"能够在复杂地形上顺利行走,并通过尾巴上的照相机传送拍摄图片,有一定的避障能力	
10	"战鹰"	美国	仿鸟	使用柔性翼,可在包装筒内折叠,具有更好的升阻特性,抗风能力更强	

（续）

序号	机器人名称	国家	类别	仿生特点	备注
11	"蜂鸟"	美国	仿鸟	体积小,仅手掌大小,采用扑翼设计,外形更为逼真	阿布扎比国防展展出
12	"狙击兵"系统	美国	仿鸟群	蜂群协同,用于城区作战	
13	"章鱼"	美国	仿鱼	采用3D打印技术制造世界首款外形类似章鱼的全软体自主机器人	
14	机器鱼AIRACUDA	德国	仿鱼	利用人造肌肉摆动尾部,通过遥控可在水中自由移动	

图6-37　美国"阿特拉斯"机器人(左)和俄罗斯"菲多尔"机器人(右)

仿生机器人主要涉及动力、行走和控制等技术。在自主技术和互操作技术发展的推动下,未来仿生机器人自主作战能力和系统间的协同作战能力将不断增强,担负的作战任务将越来越多,从目前的侦察、监视、物资运输等辅助任务向火力打击、机动突击等主要作战任务拓展。

图 6-38　美国腿形班组支援系统(左)和俄罗斯"山猫"机器人(右)

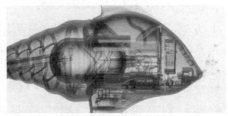

图 6-39　美国"蜂鸟"扑翼无人机(左)和德国"机器鱼"(右)

图 6-40　美国"狙击兵"(集群)系统城市作战想定

同时,世界仿生技术发展迅速,范围广泛,呈现方兴未艾发展趋势。一是仿生材料与结构技术,主要通过模仿生物特性,达到隐身或伪装、增强柔性和抗冲击性能等,如仿贝壳、骨骼与鱼鳞结构,仿生隐身材料等;二是仿生感知与探测技术,开发模仿生物的视觉、听觉、力觉/触觉、嗅觉等感知机能及相应信息处理方式的仿生传感器,可使军事装备具备外形隐蔽、运动灵活以及高效的目标捕获与打击能力,如视觉仿生感知技术、听觉仿生感知技术、触觉仿生感知技术、嗅觉仿生感知技术等;三是仿生导航与制导技术,主要包括视觉导航、光流导航、偏振光导航、仿生晶须导航、磁导航等;四是蜂群控制技术,开发自主群、协同群智能算法等;五是仿生控制技术,主要包括停留与游动控制、防撞控制、纤毛运动控制、液动控制、软体气动控制、蛇形运动控制等。

未来仿生技术发展趋势:一是仿生系统由结构仿生向功能仿生发展,由单一水、空、地域向两栖、多栖发展,并呈现微型化、智能化、集群化等趋势,最终构建水-陆-空立体仿生作战体系;二是积极发展多种复合仿生材料,以提高系统可见光/雷达等隐身能力,轻薄材料高强度和高韧性;三是发展视觉、听觉、嗅觉等多种仿生感知技术,提高对复杂环境的感知能力、对各类目标的识别概率和跟踪能力;四是仿生控制朝多关节、精准化方向发展,控制精度更高,稳定性更好;五是发展仿生系统组网技术,大规模集群分布式、智能化组网,实现与战场信息的实时互通、弹药间协同作战等。

六、智能弹药

智能弹药是武器装备的核心,是最终解决目标打击的关键。未来智能弹药发展主要集中在智能感知、机动变轨、高速巡航、弹间组网、精确控制、集群攻防和高效毁伤等方面。其中,高超声速和集群攻防是重要方向,重点是高超声速助推-跃滑远程制导弹药、高超声速冲压巡航远程制导弹药、远程炮射无人机与巡飞弹药蜂群、远程末敏弹蜂群作战系统等。由于下一章要专门介绍高超声速武器,所以这里重点介绍其他相关智能弹药技术。

(一)全模块化柔性弹药

全模块化柔性弹药是指采用模块化设计理念、开放式系统架构、平时以各种组件形式存储、战时根据需求组装成多种适用于不同作战场景的弹药族,涉及模块化的通用组件、功能组件和辅助装置等技术。以前的"模块化"主要是指功能组件的模块化,而"全模块化"是指通用组件、功能组件和辅助装置均模块化,将智能弹药系统的改进延伸至部件级,新技术可随时植入更新。

欧洲导弹集团公司于2015年提出CVW101机载柔性导弹概念,将机载导弹规划分成三种弹径系列:180毫米导弹长有1.8米和3米两种,350毫米导弹长3.5米,450毫米导弹长5.5米。目前已完成这三种导弹的顶层设计和概念研究,全模块化技术研发工作主要集中在180毫米导弹的开发上,计划2035年投入战场使用(图6-41)。

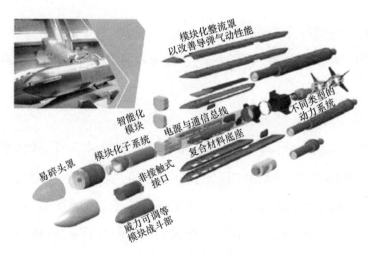

图6-41 柔性导弹的部分通用组件和多种备选类型的功能组件组成图

美国陆军于2014年启动模块化导弹技术项目,研究了直升机/无人机载空地导弹的全模块化设计技术和开放式系统架构,开发出模块化的六自由度仿真软件和弹用模块化开放式系统架构的新制导控制算法,并进行了仿真和实弹验证,证实导弹采用开放式系统架构将会促进技术创新、改进采购机制和存储方式,为互换集成出多种任务类型的导弹奠定技术基础(图6-42)。

图6-42 模块化导弹

主要关键技术有非接触通用接口、通用功率/通信总线、自重构弹药结构和控制技术、子系统级健康与使用监控技术、弹药协作模块等。

(二)智能灵巧可控弹药

随着作战不断向体系化、网络化方向发展,整个作战体系越来越庞大和复杂,发展具有灵巧打击能力的武器装备成为是未来多域作战和自主作战的客观需求。在城市作战、山地作战、局部空降与登陆作战以及特殊狭小空间作战区域,还存在大量死角、盲区,需要快速清除敌方威胁人员、火力点等小型多目标,需要发展自主寻找敌方目标薄弱环节的低成本灵巧打击弹药/微型导弹。

灵巧可控弹药要解决的关键技术与问题主要有:一是提升打击精度,对于智能灵巧可控弹药,打击精度(CEP)是提高装备毁伤效果、效费比的核心途径，一般打击精度要控制在1米以内，相同的效费比至少提升一倍以上；二是目标识别概率需要提升到90%以上；三是能够精确选择目标的薄弱环节和要害部位进行打击；四是可适应多平台运载和发射；五是发展毁伤效应可调弹药。

毁伤效应可调弹药是指利用弹载传感器，根据探测到的不同目标类型信息，通过精确起爆控制技术与战斗部装药结构相结合，产生摧毁目标所需的"恰当"毁伤能量与可控毁伤元的弹药。既可发射前根据目标情况"初调"，又可发射后根据目标性质与侵入位置"精控"。与传统弹药相比，毁伤效应可调弹药既减轻了部队后勤负担，又提高了任务灵活性，同时可根据具体目标选择和控制毁伤效应，降低附带毁伤和对环境的破坏，减少战后重建工作的成本。毁伤效应可调弹药是智能弹药从"控制命中点"向"控制毁伤威力和毁伤模式"迈出的重要一步，代表智能毁伤的重要发展方向。

2007年美国空军最早披露相关技术研究工作，随后美国海军、陆军以及德国、英国、法国和以色列等加入研究行列，逐渐形成了毁伤当量可调和毁伤模式可调的两大类毁伤效应可调弹药技术。其中，毁伤当量可调战斗部分为毁伤半径可调和毁伤效应（爆轰或爆燃）可调两种。美国海军毁伤当量可调战斗部研究项目采用分舱段起爆方案，英国奎奈蒂克公司提出径向三层炸药装药可调战斗部新方案。毁伤模式可调战斗部基于战斗部结构的变化和不同起爆点的控制，可同时产生两种或两种以上毁伤元。德国泰勒斯·戴姆勒宇航公司从2012年开始研究爆炸成形弹丸（EFP）/杀爆效应轴向模式转换和EFP/径向效应增强模式转换两种毁伤模式可调战斗部（图6-43）。美国达信系统公司通过战斗部壳体结构变化来调整毁伤模式，对付单个硬目标时选择使爆炸成形弹丸毁伤效能最大化的战斗部结构（整体闭合状态起爆），对付面目标时选择使目标方向破片毁伤效能最大化的结构（战斗部呈展开状态起爆）。此外，迪尔公司与以色列拉法尔公司共同研制的"精确打击低特征信号无动力"滑翔制导炸弹也将配备毁伤效应可调战斗部。总体而言，美国在毁伤效应可调弹药领域居领先水平，率先研究了多模战斗部技术，毁伤当量可调战斗部也趋于应用。

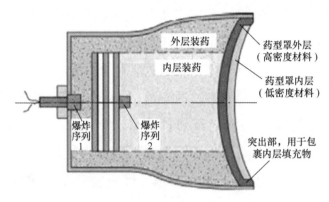

图 6-43　德国爆炸成形弹丸/横向效应增强模式
可转换战斗部结构示意图

毁伤效应可调弹药技术通常需要攻克创新结构设计、炸药装药设计和起爆控制等关键技术，以达到控制战斗部的输出能量和毁伤模式、提高作战效费比、降低附带毁伤之目的。另外，尽可能获取弹道末段的目标区域信息，并由作战人员甚至弹药本身决定选取何种毁伤模式以及毁伤当量，也是需要探索的关键技术之一。

（三）制导枪弹

制导枪弹是指由枪械发射，通过修正弹丸飞行轨迹来提高射击精度的枪弹。与简易制导炮弹相似，制导枪弹在弹丸飞行过程中，依据传感器信号由弹上计算机生成控制指令传给执行机构，执行机构反复修正弹道，直至命中目标。制导枪弹可大幅提高射手远距离射击精度,命中精度不受目标运动和风速等因素影响,还可使狙击手能从更多的位置进行射击,更容易跟踪和打击移动目标。

20世纪90年代初,美国便开始制导枪弹技术探索研究,进入21世纪正式开始项目研制。目前,只有美国在制导枪弹研究中取得了突破,现正在研发两种12.7毫米制导枪弹,即桑迪亚国家实验室的激光制导枪弹和美国国防部高级研究计划局的光学制导枪弹。桑迪亚国家实验室2012年成功完成激光制导枪弹的计算机模拟和样弹试验。2014年,美国国防高级研究计划局对特里蒂尼科学与成像公司的12.7毫米光学制导枪弹进行了实弹射击试验(图6-44),命中了已偏离瞄准位置的目标;2015年,再次进行了实弹射击试验,制导枪弹又命中运动靶标,实现对运动目标的打击能力。

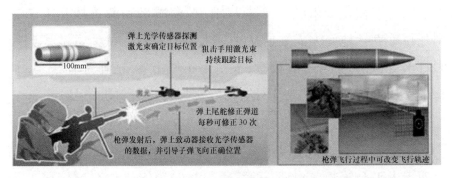

图6-44 制导枪弹发射过程

七、地面无人化作战

地面无人化作战是所有作战中相对复杂的一种作战样式。因为地形地理起伏多变,障碍物众多,无论是机动突击、火力打击和通信联络,还是编队行动、协同作战,都面临诸多困难、死角和遮挡。同时，还面临着城市作战、登岛作战、山地作战、边海防作战和海外军事行动等多种任务需求。因此，地面无人化作战呈现样式多、力量多、困难大等特点。地面无人作战，有很多种作战样式。下面主要分析9种典型作战样式。

（一）单一无人系统作战

主要分为空中察打一体无人机作战和地面无人平台作战两种形式。其中，空中无人机作战主要以目标侦察或察打为主要任务，以中近距离、中低空方式为主。目前美军在中近程，有"影子"200、"灰鹰""捕食者"等侦察和察打一体无人机，正在研制发展无人直升机、垂直起降无人机等新型号。地面单一无人系统作战，主要是针对视距内的目标和任务进行侦察、搜索、目标指示，以便更好地为指挥所和武器系统提供实施精确局部的战场态势和目标信息，其活动范围在几十米到几千米范围，平台质量和载重从几十千克到几百千克。地面无人平台从小到大、从近到远、从侦察巡逻到搜索打击等，各种型号不胜枚举，大多用于城市巷战、排爆侦毒、建筑物内作战、地下坑道作战、山地作战、洞穴作战等（图6-45）。

（二）地面有人/无人协同作战

系统主要由坦克装甲车辆、火炮与导弹车辆、中小型无人机和地面无人平台等装备组成，通过通用与专用网络信息连接成一个整体。其主要作战过程是，战前由上级指挥所或者天基卫星和中远程无人机，提供40千米视距外的战场目标区域的态势感知图，集体向目标区域进发。在行进中，首先通过无人机进行中近距离（10~30千米）的仔细探测和伪装识别，将威胁目标和可疑目标发回指挥所进行甄别，然后，通过伴随的火力平台和制导武器实施攻击，扫清坦克装甲车辆视距以外的威胁。地面无人平台伴随有人平台行动，在接近敌方目标区域或雷区等危险地带时，主动前出进

图 6-45　用于排爆的地面无人平台

行侦察、突袭、目标指示和障碍清除等,引导坦克的炮射导弹或者其他火力实施精确攻击(图 6-46)。

图 6-46　地面有人/无人协同作战示意图

(三) 中低空有人/无人协同作战

主要由察打一体无人机、无人侦察机、无人直升机、有人武装直升机、有人运输直升机、地面指挥所与遥控站等组成,其作战距离在 50~500 千米范围内。主要作战过程是,通过上级或卫星信息提供远程战场信息与大致态势,首先由无人机实施远距离侦察或者担负察打一体任务,然后由无人和有人武装直升机实施机动或远距离攻击,再由运输直升机进行人员或者装备投送,最终占领目标区域。这种作战形式既可以是小规模的行动样式,也可是较大规模的集群作战(图 6-47)。

图 6-47　中低空有人/无人协同作战示意图

(四)空地一体无人化作战

空地一体无人化作战的作战样式多种多样,其中重点关注两种无人为主的协同作战样式:一是中远程无人机+地面火力协同模式;二是地面无人平台+伴随无人机协同模式。由于无人机空中机动速度快、侦察范围广,但载荷数量有限,而地面平台速度较慢、机动困难,但载荷数量大,因此利用无人机空中优势,实行中远距离的战场侦察,来引导地面中远程火力对目标区域实施饱和与精确攻击,这是一种比较可行的模式。同样道理,地面无人平台利用伴随的中小型的无人机,实施有限距离的前沿探测或有限打击,为地面平台火力提供战场和目标信息,形成中近距离的空地一体化协同作战,也是一种较好的选择(图6-48)。

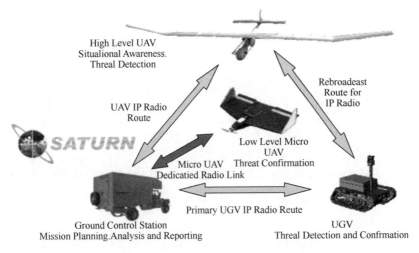

图6-48 空地一体无人化作战

(五)中低空无人机蜂群作战

通过地面发射、空中运输机发射、炮射等形式,投放几十架、几百架甚至更多中小型无人机,对目标区域实施多波次、集群式饱和精确攻击(图6-49)。其编队样式和毁伤方式可以形成很多种样式,可以"多对多、多对少、多对一"等形式,也可以对同一目标进行多波次、多个方向的攻击,还可以对多个目标在相近的时间段内,如1分钟内或者5分钟内,实施分布式的协同打击。

(六)中远程巡飞/末敏弹群攻击

通过陆上火箭炮或空射平台等,先发射不同距离的巡飞弹群、后发射末敏弹群,组成一个覆盖几十千米乃至几百千米甚至上千千米范围的作战区域,实施不间断的侦察、监视和智能快速识别,发现目标后根据目标类型和数量,利用巡飞弹群或者大量末敏弹,对大规模的地面机动目标采取组网式协同攻击。这种作战方式适

图 6-49　中低空无人机蜂群作战

合对坦克装甲集群进行攻击，因为坦克装甲车辆的顶部是最薄弱部分，容易被攻击（图 6-50）。

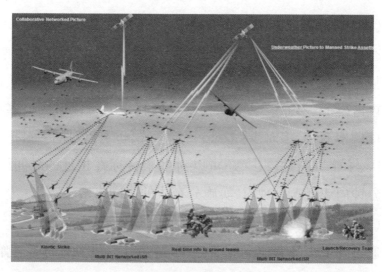

图 6-50　中远程巡飞/末敏集群弹药攻击作战示意图

（七）地面无人平台集群协同作战

主要适用于城市、平原、丘陵、登岛等接触式作战环境和非战争军事行动。主要由重型无人坦克、轻型无人车辆、仿生无人平台（如"大狗"）、人形机器人等组成。以城市作战为例，其主要作战过程是，在取得制空权以后，根据前沿阵地传回的图像信息，依不同方向、地段以及纵深任务的不同进行科学编组，首先以具有防护能力的重型坦克为主，加上中近程的察打一体伴随无人机，实施第一波城市外围攻击，突破外围防线以后，再由轻型车辆加上中小型伴随无人机进行巷战，随后再由仿生机器人（如"大狗"）和人形机器人战士，加上手抛或者微小型无人机，实施建筑物内作战和地下清剿，直至战斗结束（图6-51）。

图6-51　地面无人平台与机器人集群作战示意图

（八）单兵/无人混合编组作战

主要有单兵+携行（重点是手抛式）无人机、单兵+"大狗"、单兵+机器人战士等三种模式。第一种模式，主要利用单兵或者班组携带的微型无人机对巷战的拐角、死角，建筑物内部的楼上、楼下、隔墙，地面遮挡物背后等盲区进行侦察探测，提供战场的准确信息，以便实施协同作战。第二种模式，是利用"大狗"负重和复杂地形的行动能力，运输武器弹药及装备，承担探测危爆物、除障、侦察等危险任务。第三种模式,主要是利用机器人代替人进行作战,人在后台操作;或者实施机器人在前、士兵在后的狭小空间协同作战(图6-52)。

图6-52　单兵/无人混合编组作战示意图

(九) 地面无人值守系统

主要用于边海防、雷达站、营区、弹药库、野战指挥所和部队聚集地警戒与防卫。通常由雷达探测、光电侦察、光纤探测、智能雷、拒止武器等组成。其主要作战过程是,通过对雷达、可见光和红外、振动等信号进行多源探测,对周边人、动物、武器装备进行目标智能快速识别与敌我识别,并将图像和位置信息与武器自动关联,通过有人干预或无人控制模式,采取毁伤攻击或非致命打击等方式进行安全防护(图6-53)。

图6-53　地面无人值守系统作战示意图

八、海上无人化作战

目前,军事强国正在实施自主海洋网络计划,通过卫星遥感、航空探测、海面浮标、舰载拖曳、水中潜航器和自升沉浮标、岸基雷达系统等构成三维立体海洋观测网络,积累基础数据,建立"数字海洋",为海上无人化作战奠定了基础。海上无人平台主要有无人机、反舰导弹、无人艇、水下无人潜航器和鱼雷等。从战略上看,航空母舰、大型驱逐舰等有人装备将长期存在,不可能完全无人化,但存在武器平台无人化和伴随平台无人化的趋势。从战役和战术上看,海岛防御、登岛作战、区域作战和海外军事行动,无人化的比重将逐步提高,甚至可能完全无人化。海上无人作战主要有三类:一是依托有人舰艇实施的无人化作战,主要是以航空母舰、大型驱逐舰、两栖攻击舰为主要依托的无人系统作战;二是以无人系统为主的集群对舰对陆对潜作战;三是海外无人化陆战。下面主要分析10种海上典型无人化作战样式。

(一)海上单一无人系统作战

主要依托大型无人作战飞机进行中远距离的对舰对空对地攻击;依托无人艇实施对海对地和水下探测与打击;依托无人潜航器和鱼雷对潜艇和水面舰艇实施攻击;依托无人反潜机对潜艇实施探测和攻击(图6-54)。

(二)海上有人无人机协同作战

主要依托航空母舰、两栖攻击舰等大型舰船,采取无人和有人作战飞机混编的模式,实施几百千米甚至上千千米的远距离打击,既可以对地面高价值的固定与机动目标实施打击,也可以对海上的作战编队进行攻击,还可以是中远距离的对空作战(图6-55、图6-56)。

图 6-54　海上单一无人系统降落着舰

图 6-55　海上有人为主的编队群

（三）海上对陆立体无人攻击

一是主要以航空母舰、大型驱逐舰、两栖攻击舰、潜艇和舰载机为依托,实施防区外远程立体导弹对陆攻击作战,或者在条件允许情况下舰载机临空对地打击。如 2018 年 4 月 14 日,美、英、法对叙利亚军事和民用设施实施 105 枚导弹攻击,就分别从驱逐舰

图 6-56　海上有人无人平台协同

上发射"战斧"巡航导弹,从"俄亥俄"级潜艇发射导弹,从舰载机上发射空射巡航导弹,体现了依托海上力量实施联合立体对地打击的效果(图 6-57)。

图 6-57　2018 年 4 月 14 日叙利亚大马士革遭袭的科学研究中心

二是未来有可能从无人艇或者无人船上发射无人机、导弹对陆攻击,从无人舰载机上发射空地导弹对陆攻击;距离较近时,还可以从无人潜航器上发射导弹对陆攻击,或者无人潜航器本身从水下实施跨介质对陆攻击。

(四) 无人立体对舰攻击

一是依托航空母舰、大型驱逐舰、两栖攻击舰、潜艇和舰载机等有人平台,实施反舰导弹和鱼雷对舰攻击(图6-58),或者条件允许情况下无人舰载机临空对舰打击。二是未来有可能从无人艇或者无人船上发射无人机、导弹对舰攻击,从无人舰载机上发射空舰导弹对舰攻击;距离较近时从无人潜航器上发射导弹对舰攻击,或者无人潜航器本身从水下实施跨介质对舰攻击。三是未来联合多域作战环境下,还可以通过陆地发射中远程导弹或巡飞武器对舰攻击。

图6-58 美国隐身反舰导弹LRASM隐身高速接近、精确攻击敌指挥中心

(五) 无人立体对潜攻击

主要通过反潜无人机探测并释放鱼雷和制导深水炸弹实施对潜攻击;通过无人潜航器寻的直接对潜攻击,或者释放鱼雷实施对潜攻击;通过舰炮发射制导炮弹实施对潜攻击;在联合多域战环境下,还可从陆上发射中远程导弹实施对潜攻击(图6-59)。

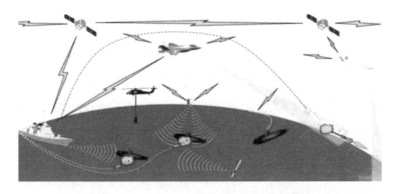

图 6-59　无人立体对潜攻击作战示意图

（六）海上对空无人作战

一是中近程依托舰空导弹、密集阵、高功率微波武器、激光武器、电磁炮等点面结合、软硬结合手段，实施对空防御和拦截（图 6-60）。二是中远程通过海上预警机、舰载无人机和舰载远程导弹实施对空作战。三是在联合多域战环境下，还可依托陆上空中力量在作战半径内实施无人、高速、隐身对空火力支援。

图 6-60　美国舰载激光武器，可用于对空防御和对海打击

（七）海上集群无人作战

主要依托舰载有人机在防区外或目标区域释放无人机集群对舰对地攻击；依托无人艇和艇载中小型无人机，对舰对地实施集群攻击；依托舰船精确制导武器和反舰导弹，实施饱和式集群对舰对地攻击；依托水下无人潜航器和鱼雷，对潜艇和水面舰艇实施集群攻击（图6-61、图6-62）。

图6-61　2014年10月美军无人艇集群围攻水面战舰试验

图6-62　海上无人集群编队

(八)海空一体无人作战

主要有三种模式:一是海基中远程巡航导弹+长航时无人机对地对海作战;二是舰载中近程导弹+察打一体中型无人机对舰对地作战;三是无人艇中近程导弹+中小型无人机对舰对地攻击作战(图6-63)。

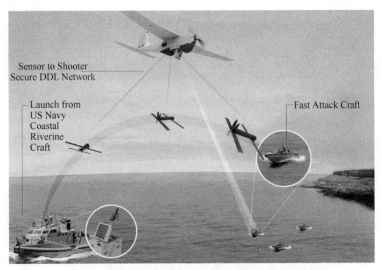

图6-63 海空一体无人作战示意图

(九)海军无人化陆战体系

依托海上两栖攻击舰、登陆舰等,构建以察打一体无人机、中近程精确制导火力、无人艇和无人两栖车、无人潜航器、地面无人平台、人机混编单兵系统等力量构成的新型海军陆战体系,主要实施无人化登岛、对陆攻击、海岛防御与驱离、海上反恐、海岸城市进攻等作战(图6-64)。

(十)海上跨介质无人作战

未来,在联合多域战环境下,通过网络与目标探测信息支持,主要依托潜射导弹实施跨介质对地打击和对舰攻击;依托陆上中

图 6-64　美将在马六甲海峡或霍尔木兹海峡部署无人艇

远程导弹、空中机载武器,对潜艇和水面舰艇等目标实施跨域、跨介质打击;依托海上大型平台进行反导反卫。如美国曾利用"标准"3 导弹对卫星实施攻击试验(图 6-65),开展多次中段反导试验。依托水下母艇(类似无人母舰,可以搭载无人飞行器和无人潜航器)和"上浮式水下预置载荷系统"实施对舰对潜对空打击。

图 6-65　美国"标准"3BlockIIA 反导导弹

2015 年 6 月 6 日,美国导弹防御局在其官方网站上宣布,该部门与日本防卫省下属的技术研究本部联合美国海军成功地进行了"标准"3BlockIIA 反导导弹的首次飞行测试（图 6-66）。

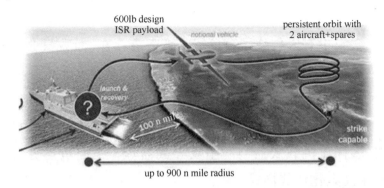

图 6-66 "标准"3BlockIIA 反导导弹的首次飞行测试

2018 年 7 月，外媒刊文称，美国海军一款代号为"海龙"的全新潜射导弹系统（图 6-67），可让潜艇获得"突破性进攻能力"，其可能是一种全新、兼顾反舰和防空能力的多用途导弹。同时分析道，这款秘密武器很可能是由美国最新的"标准"6 防空导弹改装而来。如果"海龙"导弹的描述为真，那么潜艇的防空或将迎来从"躲"到"战"的全新时代。

图 6-67 "海龙"潜射导弹

九、空中无人化作战

未来,空中有人作战平台可能一直都会存在,但数量会越来越少,而无人作战平台的数量会越来越多,前期以有人无人协同作战为主,后期可能以无人平台作战为主。空中无人平台主要包括远程无人轰炸机、无人隐身作战飞机、系列化无人侦察机与察打一体无人机、多样化机载武器与防空反导武器等。下面重点分析7种典型空中无人化作战样式。

（一）单一无人平台作战

由于世界各国空军是一个战略军种,其空中无人作战平台主要担负战略侦察、战役作战和战术打击任务。因此,空中单一无人平台作战（图6-68）,主要包括远程或中远程无人平台对地侦察与打击,以及对空侦察预警等。如美军的"全球鹰"和正在发展的一系列新型号SR72等。美国空军的"捕食者"无人机已经在阿富汗、伊拉克和叙利亚战场大量使用,虽然也造成了平民和民用设施误伤事件,但由于己方几乎无作战人员伤亡,作战的效费比极高。据称,美国空军无人机操作人员,大多不在前线野战条件下工作,而是在万里之外的内华达空军基地或者其他空军基地完成的。美军无人机操作人员身着西装开着豪车到基地换上军装,根据指挥员的作战命令,操作各型无人机执行作战任务,并进行实时战场评估,最终结束战斗,然后,换上西装下班回家,与家人团聚。其过程犹如真人版网络游戏大战,运筹帷幄之中,决胜千里之外。

（二）忠诚僚机协同空中作战

DARPA正在研制无人机伴随有人飞机的"忠诚僚机"项目,其目的是让无人机在有人机之前,事先对空中的威胁目标进行侦察

图 6-68　空中单一无人平台作战

预警,或者在有人机指挥下实施先敌攻击,这样可以大大提升有人飞机的探测预警距离和实施攻击的距离,可在不提高有人飞机的作战性能前提下形成对空对地优势,取得对空对地作战主动权(图 6-69)。

图 6-69　无人"忠诚僚机"协同空中作战示意图

（三）预警机+混合编队空中作战

预警机+混合编队空中作战，主要是发挥预警机对空中远距离、多方向、多目标的探测预警功能，指挥有人或无人机进行对空作战，其作战的主要流程是：预警机对多方向来袭目标进行快速探测、智能识别和关联印证，将各类目标的空间位置、航迹和目标的特性，按照轻重缓急自动进行任务规划。任务规划的方式有许多种，既可以直接指挥无人机，实施第一波对抗，然后指挥有人机实施第二波对抗，也可以指挥有人机携"忠诚僚机"实施协同攻击，还可以指挥有人和无人飞机同时协同攻击。其任务规划过程和多种作战样式，可在战前进行模拟仿真训练，让自适应任务规划系统即机器大脑对抗演练、自我学习和完善。前期可以采取穷举法，把可能出现的对抗模式预先演练并验证。后期再积累各种作战经验和数据之后，制定作战规则，建立基于作战规则的智能化决策系统，让有人和无人平台自主决策和执行（图6-70）。

图6-70　预警机+混合编队空中作战示意图

（四）有人/无人协同对地作战

未来，具有隐身、高速甚至高超声速功能的有人和无人作战飞机，仍将是对地面高价值目标和关键地域作战的重要手段或者是首选。从近几场局部战争来看,美军在实施第一波攻击中,其 B-2 战略隐身轰炸机就成为首选,特别是无人作战飞机出现以后,有人和无人协同对地攻击将成为一种常态,其典型的作战场景和流程是:首先动用天机侦察卫星和类似"全球鹰"的高空无人隐身侦察机提供作战区域的战场环境和目标信息,经过大数据关联和军民多种手段印证后,交由作战任务规划系统和指挥员决策。关联印证的目的主要是确认目标性质,如区分是指挥所、雷达站,还是部队聚集区;是军用目标、民用目标,还是军民两用目标;是固定目标、还是移动目标,以及这些目标的地理位置和运动速度,以便任务规划中选择最优的打击手段和毁伤方式。可能的情况是任务确定后,首先会使用隐身无人机对敌实施首轮攻击,打掉敌指挥所、防空雷达和武器系统后,再由有人作战飞机实施大面积饱和对地攻击(图 6-71)。

图 6-71　有人/无人协同对地作战示意图

(五)空射无人机蜂群作战

主要通过远程轰炸机、大型运输机或者无人作战飞机,在防区外或者目标区域,释放大量无人机实施对地对海攻击(图 6-72)。2016 年 10 月 25 日,美军进行了一次空射微型无人机蜂群攻击的演示,创下当时运用无人机最大规模纪录。这次演示,3 架"超级大黄蜂"连续投放了 103 架"山鹑"微型无人机组成"蜂群",成功完成设定的4项任务(图6-72~图6-75)。当"山鹑"降落到一定高度后,以高精度通过一系列导航点,到达预定目标位置。每架"山鹑"都能彼此通信,集体扑向目标,可作为诱饵迷惑敌防空系统,或者配备电子发射机干扰雷达,保证战斗机的安全。目前,美国国防部已经将"山鹑"纳入"未来战斗网络",或许不久将执行作战任务。通过这次演示,美军认为他们在"蜂群"的实战化运用上迈出了一大步,揭示了未来中小型无人机蜂群作战是一种新的作战样式和形态。实际上蜂群不仅可以用来对地作战,还可以用来对空对海作战,甚至用来打击航空母舰。一旦满天飞舞的小型无人机携带高爆炸弹实施无规则、有目标的机动突袭或者分布式打击,再好的防御系统也难以防护,总有漏网之鱼。

图6-72 空射无人机蜂群作战示意图

2018年,美国国防高级研究计划局"小精灵"项目,计划以C-130运输机或现有的战略轰炸机、战斗机为平台,发射具备快速组网和协同能力的无人机"蜂群",执行对敌侦察、监视、压制和打击任务。

该项目的基本设想是让C-130运输机充当母机,在敌防御圈外发射具备快速组网和协同能力的"小精灵"无人机"蜂群"。"小精灵"无人机可装备侦察、监视、电子战甚至战斗部等载荷,无人机

图 6-73　3 架 F/A-18F 战斗机编队飞行，准备投放"山鹑"无人机

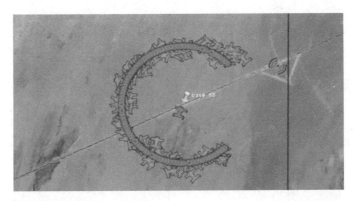

图 6-74　"蜂群"绕设定中心点进行半径约 100 米的圆圈飞行

"蜂群"渗透到敌防空区之后，可执行情报监视侦察、电子攻击、火力打击、心理战等作战任务。

任务结束后，未被击落的"小精灵"无人机再由发射"小精灵"的 C-130 在空中逐个回收。"小精灵"无人机要求可在对抗空域中重复使用 20 次，每次回收后由地面人员在 24 小时内完成重置，等待下次使用。"小精灵"项目对母机发射回收的要求是，每架母机可发射"小精灵"无人机 8~20 架。考虑到执行任务的无人机"蜂群"会有一定比例战损，不能全部回收的实际情况，要求 30 分

图6-75　美国国防部战略能力办公室展示"山鹑"微型无人机

钟内可回收4~8架。

"小精灵"无人机类似巡航导弹,机身细长,翼展较小,机翼可折叠,装小型涡扇发动机。其航程、作战半径设计得较大,性能指标最低要求是,作战半径为555千米,在作战区域可空中巡航1小时,有效载荷为27.3千克,最大速度为马赫数0.7。最佳性能指标要求是,作战半径为926千米,可空中巡逻3小时,有效载荷可达54.5千克,最大速度不低于马赫数0.8。

"小精灵"项目从2016年3月开始分三个阶段展开,从2018年4月开始第三阶段的研究工作,计划于2019年年底进行C-130运输机多架无人机的发射和安全回收试验。整个"小精灵"项目将持续43个月,总体耗资6400万美元(图6-76)。

(六)陆空联合无人化对地作战

未来,在联合多域战环境下,通过建立空地一体网络信息与指控系统,充分利用空中无人侦察机和地面战场前沿有人/无人系统侦察感知的目标信息,通过空射、炮射、弹射、直接地面发射和起飞等方式,利用察打一体无人机、网络化巡飞弹、无人武装直升机等无人化打击手段,采取编队作战或者蜂群作战方式,实施陆空联合

图 6-76　美国"小精灵"蜂群攻击地面目标任务:LOCUST 项目试验

无人化对地作战(图 6-77、图 6-78)。

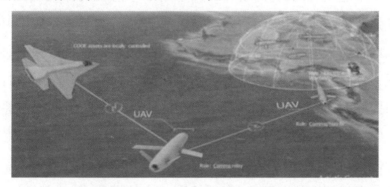

图 6-77　陆空联合无人化对地作战示意图:拒止环境协同作战

(七) 反隐身反高超反蜂群作战

有矛必有盾,防空反导系统除了拦截传统来袭目标外,未来将出现新的三类重点威胁目标:一是隐身多目标;二是蜂群突袭;三是高超声速武器与弹药攻击。由于高超声速攻防后面要专门讲述,这里重点讲前两种作战。对隐身多目标的防御,重要是解决远距离探测难这一核心问题。目前,先进的隐身作战飞机或者无人机,其雷达反射截面 RCS 已经处于 0.01 米^2 范围甚至更低。原来

图 6-78　2017 年 6 月中国完成 119 架固定翼无人机集群飞行试验

几百千米能发现的目标,现在在几十千米才能发现,由于新型飞机和导弹速度越来越快,留给防空系统预警的时间越来越短,即使能发现也可能来不及实施有效拦截。因此,必须采取抵近侦察、协同拦截、多层防护等方式实施有效防御。为此,必须采取空天协同感知和探测方式,通过低轨道组网小卫星、临近空间组网探测系统、高空中远距离太阳能无人机组网探测系统,与地面防空探测系统结合,事先预警探测来袭目标,利用雷达、光电和红外等手段,对隐身来袭多目标实施分阶段、高低精度结合的探测、航迹跟踪和瞄准锁定。必要时,还可采取先发射无人侦察机和巡飞侦察弹的方式,在重点方向和必经区形成探测网络,实施抵近侦察和提前预警,探测到目标后,再交由防空系统实施拦截。这相当于在传统防空系统上空加了一个临时机动的中继探测网,遂行预警侦察、实时感知、高精度测量、实时多目标编目与跟踪、电子对抗等任务,以弥补现有防空系统对隐身多目标探测距离不足、打击困难等问题。对付隐身多目标,可以考虑采取空中多弹协同拦截方式(图 6-79)或定向能武器拦截方式实施。

图 6-79　空中多弹协同拦截示意图

反高超声速目标,其探测系统要求更高,特别是拦截系统差距很大,因为传统的防空导弹追不上高超声速目标,必须另辟蹊径。反无人机蜂群在叙利亚战争中俄军已有成功拦截的例子。无人机蜂群的探测系统,可以与低、小、慢目标探测系统共用,拦截系统主要有电子干扰、高功率微波武器和高炮系统。电子干扰主要是针对 GPS 导航和数据链系统进行干扰。高功率微波武器主要是对无人机系统的前端射频、功放系统和后端控制芯片等进行硬毁伤。高炮系统主要靠动能和破片杀伤进行硬摧毁。

十、太空与跨域无人化作战

目前,太空还是人类的一片净土,太空攻防和作战,仍然受到国际社会和国际公约的制约。但世界各军事大国在技术上和科研上,纷纷投入巨大的资源和经费,对进入空间、利用空间和控制空间等各种技术途径和方案进行探索,虽然秘而不宣,但太空军备竞赛的序幕已经拉开,军事化的进程不可避免。

2018年6月美国正式宣布组建太空军后,2020年8月发布太空军《太空力量》指导文件:提出"维护太空行动自由、提高联合杀伤能力和效能、为国家领导层提供独立军事选项"三大职责;明确"太空安全、战斗力投射、太空机动和后勤、信息流动、太空区域感知"五大能力;规划"轨道战、太空电磁战、太空作战管理、太空通路和维持、工程、采办、网络作战"七大力量建设科目。2020年11月,美国太空军司令发布《太空作战规划指南》,提出了建设精干敏捷军种、培养世界级联合作战人员、与作战需求匹配速度交付新能力、扩大合作、建立数字化太空军加速创新五大优先事项,强调在各种太空任务中推动数字化作战,作战人员通过机器学习和自动化专注于数据驱动的决策制定。这表明美国太空军事化发展不可逆转,智能化方向显露端倪。

(一)天基可控无人化作战

天基平台以各类卫星为主,也包括载人飞行器、太空舱、空间实验室等装置。平时这些天基平台以民用为主,军用只占一部分,战时绝大多数可用于军用。目前,天基平台和信息已成为美军作战的主要依托,世界主要国家天基资源应用,在军民两个领域已经十分广泛。未来,天基平台军民两用特征越来越突出,天基平台组网应用、资源争夺与一定程度的攻防作战成为必然趋势。考虑到太空作战硬摧毁会带来空间碎片等隐患和灾难,不能给人类共同的家园和共享空间带来无可挽回的损失,因此太空作战主要体现为可控无人化作战,重点在三个方面:一是对空间信息链路实施欺骗和干扰;二是通过定向能武器等手段实施非爆炸性的软硬杀伤;三是通过空间机器人和机械手对在轨卫星进行捕获和拆卸。到2019年10月27日,美国X-37B天地往返飞行器(图6-80)已经5次进行太空往返,进行了长达2865天的各种试验、研究和探索,未来,将会成为空间组网和攻防的一大利器。

图 6-80　美国 X-37B 天地往返飞行器

(二) 天空地海一体化防御

美国自"星球大战"计划演变而来的导弹防御系统,分为国家导弹防御系统 NMD 和战区导弹防御系统 TMD。其中核心内容,就是实施天空地海一体化防御。从弹道导弹起始段,到大气层外的中段,再入大气层的末段(又分为末段高层和末段低层),实施全程探测和拦截。2017 年在韩国部署实施的"萨德"系统,就是战区导弹防御系统的重要组成部分。反导作战分为探测、跟踪、拦截等阶段。探测系统由战略预警卫星、远程警戒雷达、跟踪雷达等组成。马斯克的"星链"计划一旦实现,如果在天基互联网通信功能的基础上,增加电子与光学探测功能,对目标光学特征、电子特征进行星上或星下智能识别,未来对弹道导弹和高超声速导弹的探测能力会大大提升。拦截系统目前主要采用 KKV 动能武器、防空导弹等方式拦截,未来有可能采取激光武器、高功率微波武器、高速电磁炮等手段进行拦截(图 6-81)。

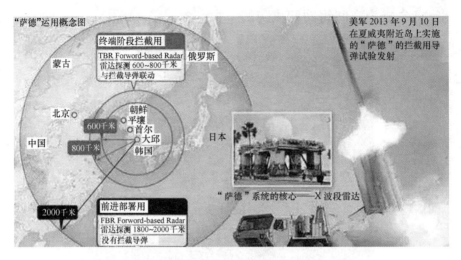

图 6-81 地面/空中/海上反卫反导示意图

（三）亚轨道高速对地/对海打击

亚轨道是指海拔在 100~300 千米的空间，由于在此范围内的飞行器处于不稳定、逐步下降的绕地球飞行，通常可以在太空滞留一周到一个月的时间，最后坠入大气层。利用这一特性，可以在战前数周发射亚轨道飞行器，进行绕地球变轨飞行，根据需要可实施变轨控制，再入大气层对地对海高价值目标实施高超声速打击（图 6-82）。

（四）临近空间信息支援与打击

临近空间目前尚无统一定义，一般指距海平面 30~100 千米的空域。该区域高于一般航空器飞行高度、低于一般航天器轨道高度，空气稀薄、阻力小，环境独特，可为飞行器提供一定的升力和横向机动控制力，有利于高超声速飞行，军事价值巨大。目前，防空反导武器对在该区域飞行的高超声速飞行器还无能为力。临近空间平台通常由飞艇、气球等浮空器组成。这类平台既可以装载雷达、光电探测装备、通信中继设备，也可以装载信息干扰与打击武

图 6-82　亚轨道高速对地/对海打击示意图

器。浮空器上探测设备一旦探测到战场目标，可以解锁挂载武器，实施对空对地对海信息干扰与攻击，也可将目标信息传递给地面或机载高超声速武器，实施快速打击（图 6-83）。

图 6-83　美国 X-51A 临近空间高超声速飞行器

十一、自主集群作战

自主集群作战以个体自主能力为基础，相互之间通过简单的协同机制,可以分工合作、相互协调,完成复杂的任务,表现形态为分布与融合,追求目标为更高级智能的涌现。群体中的个体具有高度的自组织性、自适应性,整体表现出非线性、涌现的系统特征。

(一)集群效应与优势

鸟、鱼、青蛙、蚂蚁甚至细菌等,它们都并不具有人类的复杂逻辑推理、综合判断等高级智能,但它们在相同目标,即食物的激励下,通过对环境的不断适应和群体协作、自组织却突现出强大的群体智能,为人类解决复杂问题提供了许多新的思路。基于集群机理的多无人作战系统是通过模拟自然界的蜂群、蚁群、鸟群及鱼群的行为,通过分析其中的集群大系统协同机制,采用数量众多(至少20个以上)的微小型无人平台来完成对敌目标进攻等作战任务。在不受外部系统控制的条件下,各个无人作战平台根据当前自身状态,通过对局部环境信息的探测,以及与群中其他无人平台关于任务执行、环境状态等信息的交互,形成对战场态势的认识,从实现任务目标、协调机群行为、提高作战效率出发,自主地决策并执行各种作战任务。

宏观上看,自主集群作战系统呈现自发、有组织的任务行为过程。相比无人平台任务控制站的单平台控制方式,自主集群作战系统具有以下优点:

一是对战场态势变化反应迅速。无人平台控制器能够快速访问传感器获取环境信息和自身状态信息,结合前期与其他无人平台信息交互形成战场态势,通过自主控制实现对局部态势变化的快速反应。

二是决策分散化控制成本低。无人平台只需从实现任务目标出发,对自身行为进行规划,需要的相关控制软件只需要面向单无人系统。

三是对通信条件的依赖性低。充分发挥无人平台的自主性，大量的信息处理在前端快速完成，无人平台之间只有面向高层协调的信息交互，通信量减少，对通信的依赖性降低。

四是系统安全性高。任何一个无人平台出现故障或功能丧失，都不会对系统整体性能产生太大影响，其他无人平台仍能正常工作，系统具有很高的安全性。

正是意识到发展自主集群指挥控制技术的重要性，美国、英国等西方发达国家普遍开展了无人平台自组织技术的研究。以无人机为例，相比任务分配、火力分配、航迹规划等传统问题，无人机自组织技术研究仍是一个较新的课题。美国国防部高级研究计划局早在 2000 年率先启动了自组织空中战役研究计划，该计划期望能够通过无人机间的数据链通信，实现对目标的自主攻击。DARPA 组织的自主协商编队（Autonomous Negofiating Teams, ANTS）工程以执行压制敌防空火力（SEAD）任务为应用背景，研究了基于自主协商的多无人战斗飞机（UCAV）协同控制方法，以实现无人战斗飞机在计划和任务层次上的协同控制。美国海军研究办公室主持的 UCAV 项目对多 UCAV 系统的智能控制结构进行了研究，将单个 UCAV 作为一个实时嵌入式系统，一组 UCAV 作为一个中央控制器协调下的多智能体系统，基于通信和计算资源的限制，UCAV 个体在高度自治的同时进行相应协作完成任务。美国 Proxy 航空系统公司获得美国空军一份合同，将验证其"空中力量"（Sky-Force）分布式管理系统（DMS）能力。SkyForce DMS 采用了人工智能技术，将使每架无人机在不需人工干预下，具有飞行中做出完全独立决定的能力，实现多架无人机自主协作飞行。美军联合部队司令部"阿尔法计划"实验室对无人机自主"集群"作战的效能进行了研究。在模拟实验中，装有传感器和武器的 100 架无人机与当前的一个现有的可部署单位进行了比较。无人机群摧毁了63个目标并探测到91%的模拟敌军部队,而基本的作战单位只歼灭了11个目标并探测了不到33%的敌军部队。霍普金斯大学应用物理实验室也对该问题展开了研究,并比较"集群"单元用于搜索地面目标的两种算法。以色列科技研究院宣布开发出人工智能协同无人机集群作战方法,使无人机作战能力大幅提高。可以看出,提高集群无人平台自主作战能力的研究已得到各军事强国的广泛关注。

(二)集群系统研发目标

自主集群作战系统研发目标,主要解决在地形、气象等环境因素及敌方目标、任务区域通信条件信息未知的环境下,不依赖于任务控制站的控制,无人平台之间通过网络通信与数据链,传递对战场环境的侦察搜索、对敌目标的位置与运动轨迹确认以及无人平台自身状态等信息,实现战场态势信息的共享,协调任务规划与执行,完成对任务区域的协同目标搜索、确认、攻击和毁伤评估,达到高于单平台或非协同多平台的任务执行能力。

(三)多平台协同广域目标搜索

为有效对敌目标实施打击摧毁,无人作战平台应能通过相互协作,在尽可能短的时间内完成对相关任务区域的目标搜索侦察,提高对任务区域的搜索覆盖,降低环境的未知性。对环境信息的探测侦察,无人作战平台只能通过自身携带的传感器载荷实施。由于受传感器探测精度、探测范围、平台飞行和机动能力等因素的限制,单无人平台不可能在短时间内完成对大范围任务区域的搜索覆盖。因此,为了实现短时间发现尽可能多的目标,必然要求多无人平台共同实施目标搜索。同时,为了合理利用资源,提高搜索效率,需要对无人平台的搜索行为进行协调,实现在尽可能短时间内对任务区域的最大搜索覆盖。而且,由于战场环境的高度动态性,已经搜索并确定信息的任务区域在一段时间之后又将可能变得不确定,如敌目标的移动以及新目标可能加入任务区域,而且随时间的推移这种不确定性变化更为剧烈,无人平台应能对已搜索区域进行间断重复侦察。

(四) 多平台多任务协同

无人作战平台由于有效载荷以及载荷能力的不同而体现出不同的任务执行能力,如侦察型无人机比攻击型无人机具有更强的侦察搜索以及目标确认和毁伤评估能力,而后者具有前者所不具备的目标摧毁能力,而且敌方目标可能具有较强的隐蔽性、较为坚固或具有较强的反击能力。为了能够及时有效地摧毁敌方目标,需要合理有效地利用无人平台资源,充分发挥不同无人平台的优势,利用不同类型无人作战平台对目标执行多角度、多方位的协同目标确认及打击等任务,确保对目标的有效摧毁。

(五) 对目标的持续任务覆盖

为了最大程度摧毁目标,对已发现的目标应能进行关联确认,便于组织有效兵力发起攻击。为实现对目标的有效摧毁,在完成一阶段打击任务之后应能及时对目标进行毁伤评估,确定目标毁伤程度以及是否有必要再次实施打击。总之,要对目标实施持续的搜索、确认、打击及毁伤评估。

(六) 集群平台之间通信

无人作战平台自组织行为依赖于数据链和主被动网络通信的信息交互,通信成为影响无人作战平台自组织的一个重要因素。未来战场,通信条件具有强干扰、高对抗、低带宽的特点,信息传输可能会出现丢包、时延等问题,这无疑将对依赖于通信的无人作战平台自组织行为产生重大影响。为保证无人作战平台的生存及对目标各种任务行为的有效执行,应尽可能降低通信条件对无人作战平台行为的影响,保证其对通信条件的鲁棒性,必要时可以采用惯性导航、无源 3D 成像、光流导航、跳频跳转等方式进行联络或感知。

(七)集群控制理论与算法

目前关于无人作战集群控制理论的研究主要集中于多智能体系统,如多无人机、多机器人自主协同等领域。多数以基于仿生算法的自组织方法为主,即通过模拟生物群落的群体行为,借鉴生物个体的信息传递方式,实现群体行为的自组织,使得低级智能的简单个体构成集群系统,个体间行为通过信息交互方式进行协调,系统经过不断的演化而表现出智能的群体行为。目前代表性的仿生算法有模拟蚁群觅食行为的蚁群算法(ACA/ACO)、模拟鸟群编队飞行的粒子群算法(PSO)、模拟蜂群采蜜和繁殖机理的蜂群算法(BCO)、模拟鱼群觅食行为的鱼群算法(FSA)、模拟青蛙觅食过程中群体信息共享和交流机制的人工混合蛙跳算法(SFLA),甚至有学者大胆地提出了海豚群算法、鼠群算法、猴群算法、狼群算法等群体智能算法。除了仿生算法之外,还有人工势场、主体协商等自组织算法。

自主集群作战系统,本质上是一个自组织网络系统,具有以下特点:

(1)由大量动态、平等交互作用的较底层个体构成。

(2)个体行为完全取决于所观察到的局部信息、自身状态以及与其他个体的交互作用,不受外界控制,不参照所形成的宏观形态。

(3)系统经过演化呈现群体行为。

(4)能够达到优于个体的一个或多个目标。

在自然界的众多生物群体,如蚂蚁、蜜蜂、鱼群中,不存在一个协调者来协调大量的自主个体,但整个系统却呈现协调、有序、智能的状态。

白蚁筑巢:起初白蚁将各自搬运的材料在各处随机堆积,一只蚂蚁在某处堆积的材料可能被另一只蚂蚁搬走,接下来又可能被其他蚂蚁搬回原处,各只蚂蚁独立地重复这一过程。随着时间的推移,可能在某处出现较多的堆积材料,在达到一定密度后,该处堆积的材料对其他白蚁形成一个吸引源,吸引其他白蚁也把建筑材料堆积在这个地方。

蚂蚁觅食:蚁群从巢穴出发觅食,刚开始时分散在巢穴四周,在某只蚂蚁发现食物后,会通过释放信息素的方式通知其他蚂蚁,经过一段时间将会有大量蚂蚁涌向该食物,而且蚂蚁移向该食物的路径往往是巢穴到食物源间的最短路径。

蜜蜂觅食:有些种类的蜜蜂,工蜂返巢时会在蜂房的一侧表演"舞蹈",以此向同伴传递信息,其他工蜂通过舞蹈动作的变化花样可以得知食物源的方向、距离和丰富的程度,而且食物源越好,参与这一"舞蹈"的蜜蜂越多。

在一片水域中,鱼往往能自行或尾随其他鱼找到营养物质多的地方。一群萤火虫聚集在一起的时候,可以观察到它们发光的节奏从一开始的分散与不协调,变成群体逐渐趋于一致。这些生物群体以相互合作作为其生存策略,群体中每个个体仅执行简单的有限动作,个体间通过不同媒介进行交互,协调各自行为,表现出诸如行为协调、召集搜捕、一致防御等智能行为。

上述自组织现象的产生来源于生物系统的反馈机制。反馈机制存在两种形式:正反馈和负反馈。正反馈通过同方向加强原来的微小改变,使之越来越大,使系统最终呈现这种方向的宏观形态,自组织现象的产生主要由正反馈造成。与正反馈相反,负反馈通过反方向削减原来的改变,减小系统宏观形态方向性的增强,而使系统维持原始形态,具有稳定系统的作用,系统自组织现象的形成正是这两种机制作用下的结果。蜜蜂在发现食物源时,通过"舞蹈"来向同伴传递食物源信息,指引其他蜜蜂飞向该食物源,随着参与"舞蹈"蜜蜂数目的增加,会有越来越多的蜜蜂飞向该食物源——正反馈。但并不是所有蜜蜂都会飞向已发现的食物源,有一小部分蜜蜂将会飞向其他地方或者较差的食物源——负反馈。蚂蚁觅食过程中在经过路径释放信息素,标记了从巢穴到食物源的路径,由于信息素的挥发,距离短的路径上将会遗留较多的信息素,其他蚂蚁将会选择该条路径通向食物源,随着经过该路径蚂蚁数目的增加,将有更多的信息素遗留在该路径上,进一步吸引更多的蚂蚁选择该路径通向食物源——正反馈。实验发现随着食物源处聚集蚂蚁的增多,出现部分远离该食物源,移向其他食物源或继续搜索其他食物源的行为。

自主集群作战系统的机理和原理,就是结合蚁群算法、粒子群算法、蜂群算法、人工势场算法、主体协商算法等多种算法模型,实现自组织群体作战。

蚁群算法基于信息素的个体行为协调机制。蚁群算法中当蚂蚁个体通过搜索发现食物源之后,会在其经过的从巢穴到食物源的路径上释放信息素,以通知并召集其他蚂蚁朝向该食物源运动。基于这种思想,将无人平台群类比作蚁群,每个无人平台作为一只蚂蚁;无人平台在发现敌方目标后调整环境的信息素分布,如增强敌目标处的信息素浓度,影响其他无人平台的任务行为。

粒子群算法 PSO 是受飞鸟集群活动规律启发而产生的一种基于种群搜索的进化算法,用社会组织行为代替了进化算法的自然选择机制,通过种群间个体协作来实现对问题最优解的搜索。其基本原理是:随机初始化一组粒子群,确定群中每个粒子的速度与位置,与要飞往的目标区域的方向、位置比较,确定其离目标更近更快的适应值(fitness value,由一个被优化的函数决定);如果某个粒子当前的适应值比历史最佳位置(pBest)更高,则更新为个体最佳位置(pBest),否则淘汰;将该粒子最佳位置(pBest)与粒子群全局最佳位置(gBest)比较,如果更高,则更新为全局最佳位置(gBest),否则淘汰;然后,根据粒子群位置速度更新公式

$$V_{iD}^{k+1} = \omega V_{iD}^{k} + c_1 r_1 (p_{iD}^{k} - x_{iD}^{k}) + c_2 r_2 (p_{gD}^{k} - x_{iD}^{k})$$

$$x_{iD}^{k+1} = x_{iD}^{k} + V_{iD}^{k+1}$$

更新每个粒子的速度与位置,此循环往复,不断迭代,直至收敛或者满足事先设置的终止条件为止。式中,V_{iD}^{k} 为 k 时刻第 i 个粒子第 D 个变量的速度,ω 为惯性因子,c_1 为自记录的学习步长,c_2 为群体记录的学习步长,r_1、r_2 为[0,1]区间的随机数,p_{iD}^{k} 为 k 时刻第 i 个粒子最大适应值所在位置的第 D 个变量取值,p_{gD}^{k} 为 k 时刻之前所有记录中最大适应值所在位置的第 D 个变量取值,x_{iD}^{k} 为 k 时刻第 i 个粒子第 D 个变量的取值。实际上,每个粒子下一时刻的运行轨迹,同时被三个力拉扯:原有的行动方向,自身记录最高点,全局记录最高点。

粒子群算法具有简单易行、快速收敛、设置参数较少等优点。借鉴这种思想和算法,将无人机等平台映射作 PSO 中的粒子,在粒子之间保持安全距离的前提下,粒子的速度通过自身以及同伴的飞行经验来进行动态调整,协调粒子群体飞行的方向性,使整个群体具有编队的能力。在发现敌目标后,通过最小化粒子与目标之间的位置差异,动态调整粒子的运动方向直到粒子到达该目标。由于 PSO 中粒子具有在解空间追随最优粒子行进的特点,将最终

导致无人机对目标发起集群攻击等群体行为。

蜂群算法是一种受蜜蜂采集模型启发的非基于信息素的算法。蜂群实现采蜜的集体智能行为包含蜜源、采蜜蜂和待工蜂三种智能个体,引入了三种基本行为模式,即搜索蜜源、为蜜源招募人手和放弃蜜源,结合招募和导航两种策略,将无人机群映射为蜂群,将战场威胁信息映射为蜜源,通过蜜蜂搜索蜜源的过程及个体信息交互,实现无人机群作战航路规划、对敌目标搜索和侦察。通过将敌方目标映射为蜜源,也可以实现对多目标攻击的自主智能分配。

基于人工势场的自组织方法是在主体运动空间内构造极性相反的势场:吸引势场和排斥势场。吸引势场对运动主体具有吸引力,而使主体靠近其运动;排斥势场对主体具有排斥作用,使其朝向远离该势场的方向运动。根据此思想,通过在敌方目标处构造引力势场,而在敌方威胁以及其他威胁因素处建立排斥势场,在这两个势场的作用下,无人机能够在保证自身安全的前提下朝向目标运动并展开攻击等任务行为;而在完成对目标的攻击后,通过降低势场的吸引力而使无人机退出该目标区域。

基于主体协商的自组织方法通过各种协商机制和协商算法来实现。如基于合同网的协商:当无人机在任务执行过程中发现自身能力不足以完成某些任务,或完成任务代价过大时,可以将这些任务通过拍卖的方式移交给其他无人机。

(八)集群攻击平台与弹药

多年来,美国陆、海、空军以及 DARPA 等,均在开展有关集群攻击项目研究,包括陆军携带智能子弹药的子母攻击弹药、海军低成本无人飞行器集群技术、空军"蜂群"攻击弹药以及 DARPA 的"小精灵"无人机等。DARPA"小精灵"项目研究小型无人机蜂群的空中发射/回收和高速数字式飞控等关键技术,2017 年已完成第一阶段工作。2018年,该机构又启动"进攻性蜂群战术"项目,研究由100架地面和低空无人系统组成的集群,在城市环境下自主执行任务的能力。2014年8月,美国海军利用13艘无人艇组成蜂群,实时自主调整路线,对"可疑船只"成功实施包围和拦截。2016年,美国海军在地面上验证了上限为30枚的"郊狼"巡飞弹的有序飞行能力,已解决单弹定位和自主飞行技术问题,即将进行海上发射蜂群演示试验,之后将研究更复杂的自主能力(图6-84)。

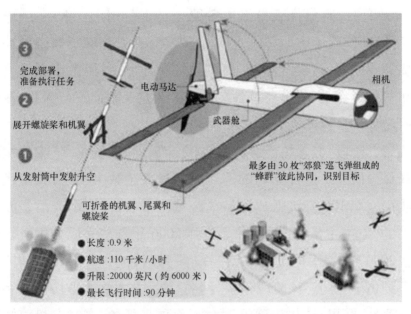

图6-84 "郊狼"小型巡飞弹构造、发射及集群攻击示意图

2020年7月,美国空军实验室宣布计划在年底进行"金账汗国"蜂群弹药网络协同演示,开展武器系统间的网络通信、网络互操作和网络数据传输等一系列试验。"金账汗国"武器系统借助人工智能技术辅助确定优先打击目标,并根据目标的摧毁情况,自动调整优先打击次序。

集群攻击弹药是指以多弹组网协同方式进行作战的弹药,各弹可配用多种载荷,具备弹间通信和自主决策能力,能够在目标区域上空编队飞行,执行侦察、攻击、毁伤评估等多种作战任务。美国率先开展网络化协同攻击弹药研发工作,经历了概念开发、概念拓展以及全面快速发展三个阶段,正在向智能化和集群化方向发展(表6-9)。

第一阶段:概念开发。美国空军1990年首次提出"杀手蜂"概念,启动单一巡飞弹概念与技术研究。这种巡飞弹的巡飞时间在30分钟左右,典型代表是洛克希德·马丁公司的"洛卡斯"巡飞弹。该弹2006年中期完成遥控飞行技术演示,突破了固态脉冲激光雷达寻的器、多模战斗部、高机动气动外形、弹用微小型涡喷发动机等关键技术,使弹药具备在目标区上空近距侦察与探测、搜索与打击移动目标的能力。

第二阶段:概念拓展。美国2002年启动"区域主宰"集群协同弹药概念研究。这种弹药的巡飞时间提高至数十小时,典型代表是美国空军100磅级低成本持久区域主宰项目,演示产品是波音公司的"空中主宰者"巡飞弹。该弹2006年首次完成自主飞行试验。2009年,美国提出微小型"蜂群"弹药概念,典型代表是美国空军的仿生弹药。该阶段强调"网关"弹药技术在弹群协同控制中的重要性,并提出"仿生弹群"概念,发展多任务、实时态势感知和多目标打击能力。

第三阶段:全面快速发展。2010年后,在新的作战概念引领下,网络化协同攻击弹药进入多途径快速发展阶段,出现集群协同、父子/母子协同等技术,典型代表是美国"郊狼"集群巡飞弹、"山鹑"集群弹药以及欧洲导弹公司的母子协同攻击弹药。该阶段强调自主智能组网、"去中心化"控制,以提高在复杂作战环境下的对抗能力和多层次武器及传感器协同作战能力[2]。

表 6-9　美国网络化集群攻击平台与弹药典型研究项目[2]

武器/项目名称	研制方	功能描述	性能指标
"空中主宰者"巡飞弹群	美国空军	"网关"弹药控制,无线链路组网协同,自主侦察、识别、攻击目标,长时间控制目标区域	可由 F-22、C-17 运输机投放;巡飞时间 12 小时以上
"低成本无人机蜂群技术"	美国海军	分布式使用,无线自组网、集群飞行,具有态势感知能力,一次性使用	战斗机一次发射 30 架;具有侦察、打击载荷模块;单架 1.5 万美元,目标价格 5000~7000 美元
"小精灵"	DARPA	分布式使用,无线自组网,低成本、可部分回收,可进行侦察和电子战蜂群作战	质量 320 千克;可空中投放与回收;可重复使用至少 20 次;出厂单价低于 70 万美元
"无人机有效载荷"	战略能力办公室	"去中心化"控制,自主编组协同,饱和攻击	在 30 米/秒风速下飞行稳定,一次性使用,不可回收
"进攻集群使能战术"项目	DARPA	"去中心化"控制,自主人机编组协同,可进行复杂蜂群战术作战	250 个弹药 6 小时内可在 8 个街区执行任务;具有开放式系统架构和软件以及分布式感知能力

集群攻击弹药需攻克的主要关键技术有自主动态任务规划与协同、群间组网通信与传输、自适应控制、新型动力、微小型任务载荷等。

目前,大部分无人作战平台行进及任务执行都需要专业操作人员进行远程监督和控制。主流的操控模式是无人平台将环境侦察信息以视频、图像等形式,直接利用数据链或通过卫星中继的方式传送到任务控制站,操作员根据接收到的侦察信息,形成对当前战场态势的认知，在相关决策及规划软件的辅助下，从作战任务目标出发规划无人平台的行为，并将结果以控制指令的形式返回至无人平台，无人平台以此进一步完成后续任务。随着作战任务日益复杂、作战范围日益扩大，单个无人平台所发挥的效能将极为有限，稍微复杂一点的任务都需要多架无人平台相互协作才能完成。无人平台规模的增长，使任务控制站对通信带宽及相关控制软件的需求将按指数级增长，控制成本大幅提高。各种高技术武器的使用，将使未来战场表现出高度的危险性，各类远程精确制导武器的使用，使得战场的前沿和纵深划分越来越模糊。作为无人平台作战效能瓶颈的任务控制站，无论位于任务区域内或外都将成为重点打击目标。而且，任务控制站由于与无人平台之间存在频繁通信，容易暴露于敌方武器之下，安全性受到极大挑战。一旦任务控制站受到攻击而导致功能部分受损或完全丧失，将给无人平台带来致命性打击，无人平台将失去控制，丧失作战能力。

以上问题源于无人平台对任务控制站的完全依赖性，无人平台仅具有底层的控制功能，而不具有对任务的规划、控制能力。为了解决这一问题，需要研究在已有平台技术之上提高无人平台自主作战能力的方法，增强无人平台对战场态势的感知及自主决策能力，降低对操作人员的依赖，减少与操作人员的交互，实现这一目标的可行方法是采用基于仿生机理的集群（蜂群）自组织技术，将数量众多无人平台集成起来，实现作战任务自主完成。

十二、人机智能交互

人对武器装备的操控及交互模式，会随着人工智能、脑机接口、VR/AR等技术的快速发展而发生颠覆性变革。人与装备有可能融合为一个有机整体,实现人机合一。未来无人化作战,需要建立人与智能系统的新型关系,摆脱传统无人装备被动操控模式,充分发挥无人系统自主能力和机器智能优势,将人员从复杂控制中解脱出来,更多关注战场态势认知、任务决策、行动与评估等环节,提高整体作战效能。

DARPA 在 2013 年提出"Squad X Core Technologies"(SXCT)项目,就是要更好地利用先进无人装备及传感器,通过态势感知、自主规划及增强显示等技术,让士兵更深入了解战场环境和潜在威胁,提高陆军步兵班的环境适应性、安全性和作战效率。在 2014 年提出"Collaborative Operations in Denied Environment"(CODE)项目,则瞄准了无人机空中战场,旨在摆脱以往无人机一对一操控方式,重点关注多架智能无人机如何更好地与有人机进行协同配合,使人能够在高动态战场上以少量交互完成复杂的集群协同任务。

2014 年,DARPA 的战术科技办公室(TTO)发布了"军事任务创新体系"(Innovative Systems for Military Missions)项目征集指南,提出在陆、海、空、天战场给敌方带来战略战术突袭的要求,其中将人与无人系统交互创新、无人自主、全球快速部署、战略对抗成本作为四大重点关注领域。

美国陆军研究实验室认为,智能编队将实现人与机器在复杂战场环境下的实时沟通,提高部队适应复杂环境的能力。人类认知方面的技术进步将极大地提高人类与人工智能系统和机器的双向通信能力,创造出超越机器和人类个体的智能编队系统。智能编队由人类士兵和物理或虚拟人工智能体组成,通过脑-脑和脑-机交互形成网络连接,进行半自主或全自主操作。由于智能编队可直接通过脑-脑和脑-机接口交换信息,因此可根据每个部队的任务、态势和状态来对系统组成进行定义,在不经过大量培训的情况下无缝融入新的人员或智能体,适应复杂环境中不断变化的战场形势。智能编队可实现无语音交流下的人与人、人与人工智能和机器的信息交换,提高部队在极端作战环境下信息传递的准确性和时效性。

因此,人与机器智能交互融合技术,重点解决人与无人智能系统如何分工、机器如何快速准确理解人的复杂作战意图、少量的人为操控与复杂的机器行为如何匹配等难题。

一是单个作战人员与无人机、战场机器人等多个智能系统如何分工协作,完成侦察、指控、打击、评估等全过程作战任务。如围绕战术级人机协同作战常见任务,根据任务内容、条件、过程、执行等特点,区别于以往人机操控模式,研究人与智能系统在战场认知、判断与决策、行动与打击、保障与评估等多个环节上的协作方法,建立多种人员、不同智能平台的协作模型与作战效能评价模型。

二是在激烈战场环境下,无人系统如何快速识别作战人员的决策意图。传统无人系统操作方式多采用一对一的远程控制,在实时性及人员消耗方面都不太适用于未来高强度无人化集群作战环境。因此,需要研究先进交互识别技术,通过动作、表情、语音、脑电等多种认知手段快速掌握人的决策和行为,结合战场态势、任务状态、操作习惯等因素对行为的模糊性、随意性实现精确理解。

三是作战人员有限的控制能力如何实现对较大集群无人系统的有效控制。无人集群作战功能多样、控制复杂。作战人员少、不连续的控制指令与无人系统的复杂控制要求存在不对称,需要开展无人集群行为预测及自主决策技术研究。针对控制的稀疏性,开展无人系统作战行动的智能匹配技术研究,构建适用于少量作战人员与多数无人系统的协同交互系统,使作战人员能够通过手势、语音、意识等自然的方式和最少的人机操作,与无人系统相互配合完成作战任务,实现人与机器在战场态势感知、行为决策与任务实施等方面完美融合，使人像控制身体一样控制无人智能系统，释放人机协作之间的巨大战斗潜能。

十三、土叙边境和纳卡地区无人机攻防战

进入新世纪以来，随着大批无人机交付各国军队，无人化作战已经出现在大规模正规作战中。

2020年2月底至3月初，土耳其对叙利亚发起"春季盾牌"军事行动，出动大批无人机，重创叙军地面部队并直接影响了战局。此次行动中，土军以国产"安卡"-S、"贝拉克塔"TB2两型察打一体无人机为作战主力，加上部分远程炮兵，在E-737预警机和F-16战斗机的空中掩护下，对叙利亚伊德利卜地区实施了大规模、高强度的火力打击，给叙军造成重大损失。土军先后投入数十架无人机，累计出击数百架次，深入到叙境内阿勒颇、哈马市等地进行了空袭，对叙军及其盟友高级将领实施了"斩首"行动，表现非常抢眼（图6-85）。

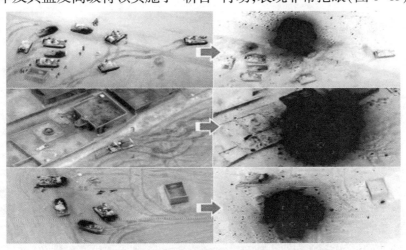

图6-85 土军无人机拍摄的战场实况视频截图，图中左右两侧分别为同一目标被命中前后的场景

土耳其研制的"安卡"-S大型中空长航时察打一体无人机，机长8.6米，翼展17.5米，最大平飞速度217千米/小时，续航时间超过24小时，实用升限9000米，最大起飞质量1600千克，最大任务载荷200千克（图6-86）。

图6-86　土耳其"安卡"-S大型中空长航时察打一体无人机

土耳其研制的"贝拉克塔"TB2是中型中空长航时察打一体无人机，机长6.5米，翼展12米，最大平飞速度220千米/小时，实用升限8200米，续航时间超过24小时，最大起飞质量630千克，最大任务载荷55千克，可挂载4枚土耳其研发的MAM-C和MAM-L微小型精确制导弹药（图6-87）。

图6-87　土耳其"贝拉克塔"TB2中型中空长航时察打一体无人机

土耳其研制的 MAM-C、MAM-L 小型激光制导炸弹,前者弹质量 6.5 千克、射程 8 千米,采用半主动激光制导,后者弹质量 22 千克、射程 14 千米,采用 GPS/惯性+半主动激光制导(图 6-88)。

图 6-88　土耳其 MAM-C(左)、MAM-L(右)小型激光制导炸弹

行动后期,叙/俄军通过电子干扰压制等"软杀伤"与防空导弹拦截"硬摧毁"相结合,一共击落 23 架土军无人机,其中包括埃尔多安亲笔签名的一架 TB2 无人机(图 6-89),成功遏制住土军的无人机攻势,迅速扭转战局。实战结果表明,叙/俄军实施的反无人机作战非常有效,在战斗中起到了立竿见影的效果。俄军电子战装备表现出色,主力装备是最新型的"克拉苏哈"-4 地面电子战系统,"克拉苏哈"-2 系统、图-214R 电子侦察机和伊尔-20PP 电子战飞机,也参加了作战;"铠甲"-S1 弹炮一体防空系统、"山毛榉"-M2 中程地空导弹,在防御中也发挥了一定作用。

俄罗斯"克拉苏哈"-4 陆基机动式电子战系统,具有广谱强噪声干扰能力,可对各种雷达、通信系统、无人机控制链路、导航系统实施干扰,主要用来压制间谍卫星、地面雷达、预警机、无人机等天

图 6-89 土耳其总统埃尔多安亲笔签名的一架 TB-2 无人机遭击落

空地基探测系统,能够对抗美国 E-8C 预警机、"捕食者"无人侦察攻击机、"全球鹰"无人战略侦察机,以及"长曲棍球"系列侦察卫星等电子信息与无人装备。

"克拉苏哈"-4 使用特种汽车底盘,机动性能良好,可由俄伊尔-76 进行战略或战术空运。其底盘是一款 8×8 轮式汽车,车长 12.4 米,宽 2.75 米,驾驶室高 2.845 米,最小转弯半径 14.5 米,全重 40 吨,载重量 20 吨,使用 YAMZ-8492 柴油发动机,功率 500 马力,公路最大速度 80 千米/小时,最大行程 1000 千米,车组人员 3~7 人(图 6-90)。

2020 年 9 月至 11 月,纳卡冲突中,无人机的作用更加突出。冲突初期,双方对抗主要是传统的地面战,包括空袭与反空袭、使用远程火炮/火箭炮攻击对方、出动坦克和步战车进行对抗、发射反坦克导弹、使用轻武器交战等,双方各有伤亡。但到了 9 月下旬,阿塞拜疆重点发挥了无人机的作用,一下子扭转了战局,占据了战略主动。

图 6-90　俄罗斯"克拉苏哈"-4 陆基机动式电子战系统

战前,阿塞拜疆从土耳其、以色列购入大量无人机。主要有 TB2 察打一体无人机、"赫尔墨斯"长程侦察无人机、"哈洛普"(Harop)自杀无人机、"搜索者"中程侦察无人机、"轨道器"系列短程侦察无人机和阿塞拜疆改装的安-2 无人机等。战中,阿塞拜疆首先使用安-2 无人机进行攻击,欺骗诱导亚美尼亚防空雷达开机,然后采用"哈洛普"自杀式无人机反辐射攻击,后面 TB2 察打一体无人机实施大规模地面打击,取得了很好的效果。其中,TB2 察打一体无人机、"哈洛普"自杀无人机,在取得战争胜利中立下了大功。有报道称,亚军损失的武器装备 75% 以上是被"贝拉克塔"TB2 察打一体无人机和以色列"哈洛普"自杀式无人机击毁的。

在这次冲突中,TB2 察打一体无人机表现十分突出,亚美尼亚很多军事目标都是被它摧毁的。该无人机由土耳其 Kale Baykar 公司生产,以公司创始人塞尔库克·贝拉克塔名字命名。贝拉克塔是土耳其总统埃尔多安的女婿,于 2007 年离开麻省理工学院回土耳其创办公司(图 6-91)。

图 6-91　土耳其总统埃尔多安与塞尔库克·贝拉克塔

2009 年 6 月,Bayraktar-A 无人机在土耳其首飞成功。2011 年,Kale Baykar 公司为土耳其武装部队研制"贝拉克塔"TB2 察打一体无人机。

2014 年 5 月,"贝拉克塔"TB2 察打一体无人机首飞成功,同年 11 月进行了验收测试。2015 年,TB2 察打一体无人机进入土耳其陆军服役。

2019 年 4 月,利比亚国民军(LNA)和利比亚民族联合政府(GNA)爆发大规模冲突,土耳其决定向利比亚民族联合政府提供军事援助,包括 TB2 察打一体无人机系统。TB2 察打一体无人机在利比亚内战中发挥了重大作用,进行了 57 次空袭,摧毁 9 套阿联酋提供给利比亚国民军(LNA)"铠甲-S1"防空系统,掌握了苏尔特西部的部分制空权。

2020 年 6 月,阿塞拜疆从土耳其采购数十架"贝拉克塔"TB2

察打一体无人机,为与亚美尼亚开战做准备。

TB2察打一体无人机借鉴了美国等西方国家的设计思想和理念,主要组部件采用美国、英国、德国、加拿大、澳大利亚等公司的先进产品,包括微控制器、发动机控制元件、伺服电机功率控制元件、发动机信号处理以及输入/输出、GPS接收机、激光高度计、速度、温度和燃油油位传感器等,使其具备与美欧等国同级别无人机相当的技术水平(图6-92)。如果土耳其与西方国家完全闹翻,则土耳其还真生产不了该型机。

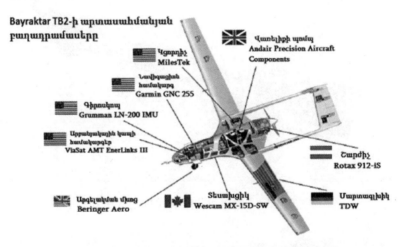

图6-92　TB2无人机主要组部件供应商仍然是
美国、英国、德国、加拿大、澳大利亚等公司

"哈洛普"反辐射自杀式攻击无人机,在本次冲突中因成功摧毁亚美尼亚的C-300防空导弹系统受到外界高度关注。它专门对付雷达和防空系统,由车载发射器发射,升空后可持续飞行6小时,一旦发现辐射源,可自动/人工选择路线前往,引爆弹头摧毁目标。该无人机还能攻击无辐射源的地面目标,如轻型装甲车辆、士兵等。

"哈洛普"无人机也称"哈比"2无人机,由以色列宇航工业公司研制,2003年首飞,2009年在印度航展上首次公开亮相;机长

2.5米,翼展3.0米,最大起飞质量135千克,最大平飞速度185千米/小时,使用高度1800米,最大航程1000千米;采用折叠机翼,由车载发射器发射,1辆6×6中型军用卡车可运载6个发射箱,1个发射箱装载1架无人机;使用方式为"发射后不管",制导方式为无线电遥控或被动雷达制导,配备有光电传感器、被动寻的雷达导引头以及质量32千克的破片杀伤弹头(图6-93、图6-94)。

图6-93 "哈洛普"自杀式攻击无人机

图6-94 阿塞拜疆军队发射"哈洛普"无人机场景

图 6-95 阿军"哈洛普"无人机攻击 C-300 防空导弹的视频截图显示，C-300 远程防空导弹阵地及其导弹发射车，其发射筒仍然处于平放状态，说明是在非战斗状态被击毁的；在命中目标之前，"哈洛普"无人机一直将其光电转塔拍摄的视频图像传回地面控制中心，传回的图像上有标志性黑色虚方框套十字空心瞄准线。图 6-96 为阿军"哈洛普"无人机攻击亚军的 T-72 坦克的视频截图，其 25kg 质量的战斗部足以摧毁地面重型装备。

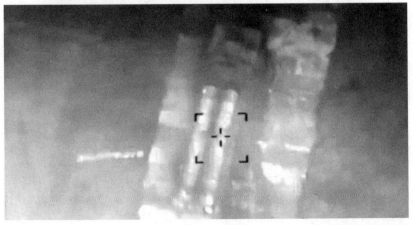

图 6-95　阿塞拜疆"哈洛普"无人机攻击 C-300 防空导弹的视频截图

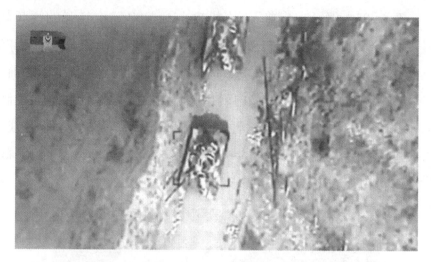

图 6-96　阿军"哈洛普"无人机攻击亚军的 T-72 坦克视频截图

亚美尼亚军队无人机较少，主要是本国研制的小/微型无人机。如"起重机"系列侦察无人机，主要用于近距离侦察任务。"野兽"自杀无人机，采用巡飞弹设计，全重仅 7 千克，战斗部质量 1.6 千克，可打击 20 千米外的坦克装甲车辆，曾摧毁阿塞拜疆军队数辆坦克。

亚美尼亚主要采取电子干扰、地空导弹拦截和假目标布设 3 种措施应对。从作战效果看很有限。旧式防空雷达和地空导弹系统，把许多小型无人机的雷达反射波当成杂波过滤，无法为地空导弹提供指引，导致多套 9k33 地空导弹系统被摧毁。

总体上，在纳卡冲突中，根据双方国防部发布的相关数据看，阿塞拜疆明显占据上风，其无人机的作用功不可没。

亚美尼亚累计损失：装甲车辆 118 辆；火炮 66 门；防空导弹 15 部；固定翼战机 1 架；各型车辆 172 辆；反坦克导弹 12 套；军事设施 8 个（基地 2、弹药库 2、机场 1、指挥所 2、仓库 1）；人员死亡 3330 人。

阿塞拜疆累计损失:装甲车辆40辆;安-2远程无人机7架;直升机1架;其他无人机16架;各型车辆11辆;人员死亡2783人。

土叙边界与纳卡的无人机攻防大战,带来许多启示:

一是无人机/反无人机作战将成为未来战争重要作战样式;

二是无人机作战运用效果与作战体系支持密切相关;

三是"软硬结合"是实施反无人机作战的有效途径;

四是传统防空武器如高炮、防空导弹等,在反无人机特别是无人机蜂群方面的作用效果不甚理想,而具备强大软杀伤能力的电子战装备和高功率微波武器等,作用会更加突出。

十四、巴以冲突中的智能化

2021年5月10日至20日,以色列与巴勒斯坦爆发了自2014年以来最严重军事冲突,巴勒斯坦哈马斯、"圣城旅"武装部队,共向以色列境内发射了约4070枚火箭弹,以色列一方面利用"铁穹"末端拦截系统进行拦截,另一方面出动战斗机和攻击直升机对巴勒斯坦实施空袭报复,派遣特种部队和小分队实施斩首及要点突袭,在加沙边界集结地面重装部队拟进行地面攻击。其中,以色列实施一系列智能化作战手段和措施,值得高度关注。

根据阿拉伯防务网站报道,哈马斯武器库中大约有14种非制导火箭弹(图6-97),射程覆盖8~180km。在这次袭城战中,哈马斯主要使用了新型A-120火箭弹,其最大射程120km。A-120火箭弹武器系统有1个8联装火箭弹发射器,弹径333mm,长度约5m,弹重约300kg,没有起重机辅助装填,只能依赖6个人力装弹,发射完成后再次装填效率较低,如不能及时转移阵地则容易被击毁(图6-98)。A-120火箭弹制导系统简陋,命中精度不高(图6-99)。

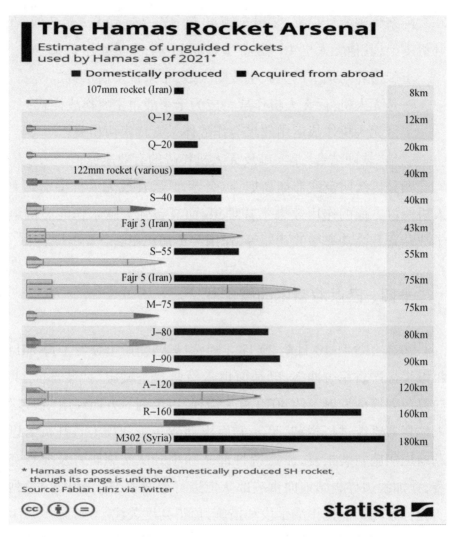

图 6-97　哈马斯武装的 14 种非制导火箭弹

在本次冲突中,以色列的"铁穹"末端拦截系统发挥了重大作用。"铁穹"系统不拦截所有来袭火箭弹,系统相控阵雷达自动搜索和跟踪来袭目标,能同时发现和锁定 200 个空中目标,5 秒内完成目标的搜索、识别和跟踪,之后计算其飞行弹道并对其弹着点进行预判,只有判定来袭火箭弹的弹着点构成威胁时才发射"塔米

图 6-98　哈马斯武装 A-120 火箭弹发射器及其火箭弹

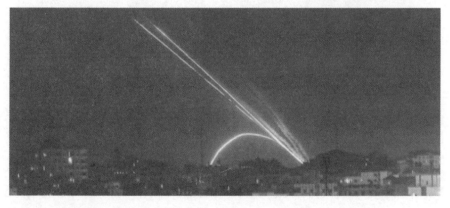

图 6-99　哈马斯发射的部分火箭弹在弹道初始段就坠毁了

尔"拦截导弹进行拦截。"铁穹"末端拦截系统一共有一套雷达系统、一套火控系统、三个发射单元,每个发射单元配备 20 枚搭载主动雷达末制导寻标器的"塔米尔"拦截导弹。"塔米尔"(Tamir)拦截导弹末端采用主动雷达制导,具有与多目标在末端智能交战的能力,实战证明能较好的对抗巴勒斯坦武装的"饱和攻击",拦截了 4000 余枚中 1200 多枚有威胁的火箭弹,其余自行坠毁一部分,对不构成威胁的火箭弹未拦截，极大降低了火箭弹对城镇的毁伤（图6-100）。

图6-100　部署在阵地上的"铁穹"末端拦截系统

面对加沙地带哈马斯武装等不断变化的威胁，比如自杀式无人机集群等，"铁穹"系统也在不断改进。2021年3月，以色列国防部宣布，以色列导弹防御组织与拉斐尔国防系统公司，顺利完成升级版"铁穹"系统的一系列飞行测试。在测试中，"铁穹"成功实现同时拦截无人机群、齐射导弹和火箭弹，测试模拟了"铁穹"系统未来可能面临的各种陆上和海上威胁，展示了应对多种复杂威胁的智能化防御能力。

2020年12月，美国和以色列联合成功进行"铁穹"系统首次拦截巡航导弹、拦截无人机试验，评估了以色列多层防空反导系统的综合拦截能力，验证了"铁穹""大卫投石索""箭"-2、"箭"-3系统之间协同拦截和互操作性。

"铁穹"系统最初拦截和摧毁4~70千米外发射的短程火箭弹和炮弹，升级后能拦截40~300千米范围内的巡航导弹和不同类型无人机，重点是对指挥控制进行智能化升级，让系统具有更强的目标识别和多目标跟踪能力，拦截弹的软件也进行智能化升级，以应对不同目标毁伤特性和要求。此外，将"铁穹"系统深度融入以色列防空反导体系是应对多种目标的最好办法。以军在其国土防空领域内，开展了自适应联合防御预警系统、联合任务规划系统、自主决策系统和多模式的自动拦截火控系统等智能化的改造和升级，否则面对全天候、多波次、大规模的火箭弹袭击，不可能有90%的拦截概率。图6-101、图6-102显示，"铁穹"系统拦截弹可以"一对一"拦截、"二对一"拦截、"一对多"拦截、"多对多"拦截等，说明以色列国土防御体系智能化水平已经相当高了。图6-103显示，当地时间2021年5月12日，一辆运载3个"铁穹"末端拦截系统导弹发射单元的卡车正在驶往以色列南部的罗恩-多姆地区进行弹药补给。

图6-101 "铁穹"拦截弹"一对一"拦截、"二对一"拦截

在11天的军事冲突中，以色列多次对哈马斯发起了"斩首"行动，数十名哈马斯武装领导人被炸身亡时，他们都是哈马斯重量级人物，包括哈马斯"卡桑旅"司令巴塞姆、哈马斯"圣城旅"副司令哈桑、哈马斯情报机构主管考吉等（图6-104、图6-105）。

图 6-102 "铁穹"拦截弹"一对多"拦截、"多对多"拦截

图 6-103 "铁穹"系统紧急弹药补给

图 6-104 哈马斯武装领导人被定点清除现场

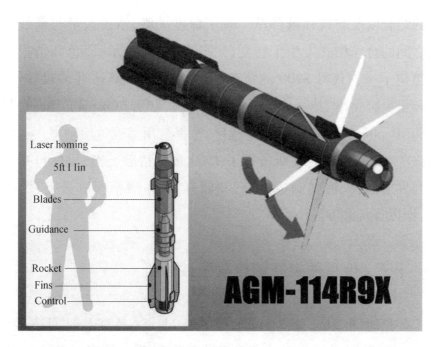

图 6-105　以色列斩首行动中使用的 AGM114-R9X 飞刀导弹

以色列实施的斩首行动与定点清除，是特种部队、武器装备与情报部门互动实施的，是一种基于大数据关联算法的人类行为计算模型+多源探测感知+人工情报的深度融合的高端特种作战。

这场大规模冲突中，先进的人工智能技术被以色列军事情报部门用来筛选从加沙拦截和收集的海量数据：电话、短信、监控镜头、卫星图像和大量的各种传感器。AI 将它们变成可用的情报信息：例如，对方的指挥官会在特定时间出现在何处。为了掌握所收集数据量的规模与准确性，在冲突期间，加沙地带任何特定地点每天至少被拍摄 10 次。

一名以色列国防军（IDF）情报部门的高级官员对媒体表示，这是"AI 第一次成为与敌人作战的关键组成部分和战力放大器，对于以色列军方来说，这是史无前例的"。"各种情报来源与人工智能的结合以及与该领域部队实现了深度关联,情报人员与前线人员之间的合作模式发生了转变。"据有关信息显示,以色列情报部门组建了一支代号8200的精英小组,专门开发算法并编写软件,已经至少孵化出"炼金术士(Alchemist)""福音(Gospel)"和"智慧之渊(Depth of Wisdom)"三个程序,全都被用于战争活动中。这次冲突中,以色列对哈马斯进行了1500多次精准袭击,目标包括火箭弹发射器、火箭弹制造、生产和储存场、军事情报办公室、无人机、指挥官官邸等。

十五、俄乌冲突智能化阶段性分析

北京时间2022年2月24日中午11点(乌克兰时间凌晨5点)左右,俄军对乌克兰发动"特别军事行动",俄乌冲突正式爆发。这次冲突是在北约不断东扩背景下,俄罗斯基于传统地缘政治的战略利益考量而开展的,或将对世界格局产生重大影响。截至2023年5月31日,冲突的智能化特点分析如下。

此次冲突,俄罗斯方面,陆、海、空天军主要力量参与了作战。冲突前投入地面部队20万人(含民兵武装5万人),冲突后又陆续抽调5万~10万人参战,9月部分动员30万人投入战场,秋季征兵12万人,至2023年1月,总计投入兵力超过70万人。乌克兰方面,冲突前投入陆、海、空三军作战部队共19万人(其中,陆军29个旅约占70%),边防和国民警卫部队15万人;冲突后经过五次动员参战总计有70万人左右,加上边防卫队、国民警卫队和警察,总数约为100万人。

装备方面,俄军战略战役战术和攻防装备体系比较完整配套,陆、海、空天军均以第三代主战装备为主、少量第四代装备参战,网络信息系统虽不够先进但指控系统很完善,电子战装备能力强,但空天侦察能力弱。乌军主要以第二代俄式装备、西方国家援助的便携式武器装备为主,战争初期缺乏战略威慑武器和信息系统支撑,情报信息支持主要依靠美国和北约。4月下旬以后,西方国家的进攻性武器陆续支援乌克兰,乌军的武器装备结构开始发生变化。

俄乌冲突已经持续一年多,其间战场形势发生了很多变化。俄罗斯把军事行动分为两个阶段,4月份之前为第一阶段,之后为第二阶段。我们从军事角度分析,冲突呈现五个阶段性特征。

全面进攻(2022年2月24日—3月初):俄军以基辅为主攻方向,以陆海空联合作战方式,实施多方向、大范围的精确打击与立体快速突击,南部进攻比较顺利,北部遭遇顽强反击。

城战反击(2022年3月初—4月初):在美国、北约情报信息支援下,乌军依托分散部署的火炮、单兵反坦克武器、便携式防空导弹等,在城市及周边实施顽强抵抗,在相持中实现了局部反击。

重点聚焦(2022年4月初—7月):俄军收缩战线,突出重点,近邻本土,以乌东为主攻方向,利用传统火力优势,实施高强度大规模打击,步步为营,稳扎稳打,取得了一定成效,但进展不如预期。

两线反攻(2022年8月—11月中旬):乌军利用海马斯打击俄军后勤与后方,摧毁400个以上的弹药库、桥梁、机场等关键设施,通过美国和北约武器装备、战术推演与评估支持,实现哈尔科夫、赫尔松方向的反攻。

相持攻防(2022年12月—2023年5月):双方在接触线开展了攻防战、拉锯战。俄军加强了军兵种间的战术协同,利用人员、火力和电子战优势,在苏勒达尔、巴赫穆特等方向,取得了局部进展。

根据各方面情况综合分析,总体上看,这次俄乌冲突是一场"核威慑下机械化信息化智能化结合的战争与混合战争"。主要表现为:以俄罗斯为代表的核威慑下的"长枪长炮钢铁洪流"传统作战体系和以"美军大脑+乌军小脑"为代表的"短枪短炮信息化智能化"新型作战体系的攻防对抗。同时,在全球信息日趋透明的大环境下,军事战、舆论战、外交战、经济战、金融战等相互交织、相互影响,表现出鲜明的混合战争特点。冲突体现了机械化、信息化、智能化、体系化作战思想,验证了联合全域作战背景下分布式、网络化、扁平化、无人化、派单式等新型作战概念。

纵观整个冲突过程,智能化主要体现在战略欺骗与认知对抗、分布式精确打击与智能弹药、无人机侦察攻击与OODA快速闭环、精准斩首行动、北约后台"云+AI"支持、"派单式"作战与数字战争、"线上侦察与线下打击"等七个方面。

(一)战略欺骗与认知对抗

虽然美国事前通过多种情报渠道掌握了俄罗斯进攻乌克兰的真实意图、进攻时间、作战方案和战争目标等,但俄罗斯还是通过各种双边、多边谈判以及假撤军等,给世人造成俄不想进攻乌克兰的假象,使世界多数国家不相信美国发出的战争威胁。特别是乌克兰高层,一直认为俄只是可能从顿巴斯方向发起攻击,而不会发起大规模进攻。

美国总统拜登2022年1月27日警告称,俄罗斯2月对乌克兰采取军事行动的"可能性非常大"。美国国家安全顾问沙利文表示,俄罗斯可能在2月20日前"入侵"乌克兰。2月18日,拜登再次警告称:"我们有理由相信,俄罗斯军队正计划、意图于接下来的一周或几天内进攻乌克兰。我们相信他们会将乌克兰首都基辅作为目标。"

克里姆林宫则发表声明称,美国关于"俄罗斯即将入侵乌克兰"的警告已经达到了"荒谬"的程度。俄罗斯外交部发言人扎哈罗娃也以"闻所未闻"来回应,同时指出,"除了彭博社、《明镜周刊》和不知名的美国信源外,没有人掌握这样的信息。"

事实证明美国的情报是准确的。那美国为什么能够很有把握地指出俄罗斯会"入侵"乌克兰呢?这事虽然复杂,但也可以简单到应用大数据关联技术很容易地解决。实际上,从2021年3月开始,俄罗斯先后通过各种军事演习陆续调动约15万部队,部署至俄乌及白乌边境地区,美国和北约的天基侦察卫星和空基侦察平台从那时就开始持续跟踪和探测。2021年下半年,美发现俄军部队调动和演习中间的异常现象,结合多渠道人工情报,通过信息关联分析和计算,基本掌握了俄军进攻乌克兰的战略部署及具体的时间。美国的判断主要基于四个方面关联信息和线索。

1. 航天侦察与分析

美国军用和民用卫星均发现,从2021年11月开始,俄罗斯向白俄罗斯和乌克兰边境地区大规模集结部队超过10万人,规模远远超过2021年4月开展的军演,这是极其罕见的现象。

美国动用卫星侦察俄军的相关部署,并在社交媒体公布俄军事力量部署图,白俄罗斯、俄罗斯西部、克里米亚地区多个部署点位,基本上包括了后来进攻乌克兰的部队及出发地(图6-106)。

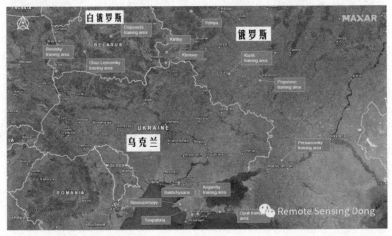

图6-106 美国公布的冲突前夕乌克兰周边俄军事力量部署图(MAXAR卫星图片)

美国商业卫星公司 MAXAR 图片显示,在俄境内叶利尼亚同一地区,2021年9月还是一片空地,但到11月就集结了大量部队(图6-107)。到2021年11月9日,该地区集结有第41集团军和第144摩步师(图6-108)。其中,仅一张图片就显示约有700辆坦克、自行榴弹炮、牵引式火炮、多管火箭炮、防空导弹、弹道导弹和后勤车辆等(图6-109)。在11月1日—9日内,叶利尼亚地区部队和装备规模增加约17%(图6-110)。这些集结点并不是常规军队驻地,而是临时在空地上搭建的营地,并没有长久驻扎的打算。

图6-107　MAXAR卫星图片显示:俄境内叶利尼亚同一地区,2021年9月还是一片空地,2021年11月却集结有大量部队

图 6-108　MAXAR 卫星图片：俄境内叶利尼亚地区集结的第 41 集团军和第 144 摩步师（2021 年 11 月 9 日）

图 6-109　MAXAR 卫星图片显示：俄境内叶利尼亚地区，左边约有 350 辆坦克、自行榴弹炮、牵引式火炮、多管火箭炮、防空导弹、弹道导弹和后勤车辆；右边约有 350 辆坦克、自行榴弹炮、多管火箭炮和后勤车辆（2021 年 11 月 9 日）

2021 年 12 月 3 日，《华盛顿邮报》发表一篇报道（图 6-111），提供了美国情报评估报告的细节，表明俄罗斯正在准备对乌克兰进行大规模干预，涉及至少 17.5 万名地面人员。

图 6-110 MAXAR 卫星图片显示：俄境内叶利尼亚地区，2021 年 11 月 1 日—9 日，部队和装备规模增加约 17%

图 6-111 《华盛顿邮报》发布的情报分析图

MAXAR卫星两期图片对比显示,2022年1月19日,俄境内叶利尼亚地区军队场地还是满的,但2月6日,相当数量的装备消失了。这表明俄军的军事力量正在转移(图6-112,左为光学图像,右为SAR图像)。

图6-112　俄境内叶利尼亚地区相当数量的装备在2月初消失

　　2022年2月17日凌晨3时15分,美国加利福尼亚州米德尔伯里国际问题研究所(MIIS)教授杰弗里·刘易斯,对比分析MAXAR公司商业卫星公司拍摄的乌克兰北部边境合成孔径雷达图像和向谷歌地图发送的这段公路上行驶的民用车辆GPS位置数据后发现,民用车辆不会造成交通堵塞,而公路上有大量车辆没有GPS位置数据。他得出结论:这是俄罗斯军队的车辆造成了40千米长的交通堵塞,俄罗斯军队准备对乌克兰发起军事行动。

2. 航空侦察与判断

　　从2022年1月初开始,美国和北约的侦察监视更加频繁和有计划性、针对性,重点是开展更多更详细的侦察、监视、跟踪和分析判断。

1月5日,美国、北约侦察机的范围覆盖整个白俄罗斯和俄罗斯西南部(图6-113)。侦察平台包括美国空军RQ-4、北约RQ-4D、美国陆军"阿耳忒弥斯"战术侦察机、RC-135W、美国空军E-8C等,侦察飞行覆盖乌克兰和黑海北部。

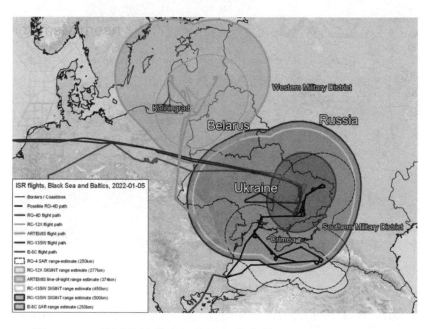

图6-113　美国北约侦察机航迹与侦察范围汇总图(1月5日)

1月27日,美国北约侦察的范围覆盖乌克兰、白俄罗斯、俄罗斯西南部和黑海,并扩大到北海、东欧、波罗的海,监视俄罗斯海军北海舰队是否会南下。美国陆军出动"阿耳忒弥斯"和RC-12X战术侦察机,主要是监视俄军是否会从白俄罗斯向南进攻,美国北约军队是否需为从波兰进入乌克兰西部作战做准备;美国空军出动E-8C"联合监视目标攻击雷达系统",是为美国北约军队进入乌克兰地面作战做准备(图6-114)。

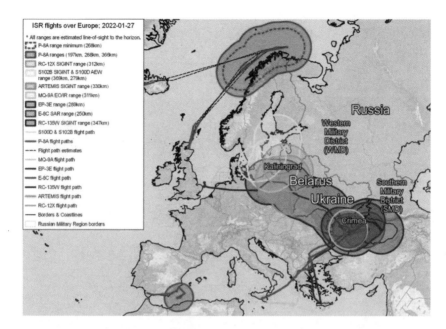

图 6-114　美国北约侦察机航迹与侦察范围汇总图（1 月 27 日）

2 月 21 日,美国北约出动至少 13 架侦察机在东欧上空进行侦察飞行,侦察范围在乌克兰西部、乌-波边境区域,海上侦察集中在地中海中部,地面侦察仍集中在乌克兰、俄乌边境区域、整个白俄罗斯、波兰(图 6-115)。

3. 后勤动向印证

重点了解掌握俄罗斯弹药企业生产、供应变化情况,俄乌边境弹药器材储备、油料储存供应、野战医疗设备设施和血液药品等准备情况。

据美国有线电视新闻网(CNN)2021 年 12 月 3 日报道,美国情报显示,俄罗斯军方已经在俄乌边境建立了重要的燃料和其他供应线,包括各种医疗单位。据一名知情人士透露,"目前驻扎在该地区的装备水平可为前线部队提供 7 至 10 天的补给,为其他支援部队提供长达一个月的补给。"

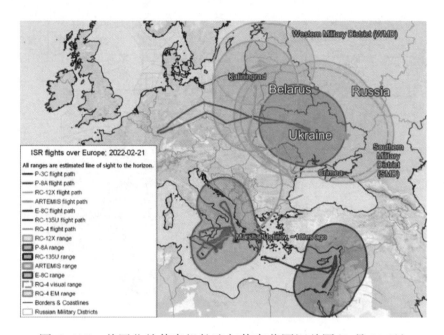

图 6-115　美国北约侦察机航迹与侦察范围汇总图（2 月 21 日）

美国 The Drive 网站"战争地带"专栏 2021 年 12 月 3 日发表文章，称俄罗斯加强后勤补给线，在乌克兰附近部署医疗单位。

2021 年 1 月 29 日，路透社援引三名不愿具名的美国官员说，俄罗斯不仅在乌克兰边境附近集结大量军队，而且在前线部署了治疗伤兵所需的大量血液等医疗物资。这些美国官员认为，这是俄罗斯军事行动准备的一个重要迹象。根据美国现任和前任官员的判断，大量血液供应是判断俄罗斯是否决定入侵乌克兰一个明确指标。美国国防部高官表示，俄罗斯部署在乌克兰边境附近的军队和武器装备，足够入侵乌克兰全国范围。

4. 特工情报关联

多年来，美国情报界已经渗透到俄罗斯政治领导层、间谍机构和军队的多个方面，从高层到前线都有。通过对俄罗斯内部多个渠道的渗透，了解掌握可能的作战方案、进攻时间、打击目标和领导人决策意图及敏感信息。当然，人工情报存在风险，需要可靠性印证，必须与其他信息进行大数据关联分析计算，才能得出是否"入侵"乌克兰的结论。

2022年8月6日，《华盛顿邮报》发表"战争之路：美国努力说服盟国和泽连斯基相信入侵的风险"专题文章。文章提到，2021年10月的一天，美国最高情报、军事和外交领导人集聚椭圆形办公室，与拜登总统举行紧急机密会议，分析由新获得的卫星图像、截获的通信和特工情报汇编而成，相当于俄罗斯总统普京全面入侵乌克兰的战争计划。会上，沙利文表示，现在所有信息都表明俄罗斯已准备好进行大规模攻击。会上讨论了美国利益和战略目标：

(1) 美军和北约不与俄罗斯直接发生冲突。

(2) 在乌克兰的地理边界内遏制战争。

(3) 加强和维护北约的团结。

(4) 向乌克兰提供武器赋予战斗能力。

在随后三个多月内，美国人一直试图说服欧洲、盟友和乌克兰，俄罗斯即将进行大规模攻击，但遇到很大阻力，经历了一个艰难的过程。因为美国人曾经提出大规模杀伤性武器的情报进攻伊拉克；在阿富汗评估撤军后原政权能够抵挡半年，结果美军还未撤完塔利班就占领了首都喀布尔及机场附近，这些事件影响了美军情报的可信度。但乌克兰军方由于事先得到美国确切而详细的情报，开战当天就将很多防空导弹、战斗机和武器装备进行分散部署和隐藏，保存了大量的实力，并且做了很多假目标诱骗俄军远程导弹实施打击。

(二) 信息精准攻防与跨域打击

1. 针对性网络攻防

俄乌双方均将网络攻击目标瞄准对方军事、关键基础设施，旨在造成对方社会混乱、通信中断,削弱政府军事及民间机构的协同作战能力。1月15日、2月15日、2月23日至26日,乌克兰持续受到网络攻击。被攻击目标由外交部、能源部、教育部等政府机构扩大至国防部、安全局等核心部门及金融机构,目标范围进一步扩大;在攻击强度上,由数据擦除数据软件、僵尸网络、分布式拒绝服务(DDoS)攻击组成的网络攻击导致政府、银行、政府承包商受损,网络攻击对乌克兰关键目标造成实质性破坏。俄罗斯方面,2月24日以后,Anonymoues等黑客组织制造的大规模DDoS攻击使包括俄罗斯克里姆林宫、联邦政府、国防部在内的多个核心政府门户关闭。俄罗斯被迫采取"地理围栏"等措施进行防御。

2. 精准电子战

近年来,俄将电子战能力作为"不对称作战能力"的重要组成部分,加大在电子战力量方面的建设力度,发展出一系列先进电子战系统。俄乌冲突中,俄罗斯一方面摧毁压制乌军防空预警体系,利用空中平台发射Kh-31P反辐射导弹摧毁地面雷达,出动"伊尔"-22PP电子战飞机干扰乌军防空系统,掩护己方飞机顺利执行攻击任务。另一方面,在俄乌边境地区部署"鲍里索格列布斯基-2""居民"等电子战系统,对乌无人机卫星通信、导航和测控链路实施干扰,建立起了有效的电子防御。另外,俄罗斯还使用"里尔-3"电子战系统,通过干扰、屏蔽、拦截移动通信,切断对方的卫星导航功能,造成乌部分地区移动通信业务中断。

6月,俄军新研发的"披肩-K"电子战系统应用于乌克兰战场。该系统可压制卫星地面站以及无线电中继通信地面终端,俄军称其已经对乌境内移动通信和互联网信号进行屏蔽,并对"星链"成功进行了干扰。6月4日,俄军对该利用人工智能的电子战系统进行了专门表彰。该系统可以实现精准的点对点干扰,用于关键时间段的通信指控对抗,但实战中不适合长时间持续干扰(以免遭对手定位打击)。此外,由于该系统数量有限,而"星链"终端数量庞大且位置分散,因此"披肩-K"仍难以完全满足战场上实际作战需求。

3. 天空信息智能支持

美国的军事卫星及应用能力全面领先。在轨军事侦察卫星超过 35 颗,最高分辨力 0.1 米,全球覆盖;在轨军事环境探测卫星十余颗,能够及时获取敏感区的气象海洋等资料;在轨军事通信卫星超过 60 颗,具备多频段、多功能、高生存能力。根据美国忧思科学家联盟(USC)卫星数据统计,截至 2022 年 1 月 1 日,美国在轨卫星数量 2944 颗,其中军用和政府卫星 398 颗,加上北约合作的卫星资源,美国可动用的卫星数量超过全球卫星的 80%。

冲突发生后,美国还同意乌克兰直接使用卫星资源。据报道,美国同意乌克兰直接使用美五个军用地面遥感与侦察卫星群,并动用空中客车美国子公司、加州卡佩拉航天公司、Umbra 公司、佛罗里达 Predasar 公司、芬兰 Lceye 美国子公司等商业卫星资源,供乌克兰使用。在赫尔松、克里米亚、扎波罗热、顿巴斯等敏感地区,每 2~3 小时推送一次战场情况,并提供战场态势智能化分析与服务。

截至 2022 年 1 月 1 日,俄罗斯在轨卫星有 169 颗,但真正能够用于战场侦察监视的只有 10 余颗,重访周期长、精度低,与战场需要差距很大。俄"琥珀"系列返回式卫星 2016 年前已全部退役;"角色"数字传输型侦察卫星发射了 3 颗,但前两颗出现故障仅 1 颗能正常工作;"秃鹰"雷达侦察星存在故障基本已废弃;微小卫星 2021 年掉入大气层被烧毁。目前只有"猎豹"、民用"资源 P 星"等数颗测绘和遥感卫星可用,过顶时间短,不能连续侦察,受天气影响大。

在空中侦察方面,美国和北约有 20 多种型号空中侦察平台,涉及有人和无人、光学和电子、联合预警和专用侦察平台等,包括 U-2S 高空侦察机、E-8C"联合监视目标攻击雷达系统"、RC-135U/V/W"联合铆钉"战略侦察机、RQ-4"全球鹰"高空长航时侦察无人机、RQ-4D"北约联合地面监视系统"、E-3A"哨兵"机载预警与控制飞机、P-3C"猎户座"海上巡逻机、EP-3E"白羊座"海上电子侦察机、P-8A"海神"海上巡逻机、RC-12X 侦察机、"阿耳忒弥斯"战术侦察机、S102B 电子侦察机、S102D 空中预警机、TB2 无人机等。

俄空天军以多用途战斗机为主,空中侦察平台不多,且光电载荷一直没有升级换代,飞低了容易被击落,飞高了效果受影响,其战场态势感知能力受到制约和限制。对地侦察和打击兼容的平台有苏-30SM、苏-24、苏-25 对地攻击机,卡-52 攻击直升机、米-24P 武装直升机、米-8 战术通用直升机;侦察机主要有图-214R 侦察机、"猎户座"察打一体无人机、"前哨-R"察打一体无人机、14 千克级 Orlan-10 无人机和几种小型无人机。由于经费、制裁等原因,没有大量装备系列化无人机。

美国的天基和空基信息支持,不仅能提供原始战场信息和影像,还能提供多光谱/全频段战场目标智能识别、战场动态变化趋势判断、打击效果精准评估等智能化分析和服务,而俄罗斯这方面的差距非常大。

4. 星链运用与博弈对抗

俄乌冲突爆发后,"星链"卫星在乌克兰高调启用,并迅速介入军事行动,为乌克兰政府、国防和关键基础设施部门提供连接互联网的冗余网络支持。乌克兰收到的 2.5 万套"星链"终端,除少量分配给政府部门外,大部分给了乌军。通过"星链",乌军指挥控制通信通畅，实现了目标情报数据的实时或近实时传递，保障了火炮等地面多种打击力量的作战决策与指挥、控制、协同。在很多地方军用通信及民用通信遭俄军严重电子干扰阻断的情况下，"星链"所提供的卫星通信网络可确保战场重要信息收发与转接。

鉴于"星链"通信能力对俄军造成的威胁，俄军采取电子战软杀伤结合火力硬摧毁的综合手段，以抵消"星链"威胁，并取得了一定的成效。

一是利用地面电子战系统进行电子干扰。在第一阶段作战行动中，俄军主要利用位于卢甘斯克共和国的"提拉达-2s"移动式地基通信卫星干扰系统，对"星链"通信卫星星座进行干扰，同时实施网络攻击。SpaceX公司3月5日称，在冲突地区，一些"星链"终端被堵塞干扰了几小时。在"星链"受到干扰的第二天，SpaceX称其迅速抛出一行代码并成功修复"星链"，"使干扰失效"。俄军电子攻击虽然会持续一段时间，但通常不会一直持续干扰，电子攻击一旦停止，"星链"功能就可恢复。电子干扰停止后，网络攻击造成的损伤依然存在，SpaceX公司修复的实际上是网络攻击漏洞。

二是利用"星链"信号盲区对乌军实施通信阻断。"星链"能为乌克兰提供通信服务，主要得益于SpaceX在土耳其、波兰和立陶宛建设的三个"星链"地面站，这些地面站使乌克兰一半以上的领土，包括基辅在内的西部和马里乌波尔在内的南部，能用上"星链"服务。但战斗激烈的乌东地区不在第一代星可用区域内，仅少量第二代星过境时，"星链"终端才能连上卫星进行短暂通信。因此，俄军第二阶段对乌东地区的作战行动中，充分利用通信干扰手段，基本掐断了乌东地区乌军的"星链"通信。俄军使用的电子战系统包括"鲍里索格列布斯克-2""居民"和"帕兰庭"等。通过这些电子战系统，俄军在乌东地区营造了1000千米的干扰带，这也是乌军 5 月战场失利的原因之一。

三是通过监测"星链"终端定位乌军指挥所。"星链"终端提供了较为稳定的通信,但数量较少。俄军使用电子战手段可探测"星链"终端电磁辐射信号,对之进行定位后呼叫炮火覆盖。俄罗斯国防部 6 月 13 日公布了"帕兰庭"电子侦察与干扰系统在对抗"星链"中的作用。"帕兰庭"系统主要依靠两套天线,一套是全向测频测向天线,另一套则是指向性很强的干扰天线。在工作时,"帕兰庭"系统依靠测频测向天线来确定乌军"星链"终端的位置,它一般使用多车多点测向,交叉定位。由于"帕兰庭"系统本身是多车组网工作,所以交叉定位特别方便。"星链"终端多配置于乌军营级和旅级指挥所,终端一般距离指挥所 2 千米内,因此,只要定位"星链"终端,就可以使用无人机对"星链"终端 2 千米范围内的区域进行侦察,无人机发现定位到乌军指挥所后,即可呼叫炮兵或使用高精度武器对乌军指挥所进行攻击。

5. 线上侦察与线下打击

冲突期间,"线上侦察""线下打击"成为一种新的作战方式。"线上泄密""线上挑衅""线上直播"遭到"线下打击"的案例非常多。

案例 1:电话号码致乌雇佣军训练中心暴露被毁。3 月 13 日,俄罗斯对乌克兰西部利沃夫一军事训练基地实施精确打击,造成在乌外国雇佣军百余人伤亡。据外媒 3 月 19 日报道,导致该基地遭袭击的"罪魁祸首"或是英国志愿者携带的手机。在遭到导弹袭击前,该地区俄罗斯线人的监控设备检测到 12—14 个以 0044xxx(英国)开头的电话号码。报道称,俄罗斯可能派出雇佣兵使用扫描设备(伪基站)拦截了这些号码,并将其传递给俄罗斯情报机构。

案例2：俄军摧毁基辅波多尔斯基区购物娱乐中心。3月21日，一名乌克兰男子无意将乌军将基辅Retroville购物娱乐中心一栋10层建筑的一个附楼用于停放自行火箭炮的场面拍成视频并上传到TikTok。该男子并没意识到问题严重性——他泄露了基辅乌军的一个军事机密。

3月24日，俄军用无人机查明乌军补给车辆进入购物娱乐中心的车库，这是乌军一个停放多管火箭炮武器系统的前线补给基地。之后，俄军对其实施远程精确打击，因娱乐中心内存储了大批火箭弹引起二次爆炸，造成俄乌冲突后基辅发生的最强烈爆炸之一，彻底摧毁了Retroville购物娱乐中心（图6-116、图6-117）。

图6-116　俄军用无人机查明乌军将Retroville购物娱乐中心一个附楼用于停放自行火箭炮和进行补给

案例3：违反战场直播纪律自己送命。5月初，1名车臣士兵违反纪律，在战场上边走边直播，称赞俄军以1人受伤的代价打退乌军进攻，直播还没有结束就被乌军1发榴弹命中，炫耀直播瞬间变成死亡直播，炮弹爆炸强烈火光的画面同时被手机镜头拍下和发送出来(图6-118)。他没有想到乌军可以从他的背景图像中快速提取位置信息并实施精准攻击。

图 6-117　乌军在 Retroville 购物娱乐中心内存储了大批火箭弹,俄军的远程精确打击引起二次爆炸,彻底摧毁了该购物娱乐中心

图 6-118　车臣士兵违反纪律在战场上现场直播,右图为炮弹爆炸瞬间被手机镜头拍下和发送出来的画面

案例4:乌军击毁"郁金香"240毫米自行迫击炮。5月21日,俄罗斯电视台战地记者采访俄军部署在北顿涅兹克鲁别日诺耶佐里亚化工厂内作战的1门2C4"郁金香"240毫米自行迫击炮,并对

外公布了拍摄的局部镜头(图6-119)。5月22日,乌军公布击毁俄军这门2C4"郁金香"240毫米自行迫击炮的无人机视频(图6-120、图6-121)。

图6-119 5月21日俄罗斯电视台战地记者采访"郁金香"240毫米自行迫击炮的镜头

图6-120 乌军根据"郁金香"迫击炮的无人机视频图像进一步确认了目标位置

图 6-121　俄军"郁金香"迫击炮被乌军发射的炮弹直接命中

(三) 分布式精确打击

俄军在战前已通过长期情报积累掌握了乌军指挥所、机场、雷达、防空系统等关键军事基础设施相关信息,战时从陆地、海上、空中发射精确打击武器,对乌克兰实施定点清除,快速夺取制空权。乌克兰也动用"圆点"陆基战术导弹攻击俄罗斯控制目标及阵地,利用西方援助的制导武器与弹药进行回击。

1. 动用陆基战术导弹实施精确打击

在首轮打击中,俄从俄乌边境不同位置出动至少 4 个"伊斯坎德尔"导弹旅,发射"伊斯坎德尔"-M 导弹及 R-500 巡航导弹近 100 枚,从陆上战线后方配合海空军打击力量,摧毁了 500 千米范围内乌军部分指控中心、防空武器系统、机场等重要军事设施。在第二阶段作战中,俄军出动 6 个"伊斯坎德尔"战役战术导弹旅,对乌东地区和战略纵深实施精确打击。

2. 实施中远程与近空火力支援

行动初期,俄空天军部队出动攻击机发射 Kh-31P 反辐射导弹(3.5 马赫、240 千米),打击乌军雷达类目标,压制瓦解了乌防空预警体系。取得制空权之后,空天军批量出动苏-27、苏-30SM、苏-35S战斗机,苏-25对地攻击机,苏-34战斗轰炸机,卡-52攻击直升机、米-24P武装直升机等实施对地精确火力支援,打击乌克兰坦克装甲车辆等地面目标,保障地面部队向战略要地快速推进。在第二阶段作战中,俄军出动16个航空作战团、400多架战斗机、160余架各型武装直升机,对乌东地区各个战场实施近空火力支援和战役战术精确打击。

3. 发射远程导弹瘫毁关键目标

作为首轮打击手段,俄护卫舰和潜艇等海基平台,从黑海海域防区外发射约30枚射程1500~2000千米的"口径"巡航导弹,快速瘫毁了乌纵深内的核心指控中心、机场等目标。俄罗斯空天军图-95MS远程战略轰炸机,发射了Kh-555/Kh-101巡航导弹对乌军事设施进行远程打击。3月18日,俄军首次使用"匕首"高超声速导弹击毁乌西部伊万-弗兰科夫州杰里亚金一个大型地下导弹和弹药库。3月20日,俄国防部报道,俄动用海基"口径"巡航导弹、空基"匕首"高超声速导弹,摧毁了乌军在尼古拉耶夫州康斯坦丁诺夫卡居民点地区的一个大型燃料和油料储存基地。10月7日到18日,俄罗斯向乌克兰基辅等16个地区发动大约190次远程导弹、神风敢死队无人机和火炮的大规模打击。11月16—17日,俄罗斯又再次发动超过100枚远程导弹的大规模空袭。乌克兰近一半电力设施被损毁,1000万人受断电影响。

4. 制导炮弹作用显著

在冲突中,俄罗斯和乌克兰的制导炮弹都发挥了很大作用。在顿巴斯炮战中,俄军使用的"红土地制导炮弹"成为精准拔除乌军火力点的有力武器。俄军在北顿涅茨克多次渡河失败,就是因遭到乌军制导炮弹的精准攻击。7月,乌克兰完成对16辆"海马斯"多管火箭炮的接收工作。8月,乌克兰利用"海马斯"多管火箭炮,对俄军驻赫尔松州、哈尔科夫州和顿巴斯地区的多个军事基地、弹药库和桥梁等进行打击,给俄军的后勤补给线造成了沉重打击。9月8日,美国参谋长联席会议主席马克米利将军称,乌军已经利用"海马斯"多管火箭炮打击400多个目标,包括俄军防御阵地、军事基地、弹药库和基础设施等静态目标,也包括装甲车队、后勤车队、军用驳船等动态目标,迟滞了俄军的进攻势头,支撑了乌军在赫尔松、哈尔科夫方向发动反攻。

"海马斯"多管火箭炮运作流程大致有三个步骤:一是接受任务,乌军将目标信息包括目标描述、坐标、配用弹种,发送至"海马斯"指挥官处;二是引导发射,发射车通常会隐藏在树林里,指挥官接到发射指令后驶向开阔地完成发射;三是重新装弹,完成发射后迅速驶离。为了提高生存概率,乌克兰实行"车弹分离",将火箭弹吊舱分散隐藏在多个地点,发射车前往弹药补给点,在5分钟内完成吊舱更换(图6-122)。俄罗斯国防部长称将乌克兰的"海马斯"多管火箭炮作为优先目标,侧面反映出该装备对俄军造成了重大困扰。

图6-122 "海马斯"火箭炮换装弹药

（四）乌军城战智能化反击效果抢眼

1. 美国紧急提供大量军援

美国政治军事事务局发布的《美国援助乌克兰情况说明书》表明，截至2023年4月，美对乌军援总额已达358亿美元，包括"标枪"等各型反坦克导弹7万枚，便携式防空导弹1600枚，"海玛斯"火箭炮38门，M777或155毫米榴弹炮160门，"弹簧刀"巡飞弹700枚，炮弹260余万发，轮式车辆2000辆等。在美国的协调下，截至2022年12月，近50个国家向乌克兰累计交付10套多管火箭炮系统、178门火炮、约10万发炮弹和250万发反坦克弹药、359辆坦克、629辆装甲运兵车和步兵战车、8214枚短程防空导弹和88架武装无人机，全球盟国和合作伙伴已提供或承诺超过130亿美元的安全援助。

战前，美国对乌军事援助包括600枚"毒刺"便携式防空导弹、2600枚"标枪"反坦克导弹、5架米-17直升机、3艘巡逻艇、4套反炮兵雷达、4个反迫击炮雷达系统、200个榴弹发射器、200挺机枪、4000万发轻武器弹药、100万发炮弹、70辆高机动多用途轮式车辆和其他车辆。冲突爆发后，3月16日，美国总统拜登宣布，将向乌克兰提供8亿美元的额外军事援助，包括800枚"毒刺"便携式防空导弹、2000枚"标枪"反坦克导弹、1000件轻型反装甲武器和6000件AT-4反坦克火箭筒、100套战术无人机系统等装备物资。大批援助物资和武器装备已陆续抵达乌克兰（图6-123）。其中，改进后的"标枪"反坦克导弹具有发射后不管能力，既能自动攻击顶部最薄弱部分，又能通过双弹头模式击穿反应装甲（图6-124）。新版本的"毒刺"防空导弹具有全向攻击能力及抗干扰能力，不仅发射后不管，而且装有自动敌我识别软件，能分清敌我（图6-125）。在俄军进攻乌克兰的两周内，美国及北约盟友已向乌克兰派送出约1.7万枚反坦克导弹及2000枚防空导弹。

图 6-123　大批"标枪"反坦克导弹运抵乌克兰

图 6-124　发射后不管的"标枪"反坦克导弹

2. 城战反击效果明显

在城市作战阶段,由于前方目标侦察能力弱,俄军先头部队遭遇乌克兰小股部队伏击而损失惨重(图 6-126)。乌军大量使用分散部署的步兵战车、火炮,单兵携带的"标枪""NLAW"等发射后不管的先进反坦克武器,伏击俄军屡屡得手(图 6-127)。3 月 5 日社

图 6-125 "毒刺"单兵便携式防空导弹

交媒体视频曝光,俄军损失 10 架作战飞机,其中包括 1 架苏-30SM 战斗机、2 架苏-34 战术轰炸机、2 架苏-25 攻击机、2 架米-24/米-25 直升机、2 架米-8 直升机、1 架 Orlan-10 小型无人机。这些作战飞机全都是白天低空对地攻击时,被乌克兰肩扛式"毒刺"等防空导弹击落的。

图 6-126 俄罗斯坦克部队在城市作战中遭遇袭击

图 6-127　被摧毁的俄军 T-72B3 坦克

（五）无人机数量越打越多作用突出

1. 品种和数量越打越多

这次冲突，无人机和巡飞弹（自杀式无人机）的使用呈现由少到多、越打越多的趋势。开战后半个月，双方仅公布了利用察打一体无人机的零星战果。但是从 3 月中旬以后，这种情况开始发生改变。据不完全统计，到 5 月底，双方在战场上所使用的无人机及巡飞弹品种，已经由最初的两三种型号增加到十多种，其中乌军的数量品种超过俄军。从双方发布的战报看，截至 2023 年 5 月 23 日，无人机战损 7137 架，其中俄军击落乌军无人机 4273 架，乌军击落俄军无人机 2864 架。虽然遭到大量战损，但是与其侦察打击的目标所带来的收益相比，还是物有所值。冲突一年多来，双方采用无人机+传统火炮、无人机+机动突击、小型无人机+轻步兵等作战方式，总体上很成功，效果十分显著。大量无人机的广泛使用加速了 OODA 闭环并改变了最初的作战形态，无人系统与传统装备的深度融合及一体化建设,将成为未来发展的重大趋势。

2. 俄军无人机参差不齐

据不完全统计,俄军使用的无人机包括 1000 千克级"猎户座-E"察打一体无人机、500 千克级"前哨-R"察打一体无人机、14 千克级 Orlan-10 无人机、10 千克级"立方体"巡飞无人机、10 千克级"柳叶刀"巡飞无人机、5 千克级 ZALA 隐身小型无人机、伊朗 200 千克级"萨希德-136"无人机、伊朗 600 千克级"迁徙者"(莫哈德)-6 远程无人机和小型民用无人机系列等 9 种。据说还有 30 千克级"石榴石-4"侦察无人机、25 千克级"超光束粒子"侦察无人机、6 千克级"哨所"侦察无人机、5 千克级"副翼"侦察无人机、2.4 千克"石榴石-1"多用途无人机等 5 种,但未见报道。其中,14 千克级 Orlan-10 无人机,是俄军在冲突中大量使用、简单可靠、不可或缺的侦察无人机。9—10 月,伊朗"萨希德-136"低成本无人机在哈尔科夫、顿巴斯、第聂伯罗、敖德萨、尼古拉耶夫、基辅等地区,连续大规模打击乌克兰火炮、战车、雷达、指挥所、军用和民用设施,造成的威胁比俄军远程精确导弹更大。

3. 乌军无人机更多更全

据不完全统计,乌军使用的无人机包括乌克兰 1200 千克级 Ty-143 侦察无人机、土耳其 650 千克级 TB2 察打一体无人机、英国 200 千克级马洛伊四旋翼无人机、乌克兰 80 千克级 UJ-22"天空"察打一体无人机、美国 30 千克级"凤凰幽灵"巡飞无人机、美国 5 千克/23 千克级"弹簧刀"巡飞无人机(分别为 300 型/600 型)、乌克兰 10 千克级 ST-35"无声雷"自杀无人机、波兰 5 千克级"战友"巡飞无人机、德国 14 千克级"矢量"电动垂直起降无人机、美国 6 千克级"美洲狮"侦察无人机、乌克兰 5 千克级"芙蓉"A1CM 侦察无人机、乌克兰 5 千克级"勒里卡-100"侦察无人机、中国台湾 Revolver860 攻击无人机、中国台湾 EVOLVE2 侦察型垂直起降无人机和大量小型民用无人机等，共计有 17 种无人机型号与系列。乌克兰在战场上使用的无人机数量更多、品种更全，面对俄军强大野战防空体系，当然战损数量也更大。其中，TB-2 无人机系统使用与战损都比较高。

战前，乌克兰向土耳其采购 48 架 TB-2 察打无人机系统，被俄罗斯空袭后部分被打掉了。俄乌冲突之后，土耳其在两周内向乌克兰空军又交付部分 TB-2 型无人机。据不完全统计，到 5 月 10 日，乌军 TB2 无人机取得的战果包括 10 个防空导弹与军用车辆、6 门火炮与多管火箭炮、6 辆装甲车、24 辆军用卡车、2 个指挥所、1 个通信站、9 架直升机、2 列火车、1 座油库、2 条"猛禽级"高速艇等共 63 个目标。但战损也达到 60 余架，平均击毁 1 件俄军装备与设施，损失 1 架 TB-2 无人机。不过，TB-2 无人机打击目标的价值，都远超过自身。据乌方统计，其收益率平均在 1 : 5 左右，就是说 100 万美元的无人机损失，打掉的目标价值 500 万美元。在俄军强大野战防空体系的拦截下，TB-2 无人机"杀敌一千、自损二百"，物有所值。实际上，俄罗斯防空系统和拦截弹的成本，与 TB-2 无人机相比，也不会低多少甚至更高。

还应该值得关注的是，10 月 29 日凌晨，乌克兰军队使用无人机与无人艇，"组队"对停泊中的俄黑海舰队发起远程自杀式打击。随后，乌克兰总参谋部声明，俄罗斯黑海舰队新旗舰"马卡洛夫海军上将"号遭袭，并公布了无人艇爆炸前拍摄正冲向俄军舰的视频资料。11 月 18 日晚上，俄罗斯境内新罗西斯克（Novorossiysk）的谢斯卡里斯（Sheskharis）油港遭到了乌克兰无人艇的袭击。

俄军虽已拥有一定数量的无人机，但在冲突中，并没有体现出较高的技术水平。察打一体无人机出动数量少且比较晚。行动期间,俄军大量使用编配的 Orlan-10 小型无人机,用于目标侦察指示和火力校射,取得了较好的效果,但该机需要轨道发射、伞降回收,成本比较高,不适合城市和森林环境下作战使用。冲突行动推进到城市攻坚阶段后,俄罗斯的先头部队由于缺乏系列化无人机提供有效的 ISR(情报、侦察和监视)信息支持而遭受了大量损失。因此,双方都开始紧急采购和征召民用无人机参战。

(六)美国和北约提供后台"云+AI"支持

美国和北约国家已深度介入俄乌冲突。美国防部负责情报和安全事务的副部长罗纳德透露,在冲突爆发前后,美国一直在向乌军提供战役和战术级的军事情报。他表示向乌军提供情报非常及时准确,挫败了俄军多次关键进攻,尤其是对俄高级军官的"斩首行动"起到重要作用。据美国《纽约时报》报道,美国和北约侦察卫星、侦察机和地面技侦部队,正在对乌克兰战场上的俄军动态进行 24 小时不间断全面监控,并与乌克兰军队共享,为乌克兰提供"革命性"的情报支援,主要有四个方面。

1. 促使战场"单向透明"

鼓励民用商业卫星公开俄罗斯的所有军事力量部署及活动情况,而屏蔽乌克兰军队调动及活动情况,尽量造成战场信息"单向透明"。

美军、北约除通过大型军事卫星收集俄军情报外,鼓励美欧国家商业卫星公司积极参与其中。以谷歌、鹰眼 360 公司、卫星成像公司(Satimagingcrop)、数字地球(DigtalGlobe)公司、MAXAR 公司、BlackSky 公司、Planet 公司等为代表。以 MAXAR 公司为例,公司称其卫星图片分辨力原为 0.3 米,在 2021 年底,该公司通过智能算法升级,成功将成像分辨率由 0.3 米提升至 0.15 米,其分辨力远超过冷战时期苏联的顶级侦察卫星,距离美军"锁眼"系列卫星 0.1 米的分辨率已不远(图 6-128)。

图 6-128　MAXAR 公司公开的 2022 年 4 月 7 日塞瓦斯托波尔军港的高分辨力卫星照片,图中最大舰船为几天后沉没的"莫斯科号"导弹巡洋舰

在俄乌冲突中,美国鹰眼 360 公司向美国和北约军方提供了乌克兰领土上的 GPS 干扰信号分析,显示了可能由俄军发射的 GPS 干扰信号的地图(图 6-129)。

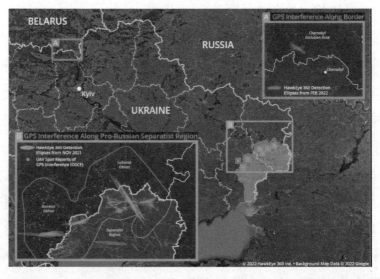

图 6-129　美国鹰眼 360 公司提供的乌克兰领土 GPS 干扰信号地图

除这些商业卫星公司以外，西方国家还有大量的公司提供卫星数据分析服务，利用人工智能技术和专业算法对卫星照片和其他数据进行融合分析，从而得出有用的情报，能够极大地减轻人工研读遥感卫星数据带来的工作量。

比如美国 Blacksky 公司就定制了算法和机器学习软件，以更快地分析图像，并且在俄乌冲突爆发后，该公司还建立了一个全天候运营的部门，为客户提供更快的服务。

据美国《太空新闻》网站报道，4月6日，美国国家地理空间情报局（NGA）的商业运营总监戴维·高蒂尔透露，NGA 和 NRO（美国国家侦察局）在俄乌冲突爆发前就加速采购西方商业遥感卫星公司提供的各种情报数据，目前正在与100多家商业遥感卫星公司合作，使用了至少200颗商业遥感卫星的照片，而且这些商业遥感公司还提供了大约20种不同的分析服务。

他还说，与战争爆发前相比，他们购买的关于乌克兰的商业遥感卫星照片增加了一倍多，对合成孔径雷达成像卫星的照片采购量增加了5倍以上，并且这些照片能够直接流向美军欧洲司令部、北约军方、乌克兰政府和军队。来自 NRO 和商业卫星的图像在帮助乌克兰反击俄罗斯军队方面发挥了关键作用。

2. 提供实时态势与评估

利用空中侦察平台的优势，通过全天候、大范围、多专业侦测和多源信息融合，提供更精准、更实时的战场态势与评估。

受卫星运行轨道的限制，航天侦察周期较长，现在还不能实现连续侦察监视与评估，而各种侦察机可以不受时间的限制且能抵近侦察与评估，与航天侦察监视的信息互为补充和验证。

军事行动前夕，美国空军1架 RQ-4"全球鹰"高空长航时侦察无人机进行了1次不同寻常的飞行（图6-130），表明美军在侦查俄罗斯可能的作战攻击方向,夺取克里米亚运河大坝,确保水源安全。2014年,乌克兰在北克里米亚运河修建了水坝,使并入俄罗斯的克里米亚失去90%的淡水供应,因此认为俄罗斯可能采取军事行动夺取克里米亚运河大坝。事后证明俄军确实把该大坝作为重要占领目标之一。

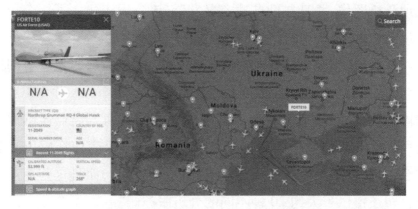

图6-130　美军RQ-4"全球鹰"侦察无人机不同寻常的飞行路线

3月13日—31日(图6-131),美国北约十多种型号的侦察机高频次围绕乌克兰西部和南部飞行,飞行轨迹表明:俄罗斯设置在乌克兰上空的禁飞区奏效。

4月1日—22日(图6-132),美国北约侦察机高频次围绕乌克兰西部和南部飞行。

3. 开展多目标智能识别

冲突中,美国、北约通过航天航空图像、视频、电磁频谱、电子信号等侦测,对俄军部队、装备型号、数量、指挥所、指挥员及相关光学、声音、频谱特性进行智能识别,进而确定精准的位置、分布与活动轨迹,指导和引导乌军实施反击、打击与精准斩首。

最突出的例子是俄大型登陆舰"萨拉托夫"号被导弹击沉、"莫斯科"号巡洋舰遭袭沉没等,美国、北约的情报与AI支持,功不可没。

图 6-131　2022 年 3 月 13 日—31 日美国北约侦察机
航迹与侦察范围汇总图

图 6-132　2022 年 4 月 1 日—14 日美国北约侦察机
航迹与侦察范围汇总图

3月25日,乌军使用"圆点-У"导弹系统发射9M79-1近程地地导弹,对停泊在别尔江斯克港口码头正在卸弹药的1171型"鳄鱼"级坦克登陆舰"萨拉托夫"号攻击得手,这是全球首次在实战中用弹道导弹攻击军舰沉没战例(图6-133)。2月24日俄罗斯发起军事行动当日,美国RQ-4B"全球鹰"高空侦察无人机就在乌克兰上空执行侦察监视任务,E-3A空中预警机、RC-135战略侦察机、E-8C"联合监视目标攻击系统"等,也在乌克兰周边的罗马尼亚、黑海上空持续飞行,对敏感地区地面和海上活动目标形成有效监视。

图6-133 俄军登陆舰"萨拉托夫"号燃起大火的照片

4月13日下午,驻敖德萨乌克兰海军岸基反舰导弹部队发射2枚"海王星"反舰导弹,击中正在黑海执行任务的俄黑海舰队旗舰"光荣"级"莫斯科"号导弹巡洋舰的左舷引起大火,火灾引发舰上弹药殉爆。4月15日,俄罗斯国防部发表声明说"莫斯科"号导弹巡洋舰受损严重,舰上人员已转移,在拖带返航过程中沉没。

"莫斯科"号导弹巡洋舰是按任意相邻三舱进水不翻沉设计的,最大排水量11500吨,抗袭能力应该说是很强大的。图6-134表明,"莫斯科"号被袭击后并没有立即沉没,海面隐约有导弹巡洋舰的倒影,说明海面风浪不大,舰体整体向左舷倾斜,虽然有明显烧伤和烟雾,但左舷4组P1000远程超声速反舰导弹发射管没有殉爆。

图6-134 "莫斯科"号导弹巡洋舰遭袭后和夜视仪拍摄的舰上弹药殉爆瞬间的照片

塞尔维亚媒体报道称,在乌克兰南部港口城市敖德萨郊区,北约建立了一个的秘密基地,是北约在黑海沿岸的"眼睛和耳朵",架设了无线电监听、测向装置,24小时不间断的监视和搜集俄黑海舰队所有军舰的行踪和情报,可在半径200千米范围内确定俄军舰的型号、数量、位置坐标、航迹等信息。

4月14日,希腊Pentapostagma报道指出,"莫斯科"号导弹巡洋舰遭袭击时,附近有一架美国反潜巡逻机。Flightradar网站专门实时跟踪飞机飞行轨迹,有用户注意到当时美军一架P-8"波塞冬"海上巡逻机侦察机正在罗马尼亚领空飞行,距"莫斯科"号导弹巡洋舰70千米。

有媒体在公开的国际民航飞行网站，下载到美军一架 RQ-4B "全球鹰"高空无人侦察机当日在黑海上空的飞行航迹（图6-135）。

图6-135　"莫斯科"号遭袭击前美军 RQ-4B"全球鹰"高空无人侦察机在黑海上空的飞行航迹

多年来，美国的各种军用和民用卫星一直在跟踪俄罗斯黑海舰队特别是"莫斯科"号巡洋舰的活动情况（图6-136）。可以说，美国北约天空地一体化侦察系统，基本掌握了"莫斯科"号巡洋舰的可见光、红外、SAR、电磁频谱信号特征及活动特点。

从上述信息可以大致描绘攻击"莫斯科"号导弹巡洋舰的过程：

图6-136　2022年3月16日8点30分西方卫星拍摄到在黑海的"莫斯科"号导弹巡洋舰的卫星图像

——乌克兰研发的"海王星"反舰导弹岸基版系统的RCP-360指挥控制车集成了一套"德尔塔"态势感知系统,能直接与北约侦察设备互联互通,可以直接接收北约侦察机发送的俄军舰艇的定位信息。

——北约侦察体系发现"莫斯科"号导弹巡洋舰的位置、航行区域已经加入"海王星"反舰导弹射程,并且发现其防空警戒雷达处于关闭状态,舰炮、近程防空导弹、远程防空导弹、电子干扰系统组成的"3+1"防空体系也未处于作战状态(俄军或为不被发现而采取了电子静默),因此及时通知乌军。

——乌军将"海王星"反舰导弹发射车、指挥控制车隐蔽开到预定发射阵地,使用GPS确定了导弹发射车的位置坐标,并与北约侦察体系发来的"莫斯科"号导弹巡洋舰的情报和定位信息关联。

——乌军规划作战任务,根据上述信息计算出导弹发射所需数据,为2枚"海王星"反舰导弹装定数据后,选准时机发射2枚反舰导弹。

——进攻方"海王星"反舰导弹使用惯导+GPS，顺利在高度10~15米的超低空飞完中段，在末段飞行高度再降低至3~10米，充分利用地球曲率遮挡"莫斯科"号导弹巡洋舰上的防空雷达，使其不能或很难在远距离发现来袭"海王星"反舰导弹。

——防御方"莫斯科"号导弹巡洋舰第3上层建筑上的"顶罩"火控雷达仍指向其舰艉正后方，表明其未处于作战状态，导致远程防空反导火力失效；近程舰空导弹系统发射架和导弹并未伸出发射井展开，也未处于作战状态（图6-134，上图）；能同时拦截左舷来袭目标的4门AK-630全自动速射舰炮（舰艏2门、左舷2门）显然没有开火射击，最后一层末端防空反导火力失效；电子干扰对抗系统也没有发射干扰弹，"莫斯科"号导弹巡洋舰基本处于挨打状态。

——"海王星"反舰导弹战斗部只有150千克，2枚应该不会将巡洋舰炸沉。因此，实际可能是2枚"海王星"反舰导弹命中舰体舯部吃水线上方附近（图6-137），半穿甲战斗部爆炸后引起部分燃气轮机的燃油燃烧（图6-138），再引爆弹药殉爆舰体被炸开进水，最终在拖带返航途中沉没，这样的解释比较合理。

"光荣"级导弹巡洋舰就是在乌克兰黑海造船厂建造的，乌军对该舰的情况比较清楚。"莫斯科"号遭袭沉没，对俄军和俄罗斯来讲是一个重大损失与打击。

在精准斩首方面，根据报道分析，俄10余名高级将领和50余名上校级军官阵亡，主要原因是其指挥部及个人行踪被定位和跟踪。

美国、北约利用天上的电子侦察卫星、光学卫星、空中RQ-4B高空侦察无人机、RC-135战略侦察机、各型无人机等，以及在乌克兰的北约地面无线电监听站，连续不间断对俄军通信进行深度监听、破译和分析，根据无线电信号特点、网络连接的节点关系、通信

第六章 无人化作战 | 339

图 6-137 被炸后的"莫斯科"号导弹巡洋舰舯部有 2 处可见的明火；舰体吃水线附近有 3 处破损（圈内），前 2 个明显是弹孔；舰体上层建筑冒出大量黑烟表明这一区域已经并正在发生燃烧

图 6-138 "海王星"反舰导弹命中区分析示意图，最可能的弹着点落在图中浅色区，该部分甲板下方正好是燃气轮机舱的位置

频次、时间长度、高级军官通信的"声纹"等，获取俄军旅级以上的指挥所和高级军官位置、行踪、时间等重要情报，并及时通报乌军实施"斩首作战"。

《华尔街日报》采访泽连斯基总统核心圈内的一名人士表示，乌克兰有一支专门针对俄高级军官的军事情报小组，专门收集"斩首行动"所需的情报，执行"斩首行动"特种作战。这表明乌军是有目的、有组织、系统地实施战场"斩首作战"，并取得了重大战果。

乌军根据获取的情报制定针对性的"斩首作战"方案，战法有远程炮火突击、精锐部队突击、狙击手狙击、反坦克导弹打击等战法，将"斩首作战"作战发展到一个更有威慑力和杀伤力的新阶段，虽然未披露更多的"斩首作战"细节，但从结果分析主要有以下3种战术：

（1）"特战突击斩首"，对距离较近的俄军指挥所/部/中心，确定其位置，乌军出动精锐特战部队突袭；

（2）"单兵武器斩首"，对距离较近、暴露在一线的俄军高级指挥官，掌握其行踪，乌军派出狙击手、反坦克导弹小组打击；

（3）"远程火力斩首"，对距离较远的俄军高级指挥官，确定其位置后，使用远程火力进行突击斩首。

冲突以来，截至6月8日，俄军阵亡高级军官共计有14名。其中多数（10名左右）是被精准斩首的，这不仅在精神上对提振乌克兰军队士气有巨大的促进作用，而且说明俄罗斯的指挥机构、通信系统、高级指挥官的声纹特征、活动轨迹等，被美国和北约掌握，并且与前线部队的武器系统实现了快速有效交链。

4. 加速验证新的作战概念

美国、北约通过各种卫星侦察、空中有人/无人机侦测，全天候、大范围、多专业实时收集俄军队行动信息和情报，经过AI智能识别和大数据关联计算分析,分类分层扁平化直接传递。对于全域态势类信息,通过卫通、空地数据链等直接传输到乌军总参谋部和前线指挥部。对于区域战场任务类信息,直接传输到前线指挥部。对于时敏目标类信息,直接传输到乌军一线部队或战斗小组,实施快速打击或斩首。

在美国、北约完善的 C^4ISR 网络信息体系支撑下,乌克兰形成了"全域感知+AI 支持+扁平化指挥+小分队作战"快速响应作战能力,OODA 时间大大压缩,"美军大脑+乌军手脚"优势显现,初步实现了分布式、网络化、扁平化作战模式的创新。

乌军常常以小群、多路灵活的方式,智能化守株待兔,巧妙利用地形地物,攻其不备,以巧打拙,以轻打重,以少打多,打了即撤,造成俄军前线和运输线武器、装备和人员大量损失,部分瓦解了俄军第一阶段分割包围乌重点城市的战役与战斗目标。在这种创新的作战模式下,大量俄军的主战坦克、步战车、自行火炮等重型装备和辎重被摧毁。(图 6-139)

图 6-139　乌军步兵小组重创俄军大量坦克步战车和支援保障车辆

可以说，在乌克兰战场，初步实现了美军提出的新一代抵消战略的关键战术——分布式作战，也部分验证了马赛克作战的思想和理念，这是美军着眼未来高端对手而提出的新的作战概念。

（七）乌克兰的信息化智能化优势与"派单式"作战

乌克兰大量防空、指挥系统和重型装备被俄摧毁后，仍能有条不紊组织高效抵抗，通过合理的分散部署和针对性设伏，用劣势武器取得了较好的反击战果，并使俄多名高级将领阵亡，说明其信息化智能化水平明显提升，形成了对俄罗斯高维空间作战优势。

1."德尔塔"战场态势感知系统

从2014年乌克兰重新组建军队开始，北约就已经深度介入乌军的指挥管理体系，很多乌军作战部队甚至能直接获得北约的情报支持。乌军的"德尔塔"战场态势感知系统，就是根据北约标准收集、处理和显示敌军信息、协调防御力量以及提供态势感知的系统，由乌克兰国防部国防技术创新与发展中心开发。该系统可集成地面侦察部队终端信息、无人机侦察数据、卫星遥感图像等信息，生成高精度交互式地图，以便追踪俄罗斯部队。"德尔塔"还集成了由乌克兰数字事务部开发的聊天机器人"eVorog"和安全局"停止俄罗斯战争"软件，可以在任何笔记本电脑、平板电脑和手机设备上工作。系统开发人员表示，"德尔塔"是一种云解决方案，已实施北约标准和最新的行业趋势，例如云原生环境、零信任安全、多域操作等。

乌克兰副总理费多罗夫与国防部国防技术创新与发展中心的官员，在一次封闭的北约活动中介绍了乌克兰态势感知系统"德尔塔"，该系统为军方提供了各种有关敌人和战场上部队协调的数据（图6-140、图6-141）。

图 6-140　参加北约封闭活动的乌克兰专家

图 6-141　乌克兰专家受邀分享他们在与俄罗斯作战期间使用数字解决方案、机器人和现代 IT 发展在战场上获得优势的经验,特别介绍了态势感知系统"德尔塔"

该系统于 2019 年和 2020 年两次参加北约"联盟战士互操作演习(CIWS)",能与北约侦察体系无缝连接。在第二阶段冲突中,俄军在乌东地区缴获的乌军指挥中心设备显示,后者配备的电脑可以与北约的 E-3 预警机联网。

2. "星链"通信系统

2月26日，乌克兰副总理费多罗夫在推特上@马斯克，慷慨激昂地向马斯克发出"我们请您向乌克兰提供星链网"号召。马斯克10小时后回复"星链网在乌克兰的服务已被激活，更多的终端已在路上"。两个星期后，乌克兰收到数千个非常有效的互联网天线。马斯克通过星链服务称："连接质量非常好，我们正在使用数千个天线设备，每天都有新的设备到达。"

一支空中侦察部队（Aerorozvidka）使用无人机监视和攻击俄罗斯的坦克和阵地，它的受益可能最大。在现场协调多旋翼飞行器的团队使用星链访问战略数据库、联系指挥控制中心并提供炮兵支援（图6-142）。这支部队每天进行300次收集目标情报的任务，一旦空中侦察部队确定俄罗斯目标，士兵们就会调动装有反坦克弹药的无人驾驶飞行器并投下炸弹或传递坐标。该部队指挥官雅罗斯拉夫·洪查尔描述了另一种部署方案："如果我们在夜间使用带有热像仪的无人机，它必须通过星链连接到炮兵队。"他说连接的高数据速率需要稳定的通信。目前乌克兰军队已大量使用星链Starlink网络进行通信，包括用于无人机部队攻击俄军，与炮兵进行通信协调，以及将侦察无人机的数据传输给使用反坦克榴弹发射器的士兵。这在没有网络基站、电台联系不上、超视距联络等条件下，是一种重要的通信手段。英国媒体称，乌克兰军队正在非常成功地利用星链对俄罗斯坦克和阵地进行无人机攻击。星链接收器的功耗很低，可以通过汽车供电，能在车辆行驶中使用，测速显示其网速也不错（图6-143、图6-144）。

3. "情报众筹"APP

泽连斯基上台后，乌克兰副总理费多罗夫提出名为"智能手机国家"项目，开发了一系列供乌克兰公民使用的交水电煤气、交汽

图 6-142　乌军士兵使用星链引导无人机跟踪和打击俄军

图 6-143　基辅市长与星链接收器合影

车罚单、纳税、医院挂号等的便民服务 APP（图 6-145），目标是从 2024 年起，乌克兰政府在线提供 100% 公共服务，其中 20% 的服务实现完全自动化和无人化，乌克兰公民只需填写一份在线表格，便能"在任何生活情况下"获得政府的一揽子服务。

图 6-144　安装在车顶的星链接收器

图 6-145　费多罗夫领导开发了一系列
乌克兰公民使用智能手机的 APP

冲突开始后,费多罗夫带领数字技术团队成员,在上述便民 APP 上,迅速开发出一个"情报众筹"(Crowdsourced)应用程序,号召乌克兰民众大量下载,据称被下载 20 万次以上,用于将乌克兰民众用智能手机拍摄到、带位置信息的俄军情况实时上传至互联网,提供实时俄军的图像、视频信息。这个"情报众筹"应用程序让许多乌克兰民众成为一名战场"侦察兵"。"情报众筹"应用程序的后台技术人员将这些信息拼接起来，几乎就是完整的战争场景，与卫星、侦察机等专业情报源提供的情报结合起来，互相补充，互相印证，让俄军的作战部署与行动暴露无遗，使乌军及时、准确地掌握俄军的动态。

4."阿尔塔"炮兵地理信息系统

冲突中，很多视频和案例表明，乌军炮兵不仅打得快，而且打得准，隐蔽性还强。乌军炮兵的优越表现，主要归功于乌克兰武装部队开发的"阿尔塔"炮兵地理信息系统（GIS Art for Artillery）。（图6-146）

图6-146 "阿尔塔"炮兵地理信息系统

这是一款火炮召唤和任务发布软件，与嘀嘀打车、Uber等"定位乘客并分配最近车辆"软件的原理极其相似，当炮兵支援的"呼叫"被"分发"到最近的榴弹炮时，它接收目标的确切坐标。每次在一个地方侦察，其结果将是一个带有坐标的清晰目标回传，而不仅是该区域的快照。该系统整合了所有可能的情报来源，包括无人机侦察图片、前线激光定位信息、商业卫星图片甚至是手机自拍图像，在目标侦察完成/接到火力打击请求后，再将这些任务分发给最近的迫击炮、榴弹炮、攻击无人机和乌军作战分队。这个系统是依托"德尔塔"战场态势感知系统建立起来的，它们在信息接口、数据交换格式、通信体制和加密软件方面的标准统一、一致，能够实现互联互通。

受美军网络中心战、马赛克战等作战思想的影响，该系统按照分布式、网络化、扁平化作战的要求，建立了新型信息链和指挥链结构，重点把侦察探测系统、炮兵指控中心、火炮系统、评估系统横向端到端数字化链接起来，经过开战后不断应用与调试，到5月初炮兵从目标探测到命令开火的OODA时间从平均20分钟降低到30秒。其中，将它们连在一起的核心是数字化标准化的移动互联与数据传输系统。怎么样把民用网络、民用数据链、军用电台、军用数据链、卫星通信、星链等不同频率不同体制的通信网络整合起来，是一个关键。目前看来，该系统在军用和民用方面可能都适用，技术上通过中间件或者APP等方式，使它们尽量能互联互通互操作，应用上采取了简单的加密算法与软件。

据报道，部队成员和装备之间，主要靠装有"阿尔塔"系统软件包的笔记本电脑、智能手机、已集成该软件的侦察/火控雷达及相关设备进行操作和互联。炮兵指控中心有笔记本电脑，装甲运兵车上有笔记本电脑，特种部队使用带有该程序的智能手机，其他能够集成的设备等,它们彼此"友好",使用加密创建整个网络。炮兵指控中心的屏幕上可以看到目标区域的地理情况,住宅楼、学校、花园、政府机构等用不同颜色标出。系统会指示地形,如果目标位于山上,它可以考虑在这些特征情况下建立进场和离场路线。资料显示,乌军开发该系统历时多年,除使用传统 ARK-1 侦察/火控雷达外,还把更先进的 Su-24MR 侧视航空雷达(SLAR)和空地数据链应用到地面作战,并结合此次冲突需要,快速拓展到与民用无人机、智能手机、移动互联网及星链的利用与整合。

通常情况下,俄军炮兵会采用传统"标准方案",即多门炮组成炮连、多个炮连组成炮营在同一片区域内同时向目标开火,可以同时覆盖一大片区域。而炮兵密度远不如俄军的乌克兰人,决定采取不一样的应对方式:乌军的炮兵从炮连变成了单炮,许多门火炮分散在战场不同角落,在接到命令时根据距离、弹速、弹道的不同,错时向目标开火,以达到同时落弹的效果。如果观看乌军的炮兵打击视频,就会发现炮弹的落弹方向虽然各不相同,但是落弹时间却大致相当。这同时也能解释为何俄军反炮兵能力低下,因为他们的反炮兵雷达什么也没看到,找不到那些有价值的"炮群",只能看到一些只发射过几枚炮弹后就消失的单炮炮组(图 6-147)。这是乌军炮兵的分布式、"派单式"打击新战术。

乌克兰的"阿尔塔"系统和马斯克的星链相结合,实际上为乌克兰军队提供了比美军更好的炮兵指挥控制与服务,这是俄罗斯无法逾越的人造天堑(图 6-148)。

5."荨麻"智能火控系统 APP

"荨麻"(Kropiva)智能火控系统 APP,是由激进主义者领导的非政府组织 Army SOS 开发的,它能够将基于 Android 的平板电脑转换为具有自动精确制导的智能单元(图 6-149)。

图 6-147　被乌军炮击摧毁的俄军"动物园"-1M 反炮兵雷达

图 6-148　在尼戈拉耶夫方向被成建制摧毁的俄军牵引炮群

在俄乌冲突前几年，奥列克西·萨夫琴科帮助开发了一种被乌军广泛使用的最致命、最便宜的武器——"荨麻"智能火控系统APP，它是一系列高科技设备和武器的一部分，这些设备和武器帮助乌克兰军队从士气低落的弱者转变为强大的抵抗力量。2014年，基辅举行长达数月的集会，最终导致亲俄罗斯总统维克多·亚努科维奇被罢免。萨夫琴科是当时集会的参与者之一。后来，萨夫琴科与志同道合活动家一起创办了 Army SOS 非政府组织（图 6-150）。美国防务分析师帕维尔·卢津认为，"荨麻"是"私人倡议和在军队中有效使用民用系统的一个例子"。

图6-149 带有Kropiva(Nettle)软件的平板电脑可帮助乌克兰军队提高火炮射击精度

图6-150 奥列克西·萨夫琴科与Army SOS

该软件可以将任何价格在150美元以上的基于Android的平板电脑变成自动精确制导系统的基本单元。平板电脑可以从用户、无人机或雷达获取和传输用于纠正炮火射击的坐标。它可以计算乌克兰军队使用的每种火炮到目标直接射击的距离，还可以获取影响每次炮击的气象数据如风速和风向、温度和湿度等。如果无法通过网络与指挥中心取得联系，平板电脑可以使用便携式无线电台。苏联时代的火力引导方式需要手动输入数据并使用火炮射表进行计算，一般需要 15 分钟，该软件可以在几秒钟内完成计算并传输。

6. "派单式"作战

"德尔塔"战场态势感知信息系统、"情报众筹"APP、"阿尔塔"炮兵地理信息系统、"荨麻"智能火控系统APP、星链系统结合起来，催生了"派单式"作战方式的形成。其大概流程可以概括如下。

首先，对于战场信息按态势类、任务类、火控类（时敏类），开展认知分析。对于美国北约卫星、空中侦查到的俄军各个方向的全局性的动态信息，以乌军总参谋部信息为主进行存储分析，其他战区和部队根据权限可以共享。

其次，对于交战区域的信息，包括民众通过众筹APP拍摄上传战场信息，主要汇总到前沿指挥所，根据"阿尔塔"炮兵地理信息系统或者联合作战自适应任务规划执行软件（美军北约2016年开始使用），对多目标多任务，与多个部队的位置、打击和防御手段，进行快速的排优和任务分配，通过星链、军用通信、民用网络等加密传输。

再次，对于交战区域前线时敏类的目标信息，通过"阿尔塔"炮兵地理信息系统直接传递到武器终端，再根据目标位置、终端位置信息，通过"荨麻"智能火控系统APP自动解算火力发射的方位角及弹道。通常，乌军的火炮和坦克装甲车辆配发有平板电脑或者笔记本电脑，上面安装了"荨麻"智能火控系统APP，或者装有与"阿尔塔"配套的火控软件。

在上述系统及其智能化软件的支持下,在北约"云+AI"的支持下,乌军在战役和战术层次初步实现了传感器智能识别、任务规划多目标多手段自动排优、末端武器火控智能计算与辅助决策,实现了OODA全过程的智能化闭环,平均时间控制在了1分钟以内,成为具有实战化能力的信息化智能化引领者。

5月2日,据俄罗斯《莫斯科共青团》网站报道,一名俄军坦克部队指挥官表示,乌军近年来一直采用北约组织的侦察、协作和目标制定的方式进行备战。该指挥官说:"他们一切都是按北约标准行事。我们击中了两辆步兵战车,在战车里发现了带有北约标志的火力地图,而且他们的侦察和火力装备是完全兼容和相互协调的。很明显,他们首先识别目标,然后借助下载到指挥官平板电脑和手机上的相同程序进行所有的必要计算。例如,有个程序可以立即为迫击炮提供方向角。也就是说,这不是标在射表上的,而是一个电脑程序。有了这种即时辅助,一射一个准。"该官员还称,乌军通常不直接与我们的坦克公开战斗,而主要是用后方分散隐藏的火炮摧毁战车、医疗车辆、后勤车队,断绝坦克部队的燃料和弹药,如果没有运输补给,你就不会有燃料和弹药,还何必进行坦克战呢。

这一说法印证了乌军"派单式"作战方式和"荨麻"智能火控系统APP在战场上的应用。

乌克兰副总理费多罗夫认为,现代战争的主要优势是在战场上的完整信息感知,了解敌人的位置、数量、作战能力等,由于乌克兰开发人员的智能解决方案和创造力,乌克兰是这方面的世界领导者之一。

7. 乌克兰的数字战争

冲突发生后,乌克兰政府副总理费多罗夫发起了数字战争。

主要内容有三方面:一是要求西方网络信息公司停止对俄罗斯服务,实施"停、断、黑";二是通过网络宣传、黑客攻击等手段,呼吁全世界反对俄罗斯、支持乌克兰;三是通过网络号召乌克兰公民主动采集上传俄军信息、捐款捐物、购买民用无人机等,发动"人民战争"支持乌军与俄军战斗。

费多罗夫向推特(Twitter)、脸书(FaceBook)社交平台、电报(Telegram)、谷歌(Google)、苹果(Apple)、加密交流(crypto exchanges)等网络平台和科技公司发出请求,敦促对俄采取共同行动,"反击俄罗斯军事侵略""这是我们摧毁俄罗斯经济聪明而和平的工具"。随后,除个别公司外,网飞、贝宝、信用卡、独立商业软件(SAP)、甲骨文(Oracle)、星链、视频网站、苹果、谷歌、微软、元标签等科技公司,纷纷对俄罗斯采取不同程度的措施,包括停止正常的商业服务,"中断商业软件的维护","黑掉"俄罗斯的电子支付、电视频道与社交平台网址等。

费多罗夫还组织黑客(30万个)攻击俄罗斯网络,黑掉俄罗斯政府网站kremlin.ru,号召全世界支持乌克兰人士借助数字货币对乌军实施支持。

俄罗斯外交部国际信息安全司司长克鲁茨基赫6月9日说:"截至2022年5月,来自美国、土耳其、格鲁吉亚和欧盟国家的6.5万多名黑客定期参与针对俄关键信息基础设施的攻击,共有22个黑客组织参与了针对俄罗斯的网络攻击。""西方将信息空间军事化,并试图将信息空间变成国家间对抗的舞台,这些都加大了直接军事对抗的风险,并带来不可预测的后果。"据俄外交部网站当天发布的消息,克鲁茨基赫在回答记者提问时说,俄国家机构、基础设施以及俄公民和在俄外国人的个人数据存储等,正在遭受网络攻击,美国和乌克兰的官员应对此负责。俄方将根据俄罗斯法律和国际法采取反击措施。

可以说,在传统作战之外,乌军开辟了第二战场:"由代码、大数据、网络、软件、算法等组成,以互联网平台为主阵地,结合技术手段、黑客偷袭、数字货币以及网络舆论力量的多元综合阵地,正在给俄罗斯带来意想不到的伤害。"

这次冲突再次证明,技术一旦进步并成熟,就一定会用到战场,并不以人的意志为转移地改变作战样式甚至战争形态。智能化战争时代正在加速到来,智能化、无人化作战不是未来,已经发生在身边和当下,并且新的作战样式不断涌现。

参考文献

[1] 中国兵器工业集团210所. 俄罗斯在叙利亚参战地面装备相关情况分析[J]. 国外兵器参考, 2018(6).

[2] 中国兵器工业集团210所. 国外网络化协同攻击弹药发展与启示[J]. 国外兵器参考, 2017(23).

第七章
高超声速对抗

在智能化时代,人类战争还不得不面对一个非常棘手的新问题,这就是高超声速武器对抗。自从20世纪90年代以来,高超声速飞行器与武器、动能拦截器、定向能武器、电磁炮、高能毁伤战斗部等武器技术的发展,正在从根本上改变传统打击方式和毁伤形态。高超声速与智能技术的有效结合,将开创一个高超声速智能对抗的新时代。高超声速突防与反突防,将成为智能化战争的主要作战样式之一。

通常,人类把超过马赫数1的武器称为超声速武器,超过马赫数5的称为高超声速武器。狭义的高超声速武器主要包括相关的武器、平台和弹药,广义的高超声速武器还包括高功率微波武器、激光武器、电磁炮、电磁脉冲弹、高射速火炮等。

一、高超声速作战概念

未来的高超声速作战,主要是基于网络信息和AI的高动态高响应攻防对抗,其作战行动主要包括战略与战术、进攻与防御、单装与集群、固定目标与移动目标打击等多种样式。

从战略上看,以高超声速巡航导弹、高超声速滑翔导弹、空天作战无人飞行器为代表的常规远程打击武器,能有效突破现有作战防御体系,大幅提高对时间敏感和深埋坚固战略目标的打击能力,在一定程度上发挥与核武器类似甚至是核武器难以达成的战略打击效果,将导致战略打击方式发生革命性变化,使战略威慑手段具备实战功能。特别是随着美国 X-43、X-51A、X-37B、SR-72、HTV-2 和还处于保密状态的 SR-91、B-3 等系列高超声速武器及飞行器的不断进步与发展,离实现"全球 1 小时打击"的目标越来越近(图 7-1)。

图 7-1 高超声速打击武器

从战术上看,随着中近程高超声速武器和弹药的不断发展,以及网络化、集群化、智能化水平不断提升,高超声速智能化对抗将贯穿作战全过程和战略、战术各个层次。

从进攻角度看,高超声速武器、平台和弹药,在极高速度条件下实施变轨机动与精确打击,将给作战对手的防御系统造成极大困难。其中,高超声速滑翔技术以非弹道方式飞行,最大速度可达马赫数20以上，一旦成功即可实现1小时全球到达，目前几乎不可防御，但技术难度极大。美军巡航式高超声速武器X-51A在2011年3月、2012年8月两次飞行失败。2010年4月和2011年8月，美国分别进行了两次高超声速飞行器HTV-2飞行试验，均告失败。

从防御角度看，对复杂变轨的超高声速武器的探测、跟踪和定位极其困难，响应时间极短，对目标交会、拦截武器的反应速度也提出了更高标准的要求，依靠传统的防御系统和拦截方式几乎不可能。采用更高速度的武器实施点对点的防御，也防不胜防，代价极大，必须寻找新的技术途径和方式。从目前来看，成熟可靠的解决方案并不多，大多处于概念和研究阶段。

21世纪初，美国提出"常规快速全球打击"（Conventional Prompt Global Strike）计划，目的是让美军能在1小时内用常规武器打击地球上的任何目标。该计划将分阶段实施，近期实施海军"三叉戟"导弹的常规改装计划，中期实施海军的"潜射全球打击导弹"方案和空军的助推1滑翔式导弹方案，远期实施正在研究的"高超声速巡航导弹"等方案。

目前的高超声速武器研发，主要集中在单一平台，重点针对战略固定目标。未来，随着网络信息和AI技术的发展应用，一定会向走编队、组网、集群和体系化方向发展，成为远近结合、战略战术结合、威慑和实战并重的攻防利器。

二、高超声速武器与弹药

中远程高超声速武器主要包括助推-跃滑式制导武器、冲压巡航式制导武器两类。中近程高超声速武器主要包括战术高超声速制导武器、高速动能反坦克导弹、电磁炮、高速火炮等。其中,巡航式高超声速武器,主要指通过采用冲压发动机等推进方式实施高超声速变轨突防的武器系统。助推-跃滑式高超声速武器,主要通过一级固体火箭助推到临近空间或者大气层外,再依靠重力或者二次火箭多次滑翔跳跃实现增速增程的武器系统。

从20世纪90年代中期开始,美国国防高级研究计划局、海军先后发起多个高超声速导弹发展项目,其中尤以"快鹰"(Fast Hawk)巡航导弹、超高速打击导弹和联合超高速巡航导弹最为引人注目。"快鹰"是一种低成本对地攻击导弹,巡航动力采用冲压发动机,巡航速度为马赫数4.0(最大可达马赫数6.0)。1998年美国海军又提出了"超高速打击导弹"计划,目的是推出一种平均速度为马赫数7.0、最大射程1100千米、战斗部可穿透11米混凝土的巡航导弹,该导弹已于2004年开始工程研制。2001年美国国防高级研究计划局、海军和空军又共同推出了"联合超高速巡航导弹"计划,目标是研制一种飞行速度为马赫数8.0的海军、空军通用型超高速导弹。该导弹采用普通碳氢燃料的超燃冲压发动机,最大射程1400千米。2003年这种导弹的碳氢燃料超燃冲压发动机成功进行了首次地面试验,2004年又进行了验证机全尺寸试验。

美国自2002年提出并开始实施的"常规快速全球打击"计划。2017年更名为"常规快速打击",明确计划是建立在打击"时间敏感目标"的武器装备和作战能力基础之上。常规快速打击在一定意义上等同于高超声速打击。根据研发进度判断,2035年前,美军可能装备的高超声速武器主要有两类:高超声速巡航导弹和高超声速助推滑翔飞行器,主要包括空军"高超声速打击武器"(HSSW)、空军和国防部高级研究计划局"高超声速吸气式武器"(HAWC)和"战术助推滑翔器"(TBG)、陆军"先进高超声速武器"

（AHW）等。

美国在"常规快速打击"体系框架下,将战术级射程的"高速打击武器"（射程约1000千米）和战略级射程的"先进高超声速武器"（射程超过6000千米）作为发展重点。其中"高速打击武器"的两个子项目"吸气式高超声速武器方案"和"战术助推滑翔武器"均已完成初始设计评审,美国陆军正在探索高超声速飞行器30~50千米高度上5800米/秒飞行控制方法。

俄罗斯在20世纪80年代就开始了超高速导弹研发计划。冷战后20世纪90年代受到一些影响。进入新世纪后,俄重启了高超声速武器研究。2010年以后,俄罗斯采取"吸气式巡航+助推滑翔"两种技术方案并举、兼顾战略与战术射程的思路,加快了高超声速武器发展进程。重点有三款武器。战略级"先锋"井射高超声速导弹系统,于2019年12月正式交付部队进入战斗值班,最大速度超过20马赫,射程超过1万千米。战役级"匕首"空射型高超声速导弹系统,最大速度10马赫,最远射程2000千米,2017年底开始战斗值班。战术级"锆石"舰射型高超声速反舰导弹计划2022年列装,最大速度9马赫,射程达1000千米。2019年10月,中国70周年国庆阅兵展示了"东风"17高超声速导弹,最大速度10马赫,射程1800~2500千米。

法国和德国也都在进行超高速导弹的开发。法国已制定出"飞鱼"反舰导弹的超高速改进计划,使其飞行速度达到马赫数6.0~7.0。

高超声速武器和弹药关键技术主要包括:总体技术、防区外发射弹道突防技术、冲压发动机/进气道/弹体一体化设计技术、气动力以及弹体热防护技术、大空域高动态快速响应制导控制、子母弹/末敏弹技术、复合制导技术、高速自动感知与决策技术、集群组网打击技术、高效毁伤技术等。

三、高超声速飞行器

高速、隐身、远程、快速机动是未来飞行器发展的一个方向和重点,是实施远程侦察、察打、攻击的战略利器和"杀手锏"。

(一) X-51A 高超声速飞行器

美国"常规快速全球打击"计划的关键在于"速度",各种飞行器都必须达到 5 倍以上的声速,其中最具代表性的就是 X-51A。五角大楼的决策者们念念不忘多年前的一个深刻教训:1998 年 8 月 20 日,位于阿拉伯海上的美国"林肯"号航母战斗群发射了数枚"战斧"巡航导弹,攻击阿富汗东部塔利班训练营地,目的是清除本·拉登。"战斧"巡航导弹的最大飞行速度为 885 千米/小时,飞行了 1770 千米,耗时长达 2 小时。结果,本·拉登在导弹飞抵前 1 小时刚刚离开了训练营地。这次行动的失败给美国国防部留下了无法弥补的遗憾,从而促使了高超声速武器的研制工作开始加速(图 7-2)。

X-51A 可以看作是美国"国家空天飞机"(NASP)计划和 X-43 计划的一个延续。NASP 计划的目标是研制和验证一种超燃冲压发动机为动力的 X-30 验证机。按照设想,投入使用的空天飞机将能够从常规跑道上起飞,达到至少马赫数 25 的进入空间速度,作为一种单级入轨的飞行器跳跃进低地球轨道,飞入太空,重新进入大气层,最后在跑道上着陆。NASP 计划是诱人的,但是因为过于雄心勃勃而在技术上力不从心,最后在 1992 年被取消。此后,NASA 在 2004 年成功地实现了 X-43A 验证机的试飞,验证了超燃冲压发动机可以产生足够的推力来加速飞行器。其后,NASA 把各项航空研究计划的投资转移到空间领域,于是,X-43 计划的后续

图 7-2　美国 X-51A 高超声速飞行器

发展被迫终止。"国家空天飞机"计划终止后,美国空军转而投资 HyTech 计划以延续其对高超声速技术的研究,HyTech 后来衍变为 HySet 项目。这两项技术研究为 X-51A 的出台奠定了基础。

2004 年 1 月,美国空军选择波音公司与普·惠公司共同制造 SED-WR 的验证机,由波音公司制造机身,普·惠公司生产发动机。2005 年 9 月,美国空军正式将该计划编号为 X-51A。

X-51A 计划的主要目的之一是对美国空军的 HyTech 超燃冲压发动机进行飞行试验。这种发动机使用吸热型碳氢燃料,能将飞行器的飞行马赫数 4.5 提升到 6.5。此外,还有以下目的:

一是获取超燃冲压发动机的地面及飞行试验数据,以加深对物理现象的理解以及开发可用于超燃冲压发动机设计的计算工具。

二是验证吸热式燃料超燃冲压发动机在实际飞行状态下的生

存能力。

三是通过自由飞行试验来验证超燃冲压发动机能够产生足够的推力。

虽然 X-51A 计划的主要部分是进行推进试验,但它不仅仅是一个对 HyTech 超燃冲压发动机的测试计划。发动机与飞行器的整合需要两方面研究过程的协调发展:一是高超声速推进飞行试验以及航空器的研发;二是航空器的研发过程也具有同样重要的意义。

1. 气动技术

作为"乘波者"(Waverider)的 X-51A,机体外形有一个扁平的头部、弹体中部设有 4 片可以偏转的小翼(襟翼),进气道在腹部(图 7-3)。其设计原理主要是从一个给定的、有激波系的三维超声速流的解析解或数值解的流面中,沿着流线切割出一个尖顶三角外形的锥形体作为飞行器的外形,由此得到乘波飞行器构型。这是一种在其所有的前缘都具有附体激波的声速、高超声速飞行器构型。乘波构型设计有助于 X-51 发动机的燃烧过程。乘波构型具有以下优点:

(1) 乘波构型的上表面与自由流平行,所以上表面的压差阻力较小,而下表面在设计马赫数下受到一个与常规外形一样的高压。

(2) 飞行器下表面在激波后的高压不会绕过前缘泄漏到上表面,波后高压与上表面低压之间没有压力沟通,这使乘波构型和普通外形相比具有很高的升阻比。

(3) 来流经激波压缩后,沿着压缩面的流动被限制在前缘激波内,形成较均匀的沿下表面流场,可以消除发动机进口处的横向流动,利于提高吸气式发动机的进气效率,同时使得这一构型便于

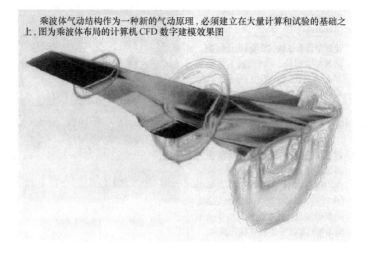

图7-3 乘波体气动结构

进行弹体/发动机/进气道一体化设计。

（4）由于上下表面没有压力沟通，飞行器上表面和下表面的流场不存在干扰问题，上下表面可以分开处理，有效地简化了飞行器的初步设计和计算过程。乘波构型与超燃冲压发动机的一体化设计可以得到性能优越的高超声速乘波飞行器。

2. 耐热技术

为了适应高超声速的飞行以及从空间直接再入大气层的飞行，飞机的表面要能承受高达4500℃的高温。为此，整个机体涂覆了一层耐热烧蚀材料，特别在验证机的腹部覆盖了与航天飞机一样的隔热瓦。

3. 超燃冲压

X-51A采用的是吸气式超燃冲压发动机，与采用火箭发动机相比，其效率更高、航程更远，所携载荷也更重。由于这种发动机从空中吸收氧气来保持推进，不需要像火箭发动机那样必须同时携带占据非常大发射质量的燃料和氧化剂。此外，因为超燃冲压发动机只有很少的活动部件,所以即使在非常苛刻的工作环境内,它们的工作至少与涡轮发动机一样可靠。

4. 点火技术

X-51A 的超燃冲压发动机在飞行过程中的点火是很复杂的,首先通过进气道的压缩空气在经过一个隔离段后,将气流调节到适合于燃烧室工作需要的稳定压力,随后和雾化了的 JP-7 喷气燃料混合点火燃烧。由于当流入燃烧室的气流速度在马赫数 4 或更高时,JP-7 燃油将无法依靠自身点燃,所以还必须掺混乙烯液体,点火首先从机载容器内的少量容易燃烧的乙烯的点燃开始,并将乙烯注入到燃烧室内与 JP-7 燃料二者混合后,导致燃料的燃烧。

5. 燃料技术

X-51A 验证机采用的是碳氢燃料,这与 SR-71"黑鸟"高空侦察机所采用的 J58 涡轮冲压喷气发动机使用完全一样的 JP-7 航空燃料。这种碳氢燃料是一种现成的燃料品种,不易点燃、不易挥发,可以较容易地储存。PWR 公司 X-51A 项目的经理解释说,碳氢燃料要从发动机结构中吸收一定的热量,因此可以让燃料流过一个热交换器来冷却发动机结构,然后提供给燃烧室。据介绍,这种热交换器是一种直接加工在发动机壳体壁面内的沟槽,这不仅用于冷却 1650℃ 以上的燃烧室,还可以通过对燃料的预先处理,将其转变为一种热燃气状态,与其处于液体形态下相比,可以多增加 10% 以上的能量。

X-51A 采用"乘波体"技术是一种新颖的飞行机制,与普通飞机采用机翼产生升力的机制迥然不同,特别适于在大气层边缘以高超声速飞行,具有不可估量的军事威慑力。亚轨道高超声速飞行器的飞行轨迹像飞机一样不可预测,而且没有反复绕地球的规律,可供拦截的窗口也稍纵即逝,拦截难度大大提高。然而,像 X-

51A 这样的亚轨道高超声速飞行器也存在自身难题：一是离不开母机挂载；二是超声速燃烧冲压发动机的工作窗口极其狭窄，错过一点点，超声速燃烧就不能维持。

2010 年 5 月，美国 X-51A 在飞行试验中，创造了超燃冲压发动机工作时间 143 秒，最大飞行马赫数 4.87 的新纪录。2013 年 5 月，美军吸取 2011 年 3 月、2012 年 8 月两次失败教训后，完成了马赫数 5.1 约 240 秒的飞行试验。兰德（Rand）公司认为，这项技术的突破，意义不亚于航空工业从螺旋桨时代跨入喷气时代。美国《基督教箴言报》在形容 X-51A 验证机的飞行时，称它比"超人"还快，而且还比喻，它的超燃冲压发动机的技术难度就好比在飓风中点燃一根火柴，并且不让火焰熄灭。空军项目经理查理·布林克（Charlie Brink）表示，超燃冲压发动机在技术上的飞跃相当于第二次世界大战后期从活塞式发动机向喷气式发动机的巨大跨越。

X-51A 飞行器与巡航导弹比较有三大优势：

一是反应速度快，亚声速巡航导弹打击 1000 千米外目标需要 1 小时，而 X-51A 只需不到 10 分钟。

二是突防能力强，现有的巡航导弹主要依靠超低空飞行和隐身技术来突破敌方防御，由于速度慢，暴露后易被拦截，而对于在高空飞行的 X-51A 来说，现有的防空武器对它基本无计可施。

三是破坏威力大，X-51A 有着惊人的动能，面对钢筋混凝土的打击目标，它也能钻进去 10 余米，特别适合打击深埋于地下的指挥中心等坚固目标。

（二）SR-72 高超声速察打无人机

2015 年 5 月 19 日，美国《大众科学》杂志官方网站透露，该杂志 2015 年 6 月号报道了美国洛克希德·马丁公司的 SR-72 高超声速察打一体无人机（图 7-4）。该报道指出，SR-72 将是一型以

4000英里/小时(6436千米/小时)速度执行侦察任务并兼具打击能力的无人机。该机将通过高达马赫数6的飞行速度来避免被攻击,能够从80000英尺(约24.4千米)高度实施侦察并打击目标。这一速度是1998年退役的SR-71高速战略侦察机的2倍。洛克希德·马丁公司表示该机将在2030年部署,可实现1小时内到达全球任何区域。

图7-4　SR-72高超声速察打无人机

在过去数年之中,洛克希德·马丁公司与航空喷气洛克达因公司的航空工程师一直在"臭鼬工厂"开展SR-72的设计工作。首先,该机需要一个组合的推进系统:传统的现货涡轮喷气发动机可以使飞机从起飞加速至马赫数3,而亚燃/超燃冲压发动机(双模态超燃冲压发动机)将完成剩余的加速。为了解决涡喷发动机工作的极限飞行速度与双模态超燃冲压发动机启动工作的下限速度之间的鸿沟,工程技术人员开发了一种组合发动机,可以工作在三种模态:在由涡喷动力加速至马赫数 3 之后,双模态超燃冲压发动机以亚燃模态将飞机继续加速至马赫数 5,之后再转换至超燃模态。

在高超声速飞行过程中,该机的机体结构将承受极为严重的气动加热,常规的钢材将难以承受。当飞行速度超过马赫数 5 时,气动摩擦加热将使飞机表面温度升至 2000℉(1093℃)。在此温度环境,常规钢结构机体将熔化。因此,工程师正在考虑采用复合材料,与洲际弹道导弹和航天飞机前端使用的高性能碳纤维、陶瓷和金属混合物相似。此外,任何连接部都必须密封,一旦高超声速下出现空气泄漏,涌进的热量将导致飞机解体,导致类似"哥伦比亚"航天飞机事故的发生。

气动力特性也是问题。飞机承受的应力会随着飞机飞行速度的变化而变化。例如,当飞机在亚声速段加速时,飞机升力中心会后移。但是一旦飞机达到高超声速段,在飞机前缘阻力作用下,升力中心再次前移。如果升力中心过于接近重心,将导致危险的不稳定状况。飞行器外形必须进行剪裁以适应这些变化,防止出现破坏。

当前已知的、具有可重复性的高速飞行条件下的武器投放,速度最快的纪录由美国空军 YF-12 高速截击机保持。1965—1966 年,该机累计进行 7 次超声速发射有动力 AIM-47 空空导弹试验,发射速度为马赫数 2.2~3.2,其中 6 次成功,一次是因为导弹自身动力出现问题失败。其中最后一次是在飞行马赫数 3.2、高度 22~23 千米的条件下完成发射,击落了一架飞行高度较低的 JQB-47E 靶机。

有效载荷也是一项挑战。SR-72 的具体任务载荷仍处于保密状态,很可能相关载荷尚未完成研制。在 6 马赫的飞行条件下进行图像情报侦察或完成投弹需要高超的工程技术。飞机完成转弯需要数百英里,需要强大的制导计算机建立从所在飞行高度到目标的瞄准线,在马赫数 6 的情况下打开武器舱也是严峻的技术挑战。因此,SR-72 将需要能够在此高速条件下工作的新型传感器和武器。

(三) B-3 轰炸机

B-3 轰炸机是美国空军研发的一种高超声速远程战略轰炸机。据美国《大众科学》杂志报道,负责美国远程轰炸机的空军作战司令部提出,要在 2030 年左右,创建一套全新的包括 F-117、B-2、B-3 的隐身战略轰炸机理念,以满足美国空军未来的作战需求。

B-3 轰炸机(图 7-5)拥有十分新颖的外形和结构设计。其外形设计与形似三角、状如蝙蝠的 B-2 隐身轰炸机的飞翼式外形设计不同,B-3 轰炸机采用了全新波翼式设计概念,看上去很像一个倒置的巨型冲浪板或一枚沿纵向切开的子弹头。机头、机身、机翼浑然一体。除双垂尾外,整机仅由上、下、后三个表面相交成一条顶点在机头且开口向后的抛物线,上、后表面相交成一条开口向下的抛物线,下、后表面相交成一条直线,从而使机体宽度从前至后逐渐加大。

这种外形设计,可以看作是 B-2 轰炸机与子弹头轿车的完善结合。一方面,在保证飞机升力所需翼展的前提下,通过吸收子弹头状飞行器空气阻力最小的优点,使机头到机尾平滑自然过渡,利于其"骑"在自身超声速状态下产生的压缩空气的冲击波上飞行,从而大大提高了飞机的升阻比,所以有人也把这种设计称为"乘波者"式设计。另一方面,飞机的外表面个数和表面积大大减少,有利于其隐身。在结构上,B-3 轰炸机也充分利用上、下、后三个表面所封闭的有限空间,大胆全新布局。飞行员座舱仍置于飞机的

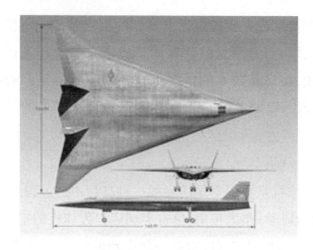

图 7-5　B-3 轰炸机

前上部,只是其舷窗将设计成只供飞行员在起降时看清地面目标的小舷窗,大小与宇宙飞船上的窗口相仿,以减少飞机在高超声速飞行时产生的热量沿舷窗向座舱散射。发动机、油箱及武器挂架均安装在机体内。两个发动机舱对称分布于机体后部,进气口和排气口均置于上表面,这样既可避免地面雷达的直接照射,又可减少自身的红外信息特征,有很好的隐身效果。与其他型号轰炸机明显不同的是,由于 B-3 的机腹(下表面)被用作提升面,因此其弹舱移到了介于两台发动机之间的机体后中部。届时,炸弹或导弹将沿着拖在机尾的轨道弹出,就像海军舰艇从尾部投掷深水炸弹一样。

B-3 轰炸机采用冲压式喷气发动机或超声速燃烧冲压式喷气发动机驱动,加上其外形设计所带来的高升阻比,B-3 轰炸机能以 5 倍声速或者更高的速度飞行,可在 1 小时之内横越大西洋,数小时之后轰炸世界任何地点。

研制 B-3 轰炸机的历史背景。美国《航空周刊》在 2009 年初披露,B-2 隐身轰炸机有很远的射程及很大的武器搭载能力,但只能在夜间行动,而且高达20亿美元的单价也太咬手。B-52轰炸机载重量大、射程远,但极易受到防空系统的攻击,因此只能从远处攻击。B-1B尽管是超声速轰炸机,但缺少隐身性能和远射武器。F-22战斗机能够在高度危险的情况下,接近并破坏防护严密的地面目标,但只能携带两枚中型炸弹,并且如果不进行空中加油就不能进行远程攻击。

美国空军官员曾透露,他们所缺少的是一种能够进行远程攻击、能够在危险环境中幸存下来、拥有大载弹量、无论在什么样的天气里都能昼夜不停地开展有效行动的轰炸机。为了弥补这种战力空白,B-3的研发就应运而生了。

其实,美军研制B-3型轰炸机的念头早在1995年左右就有,就在其21架B-2型轰炸机制造完成前,美国空军已开始在俄亥俄州赖特·帕特森基地开始秘密设计工作了。

2009年9月16日,时任美国国防部部长盖茨在出席马里兰州美国空军协会年会时透露,为加强美军的空中远程打击能力支持美国空军研发新式远程(战略)轰炸机。美国高层对研发B-3的意向始终摇摆不定,盖茨在空军协会年会中,指出中国在网络、反卫星作战、海防、空防甚至是导弹制造上,都有大幅投资,美国必须加快脚步,巩固其在太平洋的战略地位。

虽然盖茨对于这款新型轰炸机型号讳莫如深,但舆论普遍认为它应该叫"B-3"。而按照美国空军的计划,新型轰炸机将在2018年生产出原型机,经过综合测试后尽快列装,B-3将因此成为2040年后美国空军的"战略堡垒"。

B-3轰炸机由于在外形和结构上充分考虑了隐身效果,加上已有的研制F-117、B-1、B-2等隐身飞机的成功经验,作为美国空军未来主力轰炸机的B-3将具备对雷达、红外及视觉的综合隐身能力。

B-3 轰炸机虽然减少了外表面积,但由于整体浑然一体,因而封闭了更多的空间,这为其增加载弹量提供了可能。B-52 重型轰炸机的载弹量最大可达 27 吨,B-2 也达到了 22 吨,B-3 的内部空间要比 B-2 的大,只要设计合理,其载弹量将达到或超过 B-52 的水平,成为重型轰炸机中佼佼者。由于快速投弹系统技术的应用,B-3 轰炸机虽从尾部投弹,但仍可像 B-52 那样实施地毯式轰炸。

在冷战结束后,美国空军积极把战略轰炸机向海外部署,首选地点就是关岛。美国空军认为,从关岛起飞的战略轰炸机在 3 小时内就可以飞抵台海上空,足以应对亚太地区的突发事件。

从 2004 年 3 月起,美国空军 6 架 B-52 轰炸机常驻关岛,此后每年都有若干架 B-1B 和 B-2A 战略轰炸机以演训的名义轮番进驻。这些进驻关岛的战略轰炸机频繁进行作战演练,在 2012 年不到半年时间,先后有两架 B-52 和 B-2 轰炸机在演练中坠毁,可见其演练强度之大,酷似实战。

美国已拥有世界上最先进、最庞大的轰炸机群。从 2013 年美国空军的轰炸机机群来看,其拥有 B-2 隐身轰炸机、B-1B 和 B-52 战略轰炸机,足以对他国目标发动致命打击,但在 2013 财年军费预算需求中,五角大楼依然划拨专款用以研发新型隐身远程轰炸机,充分表明美国空军需要着力打造能够发动远程打击的隐身轰炸机。美军内部分析认为,现有轰炸机大都在 20 世纪七八十年代建造,难以适应未来战场需求,在中俄等拥有强大防空体系的国家面前,美国轰炸机可能将无用武之地。因此,发展新型轰炸机成为美国未来保持军事优势的重要项目。2013 年,美国空军已对未来轰炸机提出明确需求:一是可从美国本土发动远程打击,解决中俄等潜在对手周边缺乏安全的起降机场和实施纵深打击问题;

二是要具备先进的隐身功能,以便渗透大国的防空网而不被发现;三是要具备超声速巡航能力,以快速交战、迅速制敌、及时脱身,实现全球快速打击。

B-3 隐身战略轰炸机的作战能力将不同凡响,主要表现在三个方面:一是惊人的高超声速远程飞行能力,可在 1 小时之内横越大西洋;二是力求最佳的隐身效果,其机身雷达的散射截面大大少于 B-2 隐身战略轰炸机的 0.3 米^2,甚至低于 F-117A 的 0.01~0.1 米^2;三是强大的攻击能力,研制中力求使 B-3 隐身战略轰炸机,既具备像 B-52 那样可实施地毯式轰炸,又具备 B-2 隐身轰炸机突施冷箭的作战能力,其载弹量将达到或超过 B-52 的水平,因此它将成为轰炸机中的"大哥大"。

美国军方和有关专家普遍认为,B-3 的隐身性将优于 B-2,它的雷达反射面接近于零,并且通过先进的伪装来欺骗敌人的视觉。在此基础上,融合智能化技术的内容,美军要在 21 世纪前期具备打一场智能化全隐身战的能力。

四、定向能武器与电磁炮

定向能武器主要包括激光、微波、粒子束等武器,其中激光武器、高功率微波武器、电磁脉冲弹等,经过多年研究发展,已经进入实用化冲刺阶段,相关技术成果形成作战能力后,将极大地丰富进攻与防御手段,成为许多现役装备与作战手段更优的替代品,也是未来智能化和新质作战的重要手段。

(一)高功率微波武器

高功率微波武器又称射频武器,利用脉冲或连续波的高能微波束对人员或电子装备造成致命性损伤或使之暂时失能/失效。

高功率微波武器具有交战速度快、不需要精确跟瞄、杀伤效果可控、单次发射成本低、不受弹匣容量限制等优点，具有近乎全天候作战的能力，比激光武器波束宽，可同时杀伤多个目标，其在反电子设备方面的能力优势日益受到关注。高功率微波武器包括车载天线射频式微波武器、炮射微波炸弹和巡航式微波导弹等。

微波武器的研究始于20世纪70年代，开始研制的微波武器主要是软杀伤高功率微波武器。美国先后研制出微波炸弹主动拒止系统、射频车辆/舰船制动器、"警惕之鹰"反导防御系统等软杀伤用微波武器。同时发展具有更高功率、更高转换效率的高功率微波源等核心器件，以提高微波武器的硬杀伤能力。美国陆军重点发展电磁脉冲炮弹和多用途电磁脉冲战斗部，最终目标可使移动电话、电台、GPS干扰机、计算机，甚至是车辆电子点火系统的电子元件短路，使各类战术信息系统失效。2009年，美国启动反电子高功率微波导弹研究。据美国媒体报道，2012年12月，美国波音公司研制的电磁脉冲巡航导弹"反电子装置高功率微波先进导弹"在犹他州完成了首次1小时飞行试验，分别攻击了7个预定目标，效果明显，连记录这一过程的照相机也瘫痪了，表明装置小型化、波束精确控制、脉冲电源效率等关键技术取得突破（图7-6）。有专家认为，这项技术开启了"现代战争的新时代"。2015年电子脉冲巡航导弹完成研发，曾计划将少量部署于美国全球打击司令部，用于电子对抗和赛博作战。2016年，有报道称美国空军轰炸机即将装配这种巡航导弹。俄罗斯正致力于研究高功率微波防空反导武器技术。德、法等欧洲国家和以色列重点开展用于反恐的小型化微波武器技术。英国也以无人机为平台，探索发展机载高功率微波武器技术。

图 7-6　美国高功率微波导弹作战概念示意图

(二) 固体战术激光武器

高能战术激光武器技术利用高能/高功率激光束对目标进行直接攻击,通过热效应、冲击效应、辐射效应等破坏机理对目标实施软/硬杀伤,是一种攻防兼备的中/近程武器技术,适用于海、陆、空各种平台。功率水平超过 300 千瓦的激光武器将具备区域防护或战斗群作战等能力。高能战术激光武器具有交战速度快、精度高、杀伤效果可控、单次发射成本低、不受弹匣容量限制等优点,能够更好地满足未来多种作战任务需求。

国外自 20 世纪 60 年代开始研究激光武器。2010 年前后,板条固体激光器和光纤激光器技术的突破,加快了激光武器的实用化进程,各国积极将激光武器安装在不同平台上开展试验。目前,高能战术激光武器功率水平普遍达到 30~60 千瓦,作用距离达到数千米甚至数十千米,正通过技术改进将功率提升至 100 千瓦以上。美国三军通用型 150 千瓦激光武器即将开展野外试验,舰载型、车载型、机载型、便携型也都在积极试验(图 7-7)。此外,德国、以色列等国也在研制车载型和舰载型高能战术激光武器。

固体战术激光武器(图 7-8)关键技术主要包括高功率脉冲电

图 7-7　美国海军激光武器系统(LaWS)

源、高精度目标跟踪、泵浦激光器、长短组合脉冲激光、长/短脉冲激光毁伤机理、大气光学效应补偿等。

图 7-8　固体战术激光武器

2018 年,美国联合定向能转化办公室(DE JTO)正式投入运行。该办公室的前身是高能激光联合技术办公室(HEL JTO),主要负责美国国防部高能激光技术研发的统一协调和管理。改为联合定向能转化办公室后,一方面将高功率微波技术纳入管理范畴,另一方面更强调转化和应用,致力于促进定向能技术从实验室和试验场走向作战部署。

美国数十年来一直在投资研发定向能武器,现已研制出多种样机,并正在利用这些样机开展反无人机、火箭弹、炮弹和迫击炮弹试验。总体上,激光武器项目投资波动明显,微波武器项目投资较为稳定。

在激光武器相关项目投资方面,美国每财年投入约2亿~8亿美元。历年投资中变化比较大的年份分别为:2009—2011财年经费大幅缩减,主要原因是机载激光武器项目终止;2012—2013财年经费继续缩减,主要原因是DARPA的高能激光区域防御系统(HELLDS)项目结束;2013财年之后,经费逐年递减,到2018财年已经没有专门的激光武器技术研发项目,主要原因是激光武器基础研究工作已经基本完成,转入军种型号研制。2018财年经费大幅增长,主要原因是陆军启动多任务高能激光系统(MMHEL)项目,计划将50千瓦级激光系统集成到"斯特赖克"平台上,提供系统级高能激光演示样机,以便在真实作战环境下进行演示。2019财年经费持续大幅增长,主要原因是海军启动舰载激光武器演示项目,计划将激光武器安装在DDG 51"阿利·伯克"级导弹驱逐舰上进行测试(图7-9)[1]。

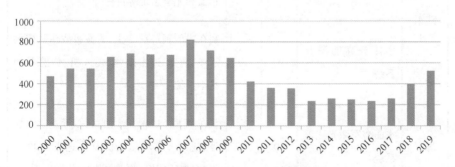

图7-9 美国2000财年之后激光武器相关项目投资情况(单位:百万美元)

在高功率微波武器相关项目投资方面,美国每财年投入约 2000 万~6000 万美元,历年投资基本稳定,2010 财年经费增长主要是为了加速开发下一代主动拒止演示样机(图 7-10)[1]。

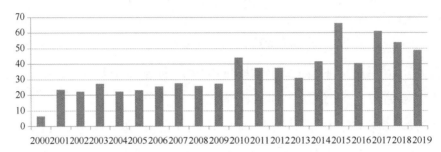

图 7-10　美国 2000 财年之后高功率微波武器
相关项目投资情况(单位:百万美元)

美国激光武器发展重点如表 7-1 所列。

表 7-1　美国激光武器发展重点[1]

	重点项目	功率/千瓦		作战使用
		当前	未来	
陆军	高能激光战术车辆演示系统	60	100	装在战术卡车上,在战术距离对付火箭弹、炮弹、迫击炮弹、无人机、巡航导弹、传感器和光学系统等目标
	多任务高能激光系统	10	50	装在"斯特赖克"车上,为旅级战斗队抗火箭弹、炮弹、迫击炮弹、无人机、传感器和光学系统
海军	水面海军激光武器系统	60	500	装在 DDG 51"阿利·伯克"级导弹驱逐舰等舰船上,应对无人机及快速近岸攻击艇,实现反情报、监视与侦察能力

(续)

重点项目		功率/千瓦		作战使用
		当前	未来	
空军	自卫高能激光演示系统	10	300	以吊舱形式外挂到战术飞机上,防御空空导弹和防空导弹
导弹防御局	无人机载激光武器	10	100	拦截处于助推阶段的弹道导弹,一次可摧毁多个独立的导弹战斗部,并压制导弹用于防御的诱饵

（三）电磁炮

电磁炮具有初速高、炮口动能大、射程远、弹丸飞行时间短等特点,弹丸初速可达3000米/秒以上。2010年,美国海军试射了10.43千克弹丸,炮口动能33兆焦,初速2500米/秒,射程近200千米的电磁炮。2012年后,又进行了一系列降功率等级的寿命试验,以验证脉冲电源、导轨材料和武器系统的可靠性。未来电磁炮既可用于防空反导和反卫,也可用于为地面部队提供火力压制和远程精确打击(图7-11)。

图7-11 电磁导轨炮

电磁导轨炮利用大容量高功率脉冲电源快速放电形成的强电流感应来加速弹丸完成发射,将使发射技术从化学能推进跨入电能推进时代,对推动常规武器装备跨越式发展具有重要意义。

电磁导轨炮的研发最早可追溯到20世纪80年代。2005年,美国海军启动电磁导轨炮"创新性海军原型"项目(图7-12),分两个阶段研制电磁导轨炮,并于2006年开始第一阶段研制。2012年,两门32兆焦实验室单发电磁导轨炮样炮通过射击试验。2013年,进入第二个研制阶段,完成第二阶段研制工作后,形成技术成熟度达到5~6级的工程样炮。2016年,美国陆军在演习中成功演示通用原子公司开发的10兆焦"闪电"电磁导轨炮系统。美国陆军也曾开展过XM1电磁导轨炮和全悬臂式电磁导轨炮(即120毫米电磁迫击炮)的研究。

图7-12　美国海军电磁导轨炮项目研究重点

经过多年的理论和基础技术积累,中国电磁导轨炮研究工作已取得一定成果,正在研发不同炮口动能的电磁导轨炮系列。电磁炮主要关键技术有电源小型化技术、制导弹药适应性改造与高过载技术、发射器设计技术、电枢设计技术、发射控制技术等。

五、高超声速智能化进攻

在智能化时代,高超声速进攻可重点分为战略和战术两个层次。战略高超声速进攻,大多数是瞄准作战对手后方战略离散多目标实施大纵深攻击,必须建立一个全球性的网络信息支撑体系,在作战全过程、全系统中融入智能化元素,全面提升单一平台和体系作战整体水平。

首先,必须开展战场态势和目标智能探测与感知,了解掌握打击地域和目标的性质,掌握打击目标精确的地理位置、分布和周围的环境情况。其次,必须具备全天候、全过程条件下单一平台和集群作战智能化协同能力,具备应对各种探测、干扰和拦截手段的隐身、抗干扰、机动变轨、播撒诱饵等保护措施及应变能力。最后,对于高超声速战略打击的效果,还要能够进行实时和精准的评估,一方面形成作战过程和打击链路的闭环,另一方面便于实施二次打击。由于战略高超声速打击以固定目标和集群目标为主,通常位置醒目、标志清晰,防御布局和能力事先容易探知,战时也容易侦察探测。因此,战前可以通过机器学习进行仿真训练,不断积累数据、优化模型,甚至通过实弹进行验证,使高超声速平台 AI 或者集群 AI 变得越来越聪明。

战术高超声速进攻(图7-13),由于面临复杂多样的目标和环境,既面临各种各样的固定目标,还面临多种多样的移动目标,还需要与其他战术打击手段紧密配合共同行动,同时,对方拦截手段和防御,相对战略高超声速进攻也更容易。因此,从某种意义上讲难度更大、不确定因素更多、突发情况随时存在,有许多情况战前不可能通过机器学习和仿真训练完全掌握,只能通过战时临时学习,不断进行数据和经验积累。当然,如果对蓝军情况了解得越充分,装备情况掌握得越详细,战法运用掌握得越清楚,通过大量仿真训练和机器学习,可以尽可能减少战时的不确定性。

图 7-13　高超声速进攻武器

从技术角度看,无论是战略或战术高超声速进攻,高超声速武器与飞行器,对动力系统、控制系统、导引系统、目标识别系统等提出了更加苛刻的条件,将面临平台热防护、目标探测响应、快速机动变轨精确控制、多弹组网协同等技术难题,对材料、器件、通信、指挥控制、数据处理等,在极端条件下的耐热性能、响应时间、过载特性、可靠性、稳定性等提出了更高要求。

六、高超声速智能化防御

目前,世界一流军事强国高超声速武器建设与力量运用已成为发展重点,与其相对应的反高超声速武器拦截能力,也将成为大国军事制衡的战略重点(图 7-14)。人类现有防空反导能力已经初步实现了信息化探测和自动化拦截,但远远不能满足应对未来全球 1 小时快速打击、太空快速打击武器拦截任务要求。伴随高超声速攻防体系对抗能力发展与博弈,高超声速武器的速度将会越来越高,机动性、诱饵技术与突防能力将会越来越强,相应对防御系统的探测性能力、快速反应性、协同性、可拦截交汇控制能力、毁伤能力的要求也将会越来越高。其中,解决高超声速目标探测、跟踪、快速反应、交汇、毁伤等能力及相互间的适配性是核心关键,也是提高智能化防御的关键。

图7-14 高超声速武器攻防

应围绕着未来高超声速系列化导弹和飞行器的特点,构建目标探测、指挥控制、拦截手段和保障措施等反高超的基本理论、体系框架以及建设重点,系统全面地论证研究反高超声速目标的新技术、新方法、新途径和新措施。

要重点研究未来一个时期高超声速武器可能出现的种类、趋势和特点,传统拦截手段和方法的局限与不足,高超声速武器的探测手段与途径、创新的拦截手段探索与验证、体系化综合化拦截能力的建立和完善。特别是要加强高超声速武器目标及毁伤特性研究,研究新型拦截机理、最优拦截能力、探测装备适配性、拦截装备与技术适配性等。

从目前情况看,拦截高超声速变轨机动武器的防御系统和手段几乎不存在,或者说能力手段极其有限。未来可能的拦截方式,一是采用强电子干扰和电磁脉冲毁伤方式,可能是一种有效途径,但考虑极高速(十几倍声速以上)条件下,武器平台和弹药与空气高速摩擦产生的等离子体效应,可能会减弱电磁脉冲穿透效率,影响攻击效果。二是以高速弹幕和智能集群的形式进行防御,就像飞鸟撞击民用飞机那样,相对速度极高,可能会带来意想不到的破坏效果。三是在高速武器飞行的空中,快速播撒含能材料和特殊化学物质,这些物质制作成微纳米颗粒状或粉尘,与空气中的气溶胶结合在一起,只要有少量物质进入冲压发动机燃烧室,就会瞬间产生爆炸。

综合各方面情况,高超声速武器智能防御的关键技术主要包括高超声速武器栅格化探测网络体系、大视场远程光电空天预警、高灵敏度红外探测、高功率微波武器与电磁脉冲弹、电磁炮密集子母弹、集群自主攻击弹药、新一代动能拦截器、反高超声速毁伤试验与评估等。

参考文献

[1] 中国兵器工业集团210所. 美国推进定向能武器实战部署[J]. 国外兵器参考,2018(7).

第八章
多域与跨域作战

随着先进网络信息体系、多学科交叉融合、跨介质攻防等关键技术群的突破,跨军种作战、跨地理域机动作战、跨功能域作战、联合多域作战等样式将成为必然。多域与跨域作战,不仅包括陆、海、空、天等物理域,还包括网络攻防、电子对抗、情报战、心理战、舆论战、宣传战等虚拟空间和认知域。利用云计算、大数据、网络通信、先进地理信息、时空基准、跨域互操作等技术,打造在物理域、信息域、认知域、社会域等跨域作战能力,以及陆、海、空、天、电、网等军种的联合多域作战能力,是智能化战争的重要内容,也是军事智能科技研究的重点。

一、作战空间拓展与力量协同

随着科技发展、战争实践和军事革命的不断推进,人类作战空间和领域不断拓展,作战力量构成日趋复杂,作战协同方式也发生了深刻变化。原始社会的战争,作战空间局限于人群之间、部落之间较小范围,作战样式主要体现为自然、人力式的协同和短兵相接的对抗。随着冶炼技术的发展,铁器、青铜器的大量出现促使冷兵器时代的战争,更多表现为相邻国家之间的战争,作战样式主要体现为人、马、冷兵器的组合,平面群体式协同和大规模接触作战。火药和枪械的出现,使热兵器时代战争的科技含量明显增加,作战样式呈现线式、火力协同和近距离非接触作战,促使西方列强在全球的征战与掠夺。19世纪以来,蒸汽机、内燃机和电气技术的快速发展,各种陆上、海上、空中机械化作战平台纷纷出现,作战空间从相邻国家之间拓展为跨海、跨洋、跨国之间的洲际战争,作战样式更多体现为立体、机动式协同和合同式联合作战。20世纪中叶以来,随着计算机、通信和网络技术的发展,作战空间从物理域拓展到了信息域和网络空间,呈现体系对抗、信息攻防、一体化联合与精确作战的协同。未来,随着智能科技的发展及其在军事领域的广泛深入应用,作战空间从物理域、信息域拓展到社会域、认知域、生物域,呈现多域融合、跨域攻防、虚实互动、有人无人结合、人机融合、集群作战等方面的力量协同。其中,在战略和战役层次,更多体现为军兵种在多域融合、跨域攻防方面的力量协同。

未来,一方面随着各类跨介质技术与装备快速发展,各种陆海、空海、潜射、反潜、钻地、跨大气层等跨地理域作战手段日益丰富,战术层次跨军种的多域交叉作战、融合作战、联合作战将逐步成为一种常态(图8-1、图8-2)。我发现你打、你发现我打以及相互间的直接互操作,无须通过上级指挥协调。另一方面,随着网络与电磁、有线与无线、虚拟与物理、信息与认知等跨域融合技术的发展,跨功能域作战,即跨物理域信息域认知域社会域作战,将成为未来军事能力新的增长点。如近年来,美军研究了攻击GPS的新方法,以GPS接收机的软、硬件漏洞为目标,伪造星历、时间、位置等信息,通过无线射频实施远程攻击,对基于 GPS 时间基准的金融、电力等信息系统,将造成极大隐患和危害。

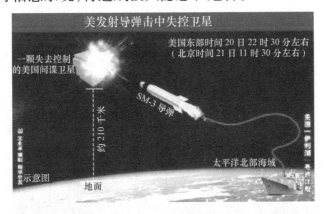

图 8-1　2008 年 2 月美国发射导弹击中失控卫星

图 8-2　潜射防空、反舰、对陆打击武器

美国国防部一直关注全球范围内的跨域作战、力量投送以及保持军事优势和行动自由等问题,为此不断探索和采纳新的作战概念与方案。早在 20 世纪 70 年代后期,美国陆军和空军曾联合制定了"空地一体战"的构想,并于 20 世纪 80 年代前期开始组织实施,其目的在于北约应对苏联和华约组织威胁时,在欧洲中央战

线实施战略应对和有效抵抗。实践证明,美军运用"空地一体战"理论,先后赢得了巴拿马之战、海湾战争等。

2009年7月,时任美国国防部部长罗伯特·盖茨要求海军部和空军部发展新型联合作战理论。同年9月,美国空军参谋长诺顿·施瓦茨上将和美国海军作战部长加里·拉夫黑德上将签署了一份机密性备忘录,启动由空军、海军共同开发一个新作战概念,即"空海一体战"。2010年2月,罗伯特·盖茨发布的新版《四年防务评估报告》正式确认"空海一体战"这一联合作战新概念(图8-3),并授权美国空军、海军加紧研究制定相应的理论和计划。2010年5月,盖茨在发表讲话时,正式提出了"空海一体战"的概念。

图8-3 "空海一体战"作战概念设想图

在此基础上,美国陆军、海军陆战队、空军为应对"反介入/区域拒止"(A2/AD)军事威胁开展了新型作战方式的联合。2012年秋,美军四大军种的副部长达成谅解备忘录,确定了"空海一体战"概念的实施框架。作为一种全新的作战思想,在美国政府和军方的强力推动下,"空海一体战"在短短数年内就从构想到形成系统的作战理论,并逐渐融入美国国防政策和美军作战条令。

华盛顿战略与预算评估中心(CSBA)以及其他一些智囊机构公开发布了一些关于"空海一体"战设想的内容,包含了以下一些关键点:

(1) 美国空军的反太空作战是为了致盲某国的天基海洋监视系统,屏蔽反舰导弹(ASBM)的瞄准,但不能确定这就是美国空军发展 X-37B 空天试验飞行器的原因。

(2) 2011 年 1 月,美国空军"联合监视目标攻击雷达系统"的项目"联合之星"飞机完成了网络武器框架的验证,可通过"联合之星"飞机跟踪航行的舰船,并由 F/A-18E/F 战斗机发射 AGM-154C 滑翔炸弹进行攻击。

(3) 在弹道导弹防御(BMD)中,美国海军的"宙斯盾"舰船可摧毁来袭导弹,为美国空军前沿基地提供前线防护。

(4) 远程打击可摧毁威胁美国舰船及海外基地的地面远程监视系统(如超视距雷达)和导弹,美国的潜射导弹可摧毁对手的综合防空系统,并为美国空军的打击铺路。

空海协同作战的另一种方案是发展远程陆基无人机,装备具有弹道导弹防御能力的红外传感器,可填补天基系统到 2020 年才能投入使用的空白。美国国防高级研究计划局的远程反舰导弹(LRASM)项目也瞄准了"空海一体"战应用,LRASM 由三部分组成,包括两架洛克希德·马丁公司研制的机体/发动机平台以及 BAE 系统公司研制的通用多用途寻的器。其中一架重点验证空射技术,另外一架则重点验证陆(舰)射技术。LRASM-A 由洛克希德·马丁公司位于佛罗里达州奥兰多市的打击武器分部研制,是基于"联合空面防区外导弹"增程型研制的。LRASM-B 由位于德克萨斯州的大草原城(Grand Prairie)洛克希德·马丁海上战术导弹分部研制，具有一定的隐身性能，装备有冲压式喷气发动机，能够进行超声速巡航。该冲压式喷气发动机技术来自于普·惠公司。LRASM-B 从垂直发射系统中发射，由四个推进器推动。BAE 系统公司建议传感器组件的核心要基于被动式雷达频率接收技术。然后应用多重传感器，自动选择要攻击的舰船，甚至在 GPS 不能使用的环境下也能自动攻击目标。

"空海一体战"是美国为西太平洋战区高端军事行动勾画的一种联合作战样式，以保持美军向西太平洋地区成功投送军事力量的能力，维持该地区的军事优势，夺取和保持该地区空中、海上、空间和网络空间领域的主动权，其针对和防范中国的意图非常明显。

"分布式杀伤"作战概念最初是针对美国海军水面舰艇反舰能力不足提出的。随着大数据、云计算和人工智能等颠覆性技术在军事上的广泛应用，其内涵逐步拓展为基于作战云的多维一体作战概念，并上升为"第三次抵消战略"的重要概念。2014 年美国海军战争学院根据濒海战斗舰编队对海上、陆上目标打击的兵棋推演结果，针对水面舰艇反舰能力不足提出"分布式杀伤"作战概念。2015 年 1 月，美国海军水面舰艇部队高层在《美国海军学院学报》发表题为"分布式杀伤"的论文。此后，美国海军水面部队司令罗登中将通过公开演讲和网络媒体不断宣传"分布式杀伤"概念，使其影响力、内涵不断扩大和丰富。

2012 年，前美国空军第一副参谋长戴维·A. 德普图拉中将率先提出了"作战云"概念：通过高度分散、自我进化并且自我补偿的共享信息网络系统，整合网络内多台服务器的计算能力，并通过指挥、控制和情报、监视与侦察网络，快速交换来自各个领域传感器和射手的数据，整合各个作战系统的作战力量，从而增强效能并获得规模效益。简要地说是利用基于"云"的作战网络，实现陆地、海上、空中与太空多维作战平台的数据高度共享,极大地提高整个作战体系的效能。"作战云"概念得到了美国国防部的支持,逐步进入美军作战设计、装备研制与作战验证。

2014年8月,美国《航空周刊》发表了"作战云"构想图,描述了"作战己方的空中优势空域云"的发展远景:在轨太空侦察/通信/导航卫星、空中预警机、F-15/16等四代机、海面航母战斗群、深入敌方纵深空域的F-22/35隐身战机、RQ-180无人侦察机和新型远程隐身轰炸机等多域作战单元,在"作战云"的连接下形成一个高度融合的作战体系。2014年9月23日凌晨,美国空军F-22"猛禽"战机首次率领联合空袭机群,对叙利亚境内的"伊斯兰国"极端组织目标实施空袭作战,标志着美国空军已开始"云作战"实战验证。

总之,美军提出的"空海一体战""分布式杀伤""作战云"等概念,本质上都具有多域和跨域作战的内涵。

二、美军"多域战"

2016年11月11日,美国陆军正式将"多域战"(图8-4)写入新版作战条令,旨在推动陆军由传统陆地向海洋、空中、太空、网络与电磁空间等其他作战领域拓展,改变传统"被援助"角色。在"第三次抵消战略"的大背景下,为破解潜在对手"反介入/区域拒止"挑战、应对多域威胁,美国陆军提出"多域战"概念,探寻协调实施地面作战行动、对付"先进的旗鼓相当之敌"的办法。从军事理论发展角度看,美国陆军"多域战"概念的提出,具有内在合理需求和必要性,创新意义重大,因此获得了美国海军、空军、国防部以及战区领导的共同支持。这是美陆军乃至整个美军联合作战指导思想的重大转变,将对美军作战能力建设发展产生深远影响。

图 8-4　多域战作战示意图

（一）动因

第一,从未来作战环境看,美军面临多域威胁,技术优势风光不再,这种趋势要求美军发展跨军种跨领域的联合作战概念,以保持战场优势。美军认为,未来作战与过去和当前的作战迥然不同。未来,美军可能与旗鼓相当的对手对抗,对手态势感知能力强、精确制导武器杀伤力极强,能够限制美军联合部队的机动和行动自由。对手将反击美军的空海优势,通过限制美军利用太空、网络空间和电磁频谱,并且能够利用美军的弱点,来削弱美军的关键能力。先进的对手仔细研究了美军的作战方式,这种方式就是协调运用技术侦察、卫星通信以及空海力量,确保地面机动自由,并达成对敌优势。对手能力的发展威胁联合部队的相互依赖,使美军长久以来的强点变成了潜在的弱点。因此,美军联合部队在任何领域都不能再享有持续的优势。

美国陆军训练与条令司令部司令帕金斯在 2017 年 6 月 14 日

至15日举行的一个论坛上解释说,实施"多域战"的必要性在于对手一直在研究美军的条令。他说,自海湾战争以来,美国陆军不断采取各种军事行动,包括全球反恐战争、伊拉克战争、阿富汗战争等等,这样对手就有时间关注美军的作战方式,他们开始向美军学习。从对美军及其条令的研究中,对手得到三条经验教训:一是要通过领域割裂美军;二是要使美军及其盟军远离作战地域;三是要阻止美军机动。实施"多域战"的目的,就是要以新的方式应对这些挑战。

过去,美军真正受到挑战的领域还是在地面上,在其他领域享有行动自由。当前和未来,随着技术的扩散,对手不仅要控制地面和空中,而且寻求海上、太空、网络空间、电磁频谱甚至认知领域的控制权。而目前,美军在编组、训练、装备或部署上,都不能有效应对多域威胁。实施"多域战",将使美军联合部队能够从相互依赖转变为真正的融合,在所有领域采取行动,给对手造成多重困境。为此,美军要贯通所有领域,在自己选择的时间和地点,获得"领域优势窗口"。

第二,从主要作战对手看,"多域战"概念主要针对高端对手,关注如何准备实施高强度、高技术战争。美军作战条令不会把中、俄直接点出来,一般用"能力强大、旗鼓相当的对手"暗指中、俄,在条令以外的文章和讲话中就直接点名了。

随着反恐战争不断取得成果,"伊斯兰国"和其他非国家行为组织日渐式微,对美已构不成实质性威胁。因此,美军把目标转向了中、俄等"修正主义国家",认为这些国家企图改变冷战后的安全秩序。中、俄正在崛起,这两个国家技术先进,与美军实力相近,能充分挑战美国军事技术优势。中、俄都拥有或正在研发航空母舰、隐身战机、高超声速武器、无人机、电子战装备、先进的防空系统、远程精确制导反舰导弹等,欲抵消美军在空域和海域的作战优势;都在积极发展太空、网络空间等新兴作战能力,限制美军对太空、网络空间、电磁频谱等作战域的利用,使得美军在所有作战域均面临竞争和对抗,极大限制了美军的行动自由和优势保持。美军判断,与高端对手之间爆发战争的可能性上升,特别是要应对所谓的"反介入/区域拒止"环境,确保万一哪一天与高端对手开战,好有所准备。"多域战"主要针对高端对手,关注大规模、信息化的高端战争。

第三,从联合作战的角度看,美国陆军提出"多域战",旨在提升陆军在未来联合作战体系中的地位和作用,并借此构建新的作战和装备体系。美国空军、海军从2009年开始,推动发展"空海一体战"构想,来应对所谓的"反介入/区域拒止"环境。后来把陆军也拉进来了,但陆军在"空海一体战"中作用有限,装备发展也滞后于空军、海军。为改变这种边缘化的局面,陆军联合海军陆战队和特种作战司令部,提出了"战略地面力量"的概念,但这一概念只是单纯强调陆军本身的地位作用,其他军种不感兴趣。这次不一样了,陆军实际上已经搭起了一个框架,在这个框架内,所有军种都能互相帮助,破解共同的难题,这个难题就是随着精确打击武器的扩散,潜在对手的"反介入/区域拒止"能力越来越强,尤其是高端对手的武器、传感器、网络系统能够阻止美军干涉地区危机。美国陆军强调"多域战"具有内在的合理性,要求联合部队完全融合、深度交链。所以,"多域战"概念对所有军种都有吸引力。

(二) 概念

虽然"多域战"作为一个新概念正式提出是在2016年10月,但其历史渊源更早。2013年,兰德公司在美国陆军的资助下,开展了一项研究"西太平洋地区陆基反舰导弹的运用",得出结论是,在西太平洋地区部署陆基反舰导弹可以有效拒止敌人的机动自由和军事行动。美国陆军采纳了兰德公司的建议，并将其体现在2014年陆军作战概念中。

2014年10月31日，美国陆军训练与条令司令部手册《美国陆军作战概念：在复杂的世界中打赢2020—2040》提出"跨域"概念，认为"陆军作战本身就是跨域作战"，陆军需要具备联合作战要求的多种能力，能够从陆地跨空中、海洋、太空和网络空间等领域作战。该作战概念强调美军是联合部队，在陆、海、空、太空和网络空间跨域作战，陆军依赖并支援空中和海上力量。

美国2015年版《国家军事战略》要求，"美军要与盟友能够在多个领域投送力量，迫使对手停止敌对行为或解除其军事能力，以果断击败对手。"2016年10月4日，美军高层在陆军协会年会期间，以"多域战：确保联合部队未来战争行动自由"为主题展开研讨。美国国防部时任常务副部长罗伯特·沃克、陆军训练与条令司令部司令帕金斯、太平洋司令部司令哈里斯等高官力推"多域战"概念，提出美军需从"空地一体战""空海一体战"作战概念转向采纳"多域战"概念，增强军种之间、领域之间的融合。

2016年11月11日，美国陆军发布纲领性文件《ADP3-0：作战概则》，正式将"多域战"概念列入其中，提出"陆军部队作为联合部队的组成部分实施多域战，夺取、保持和利用对敌军的控制权。陆军部队威慑对手，限制敌行动自由，确保联合部队指挥官在多个领域的机动和行动自由。"

2017年2月24日，美国陆军和海军陆战队联合发布《多域战：21世纪的合成兵种》白皮书，阐释了发展"多域战"的背景、必要性及具体落实方案，"要求做好战备、弹性力强的陆军和海军陆战队作战力量，通过在所有领域拓展运用合成兵种，从物理上和认知上战胜敌人。通过可靠的前沿存在和具有弹性的作战编成,未来的陆军和海军陆战队将作为联合团队的组成部分,融合和协同各自能力,在多个领域和整个战场纵深创造暂时的优势窗口,以夺取、保持和利用控制权,打败敌人,并实现军事目标。"白皮书强调,这只是一个出发点,而不是最终的概念。其目的是引发深入的思考和讨论,希望有兴趣者人人都为这一概念的开发做出贡献。

美国陆军的目标是,到 2018 财年初,形成完整的陆军"多域战"概念。在 2017 年 10 月推出的新版野战手册《FM3-0:作战纲要》中,"多域战"已成为其中的一个核心作战概念。美国陆军及陆军训练与条令司令部将继续与联合参谋部合作,将"多域战"纳入联合概念。太平洋战区陆军从 2017 财年开始已将"多域战"纳入演习,欧洲战区陆军将于 2018 财年把"多域战"纳入演习。

(三)机理

"多域战"的核心要求是,美国陆军具有灵活、反应力强的地面编队,能够从陆地向其他领域投送战斗力,夺取具有相对优势的位置,控制关键地形以巩固战果,确保联合部队行动自由,从物理上和认知上挫败高端对手。

根据美国陆军官方的解释,"多域战"是美国陆军和海军陆战队作为 21 世纪的合成兵种,协调实施地面作战行动的方法。它针对的是先进的势均力敌的对手,这一概念运用的时间是 2025—2040 年,在这个时间段的作战环境中,所有领域都争夺激烈,这些领域包括地面、空中、海上、太空和网络空间,以及电磁频谱。由于对手的能力不断取得进展,美军再也不能想当然地认为,它在任何领域都享有优势。地面部队必须同联合伙伴完全融合起来,从地面向所有领域投送力量,以便威慑和击败潜在对手。

"多域战"与"空地一体战""空海一体战"既有关系,又有明显不同。从作战域来看,"空地一体战""空海一体战"主要涉及两个领域,"多域战"则涵盖所有领域,是一个"让敌人难以割裂的作战概念",其实施更加复杂。

从军种的功能作用看,"空地一体战"重在运用空中力量增强地面力量的能力,陆军是被空军支援的对象。根据"多域战",陆军可以支援空军、海军作战。美军作战,过去都是空军支援地面部队,空中支援召之即来,这是美军的一个优势。未来,地面部队拥有新型装甲车、远程导弹、网络和电子战装备,能够承担空军、海军的若干功能,陆军不仅自我保障能力更强,而且能够超越地面,支援海上和空中作战。美国陆军参谋长马克·米利说:"地面部队必须突破拒止区域,促进空军、海军作战。这与过去70年的做法全然不同,过去是空军、海军帮助地面部队。"他还说:"陆军要击沉军舰,并且抵御敌之空中和导弹袭击,主宰我们部队上空的空域。"

从作战方法看,"空海一体战"是"由外而内,逐步推回"。美军处在尽可能远的距离上,让对手打不着它,以远对远,先消灭对手最远程的系统,然后靠近一点,打掉对手次远的系统,依此类推。这种方法的问题是推进太慢,陷在对手"反介入/区域拒止"圈里的盟国损失大。根据"多域战",美军可以"由内而外,瘫痪结构"。就是把"反介入/区域拒止"视为一个复杂的系统,美军可以利用该系统不可避免的弱点,运用远程打击、特种袭击、网络攻击等,先打开一个缺口,然后让这个缺口逐步扩大,直至从内向外,瘫痪整个结构。

(四) 特点

对整个美军来说,"多域战"概念突出强调跨域协同,要求打破传统的以军种为核心的作战域边界,在包含所有作战域在内的战场空间同步协调行动,创造并利用好稍纵即逝的作战机遇,削弱对手在多域的作战能力。

"多域战"概念首先在于作战域的拓展,强调将作战域从传统的陆地和空中,拓展到海洋、太空、网络空间以及电磁频谱,更重视太空、网络空间以及电磁频谱、信息环境、认知范畴等其他无形对抗领域。实际上,"多域"指的是所有领域,包括物理域、信息域和认知域等。未来战争将发生在所有这些领域。美军要生存并维持优势,就必须最大限度地利用所有领域,综合运用火力、电磁、网络和心理等各种打击手段。

"多域战"的创新点在于,更强调打破军种、领域之间的界限,把各种力量要素融合起来,特别是要从"领域独占"转变为"跨域融合"。以往,当危机在陆地上发生时,陆军或陆战队会被视为该领域的所有者,一般会用传统的方式来应对,如用迫击炮或榴弹炮进行轰击。如果危机在海上发生,海军则被视为该领域的拥有者,会用军舰或潜艇来应对。根据"多域战"概念,所有作战空间视为一个整体,不管这个域那个域,所有能力,从潜艇到卫星,从坦克到飞机,从驱逐舰到无人机,包括网络黑客等,都要无缝连接起来,实现同步跨域火力和全域机动,夺取物理域、认知域以及时间方面的优势。

"多域战"概念强调通过可靠的前沿存在和灵敏的作战编队,有效利用联合一体化和跨域火力,在多个领域和整个战场纵深,创造暂时性的优势窗口,夺取、保持和利用主动权,并达成军事目的。一般情况下,战役战术级指挥官将运用跨域火力、合成兵种机动和信息战,连续或同时在纵深开辟窗口,使部队能够机动至相对优势的位置。当对手同联合部队在一个区域争夺激烈时,联合部队可以战斗到底,也可以绕过当面之敌,迅速移动至另一个区域,该区域暂时性的优势窗口已经建立。

"多域战"体现了联合作战的几个原则。一是同时行动。在陆、海、空、天、网多个地点、多个领域同时攻击,给予敌军多重打击,从物理上和心理上压倒敌人。二是纵深行动。打敌预备队,打指控节点,打后勤,使敌难以恢复。三是持久行动。连续作战,不给敌以喘息之机。四是协同行动。同时在不同地点遂行多个相关和相互支持的任务,从而在决定性的地点和时间生成最大战斗力。五是灵活行动。灵活运用多种能力、编队和装备。通过这种多领域全纵深同时协同行动,就能给敌造成多重困境,削弱敌行动自由,降低敌灵活性和持久力,打乱敌计划和协调,从而确保联合部队在多个领域的机动和行动自由。

美军想定:假定在西太地区,配备水雷、鱼雷和导弹的敌舰正在追击美方战舰。敌人知道可能前来援助美方战舰的军舰行踪。但敌舰可能并未意识到,该地区的岛屿上驻扎着美国陆军的榴弹炮连或导弹连,它们配备了精确反舰火力。现在对敌人来说,问题就来了,敌人不仅可能遭到美国海军的打击,还可能遭到美国陆军的打击,陆军可以把火炮配置在陆地上难以发现的地方。这样,就会给作战指挥官提供多种选择,而给敌人造成多种困境。

(五)举措

"多域战"概念提出后,美国陆军正积极采取多项举措,包括组织结构调整、相关条令制定、作战人员培训、装备系统发展等,生成与"多域战"相匹配的新型能力,牵引美国陆军全面建设。

一是变革组织和程序。向联合部队提供不同和更加聚焦的陆军工具,以克服美军在某些领域尤其是空、海和网络空间丧失的优势。强调陆军再也不能专门聚焦地面领域,作为联合部队的组成部分,陆军部队必须为其他军种在它们的领域提供支持,以克服它们的作战挑战,反之亦然。这意味着变革的重点是提升能力,以达成跨域作战效果,以及联合部队更加无缝和有效的整合。

美国太平洋陆军正在开展几个方面的创新:①设计和实验灵活的指挥控制程序、可裁剪并可精确衡量的部队,以及关键领域灵活的政策;②重新设计演习计划,所有演习都将是联合和多国的,近期目标是参加海军"环太平洋2018"演习;③在跨越太平洋司令部各作战力量和战区指挥程序方面,支持跨军种创新。

二是为"多域战"提供技术支撑。美军强调进行快速的技术变革,不能由于缓慢的采办计划失去技术上的竞争能力。美国国防部和陆军已经为快速的装备解决方案打下了基础。国防部长办公厅设有"战略能力办公室",陆军总部设有"快速能力办公室",这些办公室都注重现有技术的应用创新,注重利用作战实验室,提升人员的杀伤力和效能。太平洋陆军与之关系密切,每项装备都进行演习和实验。

2017年3月,在美国陆军协会主办的"多域战——全球军力研讨年会"开幕式上,美国陆军训练与条令司令部司令帕金斯提出美陆军未来作战应重点发展八大关键能力,即跨域火力、作战车辆、远征任务指挥、先进防御、网络与电磁频谱、未来垂直起降飞行器、机器人/自主化系统、单兵/编队作战能力与对敌优势等。这八大能力是"多域战"概念发展的重要支撑。

目前,美国陆军高层寻求抵消对手"反介入/区域拒止"能力的方式主要是远程火力和精确弹药。远程精确火力导弹将取代美国陆军目前装备的"陆军战术导弹系统",预计2021年具备初始作战能力。2018财年美军将加大远程精确火力导弹项目研发进程,将研发投入从2017财年的6700万美元增至1.02亿美元。2018年提出发展1600千米战略火炮和2250千米的高超声速战略火力导弹。

三是培养实施"多域战"的人员。美军把人员视为最大战略优势。强调通过教育训练,培养灵敏、适应性强的领导者。设定"不可能"发生的场景或意想不到的"黑天鹅"事件,来训练思维技能。通过"失败",提高反应能力。

四是通过军演验证"多域战"概念。目前,"多域战"概念已进入验证评估阶段。一些作战司令部已经开始检验了。美国太平洋司令部实际上已把"多域战"概念视为一个联合概念,开始了实战化进程。时任太平洋司令部司令哈里斯在2017年5月的一次研讨会上,要求海、空、陆战队等军种组成司令部都要将这一概念纳入演习中,为陆军在"环太平洋2018"演习中击沉军舰做准备。

哈里斯说:"我想看到,在复杂环境中,当联合和联军部队在其他领域行动时,陆军的地面部队几乎同时击沉一艘军舰,击落一枚导弹,并且击落发射这枚导弹的飞机。"

哈里斯不允许海军只关注深水作战,陆战队只关注滩头,陆军只关注内陆,他说:"我们需要高度联合,没有哪一个军种占主导地位,没有哪一个领域有固定的边界。战区司令必须能够从任何一个领域对每个领域的目标达成效果,以便今夜开战,战之能胜。"

他说:"简单地说,这一概念为我们提供了一种方法,确保在战争准备过程中进入全球公域,一旦战争发生,能在同样的公域中作战。""我们的目标是,在多个领域,在战术层面,从传感器到发射器都能连起来。前沿部署的地面部队能够创造短暂的机会窗口,以便在多个领域获得优势,使其他组成部队能够更有效地歼敌。"

为实现这一构想,美国太平洋陆军已创立一支"多域特遣队",这是一支作战部队,除了地面作战,还擅长空、海、太空和网空领域的作战,可供哈里斯需要时用之。但该特遣队,以及陆军作为一个整体,必须解决硬件、软件、连接性、程序、训练五种挑战。

美国陆军还将于2018财年与欧洲司令部联合开展军演,继续验证该概念。此外，美国陆军训练与条令司令部的"陆军能力集成中心"将运用几种途径，验证评估支持"多域战"的概念和能力，这些途径包括"网络集成评估""联合作战评估""联合挑战""联合探索"。

三、跨地理域作战

未来，跨地理域作战是多域与跨域作战的一种常态。从陆上作战看，主要有陆空联合对地作战、海空协同对地作战、海空潜对陆协同作战、天空地跨域对地作战等。从海上作战看，主要有海、空、天、潜、岸跨域攻防整体筹划下的对海作战、空潜跨域协同对舰对潜作战、陆空联合对海对潜作战等。从空中作战看，主要有天空地协同对空感知、地空一体防空反导、空天一体反导、成建制远程立体投送、近距空中对地火力支援等作战。从空间作战看，主要有地基/空基/海基/天基反卫反导，天基信息支持地面/海上/空中作战、亚轨道/临近空间高速对地/对海探测与打击、临近空间平台组网信息支援地面/海上/空中作战等（图8-5）。

图8-5 未来天基激光武器对地打击想象图

支撑跨地理域作战的核心能力是跨介质武器,主要包括潜射导弹、反潜武器、钻地炸弹、两栖与多栖平台、跨大气层机动平台、跨大气层反卫反导、临近空间和太空高速对地对海打击、地基/海基/空基反卫反导等武器系统。

(一)美国 X-37B 可重复使用轨道飞行器

在空间跨介质武器方面,美国 X-37B 可重复使用轨道飞行器,就是一种典型的天空地跨域机动作战平台。2010 年,美国 X-37B 完成长达 224 天的首次轨道飞行技术试验,此后又进行 469 天的第二次飞行,2012 年底又开始了 674 天的第三次飞行试验,2015 年 5 月 21 日开始了 718 天的第四次飞行。2017 年 9 月 7 日搭乘太空探索技术公司的"猎鹰"9 号火箭从肯尼迪航天中心发射,开始了第五次执行秘密任务的飞行,未来完全可能发展成为空间对抗武器平台(图 8-6)。

图 8-6　美国 X-37B 可重复使用轨道飞行器

根据各方面情况,可以推测,利用 X-37B 和其他天基资源,将使空间攻防和跨域战略打击成为可能。

一是秘密侦察探测。主要是对天对地目标探测。对作战对手航天飞行器精确轨迹定位、任务载荷特点、天地通信传输、信道频谱和信号加密情况,以及可能实施干扰破坏的对策措施进行分析。

对地、对海、对空重要目标探测、定位和成像。

二是隐蔽攻击试验。隐蔽攻击可能会采取网络攻击、电子干扰、信道替换等软手段,而不会实施硬摧毁,因为碎片带来的灾难,是全世界人民都不愿看到的,而且是伤敌一千自损八百。

三是软杀伤。依托 X-37B 平台自身能源系统实施大功率电子干扰、电磁脉冲攻击、激光毁伤等手段,主要针对对手的天基系统。

四是硬打击。发射制导武器系统,从低轨道、亚轨道和临近空间(分别对应 1000~300 千米、300~100 千米、100~30 千米),从太空往下穿过大气层,实施高超声速对地对海对空跨域打击。

(二)潜水飞机与跨水空介质打击平台

在海上跨介质武器方面,跨水空介质打击平台,就是一种新型的高效突防打击手段。它利用水面舰艇近水面/水下防御的薄弱环节,以及潜艇远程防空能力空白,通过组合发挥空气和水介质中的飞行、突防与毁伤优势,实现重点区域内对敌方水面舰艇、潜艇等重点目标的强突防高效打击。DARPA 在 2010 年研究项目中,提出了潜水飞机技术项目(Submersible Aircraft),该项目将开发一个既能飞行又能水下潜行的飞行器,它集成了机载平台的速度和行程以及水下工具的水下潜行能力。

跨水空介质飞行器需要在气水两种介质中飞行/航行,而气水环境由于密度相差 800 倍,飞行器在两种介质中需要结构可变性、动力可适应、制导控制可切换、跨介质载荷可适应,需要采用智能材料技术、复杂环境自适应变形控制技术、跨介质飞行智能控制技术、超空泡航行技术等新型技术,才能实现跨空/水介质飞行。其相关核心技术包括跨水空介质平台结构一体化设计、高速出/入水、近水面滑翔飞行、水下高速航行、水下高能量密度动力、水下高效毁伤等技术。

（三）远程滑翔跨介质空/海协同作战飞行器

在空海一体化作战方面，远程滑翔跨介质空/海协同作战飞行器，又是另一种典型跨域作战手段。广袤的海洋由于海面杂波干扰以及复杂海况，使得航母编队及大型舰队很难及时有效对近海面飞行武器进行防御，同时电磁波在海水中快速衰减，雷达无法探测到海面下较深的区域。这些不利条件为跨介质武器系统提供了一个天然的屏障和保护，可以避开敌方预警雷达的探测，具有极强的隐蔽性，为实现对航母编队隐身打击提供了得天独厚的优势。

远程滑翔跨介质空/海协同作战飞行器，是指将一个或多个远程跨介质飞行器通过载机运送至战区附近，由地面监测雷达、空中预警机、卫星等对敌航母编队或大型舰队进行探测和跟踪，计算得到航母或舰队的地理方位、运动态势及其配备的防空反潜火力信息，然后将这些数据通过载机发送至跨介质飞行器，当载机到达战区后释放跨介质飞行器编队。跨介质飞行器编队经过空中飞行到达舰队附近上空预定海域，形成空中协同作战单元和跨介质水下协同作战单元。

（1）空中协同作战单元通过协同制导与协同控制进行编队突防，对航空母舰或舰队水面上部分进行有效打击。

（2）水下协同作战单元则通过自身的综合控制系统判断航空母舰或舰队的防御盲区，并自动解算介质跨越点和相应的运动时间、距离，经历入水阶段，形成水下编队，根据战场态势选择合适的打击方式对航空母舰实施水下攻击。

（3）空中协同作战单元与水下系统作战单元可以单独完成对航空母舰及大型舰队的打击，在技术成熟后也可以共同组网完成对航空母舰的狼群式攻击。

（4）水下协同作战单元在入水时，将空中飞行时张开的弹翼合拢，减小入水过载冲击。入水后可根据作战使用需求与对航母防御的评估情况，水下系统作战单元可通过声纳进行通信协同，采用同时打击、连续接力打击和同时定向打击等方式对航空母舰及大型舰队进行协同攻击。

（5）空中作战单元与水下作战单元同时攻击时，可根据到达目标时间的不同分时发射，通过领弹与从弹的空中信息交互，完成空中单元与入水之后的水下单元攻击时间的匹配。

四、多功能跨域作战

多功能跨域作战，在战略和宏观层次主要包括跨虚拟空间与物理空间作战，跨物理域、信息域、社会域、生物域作战；在战术和内容上主要包括信息、平台、火力、防空、保障等跨域军事行动。

（一）虚实跨域融合作战

虚拟与物理空间跨域融合作战，主要涉及多源情报信息获取与融合、关联印证与态势分析、侦打融合与评估、前后台融合与支撑、舆情塑造与认知对抗、网络攻防与基础设施控制等内容。虚拟空间获取的战场态势，经过自身多维度的关联印证确认后，可直接向物理空间的火力系统提供打击信息，形成虚拟空间"侦"、物理空间"打"的一体化作战。作战装备和人员既可向后台云端提供前沿感知信息，又可从后台获取高价值的计算结果和战场关联信息，形成前端灵活作战、后台智能支撑，显著倍增作战效能。利用虚拟空间各种先进技术，实施有针对性的舆论战、信息战、心理战，欺骗干扰对手，塑造有利己方形势和环境，促进物理空间作战优势形成。通过虚拟空间实施网络攻击，控制社会基础设施，影响作战进程，达成物理空间军事目的。

（二）跨域情报信息支持

通过虚拟空间的互联网等开源渠道获取的战场环境和目标信息，与物理空间陆、海、空、天等侦察系统获取的战场和目标信息，形成互补和关联印证，并可对打击效果实施评估。通过开发利用大数据、图像语音与频谱智能识别、情报信息跨域传输等技术，支持各级各类指挥系统，按需求融合形成综合、分域和专题态势，实现各级对战场态势的共视、共识和共用。同时，支持各级各类指挥机构、任务部队、有人/无人武器平台实施多手段信息联通，尤其是在战术指控和火控层面，彻底打通联合作战侦控打评、军种之间协同行动、多维战场空间跨域控制等信息链路，为战场情报信息和态势共享、共用，打下可靠技术基础。

（三）跨域指挥控制与互操作

未来多域与跨域作战，是典型跨军种联合作战和交叉融合作战，必须在天空地一体化泛在网络支撑下，通过基于统一的数据信息传输标准与协议，打通战术层次跨域跨平台的信息链路与数据交互，实现各军兵种指挥控制的互动与协调，实现各军兵种无人机、无人艇、精确制导武器甚至卫星等平台之间的互操作功能，形成对战场的整体监控、信息融合、规划与管理、空域/海域冲突检测与协调，以及作战力量的无缝衔接，支持各级各类指挥机构跨域分布式联合指挥控制，实现各领域作战进程和任务状态的同步掌握、作战态势实时推演评估、作战行动的临机协同。

（四）跨域火力支援

依托网络化协作与互操作环境，基于共用的作战筹划软件，以形成作战计划为重点，在统一数据模型支撑下，按照同步协作作业模式，实现联合任务火力的目标统筹、指挥控制系统与各类火力打击平台的深度交链,实现地面、地下、空中、太空、海上、水下等相互之间的跨域火力支援。主要有三种模式:一是基于本军种前沿信息的对其他军种的火力引导打击与毁伤评估;二是基于标准信息接口和数据交换条件下,对其他军种火力平台的直接操作控制;三是基于其他军种请求下的火力跨域支援。

(五)跨域防御

在地面防御作战方面,陆军的远程精确火力和防空反导武器,可为海军、空军提供协同防御,保卫其安全;海军、空军的机动火力也可在最佳作战域为陆军提供及时的支援防御,在打击来袭目标的同时打击敌威胁源头与前半程,形成跨域互动、一体打击的防御体系。在空中防御和海上防御方面与此类同。在网络空间及跨域防御方面,通过物理域、信息域、认知域等融合作战,从多个领域防御网络攻击、消除负面舆论对民众的影响、防止基础设施被敌破坏等,并组织统筹多个领域,实施战后治理和社会秩序恢复。

(六)跨域保障

跨域保障是将陆军的基地保障资源、海军的移动保障资源、空军的灵敏保障资源、航天的立体保障资源、网络的智力保障资源等统筹考虑,在统一的网络信息系统和云平台的支持下,通过保障资源信息共享、标准化设计、分布式储备、灵活快速配置等措施,打破军种、领域的限制,实现各军兵种作战保障、装备保障、后勤保障、技术保障等深度融合。同时,将相关民用保障资源融入军用保障体系,通过军民保障力量和资源的统筹,形成军民融合、平战一体、以民掩军等多种保障模式。

(七)陆上多域作战

以陆战为主导的联合作战能力和以跨域互动为特征的多域融

合作战能力,是未来智能化作战的基本样式之一。相比海上、空中、太空和水下作战空间,陆上多域作战是最复杂的一种。

虽然现代科学技术的发展,解决了陆战场从感知到行动的一系列作战能力提升的问题,但与天、空、海和单纯的网络空间相比,陆战场仍然是最为复杂、迷雾重重的战场。一是地理环境最复杂,可能是平原、丘陵、水网稻田、山岳丛林、高原、沙漠戈壁、高寒山地、近岸岛屿和大小城镇、超大城市等,目标最难识别,影响因素最多,对技术手段制约最多、要求最高。二是作战任务和样式最多,可能是城市作战、岛屿作战、山地作战、边海防作战、特种作战、反恐维稳、海外军事行动等。三是涉及作战领域最多,涉及陆、海、空、天、网、电磁、心理和社会等领域,涉及开源信息资源利用、物联网与基础设施管控、重点目标和人群跟踪,以及基于网络和新媒体的舆论战、心理战、法律战等。四是全程参与直到战后治理,其他军兵种可能打完就撤,但是陆军或者陆战力量还涉及最终的占领控制和战后秩序恢复与治理。因此,陆上多域作战,一定是未来智能化时代联合作战、跨域行动的重点、难点和焦点。

五、智能化重点

多域战的本质是联合作战,跨域作战的核心是军种协同和相互支援。多域战与跨域作战的智能化,除了平台智能和侦、控、打、评、保等通用智能化建设外,还有其自身的特点和智能化建设的关键与重点,主要包括五个方面。

(一)联合行动任务规划

由于多域作战涉及陆、海、空、天、网等领域,以战区为重点的联合作战整体筹划和设计非常重要。从战略、战役到战术,从陆战联合、空战联合、海战联合、天战联合到赛博空间作战联合,其作战样式、作战目标、作战环境、力量手段和战法应用,虽然有共同之处,但是差别很大。其中,不同战场联合行动作战任务规划,是多域战和跨域作战的重点,也是智能化的关键。层次越高、作战系统越复杂,越需要依靠人和指挥员来决策,特别是在战前筹划阶段更需要如此,智能化主要起辅助决策和支撑作用。层次越低、任务越明确、系统越简单,越可以靠自主决策、依靠 AI 来解决。中间层次和过程,大多采取混合决策的模式来解决。但有一点是肯定的,战前数据越多、模型算法越精、对作战对手研究得越透,无论是人类决策,还是机器 AI 决策,其胜算越大。

（二）跨域信息智能化

网络探测、通信、导航等信息保障,是跨域和多域作战的一个瓶颈,也是一个关键点。要重点发展超视距、跨领域的网络探测与通信导航技术,发展海上和水下、室内外、地上和地下、空天和空地等跨域通信导航一体化技术,发展基于卫星导航、惯性导航和其他先进导航技术结合的时空基准平台,便于各军兵种作战力量协同和作战要素融合,便于虚实互动、无人化、集群化和人机智能融合。同时,网络信息还要具备认知功能,能够自动识别电子干扰和网络病毒,自动跳频跳转和安全保护,通过多种手段确保网络通信畅通,确保数据交换及时、安全、可靠。

（三）军兵种能力延伸

智能化时代的多域与跨域作战,各军兵种除了要加强本军种智能化建设外,还要在作战体系、网络通信、平台机动、火力、防御、保障等方面,做适当的能力延伸。例如,对陆联合多域行动,除了传统的空地作战外,需要适度发展以海制陆、水下和潜艇对陆、临近空间对陆和天基对陆机动和打击能力,研究赛博空间对陆支援能力等问题。又如,对海联合行动,除了空海一体作战以外,还需要发展以陆对海、临近空间对海、以天对海,以及其他军种破坏海上补给线、对敌海岸与海军基地实施打击等能力。

（四）作战力量智能化协同

无论是多域作战还是跨域攻防,各军种作战力量需要在统一的作战任务规划下,以网络信息为支撑,形成智能化的协同指挥、协同行动、协同评估和协同保障。除了战略和战役层次的协同外,更重要的是战术层次基于统一信息接口和数据交换格式的协同交战,彻底实现我发现你打、你发现我打,甚至相互操作共同打。

（五）统一标准规范

主要涉及作战指挥管理、信息数据交换两大类标准规范体系建设。一是指挥体制、作战样式、作战流程的规范和统一,统一名词术语、统一行动描述、统一概念内涵、统一作战规则和流程等。二是结合不同的作战力量、作战样式、作战流程,统一时空基准、信息流程和接口、统一数据交换格式和协议等。

最后,还需要值得关注的是,近年来美军开始从多域战转向了"联合全域作战"概念的开发。2019年底,美国参谋长联席会议与四大军种组成联合委员会,旨在论证开发"联合全域作战"概念。2020年2月18日,美国国防部在《国防要闻》上系统阐述了该概念:"联合全域作战"将涵盖陆、海、空、天、网络、电磁、认知、"灰色地带"等可能涉及的全部作战领域,是美军未来应对势均力敌战略竞争对手的全新作战样式。美军从陆军"多域作战"向全军"联合全域作战"转变,概念内涵并未发生实质性改变,但它站位的高度、宽度和各军种的包容性更强,得到了国防部、参联会和各战区司令部的高度认可与大力支持,使其由军种概念演进升级为全军概念,使美军作战能力向"一体融合、形分神聚、快速精准"方向发展,目的是扩大对"均势对手"的全域军事优势,以达成慑止、破击对手"反介入/区域拒止"体系的战略目标。

2019年12月,美空军/太空军与陆军、海军、特种作战部队、工业界等,正式启动了"联合全域指挥与控制"系统(JADC2)项目。JADC2可将所有部队及其武器平台实时连接,将成为"联合全域作战"的核心。在JADC2这个军用互联网平台上,各种军事应用程序可任意连接,能利用大数据、人工智能和机器学习等,随时了解友军/敌军位置和行动,实现在陆、海、空、天、网等多域作战空间信息实时共享。该项目依托空军先进作战管理系统(ABMS)项目开发软件和算法,使人工智能和机器学习能以远超当前水平的速度与准确性联网并计算多源海量数据,将不同的武器平台与实战场景中的部队进行实时连接。从2019年12月至2021年2月,美军计划进行四次JADC2演习,以进一步验证完善联合全域指挥与控制系统。2020年上半年,美陆军提出了"融合项目"计划,将系列项目融入联合部队进行试验与演习。2020年8月,美国会研究服务局正式发布了《联合全域指挥与控制》系统报告。2020年9月,美陆军与空军签署一份持续到2022财年的加强互操作性合作协议,把陆军"融合项目"与空军ABMS项目结合起来,以帮助指挥官更快地作出明智的战场选择。

2020年8月,美国陆军在亚利桑那州尤马试验场举行了"融合计划2020"演习,利用太空军低轨侦察卫星、灰鹰无人机对目标区域进行广域侦察,并将侦察情报通过传输层卫星传递至华盛顿州刘易斯-麦科德联合基地的TITAN地面站,由"Prometheus"(普罗米修斯)人工智能系统完成目标识别,将侦察情报转化为目标数据,经由传输层卫星传送至尤马试验场的联合作战中心,火力风暴(FireStorm)人工智能辅助决策系统根据目标威胁自动匹配火力打击平台,将目标数据发送到 155 毫米榴弹炮和灰鹰无人机,对目标进行打击。一架盘旋的收割者无人机向火力风暴人工智能系统发送攻击后敌方坦克燃烧的视频,进行打击效果评估。该杀伤链从发现到决策打击的时间为 20 秒,炮弹在空中飞行 1 分钟后命中目标,事后评估花费 10 秒,共计 90 秒(图 8-7)。

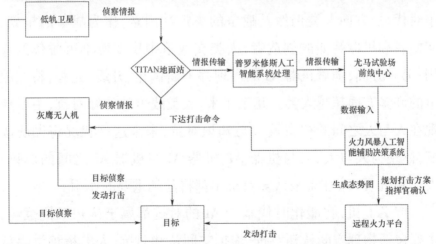

图 8-7　美国陆军"融合计划 2020"演习示意图和流程图

第九章
认知对抗

作战人员对作战环境、威胁、目标、对手的充分认知、深刻理解和快速反应,对作战态势的分析、判断、决策、意志等认知水平和能力,将直接影响战斗的实施、战役的组织、战略的决断,影响战争的走势和成败。认知对抗的本质是知识对抗、智力比拼。智能化战争时代,一方面人类仍然是战争的决定性因素,作为战争的策划、实施者和机器智能的创造者,人类在战争中扮演着不可替代的作用;另一方面,随着机器 AI 的出现并不断优化、升级、完善,将在战争的许多方面超越人类。几千年来,人类战争的认知对抗,主要体现在人与人之间的智力较量与知识对抗,未来这种状况将彻底改变,体现为人与人、人与机器 AI、机器 AI 与机器 AI 之间的对抗。人类和机器 AI,在未来认知对抗中都将起到重要的作用。

广义上讲,智能化时代基于 AI 的对抗都属于认知对抗范畴,主要包括物理空间认知对抗、虚拟空间认知对抗、人类精神世界认知对抗三大领域。由于涉及范围广、内容多,本章选择几个重点进行探讨。

一、感知对抗

未来作战,作战人员面临着陆、海、空、天、网等复杂战场,面临着多对手多目标多方式的攻防对抗,面临着域外陌生地域、城市、社会、媒体和舆情等多维空间的感知挑战。如何在态势感知对抗方面战胜对手,使战场对己方更加透明、详实、全面,比对手了解更多、理解更深、情况更准、反应更快,需要高度重视五个方面的能力建设。

第一,需要建立天空地一体、军民融合的网络化多源感知体系。通过军用天基、空基、地基、海基平台多种探测手段,利用图像、红外、视频、SAR、电子侦察、多光谱、磁探、重力梯度、水声等侦察探测方式,对固定、机动、高速、水下、地下目标和复杂作战环境,实施精确探测、跟踪、定位和数据传输,满足各类武器装备火力打击和多样化作战需要。同时,光有军用信息数据还不够,还必须通过民用互联网、物联网、民用卫星、社交媒体等信息资源和探测手段,运用爬虫、大数据技术进行多源搜索,建立不同地理环境和目标多维度的关联模型。因为,军用探测手段,大多是对作战环境和目标表面形状、尺寸、电磁等特征进行侦测,而作战环境周围有什么机构、人员、设施,是军用目标还是民用目标,是政府大楼还是文物建筑,建筑物内部结构、分布、单位等信息,还需要通过互联网和大数据进行关联印证。需要加强远程搜索发现、全程跟踪监视、全域探测覆盖、全天候运行、信息深度融合利用等关键技术研究,解决对隐身、移动、人类行为等多样化目标的探测、发现、识别和意图判别,形成覆盖陆、海、空、天、电、网的全域全谱感知能力,创新信息内容的表征方式,从源头减缓海量数据传输,缩短从数据变为知识、从信息生成情报的周期,有效支持基于网络信息的作战行动。

第二,需要重视先进感知与探测技术的发展与应用。关注太赫兹、磁场、量子关联成像、超光谱成像等非常规探测技术的进展,以解决复杂条件下低可观测目标的精细高效信息获取能力不足或无法探测等问题。其中超光谱成像是一种典型的应用技术(图9-1)。它主要利用特定光谱采集方法在可见光和红外波段内的大量窄谱带内对目标场景进行成像,利用获得的图像空间信息和光谱信息实现对目标的超分辨力或超精细观察。该技术既能反映目标的外在形状,又能反映目标的内在性质,能够反映目标关键部分最细微的变化,对目标直接进行定性及定量分析和识别。

图 9-1　超光谱成像技术可同时获取空间信息和光谱信息

超光谱成像技术是 20 世纪 80 年代后期在多光谱扫描型成像遥感技术基础上发展起来的。美国海军在 20 世纪 90 年代开发了超光谱机载样机。美国陆军和空军在进入 21 世纪后极力推动超光谱成像技术的发展,希望为旅级和师级无人机平台开发昼夜超光谱成像系统,并在美国陆军的"影子 200"战术无人机上利用 BAE 系统公司的"魔爪辐射"(TRII)超光谱传感器系统,成功进行了多次简易爆炸装置探测演示试验。

近年来量子点光谱仪的出现,为超光谱传感器系统的小型化以及与传统光学成像系统的融合,带来了革命性的新路径。量子红外传感器可将战场传感器的探测灵敏度提高到单光子级别,用于探测超低可视目标,赋予士兵卓越的视野和观察能力。具备单光子灵敏度的量子传感器能够利用纠缠光子和更高阶的相干性提供更高的时间和空间分辨力,抵御一定的噪声干扰,降低红外传感器的尺寸、功耗和成本,有效维持部队在战场上的态势感知优势。

未来,还需研究在数据不完备条件下的探测成像处理的理论与方法,研究信息自主感知、传感器自组织与协同、前端智能信息处理等技术,大幅降低需要传输的数据流量,持续提升传感信息获取的效率、质量。

第三,需要建立信息数据融合、传输与处理标准体系。主要建立多源和异构信息数据采集、存储、处理、分发、传输、利用标准体系,以便计算机和作战人员快速阅读理解,便于对武器装备和部队实时指挥控制与火力控制。由于不同体制、不同来源的数据格式差异巨大,用途、目的和用户对象又不尽相同,必须在底层建立统一的数据分类和传输协议,才能使计算机能够识别、存储、计算和处理,便于面向不同用户实施端到端的传输和跨域信息共享与感知。例如,在多域或跨域作战条件下,通过天基信息和互联网侦测、发现、跟踪到的目标信息,如何传到军民通用大数据中心,传到前线指挥所,传到武器平台终端或单兵系统实施攻击和处置,然后将结果回传到数据中心,与天基信息和互联网二次观测到的信息进行关联印证、互动共享,必须要打通多个环节信息链路,实现联合作战和全域、多域、跨域作战条件下信息高效传输与顺畅交互。

第四,需要逐步积累与作战直接和间接相关的各种数据。不断收集战场环境、目标特性、敌我装备、人文信息和双方演习训练、战略战法、人员素质、实战经验等方面的信息数据,及时更新并维持一定的"保鲜度"。平时就必须从战略和战术上,对重点作战区域、主要作战对象、多种作战手段、习惯战略战法等信息数据进行搜集积累,特别是对各类武器装备图像特征、电磁特征、声纹特征、战技指标和人员训练水平、实战运用效果,进行数据的积累分类,做到随调随用、实时更新。

第五,需要高度重视商用卫星发展及其在感知对抗中的重要作用。它们既可以民用,也可以军用。美国军方接管铱星系统后于2015年启动了新一代宽带信息网络建设,72颗卫星搭载通信、气象、多光谱等载荷,分布在780千米、6个轨道面,具备星间链路和IP功能,L频段下行1.5兆比特/秒,KA频段30兆比特/秒,投资29亿美元。改进后的铱星系统,不仅能够实施全球不间断卫星通信,还能够实施全球网络化天基战场侦察、目标识别、作战评估,信息传输和处理能力大大提升,并与全球信息栅格系统GIG融为一体,基于IP的网络化侦察、指控、通信能力更加完善。如果加入智能化图像、光谱和电磁频谱识别系统,其星上的信息处理能力将明显增强,与地面、海上、空中的信息交互能力跃升一大步,用户数量大增,信息传输和处理速度加快,OODA作战回路时间将大大压缩。

近年来,美国SpaceX、O3b、日本软银集团等知名互联网公司和投资商,纷纷提出了成百上千甚至上万颗数量规模巨大的小卫星星座发展计划。如果世界军事大国和商业巨头们把地球中低轨空间用卫星塞得满满的,并且利用智能化技术和批量优势逐步把成本降到"白菜价格"，对传统地面移动通信及其关联的基站建设、通信传输、信息服务、终端系统等产业带来巨大冲击，将颠覆现有商业模式，改变全球移动通信和传感器产业格局。这类网络化天基信息系统进一步与互联网大数据关联，并逐步提高智能化识别交互水平，全球战场将很快越来越"透明"，对信息感知领域的对抗带来革命性影响。

在感知对抗领域，还应该关注全息术等其他一些颠覆性技术的发展。2017年4月，美国陆军研究实验室武器与材料研究处发布研究报告指出，全息术在军用视觉伪装等方面有巨大应用潜力。全息术能将物理上不存在的物体投射成三维图像，具有立体成像、空间感强、仿真度高等特点。

一是全息术可用于新型特种作战领域。传统的军用伪装术是一种相对简单的被动防御策略，而利用全息术进行视觉伪装是实现主动伪装的有效方案，可达到对肉眼"隐身"的效果。全息视觉伪装以其高仿真、强空间感的视觉欺骗性以及如变色龙一般的环境适应性将大大提高武器平台的作战效能与生存率，可用于飞机、舰船、车辆以及临时指挥所的伪装。这项技术目前仍处于探索阶段，但随着全息影像获取与显示技术的发展以及新材料技术的突破，全息伪装将逐步得以实现。

二是利用全息图迷惑对手是战术上的创新。美国陆军研究实验室认为，利用全息术向云端或特定空间投射影像、标语、口号，有可能在战场上创造一支迷惑性的全息部队。20世纪90年代中期，美国就成功进行了类似全息术的军事试验，将飞机、坦克、舰艇或整支战斗部队幻像投射到战场上，达到迷惑对手的目的。另外，利用全息术结合声音等要素，使对手国家的历史人物、神话人物、宗教先知等在战斗中"显灵"，可对敌军造成心理震慑，达到骚扰、恫吓和瓦解敌军的目的。据报道,美军曾在索马里进行过投影效应试验,把受难的耶稣形象投射到空中。未来,如果全息系统可手持,显示的图像足够大且分辨力足够高,那么利用全息图迷惑对手的新战术就可能在作战中发挥意想不到的效果[1]。

二、数据挖掘

以往的战场信息和数据,主要通过封闭系统和内部渠道获得。新形势下利用大数据、人工智能等技术,通过互联网、移动通信、广播电视、民用卫星等开源信息,将颠覆传统战场资料获得渠道和模式。通过平时积累历史数据,摸清历史规律,战时通过事先模型和快速运算提供情报支持,能够有效弥补传统战场资料覆盖度不足、时效性与客观性受限等问题。如通过谷歌地图可以了解世界大部分国家、地区、城市和街道的地理位置和图像信息;通过民用航空航班查询,可以准确了解全球主要机场航班起降情况,一旦有天气变化、军事演习以及突发事件,就会影响航班起降并存在大数据关联关系;通过天气预报可以了解世界各地实时的天气状况;通过旅游网可以了解世界主要国家和城市的名胜古迹、地标建筑、酒店商场等分布情况等。

在战略层面,平时通过互联网等开源大数据,可以采集挖掘全球主要国家和地区政治、经济、军事、科技、文化等综合情况,了解掌握世界热点和重点地区地形地貌、自然地物、植被、河流、湖泊,以及民族构成、宗教习俗、社会舆情、意识形态等情况,为战略情报提供支撑和服务。运用大数据技术等工具,不仅可以了解作战对手国防经费投入、装备科研采购、军事实力的变化、战争动员潜力、战争准备的蛛丝马迹,还可以对恐怖分子等极端势力的动向进行预测预警。

在战役及战术层面,通过大数据采集分析,能够准确掌握预设战场及目标区域地理、气象、城市、人口和军民用设施分布情况,可以从外表和内部识别建筑物形状、结构、进驻企业及人员分布等情况。特别是围绕政府机构、军队驻地、机场码头、酒店饭店、文物古迹、网络通信、广播电视、水电油气等重点目标、大型建筑物的特点和作战要求,进行网络爬取和建模,积累历史数据和动态实时数据,实现多维度信息获取和关联,能够为战役和战术情报态势感知提供有效服务。

在数据融合与关联分析层面,利用大数据技术+ISR系统+人工情报,可以对重要人物和群体目标行为轨迹进行跟踪、挖掘和定位,对舆情进行分析、判断、预警,对军用和民用目标进行识别、区别和分类。利用天基信息+大数据技术等,对机场、港口、军事要地、弹药仓库、军事工业等重要固定目标,进行智能识别、关联、分析、判断和定位。依托前沿传感器系统、前端智能识别,结合天基信息和网络数据,对重要移动目标、地下目标、建筑物内部目标,进行探测、识别、关联和定位。

在技术层面,必须建立大量有针对性的复杂战场环境与目标识别模型算法,为快速响应、快速决策、快速行动提供智力支撑。由于军用环境与民用环境差别较大,军用战场大多是在高复杂地理环境、高对抗干扰、高实时响应条件下感知识别,必须事前进行大量仿真建模和计算,并通过演习训练进行实物、半实物方式验证,通过不断地优化和迭代,建立起不同战场环境和目标识别模型,对战场态势发展趋势进行预测和预判。尤其是利用机器学习等技术,对军事目标的图像、电磁、光谱等特性进行采集、分析、建模,能够大幅提升目标识别概率和能力。

三、决策博弈

决策博弈是智能化战争对抗的核心和中枢。未来的决策和博弈,一是靠人类指挥员;二是靠 AI 虚拟指挥员即机器人代理。越是战术层面的作战,越需要发挥 AI 虚拟指挥员的作用。因为战术层面作战环境、作战对手、作战目标、作战手段、作战方式都是相对确定的,作战对手应对的情况和策略,也容易了解和掌握。因此,双方博弈的信息是相对完备的,通过人工智能和机器学习能逐步解决,战术层面的作战决策以机器为主、以人为辅。

从战略作战看,由于涉及作战要素、作战环境、直接和间接因素较多,对作战对手的总体实力、作战能力、动员能力、战争潜力和与军事相关的国际政治、经济、科技、社会以及民众的反应等情况,不可能了解掌握得全面具体和精准。因此,只能靠机器做辅助决策,综合权衡和战略决策仍然需要交给高级指挥员或参谋部集体研究才能决定。越是战略层面和高级别的行动,越需要人和机器结合进行决策。因为,最高层次的作战意图、作战目的、作战目标、作战行动和作战计划等,都是高度机密的信息。在激烈对抗阶段,双方都会采取战略欺骗、虚虚实实、隐真示假等行为,以阻碍对方获取真实政治、经济、军事目的,使作战对手错误掌控真实态势,干扰其正确合理决策,最终在战争中获取战略主动。

在战略欺骗方面,可以对欺骗制胜机理进行建模与分析,通过大量仿真对抗博弈和计算,对不同对象、手段与途径,进行验证、评估和分析,形成一套系统的战略欺骗实施策略,真真假假、假假真真,有效削弱、干扰对方决策能力。在反欺骗方面,也需要通过大数据和机器学习来关联印证、去粗取精、去伪存真。因为未来这类欺骗行为繁多、欺骗信息海量,超过了人类分析辨别能力与时限要求,必须靠机器 AI 来解决。在大数据、智能化时代,机器 AI 的欺骗能力和识别能力完全有可能超过人类。2017 年 4 月,人工智能机器人冷扑大师(Libratus)与 4 名人类顶尖高手对搏德州扑克,其中,机器人就学会了人类出于心理原因做不到但是正确的"诈唬"(Bluff),说明机器人也会使用"蒙骗"手法。

机器 AI 决策的优势还体现在高动态、强干扰、快响应作战方面,如防空反导、高超声速对抗、集群攻防、电子对抗甚至网络攻防,都必须依靠智能化训练和机器学习所产生的算法和模型,来快速决策和执行。而在战争的总体筹划、战略分析和判断、阶段性作战评估和分析等方面,仍然需要人的决策和参与,但也离不开机器的辅助决策分析计算与建议。因此,智能化战争决策的博弈,越往后看,越依赖于对抗网络和平行作战体系所产生的模型和算法。

需要重点研究面向任务的态势深度挖掘技术,寻求模拟人类学习与推理、问题求解、判断决策等方式,开发战场信息收集、快速分析、理解认知的技术手段,进而辅助指挥员、情报员、战斗员,对战场态势做出科学分析与决策。

四、重点目标监控

作战指挥员、高级将领、武装部队司令、总统和国会关键人物,都是对战争和作战有战略影响的重点人群,未来一定会受到作战双方情报和指挥机构的高度关注与重点监控,也是实施"斩首"行动的对象群体。未来社会随着互联网、物联网的不断升级和融合,通过大数据、脑机、互联网+、人工智能的结合,可以实施多方面全方位的监控,并在一定条件下,还能实施高效精准的干预和控制。

通过互联网、社交媒体、侦察监视 ISR 系统和人工情报等,可以了解重要人物的社会关系,描绘出与家人、同事、上下级、朋友等关联网络图,可以了解本人及其家属投资、经商、资产和资金等方面的情况,可以分析判断个人的价值观、世界观及厌恶喜好,逐步建立起重要人群的搜索渠道、关联模型和表征个人特性的数据库,并通过多源信息网络即时更新、充实和完善。

"斩首"行动与定点清除,必须具备两个条件:一是发现,二是行动。其中发现是关键。任何人都有自己的工作圈、生活圈、朋友圈,从三四个维度以上关联,唯一的指向就是你自己。特别是政治、军事领导人等公众人物,由于曝光频率高,关联维度多,比较容易被锁定、被跟踪、被定位,即使你自己想躲避,但周围的关系人躲不了,形成的社会网络客观存在。一旦找到特定时空条件下重要人员的行踪轨迹和精确位置,剩下的就是与打击系统进行一体化融合。

2011 年,美国国防部提出《数据到决策科技优先发展计划》。之后,美军开展了"数据扩展计划""视频和图像检索与分析工具""机器阅读"等多个研究项目。值得高度重视的是,美国在发现追踪本·拉登的过程中,运用了帕拉蒂尔(Palantir)公司的大数据关联分析技术和人类行为模型算法,锁定了本·拉登与基地组织的唯一信使艾哈迈德,最终定位了位于伊斯兰堡附近的阿伯塔巴德镇的寓所(图 9-2、图 9-3)。发现本·拉登的主要过程:

(1) 2007 年"9·11"嫌犯曾提及本·拉登的联系人。

(2) 巴基斯坦提供了两千多名基地组织人员名单和手机电话,锁定基地组织头目的通信网络和联络关系,建立起与本·拉登的信息传递关联图。

(3) 2010 年 8 月,通过与世界各基地头目通信关联搜索和事件追踪印证,确认艾哈迈德为本·拉登与基地组织的唯一信使。

（4）通过对艾哈迈德的联络关系和行为监视跟踪，掌握了本·拉登在巴基斯坦阿伯塔巴德镇的藏匿地点。

（5）2011年5月，本·拉登被击毙。

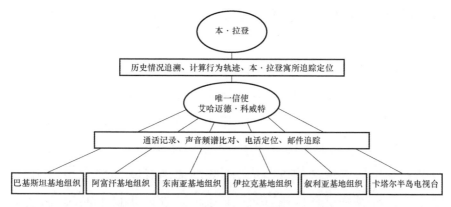

图9-2 利用Palantir公司大数据关联技术的行为追踪图

图9-3 确认艾哈迈德为本·拉登与基地组织的唯一信使
（《追踪本·拉登》专题节目视频截图）

其中，在近十年追踪本·拉登过程中，超过100名熟悉阿富汗民情的当地特工寻找本·拉登行踪线索，超过1100名美国特工从事本·拉登情报研究。但是，发现本·拉登行踪背后的主要功臣是两位特殊人物：一位是中情局代号叫"约翰"的情报人员；另一位是美国加州硅谷一家神秘的大数据公司 Palantir 的关联搜索算法。Palantir 公司是一家专门从事数据集成、信息管理、定量分析的公司，主要通过商业、专用和公用数据集，研究发现公司、群体、个人的变化趋势、关联关系和异常行为，是硅谷排行前列的大数据公司和独角兽企业。

人类行为计算模型（Computational models of human behavior）是美国国防部 2013—2017 年科技发展 5 年计划中六大颠覆性技术之一（图 9-4、图 9-5）。2020 年 1 月 3 日，伊朗军事领导人苏莱曼尼被炸，标志着美军基于大数据关联算法的人类行为计算模型与无人化作战系统的深度融合，已逐渐成熟并具备了实战能力，从抓捕本·拉登到猎杀巴格达迪、击毙也门基地头目卡西姆，越来越驾轻就熟，未来必将成为一种趋势与常用手段。

美军关注的基础性前沿研究领域

图 9-4　美国国防部 2013—2017 年科技发展 5 年计划

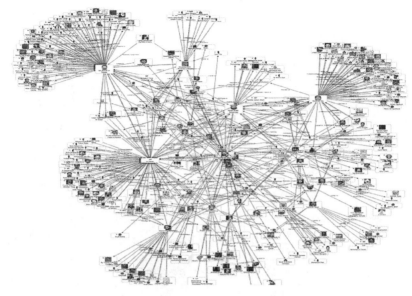

图 9-5　人类行为计算模型是美国国防部
2013—2017 年科技发展六大颠覆性研究之一

苏莱曼尼很可能早就被列入美军人类行为计算模型的颠覆性技术计划中的重点目标人物,数年前就开始对他个人身份特征及周围的社会关系进行关联建模,积累了大量信息数据,对其在海外"圣城旅"的活动,以及与所在国政府和军方的关系了如指掌,并且对"斩首"行动进行过多次仿真或模拟演练。这次被杀,过程大致如下:首先,美军通过伊拉克政府和军方内部情报人员或线人,事先掌握了苏莱曼尼的行程安排,制定了有多种预案的作战方案;其次,前往巴格达机场接站的伊拉克"人民动员组织"领导人穆罕迪斯及其助手、司机、车辆,通过手机、图像、车牌号码等,已经被实时跟踪定位;此外,苏莱曼尼的面容、声音、指纹乃至 DNA,早已被美军掌握,一旦出现在机场、酒店、飞机上,很快就会被美军情报人员或线人识别;最后,刺杀苏莱曼尼的 MQ-9 无人机,从卡塔尔的乌代空军基地起飞,指挥控制是在万里之外的美国本土内华达克里奇空军基地联合特种司令部。通过基于全球信息栅格 GIG 的空军 C2 指挥控制星座网、机载通信网络、超视距终端等来执行和实施，最终将苏莱曼尼击毙(图 9-6、图 9-7、图 9-8)。

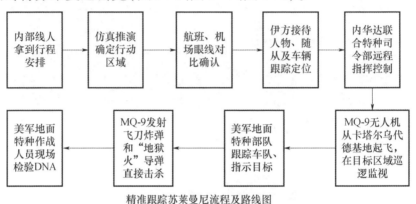

图 9-6 苏莱曼尼被精准跟踪击毙全过程

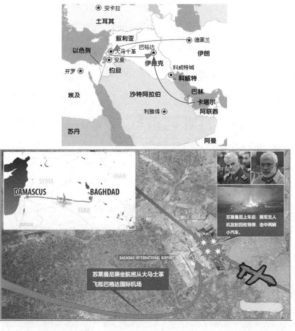

图 9-7 刺杀苏莱曼尼的 MQ-9 无人机从卡塔尔乌代空军基地起飞，在巴格达机场附近交汇实施精准打击

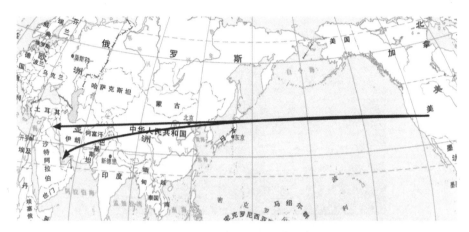

图 9-8　刺杀行动指挥控制在万里之外的美国本土内华达空军基地

2020 年 10 月 27 日,伊朗国防部证实,伊朗高级核物理学家、国防部核计划负责人穆赫辛·法赫里扎德,当天在首都德黑兰附近遭遇"武装恐怖分子"袭击,经抢救无效身亡(图 9-9、图 9-10)。伊朗最高领袖哈梅内伊 28 日表示,将严惩凶手。伊朗总统鲁哈尼称,这是以色列的恐怖主义行为。以色列则称"不知暗杀的幕后黑手是谁"。虽然暗杀事件的报道曾出现两个版本,但最终官方确认的版本是遭到了人工智能无人系统的精准袭击。

图 9-9　伊朗高级核物理学家穆赫辛·法赫里扎德

图 9-10　暗杀后的现场

11月30日,伊朗最高国家安全委员会负责人沙姆哈尼确认,此次袭击是采用了"特殊方法"的一次远程攻击,"现场没有一个人"。伊朗国防部长哈塔米公布了现场细节,"起初,他乘坐的汽车遭到枪击。大约15秒后,一辆装满炸药的日产皮卡,在离他的汽车约15到20米的地方爆炸。枪击和爆炸造成他受伤,并最终导致他遇难。"12月6日,伊朗伊斯兰革命卫队副司令法达维表示,敌人的13发子弹都是由尼桑车中的机枪射出,其余的子弹则是由现场警卫发射;这辆尼桑车的内部配备了智能的卫星系统,该人工智能系统可以锁定法赫里扎德。伊朗媒体报道称该科学家实际上是由"遥控机枪"或"卫星控制"的武器所杀害。

伊朗核科学家法赫里扎德被暗杀,同样也是基于大数据关联算法的人类行为计算模型,与基于卫星通信或者移动通信的无人化作战系统的深度融合又一次成功尝试。法赫里扎德可能一直被监视,暗杀组织掌握了法赫里扎德的日常行为规律和特点,制定有多套刺杀方案(图9-11)。由于袭击是在伊朗国内境内,因此相关国家不便公开承认,以免引起国际法纠纷,失去道义上的支持。实际上,现场虽然无人,但远程必须有人指挥和控制,才能实施精准暗杀,不过这一次形式上又有了创新。

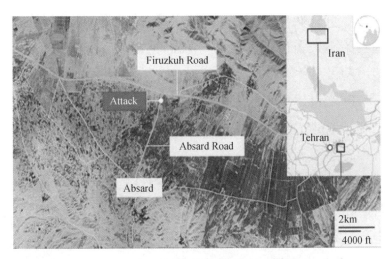

图9-11　暗杀行动选择在通向阿伯萨德镇(Absard)支路的交叉点附近

五、粉丝群的战争

2016年7月15日,土耳其发生军事政变,叛军企图推翻总统埃尔多安。但事件结果事与愿违,反对埃尔多安的政变最终变成了埃尔多安的政变。帮助埃尔多安取得成功的不是军队,不是飞机大炮,不是坦克装甲车辆,而是微博和网络上支持总统的粉丝!下面我们就来了解事件的大致经过。

2016年7月15日晚间,土耳其武装部队总参谋部部分军官企图发动军事政变。2016年7月16日零时许,位于首都安卡拉的土耳其广播电视协会(TRT)电视台被政变军人控制,女主播蒂珍·卡拉斯向电视观众口播了一份政变军人起草的声明。一个自称"祖国和平委员会"的军人团体在声明中宣称,军队已经接管政权,全国范围实行宵禁并实施军事管制法。大约 2 小时后,政府重新控制电视台。重获安全的卡拉斯告诉身边的人群,自己当晚被几名手持武器的军人强迫宣读声明,"我们被控制了……他们说,如果按他们说的做就不会伤害我们。"政变军人还闯入土耳其一家私营媒体——道安媒体集团的媒体中心,道安通讯社、美国有线电视新闻网土耳其语频道(CNN Turk)、D 频道(Kanal D)以及一家报社都位于该中心。军人进驻后,美国有线电视新闻网土耳其语频道中断新闻直播。直播间内主持人先是向观众通报称,一些军人进入电视台所在大楼,"我们不知还能继续播出多久",接着主持人报告说有士兵进入中控室,"就这样了,我们现在必须要撤了"。此后画面中,电视台仍在直播,但直播台上已空无一人。

土耳其总统埃尔多安对社交媒体一直持反感态度,认为这些平台经常被利用发出反政府声音,此前还多次公开批评推特和脸书。此次政变发生后,正在外地度假的埃尔多安一反常态,不得不借助社交媒体及时发声,争取支持。2016 年 7 月 16 日零时 24 分,埃尔多安通过苹果手机上的视频聊天软件 FaceTime 接受美国有线电视新闻网土耳其语频道采访。他对着手机摄像头发表讲话,号召民众走上街头,抗议政变,"给予他们(叛变军人)答案"。在演播室里,主持人举起手机,面对摄像机镜头,直播了与埃尔多安"视频聊天"全过程。埃尔多安同时还在推特上发言,呼吁民众到机场和公共广场上去,"夺回民主的所有权和国家主权"(图 9-12)。埃尔多安指责流亡美国宾夕法尼亚州的前盟友、宗教人士费图拉·居伦,是此次政变的幕后策划者,理由是其领导的"居伦运动"成员也参与到此次政变中。按照埃尔多安的说法,土耳其军队中的"一些人"一直在"听从来自(美国)宾夕法尼亚的指令"。同一天,土耳其司法部长贝基尔·博兹达接受电视台采访时说,"居伦运动"成员被发现参与这一政变。

图9-12　土耳其军事政变中民众走上街头

对此,居伦在一份简短声明中坚决予以否认,并以"最强烈方式谴责"这次政变。"对一个在过去50年的多次政变中受到伤害的人来说,被指控与这种(政变)企图有牵连尤其让人感觉受侮辱,"居伦说,"我以最强烈方式谴责土耳其发生的政变企图……政府应该通过自由和公正的选举而非武力来取得胜利。"与居伦关系密切的组织"共同价值联盟"也发表声明,谴责政变企图,同时指责土耳其政府将政变与居伦"挂钩"的言论"非常不负责任"。

2016年7月16日凌晨,土耳其总统府网站发表声明,总统埃尔多安安然无恙,"一小撮士兵"的政变图谋没有成功。同日,埃尔多安通过微博客户网站推特发表留言,提醒民众防范可能发生的新威胁,"不管(政变)发展到什么阶段,我们今晚应该继续占领街头,""因为任何时候都可能爆发新的冲突。"

2016年7月16日,土耳其当局宣布此次政变已经平息。虽然空军总司令,以及部分部队高级将领还处在被劫持的状态。截至

2016年7月16日中午，政变已经造成265人死亡，其中包括161名平民与警察，104名叛变士兵，另有1440人受伤。土耳其发生政变后，5名将军和29名上校被解除职务；2839人涉嫌参与政变被捕，2745名法官被解职、拘捕。到2016年9月11日为止，政变导致近6000人被拘留，2000余名警察、数百名军人被开除，8000名安全人员、2000多名教师、近520名宗教事务主管被解职，28名市长被撤换，其中12人被正式逮捕。

世界被土耳其首都安卡拉发生的军事政变消息所震惊。对这个"军队为世俗化保驾护航"的国家而言，军事政变虽然是十多年一遇的大事，但基本剧情原本都差不多，无非是军队夺权再交权，防止土耳其在极端伊斯兰方向上走得太远。因此争辩之初，随着"豹"2A4和"豹"1A5主战坦克开上安卡拉街头，大家都觉得土耳其又会经历向世俗政权的一次纠偏。

不过随后的事情却让人们大跌眼镜。先是大家发现土耳其总统埃尔多安并未在政变中被击毙或者控制，而是恰好在政府专机上。政变军队虽然有飞机，却并没有抓住机会将飞机击落。其次发现军队不是铁板一块，驻扎伊斯坦布尔地区的第一军宣布不支持政变，并让埃尔多安的飞机在当地顺利降落。之后人们发现政变部队不仅缺少政变常识，而且对政变的残酷性也估计不足。政变部队明明攻占了首都安卡拉的多处要地，却没有控制住媒体，没有管住网络，任由埃尔多安号召居民上街的视频疯传，而当警察部队和支持政府的市民夺回这些要地时，政变部队居然未经激烈抵抗就纷纷投降。政变军队心慈手软，坦克没什么用（图9-13）。许多天真的士兵在投降后被市民虐杀，显然是个天大的讽刺。比起政变士兵的菩萨心肠，埃尔多安的拥护者则要残忍得多。原本是土耳其历史上重要一环的政变就这样轻易结束了。没有控制住网络和电信是这次政变的重大失策。最终反对埃尔多安的政变变成了埃尔多安的政变(图9-14)。

图 9-13　土耳其军事政变中民众缴获坦克

图 9-14　埃尔多安向支持者致敬

六、心理战与意识干预

针对心理战与认知对抗特点,从战略与战术两个层面,分析研究对一般民众和官兵、精英团体、重点人物的心理和行为影响的一般规律。充分利用信息科学在新媒体领域的发展成果,交叉融合大数据、社会、人文科学及声、光、电、化学、生物等技术,构建"心理战与认知对抗"的实施策略与方法,形成充分有效的数据信息、方法手段、装备与模型,对特定个体和群体对象的认知、情绪、意识(行为)实施干预,使对手产生逃避、服从及有利于己方的一系列行为。同时,对己方官兵精神状态实施准确监测与干预,克服战场生理心理障碍,保持良好精神状态。

目前,通过脑机技术可以监测重要人群心理、生理和精神状态,通过分析其表情、声音、行为,可以准确判断其健康状况和精神状态。未来,通过心理、物理、化学、生物等方式,从视觉、听觉、触觉、味觉、嗅觉,到语言、情绪、思维、潜意识、梦境等方面,可以对重要人群实施间接或直接的意识干预与认知影响。

2018年10月,美国陆军协会陆战研究所发布报告《影响力机器——让自动化信息作战成为战略制胜机制》称,在人工智能的辅助下,利用算法生成内容、实施个性化的目标锁定和采用密集的信息传播组合,可形成"影响力机器",实施信息作战,将产生指数级的影响效应。该报告认为,"影响力机器"信息作战在战略层面上的影响力远胜于人工智能技术在其他领域的应用。因为它可以在机器学习的辅助下利用其情感、偏见筛选、锁定那些心理最易受到影响的目标受众,然后将定制的"精神弹药"快速密集地"射向"目标群体,达到影响其心理、操纵其认知的目的。

此外，还应关注化学和药物控脑技术的发展和应用。2018年12月1日，G20峰会结束的当晚，中美元首的一次历史性晚餐会晤，带火了一个词：芬太尼。这是一种强效止痛剂，在美国被滥用，成了一个比较严重的社会问题。在这次会谈后，白宫的声明中有这样一句话：非常重要的是，中国领导人以极佳的人道主义姿态，同意将芬太尼指定为受列管物质，这意味着向美国销售芬太尼的人将受到中国法律所规定的最严厉处罚。实际上，俄罗斯在莫斯科剧院人质事件中使用的迷幻剂药物可能就是芬太尼类新精神活性物质，由于使用过量，虽然让恐怖分子产生了昏迷，但许多人质也因为大量吸入芬太尼类物质后死亡。

参考文献

[1] 中国兵器工业集团210所. 美陆军将全息术确定为颠覆性技术[J]. 国外兵器参考, 2017(19).

第十章
全球军事行动

全球军事行动是大国战略博弈的重要抓手。建设并具备全球作战与非战争军事行动能力,是大国追求的梦想,是世界一流军队的标配,是军事智能化建设的重要领域。全球军事行动的关键,是提升远程智能化作战能力,重点解决全球范围内网络信息体系建设、天基信息资源利用与小卫星星座构建、跨域多源智能感知、远程指控、战略投送、快速机动、适应性装备发展、综合保障、军民融合等重点问题。

一、大国的战略需求

从全球安全形势看,虽然非洲和拉美地区也经常出现战乱和争斗,但欧亚大陆和亚太地区,无论在历史上还是未来发展趋势,都是地缘政治博弈的重点,也是全球经济利益争夺的焦点,一直是世界大国战略竞争和军事较量的心脏地带、敏感区域。

欧亚大陆一直是人口中心、文明中心、文化中心、政治中心、经济中心、军事中心,今天仍然是国际核心舞台。欧亚大陆 92 个国家,面积占全球 36.2%,人口占全球 70%;亚洲 48 个国家、4400 万千米^2,占全球 29.4%,人口 38.23 亿,占全球 59%;欧洲 44 个国家、1016 万千米^2,占全球 6.8%,人口 7.26 亿,占全球 11.2%[1]。在麦金德的《陆权论》(图 10-1)中,欧亚非岛是世界中心,美、澳只是离岛。世界八大海上通道,七条在欧亚大陆边缘(图 10-2)。

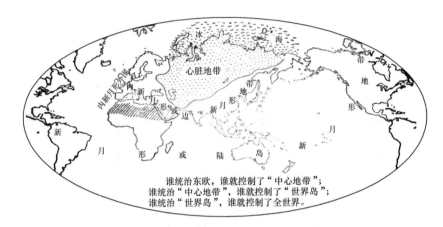

图 10-1　麦金德的《陆权论》:欧亚非岛是中心

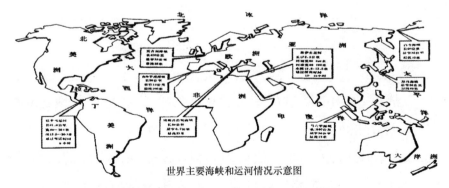

图 10-2　世界八大海上通道七条在欧亚大陆边缘

二战后,亚太地区新兴经济体发展迅速,战略地位逐渐凸显。2017 年世界十大经济体,前三名均在亚太。其中,美国 19.6 万亿美元,占 36%,中国 13.2 万亿美元,占 24%,日本 4.3 万亿美元,占 8%。三国经济总量占十大经济体 68%,超过了三分之二。

全球十大人口国、全球 9 个军费大国都在欧亚和亚太,世界主要经济合作走廊也在这两个区域(表 10-1、图 10-3)。

表 10-1 2016 年全球 9 个军费大国

名次	国家	预算(10 亿美元)	占 GDP 百分比/%
一	全球	1686	2.2
1	美国	611.2	3.3
2	中华人民共和国	215.7	1.9
3	俄罗斯	69.2	5.3
4	沙特阿拉伯	63.7	10
5	印度	55.9	2.5
6	法国	55.7	2.3
7	英国	48.3	1.9
8	日本	46.1	1.0
9	德国	41.1	1.2

注:斯德哥尔摩和平研究所 2017 年 4 月发布

二战后,美国的军事存在几乎遍及全球,它在世界各地建立的军事基地曾达 5000 多个,其中近半数在海外。冷战结束后,由于国际形势的变化、美国军事战略的调整以及驻在国人民的反对,美军事基地的数量大大减少。目前,美海外军事基地 374 个,分布在 140 多个国家和地区(图 10-4),驻军 30 万人;本土基地 871 个,其中海军基地 242 个,空军基地 384 个[2]。美军的海外布局可以划分为三个大战区:欧洲、中东、亚太,共有 14 个基地群。

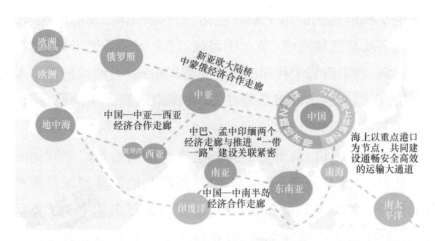

图 10-3　世界主要经济合作走廊在欧亚和亚太

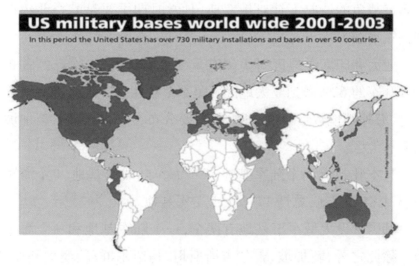

图 10-4　美军全球基地分布情况

美建立军事基地需考虑地理位置、自然条件、基础设施和政治因素等几个方面,选址颇为精心。目前美军事基地布局的主要特点是:以本土基地为核心,以海外基地为前沿,点线结合,既重视前沿基地,又重视战略运输线上的中间基地以及后方基地,"前沿少量存在,本土重兵机动,控制战略要点,扼守海上咽喉"。

美军目前控制的海上咽喉包括:阿拉斯加湾、朝鲜海峡、印尼望加锡海峡与巽他海峡、马六甲海峡、红海南端曼德海峡、北端苏伊士运河、地中海与大西洋间的直布罗陀海峡、波斯湾的霍尔木兹海峡、古巴以北的佛罗里达海峡、从非洲南端到北美的航道、格陵兰—冰岛—英国航道等[2]。

对于美军来说,最重要的海外军事基地仍然是位于欧洲的三个基地群:中欧基地群、南欧基地群、西欧基地群。德国是美军领导北约的主要军事基地和武器库,最高时曾经多达188个美军基地,超过21万人的常规部队,直到现在仍然有至少6万人的美军士兵驻扎在德国,其中主要是陆军。这些部队被认为是在随时可能爆发战争的情况下针对俄罗斯,日常时期主要是配合北约在各地搞军事演习。

亚太和印度洋地区对美国有重要战略价值,美军已经宣布将海外驻军的60%派到亚太地区。美军多年在这一地区拥有众多基地群,海外基地数量仅次于欧洲,主要分布在日本、韩国、新加坡等国家和地区。

日本驻扎有3个陆军基地、4个海军陆战队基地、4个海军基地、3个空军基地,总计14个大型美军基地。

韩国常设大型军事基地有两个,一个陆军基地和一个海军基地。除此之外,新加坡、吉尔吉斯斯坦、马绍尔群岛、澳大利亚、安提瓜和巴布达等都有军事基地。

美国在亚太和印度洋地区军事基地约占美国海外基地总数的42.7%,共有8个基地群(图10-5)[2]。这些基地大体呈三线配置:第一线由阿拉斯加、东北亚、西南太平洋和印度洋等四个基地群组成,控制着具有战略意义的航道、海峡和海域;第二线由关岛和澳大利亚、新西兰基地群组成,是第一线基地的依托和重要的海空运输中转基地,也是重要的监视侦察基地;第三线由夏威夷群岛基地群组成,既是支援亚太地区作战的后方,又是美国本土防御的前哨。在这些基地群中,比较重要的基地有:设在阿拉斯加的埃尔门多夫空军基地,也是阿拉斯加空军司令部驻地;设在日本横须贺、冲绳的海军基地;设在韩国乌山的空军基地和首尔基地;设在印度洋上迪戈加西亚岛的海军基地;设在关岛的安德森空军基地和阿帕拉海军基地等。

图 10-5　美国在亚太和印度洋地区军事基地

1. 阿拉斯加基地群

该基地群处于欧亚大陆东北角,扼守白令海峡,控制经北极圈进入欧亚大陆的空中航线。美军主要基地有:埃尔门多夫空军基地,位于阿拉斯加南部的安克雷奇,系美国空军第 11 航空队驻地。该基地美军的任务是负责阿拉斯加地区防空、夺取空中优势,同时支援太平洋司令部责任区内的各种应急行动。

艾尔森基地位于阿拉斯加中部,距费尔班克斯城约 46 千米。驻有美国太平洋空军第 354 战斗机联队,拥有一条 4400 米长的跑道,基地的任务是近距离空中支援和空中拦截。

2. 东北亚基地群

主要分布于日本、韩国。这些基地控制宗谷海峡、津轻海峡、对马海峡等,可应对朝鲜半岛的陆战与西北太平洋的海战,构成"岛链"中最重要的一环(图 10-6)。

图 10-6　美国东北亚基地群

美国在韩国有 41 个基地,其中陆军有 38 个,包括龙山卫戍区、凯西兵营、希亚莱兵营、亨利兵营、沃克兵营、乔治兵营、卡洛尔兵营等;空军有 2 个基地,群山基地和乌山基地;海军有 1 个基地,镇海海军基地。

(1) 乌山基地,位于首尔以南 61.4 千米处,占地 634 公顷(1 公顷=0.01 千米^2),是美空军第 7 航空队和第 51 战斗机联队司令部驻地。

(2) 群山基地,位于韩国西海岸的群山市,是美空军第 8 战斗机联队驻地。

（3）龙山卫戍区，系驻韩美军司令部和美第8集团军司令部所在地。部队分散于42个兵营，覆盖韩国西北约300千米^{2}范围，主要部队是驻扎于议政府市的美陆军第2步兵师1.5万名官兵，是美驻西太平洋戒备程度最高的部队之一。

（4）大邱基地，由亨利、沃克、乔治、卡洛尔兵营组成，占地100公顷，系美军第19战区陆军司令部所在地。

（5）希亚莱兵营，位于釜山附近，是美军在韩国最重要的后勤基地。拥有驻韩美军最大的仓储设施，驻有美陆军第4军需分队。

美国在日本约有140个军事基地，分散在日本列岛的各个地方。

（1）横须贺基地，位于日本东京西南50千米神奈川县东京湾畔，基地占地234公顷，是美海军在西太平洋最大的基地，也是西太平洋唯一可修理航母的大型维修基地。横须贺是美海军第7舰队司令部驻地，"华盛顿"号航母战斗群母港，美第7舰队旗舰"蓝岭"号驻地。同时，以中东为主要防区的第5舰队将其潜艇部队TF54也驻扎在横须贺。因此横须贺被称为穿着"两只草鞋"（第5、第7舰队）、面向太平洋和中东的基地。

（2）佐世保基地，位于九州岛西北角，占地405公顷。该基地系美海军第11两栖舰艇中队和6艘舰船的母港，是美国在日第二大海军基地，美在海外唯一可常年部署两栖舰艇部队的基地，攻击型两栖舰艇的出击基地，美军前沿部队的主要后勤保障基地。

（3）厚木海军航空基地，位于东京西南35千米，占地486公顷，是美在西太平洋最大的海军航空设施，驻有美第5航母战斗机联队。

（4）白滩海军基地，位于胜连半岛的东南岸，占地面积1.579千米^2。该基地既是驻冲绳美海军重要的后勤补给基地，也是美海军陆战队的重要作战和训练基地,可进泊驱逐舰、两栖舰等大型水面舰船和核动力攻击潜艇等。距基地不远的具志川市考特尼兵营驻有美第3陆战队远征部队,常赴白滩港搭乘海军两栖舰船执行应急作战任务。

(5)岩国基地,是美海军陆战队基地,位于本州岛最南端,是陆战队第1航空联队、第3勤务支援大队、第3陆战队远征部队的主力航空部队驻地。

(6)冲绳基地群,地处东亚海上交通要冲,驻有2.5万美军,占驻日美军数量的大半。冲绳群岛上的美海军陆战队基地有普天间机场和巴特勒兵营。

(7)普天间机场,是美海军陆战队在日本最大规模的武装直升机机场,位于普天间市中心,因噪声扰民,2001年底日本中央政府和冲绳地方政府达成协议,准备将普天间机场搬迁到冲绳名护市边野古地区,在距陆地两千米的珊瑚礁上建设新的美军基地。

(8)巴特勒陆战队兵营,包括5个兵营和1个陆战队航空站,驻有第3陆战队远征部队和驻冲绳舰队基地司令部,约有2万名陆战队员和海军水兵。美军精锐部队第3陆战远征部队司令部,可对从夏威夷到好望角的广大地区做出快速反应。

(9)横田基地,是美空军基地。该基地系驻日美军司令部驻地,现有3600名空军人员,驻有空军第5航空队司令部、第374客运联队,装备了C-130型运输机,机场跑道长3355米。

(10)冲绳嘉手纳基地,位于冲绳岛西南部,是美国在远东地区最大的空军基地,面积近20千米^2,驻扎美空军老资格的第5航空队第18航空联队,部署有3个战斗机中队、1个预警机中队和空中加油机等,现有军事人员9000多人。该基地强化了美军的全球快速反应能力。例如从关岛起飞的B-52轰炸机,在嘉手纳基地空中加油机的帮助下,可以连续飞行17小时,向伊拉克发射巡航导弹。嘉手纳空军基地也是美军海外侦察机部队的重要基地,驻有空军第390情报中队、第82侦察机中队、第18联队情报分队和第353特种作战大队,是美军获取别国情报的重要基地。2001年4月1日在中国南海上空撞毁中国战斗机的EP-3侦察机即从这里起飞。

(11) 三泽基地,位于东京东北644千米,驻有美空军第35战斗机联队、海军海上巡逻机中队和美军情报分队,主要装备F-16战斗机、P-3型反潜巡逻机,机场跑道长3050米。三泽基地的F16战斗机部队是一支以"打击对方防空体系"为主要任务的部队,它的任务是在世界所有发生纠纷的地区首先攻击敌人的防空体系。

(12) 座间兵营,位于东京西南40千米处,是驻日陆军司令部所在地和第9战区陆军司令部所在地,常驻900名美陆军现役官兵。

3. 东南亚基地群

以菲律宾苏比克湾海军基地和克拉克空军基地为中心的东南亚基地群,原为美"岛链"中承上启下的一环。1992年11月,苏比克湾海军基地交还菲律宾后,美国丧失了"岛链"中这重要一环。近年来,美国在新加坡樟宜建立海军基地,逐步重返东南亚。

素有"远东十字路口"之称的新加坡是国际海运枢纽,扼守马六甲海峡,控制由中东到东亚的海上石油运输航道,可东出太平洋,西进印度洋,战略意义不在苏比克湾之下。樟宜基地原来在自然条件和军事设施上均远逊于苏比克湾基地,只能供维修、休整、补充燃料之用。但美军近年不断投入,加以改造,同时积极与马来西亚、菲律宾、文莱、泰国等东南亚国家协商,争取使美舰艇可进入这些国家的港口补给、维护。2001年3月,美国"小鹰"号航空母舰编队进泊樟宜基地标志着美军已重返东南亚,原来苏比克湾基地的职能已经由樟宜基地和关岛基地共同承担。

4. 印度洋基地

美军在印度洋的唯一基地位于查戈斯群岛的迪戈加西亚岛,该基地位于印度洋中部,可支援中东和波斯湾,监视和控制印度洋海域,基地占地2700公顷,驻有1500名官兵。基地拥有港口、海军航空站、通信站和其他后勤设施(图10-7)。

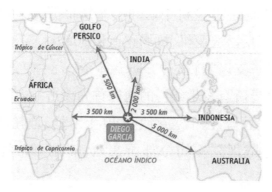

图10-7 美军印度洋迪戈加西亚基地

5. 关岛基地

关岛位于美属马里亚纳群岛最南端,距台湾海峡、南海、朝鲜半岛距离均为3000千米左右,历来是兵家必争之地。

关岛是美军在西太平洋中最大的海空军基地。最主要的空军基地是安德森战略空军基地,该基地系美空军第13航空队司令部驻地,驻有空军第13航空队、第634空中机动支援支队和海军第5直升机战斗支援中队,是美战略空军在西太平洋的指挥中心、前沿基地。目前,安德森空军基地驻有15架B-52轰炸机,最多可容纳150架B-52轰炸机。在二战、朝鲜战争、越南战争和海湾战争中,安德森空军基地都是重型轰炸机部队的驻地。

关岛的海军基地有阿普拉海军战略核潜艇基地,美军在西太平洋唯一的核潜艇基地,也是美海军第5、第7舰队舰艇维修补给、停泊休整的基地。阿加尼亚海军航空站,可容纳180架飞机,是美海军航空兵在西太平洋主要的侦察和反潜基地,也为航母舰载机和海军飞机提供保障。此外,美海军在关岛设有地面控制站,依托海底电缆和卫星通信手段,与西太平洋和印度洋的舰艇保持联系,保障美五角大楼和太平洋舰队司令部的指挥活动。

近年来,美国加大了对关岛基地的投入,扩建港口、航道以停泊航空母舰,部署巡航导弹、核潜艇等。2001年,美国在关岛组建了第15潜艇部队,并且从大西洋抽调"洛杉矶"级核攻击潜艇,使部署在关岛的核潜艇达到23艘(图10-8)。

图10-8　美军关岛基地

6. 澳新地区基地

目前美国在澳大利亚和新西兰设施不多,主要是海军通信站、导航站、宇航追踪站等,用于监控中、俄等国的核试验,并为美空间力量服务。例如,美第5太空预警大队在澳中南部纳朗格驻有200名官兵,其任务是使用预警卫星跟踪弹道导弹的发射与飞行。

7. 夏威夷群岛基地群

夏威夷群岛和中途岛连接美本土和西太平洋美军各基地,是美军太平洋战区指挥中心,太平洋航线上的海、空运枢纽。主要的美军基地包括:

(1)珍珠港海军基地,距火奴鲁鲁13千米,系美国太平洋舰队司令部所在地,美国在太平洋地区最大的前沿基地。该基地负责为水面舰艇和24艘核动力攻击潜艇提供补给,是太平洋地区潜艇部署最密集的地区(图10-9)。

图10-9　美国珍珠港军事基地

(2)史密斯海军陆战队兵营,美军太平洋司令部、太平洋舰队陆战队司令部所在地,位于卡内奥赫特湾哈瓦拉高地,占地89公顷。

(3)薛夫斯堡和斯科菲尔德兵营,位于火奴鲁鲁以北,占地608公顷,系美国太平洋陆军司令部所在地。该基地驻有2个步兵旅、1个航空旅和第25轻步兵师直属部队,任务是对付太平洋地区的低烈度冲突。

（4）卡内奥赫特湾夏威夷陆战队基地，位于火奴鲁鲁以北19千米，1994年4月由陆战队多个军事设施合并而成，现驻有陆战队和海军人员6800人，部队包括第3陆战远征队第3陆战团、第3陆战勤务支援大队、陆战队第1航空联队航空支援分队。

（5）希卡姆空军基地，美国太平洋空军司令部所在地，距火奴鲁鲁14千米，占地890公顷，跑道长3769米，也是美空军第15基地联队和第502空战大队驻防地。

8. 中亚基地

该区深入欧亚大陆腹地，夹在中、俄两国之间，原没有美国的军事存在。阿富汗战争后，美表现出在中亚确立长期军事存在的趋向。目前美已在阿富汗周围9个邻国建立了13个军事基地，其中在中亚共有4个。吉尔吉斯斯坦的马纳斯甘希空军基地，在首都比什凯克附近，可驻扎3000多人，可起降战斗机、轰炸机，2014年撤离。哈萨克斯坦的阿拉木图有一个空军基地。塔吉克斯坦的库力亚布有一个基地。乌兹别克斯坦的汉纳巴德有一个空军基地。美国在中亚的驻军总和为6000人左右。

美国在全球的海外基地，平时既可以熟悉当地的气候和地理情况，便于演习训练，战时就是热点地区和作战区域就近的军事依托，以便作战飞机起降、舰船补给、军用物资中转和后勤装备的综合保障等。如果没有全球性的军事基地和布局，要实行全球军事行动就非常困难。

进入新世纪新阶段以后，中国的快速发展和"一带一路"建设倡议，不可避免地会触及美、俄、日、印、西欧等战略利益，引发其采取相应战略防范措施。预计美将持续推进印太战略，通过在东南亚和印度洋地区推进攻势防御，强化攻防均衡、分散配置、多点互动的网络化战略态势，不断挤压中国发展战略空间。

中亚、南亚、西亚、北非、中东欧等地区，多是地缘政治破碎和安全风险高危地带，新老热点交织叠加，长期动荡不安，武装冲突频发，冷战以后的世界局部战争基本上都发生在这些地区。"一带一路"沿线71个国家，多半处于政治转制、经济转轨、社会转型阶段，不断受到种族宗教冲突、领土资源纠纷等多重困扰，部落武装、团伙武装、私人武装等有组织犯罪问题严重，加之外部势力插手干涉，极易受到舆论误导和"颜色革命"影响。中国驻外机构、中资企业和人员以及海外侨民已遍布"一带一路"沿线各个国家，面对不断发生的地区冲突、恐怖袭击、自然灾害、重大疫情等，时刻面临着人身伤害、财产损失等安全风险。

美国全球反恐战争之后，恐怖活动呈现分散化、网络化、联动化、国际化特点。中南亚、西亚、北非、东南亚地区，是极端思想、恐怖主义和跨国犯罪的策源地和高发区，"伊斯兰国""塔利班""伊斯兰祈祷团"等暴力恐怖势力、民族分裂势力、宗教极端势力蔓延渗透，已形成连片的暴恐弧形地带，成为全球反恐面临的最突出、最现实的直接安全威胁。

除国际恐怖主义外，海盗活动、跨国犯罪、重大自然灾害、流行性传染病等，也都直接威胁到大国的国际市场、海外能源资源和战略通道安全以及海外机构、人员和资产安全。马六甲海峡、孟加拉湾、霍尔木兹海峡、亚丁湾等"海上丝绸之路"沿线海域海盗活动频发，严重威胁海上战略通道安全。许多国家自然地理情况复杂，部分地区和国家地震、海啸、洪灾等自然灾害易发多发，部分地区疟疾、"埃博拉""登革热""寨卡"等传染性疾病不时爆发。一些国家政府控制力薄弱，各种非法组织泛滥，武器与毒品走私等犯罪活动猖獗，对投资、经商、旅游、留学、劳务和海上运输等构成严重威胁。

总之，无论是政治需要，还是经济诉求，无论是贸易维护，还是安全治理，都需要大国具备全球军事行动能力，以维护国际安全秩序和海外战略利益。

二、全球网络信息体系

全球军事行动，必须具备全球网络化感知与指挥控制能力，需要有全球网络信息体系作为支撑。作为具有遍布全球基地的美军，也在不遗余力地打造基于全球网络信息的作战体系。美军在网络中心战理论指导下，采用开放体系结构，建设了全球信息栅格GIG，促进 C^4ISR 从信息支持到决策支持的转变，为美军实现"跨域协同""任务指挥"和"全球一体化作战"能力，对全球部署的部队快速进行网络化整合，提供了强有力的支撑。

在指挥通联方面，美军遵循军民一体、兼容共用的原则，高度重视天基通信资源的利用。美军70%以上的通信都通过卫星通信完成。美军构建的军事卫星通信体系（MilSatCom），包括以国防卫星通信系统-3卫星（DSCS-3）为代表的宽带卫星通信系统，以UFO卫星为代表的窄带卫星通信系统，以及以军事星（Milstar）为代表的卫星通信系统。卫星通信体系能够为战略、战役、战术等各级用户提供实时、保密、抗干扰的通信服务，能够覆盖全球任何地域美军各级用户和武器终端。在信息服务方面，美军以云计算、移动计算、大数据技术为牵引，构建了"联合信息环境"（JIE），在陆军启动了"全球网络体系构架"（GNEC）项目，并且通过"基于内容的移动边缘网络"（CBMEN）等项目将云服务延伸到了战术末端的士兵。在综合保障方面，美军将后勤、装备保障系统作为"作战系统"的重要组成，提出"全资产可视""精确保障"概念，以驱除后勤"资源迷雾和需求迷雾"，最大限度减少保障物资积压、提高保障效率。

精确保障要求在储资产可视、在运物资可视、装备维修状态可视、部队保障需求可知，并能在作战部队与保障力量间实现物资信息共享。美军还打造了全球运输网（GTN），实现作战力量、物资的全球战略投送。

无论是传统的军事强国，还是新兴的军事大国，都必须面向全球建设"天地一体、军民融合、通专结合、弹性自组、抗扰抗毁"网络信息体系，构建多维度、多方式、多信息源融合、安全可靠的高精度时空基准平台和应用体系，建设面向陆海空天柔性重组的认知网络通信建设，依托民用内联网、加密网和保密通信网络建设，以及战场局部区域的专用通信网络，开发全球性、网络化、分布式、智能化军事云平台和服务体系，确保任何时间、任何地点能够按需进行通信联络和数据传输，提升全球互联、跨域感知、移动指挥、联合行动与互操作等深度融合能力。

三、天基资源应用与控制

天基信息资源的建设与利用是支撑全球军事行动的核心与关键。目前，航天强国都发展了军事卫星及应用系统，美国保持全面领先并加快了智能化进程，俄罗斯、欧洲等国也都在积极发展，并具备了一定的能力。根据美国忧思科学家联盟（Union of Concerned Scientists）"在轨卫星统计数据库"，截至2019年1月，全球各个国家在轨运行的卫星有2062颗。第一名是美国，901颗，以超强的国力和遥遥领先的运载火箭及空间技术，占据了地球卫星总数的43.7%，其中军用卫星大约占三分之一；第二名是中国，299颗，占地球卫星总数的14.5%，虽然与美国有602颗的差距，但成就惊人，发展迅速；第三名是俄罗斯，153颗，苏联解体后，俄罗斯依旧维持了必要的航天技术开发和更新,其运载火箭发动机技术和独到的深空探测技术,在世界占有一席之地。其他国家总计 709 颗。中、美、俄三家占全球卫星总数的 65.6%。

根据中国航天科技活动蓝皮书数据,2020 年,全球共进行了 114 次航天发射任务。其中,美国共发射 44 次,中国发射 39 次,俄罗斯 17 次,美、中、俄三国占全球 87% 以上(图 10-10)。

图 10-10　2020 年世界各国航天发射占比

美国的军事卫星及应用能力保持全面领先,也是率先成熟应用军事卫星进行实战的国家。美国军用卫星占全球军用卫星总数量近 40%,加上与盟国合作的卫星资源,美国可应用的军事卫星数量超过全球可应用军事卫星的 50%。

美国各军种及情报机构拥有各自的军事卫星系统,并部署了满足能力需求的卫星应用装备。为优化组合航天装备资源,提升作战能力,美军事卫星系统的运营权会根据需要在军种间转移[3]。美国军事卫星系统的组织结构如图 10-11 所示。

在卫星侦察与应用方面,美国形成了以军为主、商为军用的卫星侦察监视体系,军用系统领先其他国家至少一代,商用系统能力超过其他国家军用系统。开发了"鹰视"(EV)地面站、机动式多源

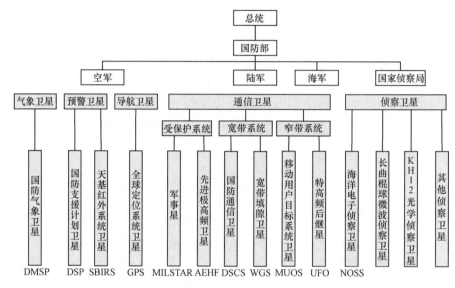

图 10-11 美国军事卫星系统组织结构图

测绘信息接收处理（DTSS）等信息融合型应用系统。在轨军事侦察卫星超过 35 颗，最高分辨力 0.1 米，全球覆盖，作战响应能力强。通过采购商业图像，最高分辨力达到 0.31 米。高轨电子侦察卫星 24 小时监听，海洋监视卫星全球覆盖，定位精度达 2 千米。发展"快响"卫星等战术应用卫星，将服务推向指挥链末端。正在进一步完善地面系统及装备，加快地面作战用天能力。

在卫星环境探测与应用方面，美国形成了覆盖气象、海洋、磁场、重力场等环境的探测卫星体系，并通过军民融合和国际合作等方式，实现了高空间分辨力、高时间分辨力的全球环境监测。开发综合气象系统、舰队气象海洋环境信息处理系统等卫星应用平台，为陆、海、空作战提供了重要保障。在轨十余颗军事环境探测卫星，能够及时获取军事敏感区的气象海洋等环境资料，同时通过民用与国际合作，应用盟国的数十颗民用环境探测卫星，应用重力场测量卫星完成了全球大地水准面模型,测量精度达到1厘米,重力场异常探测精度达到1mGal,空间分辨力达到80千米。

在卫星通信与应用方面,美国形成以军用为主、以商为辅的军事卫星通信体系,涵盖宽带、窄带、防护和中继四大系列,实现全球常态化覆盖和关键区域多重覆盖。在轨军事通信卫星超过60颗,覆盖全球,具备多频段、多功能、高生存能力,领先其他国家至少一代。在伊拉克战争中租用民商用通信卫星累计超过200颗。全球布设9大电信港,将卫星通信系统融入全球信息栅格。陆海空军编配宽带、窄带和抗干扰型终端50多型,数万余套。目前,美国分布式通用地面系统(DCGS),在实现空间侦察情报信息与空中、地面、海面信息的融合应用和卫星应用装备集成等方面,发挥了关键性的作用,基于DCGS提供的标准接口、基础框架和规范,极大地促进了空间信息及装备进入军兵种卫星应用体系和流程。

由于传统卫星系统设计、制造、发射和测试周期较长,在响应实时性要求较高的战场战术应用方面受到多种限制。20世纪80年代末开始,军用小卫星迅速发展,也将传统军用卫星应用拓展到战术应用层面。虽然小卫星尚未实现大规模装备化、业务化军事应用。但是,美国已在成像侦察、环境监视、数据中继、预警监视和空间对抗等领域开展了小卫星技术验证和应用探索,正在论证小卫星融入GPS系统的可行性,计划利用小卫星实现导航信号增强。成像侦察方面,美国成像侦察小卫星最高分辨力已优于1米;数据通信方面,美国陆军已完成基于3U立方体卫星的语音通信测试;空间对抗方面,美国已具备低轨道小卫星空间攻防能力,正在采用微纳卫星星座进行高低轨空间目标监视的可行性和有效性验证。

当前,美国小卫星侦察监视能力全球领先,以"作战响应空间"(ORS)计划为先导,将技术研发和业务能力开发相结合,牵引出一系列成像侦察和环境监视小卫星项目,积极探索小卫星的战术应用和能力发展。美国国防部 ORS 计划自 2003 年启动以来,相继发射了 3 颗光学成像侦察卫星,逐步建立了可直接融入作战的天基成像侦察能力。其中,"战术卫星"-2 发展了优于 1 米分辨力光学侦察和原始图像数据星上实时处理能力,并初步验证了小卫星"即指即拍"(Point and Shoot)作战模式;"战术卫星"-3 卫星发展了高光谱成像、星上数据实时处理和压缩能力,验证了以"战区指控—任务响应—成像侦察—星上处理—信息下传"为流程的小卫星的军事应用模式,作战用户接收到的图像产品是一幅标记有战术目标位置的全色图像。ORS-1 卫星完全面向作战用户设计,为美国中央司令部提供实战型 ISR 能力支持,具备 1~1.2 米成像侦察和直接响应战区指令并下传数据至作战部队的能力。2014 年 2 月,ORS-2 卫星模块化空间平台交付空军,ORS 办公室后续将发展天基 SAR 成像能力,预计分辨力 1.5 米。ORS 计划的"快响"思想、应用理念和关键技术呈现明显的牵引、辐射和带动效果。

美国军方围绕战术应用、低成本、模块化等需求,启动了多个面向军兵种的情报、监视和侦察(ISR)应用项目。美国陆军于 2008 年启动"纳眼"(NanoEye)、"小型灵巧战术航天器"(SATS)和"隼眼"(Kestrel Eye)项目,研究超低轨道亚米级高分辨力成像技术和指定目标跟踪的视频成像技术,发展低轨道、低成本、近实时连续侦察监视能力。DARPA 在 2012 年启动 SeeMe 项目,发展利用低成本小卫星星座向前线基层作战人员快速、按需提供近实时的战场图像数据的能力。

美国国防部 ORS 计划和陆军太空与导弹防御司令部(SMDC)都基于小卫星发展了面向战术应用的信息传输能力。"战术卫星"-4 瞄准美军高纬度地区通信能力不足,采用大椭圆轨道设计,可提供包括高纬度地区在内的近似全球的、非连续的覆盖。单次过顶可以保证对一个3.7千米范围内战区有2小时以上的连续覆盖,同时每天可对多个战场进行覆盖。"战术卫星"-4可提供动中通、"数据渗漏"(Data-X)和"蓝军跟踪系统"(BFT)等服务。2013年,ORS办公室又发射了TacSat-6卫星,发展基于3U立方体的超视距通信能力。美国陆军为确保战术通信能力延伸至偏远山区、雨林等多遮挡地区,发展了支持超视距通信和数据渗漏的低成本小卫星系统。2008年启动的SMDC-ONE星座直接服务于作战部队,验证了战场短报文通信、语音通信和无人台站数据采集能力。2013年,美国陆军南方司令部在SMDC-ONE卫星基础上,研制发射了"航天导弹防御司令部纳卫星计划"(SNaP)卫星,具有三轴姿态稳定和在轨推进能力,可提供超视距通信和数据渗漏服务,数传速率是SMDC-ONE卫星的5倍。为进一步推动微纳型通信卫星融入作战,陆军太空与导弹防御司令部于2013年底授出UHF频段灵巧通信载荷研制合同,发展支持战区单兵手持终端与立方体卫星直接通信的技术,并具备在轨频率调整能力。

小卫星具有从地面难于探测、在轨道机动灵活优势,具备平时隐蔽监视、战时立即攻击能力,是发展空间对抗系统的重要组成力量。2005年,美国发布的《军用航天系统研究》认为,小卫星在空间攻防中具有重要价值。目前,美国低轨道空间攻防技术较为成熟,已具备业务应用能力。2000年以来,美国在低轨道空间攻防领域基于小卫星开展了一系列技术验证试验,如美国空军2005年发射的试验卫星系统-11(XSS-11)以及DARPA于2007年发射的"轨道快车"(Orbital Express)计划等,对在轨卫星检测、交会和对接、在轨维修与器件更新、近距离机动等进行了技术验证,形成了基本应用能力。完成低轨道技术研究和能力验证后,美国将空间攻防能力推向高轨,当前正重点推进高轨道空间攻防能力验证。2006年,DARPA和美国空军联合实施"微卫星技术试验卫星"(MiTEx)计划,验证了将小卫星送入GEO轨道的能力和小卫星在GEO轨道执行军事任务的潜在效用。MiTEx卫星两次抵近失效卫星,执行拍照和故障诊断操作,其在轨抵近、绕飞、拍照和无线电截收技术,证明美国已具备静止轨道小卫星攻防能力。随后,美国空军在XSS计划取得成功的基础上,提出研制"局部空间自主导航与守护试验"(ANGELS)卫星,已于2014年7月送入地球静止轨道,具备自主制导导航与控制能力和广域监视能力,用于为大卫星提供预警和防护。2011年,DARPA启动"凤凰"(Phoenix)计划,成为美国近期高轨道空间攻防的重点项目。Phoenix计划旨在利用空间机器人从地球静止轨道内大量退役或失效的卫星上抓取仍能工作的天线等载荷,并安装在从地面发射的微小型"细胞"(Satlet)卫星上,组装成新的全功能卫星,其实质是借助在轨服务技术来发展空间攻防能力。2014年4月,Phoenix计划完成对空间机器人和细胞卫星的概念可行性论证,开始进入空间机器人、细胞卫星和有效载荷轨道交付系统研究开发阶段,2015年完成首次在轨演示验证。基于小卫星发展空间目标监视能力具有降低观测距离、提高观测精度等优势。2012年和2013年,美国相继发射两颗"可操作精化星历表空间望远镜"(STARE)卫星,以3U立方体卫星验证空间目标监视能力,将空间碎片预警距离降低至100米,碰撞虚警率减小99%,该卫星视场3°×3°,能监测到200~1000千米、尺寸大于10厘米、速度小于10千米/秒的目标。美国国防部ORS计划也将后续重点瞄准空间目标监视能力,于2014年4月宣布启动ORS-5卫星项目,计划2017年发射入轨,单星质量约80~110千克,作为专用天基空间监视系统-1(SBSS)卫星的后续型号,填补能力空隙。洛·马公司也提出利用立方体卫星星座发展静止轨道目标监视能力的构想，设计了9星星座（目标24小时平均重访率30%）和18星星座（目标24小时平均重访率100%）两种方案。

我们再看看美国陆军基层战术作战部队军事用天能力建设与小卫星应用情况。

旅级作战部队是美军基本战术作战单位。作战条例上，旅级战斗队至少在半径60千米的区域内作战。旅级战斗队在伊拉克自由行动中作战范围已扩展到200千米。单元作战区域大大超出了条例中定义的能力范围，因此美军认为传统通信、侦察等装备已经无法满足陆军战术作战行动需要，发展陆军战术行动超视距能力成为核心。

根据美国陆军改造规划，旅级作战部队将拥有更长的作战周期、更强的独立作战能力。类似旅级作战部队大小的作战单元，需要拥有独立的指挥和控制能力，以及在没有总部支持的情况下能够更好地执行战术行动的能力。该思路的转变，为旅级作战单元提供了更大的灵活性，以更自主的方式在更大的区域内行动。根据任务的组织和人员配备，美军内部目前部署的旅级规模是2500~4200名士兵。

在通信方面，需求包括语音、视频和数据，这些系统基于移动开放通信信道，迫切需要解决上级指挥部和基层战术层面单元之间的链接。美军认为，在战术层和战役层之间传输和通信指令变得越来越困难，主要是由于其战术行动多在山区、楼宇等复杂地形环境中，行动距离拉得很长。美军在其高级行动概念图（OV1）中也反复重申此问题。设置和固定地面中继的传统方式已无法支持当前的战术环境，不能满足陆军及海军陆战队未来发展的需要。兰德公司开展的美国陆军通信需求调研表明，在瞬息万变的战场上实现高流动性,需要相当多的带宽,军队并不是唯一用户,联合、联盟和民间组织可能在该区域同时行动。

在情报、监视和侦察方面,为战术单元提供 ISR 能力可能是近期最迫切的需求。由于许多已有的 ISR 产品均来自天基资产,较高级别的军方和政府在很大程度上依赖于它们,而低级别梯队、战术单元,渴望同样的装备或能力。

在蓝军跟踪和态势感知(BFT/SA)方面,要快速、及时、准确地找出敌我双方的位置,让战士了解我方部队的部署及其与敌军方位的地理关系,以便指挥官为作战使命做出决策。这种定位与跟踪能力,按需部署给每个终端用户,特别是在山区或城市地区中,将是非常宝贵的。目前的蓝军跟踪系统(BFT)共享 2.6 千比特/秒的带宽,态势感知(SA)更新最快在 5 分钟内,对于步行作战来说是适合的,然而对飞机和机械化部队则无法满足作战需要。此带宽的限制导致只能支持有限数量的平台,而支持更大范围、更广分布、更恶劣环境下作战需要显著提高能力和成本。

在定位、导航和授时(PNT)方面,远不止使用全球定位系统(GPS)来识别地面上的单元位置。授时几乎是战术单元在现代安全通信中必不可少的一项基本需求。GPS 星群通常能够满足大多数战术行动,其大量在轨运行卫星可以提供接近全球覆盖的 PNT。但 GPS 系统只是适用于大多数情况,自然和人造的地形会干扰 GPS 信号,或导致多路径问题进而降低精度,增加低轨道和空中增强系统,对于诸如城市或山区作战的情况下非常有用。

2007 年,美军为陆军及其他地面作战部队提出了信息平台体系框架,以增强地面战术行动中通信、情报/监视/侦察(ISR)、敌军跟踪和态势感知(BFT/SA)、位置/导航/授时(PNT)的综合能力(图 10-12)。

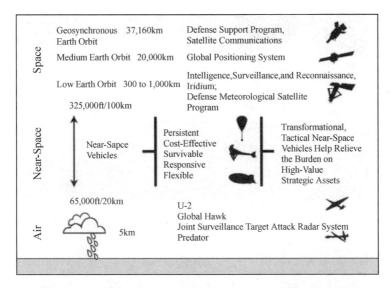

图 10-12　美军地面作战部队天空地协同信息保障体系

美国太空导弹防御司令部和美军陆军战略司令部联合开展了陆军战术小卫星能力验证项目,开发了以下四种不同的战术应用应急支援卫星。

一是 SMDC-ONE 验证纳星,质量 4 千克,主要用于战场通信应急支援,验证陆军战场通信与战场电子侦察能力增强试验(图 10-13、图 10-14)。

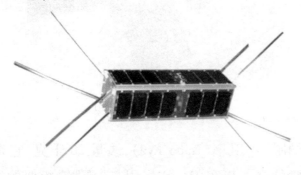

图 10-13　SMDC-ONE 纳星示意图

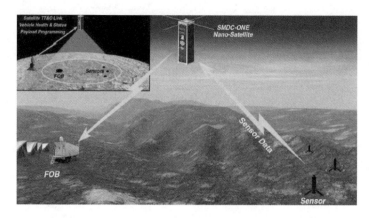

图 10-14　美军 SMDC-ONE 纳星的战场通信图例

二是"鹰眼"小卫星(Kestrel Eye),质量 14 千克,可用于通信及 ISR(情报、监视和侦察)对地监控。"鹰眼"直接受战场前线作战部队的指挥,并直接向地面站传送分辨力为 1.2 米的图像。一个由 30 颗小卫星组成的星座可以提供全球 24 小时的覆盖(图 10-15)。

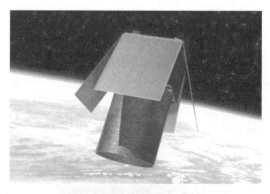

图 10-15　"鹰眼"小卫星

三是"纳眼"小卫星(Nano Eye),质量 20 千克,它是基于"鹰眼"项目经验的进一步完善。它采用与"鹰眼"相似的光学载荷,但增加了对地扫描成像功能。该星大幅降低了卫星轨道和制造成本,使其可快速制造,可提供 0.7 米的图像分辨力,并可从便携电脑或手持设备上获得卫星图像。主要用于验证低成本的空间实时图像对陆地战术作战人员的支持,以进一步提高战术应用能力(图10-16)。

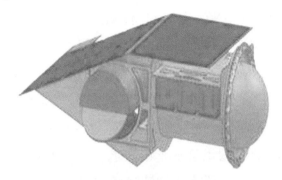

图 10-16 "纳眼"小卫星

四是"灵巧战术小卫星"(Small Agile Tactical Spacecraft, SATS),质量32千克,卫星分辨力为1.5~2米。用于验证摄像拍照、指定侦察和视频跟踪三种对地成像监视模式的战术能力。其中视频跟踪包含了实时的"人在环路"瞄准与跟踪目标的功能,它将极大提高由空间卫星平台实时引导武器系统对目标实施打击毁伤的战术作战能力(图10-17)。

图 10-17 SATA 灵巧卫星

近年来,随着小卫星单星功能密度、敏捷机动能力、自主生存能力和在轨寿命不断提升,逐渐成为美军航天发展热点,发射数量急剧增长。在军用领域,小卫星在降低系统成本、增强抗毁能力、应急补充增强和快速组网服役等方面优势突出,又兼具机动灵活、运营管理便捷等特点,备受美军青睐。在此背景下,美军近十余年相继发展了"作战响应空间"(ORS)、"军事行动空间使能效果"(SeeMe)、"鹰眼"(Kestrel Eye)、"航天与导弹防御司令部-作战纳卫星效果"(SMDC-ONE)等项目,探索小卫星军事应用和融入作战模式,推动基层战术作战部队军事用天能力发展。

美国军方认为,成本低廉、发射灵活、高效费比,成为小卫星突出优势。在有限的国防预算下,小卫星成为平衡美国航天成本和能力需求的重要砝码。小卫星短周期、批量化制造使得单星成本低廉,能以较低成本满足基本军用需求。小卫星能以一箭多星、空中发射、在轨弹射等手段实现快速批量部署,大幅降低了进入空间成本。小卫星通过星座组网和优化轨道设计,能力足以与大卫星相媲美。美国相关机构研究结果表明,在任意轨道高度上,每提高2倍分辨力,则卫星质量和成本需分别提高8倍和4.5倍。而降低轨道高度则可将小卫星分辨力提高至大卫星的能力水平。

更需要高度关注的是,近年来商用小卫星发射和应用,正在进入迅猛发展的快车道。O3b、One Web、SpaceX、谷歌、脸书、波音等巨头,将距离地球200~2000千米的低轨道当成太空互联网"金矿"。在中国国内,从"国家队"航天科技、航天科工到若干民营的航天企业,陆续公布卫星发射计划,展现出加入互联网太空竞赛的雄心。2017年6月26日,"钢铁侠"埃隆·马斯克的SpaceX,在48小时内连续完成两次火箭的发射和回收,完成人类航天史上里程碑式的壮举(图10-18),而他的对手格里格·维勒创办的One Web,刚刚获得美国联邦无线电管理委员会(FCC)颁发的牌照。

由于各种原因,目前世界上尚有一半人口无法使用互联网。O3b是一家全球性合资公司,由谷歌公司、马隆媒体旗下海外有线运营商、汇丰银行联合组建,专门从事互联网接入服务,到2015年

图 10-18　SpaceX 发射商用小卫星

已发射部署了 12 颗卫星,轨道高度 8062 千米,使用 Ku 波段,时延 150 毫秒,为全球另外 30 亿未连接互联网的用户,提供"最后一千米"宽带高速无线解决方案,未来还将发射 8 颗。2017 年 9 月启动了第二代 24 颗卫星的建设工作。谷歌公司提出了高空热气球的天基互联网计划,为郊区和边远地区提供互联网接入服务。

2017 年 7 月 20 日,One Web 的投资人、软银创始人孙正义,在东京畅谈 30 年后的通信世界。他花了两个半小时描绘的未来是,卫星网络覆盖全球每一角落,万亿设备将数据传输至云端,并接入人工智能系统分析。孙正义演讲中的大数据和人工智能,已是当前全球大热的新兴产业。市场不禁期待,他构想中的卫星通信,成为下一个引爆全球的热点。One Web 获得的这张牌照,是新一代商业航天企业获得的首张低轨卫星通信入场券。

One Web 计划通过数百颗低轨道卫星组网的方式,让互联网服务接入偏远的农村山区及其他基站、光纤无法覆盖的地区,让 30 亿人用上互联网。按照美国联邦无线电管理委员会的规定,维勒将在获得牌照的 6 年间,将计划的 One Web 卫星送至太空。One

Web 的第一代低轨星座设计方案，包含 648 颗在轨卫星与 234 颗备份卫星，总数达 882 颗。这些卫星将被均匀分布在 18 个轨道面，轨道高度 1200 千米，Ku 波段，单星传输速率 6 吉比特/秒，单颗卫星质量 150 千克，规模化流水生产，成本低于 100 万美元。卫星们飞速运动，不同卫星交替出现在上空，保障某区域的信号覆盖。如果计划进展顺利，该星座将在 2019 年开始运作。

目前，One Web 卫星的大部分带宽已经售出，维勒正在考虑增加 2000 颗卫星，总数达到 2882 颗。开始运行后，One Web 星座不仅能覆盖美国，亦能覆盖全球还没有连接互联网的农村边远地区，当然前提是获得相关国家和地区的市场准入牌照。One Web 的目标是，到 2022 年为每个没有互联网的学校提供接入，到 2027 年弥合全球的数字鸿沟。

紧随 One Web 身后，SpaceX 已与美国联邦无线电管理委员会开展了数月谈判，马斯克提出比 One Web 更庞大的低轨星座通信计划。在 One Web、SpaceX 之外，波音、LEOsat、Telesat、三星等一批企业也提出或参与类似的低轨卫星通信计划。

这样的场景很容易触发电信业人士 20 年前的记忆。20 世纪 90 年代初，摩托罗拉推出 77 颗低轨卫星组网的"铱星计划"（卫星数量后减为 66 颗），这是人类首个大型低轨星座通信计划。"铱星计划"总投资高达 60 亿美元，由于运营成本太高，不得不将卫星电话卖到 3000 美元，通话资费高达 7 美元/分钟。由于技术所限，当时铱星能提供的网速极慢，几乎只能打电话。昂贵的市场定价，使得铱星公司勉强收获 20 万用户，在与低廉的地面通信服务的短兵相接中惨败。

在持续亏损中艰难运营的铱星公司，不满一周年终于破产。铱星同时期的竞争对手，全球星、轨道通信追随着铱星脚步踏进卫星通信市场,也追随着铱星宣告破产。

相较于铱星时代,这次低轨卫星的复兴显得水到渠成。后来者们找到大幅降低成本的办法。"立方星"技术成熟后,选择低轨道、微小卫星而不是传统的中高轨道、大卫星,既能有效缩减发射路程和发射载荷,也能缩减造星成本。SpaceX 等商业航天企业的崛起,也将发射费用砍掉一半。

2018 年 3 月,腾讯网有一篇专题文章"全面开启!中国与美国在全球低轨卫星星座领域正式展开竞争"[3],全面分析了中美三家公司小卫星星座发射计划,美国 SpaceX 公司提出的星链计划,中国航天科技集团提出的鸿雁星座计划,中国航天科工集团提出的虹云工程计划,揭开了人类低轨星座全球化竞争与协作的序幕。

美国 SpaceX 公司提出了 STEAM 卫星互联网计划,该计划完成后,在近地轨道组成两层庞大的卫星星座,内层 340 千米轨道高度的 7518 颗卫星与外层的 1000 多千米轨道高度的 4425 颗卫星组成的 11943 颗卫星星座。4425 颗小卫星,计划运行在 43 个混合轨道面,Ku、Ka 频段提供空间 WiFi 接入服务,2020 年投入运营,卫星质量 386 千克,寿命 5~7 年,下行通信速率 17~23 吉比特/秒。SpaceX 的卫星互联网计划如果完成部署,其新入轨的卫星总数就会是目前所有国家在轨运营的卫星总数的将近 7 倍。SpaceX 公司计划分三步走。

第一步:用 1600 颗卫星完成初步覆盖。其中,前 800 颗卫星满足美国、加拿大和波多黎各等国的天基高速互联网的需求。初步分析,这 1600 颗卫星分布在 32 条轨道上,每条轨道 50 颗卫星,轨道高度 1150 千米,轨道倾角 53°。北美、南美还有亚欧大部分地区能够在服务范围内。

第二步:用 2825 颗卫星完成全球组网(图 10-19、图 10-20)。

这 2825 颗卫星分为 4 组。第 1 组由 1600 颗卫星组成，布于 32 条轨道上，每条轨道 50 颗，轨道高度为 1110 千米，轨道倾角为 53.8°。

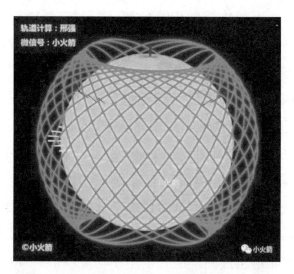

图 10-19　卫星全球组网之一

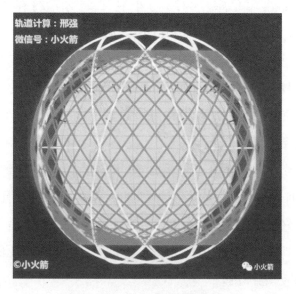

图 10-20　卫星全球组网之二

图 10-19 是 1600 颗卫星以 53.8°的轨道倾角分布在 32 条轨道上的样子。可以看到，除南北两极地区之外，地球表面大部分地方都能够照顾到了，整个包络特别像一个红灯笼。当然，由于轨道倾角不大，这个包络球的南北两极被削掉了。

第 2 组由 400 颗卫星组成，分布在 8 条轨道上，每条轨道 50 颗，轨道高度 1130 千米，轨道倾角为 74°。

第 2 组的 400 颗卫星与第 1 组的 1600 颗卫星完成了全球覆盖。图 10-20 可以更加清楚地展示，第 2 组卫星主要是为了填补第 1 组卫星在南北两极地区留下的空白。

第 3 组由 375 颗卫星组成，分布在 5 条轨道上，每条轨道 75 颗，轨道高度 1275 千米，轨道倾角为 81°。

第 4 组由 450 颗卫星组成，分布在 6 条轨道上，每条轨道 75 颗，轨道高度 1325 千米，轨道倾角为 70°。

前两步完成外层 1000 多千米轨道高度的 4425 颗卫星星座。第三步用 7518 颗卫星组成更为激进的低轨星座[3]。

2019 年 10 月，SpaceX 公司又提出了增加 3 万颗小卫星的计划，最终形成 42000 颗卫星组成的天基互联网。未来，基于"星云"的一体化作战将成为可能。因此，随着航天科技的进步，卫星研制发射的成本不断降低，天地通信一体化融合将成为 5G/6G 时代的标配和趋势，全球每一个角落都可以通过卫星进行网络化感知和指挥控制，必将成为智能时代全球军事行动的主要支撑和核心依托。

当然，在实施天基网络信息建设和利用的同时，还要高度重视临近空间平台组网与信息支援、认知网络通信系统建设与应用、太阳能无人机组网及应用等，以便形成全球性、多层次、多样化的网络信息支撑体系。

四、战略投送与快速行动

一般来讲,全球军事力量战略投送,主要依托立体化军用、民用交通运输平台和手段来实施,分为航空运输、舰船运输、铁路运输、公路运输等多种方式。其中,航空运输时间短、速度快,但规模小、成本高。舰船运输时间长、速度慢,但数量规模较大,并且可以随舰队同时输送和机动。公路运输机动性好,但是受道路影响,速度较慢,适合小规模、短距离运输和投送。相比而言,铁路运输,速度较快,数量规模大,优点明显,但也受线路通达和布局影响。

全球军事行动,除了具备海外基地、全球网络信息体系外,还必须具备快速机动的作战力量及武器装备。美国在战略领域,由空军全球打击司令部主要负责指挥陆基洲际导弹和远程轰炸机两大部队,主要实施核威慑和核打击等使命任务。在常规作战领域,美国多年来建立了海军陆战队、陆军特种部队、快速反应部队等,负责全球范围内应急军事行动。

(一)美国海军陆战队(USMC,United States Marine Corps)

美国海军陆战队[4],是美国五大独立军种中的一支两栖突击作战部队,主要职责是利用美国海军下属的所有舰队船只,以最快速度抵达全球范围内危机发生地执行相关战斗任务,是能单独执行作战任务的军种。由于其航空作战力量标准配备有F-35B隐身战斗机和MV-22倾转旋翼机等先进装备,又称为"第三空军"(The Third Air Force)。

美国海军陆战队是世界上成立最早的一支精锐部队,是美国快速反应部队的主要作战力量,具有悠久的历史。从行政级别看,美国海军陆战队与美国海军同属美国国防部下属的美国海军部，其军阶名称与陆军、空军相同，属于美国军队中的一个独立军种。海军陆战队同时还负责美国国务院驻外使馆的保安警卫（MCESG）。通常情况下，它作为一只单独的军种执行训练和作战任务。

美国海军陆战队可以追溯到美国独立战争时期的殖民地海军陆战队，最初于1775年11月10日在美国东海岸城市费城成立。美国海军陆战队成立后，参与了美国建国后的每一场重要战役，以及遍布于世界各地的无数维持治安式行动和武装调停行动。

美国海军陆战队的任务分为三大范围：一是担负两栖进攻作战，这是主要作战任务；二是应总统及国防部要求，在全球各个海军基地和主要舰队驻防担负防卫任务；三是执行总统交代的斩首、人质救援等特殊任务。

在海湾战争期间，美国海军陆战队有超过半数的人员被派至波斯湾附近的国家驻防，超过72000名海军陆战队员，大约两个师和两个空中联队在两个月期间为地面防卫而登陆，同时尚有大约18000名海军陆战队员仍待在海上，等待美军联合司令部发出命令攻击科威特海岸。战争进入地面战斗时，美国海军陆战队首先攻入了科威特市中心，当他们在科威特国际机场附近击败伊拉克政府军的装甲旅时，正是海军陆战队有史以来最大的一次坦克大战。

目前，美国海军陆战队（图10-21）总人数大约为194000名。此外，还有大约38000人的预备役部队。美国海军陆战队编有四个陆战师和四个航空联队，相较于其他美国军队在军事编制上都稍大。特别是陆战师，其总数约达18500人，其人数较美国陆军摩托化步兵师的规模大了20%。

图 10-21　美国海军陆战队

美国海军陆战队由地面部队、海军陆战队航空兵和后勤部队三部分组成。地面部队有三个陆战师：第一陆战师隶属于美国海军太平洋舰队的海军陆战队第一远征部队，驻扎于加利福尼亚州的彭德尔顿兵营，是美国海军陆战队的主力陆战师和美军太平洋舰队的战略机动部队。第二陆战师隶属于美国海军大西洋舰队海军陆战队第二远征部队，驻扎于弗吉尼亚州的诺福克兵营，是美军战略预备队的主力陆战师，也是美国海军大西洋舰队的海军陆战队机动突击部队。第三陆战师隶属于美国海军太平洋舰队的海军陆战队第三远征部队，驻扎在日本管辖下的冲绳群岛，是隶属美国海军太平洋舰队的机动作战部队。除此之外，还有一个预备役师驻扎在墨西哥湾的新奥尔良。

陆战师是世界上编制人数最多的地面作战师之一，也是美军唯一使用三团制的作战师。每个陆战师里面有一个师部营和直属分队。直属分队有一个轻型装甲车营、一个坦克营、一个侦察营、一个工兵营、一个两栖突击营和一个卫生营等。正式作战部队是三个步兵团，作战支援部队是一个炮兵团。全师编制人数为18500人。

步兵团由团部连和三个步兵营编成，在独立遂行任务时一般要由上级配属一定的战斗支援和勤务支援分队。步兵营由营部连、武器连和三个步兵连编成。武器连由连部、迫击炮排、反坦克排和重机枪分排编成。步兵连由连部、武器排和三个步兵排组成。武器排编有机枪分排、迫击炮分排和突击武器班步兵排,每一个排由 3 个 13 人的班组组成。

炮兵团由团部连、一个目标搜索连和编制、装备各不相同的两个直接支援炮兵营与两个通用支援炮兵营组成。

海军陆战队地面部队主要装备包括主战坦克、轻型装甲车、两栖装甲车、反坦克导弹、反坦克火箭筒、无后坐力炮、迫击炮和战术雷达、通信、保障装备等。

美国海军陆战队航空兵,主要任务是配合陆战师作战,帮助地面部队实施机动作战,支援地面部队进行登陆和海岸作战等。基本作战单位是航空联队,配属给陆战师使用。每一个航空联队人数有 14000 人,下辖一个司令部、2~3 个攻击机和战斗机航空大队、1~2 个直升机航空大队以及其他作战和勤务支援分队。航空联队(MAW)配有 286~315 架固定翼或旋转翼飞机,主要机型包括:战斗机,F-35B 联合攻击机、F/A-18"大黄蜂"、AV-8B"鹞"式攻击机;电子战飞机,EA-6B"徘徊者";加油机,KC-130T"大力神";运输机,C-12"休伦"、"嘉奖"-500;武装直升机,AH-1W"超级眼镜蛇"、AH-1Z"毒蛇";攻击直升机,UH-1 直升机、UH-1Y"毒液";运输直升机,V-22"鱼鹰"、MV-22B"鱼鹰"、CH-46"海骑士"、CH-53E"超级种马";无人机,RQ-7"幽灵""扫描鹰"等。

美国海军陆战队后勤部队,基本编成是勤务支援大队,主要任务是为前线各战斗部队提供各种物质勤务支援、装备维修以及医疗援助,以保证各战斗部队均具有高度的独立作战能力。

这里需要说明的是,海豹突击队是隶属于海军部(Navy)的特种部队,而不是隶属于海军陆战队(Marine Corps)的特种部队。海军陆战队有自己的直属单位,如武装侦搜队(Force Recon)和特种部队(Marsoc)。

还需要特别关注美国海军陆战队陆空特遣队(MAGTF),这是和舰队协同作战时采用的编制,是由单一司令官指挥的陆空支援部队混编成的战斗群(图10-22)。

图10-22　美国陆空特遣队

MAGTF的兵力与编制,会依照"任务需要"和"敌方战力"而加以调整,基本上分为三种:陆战远征军(MEF)、陆战远征旅(MEB)、陆战远征队(MEU)。这三种战斗组织是依照冲突的规模来区分,作战任务如下:

(1)陆战远征军,是陆战队陆空特遣队之中最大的作战编制,无论何种强度、何种地理环境都能执行全面作战任务,可以在大战区执行两栖登陆作战并且具有长期作战能力。一般来说,MEF由一个陆战师、一个航空联队和一个海军支援部队组成,不过可以因应作战规模增加战力。除了加强陆战师外,还会另外编组航空战斗群。美国陆战远征军总共有三个。其中,第二陆战远征军,司令部驻地为弗吉尼亚州勒任兵营,派驻大西洋,隶属大西洋舰队司令部指挥;另外两个派驻在太平洋,第一陆战远征军司令部驻地为加利福尼亚州彭德尔顿兵营,第三陆战远征军司令部驻地为琉球巴特勒兵营,隶属太平洋舰队司令部指挥。第三陆战远征军是唯一一支部署在海外的 MEF,以琉球与韩国作为基地。

(2) 陆战远征旅,低强度或中强度战争时使用的编制,可以长期作战也可以部署在海上。总计有六个 MEB:第一陆战远征旅(卡内佛湾),第四陆战远征旅(诺福克),第五陆战远征旅(班道尔顿),第六陆战远征旅(霍琼),第七陆战远征旅(帕姆兹),第九陆战远征旅(琉球)。

(3) 陆战远征队,是陆战队规模最小的独立作战部队。通常搭乘 3~5 艘海军两栖舰艇待命出击,是最具机动性,随时可以应变的部队。在有限冲突发生时可立即应变,能在没有支援的情况下进行短期作战,平时采用前进(海上)部署。太平洋地区配备有两个,地中海则有一个,大西洋、印度洋、加勒比海也会定期部署,还有一个随时待命以空运方式出击。MEU 通常配备了 15 日份的物资(DOS),因此可以担任 MEB 先遣部队。

(二) 美国陆军特种部队

美国陆军特种部队,全称 US Army Special Forces Groups,因为美国陆军特种部队成员都佩戴极具荣耀的绿色贝雷帽,因此又称为"The Green Berets",是由二战期间多支在敌后作战的非正规部队发展演变而来的[5]。

美军最早的一支正规特种作战部队于 1942 年 7 月 9 日在蒙大拿州成立。二战结束时,美军已拥有 5 支这样的突击部队。1942 年 6 月,美国中央情报局的前身战略情报署成立后,在地中海、北欧以及缅甸、印度等地设立指挥机构,领导特别行动队开展特种作战。1945年6月,战略情报署解散后,它所领导的特种力量划归陆军,正式成为美国陆军的特种部队。

陆军特种部队包括现役部队、后备役部队和国民警卫队特种作战部队,拥有兵力2.9万人。陆军现役特种作战部队由5个特种作战群、陆军第75突击团、第1"三角洲"突击队、第160特种作战航空大队、第4心理战大队、第96民事营及一些通信和后勤支援保障分队组成。

特种作战群是陆军特种部队的最高编成单位,所属部队称为"绿色贝雷帽"部队,一枚箭与剑交叉的浮雕徽章,一顶绿色贝雷帽,便是这支部队的象征。每个特种作战群编制人数为800~1500人,下辖3个特种作战营、1个直属特种作战连和1个支援连。"绿色贝雷帽"部队装备有各种步兵武器和运输直升机,拥有先进通信器材,包括卫星通信和通话距离达3000多千米的轻型通信装备。

在"格林纳达事件"中,"绿色贝雷帽"成功派出少数突击队员,在海军陆战队员大规模登陆之前,实施对岛上监狱、机场和重要军事设施的控制,确保了后期行动成功,并使战争伤亡降到最低。1990年海湾战争,"绿色贝雷帽"再次作为美军的先头部队,在当地武装力量的配合下,成功实施代号为"沙漠风暴"的行动进入了科威特。

"9·11"恐怖袭击事件发生后,美国把战争重心放在世界范围内的反恐怖主义,特种部队的作用进一步凸显,承担着应急营救、对敌方重要人物实施抓捕和斩首等重要任务,其中典型案例就是1993年索马里战争中"黑鹰事件"。在阿富汗和伊拉克战争中,美陆军特种部队提前渗透收集情报,对战争中的主要目标性人物,俗称"扑克牌上的人"实施抓捕,成功抓获了萨达姆及其家族成员和本·拉登助手在内的 32 人。

(三) 美军快反部队

美军快速部署联合特遣部队,即美军的快速反应部队,由陆海空力量中最精锐的部队组成[7]。随着对快反部队重要性认识的不断加深,美军在组建快反部队工作中,经历了一个由少到多、由简单兵种到诸军兵种相配合的发展过程。最初,美军快反部队面很窄,部队数量只有3万余人,主要包括陆军第82空降师、陆军特种部队和海军陆战队5个营。到1984年,美军快反部队的编成迅速扩大。据当年美国国防部计划规定,美军快反部队由地面部队5个师、空军7个联队、海军3个航母编队以及其他部队组成,总兵力约20多万人。其编成如下:

(1) 陆军:以第18空降军为主,主要包括第82空降师、第101空中突击师、第24机械化步兵师、第9步兵师、第6空中骑兵旅,以及以"绿色贝雷帽"著称的特种部队4个大队和以"黑色贝雷帽"著称的别动队1个团。

(2) 海军:3个航母特混大队、1个水面舰艇特混大队、5个巡逻机中队,以及1个陆战师和1个陆战航空联队。

(3) 空军:2个战略轰炸机中队、7个战术战斗机联队。

1980年3月1日,美军正式成立快反部队司令部,负责统一指挥美军快反部队。该司令部于1983年1月1日升格为中央总部,直属美军参谋长联席会议指挥。1984年美国国防计划明确指出,美军快反部队由陆军第18空降军的主要部队和海、空军部分部队编成,总兵力约20余万人。

美军快反部队在战略上受最高军事当局的直接控制,是国家实现政治、外交目的最富有灵活性的军事手段。美军认为,快反部队以其快速部署、快速突袭、快速增援的"三快",来"遏制敌之侵略,控制事态发展""实施紧急作战和快速增援作战"。它是军中之尖刀,能起到其他大部队起不到的作用。其主要任务有三项。

一是快速部署。美军快反部队平时处于较高的战备等级。美军戒备制度共分 5 级。其中,一级为最高戒备状态,部队接到命令后能立即出动。如地面部队待命出动的时间为 0~2 小时,舰艇、飞机为 0~0.5 小时。二级戒备要求指挥员进入指挥所,舰艇离港出航,地面部队能在 2~12 小时出动。三级戒备要求人员停止休假 290 天,三分之一以上的部队值班,加强海空警戒,地面部队能在 12~24 小时内出动。四级戒备要求加强情报保密措施,部分部队担任战备值班。五级为正常状态。美军第 82 空降师等快反部队,平常始终保持一个旅处于三级戒备状态。美军要求快反部队在 48 小时内能将旅规模的兵力空运至世界上任何一个危机地区;4 日内能将师规模兵力机动至出事地区。例如在海湾战争中,8 月 7 日 2 时,布什正式签署"沙漠盾牌"行动计划,7 时 35 分美第 82 空降师先头部队就在北卡罗来纳州的布拉格堡基地登机飞往沙特阿拉伯。稍后,美第 101 空中突击师、第 24 机步师等快速反应部队及其他部队陆续抵达沙特阿拉伯。美军快反部队迅速增强了沙特阿拉伯的防御力量,并很快对侵科伊军形成包围之势。

二是快速突击。美军快反部队多采用空降、机降等手段,对危害美国利益的突发事件迅速进行干预,或对突然袭击之敌进行迅速反击,控制事态发展,掌握战场主动权。以第 82 空降师为例,该师是美国的王牌空降部队,由 1.28 万伞兵组成。早在第二次世界大战期间,就曾在法国圣母教堂空降,完成了在诺曼底登陆。战后,该师是美国介入世界各热点的"尖刀"部队,参加过越南战争,在格林纳达、巴拿马等战争中,起到了快速突击的特殊作用。

三是快速增援。美军在世界各地建有诸多军事基地,各基地的兵力均有限,如果爆发突发事件,这些兵力只是杯水车薪,无法应付。美国快反部队的一个重要职责,就是紧急支援突发事件地区的美军,以其先进的空运交通工具迅速赶至出事地点,实施紧急支援作战。

五、海外行动消耗

从作战保障角度看,无论是目前的信息化战争还是未来智能化战争,实施全球军事行动,都呈现"消耗巨大"等特点。

一是费用上升。由于武器装备日益向信息化、智能化、集成化方向发展。一件先进的武器装备,往往集中了许多科学技术研究成果,研制难度大、周期长、风险高,研制生产高技术武器装备的费用明显增加。美国国防部曾对20世纪70年代初期新、旧两代战斗机的13项主要技术性能进行过比较,结果明显表明:飞机的主要性能每提高1~2倍,研究费用就要增加4.4倍,生产成本增加3.2倍,不仅研制费及采购费用高,而且维修费用也相应增加。二战结束时,坦克只有5万美元,战斗机才10万美元,即使是航空母舰也只有700万美元。而海湾战争中,武器装备的价格已经几十倍、上百倍地上升。例如,M1坦克为200万美元,相当于二战时40辆坦克的价格;"爱国者"导弹为110万美元;F-15战斗机为5040万美元,相当于二战时500架飞机的价格;F-117隐身战斗轰炸机为1.06亿美元;航空母舰也已达到了35亿美元,比以前提高了近500倍。海湾战争多国部队仅投入的武器装备价值就达1020亿美元,而第一次和第二次世界大战各国投入的武器装备总价值才分别为20亿美元和400亿美元。美国第四代战斗机F-22,研制费约200亿美元,单机采购费1.5亿美元;B-2隐身轰炸机,研制费约450亿美元,单机采购费达到6亿多美元,含研制费用在内,平均每架21亿美元左右。

海湾战争后到2018年,武器装备的价格进一步上扬,特别是新一代的高技术武器装备,其价格更是几倍甚至几十倍增长。

主战飞机4~5倍:F-22单价2亿多美元。

轰炸机20~30倍:B-2单价6亿多美元。

运输机30~40倍:C-17单价2亿多美元。

主战坦克6~7倍:日本90式850万美元。

航空母舰3~4倍:"尼米兹"级130亿美元。

美国学者詹姆斯·尼根指出:"如果武器装备的价格以过去70年的速度增长,那么大约再过70年,美国2001年国防预算(3100亿美元)将只能够生产一架作战飞机。"

未来智能化装备,虽然有些项目成本可能会有所下降,但总体上仍然会上升,因为它是机械化信息化智能化复合发展的产物,是综合技术物化的成果。

二是物资消耗增多。以单兵每天平均物资消耗为例,二战时是20千克,越南战争时是90千克,海湾战争时已经达到了200千克。再看战场每月弹药消耗,朝鲜战争是1.8万吨,越南战争是7.7万吨,海湾战争时已经达到了35.7万吨。战场物资消耗猛增,使后勤运输面临严重困难。海湾战争,为了保证作战急需,美国建立了第二次世界大战以来最庞大的后勤运输体系。在空运上,动用了军事空运司令部90%的运输机,还租用了国内、韩国和德国等30多家航空公司的飞机。在海运上,军事海运司令部出动了135

艘运输船,后备役船队出动了170艘商船,还租用了78艘外籍船。在地面运输上,美国本土动用了7个州的2400节火车皮,在沙特组织了5000辆运输车。

二战时,美军日消耗军费只有1.94亿美元;越南战争时,也只有2.3亿美元,而海湾战争美军平均一天的消耗就高达14亿美元。美军一个装甲师在地面战斗阶段,每天需要燃料$1.89×10^6$ ~ $2.84×10^6$升,将一枚普通炸弹改装成直接攻击弹药需要2.1万美元的改装费,而进行一个架次的轰炸任务每小时的开支1万~1.5万美元,部署一个航母战斗群一天则需要300万美元,一份军用速食食品6.77美元,30万美英联军一天的饭费就需600万美元,战争结束将部队和装备运回国内将花费90亿美元。海湾战争总费用高达990亿美元。

因此,如何降低成本、提高效率,是世界主要军事大国特别是全球军事行动中面临的重要课题,也是未来军事采购改革和管理创新的重要方向。

美军作为世界上头号军事强国,一直在联合后勤保障领域保持着领先地位,先后提出了"聚焦后勤""联合后勤""补给链后勤""感知与反应后勤"等一系列后勤保障新理念与新模式[9]。为了适应现代战争联合作战和优化后勤资源的要求,美军特别注重构建一体化联合后勤保障体制。目前,美军主要采用中央联勤机构负责制,后勤体系由国防部统一领导,部门包括国防后勤局、国防财会局、国防合同管理局、审计局等,可为三军提供统一的后勤决策和保障。其中,国防后勤局处于关键位置,是通用物资保障机构,在全美50个州和国外的27个国家共有近3万名雇员,下设补给中心、国防仓库、勤务中心及国防合同管理区办公室,统筹负责三军通用物资的采购、储存和供应,军用财产管理,合同管理,以及掌管联邦物资目录等[7]。所保障的物资从飞机燃油到日用杂货,无所不包,极大提高了一体化联合后勤保障的程度。

在后勤保障层级上,近年来美军在联勤体制改革中,改变了按后勤环节逐级组织保障的传统做法,不仅减少了机构环节,而且简化了保障程序,使得后勤保障体系实现了扁平化。目前,美军的后勤保障层级分为战区持续保障司令部、持续保障旅和旅支援营三级,而作为基本战斗单位的连级后勤则由支援营负责提供,主要组织形式是连辎重队,通常由补给军士、军械员和一辆2.5吨卡车(带1.5吨拖车)组成。

在联勤范围上,美军既有多项勤务联勤,也提供单项勤务联勤;既有某项勤务的全过程联勤,也有某项勤务的局部过程联勤;既有全国范围的联勤,也有地域内的联勤。从一定程度上来说,美军的联合后勤保障体制已经不再追求"大而全"的一步到位,而是根据实际因素,合理地确定联勤的流程、方式和范围。

随着美军军事力量的运用方式从"前沿部署"与"快速增援"相结合转变为"前沿存在"与"力量投送"相结合,美军的大批武器装备、作战物资和后勤部、分队相继撤回本土。为使后勤力量与保障对象的实际需求相一致,美军近年来对后勤机构和设施进行了一系列的精简调整,目的是建立一个较为精干高效、机动灵活的联合后勤保障体系。

美陆军器材部后勤副参谋长威廉姆斯少将在《陆军》杂志上撰文指出:"进行军事后勤革命,就是要寻求为军队减轻后勤负担的有效途径,必须把后勤摊子缩小到适当的程度",强调要对后勤保障系统进行精简。2010—2015年,美军后勤体系的规模已经压缩了1/3,共有97个大型设施被关闭,55个进行了调整,国防部裁减了3万人,几乎全都是管理和保障人员[7]。

但是，美军在精简后勤保障机构和人员时，并不是一味地追求削减绝对数量，而是贯彻"正好、及时"的原则，目的就是追求最大的保障效率和最佳的经济效益。因此，美军一方面精简各级后勤指挥机构和管理人员，但另一方面还在不断增加各类专业技术人员比例，包括从事有线、无线、数字、卫星通信工程的各类通信专业技术人员和操作计算机软硬件以及运筹分析方面的专业技术人才。目前，在美军后勤保障指挥体系中，计算机硬件维护和操作人员约占40%，程序人员约占30%，指挥管理和运筹分析人员约占30%[7]。可以预见，随着后勤指挥自动化程度的不断提高，美军后勤指挥机构中的技术人员所占比例还会继续增大。

美军认为，快速反应能力将是影响21世纪战争胜败的决定性因素，必须要能在4天内将1个轻型旅、75天内将5个师连同其战斗勤务保障力量投送到任何出事地点[7]。自美军的战略态势由"前沿部署"改为"前沿存在"以后，大规模兵力的战略投送已经成为应付各种地区性危机的主要方式。目前，美军的战略投送主要由运输司令部组织。在战略空运方面，空军目前拥有包括C-17（图10-23）、C-141和C-5在内的300多架战略运输机，必要时还可以得到民航400多架大型运输机的加强，每昼夜的投送能力超过6700万吨·英里。在战略海运方面，美军事海运部拥有200多艘各型舰船，另有预备力量的舰船上百艘，并加强了海上预置力量建设，向实施应急作战的部队提供及时的机动保障。另外，为了保证战略投送各环节畅通无阻，美军还投入巨资加强基础设施、装备器材的配套建设，如改造军事基地、仓库、机场、港口，改善交通条件，采购装卸设备等。

为此，美军认为，必须建立相应规模的联合后勤保障体系，以用来实施兵力输送、物资运输和任务支援等。近年来，美军投入了

图 10-23　美国空军 C-17 战略运输机

大量经费,采取各种措施,成功建立了一种"分离式"后勤保障结构,即将后勤指挥管理机构和主要保障力量放在本土,以减少在战场上展开的后勤保障,本土机构利用高技术信息传输手段和现代化运输工具及时投送后勤力量,而作战分队可通过前方基地来申领物资,从而形成了本土和海外作战部队两级保障环节。这对战略运输和投送能力都提出了很高的要求。

美军还十分重视海外军事基地在后勤补给方面的作用。目前美国在世界上绝大多数地区都设有军事基地,可就近为美军提供后勤补给。例如,在中东,科威特的多哈兵营是美军在中东的核心基地和大型后勤基地,储存了大量 M1 主战坦克、M2 步兵战车和"阿帕奇"直升机等作战装备,足可装备一个装甲旅,而设在土耳其的因吉尔利克基地、卡塔尔的斯诺比兵营和萨勒西亚兵营等地,也建设了规模不等的武器库,可为美军在中东、西南亚乃至非洲执行作战任务提供后勤保障。在印度洋,美军在迪戈加西亚岛上的军事基地所储备的物资足以装备 3 个装甲营和 3 个机械化步兵营。此外,美国近期还与印度签订了首个《军事后勤保障合作协议》,可共享印度的海陆空军事基地来进行后勤补给、维修和休整。在东亚,美军还在日本横须贺、新加坡樟宜、韩国釜山等地建立了具备战备仓库的基地。这些基地大都分布在美国实施地区遏制战略的要点之上,一旦美军未来在这些地区动用武力,就能够迅速得到战争所需的各种武器装备保障,并凭借完善的军事基地网络系统,完成对作战力量的远程战略投送和后勤物资的精确支援保障。

六、海外部队新发展

在全球化和智能化时代,由于海外使命任务不断增多,作战对手多样,海外行动部队需求呈现体系化、无人化、网络化、轻量化、远程化和多域融合、跨域攻防、虚实互动等特点。因此,除了传统装备升级改造外,还应突出人机混合编组、轻量化、乘装载快速适配、远程立体投送、网络化战场感知、无人化立体防护、载人与集群空投、无人化两栖突击、先进士兵系统、防恐怖袭击、非致命武器等技术能力发展。

陆军特种作战与维和部队。针对遂行海外反恐维稳、抢险救灾、维护利益、安保警戒、国际维和、国际救援等任务需求,开展装备体系与轻量化设计、人机混合编组、未来士兵系统、远程立体投送、武器平台与人员乘装载快速适配、平台综合防护与无人化伴随防护、网电攻防、非致命打击等技术研究,形成海外作战环境下的快速响应、高效处置和防护能力。

海军陆战队。根据未来复杂战场岸海一体、跨域突击、多域行动等需求,加强网络化感知、舰地/潜射精确火力和巡航打击、无人化两栖/多栖平台、低空无人察打、城市作战、特种作战、智能化单兵系统等新型能力建设,增强水/陆/空跨域智能感知与协同、无人化对陆攻击、立体化防护、人机智能交互以及网络攻防等作战能力。

空降部队。面向未来不确定战场环境,在能力要素的牵引下,加强空降装备轻量化、体系化、模块化设计,搞好与系列化运输机和空中投送手段的快速装载与适配性,突破航空平台装备载人空投、远程无人空投等关键技术,突出多源网络化战场感知、高精度集群空投、无人化立体探测与打击、特种作战、应急救援和自然能源采集利用、可靠的食物链供应等技术能力开发,具备在敌后和陌生环境相对独立的多样化作战、防御和非战争军事行动能力。

七、全球行动智能化

传统机械化战争以歼灭敌有生力量和攻城掠地为主要目的。现代信息化战争,可以利用高技术武器从防区外打击对手指挥中心、交通枢纽、电力设施、工业中心等经济基础设施,使对方经济、军事、社会活动陷于混乱或停顿,用不着占领敌国就可以迫使对手投降。科索沃战争就是典型案例。同时,网络战、电子战、信息战等在近几场局部战争中体现出越来越重要的地位和作用。未来战争,随着无人化、智能化和高超声速武器的大量出现,战略、战役、战术机动能力显著增强,必将快速扩大战场范围、提高部队推进速度,同时,通过打击战场纵深代替前线的短兵相接,前方与后方的界线变得模糊,战场将呈现多域交叉、快速融合、高速运动的状态,智能感知、决策、打击和保障的要求越来越高。

全球军事行动智能化建设,一方面以单项智能技术、智能装备、智能系统为支撑;另一方面更多地体现为作战体系的智能化、信息系统的智能化、开放式任务系统的智能化和保障系统的智能化,特别是分布式、网络化、跨领域作战系统的智能化建设。重点是做好体系策划顶层设计、开放式任务需求分析、通用能力支撑架构和技术标准底层等方面的工作。

(一)体系作战仿真

大国的全球军事行动,一定是任务多样、行动多样、对手多样。为提高作战体系的智能化水平,必须建立分布式、虚拟化、跨域作战仿真系统,事先对未来可能的作战对象、作战对手、作战样式、装备实力、战备情况等进行分析,模拟各种条件下的作战实验、对抗仿真和模拟训练,不断积累数据、优化模型,提升作战体系 AI 群的智力水平,提高打赢的能力。可重点围绕海外不同地区大国对抗、代理人战争、反恐和非战争军事行动等需求,就实现分布式异构信息智能融合、跨境/跨域机动与协同作战、多样化任务规划与决策、联合战术行动与攻防、国际维和与安防、精准快速的综合保障等,开展大量仿真实验,必要时进行半实物仿真和军事演习训练验证。

(二)多源智能感知

面向全球建立天空地海军用信息资源、互联网开源信息资源、物联网信息资源和传统人工情报等多源异构信息智能融合平台,建立不同国家、不同地区、不同战场环境和目标信息数据库、特征模型库。一是对不同探测平台和信息源头的结构化数据、非结构化数据、雷达信号、光谱信息、视频信号、音频信号和文本文件等,进行统一清洗、筛选、标注、排序和存储,以便计算机进行运算处理、机器学习算法建模和智能识别。二是在统一的时空基准平台下,建立多传感器、多目标信号经过不同通信传输时延后的精准位置信息和运动轨迹。三是建立同一目标不同探测体制、探测手段的关联印证和相互关系。四是根据精确探测、跟踪、定位的数据,对不同的威胁进行排序,对未来走势进行预警。总之,通过多源异构信息融合与智能感知,满足复杂战场态势评估、社会舆情分析、远程指挥控制、多域和跨域机动、集群协同攻防、各类武器装备火力打击和毁伤需求。

(三)动态任务规划

智能化时代的全球军事行动,需要开发面向作战体系的网络化操作系统、多样化作战任务自适应规划系统、分布式作战行动协同系统,以及相关的数据库和模型库。特别需要高度重视基于博弈对抗和作战任务动态规划的智能软件系统的开发和研究,这是提升全球作战体系智能决策能力的关键。

在网络化操作系统方面,互联网时代的操作系统 Windows+Intel,已经成功运行了很多年,完成了多个版本的升级换代。基于移动互联网的智能手机操作系统如安卓系统、IOS 系统等,也已经实用化普及化。多种技术体制和途径的民口专用网络操作系统,也相继开发完成并得到了推广应用。但面向军用作战体系和多智能体的网络化操作系统、自适应作战任务规划系统,目前还几乎没有看到,或者说正在开发之中。

2018 年 12 月,中国科学院院士杨学军在浙江杭州"未来技术与颠覆性创新国际大会"上,面向自主行为与群体智能、多态体系与分布架构、场景理解与人机操控等问题,提出了"多态智能集群机器人操作系统"micROS 的构想,开发纵向多层次结构、横向分布式架构、深向持续自主对抗学习的网络化操作系统,按场景链、行动链、协同链实施任务规划。

在作战任务规划系统方面,传统的做法是使用多种成熟的软件语言,通过事先程式化固定编程来实现,开放性不够、智能化程度低。吉林大学王献昌教授在加拿大学习和工作期间,所在的技术团队,借鉴国际上面向卫星和航空系统指挥调度的先进做法,提出了基于公共对象请求代理结构CORBA(为解决分布式处理环境下硬件和软件系统互联而提出的一种系统解决方案)、基于MAA(Multi-Agents Architecture)复杂智能系统架构和基于通用黑板系统的复杂系统动态规划与自主决策系统。这是一种新型智能化的软件系统,它改变了以往信息系统基于事先固定编程的运行模式,通过与作战需求对接互动,建立针对性的黑板系统、知识源系统(Knowledge Source)和运控机制(Control Shell),能够主动根据环境条件和目标任务的变化,通过事件分析、计算、排序,按照事先制定的规则自适应调整与执行,不断地自动学习、积累数据,越来越精细化和智能化。目前该系统已经成功应用于航空公司空管系统,也可用于复杂环境下无人集群或多任务动态协调、自适应规划,提升有人无人作战系统的环境认知能力、自主操作能力和协同作战能力。

在分布式作战行动协同系统方面,既可以基于网络化操作系统来实现,也可以基于自适应作战任务规划系统来拓展延伸,还可以单独开发简单易行的控制系统。其中比较典型的就是蜂群作战系统,其控制系统可以相对简单。此外,实现开放式动态任务自适应规划,必须在平时积累大量针对性数据,开发基于不同作战环境、不同作战对象的对抗学习模型,逐步形成体系化、多样化的模型库,并在演习训练和实际对抗中进行验证。

俄乌冲突中,乌克兰开发的"阿尔塔"炮兵地理信息系统,原理与嘀嘀打车、Uber软件的"定位乘客并分配最近车辆"类似,当俄军目标被"分发"到最近的榴弹炮、迫击炮、导弹、攻击无人机时,它接收目标的确切坐标并计算打击诸元参数,该系统建立了新型扁平化信息链和指挥链结构,通过军民用通信网络、无人机数据链、星链等,把侦察、指控、打击、评估横向数字化链接起来,前线炮兵从无人机目标探测到命令开火OODA时间从平均20分钟降低到了30秒。

2015年,美国国防信息系统局(DISA)对联合全球指挥控制系统(GCCS-J)进行现代化改造,对软件进行升级,采用新开发的自适应规划和执行(APEX)软件替换原有的协同式部队计划软件。自适应规划和执行软件可快速变化、灵活制定作战计划,能将现有分散的规划能力提升为综合、互操作、协同的规划能力[8]。

2018年6月,以色列拉法尔公司推出可完全自主运行的"火力编织者"网络化攻击系统[9]。该系统是一种自主火力打击任务分配软件系统,可与战场内所有侦察单元和火力单元连接,能够在短时间内根据侦察装备获取的目标信息,自主指定适当的火力单元执行打击任务,可以同时对战场内多个目标实施打击。该系统充分利用现代战场的互联互通环境,提升火力打击任务指挥的智能化水平,大幅缩短从发现到打击的时间间隔,有效提高对时敏目标的打击效果。

未来,随着人工智能技术特别是作战任务规划系统的不断发展,智能化程度会进一步提高,甚至实现跨代跃升。

(四)远程智能保障

目前,在民用领域,互联网、物联网等技术已经广泛应用于电子商务、物流运输、远程医疗等诸多领域,为大众生活、工作带来了颠覆性变革。例如,菜鸟联盟对网购物品运输的精准掌控,网约车极大方便了民众出行。可以预见,充分利用这些新兴信息技术,将会对现有作战保障模式产生巨大影响。海湾战争以来,美军正是通过采用民用物流运输和相关管理技术,经过局部战争验证,将保障响应时间缩短了70%~80%,保障效率明显提高,避免了海湾战争时期几十万个集装箱没有打开就重返美国的情况。近年来,谷歌公司的智能数据分析技术、苹果公司的智能语音控制系统、IBM公司的智能音箱等民用技术已经应用在军事领域,颠覆了传统信息处理、数据分析手段。

2017年9月,美国陆军后勤保障局与IBM公司签订价值1.35亿美元订单,采用IBM公司的云服务和人工智能产品"沃森",分析处理来自装配在每辆斯特赖克步战车传动装置上的17个传感器的信息,维修准尉教给"沃森"如何理解数据,之后"沃森"就能在上百万数据中寻找发动机可能会出现故障的早期迹象,能够有效提升"基于状态的维修"效果。美陆军为IBM公司提供了350辆"斯特赖克"战车过去15年的维修历史记录和相关的50亿个传感器读数,以及来自"斯特赖克"项目主管、原始设备制造商和陆军研究实验室的相关资料。"沃森"超级计算机可以通过IBM公司的云技术获取车辆的传感器读数,结合对维修历史记录的学习,就能标记出车辆存在的异常现象并预测可能出现的故障。"沃森"还可以学习电子技术手册、《预防性维修》期刊的文章、材料修理手册与图表等文献,识别出可能发生异变的部件并找出其潜在问题,给出技术文献中记载的造成这种潜在问题的根本原因以及最有效的解决方案。维修人员可参考"沃森"给出的信息确定维修方法和需要的零备件。未来,"沃森"还可以将地理位置、天气、地形等更多的信息纳入故障分析过程,并不断地从维修人员的反馈中学习,进一步提升预测的准确性[10]。

未来,实施全球军事行动,必须建立以网络信息系统为支撑的分布式海外保障体系。

一是开发建设基于"互联网+"和"卫星导航+"的分布式海外保障信息系统。综合运用云计算、大数据、内联网、物联网、移动互联网、人工智能等民用先进技术和物流管理技术,实现多系统多体制信息系统的融合,打造遵循统一标准的军民融合运输管理平台和保障网络信息系统,实现铁路、民航、海运、军队、军工、民营等物流运输及快递业务的资源整合和互联互通,实现基于"强大云后台""泛在网络"的智慧型、精准型保障。有了这样一套系统,可以对全球范围内可靠军、民运输力量综合调配,人装物运输状态实时监控,并能够根据运输需求,通过大数据查询分析,合理安排运力资源,大幅提高运输保障能力。同时,针对抢险救灾、反恐处突、海外维权等突发情况,还可开发类似滴滴打车的运力征召软件,将征召信息迅速发送到互联网和手机上,最大限度挖掘社会运力资源潜力。

二是建立完善军民结合、寓军于民的全球物资供应体系。充分利用国家、军队、军工、军贸和跨国企业网络基础设施与保障资源,建设适应全球军事行动的军民融合物资器材预置预储、分类识别、供应保障体系。综合运用物联网、RFID、卫星定位、二维码等民用仓储管理技术,打造全程可视化的军用物资管理平台,能够自动跟踪整个保障系统中油料、弹药、备件等各类军用物资的品种、数量、位置情况,以及运载方式、单位等信息,直观地显示所有的实时数据,实现战备物资管理和后装保障的自动化、精确化、集约化、高效化。

三是开发建设全球远程可视化维修与装备保障系统。在全球范围内建设与维修保障任务相关的维修器材、维修人员、维修设备、工程技术支援数据中心与分布式云平台,按照装备特点和类别,建设专业化远程专家维修可视诊断系统和视频交互系统,实现对海外装备的实时监控、故障诊断分析和快速修复。借鉴民用精益管理技术构建智能化装备保障系统。利用大数据、内联网等技术,统一采集武器装备战技性能、技术参数、保障记录、训练记录、使用记录,以及军工企业装备科研生产管理系统数据,构建平战结合、军民融合、基于性能与专家诊断的装备保障系统,具有武器装备保障需求及配件供应需求智能预判、采购计划准确评估、故障远程专家诊断、军民保障力量高效调配等功能,实现主动保障、精确保障、实时保障、可靠保障、智能保障。

四是开发海外3D打印敏捷快速成型系统。改变传统维修制造理念,构建以增材和智能制造为核心的现场制造技术体系,引领和推动战场敏捷维修与制造能力的全面提升和发展。利用增材制造、无线能量传输等技术,探索现地保障新方法。目前,民用领域3D打印技术已得到初步应用,正在开展工程材料4D打印,以及随时间改变微观构型的自发4D打印材料等技术研究。另一方面,自然能源采集、无线能量传输等新技术发展迅速,一旦实现工程化应用,将改变现有战场能源供应模式,拓展现有储能供能手段。

(五)联合行动协作

全球军事行动是个复杂的系统工程,必须建立通用和专用相结合的标准体系,以实现数据自动交换、信息顺畅传输、作战行动的高效协同、本土与海外结合的精确保障；必须与所在国家、地区和行业实现标准体系接轨与兼容，以便实施多国联合军事行动、多国多部门任务协作、军民一体化保障等。

下面我们看一下2018年美英法联军对叙利亚实施联合防区外军事打击的情况[11]：

2018年4月13日晚，美国总统特朗普宣布，已下令美军联合英国、法国对叙利亚政府军事设施进行"精准打击"，作为对日前叙东古塔地区发生"化学武器袭击"的回应。14日凌晨，美、英、法从空中和海上共向叙利亚3处疑似化学武器生产、研究和存储设施发射105枚巡航导弹与空对地导弹。叙利亚防空系统对联军导弹实施了拦截。由于叙利亚使用的均为苏/俄制防空系统，因此这次作战被认为是美欧精确打击武器与俄系防空系统的一次直接较量。

此次空袭中，美国发射了66枚BGM-109E"战斧"Block 4对地攻击巡航导弹和19枚AGM-158联合空对地防区外导弹（JASSM），英国发射了8枚"暴风亡灵"空射巡航导弹，法国发射了9枚通用远程战区外巡航导弹（SCALP-EG）和3枚海军远程巡航导弹（MdCN）。其中，美国JASSM空射导弹和法国MdCN舰射导弹为首次实战。JASSM导弹研发始于1995年，是美空军和海军新一代通用防区外空对地导弹，具有对高价值固定目标实施防区外打击的能力。MdCN导弹研制工作始于2007年，2015年列装，导弹采用GPS/INS与地形匹配复合制导，装填250千克钻地战斗部，能穿透4米厚的混凝土（表10-2）。

表 10-2　美英法空袭叙利亚使用的平台及武器汇总表

国家	发射地区	平台	战斧	JASSM	暴风亡灵	MdCN	SCALP	被袭地区
美国	红海	"提康德罗加"级巡洋舰	30					大马士革巴扎尔研究中心(57枚) 霍姆斯附近疑似化武存储设施(9枚)
美国	红海	"拉博恩"号"阿利·伯克"级驱逐舰	7					
美国	波斯湾	"希金斯"号"阿利·伯克"级驱逐舰	23					
美国	地中海	"约翰·华纳"号"弗吉尼亚"级潜艇	6					
美国	叙附近	2架B1-B轰炸机		19				大马士革巴扎尔研究中心
英国	东地中海	"狂风"GR4战斗机			8			霍姆斯附近疑似化武存储设施
法国	东地中海	"朗格多克"护卫舰				3		霍姆斯附近疑似化武存储设施
法国	东地中海	"幻影"和"阵风"战斗机					9	霍姆斯附近疑似化武存储设施(2枚)及附近掩体(7枚)
		导弹数量合计	66	19	8	3	9	

叙利亚部署了理论防御射程为 400 千米的俄制 S-400 反导系统。但由于该系统的远程防空导弹（40N6 导弹）还没投入使用，所以 S-400 反导系统现有防御射程为 250 千米，这也是叙利亚当前最大防御能力。

空袭体现出防区外、多方位、高密度打击特点。在联军空袭所用的几款导弹中，美国"战斧"导弹射程约为 1600 千米，JASSM 导弹标准型射程为 370 千米，增程型达到 925 千米。法国 MdCN 导弹有效射程在 1000 千米左右，英法的"暴风亡灵"和 SCALP-EG 导弹的射程也都在 250 千米以上，这些远程导弹的使用体现出防区外打击的特点。另外，联军选择从东地中海、红海北部以及波斯湾北部等多处发射导弹，对目标同时进行打击，体现了多方位打击的特点（图 10-24）。其中，对仅有 3 栋建筑的巴扎尔研究中心发射了 76 枚导弹，对霍姆斯附近疑似化学武器存储设施发射了 22 枚导弹，体现出打击的高密度特点。

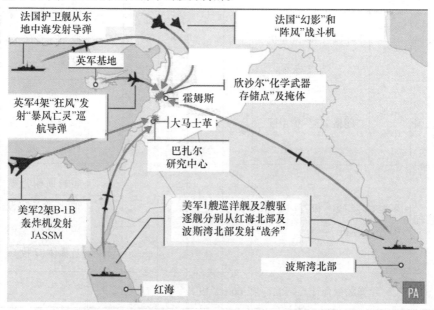

图 10-24　联军选择从多个方向对叙利亚目标进行精确打击

遭到轰炸后,叙利亚防空部队积极开展反击,使用SA-6"立方"、SA-3"涅瓦"、SA-5"维加"、SA-8"黄蜂"和SA-13"箭"-10、SA-11"山毛榉"及"铠甲"-S1防空系统对来袭导弹实施拦截,这些防空系统均为苏/俄制。俄罗斯国防部4月14日公布了部署在叙利亚的苏/俄制防空武器的拦截战绩,称共拦截了71枚导弹,拦截率高达63%。俄军方还展示了被拦截的美国"战斧"、法国SCALP-EG和英国"暴风亡灵"等巡航导弹的残骸。其中,"铠甲"-S1弹炮结合防空系统展示出优异的作战性能(表10-3)。

表10-3 叙利亚苏/俄制防空武器拦截巡航导弹的战绩

防空武器型号	研发年代（20世纪）	拦截距离/千米	发射数量/枚	成功拦截/枚	成功率/%	成功率排名
"维加"C-200/SA-5	60年代研制 70年代服役	250	8	0	0	7
"山毛榉"9K37/SA-11	70年代研制 80年代服役	32	29	24	83	2
"立方"2K12/SA-6	60年代开始服役	25	21	11	52	4
"铠甲"-S1 96K6/潘泽尔-S1	90年代研制并服役	20	25	23	92	1
"涅瓦"C-125/SA-3	50年代研制 60年代服役	15	13	5	38	6
"黄蜂"9K33/SA-8	60年代研制 70年代服役	12	11	5	45	5
"箭"-10 9K35/SA-13	70年代研制并服役	8	5	3	60	3
合计			112	71	63	—

参考文献

[1] 叶自成. 关于陆权的相关研究报告[R]. 北京大学, 2018.

[2] 百度. 美国全球军事基地[EB/OL]. 百度百科,（2018-11-11）[2018-12-2］. https://baike.baidu.com/item/美国全球军事基地.

[3] 邢强. 全面开启！中国与美国在全球低轨卫星星座领域正式展开竞争[EB/OL]. 腾讯网, 小火箭企鹅号,（2018-3-11）[2018-5-6］. https://new.qq.com/omn/20180311/20180311A0C8OW.html.

[4] 百度. 美国海军陆战队[EB/OL]. 百度百科,（2018-11-25）[2018-12-2］. https://baike.baidu.com/item/美国海军陆战队.

[5] 百科 baike. 美国陆军特种部队[EB/OL]. 互动百科,（2016-09-08）[2019-1-3］. www.baike.com/wiki/美国陆军特种.

[6] 百度. 快反部队[EB/OL]. 百度百科,（2018-08-09）[2019-1-3］. https://baike.baidu.com/item/快反部队.

[7] 南京国际关系学院外军研究中心. 美军联合后勤保障体系给我军哪些启示[EB/OL]. 澎湃新闻网,（2015-09-29）[2018-1-3］. http://news.163.com/16/0929/13/C24PP21J00014SEH.html#.

[8] 中国国防科技信息中心. 2015年世界武器装备与军事技术年度发展报告[R]. 国防工业出版社, 2016：497.

[9] 刘景利. 2018世界陆军装备技术发展报告[R]. 中国兵器工业集团210所, 2019：8.

[10] 中国兵器工业集团210所. 人工智能技术将改变美陆军车辆维修保障模式[J]. 国外兵器参考, 2018(11).

[11] 中国兵器工业集团210所. 美英法联军打击叙利亚情况分析[J]. 国外兵器参考, 2018(9).

第十一章
未来城市作战

城市作战是陆战领域最为复杂、最需要运用智能化手段解决重重迷雾、众多战术障碍与技术难点的战场。未来城市作战，面临作战对象和使命任务的多样，面临作战领域、时间、空间上的多维，既有城市进攻作战，又有防御作战；既有反恐作战，又有应急救援等非战争军事行动；既有巷战、建筑物内作战、地下清剿等物理空间战斗行动，又有网络攻防、电子对抗、舆情控制、意识干预、情报战等虚拟空间的软硬对抗，还有物理和虚拟交叉融合的诸多行动，如关键基础设施的管控、跨域攻防、战后治理等。未来城市作战，是智能化战争的集中体现与典型代表，是认知对抗、"智能+"和"+智能"作战的综合集成。

城市作为人类文明的聚集地，人口密集、政治敏感、经济发达、科技、教育、文化集中，在国家和地区发展中的地位作用十分突出，成为各种军事对抗争夺的重要目标和焦点。20世纪80年代以来发生的两伊战争、海湾战争、科索沃战争、车臣战争、伊拉克战争、阿富汗战争、利比亚战争、南苏丹内战、叙利亚战争、乌克兰东部战乱等，双方军事行动的重心直指城市。美军伦纳德将军在《关注信息时代的城市战》中讲到：信息化条件下的战争，是夺占城市而不是攻打山头。美国国防高级研究计划局在其新制定的《战略计划》中，将城市作战装备与技术作为其八大重点研究领域之一。无论是城市进攻还是防御，理论上应该包括城市外围与郊区的争夺战和进入城区以后的战斗行动，但人们研究关注的重点是城区内的战斗行动。

在城市环境中实施军事行动，与野外大规模机械化兵团作战完全不一样，虽然从整体上进行设计和筹划是必要的，但更需要把城市作战面临的多样化复杂问题一个个具体化、战术化，以使其处于掌控之中。美军在摩加迪沙、巴格达、费卢杰等城市作战，以及俄军在格罗兹尼、叙利亚、乌克兰东部城市的战斗，是局部和全局的互动、进攻和防御的交织、传统战法和新型手段的互补，并不是强大者就能赢，局部时间和空间上的优势窗口非常重要。美军在摩加迪沙的失利，主要因为缺乏装甲、火力保护和寡不敌众；俄军在第一次格罗兹尼战争中的失败，主要因为情报缺失、准备不充分、经验缺乏，面对分布在楼顶、建筑物内部、地下、半地下的众多车臣武装分子，虽然有装甲火力做保护，但遭受侧面、顶部和后面等薄弱部位的攻击，最终导致失败。美军在巴格达战役的胜利，主要因为伊拉克军队大势已去，在高强度的空中打击和网络战、心理战、电子战多种相互作用下，萨达姆失去了对部队的指挥控制，伊拉克军队军心涣散，没有形成体系化、立体化、多样化的防御，基本处于一种分散、零星的抵抗，所以在短时间内巴格达就失守了。美军在萨德尔、费卢杰取得的胜利，主要因为准备充分、战略战术运用得当，采取了有效物理隔离、周密的作战计划、分队和小组为主的作战形式，伴随立体多样的侦察监视、相互支持的步坦克协作和精确高效的火力打击,以及有效的装甲防护,虽然敌军战斗意志很顽强,但以轻武器、小口径火炮和简易反装甲武器为主,毕竟实力悬殊,抵挡不了美军立体化、体系化的攻击。叙利亚拉卡之战,是在美俄联合对ISIS实施全面多轮打击之后的行动,恐怖组织抵抗力量大减,在美军的支持下,民主联军步步为营、稳扎稳打,虽然ISIS组织负隅顽抗,通过人肉炸弹等极端方式拼命抵抗,但寡不敌众,孤立无援,最终遭到失败。

未来智能化时代的城市作战,与近几场城市作战面临的环境和对手,可能完全不一样。从环境上看,随着城市化进程的加快,几百万、上千万甚至数千万人口的超大城市越来越多,不可能为了纯军事目的而自由、肆意攻击和随意毁坏,也不可能在战前让众多平民迁徙出城区。同时,随着手机的普及、互联网的升级和物联网的推进,战场日益透明,一旦发生大规模平民伤亡和医院、清真寺、教堂、文物建筑等敏感场所与设施遭到毁坏,经过媒体与网络的放大,容易造成舆情反转、媒体指责和国际社会的谴责,影响战争进程和领导人的决策,难以实现政治和军事目的,甚至最终招致失败。从对象上看,如果面对美、俄强大对手及其代理人的战争,就像乌克兰东部城市的争夺那样,情况就复杂得多,有可能形成长期的拉锯战、消耗战和意志的较量。因为作战双方都有强大的无人机、远程精确制导武器、火力压制武器和基于天空地的战场监视系统,还有网络攻防、电子对抗、舆论宣传和意识形态对抗等诸多手段。因此,未来智能化城市作战,是虚拟空间和物理空间深度融合的战争,是复杂建筑、社会和人文环境下的混合战争,发展趋势和方向是"虚实互动、攻心为上,多域协同、立体攻防,精确打击、低附带损伤,社区为重、综合管控"。

一、从摩加迪沙到拉卡之战

20世纪80年代以来的战争实践表明,每一次城市作战都有其独有的环境和特点,即使对同一支军队,作战的结果都可能不同,但都面临着巷战、建筑物内作战、地下清剿、机场、电厂、政府大楼等一些共同小物理环境作战问题,面临着舆情控制、应急管理、基础设施管控等共性软环境问题。无论城市规模大小,都可以聚焦或者缩小到社区规模的争夺和控制。

(一)"黑鹰坠落"

1993年摩加迪沙的"黑鹰坠落",是美军海外作战的滑铁卢。1990年索马里开始军阀混战,由于战火和天灾,加上经济崩溃导致出现大饥荒,两年内有几十万人死于饥饿。1992年,全世界在电视新闻图片中,看到了骨瘦如柴的索马里人,国际社会认为应该为索马里人做些什么,于是救济物资开始到达索马里,但军阀们不关心平民生死,开始大肆抢劫粮食。因此,联合国主动要求美国派遣军队保护运输救援物资。由于索马里情况急剧恶化,迫使联合国通过新决议,用武力维持治安和救济行动,强制实现和平。1992年底,3.8万人的联合国部队开始进入索马里。其中,2.8万人为美军,采取强制方式向灾民发放救济物资。随着美国和联合国部队协助人道主义救助工作的开展,他们越来越多地与交战的部族打交道。联合国的行动受到平民百姓的欢迎,但军阀们并不喜欢他们,尤其是占据摩加迪沙的索马里联合大会党领导人艾迪德。由于救助行动进展顺利,1993年3月美国撤走了2.5万士兵,之后局势又开始变化,联合国又经过斡旋使大多数军阀都同意进行和谈,但艾迪德不干,他的部队开始骚扰联合国部队。1993年6月5日,索马里民兵伏击了一支巴基斯坦维和部队,打死24人,并把他们的尸体剁碎。此事震惊了世界,联合国部队开始搜捕肇事者。原本为索马里消除饥荒和维持治安的维和行动,变成了对艾迪德的战斗。艾迪德控制着摩加迪沙的新闻媒体,煽动民众认为联合国要推翻他,加上搜捕行动相当扰民,因此维和部队在索马里平民心中的地位发生了一百八十度的转变,他们为艾迪德的民兵当挡箭牌,让民兵混在人群中袭击联合国部队,并掩护他们离去。为了搜捕艾迪德,美国人制定了"哥特蛇行动",组成了由450人构成的游骑兵特遣队,去执行该计划。该特遣队由三个陆军单位构成:三角洲部队的C中队、第75游骑兵团的B连和第160特种作战航空团的一部分,正式行动从10月3日凌晨开始。当地一名情报员报告说,艾迪德的高级助手们要在奥林匹克饭店的一所房子里开会。行动计划的负责人加里森将军作了一番部署后决定捉拿他们。整个行动一共动用了19架飞机和12辆汽车,共160人参加。

到1993年春末,联合国军事指挥官一直请求联合国总部让其他派遣国提供更多的装甲部队。需要装甲部队的理由很简单:装甲部队可以在摩加迪沙自由行动,因为与轻武装的部族相比,装甲兵在防护、机动性、致命性方面全都占据优势。美国驻索马里的高级军事指挥官同意。随着7月份针对联合国和美国部队的袭击事件的加剧,美国政治领导层决定增加美国特种作战部队,与美国陆军突击队相结合,对关键部族领导层使用更加有针对性的军事力量。美国高级指挥官托马斯·蒙哥马利少将申请一个应急机械化步兵部队和一个装甲特遣队。这样将可以在摩加迪沙的街道实施自由行动,并在需要时能够用上快速反应部队。但是,美国的政治领导层仍然专注于在索马里发挥有限和短期的作用,拒绝了申请装甲部队的要求。

尽管缺乏重型装甲保护,特种作战特遣部队(TF)突击队员于10月3日进行了一次突袭,用直升机将特种作战部队插入了摩加迪沙最牢固的部族防御地区之一。从特种作战角度来看,虽然该作战计划深思熟虑、安排周密并且具有详细的行动顺序,然而令人没有想到的是,使用一支轻型悍马车而不是坦克和装甲运兵车的部队,导致了灾难性的后果。特遣部队突击队员立刻就发现,他们面临的不是社区规模的抵抗,而是似乎要面临整个城市的围追阻击。

特种作战部队迅速抓获了一批高层次的部族领导人,抓获计划主要是由美国陆军突击队员驾驶轻型悍马车穿过城市到达抓获点,将所抓获的战俘迅速运回到突击队员驻地。但是,该抓获点位于民兵战士的主要据点地区。几乎从一开始,非装甲的悍马车就遭受毁灭性的小型武器、机枪和火箭弹射击。索马里部族在平民的帮助下进行了蜂群攻击,并设置了路障,防止车辆到达捕获地点。最终两架美国"黑鹰"直升机被击落,使局势进一步恶化。护送载有突击队员的轻型悍马车的主管军官丹尼·麦克奈特陆军中校很着急,由于遭受了如此多的伤亡,以致无法到达至其中一架被击落直升机的坠机现场施以援助。然后,他提醒并指挥直升机在其上空盘旋,才将伤亡人数降至最低。图11-1中的城市地图描述了摩加迪沙的局势,它显示了两架直升机坠机现场(图11-2),以及在美国和联合国部队解救被困士兵之前敌军在街道上的部署情况。

部族人员使用轻武器、火箭弹,间或使用轻型迫击炮以及安装在皮卡车上的大口径机枪进行作战。虽然这些部族人员没有复杂的组织机构或指挥控制,但他们斗志顽强,并利用他们所熟知的摩加迪沙城市地形(图11-3)来获得作战优势。

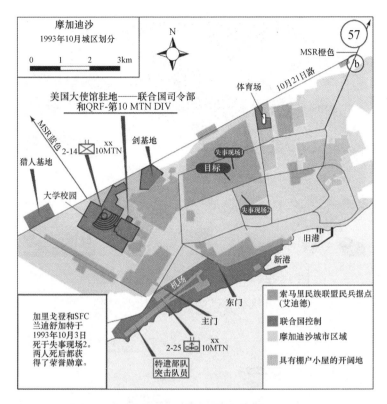

图 11-1 摩加迪沙巷战

经过紧张的 24 小时近距战斗后,在巴基斯坦装甲兵与机械化部队和马来西亚机械化步兵应急分队的支持下,这些突击队员最终脱离了与索马里部族人员严重接触。到那时为止,有 18 名陆军突击队员遇难,50 多人受伤,这是越南战争以来涉及美国作战部队最激烈的枪战。虽然这些突击队员都是经过超强训练、装备精良的轻型步兵战斗队,但与索马里部族人员作战时却遭受了重大伤亡,装甲车辆的缺乏难以保护从纵横交错城市街区中将人员撤出。

2001 年,美国哥伦比亚影片公司根据同名小说《黑鹰坠落》,将美军在摩加迪沙的战斗经过改编成一部战争题材影片《黑鹰坠落》,由雷德利·斯科特执导,乔什·哈奈特、伊万·麦克格雷格、

图 11-2 "黑鹰"超级 64 坠毁地点照片
（直升机机身已经被搜救小组炸毁）

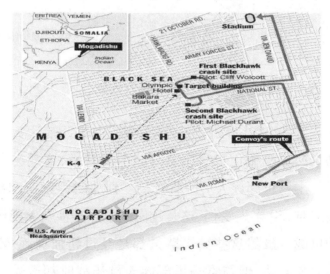

图 11-3 摩加迪沙地图

汤姆·塞兹摩尔主演。影片剧本曾经三易其稿，在正式开拍前，全体演员分别到美军的三角洲部队、游骑兵部队和"黑鹰"直升机基地参加为期两周的军训，还和摩加迪沙之战中阵亡者的战友和亲友交谈,以对所扮演角色加深了解。由于无法在索马里实地拍摄,全片是在摩洛哥完成的,片中人物除目前仍在美军服役并付有特殊使命的之外,都采用了真实姓名。

(二)格罗兹尼巷战

格罗兹尼的两次巷战,是俄罗斯车臣战争失败与成功的显著标记。俄罗斯军队与车臣非法武装从1994年开始,先后在车臣首府格罗兹尼爆发两次较大规模的巷战,这是二战后最惨烈战争,也是越战以来最残酷最血腥的城市巷战。1994年底和1995年初第一次巷战,俄罗斯军队数量规模和坦克装甲车辆明显占优,但最终以失败而告终。第二次格罗兹尼巷战发生在1999年12月25日至2000年2月,最终俄罗斯取得了胜利。

1918年才建立的格罗兹尼城,城内堡垒密如蛛网,易守难攻,市内有苏联时代修建的四通八达地下通道和防空设施,它的诞生就是为了战争而设计的。1994年底和1995年初第一次巷战时,首先攻进市中心的俄军第131旅和第81摩托化步兵团,遭到车臣武装精锐部队阿布哈兹营和穆斯林营的猛攻,第131旅攻入市中心的300多人中伤亡达70人,旅长阵亡,第81摩托化步兵团只有1名军官和10名士兵活着撤离市中心,26辆俄军坦克被击毁了20辆,120辆装甲车也损失了102辆。俄军死尸甚至被车臣武装用来当作沙包,垒在一起筑成"人体碉堡"。在1994年12月31日到1995年1月2日的三天里,俄军坦克和装甲车损失高达250辆。车臣武装穆斯林营跟阿布哈兹营之所以战斗力这么强悍,是因为这两营的战士里有近一半是西方军事强国退役的特种兵,这里面有来自美国的海豹突击队成员,有来自德国边防军第九大队成员,有来自法国的宪兵部队,还有来自波兰的雷鸣特种部队,这些成员久经沙场,作战经验极其丰富,在跟俄军作战中,他们划分成若干战斗小组,基本三人一组,每小组配有火箭筒、远程狙击步枪、重机枪。可以说在对阵俄军的战斗中机动灵活,远的目标用重机枪,近了用火箭筒,发现可以下手目标用狙击枪,这样的特种作战方式让久未参加作战的俄军损失惨重。

五年后,第二次格罗兹尼巷战开始了,这次巷战发生在1999年12月25日至2000年2月。俄军吸取了上一次巷战的教训,普京总统亲自下令调集了2000余名特种部队成员,其中绝大部分是狙击手、神枪手。而俄军这次采用了以分散对分散,以小组对小组的作战方式,不再采取常规部队大规模进军作战方式。这次俄军特种兵基本是5个成员一组,含两位以上狙击手,携带便携式肩扛制导导弹、最新式远程火箭筒,并随时呼叫空中武装直升机、歼击机支援作战。在经过惨烈的搏杀后,俄军2000余名特种兵阵亡1173名,而俄军消灭这些西方国家特种部队成员总数也达3000余名,加上车臣叛军伤亡,总数达一万余名。这次作战俄军大获全胜。

第一次格罗兹尼巷战,俄军战败的主要原因是,过于简单地看待问题,过低估计敌人实施巷战的意志和能力。最初的策略是派遣一支拥有6000人的坦克部队和步兵,以为可以毫无争议地拿下格罗兹尼市,他们没有估计到城市环境对防御者来说到底有多少优势,问题远远比想像的复杂。图11-4形象描述了该城市地形的许多特点,熟悉该城市地形的敌方部队和当地人可以从多层建筑物上方和内部的攻击位置,顺利转移到地下室及下水道系统。这些都是俄军武器装备的死角,因为他们的坦克炮俯仰角够不着,不能充分地升高或降低。

与大多数军队的战车一样,俄军的战车被设计为主要以头对头作战,而顶部、侧翼和后方的防护相对比较薄弱,车臣武装分子

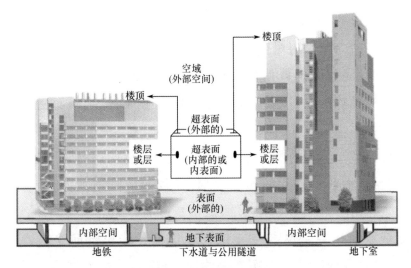

图 11-4 城市战场空间

就是利用了这些弱点。俄军过分地依赖坦克装甲车,然而笨重的机械化部队在城市环境下却不是车臣小股游击部队的对手,他们可以发射数发炮弹之后迅速驶离发射位置以避开反击。该城市狭窄弯曲的街道使狙击手能够瞄准目标并钳制俄军坦克编队的前后战车,使中间的战车很容易就成为火箭弹的牺牲品。因此,俄罗斯陆军虽然进行奋力作战,但最终还是未能控制通往格罗兹尼市中心的外围。

俄军没有进行严密的战场情报准备,不熟悉城市地形细微的差别对机械化部队带来的不利,不熟悉当地的语言,不了解当地的文化。加之俄罗斯当年食品物资匮乏,饥饿的俄罗斯士兵偷取食物并忽视宗教的敏感性,这些都侮辱了当地人,将消极的居民变成了积极抵抗的支持者和战斗人员。

没有开展城市作战训练,也是俄罗斯军队一个明显的弱点。自 1992 年以来,俄罗斯陆军没有进行过师级或团级的野战演习。以前的训练主要焦点是,让士兵为在横跨东欧的开阔地带而不是城市环境进行备战。关注在城市地形中进行作战的训练占不到5%。大多数情形是,对执行城市使命任务的唯一准备是一本巷战法规手册,而且印刷数量有限,部队必须分享。作战部队大多是由没有作战经验的应征者组成,他们因安全原因拒绝下车去打击正在瞄准自己坦克装甲车辆的非法武装,造成装甲车的很多脆弱点如燃料箱、发动机、顶部、后部和侧面暴露给对方。他们没有经过共同训练,不熟悉彼此的通信规程,导致通信频道泄露,使分裂主义者能够窃听信号并提供假情报信息。有这样一个典型的例子,一支俄罗斯坦克部队与一支俄罗斯机械化步枪部队交战 6 小时后,他们才发现彼此是友军。据估计,有许多俄军人员伤亡是自我造成的。

到 1995 年 1 月中旬,俄军在车臣的兵力猛增至 3 万人,其中许多都集中部署在格罗兹尼附近。俄军虽然夺取并掌控了关键的基础设施以及摧毁了总统府,但没有能够完全封锁和控制这个城市,反倒使分裂主义者能够很容易地混入居民中,改变战术,进行高调的绑架和恐怖袭击。到 1996 年 8 月,士气受挫的俄军经过谈判达成了停火协议,事实上放弃了对抵抗组织的控制。

在第二次格罗兹尼巷战中,俄军从错误中汲取经验教训,作了大量的准备工作,通过关注战术能力来提高战略优势。例如,与第一次战争不同的是,俄军进行了详尽的战前侦察,充分利用来自车臣效忠者的语言口译和情报,俄作战任务规划人员不仅严密地研究了该城市某些地区的街道和通向某些区域的路线,还对其所有市政设施进行了研究。"我们翻遍了所有的档案,终于找到了地图。根据这些地图,我们确定了污水管线在哪里,暖气线路的走向等,找到一个一人高且 2~3 米宽的迷宫。因此,在开始进城之前,工程兵和侦察人员考察了这些市政设施。"该战术在俄罗斯军队向市中心挺进时发挥了重要作用。

车臣叛乱分子有两个月的时间备战,他们构筑了很多伏击点。叛军有两道防线,并将最不熟练的人员部署在了前线上。狙击手占据了建筑物的屋顶和高层,控制了特定交叉路口的远距离通道。他们试图把俄军赶到大街上。狙击手还能够隐藏在壕沟和覆盖地下室的混凝土板下。当俄军接近时,这些板可以用汽车千斤顶抬起,提供伏击的射击位置,然后再放回原位。车臣利用这些战壕在房屋之间运动并将其作为狙击手的射击位置。由于俄军专注于建筑物的顶部或窗户,他们经常遭受到来自战壕的攻击。车臣人控制了所有第一层楼的门和窗,使人不可能简单地进入大楼内。在俄军士兵试图爬梯子或破门而入时,他们就会成为位于较高楼层上的车臣狙击手的目标。据报道,车臣人分为 25 人一组,再分为 3 个小组,每个小组约 8 人,试图靠近俄军,就像在 1995 年的战斗中将俄罗斯炮兵的威力降至最低一样"控制住"俄军。有俄军指挥官指出,在格罗兹尼城市环境作战,"车臣的一个连就能够顶俄军的一个旅"。

了解到车臣反叛分子作战准备的详细情报后,俄军也改变了策略。俄军把格罗兹尼市分为 15 个扇区,以识别敌方的据点、地下走廊和武器库,对高层建筑和地下室的分布和垂直维度有了更进一步的了解。他们没有采取大规模血洗该城市的方式,而是以 50000 兵力进行围困,采取小组作战的方式,步步为营,慎重出击,逐步地消灭仍在该城市的 4000 多名叛乱分子。俄军实施了严酷的空中打击,其目标是"挫伤抵抗的意志,并彻底破坏车臣的内部基础设施",包括水坝、堰堤、水分配系统、油库、石油设施、电话系统和供电系统等。实际上,格罗兹尼成为了一个"自由交火区"。

俄军主要依靠侦察部队的火力。侦察部队要么是搭乘 BMP

步兵战车或者 PRP-4 炮兵侦察车，要么就是以徒步团队的形式摧毁反叛阵地和战斗人员。叛乱分子被压制后，地面部队"风暴团队"随即冲上去。与 1995 年不同，大部分坦克停留在该城市之外，从而避开了车臣反叛分子火箭弹和其他直接火力的攻击。当坦克开进该城市时，紧随"风暴团队"后提供火力支援，而不是冲在前面。装甲车辆穿过了被步兵包围的城市。因此，这些战车可以有效地与攻击部队无法到达的建筑物中的敌方狙击手和自动步枪射手进行交战，同时受到步兵的保护，这些步兵将使敌人不能靠近坦克装甲进行摧毁。这次俄军的步坦协同作战比较成功。

从 1999 年到 2000 年，俄军只损失了一辆坦克，而且友军误伤概率也很低，这表明他们懂得如何更好地协调坦克与步兵之间、地面部队与前方火炮和空中力量之间的协同作战行动。同样重要的是，俄罗斯主要使用火力包围该城市，只对该城市进行有限的坦克袭击。俄军全面使用其常规作战能力，包括航空兵、迫击炮、榴弹炮、火箭弹和导弹，地面火力占 70% 左右，而航空则占 30%。其中，布拉提诺（Buratino）30 管 200 毫米多管火箭炮 TOS-1，安装在 T-72 坦克底盘观察射击系统上，其射程范围在 3.5~5 千米，最小射程为 400 米，火箭弹有热弹弹头，一次齐射的破坏区为 200 米×400 米，这种武器在格罗兹尼特别有效。俄军还使用了 RPO-A 火焰喷射器，这是一种肩扛式单发一次性武器，最大射程为 1000 米，最大有效射程为 600 米，最小射程为 20 米。RPO-A 是地堡破碎机，它的两千克弹头很容易摧毁地堡和据点，其影响非常显著。TOS-1、RPO-A、空中打击和导弹袭击对车臣反叛分子造成了重大心理影响。

此外，在第二次格罗兹尼战争中，俄军还严格对舆情和宣传进行了控制，改变了第一次格罗兹尼战争中大多数电视报道和报刊文章都表示同情叛军的做法，维持了公众对车臣战争的支持。俄军还利用心理战来说服平民离开格罗兹尼，并鼓励车臣反叛战士投降，他们还用电子战来欺骗叛乱分子。在第二次格罗兹尼巷战中，曾经有这样一个著名案例：俄罗斯试图说服车臣防御人员，他们可以趁黑暗从西南方向撤出。俄军使用假的无线电网络实现了目标，他们故意将无线电网络向车臣部队开放，并通过该无线电网络公开转达了这一漏洞。实际上，俄军正在用地雷和阻击部队等待和打击撤离市区的车臣叛乱分子。

第二次格罗兹尼作战正式以俄罗斯的胜利宣告结束。

（三）攻占巴格达

2003年美军攻占巴格达，是一场意外轻松的进攻与占领。2003年4月，巴格达是一个约有300万人口的城市。如图11-5所示，当时这个城市底格里斯河东侧的人口，什叶派居多，萨达姆逊尼派在该城市的西部建立了某些重点地区，巴格达的其他地区是什叶派和逊尼派的混合地区。巴格达的大楼通常是1~3层楼，在某些方面与1993年联合国军队在摩加迪沙遇到的情形相似。毗邻底格里斯河西岸的卡尔奇地区，是唯一拥有高楼大厦建筑物的地区。虽然巴格达与伊拉克其他地区一样，拥有现代化的基础设施，但过去10年的制裁和零星的美国空袭，已摧毁了大部分。

美国部队在2003年入侵伊拉克期间，最大限度地使用了联合兵种作战行动。美军第三步兵师比第一陆战师提前3个星期率先侵入伊拉克，于4月2日在巴格达郊外建立了阵地。2003年4月初，第三步兵师对巴格达进行了两次装甲部队"迅雷行动"袭击，对手是萨达姆政权准军事作战人员（敢死队）的混合，他们在巴格达附近使用游击战术来对抗美国人。与敢死队相结合的是伊拉克陆军的余部，还有一些外国敢死队员来到伊拉克与美国人作战。巴

图 11-5　2003 年巴格达民族分裂

格达的守军在某种程度上类似于十年前在摩加迪沙的守军,他们大多是徒步的,使用小型武器、机关枪和火箭弹,还在道路上设置障碍物和地雷。然而,与摩加迪沙不同的是,2003 年在巴格达,大部分居民的态度似乎是不明朗的,没有加入到像索马里十年前所进行的作战行动中去。同样重要的是,尽管第三步兵师第二旅战斗队在两次"迅雷行动"中所面临的敌人都是很顽固的,而且战斗力很强,但他们缺乏组织和装甲防护。

第一次坦克部队的袭击发生在 4 月 5 日。该袭击行动由坦克营特遣队、机械化步兵、迫击炮等力量构成。该部队的方法是沿着 8 号公路向北向巴格达运动,然后,一旦进入城市中心,沿着机场路向西转,最后与第三步兵师的另一个旅战斗队一起在巴格达机场大楼执行警卫任务。目的是测试巴格达的防御，看看敌方会呈现什么样的抵抗行动。该特遣部队被削减到极限，仅剩下与医疗保障有关的部队一起行动，所有其他后勤部队都被甩掉。4月5日的袭击行动遭到了隐藏在地下壕沟的徒步士兵使用火箭弹和机关枪进行的顽强抵抗。当特遣部队靠近巴格达南部边缘时，遭遇了火箭弹的射击，导致一辆坦克报废以及坦克指挥官身亡。虽然面临这类抵抗，特遣部队仍然相当顺利地到达机场。

基于4月5日战术袭击的成功，决定于4月7日由第二旅战斗队针对巴格达发动另一次坦克部队袭击。但这次袭击行动不是从友好地域到另外一个友好地域，而是直接插入巴格达的心脏，占领位于市中心的伊拉克政权的主要政府机构。这次袭击行动，最危险的部分不是到达市中心并夺取它，而是留在那里，并在可能遭遇大批抵抗士兵袭击的路上接受补给。旅战斗队运动的方式是，由迫击炮、工程师，以及空军和炮火支援的坦克和机械化步兵组成进攻作战营，同时空运连级规模的部队到沿途关键点以确保安全。进攻作战营在早上六点出发，到下午一点，就已经到市中心占领了主要政府大楼。旅战斗队指挥官在收到所属部队的积极报告后决定留下，从那时起，伊拉克政权被清除，巴格达和伊拉克其余的地区开始被占领。

4月7日发生的第二次袭击行动，再次证实了装甲部队使用机动防护火力的重要性。敌方零星的抵抗和轻武器为主的袭击，没有对他们造成致命伤害。这两次袭击，与格罗兹尼和摩加迪沙不同，萨达姆的部队并没有充分利用城市地形，他们的防御似乎协调不力，执行不利，仓促地埋设地雷，设置路障，没有形成有规模、有组织的抵抗。

(四)激战费卢杰

因战后局势恶化而导致的费卢杰之战,是越战后美军最大规模的城市作战。费卢杰市位于伊拉克安巴尔省,在首都巴格达以西约69千米处,2003年全城总人口约为40万,绝大多数居民是逊尼派穆斯林。该市城西毗邻幼发拉底河,河上一南一北横跨两座大桥,北桥的东端与城区相连,西端是费卢杰综合医院,南桥与贯穿全城的一条高速公路(10号公路)相连,城东是一片工业区,城北是一个火车站和一条铁路线,市中心是名为纳兹扎区的原费卢杰旧城。全城有超过200座清真寺,因此费卢杰又被称为"清真寺之城"。在萨达姆统治时期,该市居民是萨达姆的坚定支持者,不少复兴社会党高官都在费卢杰起家。因此费卢杰居民在萨达姆时期享有不少特权,城内的基础设施也比很多其他伊拉克城市完善。在费卢杰城外还有专为复兴社会党高官度假而建的宫殿,名为"梦幻大陆"(Dream Land)。

2003年4月,萨达姆政权被联军推翻,防守费卢杰的伊军不战而散,留下了大量的军用物资。同时离费卢杰不远的阿布格莱布监狱,由于萨达姆逃亡前下令释放全部囚犯,因此很多犯人流落到了费卢杰,这些人和当地居民一起对包括军营、政府机构和"梦幻大陆"等地进行了洗劫。4月底,由当地部族长老选举的亲美人士塔哈·比达维·哈曼德成为该市的新市长,美军也在同月进驻费卢杰并招募当地人成立"费卢杰安保队"以维持秩序。然而好景不长,形势迅速急转直下。

2003年4月28日晚,约200人违反了宵禁命令,聚集在一所当地学校门口抗议联军在费卢杰驻军。抗议很快升级,据报道有枪手在人群中向美军士兵开枪,美军第82空降师第325空降团第3营的士兵随即还击,导致17人死亡70人受伤。美军称开火持续了30~60秒，而有媒体称持续了约半小时。

2003年4月30日，第3装甲骑兵团的1个营替换了在费卢杰的第82空降师守军，而就在该营抵达费卢杰的当天，当地民众又涌向市政大楼等地举行抗议（图11-6），结果又引发了一场导致3名抗议者死亡的冲突。当时第3装甲骑兵团负责整个安巴尔省的驻防，很快美军就发现就凭这点兵力远远不够，于是不久第3步兵师的第2旅又接过了费卢杰的驻防任务。而为了避免与城内居民再发生冲突，无论是第3装甲骑兵团还是第3步兵师的部队，自2003年夏天起就没有继续待在费卢杰城内，而是在城外已改造成了军营的"梦幻大陆"内驻扎。然而，这也给城内武装分子的发展壮大提供了便利。

图11-6　2003年4月28日事件发生后费卢杰民众上街抗议

2003年4月30日，费卢杰城内的一座清真寺发生爆炸，造成9人死亡。费卢杰居民称是城外的美国驻军发射导弹或炮弹所致，而美军则称这是一起恐怖袭击，是清真寺旁的一栋建筑发生爆炸殃及了清真寺。

第 3 步兵师的部队在费卢杰驻军没多久,全师官兵就启程回国了,于是第 3 装甲骑兵团重新接过了费卢杰的驻防任务,与他们一起执行任务的是来自罗得岛州的第 115 宪兵连,实际驻防部队合计只有大约 2 个连。2003 年 9 月,第 82 空降师重新回来接过了拉马迪和费卢杰两座城市的驻防任务。美军的频繁调动使费卢杰城内更加缺乏有效的管制,更助长了武装分子的发展。

到 2004 年初,费卢杰城内的伊拉克警察和安保人员已经无法有效执行法律和维护正常社会秩序,武装分子开始频繁攻击警察局等政府机构,在一次攻击中武装分子杀死了 20 名伊拉克警察。

2004 年 3 月初,费卢杰的驻军由第 82 空降师变为第 1 陆战师。3 月 31 日,4 名美国黑水公司的保安在费卢杰附近遭到一伙武装分子的伏击被打死,尸体在被车辆拖行后遭焚烧,武装分子还将尸体悬挂在横跨幼发拉底河的北桥上示众,北桥因此也称为"黑水桥"(图 11-7),这一画面通过媒体迅速传遍了全世界。

图 11-7　2004 年 3 月 31 日的"黑水桥"事件

4 月 4 日,在上述事件发生后仅 4 天,美军迅速作出回应,调集 2000 名海军陆战队士兵发起"警示决心"行动即第一次费卢杰战役,旨在从武装分子手中夺回费卢杰。但战斗刚持续了3天就遭到了伊拉克逊尼派政治人士的强烈反对,伊拉克管理委员会也向美军施加压力,国际舆论则对战斗中的平民伤亡进行了大量报道,对美军的进攻予以谴责,尽管美军强调已经尽其所能减少平民的伤亡。同时,伊拉克什叶派军阀萨德尔的迈赫迪军在纳杰夫、萨德尔城等地向美军发起大规模进攻,并公开表示支持费卢杰的武装分子,似乎有逊尼派和什叶派联合反抗美军的态势。在这些因素的作用下,美军在仅攻占费卢杰25%的地区和打死300名伊拉克人后,便决定结束"警示行动"。2004年4月28日,在伊管理委员会的主持下美军结束了军事行动,费卢杰当地的部族长老向美军和伊政府保证会自发组织起来赶走城里的武装分子。同日,由费卢杰当地人组成旨在稳定当地局势的"费卢杰旅"成立,由美军提供武器和装备,一名前复兴社会党军官穆罕默德·拉提夫担任该部队的指挥官。

然而美军刚刚撤走,费卢杰的局势又急剧恶化。"费卢杰旅"的士兵没几天便逃跑了大半,到了9月时已经完全土崩瓦解,其中很多人带着美军提供的武器直接加入了武装分子行列。费卢杰城内的武装分子也将美军撤离视为一次重大胜利而大肆宣传,一时间费卢杰成了伊拉克反美运动的象征,来自摩苏尔、拉马迪、提克里特、基尔库克等地的武装分子纷纷赶来加入,而叙利亚和伊拉克边境上每个月都有上百名外国人进入伊境内,其中绝大多数都进入了以费卢杰为中心的安巴尔省。到2004年9月24日,美军向媒体称费卢杰城内已经聚集了包括扎卡维的基地组织伊拉克分支在内的近5000名武装分子(图11-8),其中500人为核心成员,这个数字比4月时翻了一倍。武装分子中还有大量来自沙特、利比亚、车臣、叙利亚、伊朗甚至菲律宾、意大利等地的外国人。费卢杰俨然成了武装分子的聚集中心，来自各地的武装分子在这里可以获得武器、训练和指令，然后再前往伊拉克其他地区执行任务。

图 11-8　2004 年时费卢杰城内的大批武装分子

为了铲除武装分子，同时为 2005 年 1 月举行的伊拉克大选铺平道路，美军决定发起第二次费卢杰战役。这一次伊拉克临时政府总理阿拉维给予了鼎力支持，这主要有三方面的原因：一是武装分子的发展已经严重威胁到了伊临时政府的统治；二是第一次费卢杰战役时以萨德尔为首的什叶派军阀，似乎形成了逊尼派和什叶派共同反对美军的态势，然而在第一次战役结束后，由于两个宗教派别固有的敌对态度两者并没有任何结盟行动；三是什叶派宗教领袖西斯塔尼在沉默了许久后公开表态不支持萨德尔等地的暴力斗争，而西斯塔尼在伊拉克什叶派中有绝对的威望，他的表态无疑具有重要作用。

2004 年 9 月，联军开始制订作战计划。9 月 10 日，联军驻巴格达胜利营的军官和美军第 1 陆战远征军、第 4 民政事务集团军等部队的指挥官召开了视频电话会议。9 月 13 日，联军基本确定了战斗计划和战后重建的内容，鉴于在第一次费卢杰战役中战区里的平民成为一个棘手难题,联军又制订了如何安置平民的"分支计划"。此外,联军还对如何获取情报、如何孤立武装分子、如何保障部队补给等问题进行了讨论。在制订每一项计划时,联军都按"四个问题"进行测试,即:伊拉克人会怎么看待这一行动;这一行动在文化上是否可以接受;伊拉克人是否能承受这一行动;这一行动对最终联军向伊拉克人移交国家控制权是否有帮助。

9月中下旬,联军决策者开始起草在费卢杰战斗中应受保护的目标名单以保证一些关键的基础设施如电厂、供水站、铁路、大桥等不会遭受炮火的打击。

9月25日,驻伊联军指挥部公开了第306号命令,指令第1陆战远征军在伊安全部队的协助下,对盘踞在费卢杰的武装分子进行彻底的清剿,行动日期被定在11月。同日第1陆战远征军的指挥官萨特勒中将飞往巴格达,与联军驻伊部队日常军事活动总指挥梅兹中将会晤,两人确定行动的代号为"幻影狂怒"。

9月29日,第1陆战远征军的参谋人员根据萨特勒和梅兹的要求,制订了一份在费卢杰战斗结束后进行重建的详细计划,美军第4民政事务集团军的高级军官则牵头讨论了战后伊临时政府的需求、如何确保安全局势、如何将城市最终移交伊政府等问题。

自9月底起,第1陆战远征军及其下属部队开始全面准备费卢杰战斗。10月18日,作战计划细节基本完成,负责具体作战活动的陆战1师指挥官纳托斯基少将,开始向他的下属军官分配作战任务。10月21日,最终作战日期和时间确定。总攻日期为11月7日,而主攻时间则被定在11月8日。参加战斗的美军有2万人,其中,15000人将攻入城内,其余5000人则在城外负责掩护,另有5000名伊拉克士兵配合战斗。美军的主力是两个战斗团,第1战斗团由陆战1团3营、陆战5团3营和陆军的第7骑兵团2营等部队组成;第7战斗团由陆战8团的1营、陆战3团的1营和陆军的第2步兵团2营等部队组成。伊军有6个营参战。所有攻击部队都有飞机和火炮部队支援。在进攻前,美军有意营造将从费卢杰南面发起攻击的假象,将城内武装分子的防守重点吸引到了城南地区,并通过无人机从武装分子的流动中了解了他们的核心头目、指挥部所在、防御阵地结构等情况。

2004年10月中下旬起,美军开始在费卢杰附近集结。11月1日,美军在费卢杰军营里召开了最后一次讨论会,萨特勒和梅兹与第1陆战远征军的其他高级军官互相交换了意见,除了费卢杰城内缺少伊拉克军队或警察的配合等少数不利条件外,梅兹中将对整个作战计划表示满意。

除了美军,伊拉克政府也对此次行动予以了高度重视,向费卢杰营派来了阿布杜尔·卡迪尔少将和他的副手卡西姆准将,他们的任务不仅仅是带领伊军参与作战,还将负责在战后恢复城内的社会秩序。卡迪尔此时已经被伊拉克临时政府任命为安巴尔省的行政长官,带了包括1个突击营(第36突击营)、5个干预营、伊拉克反恐部队和快速反应部队在内的数千伊拉克官兵。从制订计划伊始联军就确定费卢杰战役必须要有伊军参与,他们将主要负责搜查清真寺等敏感地区。伊军到来后立即投入了和美军的磨合训练中,每一支美军部队都配有一支伊军部队,并设有相互沟通的联络官员。其中,伊军的第36突击营是2003年12月由5个亲美的伊拉克政党共同组建,绝对忠诚于伊拉克新政府(图11-9)。

费卢杰城内武装分子也没有闲着,进行了积极备战,他们的主要战术有:在通往城内的道路上安置大量诡雷和简易爆炸装置,城内制高点布置枪手把守,城内安设密集的地道、壕沟、蜘蛛洞、地雷场和路边炸弹,武装分子可以通过地道在各防御点和弹药库间转

图 11-9　训练中的伊拉克军队第 36 突击营

移。在城内的一些建筑物内放置大量炸药，通过引线控制，一旦美军进入这些"炸弹屋"就会被一锅端；在建筑物的大门、窗户上安设诡雷和手雷，美军如果试图推门而入就会引爆炸弹；为防止美军抢占制高点，将大量建筑物的楼梯炸毁或封死；故意开辟一条道路，两边埋伏下密集的交叉火力，吸引美军进入后予以打击等。美军的无人侦察机还发现城内的武装分子，针对即将展开的巷战举行了大量的实弹演习。此外，武装分子还开展了舆论宣传战，费卢杰综合医院不断播放平民伤亡的镜头，一次武装分子使用一辆救护车运送弹药，美军发现后将其摧毁，武装分子随即公布了一辆布满弹孔的救护车和受伤平民的照片。

为了防止造成大规模平民死伤和进攻时更有自由度，美军在发起行动数周前开始大量空投宣传单，预先通知城内的平民撤离费卢杰。联军在宣传单中对城内的平民称武装分子从他们的手里"偷走"了基础设施、饮用水和学校，只要像扎卡维这样的武装分子占据费卢杰一天，这些东西就无法得到满足，而只要清除了武装分子、电力和饮用水会立即到来，学校、公路等基础设施都会得到翻新。在另一份宣传单中，联军对平民说如果他们不想离开家园，那么在战斗打响后要待在屋内，如果联军进入搜查，须手持宣传单躺在地板上。截至行动发起时，美军估计全城 30 万居民中有大约 70%～90% 已经撤离。

与此同时，美军也逐渐加强了对城内选定目标的空袭和炮击。美军的火力支援系统由陆战队航空兵、陆军航空兵、海军航空兵、美国空军、155 毫米牵引炮、155 毫米自走炮、81 毫米迫击炮、60 毫米迫击炮共同组成。为了将平民死伤降低到最低程度，美军通常只对核对无误的目标进行攻击，绝大多数对城里的炮击和空袭，都要由美军驻伊拉克最高司令长官乔治·卡希将军亲自批准。有一次，美军发现了一名武装分子头目和他保镖的住所后没有立即展开行动，而是连续监视了数天确认他们进入房屋后再使用激光制导炸弹将这所房屋摧毁。但尽管如此，美军的攻击仍然不可避免地造成了一些平民的伤亡。

随着总攻日期的不断临近，联军逐渐完成了对整个费卢杰的包围。陆战 1 师控制了所有通往费卢杰的公路，两个主力战斗团部署在城北，一支包括伊军第 36 突击营在内的轻装甲部队部署在了城西，美国陆军的第 1 骑兵师第 2 旅驻扎在城南，英军的"黑色观察"营则负责警戒一条贯穿费卢杰直通城东的高速公路。美军和伊军还在费卢杰城外建立了数十个检查站，防止战斗爆发后任何人进城或从城内逃出。然而此时费卢杰城内包括部分高级头目的在内的一些武装分子已经提前逃离了费卢杰，美军估计在发起攻击时城内还有 2000 名武装分子。

战役于 2004 年 11 月 7 日晚正式打响。联军先从费卢杰的西面和南面发起佯攻。其中美国海军陆战队第 3 轻装甲侦察营和伊军第36突击营,在美国海军陆战预备役第23团1营、第1战斗服务支援连和第113战斗服务支援连的协助下,拿下了幼发拉底河沿岸的费卢杰综合医院和附近一些村落。费卢杰综合医院位于"黑水桥"的西侧,美军认为这座医院是武装分子的一个重要指挥部,占领该医院不仅切断了武装分子的对外联络,还摧毁了武装分子的一个指挥中心。随后,联军又拿下了横跨幼发拉底河的两座大桥——"黑水桥"和南桥(10号公路桥)。美国陆军的第1骑兵师第2旅则在城南驻守。至此,费卢杰的所有通道均被联军封闭。

在佯攻发起的同时,驻扎在费卢杰东北部的美军民政事务部队在伊拉克电力部门的协助下,切断了全城的电源。11月8日晚19:00时,2个主力攻击团第1战斗团和第7战斗团开始从费卢杰北部开始发起全面进攻,战斗队形从西向东分别为:陆战1团3营、陆战5团3营、骑兵7团2营、陆战8团1营、陆战3团1营、步兵2团2营,其中重装甲的骑7团2营和步2团2营为开路先锋。由于美军判断武装分子主力位于费卢杰西北角的朱拉恩区,因此在作战辖区的分配上,让第1战斗团负责以朱拉恩区为主的1/4城区,而第7战斗团则负责其余3/4城区。在6个营身后紧跟着5个伊军营,再后面是民政部队和海军工程兵,他们的任务是恢复秩序和清扫道路。2个主力攻击团和位于城南的骑1师第2旅各有一个炮兵连直接提供火力支援,这些炮兵部署在费卢杰西南22千米处(图11-10)。

城外的美军火力支援部队在进攻开始前没有对费卢杰进行预备射击和饱和轰炸,战斗爆发后火炮和空袭都由前线火炮观察员和无人侦察机控制,每一名火炮观察员、飞行员和行动指挥中心的军官都有同样的费卢杰地图,所有炮弹只针对确定的武装分子目标,以此尽可能减少平民的伤亡。美军将81毫米迫击炮的威胁距

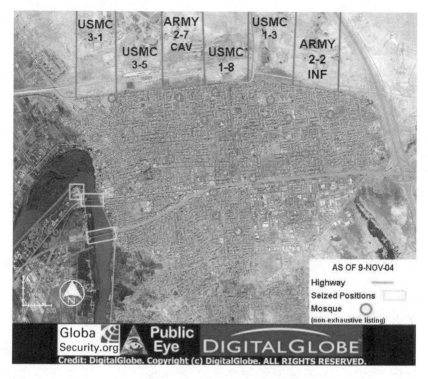

图 11-10　美军部署情况

离定为 100 米，把 60 毫米迫击炮的威胁距离定为 50 米。由于美军的远程支援火力精确度很高，城内的美军经常敢于在距离目标不到 150 米的地方召唤火力支援。而美军飞机上最新定位系统可以在 8000 米高空清晰展现地面情况，当地面美军号召炮火攻击时，天空的美军飞机会及时跟踪观察目标背后和附近是否有友军在危险范围内并及时告知炮火支援部队。

美军主攻部队最先遭遇的一道障碍是城北的铁路线，武装分子已经在铁路沿线及铁路和城区间的开阔地安设了大量的地雷和简易爆炸装置（图 11-11）。美军使用一种名为"M58 火箭引线扫雷车"（Mine Clearance Line Charge，MCLC）的装置予以应对。该装置有一个火箭牵引器，牵引器后拖带一条长 100 多米的引线，引线上携带有1750磅的C4炸药(图11-12)。美军工程兵在烟雾弹和压制火力的掩护下,冒着武装分子零星的迫击炮弹,开着M113装甲牵引车将装置带进战区后发射火箭,火箭拖带着引线和炸药一起飞向雷场,当其落地后,工程兵便引爆炸药,清除目标区域的地雷和简易爆炸装置,一个MCLC便可清理长100米、宽14米的区域。为了防止有漏网之鱼,美军工程兵随后驾驶着M9装甲战斗推土机冲入雷场,引爆残余的地雷。仅过了10多分钟,美军便突破了武装分子设置的第一道障碍并向前推进,很快夺取了位于城北的火车站,这个火车站在后来的战斗中被用作部队中转站。

图11-11　简易爆炸装置(IED)给驻伊美军造成的伤亡占70%

美军攻进城后,发现武装分子早已用废车、砖墙、水泥袋等将道路封死,而武装分子以4~12人的小队躲在经过加固的房屋内或屋顶上,用AK47、火箭弹、机枪和迫击炮向美军射击。由于没有夜视装备,武装分子在夜里很难对美军构成真正威胁。美军则用推土机和挖掘机开道,清理前进道路上的路障。路障清除后在"艾布拉姆斯"坦克、"布莱德利"战车、120毫米数字迫击炮、AC-130、

图 11-12　M58 火箭引线扫雷车

"眼镜蛇""阿帕奇"、155 毫米火炮的全力掩护下,步兵逐房进行搜索清剿,不时与藏匿在房内的武装分子爆发激战。为了避免被悬挂在门上和墙上的诡弹杀伤,美军通常先召唤坦克推倒房屋的墙壁,或者安置炸药炸开房门,然后再冲入进行搜查。在进行巷战时,美军的坦克和车辆会尽量靠着街道的一侧,从而可以为在街道另一侧的车辆提供火力支援,有时候前头的坦克由于射角过小而无法攻击武装分子的火力点,殿后的装甲车就会担起这一任务,美军狙击手则在后方隐蔽点埋伏随时狙杀出现的武装分子。在夜间,美军的远程侦察监测系统(LRAS)能在错综复杂的街区中寻找到前进的道路。

至 11 月 9 日下午,在空中和远程炮火掩护下,经过激烈的逐房争夺战,美军先头部队已经攻进了市中心的纳兹扎区费卢杰旧城。2 个战斗团有各自不同的战术:第 1 战斗团以稳步推进为主,小心地消灭一路遇到的每一个武装分子火力点,尤其注意自己的前线,不让武装分子有机会从正前方渗透;第 7 战斗团则敢打敢冲,遇到难啃的骨头先绕过朝下一个目标推进,因此前进速度极快。这造就了一个有趣的现象：第 1 战斗团进展较慢而且侧翼容易遭受武装分子攻击，但控制区内比较稳定；第 7 战斗团进展迅速但后方遗留的武装分子火力点却成了隐患。而陆战队和陆军的风格又有所不同，陆军士兵更多依赖整体战术和重火力，陆战队员则继承了他们的传统，更侧重于小规模部队间的配合，只有在进攻受阻时才召唤重火力支持。

11 月 9 日这一整天的战斗非常激烈，美军的坦克和装甲车几乎都来不及回应前线步兵的召唤，甚至空袭和远程火力也一度因为害怕误伤友军而出现停滞。在费卢杰东北部的陆军第 2 步兵团 2 营取得了很大的成功，该营一路推进，抵达了位于费卢杰中部的 10 号公路（福兰线），为联军提供了一条更便捷的补给通道，美军原先预计要用 48 小时才能抵达这里，而实际只花了 24 小时。10 号公路对面就是位于城东的费卢杰工业区，这片工业区长宽各有 2 千米，有大量的仓库和厂房，被美军认为是武装分子的训练学校和炸弹工厂所在地，可能有非常坚固的防御。第 1 战斗团中的陆军第 7 骑兵团 2 营也在一路推进后开始向西南方向迂回，基本完成了对朱拉恩区的包围。海军陆战队员由于侧重逐房清剿，因此推进速度稍慢于陆军部队。同日，伊拉克临时政府总理阿拉维赶往费卢杰，对在那里的伊军发表讲话。临时政府中的最大逊尼派政党"伊拉克伊斯兰党"宣布退出临时政府，而主要由逊尼派人士组成的"穆斯林学者联盟"也称代表全国 3000 座清真寺抵制即将于 2005 年 1 月举行的大选。伊拉克临时政府总理阿拉维的三个亲戚在该日被武装分子绑架，武装分子威胁称如果不停止进攻费卢杰将杀害人质。

11 月 10 日，美军已经攻占了全城超过一半的地区，拿下了包括市长办公室、一个商业中心、几处重要的清真寺和基础设施在内的多个目标。其中伊拉克陆军第 3 干预旅第 5 营与美军一起夺取了塔菲克清真寺，伊拉克快速反应部队和伊拉克第 1 干预旅第 2 营则和美军拿下了希德拉清真寺，美伊联军在经过一场激烈战斗后还一同夺取了穆罕马迪亚清真寺，这个清真寺具有极高的战略价值，因为这里一度被武装分子用来作为指挥中心。此外，美伊联军基本完成了在城市西北部朱拉恩区的作战，这个区密布住房和狭窄的街道，联军原先预计将爆发激烈战斗，但实际只遇到了相对较弱的抵抗。当日结束时，美军将朱拉恩区的控制权转交伊军。在通过贯穿费卢杰的 10 号公路时美军也没有遭到什么抵抗，这表明绝大多数武装分子已经躲向了城南地区或者偃旗息鼓想伺机逃出城去。因此美军及时进行了战略调整，原计划打算在城北与武装分子经过激战后将武装分子赶往 10 号公路，并让武装分子顺着 10 号公路逃往城西大桥附近，落入那里埋伏的联军口袋，但当美军意识到武装分子大多逃往城南地区后，决定采用第二套方案，即所有部队继续南下，把武装分子赶往在城南设防的骑 1 师第 2 旅的口袋中。美军还夺取了两个堆满武器、弹药和路边炸弹部件的加工厂。美军驻伊拉克最高司令乔治·卡希将军称在费卢杰市中心区域，武装分子可能会开辟布满简易爆炸装置的雷场，在突破武装分子的外围阵地突入城市中心时美军势必将遇到不少困难。在这天的战斗中，陆军第 2 团第 2 营 A 连 3 排的一个班在推进中遭到 6~8 名武装分子的攻击，武装分子占据了有利位置，美军被压制在一条小巷内无法动弹，这时来自另一班的贝拉维尔军士带着一名机枪手赶去支援，成功压制住了武装分子为友军解了围。

11 月 11 日，美军战线左翼的第 1 步兵师第 2 步兵团第 2 营开始全力攻击费卢杰城东的工业区，2 营的士兵于当天下午越过 10 号公路，立即发现工业区内的武装分子比城北的更有经验，装备也更好,城北的武装分子大多是当地人和原"费卢杰旅"的士兵,工业区的武装分子几乎都是外国人。这些外国武装分子会在建筑的外墙下挖出与建筑内部相通的蜘蛛洞,当美军从正面攻入建筑时,武装分子往往就从这些蜘蛛洞绕到建筑外从美军背后发起攻击。武装分子还试图利用工业区内错综复杂的巷道渗透进美军防线,但被美军用 M203 榴弹发射器和 12.7 毫米机枪击退。激战至晚上 8 点,美军已经穿越工业区推进至工业区的最南端。22 时 30 分,2 营继续进攻,在穿越一片数百米宽的开阔地后进入费卢杰东南角的苏哈达区,这里的建筑密度要比城北稀疏不少。到 11 月 12 日 5 时 30 分时,2 营已经抵达杰纳线。在这天的战斗中,联军发现了武装分子关押人质的房屋,这里曾被伊拉克军官称为"屠杀屋",在屋子里美军发现了黑色囚服、摄像机、电脑等设备。美军同时还解救了两名人质:一名伊拉克人和一名叙利亚籍司机,那名伊拉克人的绑架者是来自叙利亚的武装分子,因此当美军解救他时他还以为自己是待在叙利亚。同日,两架美军"超级眼镜蛇"直升机在费卢杰执行任务时被地面炮火击中在城外迫降,飞行员获救。美军官方在 11 月 11 日对外宣布,截至该日,在费卢杰战斗中已经有至少 18 名美军和 5 名伊军战死,164 名美伊军受伤,击毙武装分子约 600 人。

11 月 12 日,美军称已经控制全城超过 80% 的地区,武装分子被压缩在城南地区。有 300 人从一个清真寺走出向美军投降,美军称这批人中有不少是平民,但需要进一步审查才能确认。同日,美国陆军第 7 骑兵团第 2 营沿着 10 号公路穿越城东的工业区,加入了城市东南角里萨拉区、纳扎尔区和杰拜尔区的战斗。伊军第 1 干预旅第 1 营在朱拉恩区与残余的武装分子展开激烈交火。当日伊拉克红星月会对外形容费卢杰的情况是"大灾难",称该组织向联军请求能给城内派遣医疗救护队,但联军不予答复。伊拉克政府称已经组织了由 14 辆卡车组成的医疗和重建小组赶赴费卢杰,将于 11 月 13 日抵达。在当日的战斗中,美军发现武装分子采用了新的战术:陆战 8 团 1 营 B 连的士兵在清剿过程中发现,前方有数名身着伊军士兵军服的人向他们走来,然而靠近后对方却突然开火,导致 1 名美军当场身亡。武装分子还组织穿自杀背心的人弹向美军发起攻击,美军在打死人弹后必须立即将自杀背心引爆,否则尸体上的自杀背心会被武装分子解下继续使用。

11 月 13 日,美军称已经占领了绝大多数城区,正逐房进行搜查。同一天,伊拉克国家安全顾问称有超过 1000 名武装分子被打死,200 多人被捕。伊临时政府总理阿拉维宣布"费卢杰已被解放"。在该日,第 2 步兵团 2 营 A 连的连长希恩·西姆斯上尉在工业区的逐屋清剿中阵亡。当时 A 连的士兵在 11 月 12 日清理完一栋建筑,连长西姆斯打算在这栋建筑的顶楼建立一个前线观察点,当他进入这栋建筑时他询问手下是否已经检查仔细,手下回答没有问题,然而这栋建筑的墙角挖有一个蜘蛛洞,一个武装分子在美军对建筑检查完毕后悄悄从这里爬了进去并藏在了楼上,西姆斯上楼时突然遭到了这个武装分子的射击而当场身亡,西姆斯是整个费卢杰战役中美军战死的最高级别军官。

同在 13 日,陆战 1 团 3 营的卡塞尔军士和军医米切尔在与战友们推进时,发现有一名受伤的陆战队员倒在一栋建筑门口,而另有数名陆战队员正困在建筑内与里面的武装分子进行激战。卡塞尔和米切尔立即组织了一些人杀进了这栋建筑,他们发现建筑内密布楼梯和房间,先头进入的陆战队员正和武装分子在不同的房屋内混战,子弹和手雷不断从楼梯上和房屋内飞出。米切尔和卡塞尔立即兵分两路,冲向了不同的房间。军医米切尔在一个房间内发现了一名重伤的战友,立即对他进行紧急救治,卡塞尔则在准备进入一个房间时在门口差点和一个武装分子撞个满怀,卡塞尔抢先一步开枪将对手击倒,但随后遭到身旁楼梯上射下的一串子弹和手雷袭击,卡塞尔身中数枪且小腿被弹片炸伤,但仍然匍匐进入了房间,并将一名受重伤的战友尼科尔拖向了安全区域。正当卡塞尔在为尼科尔进行救治时,突然从房间外飞进一枚手榴弹,在其爆炸的一瞬间卡塞尔将尼科尔压在了身下,他本人的手臂、大腿、臀部均被炸伤。这时米切尔进屋增援,发现两人还均有意识,卡塞尔正手握一把9毫米手枪守着房门。当米切尔为两人治伤时,突然发现一名先前被射倒的武装分子正挣扎着爬向地板上的步枪,米切尔立即起身用军刀刺死了他。45分钟后三人被战友救出:卡塞尔身中7枪,失血达60%,但最终被救活,尼科尔失去了一条腿,而米切尔则负了弹片伤。

11月14日,美军第2步兵团第2营的士兵继续在城东和工业区一带进行逐房搜查,他们发现了大量的武器储存点,其中甚至有57毫米重型防空炮,这种武器可以对除了坦克外的绝大多数美军车辆造成重创。美军还发现了制造简易爆炸装置的工厂,其中一个装置携带了超过500磅的炸药。2营的士兵还在10号公路附近使用了MCLC,以清除在那里的大量地雷和爆炸装置。在当天的战斗中,陆战8团1营的狙击手佐科斯基在作战时战死,佐科斯基为了追求更大的视角,在战斗中习惯不戴钢盔,当时他正坐在苏哈达区的一栋建筑内,武装分子的子弹从背后击中了他的后脑致其当场身亡。在费卢杰战役中美军大量使用狙击手压制武装分子,这些狙击手往往在800米左右的距离发起攻击,甚至有超过2000米的射杀纪录,在费卢杰战绩最高的美军狙击手的战果是24。

11月15日,美军已经全部抵达了杰纳线,并开始折返向北进行进一步清理,消灭迂回到城北的武装分子。此外,费卢杰南部地区还剩下少数几个武装分子聚集点,美军认为还需要至少4天才能完全控制全城。联军在对城内的地道进行搜查时发现一个大型地下掩体,里面堆满了包括防空炮在内的大量武器。由于战斗还在继续,伊拉克红星月会仍然无法向城内提供食品和饮用水,于是红星月会的车队转而驶向费卢杰附近的居民区,这里聚集了数千名先前从城里撤出的平民。在该日的战斗中,陆战3团1营A连的佩拉塔中士和战友在对一栋建筑进行检查时,发现底楼有好几个房间,前两个房间都空无一人,然而当佩拉塔推开第三个房间的房门时,躲在里面的武装分子立即开枪,佩拉塔身中数弹重伤倒地,随后房内的武装分子又扔出一枚手榴弹,正好落在美军队伍中,就在这时佩拉塔扑向了手榴弹并用自己的身体吸收了绝大多数手榴弹爆炸的威力,佩拉塔当场死亡,但其他美军却得以幸免。

11月16日,美军宣布已经完全占领费卢杰,但零星战斗仍时有发生。伊军第3干预旅的第6营在美军第1骑兵师协助下,在城北发起了扫荡。11月19日,美军第1陆战远征军称这次战斗"已经打断了武装分子的脊梁",共有51名美军和8名伊军死亡。联军共打死约1200名武装分子,并发现了2个汽车炸弹加工厂、24个炸弹制造工厂、455个武器储存仓库。美军对全城的建筑展开了逐一搜查,很多房屋被先后检查了三遍。

12月23日,陆战5团3营的一个班在一栋建筑内与守在二楼的数十名武装分子爆发激烈战斗,陆战队员一度被困在一楼无法动弹。两名陆战队员沃克曼中士和克拉夫特下士带头召唤其他士兵一起冲上楼梯,然而就在此时,楼上的武装分子投下一枚特制的黄色手雷,这种手雷内藏大量汽油,爆炸时可以使整个房间都燃起大火,瞬间陆战队员就被燃起的火焰包围,有两人被当场炸死。其余陆战队员扑灭火焰后继续向楼上发起攻击,整栋建筑硝烟弥漫、子弹横飞。沃克曼和克拉夫特带头冲锋,并先后被手榴弹炸伤。建筑外的其他陆战队员也赶来增援,其中一人还没赶到目的地就被建筑楼顶上的武装分子狙击手射中身亡。美军坦克赶来后,房内的陆战队员奉命撤出,而在得知需要两人到高处为坦克指引方位并提供压制火力时,沃克曼和克拉夫特又志愿接过这一任务。坦克最终摧毁了这栋建筑,在废墟中共发现了 24 名武装分子的尸体,美军此战共死亡 3 人。

11 月 25 日,陆战 8 团 1 营 B 连 3 排的士兵在准备检查一栋建筑时,突然遭到建筑内武装分子的伏击,有 5 名陆战队员中弹身亡,多人受伤。危急关头,B 连的一名侦察狙击手(Scout Sniper)埃斯奎贝尔单枪匹马冲到了建筑的楼顶,打死了数名武装分子并消灭了两个机枪火力点。当美军的坦克赶来增援时,埃斯奎贝尔顶着武装分子的机枪火力从楼上撤下,并背着一名受伤的陆战队员一起撤离,随后他又连续两次返回,又撤回了两名伤员,在他救下的三人中最终有两人获救。

费卢杰之战,联军共发动了 540 次空袭,消耗了 14000 枚火炮和迫击炮炮弹、2500 发坦克主炮炮弹。在 11 月 7 日—12 月 23 日,美军在费卢杰共有 82 人战死和 6 人非战斗死亡,另有 1100 多人负伤;伊军也有 8 人死亡,43 人负伤。联军称共打死 1200 名武装分子,而第 1 陆战远征军指挥官萨特勒中将则称在整个费卢杰战役中共打死近 2000 名武装分子。

武装分子原本希望复制 1994 年俄罗斯格罗兹尼的成功战例,但在费卢杰却没有能够如愿。美军没有采取那种长驱直入直达市中心的打法,而是改用逐房逐街——清剿、步步为营的战术,并注意在背后留下守备部队和狙击手,防止武装分子的渗透,最终以不算很大的代价夺取了全城并最大可能地消灭守城的武装分子。在费卢杰美军的最大功臣可能要归属 M1A2 艾布拉姆斯坦克，这种坦克在战斗中两辆为一组，充当先锋、推倒路障、炸毁掩体、掩护步兵，遭遇了无数火箭弹和路边炸弹的攻击，但整个战役中只有 2 辆被炸伤。

2004 年 12 月底，美军开始允许居民分批返回城内，并对所有回城的男性居民进行了指纹和瞳孔采样。美军将全城划为 18 个区，当 1 个区的垃圾被清理、局势基本稳定后，美军才允许该区的居民进入。同时美军向居民告知会检查每户人家的损失，在经过必要的程序后会给予经济补偿。而战斗还在进行时重建工作就已经开展，由于返城居民大多没有了工作，因而联军雇用了大批居民清扫城市垃圾，联军和伊政府还重建了城里的发电厂和供水设施。2005 年 1 月底，美军开始撤离费卢杰。到 2005 年春天，费卢杰居民约有一半人返回了城内。

费卢杰在这次战斗中遭受重创。该城曾被称为"清真寺之城"，然而全城的 200 座清真寺有 60 座在战火中被毁，其中很多曾被武装分子用于储存弹药。全城 5 万所建筑中有 7000～10000 座全毁，剩下中有 50%～66% 的建筑受到不同程度损坏。

（五）拉卡之战

ISIS"首都"拉卡之战，是火力与意志的反复蹂躏和较量。拉卡（图 11-13）是叙利亚中北部幼发拉底河北岸的一座绿洲城市，面积 1962 千米^2，拉卡省省会，叙利亚第六大城市。战前人口 22 万，曾经是"伊斯兰国"事实上的首都。拉卡历史悠久，始建于亚历山大时期，曾经是抵御波斯的军事要塞，也是重要的贸易中心。

2011 年叙利亚危机开始之初，拉卡保持了相对的和平，反政府抗议示威相对霍姆斯、哈马等地来说相当温和。2012 年内战全面

图 11-13　哈伦·拉西德时期的拉卡古建筑

爆发后,拉卡也没有发生激烈的战斗,相反还有超过 50 万即相当于原市民数的 2 倍有余,来自伊德利卜、代尔祖尔和阿勒颇等战区的难民被安置到该市。然而,难民的涌入带来了一系列社会问题,加之这些难民本来就较为支持反对派,反对派在拉卡的力量很快膨胀起来。到 2013 年初,拉卡郊区已经变成了各种教权反对派的巢穴。此时,拉卡由于地理位置的关系对叙利亚政府来说已经变成了一座战略上非常孤立的城市,因为没有重兵驻防。反对派方面看中了这一点,决定夺取这座省会,在政治上给予叙利亚政府以沉重打击。

2013 年 3 月 3 日,"伊斯兰国"会同努斯拉阵线、自由沙姆伊斯兰运动和其他教权派组成联军,从四面八方向拉卡发起了进攻,在一天之内就攻占了拉卡的大部分市区(图 11-14)。3 月 4 日,教权派联军攻占了叙利亚阿拉伯陆军第 17 师的师部。到了 3 月 5 日,叙利亚政府的拉卡省省长和复兴党省党部书记长都被俘虏了,拉卡市警察局长则被打死,而努斯拉阵线和自由沙姆伊斯兰运动在拉卡省的最高指挥官也双双阵亡。3 月 6 日,教权联军肃清了拉卡市内最后的政权军。至此,拉卡战役结束,反对派第一次夺取了叙利亚的省会城市。

图 11-14　教权联军攻占拉卡

夺取拉卡后,努斯拉阵线立刻在拉卡设置了教法法院,实施严酷的教法统治。"伊斯兰国"也不甘示弱,在拉卡设置了自己的地方机构。不过显然"伊斯兰国"的统治能力要胜过努斯拉阵线,因此其在拉卡的势力不断扩大,很快超过了其他所有各派。2014年1月13日,经过几天激战,"伊斯兰国"将努斯拉阵线和其他反对派组织赶出了拉卡,从而在拉卡建立了自己单独的统治。此后,拉卡事实上成了"伊斯兰国"的"首都"。这之后,"伊斯兰国"就在拉卡市内展开了一系列倒行逆施的封建统治。

拉卡战役的筹备。2016年6—8月的曼比季之战后,"伊斯兰国"丧失了从外界获得兵员、财力和物资补给的渠道,其主力部队也在漫长的解围战中受到了极大的消耗,从此走上了急剧衰退的道路。10月16日,伊拉克中央政府协调各路反"伊斯兰国"军民发起了代号"摩苏尔我们来了"的摩苏尔战役,开始向这座"伊斯兰国"位于伊拉克北部的首都发动总攻。而民主联军的兄弟部队土耳其人民防卫军、伊拉克辛贾尔抵抗军等,也在摩苏尔的正西、东南等方向上参与了这次战役。到了10月26日,美国国防部长阿什顿·卡特对外宣称,正在筹组各方力量解放拉卡。其间,土耳其曾一度想参与拉卡之战,美国政府也表现出含糊态度。然而,美国军方、俄罗斯、叙利亚强烈抵制土耳其的计划与想法。10月27日,负责全权指挥对"伊斯兰国"作战的美军"坚决行动"联合混成特遣队司令官史蒂芬·汤森中将宣称,民主联军才是"唯一有能力在近期解放拉卡的武装力量"。在国内外的强大压力下,美国政府被迫放弃土耳其,同意由民主联军来主导解放拉卡的战役。11月3日,民主联军发言人塔拉尔·塞罗上校正式宣布,土军将不会参加这次战役。

战役第一阶段(2016年11月5—14日):向拉卡进攻。2016年11月6日,民主联军在艾因艾萨宣布解放拉卡的战役打响,代号为"幼发拉底之怒"行动。行动计划将分两步走,第一步先解放拉卡周边各地,将拉卡孤立起来,这一步将由人民保卫军为主的民主联军野战部队负责;第二步则由拉卡本地部队主导,主要内容是进攻拉卡市区,彻底解放这座"伊斯兰国"事实上的首都。民主联军总司令部为此呼吁美国领导的国际联盟提供空中支持,而美国防长卡特当即对民主联军的行动表示欢迎,但也指出想解放拉卡还要付出"非常艰苦的工作"。

此次战役中,民主联军调集了三万多人,参战部队包括人民保卫军、妇女保卫军、叙利亚军事委员会、拉卡猎鹰旅、拉卡烈士旅、哈曼土库曼烈士旅、解放旅、拉卡自由人旅、泰勒艾卜耶德革命旅和塞纳迪军、精英军等阿拉伯部落武装。其中,七成是库尔德人和非阿拉伯人,三成是阿拉伯人。联军分五路进兵:右翼一路从十月大坝向塔卜哈市(又名革命城)进军,试图攻占该市,从西边封锁拉卡；左翼一路从哈塞克向拉卡进军，试图切断拉卡通往代尔祖尔方向的道路；中央的三路分别从艾因艾萨、塞卢格等地出发，对拉卡发动向心攻势，系本次战役的主攻部队。而与民主联军对阵的"伊斯兰国"军队，则没有确切数字，但外界估计有八千到一万人。

为指挥此次战役，民主联军方面也组建了一个精干的领导班子，其中包括多位久经战阵的指挥员。这个领导班子的发言人则是出生于 1981 年的杰伊汉·谢赫·艾哈迈德（Jihan Shaykh Ahmed），她是拉卡本地人，毕业于当地的艺术学院，革命爆发之初就参加了人民保卫军，2012 年曾在同努斯拉阵线的战斗中负伤（图 11-15，中央念稿者即为杰伊汉）。另外几位指挥员中，则包括曾指挥过曼比季战役的妇女保卫军指挥员萝洁达·菲拉特和塞纳迪军长老班达尔·艾尔·胡麦迪等。

图 11-15　民主联军在艾因艾萨宣布战役开始

虽然是 11 月 6 日才对外发表，但"幼发拉底之怒"作战实际上在当地时间 11 月 5 日晚就开始了。至誓师大会开始时，中央战线的民主联军就已经攻占了至少七个村庄，把阵线向前推进了 10 千米。而右翼的民主联军经过激战解放卜盖达拉村，将"伊斯兰国"部队驱逐出了阿勒颇省，从而得以推进到了拉卡省境内。同时，联军的空袭也有斩获,在民主联军地下工作人员的指引下,美军在11月6日炸死了"伊斯兰国"在塔卜哈的安全部门头目阿卜杜拉·法塔赫·哈桑·奥斯曼。

"伊斯兰国"部队无心恋战,只是一味用自杀炸弹和自爆卡车等极端战术拖延民主联军的推进。至11月8日,民主联军又先后攻占了谢赫萨利赫、拉格塔等11个村庄,总计向拉卡方向推进了超过25千米。10月11日,民主联军基本上肃清了希舍村内的"伊斯兰国"部队,而该村是艾因艾萨正面"伊斯兰国"军的前线指挥部所在地。11月12日,从艾因艾萨和塞卢格方向出发的民主联军在泰勒塞曼附近会师,拉平了之前以希舍村为顶点的突出部,从而把突出部内的所有"伊斯兰国"部队全部装进了口袋。至此,民主联军一共解放了26个村庄。

11月14日,民主联军彻底肃清了包围圈内的全部敌人,解放了希舍村。民主联军"幼发拉底之怒"行动指挥部在希舍村召开新闻发布会,宣布第一阶段行动结束,共解放国土550千米^2、村庄34座、居民点31个、重要高地或山岗7个。在战斗中,共击毙"伊斯兰国"武装分子167名,俘获4人,摧毁自爆卡车12辆,缴获机枪8挺、加农炮4门、迫击炮6门、摩托车8辆,排除地雷240枚。民主联军方面,则只有4人负伤。当地群众在民主联军救助下已逐步重返被解放了的家园(图11-16)。

民主联军进展如此之迅速、战果如此之辉煌显然出乎"伊斯兰国"上层统治集团的意料。11月10日,在拉卡负责"伊斯兰国"财政工作的伊拉克籍高级官员阿布·奥克鲁玛·艾尔·安巴里,在监守自盗了"伊斯兰国"在拉卡市内主要银行的300万美元资金后,携家眷出逃,这证明"伊斯兰国"的国家机器面对民主联军强大攻势已陷入解体的边缘。

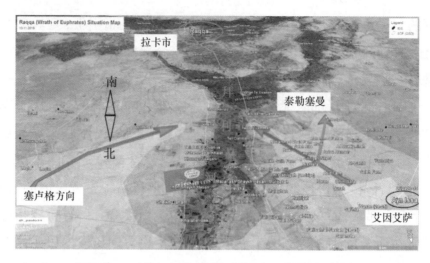

图 11-16　第一阶段作战示意图：包围圈的形成

不过,在另一方面,"伊斯兰国"也不甘示弱,调集兵力对第三海尼兹村发起了反击。"伊斯兰国"惯于诱使对手穿越漫长的荒漠深入其主要的统治中心,从而在巷战中拖住对手,继而通过自爆卡车、路边炸弹、袭击补给线等一系列战术扰敌、疲敌,最后投入以逸待劳的战役预备队给以对手致命一击。

战役第二阶段(2016 年 12 月 31 日—2017 年 1 月 18 日):收缩包围圈。经过 20 余天的作战,拉卡战役第二阶段的民主联军沿考尔道尚和加德尔耶两个方向狂飙突进,先后完成了阿萨德湖东岸围歼战、杰埃贝尔争夺战,深入阿萨德湖岸边的"伊斯兰国"控制区腹地(图 11-17、图 11-18)。此时,随着战斗的继续,民主联军的东部侧翼却越拉越长,逐渐在艾因艾萨西南形成了一个危险的突出部。而"伊斯兰国"方面显然也看到了机会,因此他们趁民主联军主力正于前线激战之际,在 12 月 19 日、26 日两次纠集部众突袭位于民主联军东部侧翼中间地带的迈吉本(Majban)、迈鲁法(Marufah)等地,企图"围魏救赵"迫使民主联军主力回援,甚至将西线民主联军拦腰截断。结果,在民主联军当地留守部队的顽强抵抗下,攻势破产。不过,这两次交战反映出民主联军漫长的东部侧翼急需巩固。为此,几天之后民主联军在北部开辟了一条新战线,开展艾因艾萨西南围歼战,以消灭艾因艾萨西南面突出部的"伊斯兰国"武装,保护考尔道尚和加德尔耶两方向的东部侧翼。

图 11-17　阿萨德湖东岸围歼战交通和作战方向图

图 11-18　民主联军在杰埃贝尔争夺战中俘获"伊斯兰国"武装分子

2016年12月31日午夜至2017年1月12日,艾因艾萨西南围歼战打响,北部民主联军沿莱伊水渠攻击南行,最终与西线加德尔耶方向民主联军的接应部队汇合,形成了艾因艾萨包围圈,继而歼灭包围圈内之敌。

1月12日,民主联军发动了对艾因艾萨西南包围圈内敌军的围歼战。至此,民主联军在拉卡战役第二阶段已击毙536名"伊斯兰国"分子,解放133座村庄。此时,"伊斯兰国"方面的表现与阿萨德湖东岸一样,见被围已是不可避免,就将主力部队撤离,未做保住突出部的打算。于是次日(13日)艾因艾萨西南包围圈中的45座村庄和20个居民点便全部得到解放。至此整个艾因艾萨西南围歼战胜利结束。

在围歼战结束数天后的1月17日早晨,"伊斯兰国"再次向泰勒塞曼发起进攻,但战至10点,攻势就被击溃,战斗中有15名"伊斯兰国"分子被击毙。这场无谓的反攻表明,拉卡地区的"伊斯兰国"分子面对稳扎稳打、步步紧逼的民主联军,已经黔驴技穷,只能靠无谓的袭扰来显示自身的军事存在。

革命大坝北路争夺战(图11-19、图11-20)。阿萨德湖东岸争夺战结束后,就在左路民主联军打响杰埃贝尔争夺战的同时,加德尔耶方向的民主联军也沿着公路线向南推进,意图与左路民主联军会师于革命大坝北郊,彻底切断革命大坝至拉卡市区的交通线,为之后进攻革命城与拉卡市做好准备。而退无可退的"伊斯兰国"显然不会坐视民主联军对拉卡的封锁行动。因此,民主联军与"伊斯兰国"围绕着革命大坝北部通路的控制权进行了一个多月的激烈争夺。

1月16日,"幼发拉底之怒"行动指挥部公布了整个战役第二阶段至当日的战果:民主联军共解放了196座村庄、2480千米^{2}土

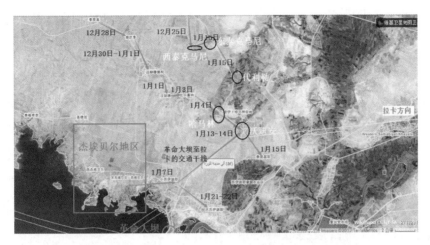

图 11-19　革命大坝北路争夺战整体作战示意图

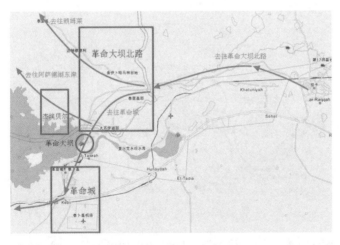

图 11-20　革命大坝北路在拉卡西面交通中的枢纽地位

地;加上此前第一阶段的战果,民主联军共解放村庄 236 座、土地 3200 千米^2,"伊斯兰国"武装分子共被击毙 620 人,被俘 18 人,民主联军方面牺牲 42 人。

1 月 18 日,经过精心准备,"伊斯兰国"对小苏伊迪耶村发起大规模攻势。战至 20 日上午,攻势被民主联军彻底粉碎,期间共有48名"伊斯兰国"分子被击毙。此后,稍事休整的民主联军于21日向革命大坝北路"伊斯兰国"武装最后的据点大苏伊迪耶村发起了进攻。战至22日上午10点25分左右,在击毙至少85名"伊斯兰国"分子、击毁1辆坦克后,民主联军解放了大苏伊迪耶村。伴随着大苏伊迪耶村的解放,整个革命大坝北路区域全部落入了民主联军手中,革命大坝北路争夺战落下了帷幕,同时整个拉卡战役第二阶段的主要战事也宣告结束。在这一阶段的战斗中,民主联军方面先后组织了空间相接、时间交错的3条战线和4场战役,稳扎稳打,最终取得了胜利(图11-21)。

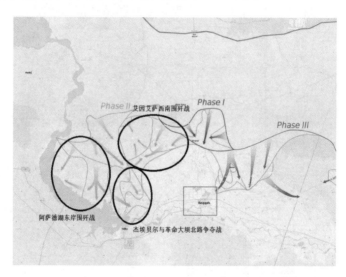

图11-21 拉卡战役第二阶段四次战役所处区域示意图

战役第三阶段(2017年6月6日—2017年10月16日):决战拉卡。2017年6月6日,由库尔德人主导的叙利亚民主联军正式宣布开始拉卡战役,并在当月取得较大进展(图11-22)。6月底,民主联军彻底包围拉卡市,极端组织在6月30号试图从东部突围,但被民主联军挫败。进入7月,由于战斗转变为巷战,叙利亚民主联军推进速度明显放缓,极端组织无人机投掷炸弹、自杀式爆炸次数明显增多。直到9月,叙利亚民主联军行动再次加速,9月初完全控制拉卡老城区,月底发力拉卡市北部区域,使得极端组织在拉卡城区的控制范围越来越小,叙利亚民主联军已经控制了拉卡城近9成的区域。

图 11-22　叙利亚民主联军向城内发射火箭炮

在行动期间,美国领导的国际反恐联盟几乎每天都对拉卡进行数十次空袭。仅在8月,联盟就在拉卡执行了5775次空袭,导致至少433名平民丧生。据统计,6月以来,累计有超过1000名拉卡人在冲突中丧生,而拉卡城也遭到了彻底的破坏。

2017年9月底,叙利亚民主联军官员表示,预计拉卡城内还有大约400名恐怖分子,大部分是外国恐怖分子,另外还有数千平民被困。叙利亚民主联军方面希望能在2017年10月结束在拉卡的战斗,但由于被包围的恐怖分子已经走投无路,因此未来可能还有比较激烈的斗争。

10月20日,由美国支持的叙利亚民主联军经过4个月战斗后,完全夺取了ISIS在叙利亚的大本营拉卡。美国在此前的声明中表示,在夺取拉卡的战斗中,由美国支持的队伍死亡人数超过1100人,还有超过3900人受伤。

然而,拉卡的解放却让当地人民付出了惨痛的代价。根据由记者主导的非营利机构 Airwars 保守估计,解放拉卡之战造成了至少1800人伤亡。他们还指出,拉卡饱受蹂躏之后,成千上万的当地民众流离失所。此前,Airwars 也曾质疑美国官方公布的联军在叙利亚、伊拉克造成的平民伤亡人数。

据估计,在6月份围攻开始前,约有20万人居住在这座城市。然而,大部分建筑在战斗中因遭受空袭和轰炸而被摧毁。如今,战后的拉卡被国际媒体称为"鬼城"和"人间地狱",完全无法居住。

"拉卡城的命运让人联想到在1945年被英美联军夷为平地的德累斯顿。"俄罗斯国防部此前表示。发生在二战期间的那次大规模空袭行动备受指责,至今仍被看作二战历史上最受争议的事件之一。当时美国和英国空军向这座为纳粹所控制的城市投放了超过3900吨炸弹,摧毁了市中心,并导致大约25000名平民死亡。

大马士革估计,在联军"蓄意且野蛮的轰炸"下,拉卡城超过90%的地方被摧毁。叙利亚外交部官方消息称:"美国及其盟军全然不顾及拉卡损失惨重,却踩着受害者的尸体,庆祝他们所谓的解放。"(图11-23~图11-26)

叙利亚库尔德武装的排爆队员开始对拉卡城区的各种爆炸物进行清理,由于极端组织设置了很多不同类型的爆炸装置,这项工作危险重重。

回顾整个拉卡战役作战全过程,可以判断,在以美国为首的联军强大空中火力的支援下,民主联军采取步步为营、稳扎稳打方式,打完一仗、休整一段,逐步截断敌对外通路、促敌主力撤出而后包围歼灭的策略,准备充分后集中兵力攻击、胜利后顺势追击的战

图 11-23　来自《国家报》报道截图

图 11-24　战后的拉卡一片废墟

术,不盲目冒进,打有准备之战,这是取得最终成功的关键,背后有美军智囊团的支持甚至直接指挥的影子。反观"伊斯兰国",虽然有强大的精神力量、抵抗意志,不惜采取自杀式攻击、同归于尽等极端方式,但由于没有空中优势,没有武器弹药的供应和强大的外援,孤立无助,随着包围圈的收缩,最终走向失败。

图 11-25　曾经繁荣兴旺的拉卡完全成了废墟

图 11-26　叙利亚女人回到拉卡看到自己房子成为废墟时哭泣

二、城市建设对作战的影响

　　城市是由人造地形、密集人口和大量基础设施相互融合构成的复杂综合体。城市因其具备的自然条件、社会人文、经济发展、街道楼宇、交通物流、商业金融、重要机构等大量构成要素,被誉为现代军事行动中最复杂的作战地形。城市环境越复杂,对作战的影响也越大,体现在核心枢纽区域、制造服务中心和货物集散地等各方面。

城市不是自然实体,自然环境经过人类改造才会出现城市。城市通常是区域政治、金融、交通、工业和文化中心。世界上所有城市都包含建筑物、人口、街道、公共事业系统等。不同城市之间差距体现在发展规模、发展水平和发展风格上,城市越大,其区域影响力越大。按照人口多少,城市一般分为大都会、都市、中等城市、城镇、乡镇等。通常,大都会人口超过1000万,其他城市人口在几百万、几十万、几万、几千不等。目前,许多城市在向农村大幅扩张,与农村失去了明确界限。城市之间通过高速公路、运河和铁路等交通系统相互连接,农村通过道路网连接到城市。美国国家情报委员会在《全球趋势2030:变换的世界》报告中预测,到2030年,全世界约60%的人口总共约49亿将居住在城市中心区。该报告指出"全世界的城市人口每年将增加6500万,相当于每年增加七个芝加哥或五个伦敦的人口"。全世界居民人口达到1000万或以上的特大城市,将继续呈指数级增长,从1980年的3个增加到2014年的24个、2018年的30个,再到2025年的约37个。

城市周边地区和"城乡结合部"地区的增长速度,将快于城市中心,因为这些地区可以为住房和制造业提供比较便宜的土地。大都市反映出正在兴起的人口增长、城市化、沿海化和网络连接四大趋势。城市具有人类持续生活的复杂地形,它们往往是一个国家政治权力的中心,也是社会稳定和冲突的场地。

(一) 城市布局

城市根据布局可划分为中心型、卫星型、网络型、线型和扇型等几种类型,如图11-27所示。

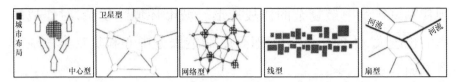

图 11-27　典型城市布局图

卫星型城市由依附中心枢纽的较小城市组成。这种城市布局中的自然地形是相对均匀的。卫星型和网络型城市的中心是城市枢纽或主城区，外围城市呈现辐射状。在进攻和防御行动中，城市枢纽经常成为攻击者的主要目标和障碍。

线型或者扇型城市布局模式是受自然条件或交通轴线的影响而形成的，有的沿江河或海岸绵延，有的是沿狭长的山谷发展，还有的沿陆路交通干线延伸。

(二) 城市地形

城市环境中的地形复杂而富有挑战性。城市地形具有自然景观的所有特点，再加上人造建筑，形成复杂而流动的环境，以独特的方式影响军事行动（表 11-1）。城市地形是水平、垂直、内部和外部形式的复杂组合，城市地形分为四个基本层面：空域、地面上部、地面和地下。

表 11-1　城市与其他类型地形的区别

	城市	沙漠	丛林	山区
非战斗人口	多	少	少	少
高价值基础设施数量	多	少	少	少
多维战场空间存在	是	无	一些	是
打击/探测/观察限制	是	无	无	无
打击距离	短	长	短	中
接敌途径	多种	较少	较少	较少

(续)

	城市	沙漠	丛林	山区
机械化部队自由机动	低	高	低	中
通信功能	下降	正常	正常	下降
后勤需求	高	高	中	中

空域是飞机和空中弹药可用的地面上方空中通道。在城市地区,空域被不同高度和密度的人造建筑以及不规则的自然地形分割,产生了"城市峡谷"效应,可能会对作战产生不利影响。"城市峡谷经常引起更大的风速与不可预测的风向和湍流,可以导致一些弹药错过其目标。空域作为城市区域的快速空中通道,部队可以利用航空装备进行观察、侦察、打击和快速部署,或者撤退兵力、物资和设备。一些地表障碍不影响航空装备,而不同高度的建筑物以及塔楼、电力线和其他城市建筑的密度增加,对飞行和弹药造成障碍。这些障碍限制了城市空域的低空机动性。

地面上部区域是各类建筑物,也包括其他可用于运动、机动、观察、射击的自然或人造结构。一些屋顶设计为直升机停机坪,可为直升机着陆提供理想场所。

地面区域包括停车场、机场、高速公路、街道、人行道、公园、田野以及任何其他外部空间。这些表面区域遵循自然地形,但被人为的功能打破。

街道提供主要接近途径和快速推进手段。然而,建筑物和其他构筑物往往会阻碍部队前进。因此,城市地表区域的建筑障碍通常比开阔的地形更有利于城市防御。当城市毗邻海洋、大型湖泊和河流时,这些水体的表面可能会成为友军和威胁的接近途径。

更大的开放区域,如体育馆、运动场、学校游乐场和停车场,在城市运行中是关键的区域,它们可以为流离失所的平民、讯问中心、敌方战俘设施和被拘留者提供场所。这些区域也可以用作航空着陆区、起飞区和炮击点。因为它们通常位于中心位置,还可以提供物流支持和空中补给。

地下区域是由地铁、隧道、下水道、排水系统、地窖、防空避难所、公用走廊、各种地下公用事业系统或其他地下空间组成。在老城市,它们可能包括古老的手挖隧道和地下墓穴。这些区域可以用于掩盖、隐藏、移动和打击,攻击者和防御者都可以利用地下区域来机动并进行伏击。然而,它们的使用需要深入了解,甚至可能需要考虑与城市边界接壤的河流和主要水域的地下区域提供潜在途径。

(三)城市功能

按照功能不同,城市可分为工业区、高层建筑区、居住区、商业区、军事区等若干区。

1. 工业区

工业区经常在商业交通最便利的城市郊区,沿机场、海、河、铁路、公路等进行建设。建筑通常呈现分散格局,以便为大型货物卡车、物料搬运和相关设备设施提供足够空间。这些地区可为物流基地和维修点提供理想场所。多层结构通常具有钢筋混凝土地板和天花板。此外,工业区可能包括化学品、石油产品、肥料和其他有毒物质的储存区域,这些危爆物品在发展中国家比较普遍,在发达国家随着工业化的转移,许多地区已经被废弃或者已经发生了变化。

2. 高层建筑区

高层建筑区包括多层公寓、商业办公楼和企业建筑,大型开放区域如停车场、公园、体育场馆和较小的单层建筑将高层建筑分割开。

3. 居住区

居住区一般分布在整个市区,包含许多城市配套基础设施,如电力、水和通信等。

4. 商业区

商业区域包括沿着主要街道两侧建成的商场、商店、酒店和餐馆,一般集中在城市中心区域与干道附近,或者城市人口密集区域的中心位置与街区。

5. 军事区

世界各大城市都有为军事目的专门建造的防御工事和军事基础设施。永久性防御工事可以由泥土、木材、岩石、砖、混凝土或其建筑材料组合制成,有的建在地上,也有的建在地下。许多国家拥有较长海岸线,为了满足防御需要,开发了海防防御工程。朝鲜是一个很好的例子,在其海岸以及非军事区内都有许多永久性的炮兵、导弹、指挥和控制设施。许多城市拥有大型军事设施、部队驻地和军事指挥管理机构。

(四)城市基础设施

城市基础设施主要指人口生产生活所依赖的基本资源、支撑系统等。基础设施包括桥梁、道路、机场、港口、地铁、下水道、发电厂、网络、通信、社会服务等公用设施或通用系统。基础设施因城市而异。在发达国家,基础设施和服务业高度发达、运行良好,但在发展中国家就要差许多。城市基础设施好坏,会直接影响民众、城市的正常生活与运行,影响军事行动的展开和实施长期有效的占领控制。

发展中国家通信基础设施可能比较落后,信息流可能依赖于不太复杂的手段,如广播、电视、报纸等当地媒体,但无线电、手机和卫星通信也可能越来越多地用来传递信息。了解一个城市的通信基础设施很重要,因为它最终控制了通向民众和敌人的信息。

电力对城市至关重要。电力公司提供热、电源和照明等基本服务。因为电力不能大量存储,所以对电力公司的任何部分的损坏将立即影响民众。作为整个城市服务业的重要节点,电力设施是城市冲突的潜在目标。骚乱、军事行动和其他形式的冲突,可能会扰乱电力服务。敌方势力可能针对这些设施下手,以削弱对手对城市的控制和民众的支持。

(五) 城市民众

城市民众的期望、看法及在市区的活动,构成了周边地区的经济、政治和文化焦点。民众能够以积极和消极的方式影响军事行动和使命。城市居民对城市有深入了解,他们的观察可以提供有关情报和其他有助于了解环境、活动的信息与见解。例如,居民通常知道通过城镇的捷径,他们可以观察和报告发生的示威、会议和活动。

城市民众可以通过限制或改变道路的宽度来物理地限制运动和机动,还可以为不同力量提供隐蔽渗透。例如,难民流可以为部队成员提供隐蔽渗透路线。正常城市活动可能影响军事行动,如民众上下班高峰时段的运输通常会受到阻碍。

(六) 城市信息

城市信息对作战和军事行动十分重要,因为作战计划的制订和作战决策基于这些信息和知识。由于城市信息是复杂多维、不断变化的,必须对城市的环境和目标等实施持续监测、评估和分析。信息来源可以包括但不限于报纸、电视、广播电台、计算机网络、信息技术中心和邮政系统。信息环境应在全球范围内、国家层面和地方层面进行逐级分析、评估和关联。

以上六个方面是城市的一些基本要素。对于城市进攻部队而言,城市就像一个巨大而坚固的"黑箱",里面环境复杂、结构多变、目标众多、军民难分,充满未知和不确定性,对作战行动的实施带来了巨大的不便和障碍。

一是目标看不清。军事打击目标隐蔽于各种建筑物、地下设施之中,难以及时发现、准确定位,重要目标人物和群体,难以跟踪识别和快速区分。

二是手段受限制。军事力量与密集人口混杂,军事装备与民生设施相互交织,各种传统武器装备很容易造成附带损伤,难以充分发挥效能。

三是部队展不开。城区街道阻隔,战场容量有限,兵力兵器机动、射击受限,打击难度大,大兵团难以展开。

四是指控能力弱。战场观察受限,通信易受高大建筑阻隔和各种电磁信号干扰,上下级、左右邻难以实现信息共享,指挥控制部队行动和组织实时协同难度大。

五是行动风险高。作战部队置身于高楼大厦林立、地下设施发达的环境中,易受到来自四面八方的立体狙击、伏击和偷袭。在反恐行动中,还会遇到化装成平民的恐怖分子近距离袭击。

六是舆情控制难。一旦发生误伤、误炸,容易引发"蝴蝶效应"。在通信设施完备、自媒体高度发达的城市,会有无数双眼睛紧盯战场,利用互联网随时随地直播战况,一些误伤平民、破坏民生目标、打击敏感目标等事件,极易受到炒作,无限放大,误导民众,甚至可能引发全球反战风暴。

三、城市作战特点

与其他作战样式相比,城市作战有着截然不同的战场环境,在很大程度上影响和制约着城市作战行动、方式及装备使用。

城区路网发达，是城市作战的主要通道和控制权争夺的焦点。城市道路主要分为公路、铁路和水路等，是一个城市交通运输的血脉，不同性质和功能的道路，其线形、路型、宽度各有不同。如在城市公路中，既有纵贯城市东西南北的直线形道路，又有以城市中心为圆点、绕行城市周边的环形道路；既有联系城市交通枢纽和公共活动中心的主干道，又有出入居住区和胡同里巷的城市支路。这些功能各异的公路与城市的铁路、水路，纵横交错、相互交织，共同组成了城市立体道路网。一方面，城市干道宽阔笔直，承载能力较高，为部队快速攻击、迂回和撤退提供了便捷的线路，也便于装甲战斗车辆等重型装备的机动和突击。另一方面，受道路两旁建筑物的阻隔，可供选择的机动空间十分有限，部队只能沿着道路行进，一旦受到对方火力封锁、障碍物阻滞，部队机动突进将十分困难。因此，在城市作战中，夺取和控制城市道路十分重要，围绕道路控制权的战斗也十分激烈。

城市街区复杂，是巷战的主要战场和影响武器装备性能发挥的物理障碍。城市是由若干大小不等、功能各异的街区构成。由于设计功能、建设时代的差异，不同街区各有其特点。核心区、新城区等通常由高低不等的高层钢筋混凝土建筑组成，交通便利。商业区建筑物密集、高低不等，主要街道两旁商店和餐馆林立。住宅区主要由一至数层的独立住宅和相对集中的高层公寓构成，相互之间含有较小的露天场地。工业区一般由若干大院式街区和1～5层的工业建筑群组成。郊区和旧城区多是由低矮楼房和平房等建筑物构成的低层密集建筑街区。

不同的街区，由于功能、形状、大小及其建筑物、街道的分布、密度和坚固程度不同，对城市作战特别是进攻作战行动的影响也不尽相同。核心区、商业区和现代化住宅区，建筑物高大坚固、分布均匀，街道宽阔坚实、笔直通达，便于城市守军摆兵布阵，组织坚固阵地防御。对于进攻一方来说，一方面有利于坦克等装甲战斗车辆、武装直升机的射击和机动，便于组织一定规模的步坦协同攻击；另一方面行动易暴露，受敌火力威胁大，通信易阻隔，部队协同困难。郊区和旧城区由于街道狭窄弯曲、视距短浅、通视性差，兵力兵器的观察、射击和机动都受到很大限制，不利于装甲兵部队展开和机动，只适合步兵小分队独立战斗。工业区以及公园、院校等大院式街区，建筑物密度小，道路通畅，便于坦克、步战车、火炮等直瞄、间瞄武器的射击和机动，也便于部队实施步坦炮协同攻击和实施迂回包围。

城市建筑物密集，是城市战斗的主要依托、争夺焦点和直接目标。城市建筑物包括办公楼、住宅楼、商店、饭店、医院、体育馆、电影院等，种类繁多、数量庞大。现代城市建筑物大多是混合结构建筑和框架结构建筑。混合结构建筑由墙和楼板构成，通常用砖块、石块砌体和现浇混凝土构筑，并用预制立墙平浇结构加固。其主要特点是，墙体结构强度很高，可以发射反坦克导弹或肩扛式防空导弹；地面厚实，可作为坦克等重型装备的掩蔽所。缺点是屋顶比较脆弱，一些内部跨度大的建筑物内墙不承重，易被摧毁。框架结构建筑主要由钢、钢筋混凝土或木头制成的柱子和横梁支撑，采用由瓷砖、砖板、石板或玻璃制成的墙体。其主要特点是，建筑物各楼层墙体都是同一厚度、窗户都是同一深度，可为狙击步枪、机枪等类轻武器提供更多的掩护和射击平台，内部空间较大的区域可用来发射大口径火箭筒以及反坦克导弹、肩扛式防空导弹。城市街区的建筑物，能够为部队特别是守军提供良好的隐蔽条件，限制进攻部队的观察范围和射界射程，压缩防空武器的使用范围，制约和阻碍装甲部队的行动。从某种意义上说，城市作战就是城市建筑物的争夺战，围绕争夺建筑物的战斗贯穿城市作战的始终，是城市作战的核心和焦点。

地下设施完备，是部队渗透突击的重要通道和实施防御的隐蔽场所。城市地下设施主要包括地下管道、地铁隧道、地下运河、地下商场、地下厂房、地下停车场、地下室等。现代城市地下设施十分发达，具有线路长、分布广、隐蔽性好、坚固性高、整体性强、配套设施完善等特点。如某都市的地下综合管沟到2003年底已经在21地段建设了干线共沟60千米、支线共沟52千米及电缆沟66千米，并具有完备的排水、通风、照明、通信、电力或有关安全监测系统等设施。主城区大部分路段有地铁，平均深度17米，依托地铁修建有7条地下街，3层以上建筑物均有人防工事或地下、半地下室，并与市区主要人防工事相通。

完备的地下设施构成了部队渗透突击的重要通道和凭坚据守的重要依托。地下工程设施为防御一方组织立体防御创造了条件，城市守军会充分利用大量复杂的地下工事部署兵力，隐蔽机动，适时出击，配合地面部队袭击进攻部队，形成复杂立体的防御体系。地下工程设施也为进攻一方隐蔽机动兵力提供了条件，可以利用这些设施秘密渗透、隐蔽机动，快速抵近市区重要目标，实施突然袭击。但相对地面来说，地下空间狭小，双方的接触面很小，观察、射击、指挥和协同十分困难，战斗队形高度分散，内外联系和支援极为不便，战斗具有很强的独立性。

总之，城市因其特殊性，作战行动利"守"不利"攻"，利"小"不利"大"，利"独"不利"联"，利"近"不利"远"，利"控"不利"毁"。新形势下，全球城市发展不断创新，智慧城市发展成为主流。智慧城市通过把无处不在的智能传感器连接起来，实现对城市全面实时感知，利用云计算、大数据等智能技术，对包括政务、民生、环境、公共安全等在内的各种需求，做出适时响应和智能决策支持。其本质特征就是通过物联网把信息化"数字空间"与现实城市的"物理空间"融合在一起。未来在信息化和智能化高度发达的城市作战空间，其作战方式和理念一定区别于传统城市环境。必须针对城市特点和发展要求，在充分感知环境、精确定位目标、实施精准打击、增强指控能力、控制行动风险、减少附带损伤、预防舆情危机、适应社会变化等方面，提出新的作战理论、概念和方式，用新的理念思路、措施办法提升作战能力。

未来城市作战是基于认知通信、网络信息的智能化作战，其基本形态是以互联网、物联网、大数据、云计算为支撑，物理空间作战与虚拟空间作战相融合的多维、快速、精确、有限空间作战。未来城市作战一方面由于大数据、互联网的普遍感知、瞬时联动、涌现井喷等非线性突变，可以带来战时舆情转向、心理失控、社会动荡等综合效应，将逐步催生虚拟空间战场的建立和完善。另一方面，各类地面无人平台、仿生机器人、无人机、微型制导武器及其自主集群系统等大量出现，无人为主、立体攻防、集群行动、分布式打击、人机混编等新的战法与编成，催生城市物理域作战新方式。上述两个方面，在多样化、分布式网络和智能云的支持下，形成虚拟空间作战与物理空间作战交叉融合的新模式。

未来城市作战可能的途径和流程是：依托互联网、移动网络及空天地基信息系统进行多维透视，全面准确掌握目标城市地理、交通、气象、电磁、社会及防守之敌等情况；通过广播、电视、网络等媒体，以心理战、舆论战瓦解敌守军，争取城市民众支持；使用无人化、立体化、智能化机动平台，通过分布式、网络化、区域化、并行作业等方式,实施地面、地下、空中相结合的快速机动与突击;以无人、精确、低附带损伤的空地火力,清除、驱逐建筑物内外、地下空间之敌;采取信息、兵力、火力等控制方式,对作战区域进行封锁、隔离和清剿,孤立、约束和消灭守敌;快速接管城市,保卫重要目标,恢复基础设施,掌控社会舆情,保持城市稳定。

四、多域透视与感知

了解和掌握城市的多维信息,是知己知彼的前提,是先敌发现、先敌打击的关键。通过互联网、大数据、卫星、无人机和其他侦察手段,对目标城市进行多模态的持续侦察监视,并对海量数量进行分析和处理,构建包含社会、地理、电磁等多维城市图像,展现城市交通网络、建筑物分布、地上和地下布局、空间结构、气象水文等地理环境,描述电磁频谱、通信链路、通信中枢、信息流向等电磁环境,刻画民众群体构成、宗教信仰、意识形态等社会环境,系统全面地透析目标城市的作战环境与特点。

"更多、更好、更准的信息"是城市作战面临的重大挑战。随着城市的不断发展,各种基础设施和社会服务等功能越来越多,各种软硬件设施和复杂的城市环境,无论对进攻方还是防御方,都带来了越来越多有利或者不利的影响。因此,城市作战对情报信息的需求日益增长,对互联网等非传统情报搜集方式和数据的依赖性日益增强。单一的情报方式越来越不适应形势发展要求,需要分析多维多源信息之间的关联关系,搞清这些信息的意图,将网络信息与战斗部队的侦察行动结合起来。

在城市环境下作战,需要了解诸多方面的信息:

- 敌人在哪里?

- 怎样向敌人进攻？
- 怎样创造条件将敌人隔离开来？
- 怎样创造条件让敌人暴露？
- 怎样对重要目标实施斩首？
- 怎样找到并获得关键信息？
- 怎样对付地下基础设施？
- 怎样对付障碍物和简易爆炸装置？

……

通过城市多维透视，可以跟踪监视守敌兵力部署和调动情况，掌握重要目标的相关信息。特别是通过互联网、物联网等开源信息大数据采集分析，能够得到典型城市战场环境、目标位置、人员分布等情况。特别是围绕政府机构、军队驻守、机场、码头、交通枢纽、酒店、重要人物等特点和要求，进行网络爬取和建模，积累历史数据和动态实时数据，实现多维度获取和关联，为战役和战术态势感知提供情报服务。有效解决现有侦察手段主要依赖传统装备和方法，形式单一、受环境制约、侦察区域有限、多源信息融合滞后、关联认知不强等突出问题。同时利用深度神经网络和机器学习等技术，对城市和守军目标的电磁、光学、光谱等特性进行采集、分析、建模，能够大幅提升目标智能识别能力。

有针对性地抓捕有重要价值的敌方首脑、重要目标，或实施"斩首"行动很重要。美国在阿富汗、伊拉克、利比亚战争以及对付全球恐怖分子头目时采用了类似方法。俄罗斯在车臣战争中击毙杜达耶夫时也采用了这种方法。这类方法依靠精确的情报信息定位和快速的袭击手段来攻击目标。

搜集城市守军位置和行动有关信息，必须了解部队的番号、实力、装备、驻守与分布、指挥官能力等情况，以及相关的街区、建筑物、机动路线、社会组织、人员和事件。这些要求使城市作战与野战相比更加复杂。特别是在反恐、维稳、平息骚乱、战后安防等非战争军事行动中，百姓的人数常常超过了敌方军队人员的数量。因此了解居民人口的构成、军用目标和民用目标的区别，是一项费时费力但又必须做的工作。

传统城市作战方法是：包围市中心，命令非作战人员撤离，然后一个街区一个街区地搜查敌人，并在此过程中消灭顽固抵抗的敌人。过去和现在的许多战例是这种模式，包括俄罗斯在格罗兹尼的战役、美国在费卢杰的战役、ISIS"首都"叙利亚拉卡战役等。从近年来伊拉克、叙利亚战争看，美国、俄罗斯都是通过事先掌握好的军事情报，对ISIS恐怖组织的政府大楼、防空据点、弹药库、部队营区等重要目标，先从空中对地实施精确打击，然后再出动地面部队实施进攻。在这些案例中，进攻方都使用了重型火力来弥补情报信息的缺乏，这是一种比较有效但十分粗率、附带损伤很高的方式。虽然事先进行了精心策划，但从最终的结果看，每个城市最后都打得稀巴烂，给战后的恢复、治理和重建埋下重大隐患，造成极大困难。

未来，这种模式可能行不通。一方面，从逻辑上来说，在一个特大城市里重新安置上千万甚至更多的居民几乎不可能。另一方面，在全球化越来越透明的情况下，平民伤亡过大会遭到国际社会的谴责，削弱国内外对战争的支持，与战争文明化趋势不符。因此，需要通过更多更好的信息情报来提高精准性、减小这类风险。必须在作战区域内，明确需要袭击的军事目标、不能袭击的民用目标和可打可不打的中性目标，才能尽可能减少减小附带损伤。如文物古迹、医院、学校、福利院、教会、教堂等场所，就必须列为攻击的禁区和红线。

当然,随着城市的快速发展特别是智慧城市的推进,也为城市作战提供了更多潜在信息来源。智慧城市利用基于网络信息技术的解决方案使市民经济生产效率和生活质量最大化,同时使资源消费和环境退化降到最低程度。在智慧城市,先进的网络信息技术是城市规划、治理、资源管理、基础设施、建筑设计、交通运输、安全服务、应急响应和救灾救援系统的基础,也是信息公开、数据挖掘的重要手段。

大城市、特大城市作战,需要广泛搜集多维情报信息,其复杂程度将逐渐超过传统 ISR 传感器系统的"硬感知"能力,需要探索新的信息来源及搜集方法。城市复杂自然地形和相当大的居民人口提供了足够多的潜藏机会,使得将作战人员与平民分开的任务变得相当复杂,甚至包括敌友分辨也如此,就连想知道谁居住在城市里,也都成了具有足够挑战性的事情。研究表明,在当今世界上的 70 多亿人口中,有 45 亿是在当地没有户口的流动人口,也就是说没有固定的房屋所有权。尤其是在城市贫民区中,精确的户口普查数据很难得到,城镇化和人口增长只会使这个"大海捞针"问题变得更加严重。

传统情报方法主要依靠人工情报和 ISR 传感器系统,对网络开源信息利用不够,并且多源情报之间相互独立,最终还得依靠人工汇总分析。智慧城市的发展,为城市作战提供了一种潜力巨大的信息来源。同时,随着互联网、移动通信、手机用户等增加,网络开源信息收集手段能提供更多的公共数据和私人数据。城市作战中情报信息面临的挑战将不再是收集数据,而是集成、分析所有的数据。美国陆军正在建设的"分布式通用地面系统"(Distributed Common Ground System),是一个三军通用平台,拟将人工情报、ISR 传感器系统、网络开源信息,即军用和民用多源信息融合在一起,进行数据挖掘、情报分析和集成关联。

目前,全球范围内大数据公司发展迅速。其中,尤其值得关注的是由硅谷风投教父彼得·泰尔(Peter Thiel)创立的科技独角兽(Palantir Technologies),该公司在发现追踪和抓捕本·拉登过程中发挥了重要作用,通过其大数据关联搜索软件,确定了本·拉登与基地组织的唯一信使艾哈迈德,最终找到了本·拉登在巴基斯坦伊斯兰堡附近阿伯塔巴德镇的寓所。据腾讯科技网引用外媒的信息报道,2018年3月,Palantir Technologies联合雷神公司,获得美国军方8.76亿美元"分布式通用地面系统"合同。

Palantir以硅谷里最神秘的公司而闻名,其神秘之处在于它帮助公司筛选大量数据,政府机关和情报机构可以通过该公司来搜查恐怖分子并且找到罪犯,或是检测识别欺诈,确保情报信息真实、安全、可靠。美国中央情报局(CIA)是Palantir的早期投资者和客户。美国国家安全局(NSA)和联邦调查局(FBI)也是该公司顾客。

Palantir创立于2004年,其服务受到了数十个美国联邦、州和地方执法机构的采用,以聚合分散的数据寻找关联模式,并将结果展现在彩色、易于理解的图像中。2016年,Palantir获得20亿美元投资,估值高达200亿美元。据悉,Palantir将为美国军方提供软件。它将和雷声公司合作,替换掉美军以前的"分布式通用地面系统"。据美国国防部声明,Palantir和雷神公司击败了其他七家公司才赢得这一长达十年的合同。作为Palantir的联合创始人兼董事长,泰尔在2016年支持该公司起诉美国军方,指控后者的竞标程序不公平。一名法官判定Palantir胜诉,并命令军队修改对分布式通用地面系统的投标方式。美国政府问责局(U. S. Government Accountability Office)认定,美国陆军以前的系统预算超支且表现不佳，需要替换。特朗普当选美国总统以后，泰尔在华盛顿的影响力显著提升。他是特朗普在硅谷最重要的支持者，并为后者的竞选捐款。泰尔曾推荐其多名前员工填补特朗普政府的职位空缺。

充分利用从智慧城市获得的数据，军方还会面临一些严峻的技术挑战。其中，有两大技术问题需要解决。一是数据的标准化，这是一项棘手的问题，因为网络上存在不同技术体制和渠道来源的信息，有图像、有声音、有视频、有文本，文本又有多种版本，有结构化的和非结构化的，并且拍摄手段、传输渠道不一样，最终让机器能够统一识别，指挥官能看清楚弄明白，其实有很多技术问题需要解决。二是实时性，也就是数据保鲜度，因为可用的输入数据将随着城市的不同而不同，军方不知道何时何地会在哪个城市作战，需要实时跟踪研究热点地区、主要城市的情报信息，最好是通过网络能够将大量动态数据真实、实时反映出来。

通过开源信息和大数据技术来收集情报，越来越具有吸引力，它能够解决海量信息甄别和关联，提供大量有价值的信息，尤其是在作战的初期，非常有用。据"互联网女皇"玛丽·米克尔（Mary Meeker）发布的2018年的互联网趋势报告显示，2017年全球网民数量已达到36亿，超过了全球人口总量的50%，全球智能手机用户数量接近15亿，尚未接入互联网的人口变得越来越少。更重要的是，这已成为一种全球性趋势。人们还在增加他们在网上花费的时间。2017年，美国成年人每天在数字媒体上花费5.9小时，高于前一年的5.6小时。其中约3.3小时用于手机，这是数字媒体消费全面增长的原因。在移动支付的普及率上中国继续引领全球，2017年移动支付用户超过5亿人。

在2018年互联网趋势报告中，中国正在迎头赶上，成为全球最大互联网公司的枢纽，在全球市值最高的20家互联网公司当中,中国占据了 9 家,美国占据了 11 家。5 年之前,中国占据了 2 家,美国占据了 9 家(图 11-28)。

	如今的全球20大互联网领导者： 美国@11……中国@9		
	上市/私营互联网公司，按市值排名（2018年5月29日）		
Rank 2018	Company	Region	Market Value ($B) 5/29/13　5/29/18
1)	苹果	USA	$418　$924
2)	亚马逊	USA	121　783
3)	微软	USA	291　753
4)	谷歌/Alphabet	USA	288　739
5)	Facebook	USA	56　538
6)	阿里巴巴	China	--　509
7)	腾讯	China	71　483
8)	Netflix	USA	13　152
9)	蚂蚁金服	China	--　150
10)	eBay+PayPal	USA	71　133
11)	Booking Holdings	USA	41　100
12)	Salesforce.com	USA	25　94
13)	百度	China	34　84
14)	小米	China	--　75
15)	Uber	USA	--　72
16)	滴滴出行	China	--　56
17)	京东	China	--　52
18)	Airbnb	USA	--　31
19)	美团点评	China	--　30
20)	今日头条	China	--　30
		Total	$1,429　$5,788

图 11-28　全球互联网公司市值排名

在这 9 家中国公司中,BAT 三巨头自然是榜上有名。其中,排名最高的是阿里巴巴,位于 20 大互联网公司榜单第 6 名,腾讯排在第 7 名,百度排在第 13 名。此外,京东排在第 17 名。在榜单中,还出现了中国的 6 家独角兽公司,包括蚂蚁金服(9)、小米(14)、滴滴出行(16)、美团点评(19)、今日头条(20)。

另据美国市场研究公司分析,到 2017 年底,全球移动用户号码基数预计将达到 89 亿。其中,80% 是发展中国家,发展中国家年均增长 7.5%,远高于发达国家年均 2.8%。同时,随着互联网的应用越来越广,社交媒体用户越来越多。根据世界银行报告分析,在 2010—2013 年,全球社交媒体用户的数量已上升了 60% 多,从 9.7 亿上升到 15.9 亿,预计到 2018 年会增至 24.4 亿。因此,越来越庞大的信息源阵列将会提供比以前更多的信息,而人工情报越来越受限,不太管用。根据媒体报道,在 2003 年伊拉克战后叛乱初期，中央情报局和军事情报部门曾努力建立并验证自己的线人网络，事实上陆军最初成立的69个战术人工小组只提供了预期日常情报量的1/4。并且在巴格达指挥官看来，所收集的很多信息更像是谣言，而非真正的情报。这种现象出现的原因是，难以在入侵之前建立人工情报网络、潜在的线人害怕被报复、难以审查情报来源的正确性等。无论出于什么原因，这些都说明了在作战初期很难获得可靠的人工情报。人工情报属于劳动密集型情报，核心是士兵与其他人交谈，虽然通过与当地居民定期交流从而在某种程度上收集到人工情报，但较高质量的人工情报需要时间，因为军队对情报来源需要进行关联验证。此外，优质的人工情报常常需要用良好的语言技能来获得，除非军队置身于另一个说母语的国家，否则将不能保证有足够的说本地语者可用。

电子侦察曾经在战争中发挥了重要作用。据媒体报道，伊拉克多国部队指挥官大卫·彼得雷乌斯（David Petraeus）将军认为，电子侦察与网络战争的结合是2007年平叛中"美国部队取得重大进展的一个根本理由"，直接导致了几乎4000名叛乱分子的死亡或俘虏。据统计发现，在2004—2009年，手机覆盖率增加导致了伊拉克各区和当地的叛乱暴力减少。美国国家安全局认为电子侦察在全球反恐战争中越来越重要，电子侦察情报人员增加了1/3，其预算几乎翻了一番。电子侦察的价值很可能在今后几十年会不断增加，尤其是在城市地区作战。甚至在相对不发达的国家，城市居民也会越来越多地拥有并使用手机，虽然用手机数据制作特大城市的人口流动地图刚开始可能会显得不直观，尤其是在贫民区，但手机数据事实上提供了最丰富的人口实时流动数据。就像移动通信和互联网的普及会导致开源信息增值那样，手机数据也可能会给电子侦察带来好处。

由于特大城市的人口多、通信量大，因此情报信息收集量会很快超出分析人员的处理能力。尤其是因为很多电子信号为高度机密信息，因此，需要依赖于更自动化的分析形式，可能需要依靠数据自动化过滤等手段，将复杂问题缩小到易控制的程度。

　　图像信息也需要利用非军事采集渠道和方法。当图像信息与其他技术情报来源和精确打击能力相结合时，会成为一种强大的定位工具。安全摄像头和犯罪预防摄像头已被全球的执法机构和情报机构采用，成为城市地形中一种越来越常见的装备。在恐怖袭击事件发生后，这些摄像头尤其有用。2005年7月7日，恐怖分子轰炸伦敦公交系统就是一个最好的例子。在袭击后，英国当局进行了英国历史上规模最大的一次闭路电视监控系统信号检查，不仅是因为近年来伦敦的闭路电视摄像头数量增加了，还因为多地点恐怖袭击具有扩散性。利用这些图像信息，调查者不仅能够跟踪在伦敦市区部分投弹手活动轨迹，还能最终将轨迹跟踪到距伦敦约230英里远的利兹市。

　　利用摄像头的图像信息，如果靠人工观察工作量巨大。2013年英国《电讯报》报道称，在英国每14人就有一个闭路电视摄像头，英国总共有490多万个摄像头。《电讯报》提到，有人估计数据甚至更高，认为每11人就有一个闭路电视摄像头。如果军队想要将这些网络从事后调查工具转变为可实时使用的情报收集工具，就需要依赖于某种自动提示形式，根据这些提示，计算机将扫描这些海量的输出图像，识别值得注意的活动轨迹，并警告分析人员从哪里开始跟踪和查找。这些工作在一定程度上已经推行。例如，执法机构已经利用音频传感器来探测射击声音，从而提示执法人员采取应对措施。在没有枪炮射击声或与众不同的军事装备图像作为声音提示或视觉提示的线索时，要想让自动扫描系统有效地工作可能会比较困难。

视频图像的自动提示功能已取得重大进展。有些高科技公司已开发出了能探测景观变化并发出警告的视频技术。这种技术可以针对城市环境专门开发,而且当与面部识别技术或其他类型的生物识别情报相结合时尤其有用,让分析人员能够确定目标对象是何时进入被观察环境的。

生物识别技术对城市作战情报信息收集会带来好处,特别是对某些长期任务更有用。在伊拉克战争和阿富汗战争期间,生物识别技术成为越来越重要的情报收集手段。使用生物识别技术须建一个大数据库,里面包含当地人口的生物识别数据,特别是他们的指纹、虹膜和面部特征。将缴获的简易爆炸装置或隐藏兵器拂去灰尘,取指纹,再与数据库对比,就可能找到匹配者。2001年,生物识别自动化工具箱首次在科索沃战争中应用,后来在伊拉克和阿富汗也使用了。2007年春,美国陆军启用了手持型跨部门身份检测设备,一种摄像头大小的更小型情报收集工具。截至2007年9月,这个数据库已收入了约150万个条目,其中167个指纹条目与简易爆炸装置上发现的隐约指纹比对上了。从那以后,生物识别情报的应用范围就扩大了。2012年10月,美国国防情报局成立了一个身份情报项目办公室。2013年,美国联邦调查局的指纹数据库已有了1.1亿个指纹,国防部有950万个,国土安全部有1.56亿个。据媒体报道,国防部也在开发收集生物识别数据的新方法,包括给无人机系统安装能绘制及识别人脸的模块。据外媒报道,2017年3月,在美国众议院监督委员会听证会上,美国联邦调查局承认,为了缉拿疑犯,在没有经过通知或者获得允许的情况下,将大约一半美国成年人的照片录入其脸部识别数据库。

生物识别技术的效用性随任务和环境的不同而有很大差异。

例如，对传统的实兵对抗交战，生物识别技术可能不那么有用。毕竟，如果敌人穿的是制服，则不一定需要按照生物识别数据来识别敌人。在技术层面上，生物识别报告常常为数据密集型，而且对照着现有数据库交叉检验生物识别条目会快速消耗带宽。带宽不足已经给恶劣环境中的军队带来了麻烦。随着数据库不断扩大至"云数据"，这些技术障碍可能会增加。

虽然让生物识别成为一种有用的情报工具可能尚需时日，但除了指纹、面部识别等常用的生物识别方法外，其他很多生物识别方法也可用于识别潜在目标。例如，人耳形状、手特征和走路姿势等视觉生物识别方法，可用于从开源信息和图像信息中识别出目标。声音识别也可用于战场情报，让分析人员能够匹配各种来源，如缴获的电话或在社交媒体网站上发的视频的声音特性。

新技术是成功处理并集成海量数据以了解未来城市环境的关键。尤其是随着数据收集量不断增加，自动提示软件识别反常的或可疑的活动，对于解决传感器数量与人力资源不足之间的矛盾，将变得越来越重要。另外，还需要开发出新的解决办法，及时存储并访问已收集的数据，包括开发使保密"带宽"增加的途径。实质性的解决方案是，集中精力开发新的集成软件，让机密数据和开源信息数据实时地互相覆盖，形成一幅通用的作战图。

就情报信息人员而言，军队可能需要培养专门的开源分析员和社交媒体分析员，就像培养人工情报分析员或电子信号分析员时那样，因为开源/社交媒体领域正变得越来越重要。此外，军队需要努力克服另一种挑战，即在各级部队中保证有足够的外语人员，军队应当通过设立语言奖金等激励措施促进并保持外语技能，因为下一场战役在哪里打是不可预见的，但陆军仍然需要保证外语人才在各级部队中快速扩充，比如通过雇用承包商或直接招聘。

多源情报信息的收集、挖掘和整理，是减少城市作战行动不确定性的一种手段。既需要从体系、系统整体上把握，也需要从局部街区和小环境来研究它的适应性。从整体上看，特大城市具备某些类似特征，对它们的理解也具有一定的普遍性，但特殊性可能更为突出。每个大城市是独一无二的，需要对其分别看待，这是作战的时候需要考虑的一个重要因素。

五、立体封控与精确作战

以物理域为主的城市中心区域作战，主要指取得整个城市外围主动权以后，对城区内实施街区和建筑物争夺的进攻作战或防御作战。传统城市物理空间作战，虽然越来越精确化、立体化，但也免不了狂轰滥炸，造成过大的附带损伤，这种情况仍有一定的普遍性。未来城市物理空间作战，从文明化的趋势来看，不应该如此，而应该通过无人化、智能化等技术手段，改变这种作战样式，用更加理性和可控的方式来处理。

从整个城市作战全局上看，未来可能有两种进攻作战样式。一是基于天空地精确侦察和军民信息数据关联融合，对整个城市重要固定目标、机动目标和重点人物，实施以察打一体无人机和巡飞弹为主的分布式精确打击与立体封控；二是采取较大规模特种作战的方式实施斩首，或在较大范围对城市核心区域和重点目标，实施突袭和攻击。

从城市作战战术层次看，未来战斗很可能是基于网络信息体系下的无人为主的立体、精确作战，主要围绕城市中心区域进攻与控制、防御与维稳等典型样式来进行。以进攻作战为例，首先应根据事先掌握好的目标信息和背景情况，采取中低空无人机实施城市街区精准探测、跟踪与打击,然后以地面无人平台为主实施前端破障与目标引导,依托有人平台实施后方指挥,依靠前后方伴随火力系统,结合空中侦察与打击,对地面装甲目标、街道隐蔽火力点、建筑物内部和楼顶的狙击手,实施立体精确打击。同时指挥人机混编队特战小组与单兵系统,采取"机器在前、人在后"等模式,在建筑物内部、地下停车场、地下坑道、地铁等环境,实施有人无人协同作战,对城市的死角和盲区进行搜查和清剿。

未来城市中心区域的争夺与街区作战,从装备的构成来看,主要包括基于网络信息体系的天基信息应用系统、无人机侦察与精确打击系统、地面伴随精确火力支援系统、有人无人协同的突击系统、人机混合编组的士兵系统、软硬结合的区域封锁隔离系统、以反蜂群和恐怖袭击为重点的防卫系统等。

2015—2018年,俄罗斯派兵参加叙利亚战争,除了大量传统武器装备外,还使用了大量无人平台和作战机器人参加了实战,其中,战斗机器人首次参与了地面攻击。同时俄陆军在叙利亚还使用单兵扫雷装备和"金龟子""球"侦察机器人、"天王星"-6扫雷机器人等,配合完成了大量扫雷任务,有力保证了部队安全。"金龟子"和"球"能进入井下和地下隧道等工兵无法到达的区域,通过摄像机、热像仪、麦克风等回传可疑目标信息,由工兵确定目标并实施扫雷作业。"金龟子"高15.5厘米、质量5.5千克,信息传输距离250米。"球"直径9厘米、质量0.61千克。"天王星"-6采用履带式底盘,质量6.8吨,扫雷速度1.26千米/小时,扫雷通道宽1.6米,遥控距离1.5千米,可连续工作16小时,每小时清理2000平方米雷区,作业能力与20名工兵相当。

城市作战网络信息体系建设的核心是认知通信网络和移动战术云。认知通信网络的构建,要考虑四个方面的关键能力,一是充分利用天基信息和卫星通信,解决城市障碍物较多条件下超视距联络与态势感知,通常用于远距离前后方及部队之间联络;二是具备城市复杂电磁干扰环境和随城市地面地形变化条件下的自主组网通信,能够随着建筑物的遮挡和干扰信号的识别自动跳频跳转,通常用于前端分布式组网侦察、集群攻击以及视距内有人无人协同联络;三是具备可控条件下,基于中低空通信中继支持下的中远距离地面部队之间组网通信;四是解决室内外通信导航探测一体化技术难题,便于单兵之间、班组之间组网通信、态势感知和人机智能交互。

移动战术云是伴随城市作战部队、各突击作战分队前出作战的移动处理中心与综合信息服务平台,依靠强大的云端数据服务平台结合自身前端处理能力,为突击分队各个作战节点提供实时数据、信息服务。移动战术云建设的重点是前端智能感知识别模块和后端(后台)决策优化算法与模型,前一个保证离线状态下可以有限自主决策,后一个保证在线状态下快速决策、混合决策和优化决策。移动战术云应有标准化、网络化的接口服务,支持网络化共享、控制和协作。

城市作战无人系统以地面、空中以及地下无人侦打平台为主体,海岸城市和河流丰富的城市还包括无人船艇武装平台,具有立体的战场态势感知能力和精确打击能力,以实时、准确、全面的战场信息支撑后台云系统数据建模、态势分析、任务规划、指挥决策等业务运行,并按预设的优先级接受和执行后台云系统、突击系统、单兵系统发出的指挥控制命令,与有人作战平台协同作战(图11-29)。

突击系统以装甲机动平台为主体、有人与无人结合,适用于城区机动、立体作战。突击系统可搭载多种伴随无人装备(如小型无

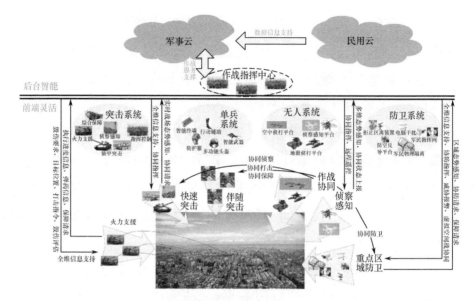

图 11-29　城市核心区物理空间作战及其装备系统

人机和地面无人平台等),配备功能强大的信息处理系统,具备多种任务的有人无人系统快速规划能力、前后台一体化协同指挥能力、主被动结合的全面防护能力、精确多能的火力打击能力、快速灵活的突障与机动能力、实时稳定通畅的通信能力、精准迅速的综合保障能力等。

士兵系统以网络化感知和多功能可穿戴设备为核心,突出与突击系统、无人系统融合作战能力;能够从后台云端获取战场环境、敌我情报等信息,并向后台实时反馈前端战场态势;适用于在城区环境下对残敌定点清剿,对隐藏恐怖分子精确打击;具备全天候目标搜索和综合感知能力、攀跨城市障碍的强机动能力、对重要威胁目标精确定位和打击能力、对局部战场区域的清剿和控制能力等。

防卫系统主要用于保护城市重要目标,防止被敌巡航导弹、武装无人机、小分队和恐怖分子破坏,具备对低空目标的侦察探测跟踪能力、低空目标火力拦截和信息攻击能力、对敌武装人员或恐怖分子侦察监视和拒止能力、对重要目标受袭后的危情控制和应急修复能力等。

前后台一体化作战体系和技术，可用于实现前台功能多样、后台云端支撑的新型作战模式，主要包括前台目标侦察、后台信息融合，前台威胁监视、后台任务规划，前台目标引导、后台精确打击，前台突击作战、后台态势支持，前台灵活机动、后台综合保障等。

城市环境下的有人无人协同作战，主要包括协同侦察、协同打击、协同防护、协同保障等作战行动。其中，在协同侦察行动中，无人车、无人机以及其他类型的无人装备可以在地下通道、地下空间、建筑物内部等区域实施协同侦察，在交战核心区域、破损建筑物周围、生化疑似地区等高度危险区域实施侦察监视。在协同打击行动中，地面和中低空的无人作战装备，可对隐藏在地下通道、地下空间、高层建筑等区域的敌军实施打击，也可采取立体攻击模式对敌装甲目标、指挥机构、通信中枢实施打击。在协同防护行动中，无人装备可用于发现、清除或引爆路边爆炸物，可用于拦截来袭弹药，也可用于危险区域的战地救护等任务。在协同保障行动中，无人装备可伴随有人装备或单兵实施物资和弹药运输、通信中继保障等任务。

城市作战环境不利于大规模作战，其作战编成倾向于小型化、班组化。俄军吸取两次格罗兹尼战争中经验和教训，他们在城市作战中，成立了由30~50人组成的"暴风"突击队，并把这些突击队分为更小的小组，每个小组仅由几个人组成。这些小组可能包括用榴弹武器、自动步枪和狙击步枪武装起来的士兵，装备有自动武器、"什米尔"火焰喷射器的士兵，大炮与航空引导员、工兵和侦察员等。

未来,随着无人化、智能化的发展,城市物理空间作战部队的编成会更加倾向无人化、集群化、小型化、模块化、混合化,具备网络化感知、无人化侦打、立体化突击、精确化毁伤、多样化防卫等功能。

六、虚拟与跨域作战

未来城市作战,将从传统以物理空间作战强攻模式为主,转变为虚拟与物理空间互动融合、攻心为上、低附带损伤作战的新模式。虚拟空间作战与跨域行动越来越多,作用越来越突出,体现在战前、战中、战后和平时全过程,主要包括感知与认知对抗、舆情控制与干预、重点目标和人群监控、电子欺骗和干扰、区域硬软封锁与隔离、战后防卫与反恐、人群应急疏导与管理、关键基础设施管控等任务和内容。

依托丰富信息资源和网络等媒体,开展舆论攻防战、网络心理战、政策宣传战,对舆情实施引导和干预,是城市作战的重要前提和巩固战果的关键手段。随着城市信息化、数字化、智能化建设发展,城市中的信息资源极其丰富,广播、电视、通信、网络等多样化媒体,在为居民提供海量信息查询的同时,也可以成为控制社会舆论导向的载体,强大的舆论资源和心理攻势可成为瓦解敌军的重要途径之一。2003年1月,在伊拉克战争中,美军对伊拉克军队和政府官员发起了以手机短信和电子邮件为主的网络攻势,伊拉克军人在接到"我们知道你是谁,放下武器,别无出路"等信息后,受强大心理宣传攻势的影响,有相当一部分伊拉克军人偷越伊科边境向美军投降,大部分伊军放弃了抵抗,导致美军可以轻松自如地从伊科边界长驱直入,轻易就攻占了巴格达。2011年2月,在利比亚战争中，联军充分利用互联网、广播电视等新闻媒体，强烈抨击利比亚的官僚权贵垄断了各种资源、家族统治背离了民主政治、卡扎菲是屠杀人民的刽子手等，广泛争取了民心。同时，联军通过邮件和短信，向利比亚军官发布通告，如"我们有你指挥所的GPS坐标，也能锁定你的手机位置，巡航导弹已经对这些坐标设置了程序……"极大地震慑了利比亚高官，有效瓦解了利比亚军队士气，为攻城掠地创造了有利环境和条件。

聚集在城市的大量民众，在社会舆论的导向下，既可成为守敌的支持者，也可成为进攻方的同盟者，亦可成为退避三舍的旁观者或中立者。城市民众因宗教信仰、文化教育、社会地位、职业收入等各方面的差异，对战争的理解和对自身影响的预期都会不同，对不同类群民众的心理分析以及实施不同的舆论导向，是维持城市民众情绪稳定、秩序可控的重要手段之一。因此，采用网络战、舆论战、心理战等多种作战样式，瓦解敌军、争取民众，是取得城市作战胜利的重要因素和条件。

在城市进攻作战中，必须对守城的政府官员、军队指挥官、部族长老和社会贤达等，实施持续不断的监控、跟踪和定位。其中，有些重要人物，是实施"斩首"行动、精确打击的重要对象，有些是分化瓦解、争取民心、统战工作的重要目标。在反恐作战中，对重点人物的跟踪尤其重要，可以及时发现恐怖活动的征兆，提前进行预警，防患于未然。

对重点目标和人群的跟踪，需要了解当地城市的社会和文化背景，了解族群居住的构成情况。以巴基斯坦的卡拉奇为例，它有近2400万人口，曾是巴基斯坦的首都，是一个港口城市，与香港类似，是一个永远在运转着的城市，那里有谁或什么是"本地"很难界定，因为各种货物和人员都要在这里出出进进，混合种族反映出了卡拉奇所使用的混杂语言，以及统治着这个特大城市的众多政党。相反，伊拉克的拉马迪可以被认为是艾尔·安巴尔省的最后边陲小镇之一。虽然人口总数在过去十年中一直不太清楚，但拉马迪被认为拥有约50万居民，几乎都是来自同一个部落。不同城市的社会、文化和族群构成，对重点目标和人群跟踪，其特点规律和手段方法可能不同。

战时或临战前期，对守城之敌实施网络攻防、电子欺骗、电子干扰甚至接管其指挥控制系统，也是城市作战取得决定性胜利的重要策略和手段。从网络虚拟空间对敌实施攻击，瘫痪敌指挥系统，破坏敌通信网络，将政治攻势和军事威慑相结合，通过网络技术和手段，实施精准的有针对性的心理战、舆论战等，消灭敌守军士气，摧毁敌守军意志，争取、劝退中立城市民众或守敌、守军，达到不战而屈人之兵的目的和效果。2003年伊拉克战争中，美军的"舒特"系统就曾经入侵并接管了伊军的指控系统，导致萨达姆失去了对部队的直接控制。目前，军事发达国家的网络攻击、电子干扰和欺骗，已经多次用于实战，收到明显成效。

在城市作战后期，针对区域夺控、封锁隔离、重点目标防卫、反恐等军事行动，基于大数据、人工智能、导航定位等信息技术，对作战区域人群动向实施态势感知、趋势研判与预警、疏导等辅助决策，实现人群行为控制与突发事件应急处置。充分利用各种无线定位资源，融合多渠道用户网络信息，支持用户行为分析、用户识别、动态跟踪等功能，获取实时人员聚集特征和流动特征，动态跟踪区域人群流动，实时分析流动趋势，对异常流动进行告警，及时启动应急预案，结合无线通信、移动网络、数字电视广播与物联网技术，实现精准人群疏导和应急管理。

为防止战后重要目标、关键基础设施被敌破坏和袭扰，针对城市的政府建筑、交通枢纽、机场、码头、广播电台、电视台、移动通信与数据中心、电厂、水厂等重要目标，采用多种技术手段和武器装备进行防卫。综合运用军民侦察监视、火力打击、电磁干扰、信息隔断、危机控制和应急修复能力，实现对低空目标的侦察探测跟踪、火力拦截和地面敌武装人员的监视、信息隔断、火力打击。通过大数据搜索、识别和存储，对隐藏的恐怖分子与极端人员的行动进行预测、预警和身份识别，并结合军事行动进行分化、引诱和清剿。利用城市广播、电视、通信、网络等基础设施，配合舆论战、心理战等装备，控制社会舆论导向，促使敌武装人员停止抵抗，消除民众恐慌心理，争取民心民意，尽快恢复城市秩序，保持社会稳定。

未来智慧城市的发展，为整个城市信息流、能源网、食物链、水资源、交通线、金融服务等系统的管控、攻防与修复创造了条件。因此，在未来城市作战全过程和宏观上，对整个城市网络、通信、电力、水利、金融、交通、物流等关键基础设施和工业系统，进行统筹谋划，作战前期打点破网、精确控制、可控毁伤，既尽快摧毁抵抗能力，又不能附带损伤过大，以便作战后期考虑如何尽快恢复社会服务、供给与生产。具体技术包括核心网络设备的控制利用，即对骨干网络以及数据中心的核心网络设备，采用以漏洞为基础的综合手段，实现对目标设备的远程控制、长期潜伏、隐蔽数据获取及必要时的全面接管；利用路由协议脆弱性通过敌方目标网络的路由系统，获取整个网络的重要资源信息，并有效控制网络，形成克敌制胜的有力武器。其中，广播电视及互联网替代与控制技术是关键。采用多维认知、强制接入、信息覆盖等手段，接管目标城市的广播、电视、互联网等公共信息资源，控制舆论导向。在数字电视广播网络中，前端平台对用户终端有一定的管理和控制功能，可以根据用户编码和所在区域实现分组广播、用户推送等定制化内容播出和消息推送，达到对特定用户或用户群发送特定的视频或图文信息。无线网络信息接入的主体包括用户所持的终端设备、运营商提供的接入设备基站、连接基站的光纤网络核心网，以及无线信号传输的空间信道，需要从终端控制软件、运营商控制、空中监听设备等多个渠道予以实施。未来，大规模、多路径、异构、并发的网络信息攻防，是城市虚拟和跨域作战的关键与技术难点。

七、理论与技术支撑

关于城市作战理论研究，美军在伊拉克、巴拿马、索马里等的城市作战行动中，已经形成了以参联会发布的《联合城市作战纲要》为战役指导，以美国陆军和海军陆战队分别发布的《陆军城市作战条令》和《海军陆战队城市作战手册》为战术行动依据的系统化条令体系。2017年，美国陆军科学委员会在开展的2030—2050年战争形态及能力需求研究中，着重针对人口密集城市环境下作战寻求解决方案，分析了哪些新兴技术和能力将在这些作战环境下发挥决定性作用。

在城市作战装备和技术方面，为适应未来城市作战的特殊需求，赢得城市作战的胜利，美国等国家大力发展面向城市化环境的特种组件或模块，包括采用新型技术的各种无人地面车辆和无人机等。2017年，美国推出"进攻性蜂群使能技术"项目，目的是寻求开发和验证100个以上无人机或无人车作战"蜂群"战术。这种大规模编组的无人蜂群将有效提升部队城市密集建筑物环境下的防护、火力以及情报、监视和侦察能力。

针对城市的未来发展、作战目的和具体特点，以快速、有效、人道地控制和接管城市为目标，以有效克服制约城市作战行动的关键因素为重点，从城市典型作战样式出发，开展未来城市发展、城市作战概念、作战能力需求、系统总体设计、装备图像描绘、作战实验评估、重点装备与技术验证等研究。突破城市多维环境探测和态势感知、城市作战智能云与认知通信网络、作战区域隔离封锁、适应城市特点和巷战需求的智能化装备发展与体系构建、舆情控制与心理影响、人群疏导与应急管理、城市基础设施管控等关键技术群，打造基于网络信息的虚拟空间和物理空间相融合的城市作战体系，在虚拟实践和作战实验基础上，形成虚实结合的作战能力和优势。其中，有三个方面的重难点技术需要关注。

一是未来城市作战概念与仿真试验研究。通过城市作战体系的虚拟场景构建、社会环境模拟、基于智能体的计算机生成兵力、基于数据挖掘的评估分析以及物理空间和虚拟空间作战仿真融合等关键技术研究，构建面向未来城市作战的仿真试验环境，验证和评估城市作战不同的作战样式、能力结构、基本战法、战术协同、装备技术与体系作战效能等。

二是城市作战区域隔离封锁技术。与传统物理强制隔离封锁不同，未来需要面向城市复杂作战环境，采用区域识别、物理隔离、火力封锁、信息切断、电磁干扰等技术手段，从地理、网络、电磁等空间上对特定作战区域快速实施隔离，以利于对敌有生力量实施分割、包围、打击和清剿，有利于对人群示威、游行和骚乱行动实施快速处置与管控等。其中，技术研究重点包括：基于多源信息获取和大数据分析的作战区域人群识别与快速定位技术，基于城市特征目标的作战区域物理标识技术，城市特定区域的地理环境隔离措施研究，城市特定区域的网络信息封锁措施研究，城市特定区域的电磁控制、封锁、隔离技术等。

三是舆情控制与心理影响、人群疏导与应急管理。这是未来城市作战技术研究的重点，也是实现有效管控的难点。其中技术研究重点包括基于涌现效应的信息传递与心理行为关联技术、基于数据挖掘的社情舆情分析及数据融合技术、基于学习的舆情态势认知与行动策略分析技术、虚拟身份模拟与虚拟情境构建技术、基于互联网/移动通信/数字电视的舆情控制与心理影响战术实施技术、社会舆情与心理影响作战评估技术、基于虚拟空间和混合现实的人群分布与定位技术、人群特征信息提取与人群态势智能认知技术、基于模糊不完备人群态势信息的应急评估与预警技术、基于无线通信与数字电视广播的精准疏导辅助实施技术、城市突发事件的多系统融合和应急管理技术等。

美国陆军研究实验室认为，复杂性科学将提高对特大事件干预能力，催生新的城市作战理论。复杂性科学以复杂系统为研究对象，规定了简单系统与复杂系统间的区别，即非线性、混沌性与不可还原性。系统越复杂，有可能产生的失败就越多。复杂性科学可提高部队解决重要问题的认知技能，克服系统性障碍，帮助部队理解各个方面可能存在的失败模式。复杂性科学应用的一个重要实例就是超大城市作战理论的变化。2050年，全球近百个特大城市将发展成为一个互联的网络。在大部分特大城市中，系统脆弱性将成为常态，传统的城市作战理论可能不再适用。美国军方将根据复杂性科学修改城市作战理论，应对特大城市作战的复杂性特点。

第十二章
灰色战争

对电力、网络、食物、交通、金融等社会系统的争夺和控制,称之为灰色战争。灰色战争主要有两层含义:一是指介于战争行动和非战争行动之间的行为;二是指法理含义上的灰色。因为社会系统与人们的生产生活息息相关,对它的争夺和控制,既涉及道义问题,也涉及法律问题特别是国际法。从人类社会早期的战争也即野蛮时代的争夺来看,不存在合法与否的问题,只存在道德和道义的问题。但是,随着社会文明程度的进步与发展,随着战场信息的不断透明和公开,战争呈现文明化发展趋势,国际社会对战争中伤害无辜百姓的"反人类"行为,对士兵身心和生理产生极大破坏、摧残作用的特殊武器装备,制定了国际公约严加约束和限制。例如,地雷、化学武器等,在战争中的后遗症极其严重,容易造成大量平民的伤害,遭到了人们的谴责,激起了公愤,国际社会对地雷、化学武器的使用和管理,制定了严格的国际公约和禁止使用条款。因此,对社会系统的争夺和控制,虽然目前尚未有国际法和公约来约束和限制,但如果危及平民安全,严重影响百姓生活,造成巨大难民问题,有可能要受到法律的制裁和约束。因此,本章所讲的灰色战争是介于合法和不合法之间模糊地带的战争行为。

战争是一种暴力行为。在智能化时代,战争对抗的本质、暴力的属性、强制的行为等,仍可能不会改变,但表现形式、过程和结果可能不同。要清醒地看到,随着科学技术的发展,随着全球互联、物联的逐步升级和换代,未来战争向社会系统拓展、延伸,向新的社会形态迈进、升级,既是占领控制的需要,也是战争发展的必然结果。智能化战争向社会系统推进是大势所趋,必须引起人们的高度关注,并认真做好各种准备。保护人们赖以生存的社会公共系统,防御敌手的攻击,遏制恐怖分子的渗透和破坏,尤其是针对路由器、服务器、局域网、工业控制网、专用网络的攻击和破坏,这是智能化时代、智能化战争必须认真研究解决的一个重大战略问题。

一、网络设施保护

在智能化时代,网络信息基础设施与人类社会已经深度融入,在生产、生活及虚拟世界领域紧密相连,并且成为人类的一种生存手段和精神依赖。互联网、移动通信、广播、电视,以及以手机为载体的即时通、微信、脸书、公众号、网购各种应用软件等,平时它们是社会系统的一个重要组成部分,是人们相互沟通、交流不可取代的媒介,战时就有可能成为反映社会舆情的晴雨表、人类心理失控的加速器、社会动荡的温床、群体涌现行为的发源地。作战双方都可以对此有效利用。

最典型的例子是2016年土耳其的政变实践,总统埃尔多安得以翻盘,平息暴乱,扭转局势,靠的不是军队,不是武力,不是镇压,而是通过脸书向他的支持者,发出了抵抗反政府武装的指令和希望。通过脸书这种新媒体，埃尔多安的支持者纷纷走上街头，阻拦反政府武装人员的进攻，并对反政府武装的军官和士兵进行了谴责和示众，最终平息了这一次的叛乱，这种情形被称为"粉丝群的战争"（参见第九章第五节）。

因此，对网络通信基础设施的争夺和控制，不仅仅涉及平时维护社会系统的正常运转和百姓生产、生活的正常进行，更涉及对作战对手和恐怖分子的防御与破坏。防御保护的重点有五个方面。一是防止网络通信被干扰、被接管。由于电视、广播、移动通信、卫星通信等频段、信道是公开的，加密系统容易破译，要防止对手利用软件与认知无线电技术，通过空中或者地面组网等形式，在自由空间对公共网络通信信号，进行全频域自动识别、干扰并最终接管，致使网络通信基础设施反过来被人利用。二是防止网络攻击。电信运营管理系统、频谱资源调配系统、用户与售后服务系统、手机安卓系统、苹果 iOS 系统、导航与卫星通信管理系统、广播电视制作与播发系统以及各类相关的应用系统等，都可能是对手与黑客关注的重点，都可能遭到线上与线下、有线与无线、爬虫与摆渡等方式实施攻击。三是防止对射频与传感系统深度入侵。如对通信基站、发射塔、接收终端、运营控制和管理系统的天线、混频器、放大器等核心电路，进行电磁干扰或者电磁脉冲武器攻击，不仅使网络通信中断，而且使收发系统的关键部件永久损伤。四是防止对硬件设施的物理毁伤。防御敌方通过爆炸、切割等物理毁伤方式，对电视台、广播电台、邮电与通信中心、城市骨干通信网络、地下管线、社区服务器、光纤网络、楼宇网络通信线路等进行破坏。五是防止网络通信基础设施电力设备和供电系统遭到破坏，包括各种硬摧毁和软杀伤。

2017 年 12 月，FireEye 公司和 Dragos 公司发布报告称，发现了一种旨在接管施耐德电气安全设备系统的恶意软件,其目标是造成物理损坏后果,导致正常作业流程关闭。目前,该恶意软件的影响已波及中东,造成石油服务器遭遇恶意软件入侵,致使废水处理设备的中央处理器被拖垮,废水处服务器瘫痪。2018年4月,加勒比岛屿圣马丁岛的整个政府基础设施、公共服务因遭网络攻击而全部终端。

针对关键基础设施的攻击并不局限于个体行为,而是已经上升到国家层面的行为。2018年3月,美国表示俄罗斯网络黑客正在攻击美国关键基础设施,其中包含能源网、核设施、航空系统以及水处理厂等,这也是美国方面首次公开确认遭到基础设施网络攻击。2020年3月,据360公司披露,美国CIA的APT-C-39组织对中国关键领域进行了长达11年的网络渗透与攻击,涉及航空航天、科研机构、石油行业、大型互联网公司及政府机构等。研究发现,攻击手段与2014年维基解密曝光的"穹顶7"(Vault7)网络武器有关。

二、电力防护

电力设施与电力网络的防护,是社会安全的基石,是确保能源供应的重中之重、关键之关键。在现代社会,无论是工业生产系统、城市基础设施管理系统,还是人们日常生活与居家过日子,用电设备越来越多,能源供应遍布世界各个领域和角落。一旦停电,网络、供水、电力公交、电动汽车、地铁、电梯和家庭生活所有用电设备都无法运行,金融、超市、商城和工厂等社会生产与服务系统,也会停止运转。有人估计,这种状况如果超过3天,就有可能引起整个社会的动乱和城市管理系统的崩溃。

对电网的保护,在战略层次必须加强国家电网中心和关键网络设施的保护与管理。既要防止物理毁伤,更要防止网络攻击。最典型的例子就是乌克兰电力系统网络攻击事件,造成了许多地区大面积的停电事故。同时,还要防止像科索沃战争时期,美军通过石墨导电纤维炸弹,促使科索沃整个国家电网系统陷入瘫痪,导致民众生活难以为继,最终导致不得不屈服投降的恶果。

特别引人关注的是,2019年3月7日,委内瑞拉发生历史上最大规模的断电事件,23个州中有20个失去了供电,全境企业与国家机构暂停运行几乎一周时间。大量企业关闭,医院难以运营,公共设施瘫痪,社会陷入混乱无序状态。3月15日委内瑞拉总统马杜罗称大停电是美国政府发动的一场"战争",是在"网络空间发动的战争行为",破坏行为是由一个名为"进攻性网络攻击系统"的机构实施的。3月25日委内瑞拉境内16个州再次发生新一轮大规模停电,首都加拉加斯各个街区变得一片黑暗,地铁停运,医院病人无法透析。26日清晨,委内瑞拉政府宣布全国停工停课24小时。实际上委内瑞拉已经陷入了因大规模停电而导致的灰色战争状态,未来还会不会再次或多次发生停电事件难以预料。这一事件充分表明,大规模停电事件将是未来智能化时代军事行动的一种样式。

在战术层次,对于城市电厂、发电设备等电力系统的管理和保护也非常关键。近代以来,城市电厂历来就是重兵把守的要地。既要防止传统的物理攻击破坏,又要防止恐怖分子的偷袭,还要防止网络的攻击。对楼宇和社区电力设施的保护也不容忽视,既要采取太阳能、应急电源、应急发电设备等方式,还要高度重视插卡式、智能电表的安全防护和控制。现在的智能电表涉及网络支付系统、银行资金系统、电力管理控制系统、智能电表的控制系统等,特别是智能电表的控制器由世界上少数几家供应商垄断,其漏洞一旦被攻破,整个循环系统就会失效或瘫痪。

未来,能源供给会逐步多元化,核能、太阳能、风能以及生物燃料能源、温差发电等,都会相继入网运行或独立运行,能源网络结构日趋复杂,风险因素逐步增加。特别是核电站的运行管理,除了地震等自然灾害的威胁,也面临着类似于"震网"病毒网络攻击的威胁。

电网的拓扑结构具有均匀随机的网络特点,能源的供应有可能在远程,如水电、煤炭的生产区域,通过火电来进行网络传输,也有本地的发电厂,其结构基本是发电、传输、变电和使用。无论是大规模生产,还是大规模传输,大多数电力传输是以高压交流电形式进行的,而大多数电力应用在使用低压交流电,比如110伏和220伏,几乎都要使用一种相对普遍、简单的变压器,能够将高压交流HVAC转化为低压交流电。而且,用户在哪里,电力就会传输到哪里,相应的变电站就会集中分布在哪里。因此,对变电站和变压器的攻击,就成为一个关键节点,对其保护也显得非常重要。

随着输电设备和电力运营管理网络的完善,为应对电力事故,如雷击、火灾、短路、线路老化等造成的故障,相关的电闸会自动关闭,以避免造成更大的损失。但这也容易造成连锁反应和安全事故。如2003年8月14日,美国东北部和加拿大的大范围地区,约5000万人的电力服务受到长时间影响[1]。

2003年8月14日,那天天气炎热,虽然还没有达到以往系统应对的用电峰值,但空调负荷还是很重。下午3时过后,在美国俄亥俄州克利夫兰市附近,导致停电的过程开始了。停电的直接原因是高压输电线路接触到了长得过于高大的树木,从而引发了一系列故障。自治的安全系统检测到接地故障,自动断开线路以防止更严重的损害和火灾。下午4时10分37秒开始,8秒钟后,东北各地的自动安全继电器相继关闭了那些超出预设运行载荷限制的线路和发电机,这些安全继电器的关闭切断了电网的连接,并造成整个地区停电。

2021年2月中旬,一股强冷气团南下,造成全美南部地区低温创历史记录。美国气象局给出的整个美国境内下雪预报(图12-1),在南部地区,下雪量是往常的150%~200%,至少1.5亿人即美国近半数人口被严寒天气包围。

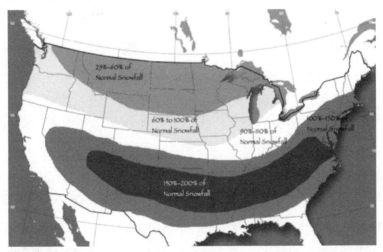

图12-1 美国气象局:全美南部地区低温创历史记录

美国南部15日开始遭遇冬季风暴袭击,导致覆盖14州的西南部地区电网故障,其中受影响最严重的是几乎从来不下雪的德克萨斯州。造成德州大面积断电的原因是大家都要取暖,用电量剧增,德州的电网负荷加大,用电超负荷,再加上极端寒冷的天气导致整个能源设施无法正常运行,德州的设备也没有经历过这样的极寒天气,所以整个系统被"冻僵了"。据不完全统计,由于发电受阻,造成超过300万德州人在极罕见的寒流风暴中持续挨冻。

同时，谁也没想到，罕见的暴风雪还直接导致了德州风力涡轮机大部分冻结（图12-2）。

图12-2　暴风雪导致德州风力涡轮机大部分冻结

通往达拉斯的高速公路上，133辆汽车发生连环相撞，造成六人死亡，65人受伤，当局出动了26辆消防车、80辆警车、13辆救护车才控制住了局面。不少地区道路结冰，自来水停水，民众根本没有足够的采暖设备，大家不得不出门采购燃料、木柴、食品和饮用水，家家户户穿上了全年最厚的衣服，等待电力重启（图12-3、图12-4）。

图12-3　人们从德州加尔维斯顿市的一个避难所领取瓶装水

图 12-4　家家户户穿上了全年最厚的衣服等待电力重启

最值得注意的是纯市场化竞拍下的电价,在用电高峰期,这次的电价一度翻了 200 多倍,过去 1000 度电的批发价是 40 美元,这次在高峰期的电价一度炒到 8750 美元。

三、油气安防

石油和天然气设施的安全防护,也是"灰色战争"的一个重要内容。从战略层面看,对石油和天气资源的争夺与控制,甚至是发动战争的一个重要理由和目的。伊拉克战争的爆发,有人认为其目的是对石油资源的控制,战争期间对油田的争夺和保护就是一个典型的例子。对石油、天然气和危险化学品的管理和控制,既是和平时期管理的重要内容,也是占领控制期间需要高度重视的内容。ISIS 之所以能够成气候,也是占领了伊拉克北部和叙利亚东部的石油资源。

2019 年 5 月 12 号,阿联酋最大的石油港口外侧,4 艘巨型油轮连续遭到袭击,侧面与尾部舵桨位置钢板被炸透,撕裂出两米见方的大洞,致使船只无法运行(图 12-5)。时隔两天,沙特境内的东西输油管线遭也门胡赛武装 7 架无人机偷袭,导致部分输油管线与设施毁损,每日可输送 500 万桶原油的系统被暂停,经济损失巨大。

图 12-5　油轮尾部舵桨位置被炸透撕裂出两米见方的大洞

5 个月后,2019 年 9 月 14 号,胡塞武装 18 架无人机和 7 枚巡航导弹又对沙特阿美石油公司两处石油设施进行了袭击并发生火灾,美国卫星照片显示,多个大型储油罐被精确洞穿,造成沙特原油日产量减少 570 万桶,大约占世界石油日产量的 5%,经济损失巨大(图 12-6、图 12-7、图 12-8、图 12-9)。

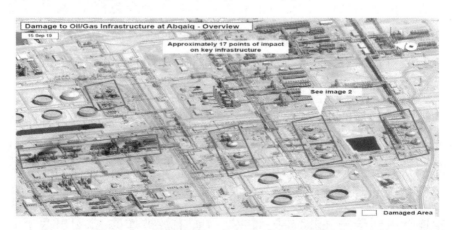

图 12-6　胡塞武装一共攻击了大约 17 个目标

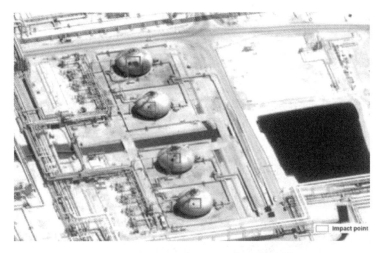

图 12-7　多个大型储油罐被精确洞穿

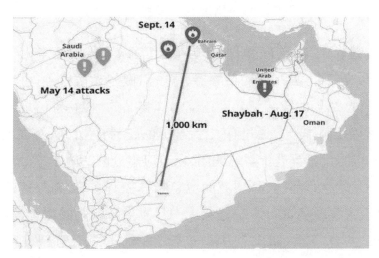

图 12-8　胡塞武装无人机和导弹攻击距离达上千公里

在智能化时代,对石油、燃气、危险化学品的安全防护主要有四点。一是防止黑客和敌方通过互联网或通过摆渡方式,对相对独立的管理系统实施攻击。美军对伊朗核设施的离心机实施了"震网"病毒攻击,就是典型案例。二是通过 GPS/北斗+移动通信等方式,对灾害苗头实施预警和管理控制。在生产线、仓储和运输

图 12-9　胡塞武装的导弹和无人机

系统关键节点,广泛部署分布式压力传感器、有毒气体化学传感器,如激光侦毒设备、拉曼传感器、量子点微型光谱仪等,可以实时监测石油、燃气的泄漏和仓库危险爆炸物品的泄漏,将信息实时传递到指挥控制中心。通过有人控制和无人控制等方式,对油气管道阀门和电力设施等进行紧急关闭,派遣应急分队实施紧急处理和控制。三是建立跨部门、跨领域的应急指挥控制系统,并与传感器网络系统、灾害现场进行实时连接。一旦发生危险物品爆炸,紧急调集公安、武警、消防、防化等力量,进行专业化处理。四是平时针对油田、气田、炼油厂、油气仓储、油气管道设施、社区加油站、供气站、楼宇、家庭等,建立起从生产到用户的全产业链安全防护管理系统。

和平时期,油气是社会和城市地区发生火灾、爆炸的重要源头,战争时期也是作战对手任务规划的重要内容。从发展趋势看,纯粹采取物理手段的方式直接对油田、油库、燃气管道进行打击,容易引起民愤和民怨,招致人们的谴责。但是在智能化时代,由于石油和天然气等能源系统,越来越网络化、精确化和智能化,对其网络和管理系统实施网络攻击的可能性会越来越大。因此,既要注重平时的安全管理和防护,更要对战争时期作战的全过程,如何对石油天然气系统和危化物品进行保护与防御,在技术上、管理上和行政上,提出全面的应对措施和解决方案。其中,也应包括军事化的防御手段和方案。

四、食物链管理

战争期间及战后一段时间,食物供应与水资源的短缺,可能会成为一个重大社会问题。与断电一样,食物与水的缺乏如果超过2天以上,就会引发社会恐慌,形成巨大的难民潮。因为战争时期破坏容易恢复难,如果连基本的食物和水都无法保证,人们只能去逃难,这也是近几年叙利亚战乱形成欧洲难民潮的一个重要原因。食物链的安全问题,主要是两防:一是防中断;二是防污染。

防中断主要体现在食物链的管理上,一要保护粮食、蔬菜等食品生产,确保货源供应充足;二要确保从生产地到超市、家庭等消费终端的运输安全;三要确保整个物流、仓储、加工的卫生安全;四要确保食品货币支付、金融系统的稳定可靠。

在智能化时代,确保食物链的供应安全,电子商务和专业化立体的物流配送,是人们日常生活依赖的重要途径和方式,是建立生产地、供应商和百姓之间的关键纽带。电子商务和物流管理系统的安全,对于确保食物链的供应十分重要。因为,这两个系统涉及金融支付、仓储周转、快递业务的高效,对维护人们的日常生活十分重要。如果一旦电子商务被攻击和破坏,也会引起灾难性的后果。因为人们习惯了的东西一旦失去,就会非常的不习惯,有可能回到现金交易和货物贸易的状态。

防止食品污染,除了确保食物链的卫生和质量安全外,还要防止作战对手和恐怖分子的有意所为。2017 年 9 月,以色列《耶路撒冷邮报》报道,随着"伊斯兰国"组织不甘心在战场上节节败退,除了发动恐袭以外,正在策划和鼓动"独狼"支持者用毒药在拥挤的购物中心实施恐怖袭击。这些"毒药"有可能是针对人群的化学武器,像东京地铁的沙林事件那样,在人群中间制造恐慌。也有可能会在食品生产、运输和加工环节,掺入有毒化学药品或污染物,同样也可能造成恐慌。这就需要生产超小型的拉曼传感器或使用微型的量子点光谱仪等,装在手机、随身携带或可穿戴的电子设备上,随时对蔬菜、食品进行检测,监控是否存在食品安全隐患。

未来,通过天基信息的资源利用,结合电子商务、物流配送、食品企业的生产加工和零售业的管理等,形成的超网络管理系统,可以较好地确保食品供应的数量、质量和卫生状况符合标准。天基信息主要是通过未来小卫星的星座网络,对城市周边、国内其他地区甚至海外的粮食、蔬菜、水果的生产供应基地,实行从播种、生长、收获全过程的实时监督。战争期间如果零售业和物流系统遭到破坏,通过电子商务或者像菜鸟物流、盒马鲜生、无人超市这样的系统,可以很快恢复对城市和社会的食品供应。因为它们更多的是利用网络信息系统来经营管理,比较容易恢复。未来的无人超市,也是模块化组合式的,很容易快速组装。发达的物联网和共享设备,也可以成为食品运输的一个来源。如现在网上的"货车帮"软件和快递业务,就能随时随地提供高效及时的运输服务。

五、交通线争夺

人类出行和货物运输,离不开公路、铁路、水路和航空等方面的交通工具。未来,还会增加无人驾驶、无人机送货甚至太空旅行等新的交通方式和运输手段。维护交通线路的高效顺畅与运营,主要取决于三个方面。一是能源供给,无论是传统的飞机、汽车、高铁、船舶,还是新能源的汽车、无人机、无人船等,都离不开电力、燃油和天然气等能源的供应。因此,保护这些能源基础设施的安全和供应,成为维护交通安全最重要的基础。二是网络运营管理系统安全,民航的空管系统,铁路的网络运营系统,公路的运输调度系统,还有物流的配送系统等,都离不开网络信息系统的支撑,网络安全和防护十分必要。三是网络通信导航服务,所有的交通平台,尤其是像飞机、无人驾驶汽车、无人机和无人船等交通工具,除了需要依托运营管理系统进行任务规划以外,还离不开通信、导航、定位、自组织网、智能感知、智能控制等支撑。

对交通线的争夺和保护,也主要有三个方面。一是对交通平台自身的防护。平时可以采取增加保安和安全检查等措施,防止各类恐怖袭击和易燃易爆物品带上车辆、船舶和飞机;战时可以采取武装押运、伴随防护和临时加装防护装置,如主动防御系统、电子干扰设备等,实施安全警戒和防御。二是防止交通枢纽遭受物理打击。对电厂、变电站、炼油厂、油库、加油站、桥梁、铁路、机场、港口、码头、火车站、汽车站等关键地带,建立完善必要的对空防御系统和对地安防系统(主要针对恐怖分子)。三是防止网络攻击。未来的高铁、无人驾驶汽车、无人机、无人船,包括现代化有人驾驶的货运或民航飞机,都具有网络化通信、导航和自动驾驶等功能,天上有网络化的卫星监控和通信导航等信息支持,地上有多种网络通信与后台云端信息连接,飞行控制、自动驾驶、自动控制和信息传输、数据链通信等,虽然装有防火墙和安全防护软件,但难免会遭到高端黑客和对手专业化的网络攻击,安全隐患很大。可以说，交通平台和管理系统自动化、无人化、智能化程度越高，遭受网络攻击的可能性就越大。

比如，在民用航空领域，随着全球化的推进，人们依靠现代航空手段，进行旅行、留学、商务活动越来越多，全球航班增长量和客运吞吐量仍在继续增长。对空域的规划、空中管制、航班管理及旅客的服务涉及方方面面，大型机场的空管系统、航空公司的运营管理系统、飞机平台航电系统等非常复杂，一旦遭到网络攻击，不仅会造成旅客的大量滞留、航空系统瘫痪，甚至会造成飞机相撞事件和不明原因的失联事件。比如，马航 MH370 失联事件，其中有一个重要现象，飞机曾经突然一个蹿升飞行到了 46000 英尺的飞行高度"极限"，然后又突然急速下坠，犹如自由落体，快速下降到 3000 英尺以下，不排除是飞机的供氧系统突然失灵，而导致飞机的一种自动行为，其间有可能足以让机上所有人员因为缺氧而陷入昏迷状态，这究竟是机长所为，还是受到了不明信号的攻击和渗透所致，现在还不得而知，一切皆有可能。

航空平台系统的安全至关重要。飞机的航电系统容易遭到攻击，恐怖分子和黑客最有可能通过地面雷达和飞机之间的通信信道，把木马病毒或接管指令，植入飞机的通信模块，再通过数据总线进入中心处理单元，寻找系统漏洞或者根据飞机维修时加装的特殊指控软件，启动对飞机有致命影响的操作指令，包括关闭与地面塔台的通信系统、制氧系统、安全控制系统等，导致飞机失控或者被接管，通过输入新的目的地址，更改飞行线路，在自动驾驶状态下飞向未知区域，这会不会也是造成民航飞机失联的一种可能性呢？如果是有意所为，在理论上、技术上是存在这种可能性的，但是在能力上和条件上，一般人不具备，而且也做不到。

现在，民用航空发动机的运行数据监测和管理系统掌握在全球少数几家供应商手中,并且是实时通过卫星传送到生厂商和专业管理机构的数据库中。一旦这些数据失控,通信信道被利用,不排除黑客通过某种指令,使正在飞行中的飞机发动机参数异常,如失火而强行关闭的假命令,或是关闭供油系统等,造成飞机人为故障。人们相信,飞机和发动机制造商们,会千方百计采取各种技术措施尽量保证旅客和飞机的安全,会逐步把这些漏洞和被攻击的可能性逐步降低甚至完全排除,但所有问题在百分之百解决之前,理论上任何可能性都会存在。

与航空管理系统一样,铁路的客运和货运系统、城市地铁运营管理系统等同样复杂,但也都是通过计算机系统、网络通信系统和机器学习软件等,逐步向自动化、智能化方向升级和改造。虽然相关的安全防护系统越来越完善,但在战争时期,仍然既可能面临网络攻击,也可能遭受物理打击与破坏。还应该高度关注的是,未来随着中小型无人机和地面无人车辆的大量应用,涉及人类生产生活诸多方面,一旦遭受网络攻击,其带来的致命影响将是灾难性的,必须从现在起就考虑安全性和防护措施。

六、金融系统风险

金融是经济的命脉,主要包括货币的发行、流通和回笼,贷款的发放和收回,资金的存入和提取,汇兑的往来等经济活动。金融管理从以前的手工、单一的 PC 机、各网点独立运行管理的时代,已经步入到全网互联、全球结算、手机支付、自动支付、"刷脸"支付的智能化时代。未来,金融系统面临的安全风险,主要集中在战略和战术两个层次。

在战略层面,主要是对央行和各大总行的数据中心和信息管理系统进行攻击和破坏。这些系统具有全国和全球互联的特征，大多通过 GPS 提供授时基准，一旦对基于 GPS 授时的信息管理系统进行攻击，将会带来灾难性的后果。目前，军事强国已经试验，通过对信息系统管理中心附近空域，实施 GPS 干扰，远距离无线注入假的伪卫星授时信号或操作系统病毒，对中央控制器的时空基准实施破坏，效果已经得到验证。这为未来远距离实施无线干扰和破坏提供了技术途径。如何对时空基准的安全性进行侦测、预警、保护和备份，是保护金融安全的一个重要问题。另外，金融系统内部的防控和管理非常重要，如果计算机病毒通过摆渡和内部人特别是管理层级比较高的侵入，其影响就是全局性的，不可不防。

在战术层面，各银行系统在全球网络中，虽然是各相对独立的系统和线路，并且做了安全等级的界定和区分，对关键节点和通道实施了多层的安全防护，但与公共网络和手机支付的关联却无处不在，存在大量的漏洞风险，容易被黑客和作战对手利用与钻研。

战术层面受到的威胁，还集中体现在诸如电信诈骗等这类手段和方式上。从窃取个人的身份信息、银行卡密码、账户信息，到通过伪基站和伪电话，假扮公安、法院的司法人员，从境内外实施心理上的恫吓、诱骗、诈骗，各种手段花样翻新、层出不穷，成为社会毒瘤，就像毒品一样实施跨国犯罪，成为全球共性问题。

对金融系统的保护，战时还要考虑对中央银行总部、地下金库、数据中心、核心网点等的物理保护和军事防御。同时也要考虑在遭受物理打击和战争破坏之后，面临数据备份和恢复重建等问题，因为即使在文明程度越来越高的今天和未来，战争一旦发生，其后果很难预料。

七、军事工业安全

军事工业也称国防工业或国防科技工业，主要指从事国防科学技术研究、武器装备科研生产和提供相关保障服务的产业门类。从世界范围特别是大国军事工业发展情况看，军事工业具有战略威慑性、技术先进性、制造复杂性、自主可控性、军民融合性等特征，是国家战略威慑的核心力量，是国家武装力量的强大支撑，是打赢未来战争的重要保障，也是科技和经济竞争的战略高地。因此，和平时期，军事工业是作战对手和敌对国家实施侦察监视的重点，战时成为首要的打击目标和重点。无论是现在，还是将来智能化时代，军事工业的地位作用都十分突出，对军事工业设计、研发、制造及服务保障体系的管理、控制与保护，是国家安全和社会安全的重要内容。

一个国家军事力量的强大有赖于军事工业的强大。当代美国军事力量之所以强大，主要在于其军事工业技术先进、体系完备、基础雄厚、实力超群。二战以来，美国国防工业通过原子弹、氢弹、战略导弹、远程轰炸机、核潜艇等国防项目研制，形成以海基、空基、陆基"三位一体"的核威慑体系，巩固和提升了美国的世界霸主地位。冷战后，美国军事工业虽然经过了大量调整和兼并重组，但从业人员仍然超过了100万人，所提供的军工产品不仅满足了美国军队自身的军事需求，而且还出口到世界许多国家和地区。美国强调"和平时期技术优势是威慑力量的关键要素"，并在2001年提出了"新三位一体"战略威慑体系，由核与非核打击系统、主动与被动防御系统、灵活反应的国防基础设施构成，开始将军事工业等纳入战略威慑体系。2008年金融危机之后，美国通过加快和深化

"新三位一体"战略威慑体系(图 12-10)建设,继续带动航天、航空、信息、新材料等高新技术的发展,国家威慑力量更加多样。特别是具备技术优势的军事工业体系,犹如一个庞大潜在的高新技术武器库、智能化武器库,是智能化部队和智能化作战体系的强大支撑力量,能够给潜在的敌人和未来的对手以有效的威慑。因此,军事工业的安全和保护十分重要。

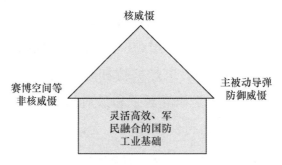

图 12-10　美国新型战略威慑体系示意图

对军事工业的保护,主要体现在平时和战时两个方面,重点涉及军事工业布局、保密、人才、网络安全和物理防御等方面。

大国的军事工业,由于有较大的地理纵深,在机械化战争时期,一般按照一、二、三线进行布局,显得十分必要和重要。因为这样对接触式为主的作战,有较大的缓冲和战略机动,特别是对于建设在边远山区或山洞中的三线军工厂,在遭受敌方第一波的攻击中,生存能力比较大,保存下来的可能性高。但是,随着军事变革进程的加快,联合、远程、立体、精确制导武器的大量发展,战略纵深布局的意义和重要性日益下降,军事工业逐步向相对集中、产业链衔接、区域化配套、集约化运行管理方向发展,以便于降低成本,提高效率和效益。

从重要性角度看,国防工业、军事技术和武器装备主管部门、核武器、战略武器、重要装备、核心器件、关键材料的研制生产厂商和主要配套企业,因为涉及国家国防领域的核心机密和核心能力,涉密数据与信息多,历来是物理打击、网络攻击、恐怖袭击和间谍人员关注的重点,也是军事工业安全防护的重中之重。必须严格按照保密系统和制度的要求,平时要防止失泄密,战时要做好备份、隐藏和物理防御等工作。

随着战争形态和军事需求的发展变化,武器装备的研制生产逐步向体系化网络化智能化设计制造方向转变(表12-1)。这与传统设计思路大不一样,以前是单一军种或兵种建设为主、纵向为主,现在强调综合集成、横向互联,未来要跨域融合、多域作战;以前是硬件为主,现在强调软硬结合,未来要人机融合、智能互动;以前是火力对抗为主,现在强调信息、火力、电子战、网络战相结合,未来要认知对抗、全域攻防等,特别是跨行业、跨领域、跨专业的体系建设。这些对安全防护和军事防御,提出了新要求。要分类、分层次、分轻重缓急,统筹实施安全和保护措施,不仅要对总装、集成等总体能力进行保护,还要注重关键配套能力的安全;不仅要考虑硬件系统的安全,还要对重要的设计软件、工艺参数、模型算法等,采取必要的保护措施,防止失泄密和网络攻击。

表12-1 体系化装备供给能力层次图

体系层→顶层设计、作战要素统筹
系统层→型号总体、武器系统
骨架层→关键分系统与配套
基础层→材料、器件、动力、软件等
支撑层→数字化设计、制造、装配等

未来,装备体系化信息化智能化建设与设计,必然对科研生产能力的网络化、数字化、三维化、协同化、可视化、柔性化、智能化等提出了紧迫需求。因为这些先进能力,既便于虚拟设计、仿真、集

成和评估，又有助于分布式异地跨行业跨专业协同设计、试制和生产，同时也是产品可靠性、一致性品质的重要保证。信息化网络化智能化在带来巨大优势的同时，也带来网络安全性问题，哪怕是内部网络和保密专用网络，也可能存在意想不到的漏洞。因此，武器装备数字化智能制造线的运行、维护和管理，装备设计、试制、试验、制造、装配、检测、验收和售后服务、保障等全寿命过程的档案资料与数据，无论平时还是战时，都是安全防护的重点。

对军工核心科技人员和团队的保护，也是个重大问题。因为很多技术产品的设计思想、经验、工艺和诀窍，都装在他们的脑子里，除了加强保密和法制教育外，采取一整套有效的激励机制很重要。因为很多失泄密事件，除了政治上、思想上的问题外，更多的是经济上的问题。"人无远虑、必有近忧"。因此，既要解决科技人员和团队近期激励如年薪、工资、福利等待遇问题，还要解决远期专利、分红和股权等长期激励问题。

总之，军事工业的安全和防控问题，不是一个简单的问题，而是一个复杂的系统工程，需要从人、财、物、科技成果、保密和思想教育、网络攻防、军事防御等方面综合施策，多方面采取措施才能解决。当然，对于军事强国而言，战争大都发生在国土之外，战时安全和防御问题不是很突出，反而平时的保密和网络安全更为重要。但对于小国来讲，军事工业往往就是第一波被打击和攻击的目标，战时安全和军事防护问题，反而更加重要。

参考文献

[1] Franklin D Kramer, 等. 赛博力量与国家安全[M]. 赵刚, 等译. 北京: 国防工业出版社, 2017:116.

第十三章
平行军事与智能化训练

孙子曰：夫未战而庙算胜者，得算多也；未战而庙算不胜者，得算少也。平行军事理论的核心是算法战，其基本原理是：建立一个虚拟的智能化军事人工系统，通过物理空间的实体部队与虚拟空间的软件定义部队相互映射、相互迭代，充分利用虚拟空间不受时空、地理限制等优势，开展作战实验、模拟训练和作战效能评估等，将不同战场环境、不同作战对手、不同作战样式的对抗结果和数据积累起来，通过不断地优化迭代和完善，逐步形成一整套源于实践、高于实践、指导实践的平行系统和模型算法，从而把不同环境和条件下的最优解决方案用于指导实体部队建设和作战，达到虚实互动、知己知彼、运筹帷幄、未战先知，以劣胜优、以虚促实，虚实对决、以虚制胜。基于平行军事理论建设、训练并逐步升级完善后的智能化作战体系，是高级智能的集中体现，是虚实结合、以虚制实、跨域融合的典型代表，是未来智能化战争的战略制高点和光辉的顶点。

一、平行理论

平行理论最初来源于霍金的量子平行宇宙概念。霍金把整个经典宇宙看成一个量子粒子,按照量子理论,一定还存在一组无限多的、量子化平行宇宙,构成了量子宇宙的波函数,遍及所有可能的宇宙,后来许多天文现象和实验验证了该理论的正确性。

随着互联网、物联网、云计算、大数据、人工智能等技术的快速发展,智能时代的平行理论和平行军事理论,开始从理论走向实践。这方面的代表人物就是中科院自动化所复杂系统管理与控制国家重点实验室主任王飞跃老师。他在2004年提出了"平行系统方法与复杂系统的管理和控制";2015年发表了《X5.0:平行时代的平行智能体系》主题报告,做了"跨界、跨世界:迎接平行时代的智能产业与智慧社会"的公开演讲,内容涉及人工智能、平行世界的研究,不仅有复杂系统、人工智能领域的最新科技介绍,还有哲学体系的探讨,以及对未来平行时代的奇妙畅想。其中,主要内容和观点有[1]:

(1)就技术发展而言,在机械化、电气化、信息化、网络化后,进入了第五个技术发展阶段——平行化,就是以虚实平行互动为特征的智能技术时代,所以就有了X5.0的讲法。机械化的典型特征是蒸汽机,电气化是电动机,信息化是计算机,网络化是路由器,平行化呢?机器人?无人机?智能机?平行机?不确定。但无论如何,就像蒸汽机和电动机一样,计算机和路由器将很快"消失"在无所不在之中。

(2)从技术或工程角度而言,智能的本质就是利用已知、解决未知。人想象靠大脑。大脑是开放的,几乎可以瞬间感知自己所有已知的知识,并推理未知的世界、未知的问题。机器想象靠什么?目前只能靠算法,而且是封闭的算法。迄今为止,不管是多么复杂的机器算法,几乎全都限制在机器的内存空间中。如果算法不"解放"、不开放,人工智能永远只能"人工"、无法逼近人类、无法"类人"。人工智能就只能滞留在第一境界,利用已有的知识,解决已知的问题,无法跨越智能的第二境界,利用已有的知识,解决未知的问题,到达智能的第三境界,利用未知的知识,解决未知的问题。

(3)算法只能在第三世界开放,这个第三世界不是政治意义上的第三世界,而是波普尔的第三世界。一般人只熟悉两个世界,即物理世界和心理世界,但波普尔告诉我们,还有个第三世界——人工世界。算法一定要在第三世界开放,为什么?物理世界,人类只是行动的主体;到了心理世界,人类是认知的主体;只有在人工世界,人类才是真正的主宰,愿意干嘛就干嘛,因此人类设计的算法能够在这里得到解放,不必非得受到经济、法律、道德甚至科学上的约束,唯一的约束就是想象,特别是爱因斯坦的"想象"。未来世界的和谐,一定是这三个世界的和谐,加起来就是平行世界。

(4)关于"平行",要从复杂性与智能化说起。复杂系统可以做一个定义,一是不可分,二是不可知。对于复杂系统的研究,从还原论和整体论看,以前的科学思维就是把事物或现象一直往下拆分,拆成最基本的组成元素。现在由于资源有限、系统庞杂,无法继续拆分,但人类往往除了拆分以外,就不知道怎么去认识世界了。不可分又要分,这就是个矛盾。人类的"知"在大时间和大空间尺度上都会遇到困难,想知又不能知,这也是个矛盾。同样,智能化也面临算法的封闭与开放,已知的知识与未知的问题之间的矛盾。这些矛盾的特征可归结为 UDC:不定性(Uncertainty)、多样性(Diversity)和复杂性(Complexity)。人工智能的使命,就是把压在人类头上的 UDC 这三座大山转化成 AFC:具有深度知识支持的灵捷(Agility)、通过实验解析的聚焦(Focus)、能够反馈互动自适应的收敛(Convergence)。完成这一使命,必须是信息化、自动化、智能化的一体融合,从而化解矛盾,使"无解"的问题变得"有解"。

(5) 矛盾无解,往往是由于求解空间的局限。例如 $X^2+1=0$,如果只找实数,那就无解,怎么办?这就需要改变概念,引入虚数,扩大解的空间,这样就会"有解"!要解决复杂性与智能化的本质性矛盾,就要对立统一。分与不可分、知与不可知是对立的,如何将它们统一起来?这就是"平行"的任务。

(6) 物理学发展到今天,其中十分重要的一个里程碑是从牛顿力学到量子力学的跨越,是认识到了物质的"波粒二象性"。现在,要"解放"算法,进入新智能时代,必须承认智能的"虚实二象性",从"Particle-Wave Duality"到"Virtual-Real Duality"。以后不仅要考虑智能的实数,还要考虑智能的虚数,物理空间就是那个实数,网络虚拟空间就是虚数。仅限于物理空间中不可分不可知,但在物理和虚拟合成的平行空间里就能够可"分"可"知"。

(7) ACP 是智能时代实现从 UDC 到 AFC 转化使命的基础方法,也就是人工社会(Artificial Societies)+计算实验(Computational Experiments)+平行执行(Parallel Execution)的有机组合。CPSS 则是支撑 ACP 方法的基础设施,也就是赛博物理社会系统(Cyber-Physical-Social Systems,CPSS),它比眼下正热的 CPS(Cyber-Physical Systems)多了一个 S,这至关重要,这个 S(Social)把人及其组织纳入系统之中,使虚实互动、闭环反馈、平行执行成为可能。

(8) 未来的世界,一定是真人与虚人一体化的平行人:平行人=人+i 人,平行物=物+i 物,开始是虚实的一对一,然后是一对多、多对一,最后是多对多,形成虚实互动、互生、互存的平行社会。学术上,这可称为"软件定义的系统""数字双胎""软件机器人"或"知识机器人"等。以后不但物理世界有一个你,在虚拟的网络世界里还有多个平行的"你",时时刻刻伴你生活、学习、工作……这个虚拟的你可以在许多方面督促、帮助、指引物理空间中的你,与你一起成长、变化,协助你解决各种问题。

(9)本质上,ACP平行理念的核心就是利用数据把复杂智能化系统"虚"的和"软"的部分建立起来,通过可以定量实施的计算化、实时化,使之"硬化",真正用于解决实际的问题。而当前兴起的大数据、云计算、物联网等正是支撑ACP方法的核心技术。大数据可为平行系统的构建提供实时、全面、有效的输入,其作用可概括为"数据说话""预测未来""创造未来";而合成起来,就归结到一个人工社会、一个计算实验和一个平行系统,实现从知识的表示、决策的推理,到情景的自适应学习和理解的大闭环反馈运行。

(10)基于ACP的平行理念,通过虚实互动构建一个跨越认知鸿沟的桥梁,在不定情况下实现已有知识的灵捷利用,通过计算实验,在多样情况下完成知识的优化聚焦,然后在复杂场景下以平行的方式利用知识向既定的目标收敛。

(11)我们依靠物理信号实现了实时工业控制的工程自动化,未来要靠社会信号的实时社会管理来实现社会智能化,最后达到以智能产业为主体的智业社会。

(12)在不久的将来,一个企业、机构、军队甚至国家的竞争力和实力,很大程度上可能并不取决其外在规模与资产的大小,而取决于其对虚实互动的认识、实践和效率,取决于与其伴生的人工企业、机构、军队或国家的规模和深度。这就是智慧的"平行社会"。

(13)未来智慧社会的作用有三个:人工影响现实,"虚"的影响"实"的;未来影响历史,"无"的影响"有"的;"水晶球"的科学化、仪表化,不仅是对历史进行感知,而且可以对未来进行感知,进而对未来进行统计、设计、干预等。

(14) X5.0 时代的智能体系包括:一个核心——平行的虚实互动理念;两个支撑——ACP 方法和 CPSS 基础设施;三个主题——智能组织、智慧管理和社会智能。

王飞跃老师同时提出了一系列关于战争和军事理论独特的观点。他认为,人类理性的有限性决定了战争无法从本质上根除,当人类现实与欲望之间的矛盾超过时代之理性能够解决的程度,就会发生战争。避免战争的唯一途径就是提高人类理性的程度,主要形式就是利用技术进步提高作战的效率和战争的成本,迫使政治成为战争的主要发展途径,迈向智能化的"和平"战争。比如核武器的出现就极大地提高了战争成本,对近代战争形态影响深远。赛博空间使得联合物理域、网络域、感知域进行跨域作战成为现实,战场的表现形式将是以无人武器为核心的"明战"、以网络武器为主导的"暗战"及以社会媒体为手段的"观战"三者的有机战略组合。2012 年巴以冲突中以色列针对哈马斯的"推特 大战"以及 2014 年"克里米亚事件"导致的俄罗斯与西方的"混合战争"均是"三战合一"的典型例证[2]。

平行智能理论和 ACP 方法应用于军事领域,核心是建立一个物理和虚拟交互、描述预测引导一体的智能网联系统。第一步建立与实际军事系统相对应的人工系统,第二步在人工系统中利用计算实验对所研究复杂问题进行分析评估,第三步将实际系统与人工系统通过虚实互动的平行执行方式实现二者共同管理与控制。

比如平行航母编队的数字四胞胎(Digital quadruplet)体系,

由物理航母（Physical carrier）、描述航母（Descriptive carrier）、预测航母（Predictive carrier）和引导航母（Prescriptive carrier）4个部分组成，如图 13-1 所示[3]。

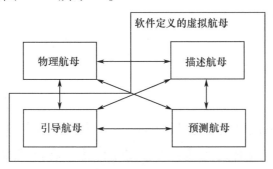

图 13-1　平行航母的数字四胞胎结构

物理航母编队与软件定义的 3 种虚拟航母编队进行双向交互，物理航母不断将其状态和行为传递给虚拟航母编队，结合物理规律和专家经验，实时优化虚拟航母中各系统模型的参数，软件定义的虚拟航母编队将各自的输出传递给物理航母编队，综合优化物理航母编队的性能，提升其智能化水平。描述航母收集获取物理航母的行为特征，利用系统仿真和虚拟现实等技术，将物理航母映射到虚拟世界，在虚拟世界中建立与物理航母编队相对应的虚拟航母编队，为航母编队的行为模拟奠定基础。预测航母利用计算实验对描述航母进行模拟实验，利用物理航母所传递的真实场景预测描述航母和物理航母可能产生的不同结果，评价物理航母的任务完成度和性能表现。引导航母在预测航母演算结果的基础上，在虚拟世界中搜索最优的执行方案，根据不同的战场情况，选择能够有效达到战争目标的战术策略，引导物理航母作出最优的攻防操作。在平行航母的数字四胞胎体系下，通过"虚实互动、交互一体"的方式，使物理航母、描述航母、预测航母和引导航母得到同步更新及滚动优化[3]。平行航母数字四胞胎体系的技术和原理,可以应用于所有武器装备和军事系统。

平行智能理论应用于军事领域,必将开启一个新的时代和境界。

二、平行军事

平行军事建设的主要目标是,充分利用赛博空间所定义的新的理性界限和所引入的新的智力空间,统一在物理域、信息域、认知域中进行研发、训练、作战、评估,探索基于赛博空间新的战争组织与行动方式及可能途径,构成虚实互动的平行军事体系,使平行军事分析、实验、作战、训练、评估等成为常态的军事活动。

平行军事体系应该包括平行研发系统、平行作战系统、平行训练系统、虚拟战场环境、平行士兵系统、平行装备系统、虚拟参谋与指挥员等综合系统与要素系统;包括大数据、云计算、机器学习、作战仿真、高速通信、复杂战场环境构建等核心支撑技术;包括基于不同需求、不同能力、不同装备和手段的各种作战概念、作战规则、战略战术、战法理论与软件系统等。

平行军事理论的核心是虚实互动、以虚制胜。其制胜机理主要体现在四个方面:

(一)知己知彼、未战先知

在蓝军数据和模型比较充足详实的条件下,通过虚拟空间与不同对手事先大量的对抗,使得实际作战还未开始,就可以预知在不同条件下的胜负和可能的结果。

(二)运筹帷幄、以劣胜优

在己方作战实力和手段不如对方情况下,通过虚拟空间仿真训练,可以寻找到局部的时间和空间窗口优势,从而以数量、速度、一技之长和局部优势取得胜利。全局虽然劣势,但局部存在或者可以营造优势。

（三）虚实互动、以虚促实

通过虚拟空间与实体空间的关联映射、相互迭代、仿真训练,可以发现人员素质、装备性能、战法运用、条件支撑等与作战对手的差距,从而开展针对性的研发、训练和建设,以弥补短板和差距。

（四）虚实对决、以虚制胜

在硬件实力差不多的情况下,如果对方只有实体部队,而没有虚拟平行作战功能,己方很容易以虚制实、打败对手。如果对手也具备平行部队作战能力,作战的胜败就取决于双方数字孪生系统水平的高低,特别是 AI 模型算法的优劣,形成虚虚对决、以优胜劣的局面,谁的 AI 更聪明、更高效、更智能,谁就拥有更多的战场主导权和主动权,取胜的可能性就更大。

三、平行系统

平行系统本质上要建立一个镜像系统,它通过虚拟的人工仿真,对物理、社会和精神世界表现得越真实,虚实映射越到位,就越接近于平行世界。智能时代的平行系统或者智能化平行系统,不仅仅是一个实物仿真系统,而是基于数据的仿真、问题的建模、计算的求解、实践的指导和任务的执行,以及根据任务执行的效果不断优化迭代、循环往复。最后的结果就是"实生虚扩,虚引实发",从小数据到大数据,再到解决具体问题的"小智能",就是针对具体场景的精准知识。在现实世界中,平行系统有多种多样的表现形式,包括初级的、高级的、单一功能的、多功能的平行系统等。

智能军事平行系统与单纯的军事仿真系统存在本质上的差别,它必须具备三种功能:一是仿真的功能,就是在赛博空间建立一个虚拟镜像系统,最好能实时动态地反映真实世界与战场;二是学习功能,把平时作战仿真、演习训练或战时的作战数据、成果和结论积累起来,通过机器学习建立模型和算法,在赛博空间虚拟人工系统中开展大量作战实验、仿真对抗训练和计算,逐步优化和完善模型,提高学习和训练能力;三是指导功能,将机器学习得到的大量精准结论、方法和策略,为实际的部队建设与作战提供科学指导,这种指导是全方位、高效快速、智能化的指导,很多方面还是超越人类脑力、精力和体力极限能力的指导。因此,智能军事平行系统实质就是一种典型的人工战场+计算实验+平行执行的 ACP 系统。

电子游戏从某种意义上来讲是一种非常粗放和初级的平行系统。因为游戏中的环境、人物和武器装备等,都在现实世界能找到原型,虽然游戏中的故事尤其是军事对抗类游戏,与真实的战场和作战相差很远,甚至带有科幻的味道,但它毕竟在某种程度上体现了一定的仿真和映射关系,同时因为有人参与,形成了人机交互与对抗,因此电子游戏也可以称之为一种初级简化版的平行系统,或者叫带有科幻色彩的平行系统。从 AlphaGo 到 AlphaSTAR 的成功应用,充分说明了这一点。

兵棋推演系统也是一种平行系统,它是由电子沙盘、电子地图和计算机生成兵力、火力等构成,通过不同作战想定,红蓝双方依据相对真实的实力数据建立模型,按照不同的编成和战法,对交战过程进行仿真推演,从而得到不同的交战结果。这种形式虽然与真实的部队、真实的战场环境、真实的武器装备不可能完全对应,但在较大程度上也体现了作战的真实性,有一定的可信度,因此在战役和战略层次常常使用。

传统的电子游戏和兵棋推演系统,在加入人工智能等新元素后会逐渐变成智能平行系统。2017年9月27日,在全国首届兵棋推演大赛上,由中科院自动化所研制的人工智能程序"CASIA-先知V1.0"在"赛诸葛"兵棋推演人机大战中,与全国决赛阶段军队个人赛4强和地方个人赛4强的8名选手激烈交锋,以7:1的战绩大胜人类选手,展示了人工智能技术在博弈对抗领域的实力,成为了中国版的兵棋AlphaGo。此次"赛诸葛"兵棋推演人机大战采用连级规模城镇居民地遭遇战的对抗想定,人工智能程序和人类选手在完全相同的场景和对等条件下进行指挥对抗。相比人类选手,人工智能程序能更加快速准确地进行态势判断和策略决策,很少犯低级错误,因而能够战胜经验丰富的人类高手。

近几年,以深度学习、强化学习为代表的数据驱动型人工智能理论和技术,已经在大数据驱动下的非军事博弈对抗领域获得成功,如2016—2017年谷歌公司的AlphaGo程序击败世界围棋冠军,2017年加拿大阿尔伯特大学开发的DeepStack和美国卡内基·梅隆大学开发的人工智能系统Libratus在德州扑克比赛中击败人类玩家,2017年OpenAI公司的人工智能程序在Dota2游戏中击败人类玩家,2018年底AlphaSTAR在星际争霸赛中击败人类职业高手。但这些技术在军事博弈对抗中需要解决的一个主要问题是小样本学习训练的问题。中国科学院自动化研究所研制的人工智能程序"CASIA-先知V1.0"采用知识和数据混合驱动的体系架构,构建了人工智能指挥员模型。目前在态势感知和作战决策的主要模块上采用知识规则+不确定推理的方式,第一步实现了知识驱动的人机对抗和机机对抗系统。通过机机对抗系统可以实现对抗数据收集整理,为下一步知识和数据混合驱动的博弈推理学习训练奠定了实验基础。"CASIA-先知V1.0"重点聚焦不完全信息态势感知和群体博弈策略优化的关键技术问题,提出新型自动敌情分析和时空综合态势分析的有效方法,构造了方案构想、方案推演、方案评估、方案确定的群体博弈策略优化模型,发展了基于不完全信息态势估计的不确定决策推理技术。基于游戏和兵推的智能化对抗,虽然与真实的实战对抗还有一定距离,但是技术路径和方法探索上,也是一种很好的尝试,如果结合真实的战场环境、武器装备、战法运用、毁伤评估和蓝军部队等高仿真模型,就可以与实战越来越逼近。

2020年2月3日,美国国防高级研究计划局(DARPA)启动隶属于人工智能探索(AIE)计划的"必杀绝技"(Gamebreaker)项目,旨在针对即时策略(RTS)游戏,开发和应用人工智能技术定量评估游戏平衡性,确定游戏平衡性重要参数,并评估新功能、新战术以及规则修改对游戏平衡性的影响。5月5日,DARPA为"必杀绝技"项目举行了线上启动会,并确定了9支研究团队(表13-1)。

表13-1 "必杀绝技"项目第一阶段研究团队

研究团队	游戏
极光飞行科学公司、麻省理工学院	《星际争霸2》《谷歌研究足球》
BAE系统公司、加州大学圣巴巴拉分校、AIMdyn公司	《星际争霸2》《AFRL世纪攻略战争》
蓝波人工智能实验室	《Spring RTS:1944》《OpenRA》
EpiSci创新公司	《星际争霸2》《mini RTS》
Heron系统公司	《星际争霸2》《Deep RTS》
洛克希德·马丁公司、Cycorp公司	《Spring RTS:1944》《多智能体粒子环境》
诺斯洛普·格鲁曼公司、Hazard软件公司、Matrix游戏公司	《Command:Modern Operations》《TORC》
普渡大学	《星际争霸2》《mini RTS》
Radiance技术公司、BreakAway游戏公司	《FreeCiv》《Zero-K》

"必杀绝技"项目将影响军事模拟的训练环境和效果,其潜在应用有:

一是实时调整模拟环境,使作战场景灵活多变。指挥官可以指挥调配自己的各种军事力量,运用各种战略战术攻击对方,"自动化游戏平衡评估"技术可对训练模型作出实时调整,令训练场景无"规律"可循,迫使指挥官随时更换战术,不能完全凭经验行事。

二是训练模型预测能力,可迅速锁定敌方弱点。"自动化游戏平衡评估"技术通过建立模型模拟游戏中各参数的影响,将其应用于实战或训练模拟场景中,可通过"增强"或"削弱"某项参数,迅速锁定敌方弱点,从而制定"必杀绝技"战斗策略,获得取胜优势。

三是推进"马赛克战"概念发展。近年来,DARPA 正在通过多个项目开发复杂的、多领域的建模和仿真环境,其目的是创建"马赛克战"模型,将各作战单元分解为功能各异的"碎片",并通过网络信息系统将"碎片"单元链接起来实现新的作战体系。"马赛克战"模型"碎片"化的概念与即时策略游戏中的参数设置有许多相同属性,或可通过"自动化游戏平衡评估"技术自动协调各"碎片"单元,实现作战体系的自动变化,从而推进"马赛克战"概念发展。

"必杀绝技"项目强调选用军事类即时策略游戏,最大程度利用现有游戏环境,应尽可能多地满足以下条件:①即时策略开放环境;②具有效果链,时空内的累积效应可以影响输赢;③允许预设游戏属性,如速度、射程、成本、杀伤力、可靠性及可生存性等;④模式多样化,可开展个人和团队的游戏模式;⑤作战域多样化,如空中、海上、地面、太空、网络等;⑥游戏参数相互作用,如感觉、决定、行为决策相互影响;⑦游戏虚拟时间超越现实时间,如现实时间1分钟对应游戏虚拟时间1小时。此外,DARPA 要求项目应至少在两个维度定量测量游戏环境平衡的方法:①平台、武器等的能力对游戏平衡的贡献;②战略和战术对游戏平衡的贡献。

和平年代如何开展实战化对抗训练,是一个时代性课题和世界难题。开展兵棋推演,如果没有实战化的场景、没有实战化的数据支撑,只训指挥员,真实性、可信度较低。而要提高真实性概率,所需作战实践和训练子样数据呈指数级增长,大到天文数字。因此,从战争中总结、从实兵演习中采集积累数据,都是行不通的,只有走模拟仿真这条路子,依托模拟仿真系统在对抗条件下反复多次演练,才能解决部队作战能力数据积累难、可信度低等问题。

军事模拟仿真系统是最具典型的一种平行系统。随着仿真技术的发展,作战仿真特别是模拟仿真训练,越来越成熟,越来越逼真,正在由单一武器装备的仿真训练向成建制、体系化仿真训练转变,由固定、简单的作战要素仿真训练向分布式、复杂的战场环境仿真训练转变。在此基础上,进一步采用虚拟现实、人工智能等新兴技术,提升环境仿真逼真性、作战行动合理性、战法战术真实性、效能评估可信度,形成基于虚拟部队的"红蓝对抗"训练与评估系统,能够随着数据的积累和模型的优化不断提高系统仿真水平,逐步成为智能化平行研发和作战训练系统。同时利用脑机技术等,对作战人员思维、情绪、心理、生理等进行检测,对重要武器操作人员、指挥员的精神状态、认知能力与情绪化进行实时监测、评估和调节,稳定相关人员的心理状态,提高相关人员心理素质,为作战人员的选拔和心理素质强化提供全新评估途径和改进手段。模拟仿真系统把人机智能交互、作战任务自适应规划 AI 等技术引入后,将逐步形成具有高级智能的平行系统。

20 世纪 80 年代初,美军确立了"提出理论—作战实验—实兵演练—实战检验"的军队发展途径,强调"教战合一""课堂走向战场、战场走向课堂"。科索沃战争、伊拉克战争中,美军都进行了作战模拟推演,力图找出战争的最优方案。据分析,美军空袭利比亚的"外科手术式打击"、38天海湾战争、78天科索沃战争大空袭、阿富汗战争、伊拉克战争,这些"制式"的战法都源于作战实验室,经过了初级的平行试验与计算。

20世纪90年代初,美国率先将虚拟现实技术、虚拟人技术用于军事领域,尤其是在美军模拟训练中应用于构建虚拟战场环境、单兵模拟训练、网络化作战训练、军事指挥人员训练、提高指挥决策能力、研制武器装备及进行网络信息战等方面,取得了一定的研究成果。美军先后研制了一系列大规模诸军兵种联合作战分析类的模拟系统,如JAS、JMASS、NETWARS、WARSIM2000等,并在这些系统的支持下进行了一系列的大规模联合军事演习,为美军的21世纪军事转型研究和军事理论创新提供了强有力支持。

美国陆军研制的CCTT是一个网络化的模拟训练系统,该系统投资近10亿美元,是美陆军第一个也是迄今为止最大的分布式交互模拟系统。利用主干光纤网络结合分布式仿真系统,建立起虚拟作战环境,供作战人员在人工合成环境中完成作战训练任务。该系统通过局域网和广域网连接包括韩国、欧洲、美国在内的约65个工作站,各站之间可高速传递模型和数据,使士兵能在虚拟环境的动态地形上进行战术训练。

由于军事仿真系统不受训练场地、时间、保障条件的限制,也不受铁路输送、油料消耗、摩托小时消耗、弹药消耗、给养消耗的影响,不对演习地域与环境造成破坏,便于在境外陌生地域、敏感地区、复杂气象与电磁环境条件下,开展对抗仿真训练及作战效能评估,具有显著的军事效益、经济效益和生态效益,应用前景广泛。

依托模拟仿真训练系统来建设智能化军事平行系统,是一条最简便可行的路径和方法。其基本思路是:通过多源网络信息通道,广泛收集部队和装备建设、管理、保障、训练、演习、实战的关键数据和全量数据,运用人工智能、大数据、云计算、高速通信、对抗仿真、虚拟现实等技术,建立从现实到虚拟的映射规则和方法,构建虚拟战场、士兵、装备、部队编成、战术行动、作战过程和作战效能评估等数字化模型。通过虚实互动与自学习,不断优化和迭代,使各类模型全面真实地反映部队的人员素质、装备水平、决策能力、训练效果、实战效果,根据不同战场、不同作战任务、不同对手、不同作战样式,实施战前状态输入、战斗过程到战后评估优化的全过程虚拟仿真,预测和掌握不同条件下对抗胜算情况,实现经济、高效、便捷的虚拟数字化训练和演习,为实体部队作战、训练、指挥、决策的优化,提供科学、全面、量化、及时的引导和指导(图13-2)。

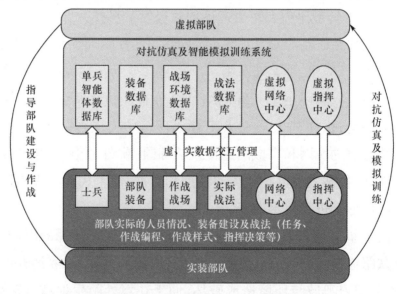

图13-2　智能化军事平行系统

军事平行系统建设是一个相对漫长的过程,其中有三大难点:一是蓝军数据,由于保密等原因,实际采集困难且不全面,因此只能通过多源信息挖掘和仿真等渠道获得;二是模型与算法优化,包括实体部队性能和行为的描述、作战对抗仿真的推演和预测评估、实际作战和演习的指导等,这是一个持续不断的工作,既涉及软件系统的升级,也涉及计算芯片、存储设备等硬件性能的提高,特别是复杂军事系统动态任务规划与决策的仿真和计算;三是系统验证,完全依靠实战来验证、迭代和优化,既不现实也不可能,可行的办法还是采取半实物对抗仿真的方式来实验验证。

军事平行系统通过部队人员、武器装备、虚拟战场、战法运用等数字化软件定义模型,高效参与仿真对抗计算,不断迭代优化,可以逐步打造一支具有虚实互动作战功能和机器大脑 AI 系统的高级智能化平行部队。

四、虚拟战场环境

虚拟战场环境,一要模拟真实的地理环境,包括地形地貌、山川河流、高原森林、沙漠戈壁、海岸岛屿、海洋、空中、太空和城市街道、楼宇、交通网络、地下设施、结构布局等物理世界;二要体现气象水文、天然电磁环境、人为电磁干扰、广播/电视/网络布局、通信路径和信息节点等复杂气象与电磁环境;三要反映国家历史、价值观念、民众群体、人员习性、知识结构、宗教信仰等社会环境和组织分布情况等。

高级的虚拟战场环境,还要能够准确反映人、机、环三者之间的交互关系和定性定量影响,具备坦克、飞机、大炮、军舰等作战平台的在复杂地理环境和气象条件下的动力学模型,各种武器、火力和软硬杀伤手段的毁伤模型。这样才能反映人员在不同地理环境下的运动速度、体力消耗、精神状态,装备的机动速度、时间消耗和战场路况、海况适应性、匹配性,各种武器对不同目标不同距离及干扰环境下的打击精度、爆炸威力、毁伤程度等。总之,能准确表现红蓝双方作战力量和手段,在不同作战编成和作战样式下的精准效能,而不仅仅是一个简单的二维或者三维电子地图和游戏环境。

技术重点包括地形地貌遥感探测技术、地下设施建模技术、大数据分析及挖掘技术、社会环境建模技术、电磁环境建模技术等。

此外,还要关注全息术在复杂战场模拟仿真训练中的应用。全息术可使作战人员对战场环境的掌握从地图、沙盘转变到三维立体仿真图像上,从而突破传统平面显示技术的束缚,以更直观的感知、更全面的信息为指战员提供决策与行动支持。全息术能有效利用战场态势的多维信息,真实还原各要素的空间相对位置,使指战员对战场态势一目了然。而且,对于复杂战场环境,全息术还可以更加真实地还原阳光照射、地形遮蔽等信息,为军事行动提供逼真的仿真环境支持。利用全息术进行实弹射击模拟仿真训练还可重塑训练场景、增强训练效果、降低训练成本。

2011年,美国国防高级研究计划局完成了"城市光子沙盘显示"项目,与斑马成像公司合作制造出360°全息动态显示样机ZS-cape,能实时传输三维全息战斗场景,协助用户进行任务规划。美军在阿富汗进行的实验已证明该系统可获得前所未有的高分辨率三维地理情报数据,并设计多种战术任务验证了全息地图相对于传统二维地图在战术行动中的优势。目前,美国国防高级研究计划局已向一家空军研究中心和两家陆军研究中心转让了该技术。

2017年4月,美国海军授予FoVI3D公司小企业创新研究计划第二阶段项目,开发下一代完整多全息显示技术。该项目将研发更高效直观的通用共享态势图显示系统,不需要观察者佩戴虚拟现实头盔就可实现对战场空间的精准可视化,满足海军作战信息中心应对日益增加的作战复杂性和交战速度的需求。该公司与美国陆军和空军都有合作,致力于开发全息光场显示系统,解决军方急需的无须三维眼镜的全息显示技术问题。

五、平行士兵

未来士兵系统有多种发展方向,是人机一体？还是人机分离？或者是人机混编？总之,未来战争只要是有人参与,未来士兵系统就可能随着作战实践与科技进步而不断发展。在信息化网络化智能化技术的强力推动下,未来士兵系统以全方位提升创新作战能力为目标,其内涵和功能组成将发生重大变化,以群体协同为方向,形成具有无缝融入作战体系,融合单兵、机器兵、武器和传感器于一体的先进特战装备系统,具备网络通信、人机混编、智能交互、协同攻击、综合防护、人体增强等多种功能,拥有超级信息力、超级攻击力、超级防护力、超级持久作战和人机智能交互等能力。

未来士兵系统可能将经历三个发展阶段:第一阶段,随着大数据、云计算、网络通信等技术的发展,士兵将成为网络信息体系支持下的"透明士兵",网络化感知能力显著增强,先敌发现、先敌攻击、人机协作能力明显提升;第二阶段,在网络信息和分布式云支撑下,随着物理、信息的深度交融和智能云的成熟应用,战场上的士兵将成为前台功能多样、后台云端支撑的"云士兵",自主决策、人机协同、集群攻防能力大大提高;第三阶段,随着人机混编作战经验和数据的不断积累,模型和算法的不断优化、提升与完善,最终演进为虚实互动、人机融合、感控一体、在线离线结合的标准赛博物理社会系统,成为具有超级作战能力的"平行士兵",形成虚实一体"平行系统对人"甚至"平行系统对平行系统"的智能高效作战单元与系统。

早在 20 世纪 80 年代,美军就提出对士兵进行装备现代化改造计划。美国的 2020"未来勇士"系统概念包括武器、从头到脚的单兵防护装备、便携式计算机网络、士兵电源、增强士兵性能装备等。其中,新型作战系统防弹衣较现役防弹衣有更强的吸收子弹动能的能力,生理状态监控系统可监控士兵体内与体表温度、心率、身体姿态及饮水量。如果判定生病,计算机可输出地图指引士兵就医。使用新系统的指挥官可将士兵、飞机、车辆作为战术网络节点,共享数据。美军希望作战服防弹衣穿起来像集成大量微型计算机的传统服装,开始非常柔软,当遭受攻击时,立即变硬,反击之后再次变软,从而获得抵御子弹多次攻击的能力。美军也希望新系统中的嵌入式"微型肌肉纤维"能真实地模拟肌肉,赋予士兵更强的力量。

美国 DARPA 启动"阿凡达""士兵视觉增强系统""增强人体机能外骨骼""班组 X 核心技术"等项目,面向未来士兵作战开展前沿技术探索

德国"IdZ-3"系统、俄罗斯"战士"系统、瑞士"集成模块化士兵系统"、加拿大"综合士兵系统"、英国"未来士兵构想"等概念逐渐向网络化、智能化方向发展。

美国陆军环境医学研究所 2010 年开始启动虚拟士兵研究项目,旨在创建完整的"阿凡达"单兵。美国陆军在 2016 年 4 月开发三维"阿凡达战士",目前已经成功开发了 250 名男性"阿凡达"虚拟士兵,这种网络虚拟战士用于测试实际交战中的"弱点",可供陆军广泛部署,可以进行逼真的高风险模拟,从而替代实战测试。

平行士兵研究开发的重点是虚拟士兵,主要包括士兵外观多样化仿真研究、智能记忆模型研究、能力差异化模型研究、情绪计算模型研究、路径规划模型研究、感知模型研究、决策行为模型研究、作战行为模型研究等,其中路径规划模型研究、感知模型研究、

决策模型研究、作战行为模型研究是重点内容。

以单兵智能体来模拟士兵的身体状态、心理素质、知识水平、反应速度、性格特点、指挥决策水平，从生理、心理、认知能力、决断能力、学习能力五维角度来全面反映士兵的作战能力。运用脑机技术和智能模型学习算法，不断利用战时、训练和日常生活数据来完善士兵模型，使模型趋近于实兵，为虚拟化部队中的每一位士兵定制"虚兵"，虚实对应，给虚拟作战提供数据的同时，进行潜能挖掘分析与成长性判断，量身定做训练、培养路径。未来，必须建立每一个士兵信息数据采集、分析、建模、优化等标准化流程，实现部队士兵五维数据的自动化采集，形成士兵智能模型库。

六、平行装备

由于军事装备包括各种复杂多样的武器、武器系统、信息系统、保障装备及设施设备等，因此平行装备也呈现多样性。平行装备研究开发的核心是要形成具有虚拟大脑 AI 功能的软件定义装备系统，用于指导装备研发、作战、使用、训练、管理、保障和改进。主要分为三大类：一类是数字化的虚拟装备系统，用模型和数据表征武器装备各个战技性能、使用特点和技术状态；另一类是装备模拟训练系统，重点用于训练部队装备操作人员、参谋人员和指挥员；最后一类是智能化装备 AI 系统，平时指导官兵操作使用装备与训练，战时用于扩展官兵的作战与决策能力，甚至在官兵失去能力的情况下代替官兵执行任务。

（一）数字化虚拟装备系统

主要包括三维可视化模型、基础性能数据、作战效能数据、训练数据、日常维修保养数据等，核心是反映装备的战术技术性能与状态指标。重点有四方面的数据：一是装备类别、型号、数量等实力数据，包括战略威慑武器、陆军装备、海军装备、空军装备、航天装备、网络装备、侦察装备、打击装备、指控装备、电子对抗装备和保障装备等数量规模与体制结构；二是装备作战效能数据，包括航程、射程、突防能力、命中精度、毁伤效能、机动性、防护性、环境感知、搜索侦察、目标识别、指控通信、预警、导航、干扰/反干扰、互联互通等战技指标；三是装备通用技术性能，包括环境适应性、运输适应性、可靠性、测试性、维修性、保障性、安全性、抗损性、隐蔽性、经济性、体系贡献率等；四是装备作战使用数据与历史档案，装备设计、研制、生产、使用、训练和维修保障情况，当前技术状态，未来寿命时间和可用次数等。

平行装备系统必须逐步建立完善武器装备模型库和数据库，建立武器装备研发、作战、训练、维修、保养数据采集常态化制度，不断完善积累实装数据和虚拟训练数据，通过大数据进行高效管理、更新与分析，及时对武器装备模型、效能进行评估，全面真实反映实装性能与作战使用特点、策略等。

（二）装备模拟训练系统

装备模拟训练系统种类、型号非常多，有单一装备模拟训练器、集成装备模拟训练器、分布式模拟训练系统、人机交互式模拟训练系统等。一般通过半实物方式开展训练，装备模拟器在机动、火力、侦察、防护、通信等方面与实装性能基本一致，基本满足物理仿真和行为仿真要求，可以通过计算机生成兵力方式模拟分队、合成部队装备体系。

装备模拟训练虽然与实装训练存在一定差距，但由于大型复杂武器装备系统复杂、价格昂贵，实装训练既影响武器装备的寿命，又消耗巨大。因此模拟仿真训练系统得到了高度重视，受到了普遍欢迎。但传统的仿真训练只是简单地用于训练人,没有把过往的训练数据,尤其是实装演练的真实数据、与对手模拟训练的输赢数据利用起来,通过机器学习加入智能化的模型和算法,逐步形成具有机器大脑的软件定义装备,让机器脑来帮助人训练,提升武器装备的使用效能和作战潜能。

美军的航空联合战术训练系统(AVCATT-A),是典型的联合飞行训练模拟器。整个系统由两部长 15.2 米的拖车组成,共包括 8 个小房间,其中 6 个房间模拟显示直升机座舱、1 个房间是控制中心、1 个房间是行动回顾室。只要 45 分钟就可以重构"阿帕奇"攻击直升机、"黑鹰"通用直升机、"基洛瓦勇士"侦察直升机和 CH-47 运输直升机的任何一种,受训人员通过操纵杆和虚拟现实头盔在虚拟场景中进行驾驶训练。

实景互动射击训练系统,是一种虚拟化、模拟化、高仿真综合战术射击训练平台,具备实景实弹影像战术射击训练、真人实弹红蓝对抗射击、超现实 3D 场景射击、高精度靶射击、激光战术射击、各种靶机模拟射击、训练过程记录、训练效果评价等功能,如图 13-3 所示。

图 13-3　实景互动射击训练系统

（三）智能化装备 AI 系统

平行装备系统建设的目标，不仅仅是展示装备自身的能力与水平，而是要通过大量模拟训练，建立智能化的 AI 大脑系统，包括单装 AI、集群 AI、体系 AI 等，指导官兵如何在作战中以最优的方法使用装备。平时，装备 AI 让官兵熟悉自己、认识自己、学习各种操作技能；战时，指导官兵用优化的模型和算法与不同的对手和敌人作战，与官兵共同成长、不断进步；官兵调离或退伍了，装备及其 AI 依然存在，还会指导下一位官兵；官兵受伤了，还会代替官兵去战斗。

装备模拟训练的数据可以作为智能化装备 AI 系统的输入，通过模型和算法优化，可以训练系列化装备大脑 AI，逐步逼近人类、胜过人类，最终超越人类。人工智能机器人（Libratus）冷扑大师在德州扑克比赛中，战胜 4 名人类顶尖高手，美国辛辛那提大学研制的人工智能飞行员"阿尔法"AI，能够战胜人类优秀智囊团队和飞行员，就充分说明未来这样的例子和情况，会越来越来多，越来越普遍。

七、平行部队

平行部队是指具有虚实互动作战功能的智能化部队。基本流程是：通过大数据高效实时对抗仿真、士兵/装备/环境/战法数据库调用与数据反馈、智能模拟训练系统构建、部队编程与战法优化算法、自适应动态任务规划等关键技术的突破，逐步建立完善分布式智能化模拟训练系统，以参训部队人员和装备实力数据为基础，将实践数据与部队特定行动的战术数据、武器装备性能数据相融合，与虚拟战场环境数据相交互，共同参与仿真对抗综合计算，驱动系统高效运行,通过不断的积累优化,可以逐步打造一支具有虚实互动作战功能和机器大脑系统的平行部队。

其中,战场环境与蓝军数据库、装备体系与作战流程模型库、作战规则与红蓝对抗知识库、自适应作战任务规划与动态调整算法库、国内外部队战法数据收集与建模等,是平行部队建设的核心和重点。

部队作战体系的复杂性超过一定程度或阈值,不确定性、不可预测性概率增加,对抗仿真的"精确性"与"灵活性""多目标"是相互排斥的,通常很难找到精确解、最优解。通过实战化场景构设、专家综合研讨、先验设计、虚实互动、仿真试错等方法,可以寻找有边界、多目标、可计算动态条件下优化选择和概率区间,从而在最大、最小、最可能的概率中选择最优或次优,减少不确定性、不可预测性。

从单兵、分队、合成营直到团旅师,实践和虚拟数据逐级采集、逐级驱动,可以实现更高层级的战役、战略仿真。同时,基于多兵种协同作战构建部队对抗仿真系统,可以开展联合作战虚拟化部队建设和虚拟作战实验、演习、训练,有效指导战区各级联合作战与部队建设。

通过建设智能化模拟训练系统,能够以低时间成本、低经济成本完成部队海量训练,使部队指挥人员、作战人员、保障人员形成快速反应能力,并结合人工智能算法和大数据分析技术,优化部队编程和战法,以较小的代价高效提升部队战斗力。

利用智能化模拟训练系统,在红蓝双方部队和作战数据模型样本数比较少的情况下,可以通过生成式对抗网络 GAN、蒙特卡罗搜索和贝叶斯寻优等方法,来解决数据增强、强化学习、对抗训练和模型优化问题。

生成式对抗网络（GAN，Generative Adversarial Networks）是一种深度学习模型，是近年来复杂分布上无监督学习最具前景的方法之一。模型通过框架中（至少）两个模块：生成模型（Generative Model）和判别模型（Discriminative Model）的博弈学习产生相当好的输出。判别模型需要输入变量，通过某种模型来预测；生成模型是给定某种隐含信息，来随机产生观测数据。举个生成图片的例子：

判别模型 D：给定一张图，判断这张图里的动物是猫还是狗。

生成模型 G：给一系列猫的图片，生成一张新的猫咪（不在数据集里）。

GAN 的实现方法是让 D 和 G 进行博弈，训练过程中通过相互竞争让这两个模型同时得到增强。在训练过程中，生成模型 G 不断学习训练集中真实数据的概率分布，目标是将输入的随机噪声转化为可以以假乱真的图片，生成的图片与训练集中的图片越相似越好，就是尽量生成真实的图片去欺骗判别网络 D。而 D 的目标就是尽量把 G 生成的图片和真实的图片分别开来，真实图片为 1，假的图片为 0。这样，G 和 D 构成了一个动态的"博弈过程"。最后博弈的结果是什么？在最理想的状态下，G 可以生成足以"以假乱真"的图片 $G(z)$。对于 D 来说，它难以判定 G 生成的图片究竟是不是真实的，因此 $D(G(z))=0.5$。

这样目的就达成了：我们得到了一个生成式的模型 G，它可以用来生成图片。

由于判别模型 D 的存在，使得 G 在没有大量先验知识以及先验分布的前提下也能很好地去学习逼近真实数据，并最终让模型生成的数据达到以假乱真的效果，即 D 无法区分 G 生成的图片与真实图片。如图 13-4 所示。

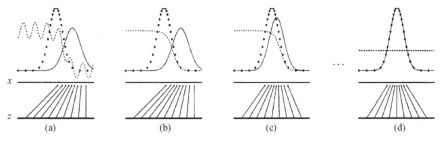

图 13-4 生成图片与真实图片

其中,中间浅色虚线为判别模型 D 的分布,黑色虚线为真实数据的分布 p_{data},实线为生成模型 G 学习的分布 p_g。下方的水平线为均匀采样噪声 z 的区域,上方的水平线为数据 x 的区域。朝上的箭头表示将随机噪声转化成数据,即 $x = G(z)$。从图(a)到图(b)给出了一个 GAN 的收敛过程。图(a)中 p_g 与 p_{data} 存在相似性,但还未完全收敛,D 是个部分准确的分类器。图(b)中,固定 G 更新 D,收敛到 $D(x) = p_{\text{data}}(x) + p_g(x)$。图(c)中对 G 进行了 1 次更新,D 的梯度引导 $G(z)$ 移向更可能分类为真实数据的区域。图(d)中,训练若干步后,若 G 和 D 均有足够的 capacity,它们接近某个稳定点,此时 $p_g = p_{\text{data}}$。判别模型将无法区分真实数据分布和生成数据分布,即 $D(x) = 0.5$。GAN 公式:

$$\min_G \max_D V(D, G) = \mathbb{E}_{x \sim p_{\text{data}}(x)}[\log D(x)] + \mathbb{E}_{z \sim p_z(z)}[\log(1 - D(G(z)))]$$

式中,x 表示真实图片,z 表示输入 G 网络的噪声,$G(z)$ 表示 G 网络生成的图片,$D(\cdot)$ 表示 D 网络判断图片是否真实的概率。

近年来,GAN 研究已成为热点,提出了很多 GAN 模型的变种,广泛应用于图像生成、压缩、风格转换和数据增强、文本转图像等场景。

蒙特卡罗方法(Monte Carlo Method),是一种使用随机数以概率统计理论为指导的一类数值计算方法。其一般步骤是：

（1）对每一项作战对抗活动，输入最小、最大和最可能估计数据，并为其选择一种合适的先验分布模型；

（2）计算机根据上述输入，利用给定的系列作战规则，快速实施充分大量的随机抽样；

（3）对随机抽样的数据进行必要的数学计算，求出结果；

（4）对求出的结果进行统计学处理，求出最小值、最大值以及数学期望值和单位标准偏差；

（5）根据求出的统计学处理数据，让计算机自动生成概率分布曲线和累积概率曲线（通常是基于正态分布的概率累积 S 曲线）；

（6）依据累积概率曲线进行输赢和胜率风险分析。

从理论上来说，蒙特卡罗方法实验次数越多，所得到的结果越精确。随着计算机技术的发展，使得蒙特卡罗方法在最近 10 年得到快速的普及。现代的蒙特卡罗方法，已经不必亲自动手做实验，而是借助计算机的高速运转能力，使得原本费时费力的实验过程，变成了快速和轻而易举的事情。它不但用于解决许多复杂的科学问题，也被作战仿真系统经常使用。借助计算机技术，蒙特卡罗方法具有两大优点：一是简单，省却了繁复的数学推导和演算过程，使得一般人也能够理解和掌握；二是快速，只要计算能力和速度足够，结果会很快收敛。

蒙特卡罗方法有很强的适应性，问题的几何形状的复杂性对它的影响不大。该方法的收敛性是指概率意义下的收敛，因此问题维数的增加不会影响它的收敛速度，而且存储单元也很省，这些是用该方法处理大型复杂问题时的优势。因此，随着电子计算机的发展和科学技术问题的日趋复杂，蒙特卡罗方法的应用也越来越广泛。

贝叶斯寻优主要遵循贝叶斯法则进行计算和分析。贝叶斯法则是概率统计中的应用所观察到的现象对有关概率分布的主观判断(即先验概率)进行修正的标准方法。数学公式是:$P(B|A) = P(A|B) * P(B) / P(A)$。当你不能准确知悉一个事物的本质时,你可以依靠与事物特定本质相关的事件出现的多少去判断其本质属性的概率。用数学语言表达就是,支持某项属性的事件发生得越多,则该属性成立的可能性就越大,当分析样本大到接近总体数时,样本中事件发生的概率将接近于总体中事件发生的概率。但行为经济学家发现,人们在决策过程中往往并不遵循贝叶斯规律,而是给予最近发生的事件和最新的经验以更多的权值,在决策和做出判断时过分看重近期的事件,从而出现不尊重客观规律实施科学决策的现象,出现决策偏差。举一个两国边界争端的例子,可以将贝叶斯法则的分析思路表达如下。

A国总体军事实力上比B国强,但在局部边境区域上B国军事实力比A国强。A国正在边境修建国防工程,挑战者B国想采取小规模准军事化入侵的行动进行阻扰,但不知道A国采取军事手段反击的难易程度和可能性有多大,是很困难,还是很容易,不太清楚。而目前暂时的情况是,B在边境有一个旅的兵力,而对方只有一个营的兵力。B简单地认为,A采取军事对抗反击阻扰的难度(或者说一旦发生冲突A被打败的概率)为70%,因此判断,当B进入A国边境内时A进行军事反击的概率只有20%。但如果A通过调兵遣将很快在军事上具备了绝对取胜的把握和实力,B认为进入A国边境内时A进行军事反击的概率是100%。

博弈开始时,B认为A采取军事对抗反击的难度为70%,因此,B估计自己在进入边境时,受到A军事反击的概率为:

0.7×0.2+0.3×1=0.44

0.44是在B给定A所属类型的先验概率下，A可能采取军事反击行为的概率，也就是说认为可能性不大，未超过50%。

当B实际进入边境时，A采取了有限度的军事对抗进行阻挠，虽然未发生大规模冲突，但A很快在外交上发出了谴责，在军事上立即做了调遣和部署，增援了两个营到一线。根据外交和军事上这一可以观察到的行为，使用贝叶斯法则，B认为A采取军事行动反击的难度发生了变化，比原来想象的复杂和困难，A军事反击难度变小，为＝0.7（A的先验概率）×0.2（困难条件下进行反击的概率）÷0.44＝0.32。

根据这一新的概率，B估计自己继续待在他国境内受到A军事反击的概率为：

$$0.32\times0.2+0.68\times1=0.744$$

即实际发生军事反击的概率明显提高。如果B再一次调兵遣将继续待在他国境内，而A又进行了更大规模的军事部署，兵力总数远超于B。使用贝叶斯法则，根据再次军事部署兵力对比发生变化这一可观察到的行为，B认为A实施军事反击的难度＝0.32（A前一次的先验概率）×0.2（困难条件下进行反击的概率）÷0.744＝0.086。

这样，根据A一次又一次的实际行为，B对A军事上实施反击难易程度的判断逐步发生变化，越来越倾向于A在军事上实力占优和对抗打赢的概率为91.4%（1－0.086＝0.914）。B最终同意和谈，撤回了入侵的兵力和设施。

以上例子表明，在不完全信息动态博弈中，参与者所采取的行为具有传递信息的作用。尽管A刚开始军事反击取胜的可能性较低，但A很快调兵遣将改变了局部对抗的不利因素，给B以强大的军事压力，从而使B停止了进入边境的行动。

贝叶斯优化基本思想是充分利用前一个采样点的信息,基于数据使用贝叶斯定理估计目标函数的后验分布,然后再根据分布选择下一个采样组合,可用于高维度军事对抗状态和行动的建模。贝叶斯优化是一种逼近思想,当计算非常复杂、迭代次数较高时能起到很好的效果,多用于超参数确定。贝叶斯优化用于机器学习调参由 Snoek(2012)提出,主要思想是,给定优化的目标函数,通过不断地添加样本点来更新目标函数的后验分布,直到后验分布基本贴合于真实分布。简单说,就是考虑了上一次参数的信息,从而更好地调整当前的参数。它与常规的网格搜索或者随机搜索的区别是:

——贝叶斯调参采用高斯过程,考虑之前的参数信息,不断地更新先验;网格搜索未考虑之前的参数信息。

——贝叶斯调参迭代次数少,速度快;网格搜索速度慢,参数多时易导致维度爆炸。

——贝叶斯调参针对非凸问题依然稳健;网格搜索针对非凸问题易得到局部最优。

生成式对抗网络 GAN、蒙特卡罗搜索和贝叶斯优化,三者可以结合使用。利用 GAN 可以得到大量逼近真实情况的数据,通过大量的作战仿真实验和对抗训练,利用蒙特卡罗搜索方法可以得到许多先验的经验、数据和胜负概率。然后结合实际的演习训练,或者半实物仿真对抗训练,甚至实际的作战实践,通过贝叶斯优化,建立接近于真实情况的胜负概率分布函数。

八、虚拟参谋与指挥员

未来,参谋和指挥人员在复杂高强度对抗条件下,面临着多种威胁判断、海量信息甄别以及如何高效运用合适的作战力量和手段等超负荷工作,成为信息化、智能化作战环境下的一大难题。

目前,正在发展的人机交互、自适应动态任务规划等技术,为降低参谋和指挥人员的工作负荷提供了一个很好的途径。其中,由于人类语音识别准确率的不断提高,人机智能语音交互技术及其产品发展迅猛,已经进入工程化和实用化阶段。美国亚马逊公司发明的 Echo 被认为是科技领域自智能手机之后的最重大发明,将人类带入了语音互联网和语音操控的时代,人们发现"说话"才是用户体验最佳的获取网络信息与服务的方式。自 2017 年以来,基于语音交互的人工智能音箱已经进入千家万户。仅 2018 年第一季度全球厂商一共发售了 900 万个智能音箱,同比增长了两倍多,谷歌、亚马逊、天猫和小米智能音箱产品进入全球的前四名。人工智能音箱已经广泛用于智能家居环境控制、家庭教育、信息查询、机票订购、外卖订购等领域。这些技术预计很快将广泛用于军事领域,为军事指挥和管理带来深刻变革。

2016 年底,美国陆军启动"指挥官虚拟参谋"(CVS)项目,旨在打造一个面向指挥官的虚拟参谋,综合应用认知计算、人工智能和计算机自动化等技术,应对海量数据源及复杂的战场态势,提供主动建议、高级分析及针对个人需求和偏好量身裁剪的自然人机交互,从而为指挥官及其参谋制定战术决策,提供从规划、准备、执行到行动全过程决策支持[4]。

通过平行军事体系、平行部队的建设开发,经过大量虚实互动的对抗仿真、模拟训练及必要的半实物、实兵演习等验证,可以逐步提高虚拟参谋和虚拟指挥员的能力、水平,逐步接近并超越人类参谋和指挥员,实现由辅助决策向混合决策、基于 AI 的自主决策转变。

在人机交互方面,脑机技术是一种好的途径。在人脑中植入电极,将人类大脑和计算机相连,未来可以直接把参谋和指挥员的想法与指令,直接传递给部队和武器系统,通过防错设计和快速确认后,实现作战决策的及时与实时。

虚拟参谋 AI 和虚拟指挥员 AI 分工有所不同,前者主要是提建议,后者主要负责决策。虚拟参谋需要对战场气象、地理、交通、红蓝双方力量分布、打击目标及战损等情况,进行收集、汇总、统计、分析、计算,为制定作战方案或战时动态任务调整,提出多种选择方案建议。按专业虚拟参谋也可分为气象参谋、情报参谋、通信参谋、装备参谋、后勤参谋等。虚拟指挥员由于担负决策职能对其要求比较高,需要对各种作战方案和应急调整意见进行综合对比、分析、判断,按轻重缓急和当前作战的重心,进行事前或临机处置,需具备一定的指挥艺术。一般来讲,虚拟指挥员 AI 如果没有经过大量虚拟空间仿真对抗训练和实际的演训演练,不会轻易将决策权交给它的。前期,需要靠人类指挥员带着它学习,逐步提高指挥艺术和指挥能力,最后各方面综合能力都超过人类指挥员后,才能分层次分阶段把决策权交给它。战略层面可能永远都不会交给它,但在战术和战役层面,由于时间紧、任务重、来不及,可以视情交给 AI 来决策,同时还要严密监督决策的实施情况,随时干预和纠正。

九、人员选拔与训练

把具有良好心理素质和业务素质的人员,选拔到最合适的岗位,这是智能化训练的重要内容和基本前提。通过脑机、生物交叉技术等,可以对人员进行普查筛选,可以按照专业人员的素质要求进行岗前检测、在岗评估和强化训练。如坦克车辆驾驶员、火炮操作手、导弹操作人员、飞机驾驶员、雷达操作手、舰艇和潜艇驾驶员、作战值班人员等。可以对其战斗状态和精神状况进行监测评估,可以对战时出现的应激反应,通过图像、声音和电极实施干预和调节,可以按照心理生理特点要求进行针对性训练。总之,通过对智力、心理素质和精神状况的评估、选拔,可以把好作战人员的入口关;通过认知训练和有效干预,可以进一步保证和促进战斗力生成。

有了足够的战场情报和敌我双方的信息数据,通过仿真、半实物仿真和智能化平行系统的训练,可以提高作战人员及其虚拟大脑的智能化水平。因为实战训练是一种很现实的挑战,很难复制不同环境与任务要求。通过分布式、网络化、虚拟化、智能化平行训练,可以模拟不同时空条件下与不同作战对手的作战,把实战中可能遇到的所有问题进行训练,必要时再通过实兵演习或者实战来检验,这样能够提高作战的效费比,真人和虚人可以共同提高、共同进步。

智能化平行训练,除了加强物理空间作战的仿真训练以外,还要加强虚拟空间及跨域作战的仿真训练。以城市作战为例,需要训练重要目标人物和人群的跟踪定位,训练虚实结合"斩首"行动的组织实施,训练网络攻防和心理战,训练舆情管理和心理疏导,训练灾害应急救援和行动处置;以政府机关大楼、酒店、商场、学校、机场、港口、电视台等公共服务平台为背景,训练可能发生的各种反恐行动;围绕广播电视、移动电信、网络运管、数据中心、通信基站、发电厂、变电站、交通和金融系统等,开展跨域攻防、基础设施管控等训练。

参考文献

[1] 王飞跃. X5.0:平行时代的平行智能体系[R]. 王飞跃的个人博客,(2015-4-4)[2018-4-3]. http://blog.sciencenet.cn/u/王飞跃.

[2] 王飞跃,等. 军事区块链:从不对称的战争到对称的和平[J]. 指挥控制学报,2018,4(3):176.

[3] 阳东升,王飞跃,等. 平行航母:从数字航母到智能航母[J]. 指挥控制学报,2018,4(2):103.

[4] 中国电子科技集团发展战略研究中心. 信息系统领域科技发展报告[R]. 世界国防科技年度发展报告(2016),北京:国防工业出版社,2017:6.

第十四章
作战体系进化

智能化时代的作战体系能否进化,目前还不能完全回答这个问题,因为战争实践才刚刚开始,不确定因素非常多。但从总的趋势看,随着新一代人工智能技术和军事智能化的发展应用,随着基于 AI 的战场生态系统的建立和完善,单一任务系统将具备类生命体的特征和机能,多任务系统就像一片森林那样,具备大自然的生态循环功能和进化能力。未来可进化的作战体系,一方面是由多个功能不同类似生命体的任务系统组成,形成一个完整的类生态系统;另一方面,又是一个可竞争、对抗、生存、修复的博弈系统。

从理论上讲,凡是 AI 主导或者发挥重要作用的系统,都存在进化的可能。总体上看,作战体系进化是一个由分类、分层次、分阶段构成的复杂系统和过程。按类别可分为模型、平台、集群、任务系统和对抗体系。按层次可分为战术、战役和战略。按阶段可分为初级、中级和高级。进化呈现从易到难、从简单到复杂的递进关系。在确定时空条件下,进化不是无限的,通常是收敛的。模型算法收敛于相对最优,平台和集群收敛于自身最大的能力与潜力,任务系统收敛于特定目标,作战体系收敛于使命、需求和打赢。

作战体系的进化,不能完全依靠自生自长,需要主动筹划和创造必要的环境和条件,才能实现可进化的功能与目标。重点遵循四项基本原则。一是仿生原则,主要是建立 AI 大脑与信息感知、采集、传输、记忆、存储、关联、分析、决策、指控、执行、评估等整个信息链路的畅通和智能的交互、循环与反馈。就像人的生命体一样,大脑是指挥控制中枢,神经系统是网络,四肢是受大脑控制的设备,大脑与身体各个部分紧密相连、有机互动,具备自适应、自学习、自协同、自修复、自演进等功能。这种生命体的功能,是进化的前提,对单一平台和任务系统来讲比较容易,对整个作战体系来讲建立起来相对困难。二是适者生存原则,主要指作战系统和能力的质量遵守丛林法则、优胜劣汰,先进、高效、优秀的就保留下来,落后、低能、低效的就淘汰出去。三是相生相克原则,主要是攻防、快慢、大小、远近、多少等要素之间,建立起相生相克、相互制约的平衡系统和协调机制。四是全系统全寿命原则,必须从作战能力生成源头开始,技术研究、装备研发、生产采购、使用训练、综合保障、作战能力形成到满足作战需求,相互之间形成一个快速迭代、持续优化的大循环,这样才能形成进化功能的闭环。如果在全局上做好上述四个方面的顶层设计和规划,未来的作战体系和系统就具备了持续进化的可能。

一、生态链

在这个类生态和博弈系统中,智能的因素、"五自"(自适应、自学习、自对抗、自修复、自演进)的功能,必须贯穿于从末端到顶层全系统、从传感器到射手全回路、从需求到战斗力生成全过程,形成智能化、可进化的生态链。由智能材料、智能器件组建智能部件与分系统,由智能部件与分系统构建智能装备,由不同智能装备构建智能化作战的任务系统,再由不同的任务系统形成一个智能化的作战体系,作战体系又分战术、战役和战略层次。在各级作战体系中,智能感知、智能决策、智能攻防、智能保障以及智能的虚实互动,必须形成一个有机系统,经过人为训练或自动迭代,不断进步和优化。同时需要强调的是,从作战概念创新、技术创新、应用创新、模式创新到新质作战能力生成全过程,必须形成一个快速迭代、跨越提升、循环往复的创新链,推动作战体系由低级向高级进化。

二、分布式与多样性

可进化的作战体系面向不同的任务、目标和对手,呈现分布式、多样化的特点。从作战要素看,网络信息是分布式互联互通、在线离线结合的,作战平台是面向多样化任务分布式编成的,火力打击与能量毁伤是随着平台和目标的不同分布式实施的,机器 AI 系统也是随着云和终端分布式如影随形。从作战空间上看,随着网络信息和多样化 AI 的出现,网络化、扁平化、分布式是未来发展的趋势,指挥层次会越来越少,人的作用越来越多体现在战前和后台,大量执行层面的事情,可以依靠 AI 和无人系统分布式实施。有的作战平台和任务系统,像人体一样是由人或者 AI 直接指挥控制,如智能化舰船、飞机、地面战车和无人平台等;有的是无中心自主协同完成的集群系统,完全靠自适应的机器 AI 自主引导和控制,如智能化弹药、无人机蜂群等;有的是人脑和机器 AI 结合完成的系统,主要包括有人/无人协同作战系统,如美国正在实施的"忠诚僚机"项目、人机混合编队特战系统等。

三、并行处理与存储记忆

分布式云和多样化 AI 的出现,为高对抗、高动态、高响应条件下,并行快速处理战场海量信息和任务系统,打下了良好的基础和条件。随着仿脑芯片、类脑系统、新型机器学习、计算能力的发展和进步,特别是大型复杂计算机和量子计算机等新型计算手段的出现,未来将越来越接近人类大脑神经网络并行处理与存储记忆模式,功耗越来越低而运算能力越来越强。这是作战体系进化所必须具备的基本条件之一。

四、网络连接与互反馈

要完成作战体系与能力的进化,必须实现 AI 大脑系统与各类末端执行系统的网络化连接,实现与外部战场环境的网络化交互,具备内部与外部的相互反馈和相互作用的机能,这样才能为自学习、自演进等能力的形成打下良好基础。相互反馈的关键是通过网络通信实现"大脑"与"四肢"的连接,并在"大脑"AI 的控制下与任务系统相互作用,在相互反馈中不断优化、迭代和升级。支撑互反馈的核心,是确保认知网络通信能力的建立和完善,保证有必要带宽和抗干扰能力,必要时需要按照离线和在线结合模式进行处理。

五、自修复

智能化作战体系处于高强度的对抗和博弈之中,遭到不同形式的破坏和毁伤，属于正常的现象和状态。因此，体系必须具备一定的自修复功能，一旦某些能力缺乏或者不足，可以自动进行补位、替换和增强。例如一个蜂群进攻系统，其中有几架飞机被打掉以后，后续飞机能够尽快补位，并继续实施执行任务。同时要加强事前的冗余备份设计，一旦被击伤，装备维修 AI 检测出故障，能够自动评估、修复和替换。

六、学习与演进

利用对抗生成网络、增强学习和半实物仿真对抗训练系统，通过蒙特卡罗搜索、遗传算法、贝叶斯寻优、粒子群算法、黑板系统等数学建模，实施红蓝对抗、无人与有人对抗、无人与无人对抗、有人与有人对抗。通过相互博弈、自我博弈，不断积累数据和经验，修正模型、优化参数，逐步逼近各种真实的实战情况。在战场比较透明、信息比较完备情况下，通过大量仿真训练、作战实验和自我学习，这种自我博弈和进化的能力会迅速增长，在很多方面将比人脑有优势，如信息处理、目标识别、知识积累、快速性、重复性、准确性、自动化等专业技能，将逐渐超过指挥员和多数人的能力，成为"超级英雄"。在战场不够透明、信息不完备情况下，通过机器学习和智能设计，既能在战前预测未来作战走向，又能在战斗中自适应调整、学习和完善，最终实现自我进化。虽然在战略层次要实现自我进化非常困难，甚至有可能永远也达不到，但是随着战役特别是战术层次的快速优化和进化，会逐步推动整体和全局的进步与进化。

七、作战规则

作战体系要具备自适应、自学习、自对抗、自修复、自演进能力,关键是要根据不同的任务系统,制定能够高效制胜的作战规则和流程,然后依靠这些规则,建立自适应的动态任务规划和自主决策系统。从一线单兵和分队作战行动来看,需要考虑面临的各种威胁、自身能力和实力状况,考虑战场环境如城市街道、交通、建筑物、网络、电磁等带来的制约和便利条件,考虑视距外和作战区域周边的敌军和友军情况,结合能够支撑行动实施的技术手段和能力,通过制定各种作战规则,明确约束和边界条件,经过事先训练学习,建立和优化相关模型算法,做出科学决策、实施精准行动。从部队作战指挥控制来看,要根据战场环境、作战双方的实力和能力,结合平行系统大量仿真计算和预测模型,快速形成进攻作战、防御作战和非战争军事行动等各种任务方案,实施辅助决策或快速决策。其中,根据一系列作战规则,战时可临机进行自适应动态调整,战后进一步总结优化。如果效果好,就保留作战规则不动,修改完善模型和参数;如果效果不好,还可以修改作战规则,再重新建立完善相关模型和算法。从作战保障来看,武器弹药的供应、维修和后勤物资的调运,要根据战时需求、战损和部队驻扎情况,根据弹药仓储布局、运输运力、技术专家和修理力量等情况,就近、快速、高效、自动地提出解决方案,自动选择保障手段、工具和方式,实施精准保障、精准维修。当然,实现智能化精准保障和维修是有条件的,平时就必须建立智能化的装备与后勤保障网络体系、远程可视化维修、基于 VR / AR 的精准维修、3D 和 4D 现地打印、分布式就近供应、智能化的保障模型与算法等软硬件系统,以及相关的运行规则和标准,并且经过大量仿真或实战化训练,才能结合作战实践,不断优化和进化。

八、自适应工厂

随着军队和工业部门之间,在体系策划、需求论证、技术发展、项目研发以至于后期使用、训练、维修和保障等环节,实现了军地之间无缝的网络互联和实时的数据交换,作战体系和能力的进化,还应该从军事作战领域延伸到国防工业设计和制造领域,形成从需求体系、能力体系到装备体系、技术体系、研发体系、生产体系、保障体系的大循环和迭代优化(图 14-1)。其中,虚拟化设计和自适应制造是关键。

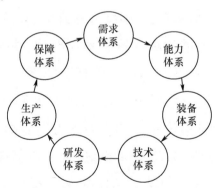

图 14-1 从军事领域向工业领域延伸后的七大循环体系

DARPA 在 2010 年启动了"自适应载具制造"(AVM)计划,瞄准新一代地面作战车辆军事需求,采取众包设计模式,通过运用基本工具"元"模型方法,建立"快速自适应工厂",构建了一种全新快速自适应研发模式,两个多月实现几年才能完成的整装设计,缩短周期 80%,实现了"民主化"协同创新设计、系统设计"一次生成保证无误"、由设计数据驱动自适应生产。据估算,采用自适应制造技术后,一种新型装甲车辆的研发周期,可以从13年缩短到2~3年。2014年该计划向多个领域进行了迁移和拓展,2016年启动了多个后续项目。

在2015年第51届巴黎航展上,欧洲导弹公司(以下简称MBDA公司)公布了其最新在研的CVW102 FlexiS完全模块化空射导弹概念。MBDA面向2035制作了一段未来使用模块化空射导弹作战的视频。视频中描绘了航母战斗群,面向多个空中和地面威胁,按照目标和毁伤特性,在设备仓内选择各类模块化的导弹和弹药组件,包括引信、战斗部、控制件、导弹舵机、尾翼等,临时组装成合适的攻击弹药,装上作战飞机,对空对地相关目标实施精确打击。

2018年7月13日,美陆军正式成立未来司令部(Futures Command),并计划在一年内形成全面作战能力。美陆军希望通过成立反应迅速、灵活、高效的未来司令部,将工程能力与采办能力相整合,显著缩短陆军现代化周期。未来司令部将串联陆军的作战概念、作战需求、采办和实战检验整个流程,精简指挥机构,使需求开发周期从之前的3~5年缩减到1年,新装备的交付时间从十几年缩短到几年,最终完成其"五大件"装备的更新换代。到2028年,通过部署现代化有人和无人战车、飞机、保障系统与武器,结合强大的武装编队和现代化作战条令及战术,使陆军能够在任何时间、任何地点,在联合、多域、高强度作战中打败敌人,同时威慑潜在敌人,保持非常规战争能力。

在装备制造领域,随着平行系统、平行制造的建立完善,基于网络信息的人、机、物、环境和配套产业链全面实现互联互通互操作,从材料、部件、分系统到装备集成,几乎一切都可以数字化、模型化,装备体系研发和生产模式将发生彻底改变。根据作战需求体系和能力体系要求,采用分布式、虚拟化、协同设计的方法,可以由目前的单装实物样机验证为主向综合集成虚拟样机验证为主转变,实现从单装到体系、从论证到保障、从体系总体到配套末端、从自我研发到协同众筹的虚拟化集成和验证,大大缩小从需求到研发的周期和时间。一旦虚拟集成验证与实物验证、用户体验相符,很快就可以按需自适应组织生产。一旦研发和生产都实现了分布式、数字化、模型化、虚拟化,任何更新和改进都变得非常容易。

未来,从设计到制造、从研发到作战,在理论上还可以逐步从有人为主向无人化方向发展。不过,在装备和作战体系设计源头,让机器人来开展创新和创意性的工作,恐怕是智能化战争中最难实现的事情。因为就目前技术发展的情况看,机器人还是更擅长于设计后的加工、生产和制造,从简单成熟的零部件、分系统到单一装备、单一系统,让机器人来生产制造是完全可能的。现在全球许多先进的工厂、无人化车间和流水线上已经大量采用了工业机器人进行焊接、装配和检验,一线工人已经越来越少。但创新设计等工作,总体上,还是更适合人来干。不过,近年来人工智能在音乐、绘画、诗歌等艺术领域,已经开始涉足创新创意源头,与人媲美,同台竞技,不分高下。未来,随着智能科技的不断进步,虚拟设计师 AI 与工业机器人,将逐步从制造向设计、从简单到复杂、从单装到体系转变,存在逐步逼近、逐步提高、逐步完善的趋势和可能。不要忘了,再过许多年,在智能化时代也许"一切皆有可能"。

智能化时代,军地多方联合设计、共同研发、虚实迭代、应用提升,是作战能力和装备体系发展的基本模式。传统机械化平台和信息化软件只是基础,军地双方围绕军事需求和科技推动,进行联合论证与设计,开发基于技术认知的作战概念,通过虚拟和平行军事系统开展作战仿真与实验,经过迭代优化与集成验证,组织实施以智能化为牵引的装备体系软硬件自适应制造,双方合作边研边试边建边用和模型算法优化,最终形成智能化作战能力和军民一体化保障能力(图14-2)。

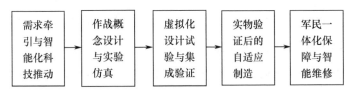

图14-2 国防科技工业智能化设计制造流程

未来的国防科技工业,将按照联合作战、全域作战、机械化信息化智能化融合发展要求,从传统以军兵种、平台建设为主向跨军兵种跨领域系统集成转变,从相对封闭、自成体系、各自独立、条块分割、实物为主、周期较长的研究设计制造向开源开放、虚拟化设计、民主化众筹、自适应制造、快速满足军事需求转变,向软硬结合、虚实互动、人机物环智能交互、纵向垂直产业链有效衔接、横向分布式协同、政产学研用军民一体化融合的新型创新体系和智能制造体系进化。

九、强者生存

智能化时代作战体系的进化,遵循丛林法则,物竞天择、适者生存。当然,作战体系的进化与生态系统的进化还是有本质区别的。因为生态系统长期处于一个相对稳定的状态,物竞天择、适者生存是一个漫长的过程,众多生物和动物之间,相生相克、取长补短,长期的岁月所形成的生态链与生态圈,是可持续、自循环、自演进的。而作战体系是一个高强度的对抗系统,双方的争夺和博弈,是短期、激烈和充满暴力的。如果平时进化得快、更先进,战时就越有可能强者生存。从正规作战看,作战双方实力比较均衡的情况下,具有智力优势的一方将很快取得战争胜利;如果双方力量比较悬殊,力量优势方智力也占优,那结果就毫无悬念;如果力量劣势方智力占优,结果很难预料,必须要精确计算数质量的优势、比例及等效转化,通过细微之比,才能比较输和赢;如果双方作战力量比较均衡、智力不分高下,双方的博弈交互会有很多次,但作战的进程会很快、惯性会很强、过程很难控制、结果较难预料。总之,AI越优秀,作战体系越先进,战场主动权越大,生存能力就越强,而相对落后的AI及其作战体系就会逐步被淘汰。

第十五章
智能化建设与评估

　　智能化建设的核心与关键是什么,作战体系的智能化程度和能力如何评价,主要标志和衡量标准是什么,从战略和战术、定性和定量上如何评估等,这些都是关系智能化战争和智能化作战的重大问题,是智能化军队建设与作战效能评估必须研究的重大课题。综合各方面的情况,可以从赛博作用、平行智、自主性、集群化、快速链、涌现性、可控度、经济性、副作用九个方面,重点从作战效果出发,探索定性与定量评估的途径、方法和手段,加快军事智能化建设进程。

一、赛博作用

　　进入 21 世纪以来,随着互联网、移动通信的普及和广泛应用,极大地促进了赛博空间的建立并正式登上战争舞台。赛博空间是人造世界,也可以说是人工世界,由于它的建立和完善,才把人类从物理世界拓展到了虚拟世界,同时也为人类的精神世界搭建了一个全新的交流平台。随着时间的推移,赛博空间对人类社会和军事领域的影响和作用,越具有战略性、全局性、深刻性和长远性,它使人类最终进入一个平行世界、平行军事、平行系统,打下了一个全球性网络化的技术基础。正是有了赛博空间的存在及其逐步升级完善,信息互联、数据交换、模型算法和更高级的人机交互才成为可能,这是智能化建设和作战最重要的基础与前提。人工智能也是在赛博空间建立以后,由于网络和数据技术的发展,才引发了当今智能化浪潮,促进了从量变到质变的飞跃。

赛博空间在智能化战争中的作用,可以从很多方面来研究分析,包括互联网、移动通信、天基信息、传感器、嵌入式系统、云平台和综合电子信息系统等,但归根结底,网络、数据、计算能力,是其中最重要的三大指标。

(一)网络能力

网络通信系统是赛博空间的基础与前提,主要包括民用网络和军用网络及其两者之间的互动、互补。从军用网络看,又包括战略和战术网络通信手段及完备性、先进性,通信网络的自组织特性、容量带宽、时延、鲁棒性、抗干扰性,以及在需要时军、民网络通信的交互性、融合性、单向数据流动性等。但网络通信系统对作战的影响和支撑能力,不能从系统本身去评估,而要从作战效果和应用效率上去反推。

从效果上看,网络能力的核心主要体现在军用和民用移动互联的普及程度、先进性以及互动效率等方面,评价指标可以民用移动互联用户数和军用互联互通用户数或者军用 IP 节点数量来表示。网络三大定律之一的梅特卡夫定律告诉我们:网络价值同网络用户数量的平方成正比。如果将机器联成一个网络,在网络上每一个人可以看到所有其他人的内容,100 人每人能看到 100 人的内容,所以效率是10000,10000人的效率就是10^8。虽然实际情况不完全遵循梅特卡夫定律,因为不可能每个人把别的所有人的情况都了解清楚,但是梅特卡夫定律指出了这种潜力和可能性。根据梅特卡夫定律,结合实际可能的情况,一个国家网络能力潜在军用价值是:

$$W = R \lg(S_m^2/T_1) + \lg(S_j^2/T_2)$$

式中,W 为网络价值(单位时间里信息相互联通数量的能力与潜力),R 为军民融合度(最高数字为100%);S_m 为民用移动互联用户数量;S_j 为军用互联互通用户数或者IP节点数;T_1、T_2 为在民用网络和军用网络中信息快速有效传播的时间或者平均时延。考虑到关联的对象与人口众多、数量巨大,网络上相互影响的渠道和群体数量也比较多,网络传播的时间又越来越快、越来越方便,最终表征网络价值的数值会很大,因此采取对数的方法用价值增益分贝数来表示,可能更科学、更好记。由于保密等原因,军用系统一般是相对独立的,平时与民用系统不直接相连。

但是,随着赛博系统的建立和完善,开源信息和情报越来越重要,占比越来越高,军用系统和民用系统信息融合会越来越深,数据交换会越来越多。越是低级战术层次的行动,如抢险救灾,反恐维稳等非战争军事行动,就会越来越多地利用民用网络和信息;反之,越是战略层次和核心层面,军用系统与民用系统直接的相互连接就越来越少。因此,R 数值为零的时候,表明军用网络与民用网络是完全隔离的,没有任何联系,只有军用网络支撑作战,而民用开源信息就没有用上。反之,如果 R 数值为1,就表明民用网络随时随地都可支撑军队作战,价值增益就可能是两个网络的潜力支撑,这时如果 S_j 为零,就表明完全用民用网络来支撑作战,而军用网络就不存在,这种情况一般也不会出现。因此,R 的数值,既不会是零,也不会是 100%,一般会在 0~1 之间。

（二）数据能力

可用与军事相关的历史数据积累总量和保鲜度来衡量：

$$B = \{B_Z, \Delta B/\Delta T\}$$

式中,B 为数据能力；B_Z 为军用数据总量（可用比特数 bit 来表示）；$\Delta B/\Delta T$ 为军用数据增长速度（含更新速度），即数据的保鲜程度。军用数据既可以从军事系统本身产生,也可以从民用开源信息系统中挖掘。

（三）计算能力

包括运算速度和数据存储能力两个方面的总和。可从运算速度、存储容量、物理尺度、能源消耗四个要素来衡量：

$$J = \sum (S \times C)/(V \times P)$$

式中,J 为计算能力；S 为计算芯片和相关计算系统的运算速度；C 为存储容量；V 为计算与存储设备体积；P 为能源消耗功率。也就是说,相同体积和能耗条件下,运算速度和存储容量越高越好。

上述网络、数据、计算三个方面的军民融合度都比较高。网络能力可利用民用移动互联网、物联网、民用卫星、无线通信系统等强大基础设施和信息资源,相关技术、器件、部件、整机、系统,对军用系统直接和间接的支撑作用越来越高。因为民用网络信息技术和应用的发展,明显高于军用,其巨大的用户数量、功能体验、使用中不断改进完善和高度竞争等因素,成为牵引和带动军用网络发展的主导力量。据国外分析,通过民用网络与公开信息挖掘,战场信息、目标信息、装备信息、人员信息等开源数据,可以占到军用信息的 50%~80%。计算能力方面,几乎与民用一样,除了少数高动态、高过载、高响应、涉核应用等计算芯片在性能上有特殊要求外,一般不需要专门研制,军民通用产品比例非常高,像操作系统、路由器、计算机终端、GPU、DSP、FPGA 和嵌入式系统微处理器等,几乎可以占到 90% 以上。

二、平行智

智能化作战非常重要甚至是最重要的标志,就是基于虚拟空间的战场大脑系统,具有对实体空间作战的预测、规划、指导、学习、优化、自我进化等功能和能力。而平行作战系统智能化程度就全面反映了这种能力,简称平行智。平行智主要指平行作战系统中虚拟部队和实体部队相互映射、相互促进的智能化程度,它在本质上体现了虚拟空间红蓝双方在各种环境条件下交战后的模型和算法库(战场大脑),反映了战场大脑系统的先进程度。因为一旦在虚拟空间与作战对手曾经多次或无数次交过手,并且通过半实物仿真和实兵实装演习训练验证过,在战场上真正对抗时,就能够成竹在胸、胜算在握。只要虚拟空间中反映红蓝双方作战能力的数字化模型越多、越准,模拟对抗和作战实验就越真实,战场大脑系统就越先进,投入很小、效率很高。平行作战系统虚拟空间中的战场大脑,是由多样化交战模型和战法库组成的脑体系,具有分布式虚拟化特点。其中包括武器装备平台的脑、集群行动的脑、分队作战的脑、虚拟参谋的脑、指挥部队行动的虚拟指挥员超级大脑等,遍布各级指挥所、指挥员、作战参谋和作战人员,嵌入到各类感知终端、主战装备、打击武器、指控系统和保障平台,对于战争贡献度最高、权重最大,在全局上表征了作战体系虚实互动、以虚制胜的水平,是智能化时代最核心的作战能力。

支撑平行智的基本要素包括四个方面:网络的完善程度与先进性(上一节已经谈到了)、作战数据的积累与实时性(保鲜度)、基于不同作战任务和战法的模型与算法库、高级人机交互与迭代融合。其中核心是模型和算法库,其他三个方面都是给它提供支撑和手段的。

综合分析,平行智可从数据能力、模型算法数量、模型算法增长的数量与更新速率三个角度来衡量:

$$P_Z = \{B, M, \Delta M/\Delta T\}$$

式中,P_Z 为平行智能水平;B 为数据能力;M 为模型算法数量;$\Delta M/\Delta T$ 为模型算法的增长量与更新速率(在某种程度体现了模型的先进性)。

作战数据的积累与实时性(保鲜度),主要体现了实体部队和虚拟部队之间的虚实互动与相互映射关系。积累的数据越多,虚实互动越频繁,数据的实时性和保鲜度就越好,一方面为模型和算法的不断优化和迭代,提供了新鲜血液和粮食,另一方面模型和算法迭代优化的效率越高。

基于不同作战任务和战法的模型与算法库,这是评价平行度最核心的指标和标志,主要包括智能感知模型库、自适应任务规划与自主决策模型库、智能网络攻防和电子对抗模型库、武器装备智能机动与打击模型库、智能集群攻防模型库、智能防空反导模型库、智能作战保障模型库,以及相关的战场环境模型库、作战态势展现模型库、虚拟参谋和指挥员模型库、计算机生成兵力模型库、作战演习训练模型库等。总之,既包括物理空间为主的作战算法库,也包括虚拟空间以及两者融合的作战算法库。

高级人机交互与迭代融合,主要体现了人机混合决策的能力与水平,包括自动化指挥控制的能力和水平、人性化交互的方法和手段,对作战力量、作战人员、作战对手的精确影响力和控制力,以及网络心理战、舆论战、法律战等认知对抗的水平。其主要标志和核心指标,更多体现在基于模型、算法的智能化指控和执行效率等方面。

三、自主性

自主性主要指作战平台的无人化程度及相关协同能力,即不依赖人的自主特性。智能化作战,追求己方实际前沿作战人数最少,对作战区域民众和民用设施误伤最小,对作战目标的打击最准确,很大程度都体现在作战平台无人化的程度、对复杂战场和目标智能感知与识别、自适应任务执行效率、平台之间自主协同等方面。

机械化为主的平台,基本上是有人参与的,集中体现在两个方面:一是人在物理环中,人与物理平台紧密相连,作战任务全程参与;二是人在控制环中,无论是战场感知、分析决策,还是火力打击、信息攻防、作战评估以及相关保障等,都有人直接操作控制。也就是说,人在整个作战任务实施全过程当中,既要操作平台本身,还要执行操作完成多种作战任务。因此,机械化主战平台,通常不止一个人。如坦克装甲车辆,车长、炮长和驾驶员,就分别执行不同的任务,至少三人以上。作战舰艇需要的人就更多了。作战飞机虽然由原来多人变成一人,也是由于平台自动化、任务信息化水平提高以后,人员才裁减了下来。智能化弹药的发展,也是随着平台自身惯导系统与任务系统、网络信息逐步深度交融以后,其自主化的水平才逐步提升了上来。

总体上看,作战平台的发展,人与平台在物理上会越来越远,即人不在物理环中,但人仍然在控制环中,也就是仍然肩负着对平台的远程操控和作战任务的指挥控制与执行的责任。一般来讲,人与无人平台的关系,分为"人在环中""人在环上""人在环外",分别对应遥控、半自主、全自主无人平台。因此,作战平台自主性,主要体现在平台自身的无人驾驶成熟度(简称平台操控 AI)和对作战任务 OODA 环路中自主决策能力,以及平台和作战任务之间的自动交互和关联,即任务链 AI 的发展水平;其次,还体现在有人/无人协同、多平台协作 AI 能力与水平方面。

平台自主性怎么进行定量评估,这是一个比较复杂的问题。因为各军兵种武器装备使命任务和作战特点不同,不同作战空间和作战样式差异很大,其衡量的标准方法和途径也不一致。即便如此,我们还是可以抽象地从人和 AI 在平台控制中的关系来探讨共性的评估方式与标准。

在作战效能相同和投入资源成本相近的情况下,平台自主性的数值主要取决于平台机器 AI 在作战任务全过程中的平均时间(面向主要作战使命任务学习之后的平均时间),有人参与控制的平均时间,两者在多种作战任务平均总用时中的比例来确定:

$$Z = T_{AI}/(T_{AI} + T_r)$$

式中,Z 为平台的自主性;T_r 为平台有人操控的平均时间;T_{AI} 为平台机器 AI 平均操控时间。Z 的数值越高,表示无人化程度和自主性越高,反之越低。全自主无人平台 Z 数值接近于 1,遥控式无人平台 Z 数值在 0.3 以下,即大部分时间需要人直接操控和紧密监视。

当然平台的自主性,除了有人/无人参与程度相比外,还要考虑与作战对手、等效有人装备相比,还涉及有人控制的难易程度、控制信息的节点与数量等。但这些因素,都可以交给机器学习来解决,也都体现在 AI 的先进程度和全自主能力方面,特别是自我学习和自我进化的能力。当然,其他关联因素如安全性、可靠性、保障性、经济性等,都对平台的自主性有一定影响,但这些都是传统平台的指标,可以暂时不考虑。

关于有人和无人平台的关系,在标准作战模型条件下,即使完全一样的作战平台,有人改成无人以后,如果同样的作战效果,无人平台的数量比例超过1%或者1个以上,我们认为无人化开始体现其价值,如果超过50%,我们认为会有实质性的价值提升,因为毕竟少了一半人的工时费用,安全性也会明显上升。

实际上,从近年来美军、俄军等军事大国的战略规划和发展趋势看,在整个军队中无人平台的比例在逐步上升,虽然最终不可能完全替代有人平台,但有一点是很清楚的,随着无人平台比例的提高和自主性的增强,作战的军事经济效益是明显上升的,而相应的成本费用会逐渐下降,这个大的趋势是不容置疑的。

有人和无人是相对的,无人平台是形式上和结果上无人,但人类智慧在设计研制生产阶段,在作战使用、训练与任务规划中,人力资源仍然是有大量投入的。

另外,任何作战行动都是个性化的。如果不同作战任务在战争中的权重不同,或者对于多功能作战平台而言,可采用层次分析法来评估:

$$Z = \sum Q_i Z_i$$

式中,Q_i 为不同作战任务的权重,Z_i 为具体作战任务中平台的自主性。因此对各军兵种和具体的作战环境来讲,标准作战模型怎么建立,无人化和自主特性数据怎么获取,还需要深入研究,提出更专业化的评估方法。但无论是通用标准,还是专用标准,作战平台的自主性,是衡量智能化战争的重要标准之一。

四、集群化

集群化的核心体现了作战平台数量与质量的关系。兰彻斯特平方率表明,对于配备直瞄武器作战单元来说,在所有条件都对等的战斗中,作战单元数量增加1倍,实际战斗力将提升4倍。因为,数量占优势的一方可以二敌一,而数量上处于劣势的一方只能以一敌二,战斗力下降一半。数量上处于劣势的一方,可以通过提升质量来弥补。但如果对手在数量上超出1倍,只有将质量提高4倍才能与对手抗衡。因此,用质量优势弥补数量上的不足是有上限的。美军在摩加迪沙的失败,俄罗斯在第一次车臣巷战中的惨败,充分表明,在许多作战条件下,质量优势代替不了数量优势。在某些时间和地理窗口,哪怕装备性能低劣,也能通过数量的优势,来战胜高质量的对手。其中最有名的就是毛泽东的军事思想"集中优势兵力打歼灭战",讲的就是这个道理。

奥古斯丁定律表明了质量的提升,导致了成本急剧的上涨,反过来造成装备数量的下降。1984年,诺姆·奥古斯丁观察到美国军用飞机开支成指数级增长,国防开支成直线增长之势,这称为奥古斯丁定律。他指出:"到2054年,美国全部的国防预算只够买一架战术飞机,这架飞机必须由空军和海军每周各使用三天半(闰年除外)。闰年多出的一天,这架飞机才可以让海军陆战队使用[1]。"实际上,从美国的F-16到后来的F-22、F-35,在25年时间内,单架飞机成本从3000万美元左右上升到了16000万美元。最后导致的结果是,2001—2008年,美国海军和空军的基本预算分别增长了22%和27%(扣除通货膨胀因素),而同一时期装备清单上的战舰和飞机的数量却分别减少了近 10% 和 20%。也就是说总预算增加，但装备数量却在减少。过分强调质量，而忽视数量的结果，也会造成作战能力下降。

未来，由于无人化装备大量出现，一方面减少了人员空间及生命保障系统的费用，另一方面大量低成本、功能相对简单的无人平台和弹药出现，数量规模优势显现。这种自主集群式的攻击和防御，其产生的非线性效应，就是靠数量规模来提升的。通过大量低成本、集群化作战平台与系统的构建，如地面平台自主集群、空中无人机蜂群、导弹集群、巡飞弹集群、末敏弹集群、仿生机器人集群、无人值守系统等，具备智能协同探测、打击、防御等多种作战功能，可以实现群愚生智、以量增效、涌现效应的战术价值，支撑未来智能化战场"一对一""多对一""多对多"的自主协同打击能力。这是一种兼有威慑和实战功能的作战能力。因此，自主集群在己方作战力量中的数量比例、作战双方数量上的比例，是衡量智能化作战能力的重要因素之一。按照兰彻斯特平方率，集群化的价值：

$$Z_j = (J-D)^2$$

式中，J 为己方集群平台的数量；D 为对手等效平台的数量；Z_j 为基于对手的集群作战效能的优势。这是与对手相比的算法公式。如果与自己相比，还有另外一种算法：

$$Z_j = (J-Y)^2$$

式中，J 为集群平台的数量；Y 为己方有人等效平台的数量；Z_j 表示基于己方有人平台的集群作战效能的提升。

有人无人集群化协同作战，同样适用于上述方程式，只不过等效平台数量不太好确定。

五、快速链

作战体系"侦、控、打、评、保"信息传输和杀伤链路的效率与快慢,是衡量整个作战体系智能化的关键。快,是人类战争制胜的法宝,是先敌发现、先敌攻击、先敌防御、先敌占领的关键条件和前提。由于时代的不同,不同战争形态中的快,其内涵和外延是有很大区别的。古代战争的快,主要体现在人力、马匹、弓箭和战车的快。机械化战争,主要体现在坦克、飞机、军舰、火炮等作战平台机动速度快和火力快。信息化战争,主要体现在探测感知和一体化指挥控制的快等方面。智能化战争,更多体现在作战信息和杀伤链路中自动化的快,虽然前期也体现在人的分析判断和决策速度的快慢,但越往后期更多体现在智能感知、自主决策、自主行动、自主保障的快等方面。因此,快速链主要指作战体系信息和杀伤链路中自动化的快,而不是人为因素的快,反映的是智能化的程度和标志。

衡量快速链数值的主要标志体现在两个方面。一是与自己相比,机器 AI 在全回路中,包括在 OODA(观察、判断、决策、攻击)环中,所发挥的作用超越人类平均分析、判断、决策速度和极限感知处理能力、平台操控能力。即在整个作战回路中,在同样作战效果的情况下机器耗时比人更短。二是与作战对手相比,不同作战任务信息传递和杀伤链的时间比对手"侦、控、打、评、保"链路的时间短,比对手快。当然,这两方面是有关联的,只有与自己相比 AI 的作用越来越大,信息传递和杀伤链路的时间越来越短,超越对手的可能性才越大。

作战是一个复杂的体系对抗,是众多具体作战任务实施过程的集成与集合,可变因素非常多,必须分类、分层次分别处理。从战略、战役、战术看,战术和战役层面实现机器智能的程度相对容易,战略层面机器智能难度较大,因为战争的诱因发展更多是政治、经济、社会、军事等复杂问题,依靠 AI 来分析判断甚至决策,在可预见的未来都是不可想象的,是非常非常难以现实的。因此速度链的评估,主要指战役特别是战术层次。

任何一个具体的作战任务,其快速链回路,前期大致可以围绕感知、分析、决策、行动四个要素耗费时间来进行处理,分别用 T_1、T_2、T_3、T_4 表示。后期再逐步增加别的要素,如电子对抗、网络攻防、云作战、算法战、综合保障等,不断升级完善。

与自己相比,评估速度链智能化水平,一是机器总用时比人短,二是机器用时占比越高越好。理论上,全自主作战时间 $\sum T_{AI}$ 应小于全有人作战时间 $\sum T_r$,即 $\sum T_r - \sum T_{AI} > 0$,智能化的优越性才体现出实用价值,即机器取代人后耗时更短,这是前提。机器用时占比的评估方法与平台自主性类似,速度链的数值等于在现代标准作战模型条件下,以人为主在整个作战链回路中耗费的平均时间,以机器 AI 为主所耗费的平均时间,两者在总平均时间中的比例:

$$V_Z = \sum T_{AI} / (\sum T_{AI} + \sum T_r)$$

式中,V_Z 为与自己相比作战体系中具体作战任务的速度链;$\sum T_r$ 为速度链中有人操控的平均时间;$\sum T_{AI}$ 为机器 AI 平均操控时间。$\sum T_{AI}$ 与 $\sum T_r$ 前期表示 T_1、T_2、T_3、T_4 之和,后期再增加别的要素 $\sum T_i = T_1 + T_2 + \cdots + T_n$。

V_Z 的数值越高,表示作战任务的智能化程度越高,任务执行速度可能越快,反之越低、越慢。全自主作战体系 V_Z 数值接近于 1,全有人的作战体系 V_Z 数值接近于零。

与作战对手相比,理论上讲只要作战任务速度链快一点,就可

能先敌打击、先敌行动,取得胜算。因此可以直接用双方速度链时间长短来表示,方程式:

$$V_d = \sum T_d - \sum T_j$$

式中,V_d为与对手相比作战体系中具体作战任务的速度链差;$\sum T_d$为对手速度链的时间;$\sum T_j$为己方速度链时间。V_d大于零,表示己方作战任务执行速度更快,反之更慢。

由于对手有强、有弱、有势均力敌的,结果可能有多种多样。对于势均力敌的对手,由于武器装备的性能相差不大,因此可以直接用人或者机器 AI 操控的时间长短来表示。如果军事实力、武器装备、战略战术相差巨大,上述公式可能存在一定的修正量,但偏差也不会太大,因为真正起决定作用的是 OODA 回路时间,是传感器感知的快慢、分析和决策的快慢,是主战装备的作用距离、突防能力,最终还是表现在时间长短上。由于速度链涉及要素多,并且是一个闭环回路,单一要素快,不等于整体快;一个环节断链,整个任务就可能受影响,越前端,影响越大。实际上,如果在智能感知阶段出问题,后面就无从谈起。

其中,在作战行动阶段的快慢和智能化建设涉及因素很多,主要涉及平台机动和打击的距离,飞行速度的快慢,突防能力,抗电子干扰能力,毁伤精度与可控度,及其实时评估等,既有传统机械化能力的提升,信息化能力的进步,更有智能化牵引下的综合作战能力的跨越。智能化优势最终体现在快、精、准等方面,同时也牵扯到智能化保障问题。智能化保障主要涉及武器弹药的快速高效供应,智能化物流,故障维修智能诊断和自动容错,能源的及时供应等。所有这些因素,综合作用的效果主要还是体现在时间快慢上,如果打击距离不够或者保障不及时,结果就是断链,时间呈现无限长;如果打击精度不够,需要重复多次,行动时间也会延长。

在全局上,根据不同军事任务和行动特点,快速链可以按照四快(感知快、分析快、决策快、行动快)、三层次(战略、战役、战术),设计一个矩阵化指标体系,以便于分类分层次建立评估体系和标准,开展定量化的评估。未来,随着作战空间和任务的不断拓展,作战过程也可能是五快、六快……N快,呈现不断增加的趋势,但指挥层次有可能越来越扁平化,多层次树状的指挥,有可能最终演变为两个层次,即:有人决策干预层与无人化的 AI 智能决策层。

速度链是智能化战争的一个重要标志,在很多情况下可能是第一位的评价指标。速度链数值的高低,既反映了作战体系化、信息化、一体化能力,更表征了智能感知、智能决策、自主打击、智能保障等水平,也在一定程度上体现了作战链路的快慢和作战效率的高低(特别是与对手的时间差 V_d 数值)。

总之,一方面想方设法在各个环节比对手快;另一方面,尽量使对方的速度链回路产生断裂,一旦断链,后续任务就终止了,越在早期阶段越主动,越往后越被动应对,末端防御是最被动的防御,往往成为不得已而为之的最后一道防线。近年来,美国人重返亚太的一个主要做法,就是把雷达探测系统,尽量往中方前沿部署,既能尽早探测中方目标,也便于打断中方前出的任务链路和行动链路。

六、涌现性

涌现,在汉语词汇上为"事物的时间量变,在同一时期大量出现、突然出现"。从系统科学上讲,涌现"是一种从低层次到高层次的过渡,是在微观主体进化的基础上,宏观系统在性能和机构上的突变,在这一过程中从旧质中可以产生新质"。系统科学把这种整体才具有、孤立部分及其总和不具有的性质称为整体涌现性,它是规模效应和结构效应共同的结果,是系统个体之间非线性相互作用的结果。

在网络化、集群化、智能化作战条件下,涌现性更多体现为非线性放大和收敛效应。智能化战争涌现性的研究对象重点有两类:一类是物理空间的集群攻防效应,前面已经作了描述;另一类是人类社会心理和行为的非线性扩散效应。其中,后一类涌现效应的评估研究特别重要。因为在全球深度互联的时代,许多重大事件和信息能够在较短时间内以非线性速度扩散,对作战行动甚至战争全局产生直接或间接的重大影响,包括社会心理与网络舆情剧变效应、强大军事力量的威慑与实战效应、"斩首"行动引发的全局效应、媒体热炒的重点问题和突发事件的放大效应等。一般来讲,人类社会领域的涌现性效应不完全停留在心理层面,而表现为抵抗力量的快速崩溃、己方的乘胜追击、民众的欢呼拥戴,或者全国性的游行示威和誓死抵抗等。

战争时期,国际社会对作战的进程、过程都非常关注,直接参与作战的众多当事人更加关心。一个小小的事件,都有可能在社会心理和民众之间造成连锁反应,形成滔天巨浪。如"斩首"行动的成功,可能会迅速给作战对手造成大面积、全局性的影响。有人统计并计算过,一个事件一般不会超过六次转发,就会让全球的每一个人知道该事件。在网络时代,信息的快速传播几乎接近实时。

大数据搜索引擎和关联计算等技术的出现,为网络时代评估人类社会涌现性效应提供了可能的途径和手段。首先,可以运用 Top-K 等算法,研究主流和网络媒体上对战事热点的排行。其次,利用知识图谱和机器学习技术,分析网络上对事件的正向和负向评论,以及相互之间的数量与比例关系。再次,根据正向或负向舆情快速增长情况,研究关注热点事件发展趋势和变化态势。最后,根据作战进程的推进、战斗行动的得失、民众游行示威和政府采取干预措施以后的情况,与舆情观测情况进行关联印证,形成从事件发生、舆情分析到措施行动闭环的智能化评估和预警系统。

$$Y = \{T_{OP} - K, \pm B, \pm \Delta B/\Delta T\}$$

式中,Y 为事件舆情预警指数,可分为蓝色、黄色、红色、紫色等不同等级;$\pm B$ 为正向或负向舆情数据;$\pm \Delta B/\Delta T$ 为正向或负向舆情快速增长量与更新速率。

舆情分析既要考虑传统广播电视和主流媒体对事件的相关分析报道,更要重视网络社交媒体、自媒体等正向或负向看法、意见的统计分析。因为后者往往更准确,更能表达真实民意。舆情态势的展现,可以用图表、数据、颜色等更形象直观的方法表述。

借鉴以往战争的经验,围绕战前、战中、战后和平时的不同特点和要求,分别建立针对性、系统性的不同重大事件的舆情分析与控制策略和模型,不断积累数据、优化完善。同时,还要根据进攻方和防御方的不同,按国家、地区、城市和行业来进行细分,建立更精准的舆情预警、研究分析和干预系统。

七、可控度

可控度主要表现为随时随地对武器装备、作战人员、作战行动、作战保障等方面的精确控制。主要包括物理空间精确打击和毁伤的控制、虚拟空间重点目标和人群的精确跟踪与影响、基础设施的精确管控、无人系统的风险管控等。

(一)精确打击与可控毁伤

自人类社会出现以来,打击与毁伤就一直伴随着战争的演变而不断发展,从最初冷兵器的肉搏到火器时代的毁伤,再到机械化兵器的打击,直到核武器的出现,人类已经把物理毁伤推到了极限。当然,从科学上讲,能量毁伤的最高形式是正物质和反物质的碰撞湮灭而产生的能量,比核裂变、核聚变反应所产生的能量还要巨大,但从军事打击看已经接近发展极限。随着信息化和精确制导控制技术的发展,精确打击、可控毁伤成为未来发展的趋势。目前精确打击技术相对成熟,其打击精度采用圆概率误差 CEP 评估方式已经得到大家认可。圆概率误差(CEP)是弹道学中的一种测量武器系统精确度的方式,其定义是以目标为圆心画一个圆圈,如果武器命中此圆圈的概率最少有一半,则此圆圈的半径就是圆概率误差。例如,某型导弹的圆概率误差是 90 米,则一枚此型导弹有 50% 的概率会落在目标 90 米以内。而毁伤的精确控制正在发展完善中,其本质是有效毁伤占整个毁伤的比例越来越高,过度毁伤、无效毁伤和对民用设施的误伤会越来越小。有效毁伤所占的比例如果超过 90%,是否可以作为智能化战争的一个评估标准,这是未来需要研究的重点。但有效毁伤的测算,既涉及弹药爆炸威力与火炸药的当量控制,又涉及目标的性质及其易损性,还与投送和打击手段、方式不同有关,如攻击的方位、速度不同,其效果有可能不一样。由于打击目标千差万别,所以这个评估标准既不好制定,也不好统一。但是,未来的精确制导武器,必须要事先通过机器学习、图像识别、声音识别、电子频谱的识别,特别是多光谱频谱的识别等,既测量打击目标的距离和位置,又了解打击目标的几何尺寸、性质和易损性,这样才能把精确打击和可控毁伤统一起来。近几场局部战争已经证明,精确制导的弹药已经从海湾战争时期的 35% 提高到了 90% 以上。并且,精确制导弹药本身就是典型的智能化装备。因此,从打击精度和有效毁伤两个维度来衡量评估,是一个相对可行的方法和标准。

$$K = R + CEP$$

式中,K 为精确打击与有效毁伤的综合精度;R 为常规战斗部与火炸药在不同条件下对不同目标的精确毁伤模型球半径;CEP 为制导武器的精度。如果 CEP 是零,那么可控毁伤精度就等于炸药毁伤精度。

(二) 重点目标人群跟踪与影响

越是公众人物,如政府首脑和军方高级人员,在网络和媒体亮相的机会越多,留下的足迹、痕迹、图像、声音等信息越丰富,通过大数据进行关联搜索就越精准。对目标人群首领、骨干和关键人物,进行多角度多维度关联搜索,可以准确掌握公众人物社会、工作、生活等活动规律,实施精确跟踪和施加影响。一是通过手机信息和媒体报道等途径,可以建立目标人群动态行为模型,了解行为活动的规律特点,开展实时的位置定位与掌控研究;二是通过网络大数据关联技术,可以建立目标人群静态行为模型,准确掌握平时常住/备用/临时居所、办公大楼及办公室位置、军事指挥所、移动指挥所、经常出入的会议场所和调研场所、外出交通路线、个人生活喜好等特点规律和出现的频率与概率;三是通过家人、亲友、工作圈、朋友圈儿、社交圈、生活圈和娱乐圈,建立目标人群的社会关系结构模型,通过关联关系实施直接和间接的跟踪和影响;四是根据目标人群发表的言论、文章、思想和观点,通过知识图谱和关联推理,分析判断目标人群的价值取向和意识形态追求;五是掌握有关情况后,通过心理、物理、化学等方式,实施精确高效的干扰或干预。

如果像斯诺登所披露的那样,能跟踪窃取核心人物手机信号及使用特点,平时就几乎可以建立实时精确的行为模型,战时或战前与其他图像侦察情报、人工情报进行关联,准确分析确定首脑人物及高级指挥人员的具体藏身位置、活动路线,以便实施精确抓捕和打击。

任何人一段时间参加社会、工作和生活的活动,可以说是一个全概率事件。根据全概率公式,设事件组是样本空间 Ω 的一个划分,且 $P(B_i)>0(i=1,2,\cdots,n)$,则对任一事件 A,有:

$$P(A) = \sum_{i=1}^{n} P(B_i)P(A|B_i)$$

如果把 $P(B_i)$ 表示目标人物某一类活动的位置概率,通过长时间的统计分析建立概率模型,就可以计算各类活动在某个地方的位置概率 $P(A)$。通过贝叶斯公式和大数据结构模型,还可以反推和优化目标人物所在的位置与活动之间的关联关系及概率。如通过手机定位,或者幕僚、家人、司机和秘书的位置关联,就可以准确算出晚上在固定寓所休息的条件概率。因此,像抓捕本·拉登的这类"斩首"行动,一般安排在夜晚或者凌晨,是有道理的。

(三)基础设施精确控制

基础设施种类繁多、性质不一,其精确控制有多种手段和方式。从未来发展趋势看,可能更多的是运用网络攻防的方式实施精确控制,而不是采取大面积的打击和毁伤模式,那样不便于战后恢复和社会稳定。而网络的精确控制,需要了解不同基础设施网络系统的结构、软硬件和关键点安全系统的漏洞,采取软硬结合等多种方式实时精确控制。这方面的能力评估,目前还做不到定量化、模型化,只能从特种人员的专业技术构成、特装及工具器材的配备、平时演习训练所做的大量的试验,以及在实战中的运用效果等,进行综合评估。

（四）无人系统风险管控

从科学、哲学、社会学层面，对军事智能化的发展和应用，在伦理道德、战争形态、社会影响、风险控制等方面还需要进一步加强研究。如果无人自主系统枪口一旦对准自己、对准民众、对准文物古迹、对准医院和妇女儿童的时候，如何进行防范和控制，需要在技术上、程序上、道德上和法律上进行系统设计，制定防范和制约措施。一方面，在技术上要进行预埋设计，对武器实施过程中的关键节点进行控制，一键操作彻底自毁或有效控制。尤其是火控系统，如果处于医院、宗教、文物、学校等禁止打击目标区，不构成发射条件和关联认证，绝不能开火。另一方面，在法律上，也要进行强制约束和认证，要像管理毒品那样，进行严格管控，防止黑客和非法组织乱来。因此，无人系统风险管控重点要从技术上和法律上两个方面来进行定性和定量评估。

八、经济性

关于效费比和经济性问题，由于涉及所有领域，需要与各个业务系统和专业领域融合考虑、综合评估。由于未来的作战与装备体系，都是机械化信息化智能化融合发展的结果，必须分类、分层次进行分析，重点研究和考虑三个方面的因素。

一是人、财、物的直接投入，如材料、加工、制造、装配、试验和集成等以机电产品为主的系统，有成熟的成本分析和定价模型。

二是数据积累、软件开发和知识产权的投入和购买等，怎么定价，需要专门研究。目前，软件、数据、流量、IP 知识产权等，在商业领域已经有相关定价标准和评价方法，但军用领域还没有。

三是各类模型算法即 AI 系统,怎么开展成本分析和价值评估,目前还是空白。模型算法虽然以偏软为主,但前期涉及大量人力物力财力投入和军地资源协作,涉及大量数据使用、知识产权与专利的转让,并且在使用中还存在价值递增和非线性投入产出等复杂问题。

因此,必须研究建立一套不同于传统产品的智能化系统成本结构与定价标准。可按照智能密集型、软件密集型、硬件密集型、偏智能混合型、偏软件混合型、偏硬件混合型、传统装备型和商业选用型等不同类型,分别开展军事经济效益分析,提出成本分析、定价模型与评估标准。如云平台和 AI 系统,属于智能密集型;指挥控制系统和网络攻防系统,属于软件密集型;动力传动系统和火力毁伤系统,属于硬件密集型;电子对抗系统、航电系统、车电系统等属于偏软件混合型;坦克装甲车辆、火炮、舰船、飞机等,属于偏硬件混合型。

九、副作用

智能化虽然有很多优点,但是也存在着明显的缺点、不足和副作用,主要包括五个方面。

(一)数据冗余

由网络信息支撑的智能化系统是构建在众多数据中心之上的。据互联网数据中心(IDC)统计,2017 年全球数据中心数量将达到 840 万座,主要集中分布在美国、欧洲、日本和中国等地区。根据 IDC 统计的数据显示,全球数据中心数量在 2015 年达到了 855 万座的顶峰后,于 2016 年数量规模开始下降,预计到 2021 年降至 720 万座,较 2015 年下降约 15%。虽然全球范围内数据中心建设数量正在逐渐缩减,但单体建设的规模在不断加大,表明数据总量还在不断的、快速的增长。机器学习、模式识别、图像处理、语音识别、仿真对抗、模拟训练、自适应任务规划等各类 AI 系统,需要大量数据来进行训练,不断优化模型和算法,新数据不断增加,老数据还不能丢掉,最终造成大量数据冗余,不断增加存储和管理成本。

(二) 能源消耗

目前,著名的互联网企业,为了保持海量数据的完整性和保鲜度,需要在全球范围内建立数个、数十个规模巨大的数据中心,每个数据中心有几十万、上百万台服务器和存储设备,因数据维护管理和计算存储设备散热等所造成的能源消耗数量巨大。为了互联网世界的流畅高速运转,这些数据中心日夜不息地工作,并且为了安全保障,必须多重备份,把自己搞得发烫。为了降温,需要大量的制冷设备,装满服务器、储存设备和制冷系统的数据中心,是超级电老虎。

一个大型数据中心的用电量,相当于一个中小型发电厂,可供一个小镇的家庭照明。据统计,目前全球数据中心的电力消耗总量已经占据了全球电力使用量的3%。有行业分析师认为,到2025年,全球数据中心使用的电力总量按现在的电力价格来估算,将会超过百亿美元,年均复合增长率将达到6%[2]。多年来,数据中心已成为美国用电速度增长最快的行业之一,仅仅2013年该领域总用电量就达到恐怖的910亿度,至2020年数据中心年度用电总量预计将达到1380亿度。即使该领域工作者一直致力于提高能源利用效率,但电力浪费仍然不可避免。NRDC (Natural Resources Defense Council)高科技能源效率总监 Pierre Delforge 表示:"在能源节约中,数据中心举足轻重。能源效率使用上,云行业有很多伟大的前行者，但是我们显然需要更多的人参与进来。大量能源被小、中、企业和多租户数据中心浪费，节能这个社会责任已经延伸到数据中心。"

谷歌在全球有 36 个数据中心，微软官方称有 100 个以上，服务器总量都在 100 万台以上。国内的腾讯、阿里巴巴、百度等，也在加大力度自建数据中心。掌管着宽带的电信运营商是互联网的枢纽，也是数据中心大户。中国联通数据中心目前承载有百万台服务器，遍布 31 个省份。这样规模庞大的数据中心，其运算能力是为峰值而准备，传统服务器的利用率很低，据估计 80% 以上的计算能力闲置。例如阿里巴巴和各大银行的服务器，只有"双十一"才会全速运转，平时则大量用于备份数据等保障工作。

（三）隐私泄密

重要人物和用户群体的隐私数据泄密，在互联网和智能化时代，将是一个越来越严重的问题。2017 年，国内外重大泄密事件频频发生。国内有华为手机售后信息泄露、工信部 1 亿以上用户信息泄露、58 同城全国简历遭泄露、石家庄政府官网执法人员隐私泄露等重大泄密事件。国外有韩国最大的加密货币交易所 Bithumb 遭到黑客入侵袭击，有 3 万左右的个人用户数据被窃取泄露，信息泄露后，黑客使用个人用户数据盗窃账号里的金钱，并电话伪装交易所人员进行电话诈骗。美国电信公司 Verizon 在 2017 年 7 月份承认，其一台用于存储用户个人数据的云服务器因配置错误而在线暴露，1400 万 Verizon 用户的个人信息遭到泄露，包括姓名、电话号码和账号密码。Equifax 宣布，包含数百万信用卡和驾驶执照号码的敏感客户数据遭到黑客窃取。据报道，黑客窃取了大约 1.455 亿用户的个人信息以及约 1000 万美国公民的驾照信息。雅虎在 2017 年 10 月宣布，在 2013 年发生的黑客入侵事件中，有 30 亿名用户的账号信息遭到窃取。全球 11 个国家的 41 家凯悦酒店支付系统被黑客入侵,大量数据外泄。伦敦希思罗机场大量安保信息遭泄露。优步在 2017 年 11 月份发布声明,承认 2016 年曾遭黑客攻击并导致数据大规模泄露。

2018 年 3 月中旬,根据《卫报》《纽约时报》的调查及剑桥分析公司联合创始人 Christopher Wylie 爆料,剑桥分析公司未经许可收集了超过 5000 万脸书用户的信息资料,对这些用户的行为模式、性格特征、价值观取向、成长经历进行分析,然后有针对性地推送信息和竞选广告,以影响美国选民在竞选中的投票。脸书数据泄露丑闻爆发后,股价大跌 7%,市值蒸发 360 多亿美元。与此同时,欧盟、英国纷纷作出强烈回应,要求对数据泄露事件进行调查。2018 年 3 月,美国 Under Armour 公司表示,MyFitnessPal 饮食和健身应用上 1.5 亿个账户数据遭遇有史以来最大规模的黑客攻击。根据美国 Identity Theft Resource Center 和其他来源的信息,2018 年上半年发生的 10 起最大数据泄露事件中有近 1.82 亿条记录遭到泄露,涉及政府机构、私营企业、金融服务机构、医疗机构和教育机构的敏感信息。

(四)安全风险

智能化技术的出现带来了作战方式的根本性变化,控制技术、信息技术、智能技术的综合应用,增强了部队作战的灵活性和精准性,机器替换人有效降低了人类士兵的危险性,无人化作战体现了未来战争的发展趋势。但另一方面,无人化、自主系统的漏洞和安全弱点,有可能遭受信息化网络化入侵和打击,对人类自身带来危险,发展初期的误打误伤事件很可能多发,并且难以避免。特别是无人机、机器人等各类自主集群系统,一旦失控,将对人类社会造成极大危害。

事实上，目前还没有一套防范自主系统出错的控制措施。一旦程序出错，或者被人恶意篡改，很可能造成血流成河的惨剧，人类的安全将面临极大的威胁。1988年7月3日，游弋在波斯湾的美国海军"文森斯"号巡洋舰，发现一架伊朗民航的A300客机将飞过其上空。因为舰上防空系统当时处于全自动模式，雷达将客机识别为伊朗空军的F-14战斗机，因此自动发射了"标准"防空导弹，直接击落客机，机上290人全部遇难。2008年，曾有3台带有武器的"剑"（SWORDS）式美军地面作战机器人被部署到了伊拉克，但是这种遥控机器人小队还未开一枪就很快被从战场撤回，因为它们做了可怕的事情，将枪口对向它们的人类指挥官。如果对研制具有杀人能力的智能机器人不加以限制，总有一天会出现这样的局面："全自动"的"杀人机器人"走上战场，并自主决定着人类的生死。当然，随着人工智能技术特别是人脸、图像和语音识别的应用，枪口对准指挥官的现象可以从技术上避免。在高清地图上，可以标注需要打击的目标、禁止打击的目标，对于军民目标混合的情况，也必须把附带损伤控制到最低限度。这些问题，在技术上都是可以解决的。

（五）社会伦理

随着无人化、智能化程度的提高，战争伦理问题和责任追究也将成为不容忽视的负面影响。军用机器人的用途太诱人：既可降低己方士兵的风险，又能降低战争的代价。它省去了军人的薪水、住房、养老、医疗等开销，又在速度、准确性上高于人类，且无需休息。它不会出现只有人类战斗员才会有的战场应激障碍，情绪稳定，无须临战动员，一个指令，就能抵达人类不可及之处，完成各种任务。机器人不具备人类恐惧的本能，不论智能高低都会意志坚毅，不畏危险，终会一往无前。机器人也不需要人员及与之相应的生命保障设备,即使被击毁,也不存在阵亡问题,只需换一台新的重新上阵,成本可以大大降低。

但是,如果军用机器人滥杀无辜,责任又该归咎于谁呢？英国机器人技术教授诺埃尔·沙尔吉认为,"显然这不是机器人的错。机器人可能会向它的电脑开火,开始发狂。我们无法决定谁应该对此负责,对战争法而言,确定责任人非常重要"。

从人道主义的角度来看,不论研制机器人的初衷是什么,当机器人在战场上被有效利用时,它应遵循期望效果最大化、附带伤害最小化的原则。

机器人的发展会引发军事领域的巨大变革,其究竟是阿里巴巴山洞还是潘多拉魔盒,需要人类自身予以甄别,只有将技术真正应用并服务于人类发展,才能真正构建世界的"阿里巴巴山洞"。

上述问题和现象,是目前已经出现或可预见的重点问题。随着智能化的发展,可能还会出现许多新问题。这些智能化的副作用、副产品,未来需要通过技术、管理和法律手段加以解决,这也是智能化建设与评估必须认真考虑的重要问题。

参考文献

[1] 罗伯特·O. 沃克,等. 20YY:机器人时代的战争[M]. 邹辉,等译. 北京:国防工业出版社,2016:115.

[2] 骨傲天. 数据中心耗电量太吓人 用电总量占全球用电量 3%[EB/OL]. 天极网服务频道,(2018-08-20)[2018-10-02]. https:// server. yesky. com/datacenter/405/1676472405. shtml.

第十六章
智能科技

随着科技进步和需求牵引的增强,人工智能技术已经由最初的机器学习逐步拓展到跨媒体智能、集群智能、自主系统、混合智能、仿生智能等领域,正在由人工智能1.0向2.0迈进[1]。人工智能技术的快速发展及其与其他领域的深度融合,加快了军事智能化发展与应用步伐。一方面军事智能化可以利用民用领域强大的力量和成果来支撑;另一方面由于军事领域的特殊性,直接将民用智能技术照搬过来也不行,还需要大量二次开发和重新设计、论证、研究。军事智能科技是一个体系,基础理论、基础技术和共性技术可以依托民用,专用技术和深度的应用技术,需要重新开发。本章主要介绍智能科技的基本概念、体系构建、基础理论、重点技术等内容。

一、基本概念

1. 智能

这个词很早就有,在现代汉语词典中主要指"智慧和能力"

"具有人的某些智慧和能力"。

2. 人工智能（Artificial Intelligence，AI）

它是研究、开发用于模拟、延伸和扩展人的智能的理论、方法、技术及应用系统的一门新的技术科学[2]。人工智能在1956年达特茅斯学术会议上被正式提出。狭义上，人工智能是一种机器系统，能够学习、获得、使用客观知识和经验，作出合理决策、具有不断进化像人脑一样完成创造性任务的能力。广义上，包括由人工智能拓展应用而发展起来的所有智能系统，既包括"智能+"，也包括"+智能"等各类混合智能系统。

3. 智能化

它是指事物在网络、大数据、物联网和人工智能等技术的支持下，所具有的能动地满足人的各种需求的属性，是现代人类文明发展的趋势[3]。具体来讲，智能化是通过现代通信与信息、计算机网络、人工智能与控制等技术，与行业和专业技术融合集成的针对某一领域或者多方面应用的过程。比如无人驾驶汽车，就是一种智能化的系统，它将传感器物联网、移动互联网、大数据分析和汽车驾驶等技术融为一体，从而能动地满足人的出行需求。它之所以是能动的，是因为它不像传统的汽车，需要被动的人为操作驾驶。

4. 智能化系统

一般具有四个特点：一是具有感知能力，即具有能够感知外部世界、获取外部信息的能力，这是产生智能活动的前提条件和必要条件；二是具有记忆和思维能力，即能够存储感知到的外部信息及由思维产生的知识，同时能够利用已有的知识对信息进行分析、计算、比较、判断、联想、决策；三是具有学习能力和自适应能力，即通过与环境的相互作用，不断学习积累知识，使自己能够适应环境变化；四是具有行为决策能力，即对外界的刺激作出反应，形成决策并传达相应的信息。具有上述特点的系统则为智能系统或智能化系统[3]。

5. 军事智能化

目前还没有明确权威的定义，综合各方面的观点与研究，可以概括为："以军事需求为牵引，研究利用人工智能、云计算、大数据、物联网、生物交叉、无人系统、平行训练等技术和方法，构建以智能化为主导的军队作战能力的过程。"

从功能上看，军事智能化主要集中在五个方向。一是仿生智能，核心是模仿人的大脑或生物的优异功能，将人和生物的智能赋予机器。二是机器智能，以不同于人但适合机器的逻辑产生智能，主要指机器利用各类智能技术完成任务的能力。三是群体智能，通过低成本、集群化系统构建，实现协同探测、打击、防御和群愚生智、以量增效、集群涌现效应等战术价值。四是人机混合智能，将人工智能和人类智能有机融合，实现人机交流、人机协作、人机共融等综合功能。五是智能制造，主要包括智能设计、研发、试验、生产、动员、保障和维修等。

从应用上看，军事智能化主要体现在五个层次：一是单装智能，主要包括仿生智能、机器智能等，如无人机、无人车、无人船、仿生机器人、智能弹药等；二是协同智能，主要包括集群智能、人机融合智能、有人无人协同等强关联作战系统；三是体系智能，主要包括部队层面智能感知、智能决策、智能打击、智能防御、智能保障等多要素、跨领域、全过程综合作战力量的运用等；四是专项智能，主要包括认知通信、网络攻防、电子对抗、隐身对抗、舆情管控、心理战、战略欺骗等专业领域的智能；五是平行智能，主要指作战体系与系统基于数据、模型、算法的自适应、自学习、自对抗、自协同、自修复、自演进等进化能力和涌现效应。

从技术上看，军事智能化主要包括五个方面的核心与重点：

一是智能芯片。主要包括适应复杂战场环境、高动态、强对抗、干扰条件下的感知芯片、计算芯片、仿脑芯片、信号处理芯片、存储记忆芯片，各种弹载、车载、机载、舰载、云平台、数据中心等嵌入式专用智能芯片（NPU）的开发，以及高性能 CPU、GPU、DSP、FPJA 等通用芯片的设计制造。

二是算法软件。主要包括军事目标光学、红外、视频、电磁、声纹等信号特征提取与识别算法；卫星低像素遥感信息、远距离弱信号探测、强电磁干扰环境、小样本数据支撑等极端条件下的模式识别与算法；基于天空地海探测信息、网络开源大数据、人工情报等多源信息融合的目标关联算法和战场态势认知计算分析建模；无人平台、机器人及其集群行为智能化操作系统；同构系统集群算法和异构系统协同算法等。

三是无人自主。主要包括无人平台机械、动力、控制、防护、武器系统等战技性能的自动检测与检修；平台自动操控与自主驾驶；战场环境与目标智能感知、识别、打击、评估；平台弹药自动运送、装填、拆卸；来袭目标主动防御、舱内自动安防；与作战人员高效互动和交流等。无人平台是机械化、信息化、智能化"三化"融合发展的产物，其中，智能化主导的作用将越来越突出和强大。

四是网络信息。主要包括天基信息资源利用、民用网络开源信息资源利用、认知通信网络、分布式军事云、战场态势认知、自适应任务规划与辅助/自主决策；基于 AI 的指挥控制、跨域协同、火力控制、集群组网、网络攻防、电子对抗、舆情信息与基础设施管控；参谋长助理 AI、参谋助理 AI、人机智能交互；基于仿真推演和实兵演练的数据库、模型库、战法库等。

五是体系集成。主要包括面向联合作战和全域作战的装备体系智能设计、仿真、推演、验证、综合集成及相关的智能化模拟训练、平行军事系统建设、虚实迭代优化、智能化保障系统等;陆、海、空、天、网络作战力量及相互之间跨域信息、火力、防御、保障的智能协同;各作战领域内有人无人协同、无人平台集群协同、弹药集群协同;空地、空海、空天、陆海、天地等跨领域异构力量之间的协同等。

二、科技体系

从军用角度看,目前军事智能科技研究才刚刚开始,未来体系架构和方向重点,随着时间的推移和技术的进步,可能会发生很大变化。军事智能科技体系可以有很多种划分方法,根据目前发展情况和可预见的未来,笔者认为,将由基础技术、共用技术和专用技术三大类组成(图16-1)。

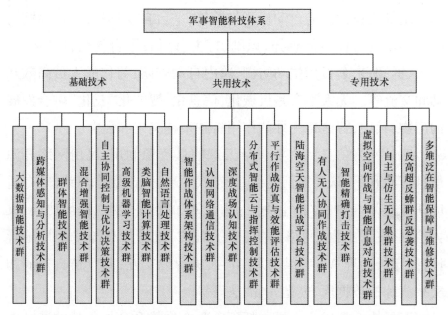

图16-1 军事智能科技体系

(一)基础技术

基础技术,主要是支撑智能作战体系的原理性、理论性、基础性技术,以提升感知识别、知识计算、认知推理、运动执行、人机交互能力为重点,促进学科交叉融合,形成开放兼容、稳定成熟的技术支撑能力。其八个技术群的主要内容与国家人工智能规划中基础理论内容基本一致,但应用目标、方向和着眼点有所不同,主要依托全社会科研力量,开展基础和应用基础技术攻关,研究成果能够为军事智能科技和智能化作战能力持续发展与深度应用提供技术支持。参见后面"基础理论""共性技术"部分介绍。

(二)共用技术

围绕智能化作战体系共用性与通用应用需求,以体系架构、网络通信、态势感知、指挥控制、作战仿真为重点,主要包括模式识别、深度学习、大数据挖掘、认知通信网络、分布式军事云、自适应任务规划、复杂系统自主决策、平行仿真对抗等核心技术。大致包括五个技术群。

(1)智能作战体系架构技术群:主要包括基于"AI、云、网、群、端"的战场体系架构,天空地和军民一体化网络通信,分布式云系统与云计算,"侦、控、打、评、保"智能化数据链路,全球军事行动综合保障系统,军事数据安全防护等体系技术。

(2)认知网络通信技术群:主要包括主动/被动自组织网络通信,复杂电磁干扰智能识别、智能扰中通、软件与认知无线电,天空地智能组网通信,新一代智能数据链、协同交战数据链,激光与散射组网通信,毫米波与太赫兹保密通信,基于民用移动网络的内联网加密通信,军用物联网通信等技术。

(3)深度战场认知技术群:主要包括多源异构网络化智能感知,开源信息大数据挖掘与关联分析,超灵敏光电与雷达感知,多光谱智能感知、全频谱电磁环境与态势智能探测、跨域协同感知、战场语义网与知识图谱、智能战场态势预测与展现等技术。

（4）分布式智能云与指挥控制技术群：主要包括基于云计算的全域态势生成与评估分析、基于智能决策支持的战斗力要素柔性组合、作战任务自适应动态规划与自主决策、基于互操作的跨域指挥控制和端到端智能控制、基于人机协同的智能辅助决策、脑机智能与人工智能融合交互等技术。

（5）平行作战仿真与效能评估技术群：主要包括虚拟战场环境与基础仿真平台、智能对象建模与方法、虚拟对象与环境和用户智能交互、混合现实、大数据支持下的高效实时对抗仿真、基于平行推演的作战实验与智能决策支持、分布式网络化智能化模拟仿真训练、联合训练综合验证等技术。

（三）专用技术

着眼陆海空天网络作战专用领域应用需求，以提升智能感知、智能决策、智能打击、智能保障、云上认知、自主组网、集群攻防、跨域作战等军事能力为目标，综合应用模式识别、深度学习、云计算、大数据、生物交叉等技术，通过与机械、电子、化学、光电、信息、控制等技术领域交叉融合，实现作战平台、打击、信息与认知对抗、综合防御、综合保障智能化。主要包括七个技术群：

（1）智能作战平台技术群：主要包括地面/空中/海上/水下/太空无人化平台总体技术、环境与目标智能感知、作战任务自主规划、作战经验深度学习、平台辅助/自主驾驶、来袭目标威胁判断及规避防护、多变环境伪装与自适应隐身等技术。

（2）有人无人协同作战技术群：主要包括地面/空中/海上/水下/太空多目标多任务有人无人协同规划、自主/辅助决策、多平台自主感知/协同/通信/导航/控制、离线/在线自主学习、人机混编班组/士兵系统等技术。

（3）智能精确打击技术群：主要包括多源信息探测与融合关联、智能目标识别与编目、作战任务分配与打击手段智能选择、自主导航与路径规划、智能弹药精确攻击与可控毁伤、智能弹药组网协同与数据链、高超声速武器和弹药智能攻防、打击效能智能评估等技术。

（4）虚拟空间作战与智能信息对抗技术群：主要包括网络攻防、电子对抗、电磁频谱管理与利用、赛博空间与陆海空天跨域信息融合、舆情控制与引导、网络心理战与认知对抗、基础设施智能管控等技术。

（5）自主/仿生无人集群技术群：主要包括复杂环境多目标自主探测与识别、集群平台与弹药智能协同感知、多目标多任务自主规划与决策软件、分布式网络与远程协同控制、无人自主系统导引/通信/导航/控制/解算一体化集成、多种类多模式无人系统集群算法、无人系统集群攻防与评估、系列化仿生平台与协同等技术。

（6）反高超反蜂群反恐袭技术群：主要包括天空地一体化多源网络探测、高超声速目标图像红外/多光谱电磁特征分析、高功率微波武器与电子干扰拦截、集群电磁脉冲武器拦截、电磁炮高速密集弹药拦截、智能反榴弹/火箭弹/迫击炮弹系统、恐怖分子人脸快速识别、人体和路边炸弹非接触快速检测干扰等技术。

（7）多维泛在智能保障与维修技术群：主要包括分布式网络化保障信息系统、全球配件储备与快速调配供应、智能诊断与远程可视化维修、基于大数据机器学习的装备健康管理与维修预警、故障实时探测与自修复、战场快速抢救抢修、快速止血与医疗救护、3D现地打印、4D智能变形和自适应快速制造、网络化保障资源云服务等技术。

三、基础理论

国务院关于新一代人工智能发展规划中,有8大基础理论[4],这是需要进一步研究和突破的重点,也是支撑军事智能化的理论基础和技术基础。

(1) 大数据智能理论。研究数据驱动与知识引导相结合的人工智能新方法、以自然语言理解和图像图形为核心的认知计算理论和方法、综合深度推理与创意人工智能理论与方法、非完全信息下智能决策基础理论与框架、数据驱动的通用人工智能数学模型与理论等。

(2) 跨媒体感知计算理论。研究超越人类视觉能力的感知获取、面向真实世界的主动视觉感知及计算、自然声学场景的听知觉感知及计算、自然交互环境的言语感知及计算、面向异步序列的类人感知及计算、面向媒体智能感知的自主学习、城市全维度智能感知推理引擎。

(3) 混合增强智能理论。研究"人在回路"的混合增强智能、人机智能共生的行为增强与脑机协同、机器直觉推理与因果模型、联想记忆模型与知识演化方法、复杂数据和任务的混合增强智能学习方法、云机器人协同计算方法、真实世界环境下的情境理解及人机群组协同。

(4) 群体智能理论。研究群体智能结构理论与组织方法、群体智能激励机制与涌现机理、群体智能学习理论与方法、群体智能通用计算范式与模型。

(5) 自主协同控制与优化决策理论。研究面向自主无人系统的协同感知与交互,面向自主无人系统的协同控制与优化决策,知识驱动的人机物三元协同与互操作等理论。

(6)高级机器学习理论。研究统计学习基础理论、不确定性推理与决策、分布式学习与交互、隐私保护学习、小样本学习、深度强化学习、无监督学习、半监督学习、主动学习等学习理论和高效模型。

(7)类脑智能计算理论。研究类脑感知、类脑学习、类脑记忆机制与计算融合、类脑复杂系统、类脑控制等理论与方法。

(8)量子智能计算理论。探索脑认知的量子模式与内在机制,研究高效的量子智能模型和算法、高性能高比特的量子人工智能处理器、可与外界环境交互信息的实时量子人工智能系统等。

四、共性技术

国务院关于新一代人工智能发展规划中,还有八个关键共性技术群[5],它是军事智能化可以依托和利用的基础技术与关键技术。

(1)知识计算引擎与知识服务技术。研究知识计算和可视交互引擎,研究创新设计、数字创意和以可视媒体为核心的商业智能等知识服务技术,开展大规模生物数据的知识发现。

(2)跨媒体分析推理技术。研究跨媒体统一表征、关联理解与知识挖掘、知识图谱构建与学习、知识演化与推理、智能描述与生成等技术,开发跨媒体分析推理引擎与验证系统。

(3)群体智能关键技术。开展群体智能的主动感知与发现、知识获取与生成、协同与共享、评估与演化、人机整合与增强、自我维持与安全交互等关键技术研究,构建群智空间的服务体系结构,研究移动群体智能的协同决策与控制技术。

（4）混合增强智能新架构和新技术。研究混合增强智能核心技术，认知计算框架，新型混合计算架构，人机共驾、在线智能学习技术，平行管理与控制的混合增强智能框架。

（5）自主无人系统的智能技术。研究无人机自主控制和汽车、船舶、轨道交通自动驾驶等智能技术，服务机器人、空间机器人、海洋机器人、极地机器人技术，无人车间/智能工厂智能技术，高端智能控制技术和自主无人操作系统。研究复杂环境下基于计算机视觉的定位、导航、识别等机器人及机械手臂自主控制技术。

（6）虚拟现实智能建模技术。研究虚拟对象智能行为的数学表达与建模方法，虚拟对象与虚拟环境和用户之间进行自然、持续、深入交互等问题，智能对象建模的技术与方法体系。

（7）智能计算芯片与系统。研发神经网络处理器以及高能效、可重构类脑计算芯片等，新型感知芯片与系统、智能计算体系结构与系统，人工智能操作系统。研究适合人工智能的混合计算架构等。

（8）自然语言处理技术。研究短文本的计算与分析技术，跨语言文本挖掘技术和面向机器认知智能的语义理解技术，多媒体信息理解的人机对话系统。

五、机器学习

（一）概念

机器学习（Machine Learning, ML）是一门多领域交叉学科，涉及概率论、统计学、逼近论、凸分析、算法复杂度理论等多门学科。专门研究计算机怎样模拟或实现人类的学习行为，以获取新的知识或技能,重新组织已有的知识结构使之不断改善自身性能[6]。

(二) 研究意义

学习是人类具有的一种重要智能行为,但究竟什么是学习,长期以来却众说纷纭,社会学家、逻辑学家和心理学家都各有其不同的看法。

比如,Langley(1996)定义的机器学习"是一门人工智能的科学,该领域的主要研究对象是人工智能,特别是如何在经验学习中改善具体算法的性能"。Tom Mitchell 的机器学习(1997)"是对能通过经验自动改进的计算机算法的研究"。Alpaydin(2004)提出自己对机器学习的定义:"机器学习是用数据或以往的经验,以此优化计算机程序的性能标准。"总之,机器学习是研究如何使用机器来模拟人类学习活动的一门学科。

机器能否像人类一样能具有学习能力呢?1959 年,美国的塞缪尔(Samuel)设计了一个下棋程序,这个程序具有学习能力,它可以在不断的对弈中改善自己的棋艺。4 年后,这个程序战胜了设计者本人。又过了 3 年,这个程序战胜了美国一个保持 8 年之久的常胜不败纪录的冠军。这个程序向人们展示了机器学习的能力,提出了许多令人深思的社会问题与哲学问题。

机器是否能超过人类,很多持否定意见的人一个主要论据是:机器是人造的,其性能和动作完全是由设计者规定的,因此无论如何其能力也不会超过设计者本人。这种意见对不具备学习能力的机器来说的确是对的,可是对具备学习能力的机器就值得考虑了,因为这种机器的能力在应用中不断地提高,过一段时间之后,设计者本人也不知它的能力到了何种水平。

机器学习已广泛应用于数据挖掘、计算机视觉、自然语言处理、生物特征识别、搜索引擎、医学诊断、检测信用卡欺诈、证券市场分析、DNA 序列测序、语音和手写识别、战略游戏和机器人等领域。

(三) 简史

机器学习是人工智能研究较为年轻的分支,它的发展过程大体上可分为四个时期。

第一阶段在 20 世纪 50 年代中叶至 60 年代中叶,属于热烈时期。

第二阶段在 20 世纪 60 年代中叶至 70 年代中叶,称为机器学习的冷静时期。

第三阶段在 20 世纪 70 年代中叶至 80 年代中叶,称为复兴时期。

第四阶段,也是最新阶段,始于 1986 年,重要表现在下列诸方面:

(1) 机器学习已成为新的边缘学科并在高校形成一门课程。它综合应用心理学、生物学和神经生理学以及数学、自动化和计算机科学形成机器学习理论基础。

(2) 结合各种学习方法取长补短的多种形式的集成学习系统研究正在兴起。特别是连接学习、符号学习的耦合可以更好地解决连续性信号处理中知识与技能的获取与求精问题而受到重视。

(3) 机器学习与人工智能各种基础问题的统一性观点正在形成。例如学习与问题求解结合进行、知识表达便于学习的观点产生了通用智能系统 SOAR 的组块学习。类比学习与问题求解结合的基于案例方法已成为经验学习的重要方向。

(4) 各种学习方法的应用范围不断扩大,一部分已形成商品。归纳学习的知识获取工具已在诊断分类型专家系统中广泛使用。连接学习在声图文识别中占优势。分析学习已用于设计综合型专家系统。遗传算法与强化学习在工程控制中有较好的应用前景。与符号系统耦合的神经网络连接学习将在企业的智能管理与智能机器人运动规划中发挥作用。

（5）与机器学习有关的学术活动空前活跃。国际上除每年一次的机器学习研讨会外，还有计算机学习理论会议以及遗传算法会议等。

人工智能的研究是从以"推理"为重点到以"知识"为重点，再到以"学习"为重点的一条自然、清晰的脉络。机器学习是实现人工智能的一个途径，即以机器学习为手段解决人工智能中的问题。机器学习理论主要是设计和分析一些让计算机可以自动"学习"的算法。机器学习算法是一类从数据中自动分析获得规律，并利用规律对未知数据进行预测的算法。因为学习算法中涉及大量的统计学理论，机器学习与统计学联系尤为密切，也称为统计学习理论。算法设计方面，机器学习理论关注可以实现的、行之有效的学习算法。很多推论问题属于无程序可循难度，所以部分的机器学习研究是开发容易处理的近似算法。

（四）基本结构

表示学习系统的基本结构。环境向系统的学习部分提供某些信息，学习部分利用这些信息修改知识库，以增进系统执行部分完成任务的效能，执行部分根据知识库完成任务，同时把获得的信息反馈给学习部分。在具体的应用中，环境、知识库和执行部分决定了具体的工作内容，学习部分所需要解决的问题完全由上述三部分确定。下面分别叙述这三部分对设计学习系统的影响。

影响学习系统设计的最重要的因素是环境向系统提供的信息，或者更具体地说是信息的质量。知识库里存放的是指导执行部分动作的一般原则，但环境向学习系统提供的信息却是各种各样的。如果信息的质量比较高,与一般原则的差别比较小,则学习部分比较容易处理。如果向学习系统提供的是杂乱无章的指导执行具体动作的具体信息,则学习系统需要在获得足够数据之后,删除不必要的细节,进行总结推广,形成指导动作的一般原则,放入知识库,这样学习部分的任务就比较繁重,设计起来也较为困难。

因为学习系统获得的信息往往是不完全的,所以学习系统所进行的推理并不完全是可靠的,它总结出来的规则可能正确,也可能不正确。这要通过执行效果加以检验。正确的规则能使系统的效能提高,应予保留;不正确的规则应予修改或从数据库中删除。

知识库是影响学习系统设计的第二个因素。知识的表示有多种形式,比如特征向量、一阶逻辑语句、产生式规则、语义网络和框架等等。这些表示方式各有其特点,在选择表示方式时要兼顾四个方面:表达能力强;易于推理;容易修改知识库;知识表示易于扩展。

对于知识库最后需要说明的一个问题是,学习系统不能在全然没有任何知识的情况下凭空获取知识,每一个学习系统都要求具有某些知识理解环境提供的信息,分析比较,做出假设,检验并修改这些假设。因此,更确切地说,学习系统是对现有知识的扩展和改进。

执行部分是整个学习系统的核心,因为执行部分的动作就是学习部分力求改进的动作。同执行部分有关的问题有三个:复杂性、反馈和透明性。

(五)分类

1. 基于学习策略的分类

学习策略是指学习过程中系统所采用的推理策略。一个学习系统总是由学习和环境两部分组成。由环境(如书本或教师)提供信息,学习部分则实现信息转换,用能够理解的形式记忆下来,并从中获取有用的信息。在学习过程中,学生(学习部分)使用的推理越少,他对教师(环境)的依赖就越大,教师的负担也就越重。学习策略的分类标准就是根据学生实现信息转换所需的推理多少和难易程度来分类的,从简单到复杂、从少到多的次序分为以下六种基本类型:

(1) 机械学习(Rote Learning)。学习者无须任何推理或其他的知识转换,直接吸取环境所提供的信息。如塞缪尔的跳棋程序、纽厄尔和西蒙的 LT 系统。这类学习系统主要考虑的是如何索引存储的知识并加以利用。系统的学习方法是直接通过事先编好、构造好的程序来学习,学习者不作任何工作,或者是通过直接接收既定的事实和数据进行学习,对输入信息不作任何的推理。

(2) 示教学习(Learning from Instruction 或 Learning by Being Told)。学生从环境(教师或其他信息源如教科书等)获取信息,把知识转换成内部可使用的表示形式,并将新的知识和原有知识有机地结合为一体。所以要求学生有一定程度的推理能力,但环境仍要做大量的工作。教师以某种形式提出和组织知识,以使学生拥有的知识可以不断地增加。这种学习方法和人类社会的学校教学方式相似,学习的任务就是建立一个系统,使它能接受教导和建议,并有效地存储和应用学到的知识。不少专家系统在建立知识库时使用这种方法去实现知识获取。示教学习的一个典型应用例是 FOO 程序。

(3) 演绎学习(Learning by Deduction)。学生所用的推理形式为演绎推理。推理从公理出发,经过逻辑变换推导出结论。这种推理是"保真"变换和特化的过程,使学生在推理过程中可以获取有用的知识。这种学习方法包含宏操作学习、知识编辑和组块技术。演绎推理的逆过程是归纳推理。

（4）类比学习（Learning by Analogy）。利用两个不同领域（源域、目标域）中的知识相似性，可以通过类比，从源域的知识（包括相似的特征和其他性质）推导出目标域的相应知识，从而实现学习。类比学习系统可以使一个已有的计算机应用系统转变为适应于新的领域，来完成原先没有设计的相类似的功能。类比学习需要比上述三种学习方式更多的推理。它一般要求先从知识源（源域）中检索出可用的知识，再将其转换成新的形式用到新的状况（目标域）中去。类比学习在人类科学技术发展史上起着重要作用，许多科学发现就是通过类比得到的。例如著名的卢瑟福类比就是通过将原子结构（目标域）同太阳系（源域）作类比，揭示了原子结构的奥秘。

（5）基于解释的学习（Explanation-based Learning，EBL）。学生根据教师提供的目标概念、该概念的一个例子、领域理论及可操作准则，首先构造一个解释来说明为什么该例子满足目标概念，然后将解释推广为目标概念的一个满足可操作准则的充分条件。EBL已被广泛应用于知识库求精和改善系统的性能。著名的EBL系统有迪乔恩（G. DeJong）的 GENESIS、米切尔（T. Mitchell）的 LEXII 和 LEAP，以及明顿（S. Minton）等的 PRODIGY。

（6）归纳学习（Learning from Induction）。归纳学习是由教师或环境提供某概念的一些实例或反例，让学生通过归纳推理得出该概念的一般描述。这种学习的推理工作量远多于示教学习和演绎学习，因为环境并不提供一般性概念描述（如公理）。从某种程度上说，归纳学习的推理量也比类比学习大，因为没有一个类似的概念可以作为"源概念"加以取用。归纳学习是最基本的、发展也较为成熟的学习方法，在人工智能领域中已经得到广泛的研究和应用。

2. 基于所获取知识的表示形式分类

学习系统获取的知识可能有：行为规则、物理对象的描述、问题求解策略、各种分类及其他用于任务实现的知识类型。对于学习中获取的知识，主要有以下一些表示形式：

（1）代数表达式参数。学习的目标是调节一个固定函数形式的代数表达式参数或系数来达到一个理想的性能。

（2）决策树。用决策树来划分物体的类属，树中每一内部节点对应一个物体属性，而每一边对应于这些属性的可选值，树的叶节点则对应于物体的每个基本分类。

（3）形式文法。在识别一个特定语言的学习中，通过对该语言的一系列表达式进行归纳，形成该语言的形式文法。

（4）产生式规则。产生式规则表示为条件—动作对，已被极为广泛地使用。学习系统中的学习行为主要是生成、泛化、特化或合成产生式规则。

（5）形式逻辑表达式。形式逻辑表达式的基本成分是命题、谓词、变量、约束变量范围的语句及嵌入的逻辑表达式。

（6）图和网络。有的系统采用图匹配和图转换方案来有效地比较和索引知识。

（7）框架和模式。每个框架包含一组槽，用于描述事物（概念和个体）的各个方面。

（8）计算机程序和其他的过程编码。获取这种形式的知识，目的在于取得一种能实现特定过程的能力，而不是为了推断该过程的内部结构。

（9）神经网络。这主要用在连接学习中。学习所获取的知识，最后归纳为一个神经网络。

(10) 多种表示形式的组合。有时一个学习系统中获取的知识需要综合应用上述几种知识表示形式。

根据表示的精细程度,可将知识表示形式分为两大类:泛化程度高的粗粒度符号表示、泛化程度低的精粒度亚符号表示。像决策树、形式文法、产生式规则、形式逻辑表达式、框架和模式等属于符号表示类;而代数表达式参数、图和网络、神经网络等则属亚符号表示类。

3. 按应用领域分类

最主要的应用领域有:专家系统、认知模拟、规划和问题求解、数据挖掘、网络信息服务、图像识别、故障诊断、自然语言理解、机器人、博弈等领域。从机器学习的执行部分所反映的任务类型上看,大部分的应用研究领域基本上集中于以下两个范畴:分类和问题求解。

(1) 分类任务要求系统依据已知的分类知识对输入的未知模式(该模式的描述)作分析,以确定输入模式的类属。相应的学习目标就是学习用于分类的准则(如分类规则)。

(2) 问题求解任务要求对于给定的目标状态,寻找一个将当前状态转换为目标状态的动作序列;机器学习在这一领域的研究工作大部分集中于通过学习来获取能提高问题求解效率的知识(如搜索控制知识、启发式知识等)。

4. 综合分类

综合考虑各种学习方法出现的历史渊源、知识表示、推理策略、结果评估的相似性、研究人员交流的相对集中性以及应用领域等诸因素。将机器学习方法分为以下六类:

(1) 经验性归纳学习。经验性归纳学习采用一些数据密集的经验方法(如版本空间法、ID3法、定律发现方法)对例子进行归纳学习。其例子和学习结果一般都采用属性、谓词、关系等符号表示。它相当于基于学习策略分类中的归纳学习,但扣除连接学习、遗传算法、加强学习的部分。

(2) 分析学习。分析学习方法是从一个或少数几个实例出发,运用领域知识进行分析。其主要特征为:①推理策略主要是演绎,而非归纳;②使用过去的问题求解经验(实例)指导新的问题求解,或产生能更有效地运用领域知识的搜索控制规则。分析学习的目标是改善系统的性能,而不是新的概念描述。分析学习包括应用解释学习、演绎学习、多级结构组块以及宏操作学习等技术。

(3) 类比学习。它相当于基于学习策略分类中的类比学习。在这一类型的学习中比较引人注目的研究是通过与过去经历的具体事例作类比来学习,称为基于范例的学习,或简称范例学习。

(4) 遗传算法。遗传算法模拟生物繁殖的突变、交换和达尔文的自然选择(在每一生态环境中适者生存)。它把问题可能的解编码为一个向量,称为个体,向量的每一个元素称为基因,并利用目标函数(相应于自然选择标准)对群体(个体的集合)中的每一个个体进行评价,根据评价值(适应度)对个体进行选择、交换、变异等遗传操作,从而得到新的群体。遗传算法适用于非常复杂和困难的环境,比如,带有大量噪声和无关数据、事物不断更新、问题目标不能明显和精确地定义,以及通过很长的执行过程才能确定当前行为的价值等。同神经网络一样,遗传算法的研究已经发展为人工智能的一个独立分支,其代表人物为霍勒德(J. H. Holland)。

(5) 连接学习。典型的连接模型为人工神经网络,其由称为神经元的一些简单计算单元以及单元间的加权连接组成。

(6) 增强学习。增强学习的特点是通过与环境的试探性交互来确定和优化动作的选择,以实现所谓的序列决策任务。在这种任务中,学习机制通过选择并执行动作,导致系统状态的变化,并有可能得到某种强化信号(立即回报),从而实现与环境的交互。强化信号就是对系统行为的一种标量化的奖惩。系统学习的目标是寻找一个合适的动作选择策略,即在任一给定的状态下选择哪种动作的方法,使产生的动作序列可获得某种最优的结果(如累计立即回报最大)。

在综合分类中,经验归纳学习、遗传算法、连接学习和增强学习均属于归纳学习,其中经验归纳学习采用符号表示方式,而遗传算法、连接学习和增强学习则采用亚符号表示方式;分析学习属于演绎学习。

实际上,类比策略可看成是归纳和演绎策略的综合。因而最基本的学习策略只有归纳和演绎。

从学习内容的角度看,采用归纳策略的学习由于是对输入进行归纳,所学习的知识显然超过原有系统知识库所能蕴涵的范围,所学结果改变了系统的知识演绎闭包,因而这种类型的学习又可称为知识级学习,而采用演绎策略的学习尽管所学的知识能提高系统的效率,但仍能被原有系统的知识库所蕴涵,即所学的知识未能改变系统的演绎闭包,因而这种类型的学习又称为符号级学习。

5. 学习形式分类

(1)监督学习。即在机械学习过程中提供对错指示。一般是在数据组中包含最终结果(0,1),通过算法让机器自我减少误差。这一类学习主要应用于分类和预测。监督学习从给定的训练数据集中学习出一个函数,当新的数据到来时,可以根据这个函数预测结果。监督学习的训练集要求是包括输入和输出,也可以说是特征和目标。训练集中的目标是由人标注的。常见的监督学习算法包括回归分析和统计分类。

（2）非监督学习。非监督学习又称归纳性学习,利用K方式,建立中心,通过循环和递减运算来减小误差,达到分类的目的。

（六）研究领域

机器学习领域的研究工作主要围绕以下三个方面进行：

（1）面向任务的研究。研究和分析改进一组预定任务的执行性能的学习系统。

（2）认知模型。研究人类学习过程并进行计算机模拟。

（3）理论分析。从理论上探索各种可能的学习方法和独立于应用领域的算法。

机器学习是继专家系统之后人工智能应用的又一重要研究领域,也是人工智能和神经计算的核心研究课题之一。对机器学习的讨论和机器学习研究的进展,必将促使人工智能和整个科学技术的进一步发展。

六、深度学习

（一）概念

深度学习的概念源于人工神经网络的研究。含多隐层的多层感知器就是一种深度学习结构。深度学习通过组合低层特征形成更加抽象的高层表示属性类别或特征,以发现数据的分布式特征表示[7]。

深度学习的概念由Hinton等人于2006年提出。基于深度置信网络(DBN)提出非监督贪心逐层训练算法,为解决深层结构相关的优化难题带来希望,随后提出多层自动编码器深层结构。此外Lecun等人提出的卷积神经网络是第一个真正多层结构学习算法,它利用空间相对关系减少参数数目以提高训练性能。

深度学习是机器学习中一种基于对数据进行表征学习的方法。例如一幅图像,观测值可以使用多种方式来表示,如每个像素强度值的向量,或者更抽象地表示成一系列边、特定形状的区域等。而使用某些特定的表示方法更容易从实例中学习任务,例如人脸识别或面部表情识别。深度学习的好处是用非监督式或半监督式的特征学习和分层特征提取高效算法来替代手工获取特征。

深度学习是机器学习研究中的一个新的领域,其动机在于建立、模拟人脑进行分析学习的神经网络,它模仿人脑的机制来解释数据,例如图像、声音和文本。

同机器学习方法一样,深度学习方法也有监督学习与无监督学习之分,不同的学习框架下建立的学习模型很不同。例如,卷积神经网络(Convolutional Neural Networks,CNNs)就是一种深度的监督学习下的机器学习模型,而深度置信网(Deep Belief Nets,DBNs)就是一种无监督学习下的机器学习模型。

(二) 深度内涵

从一个输入中产生一个输出所涉及的计算可以通过一个流向图来表示。流向图是一种能够表示计算的图,图中每一个节点表示一个基本的计算以及一个计算的值,计算的结果被应用到这个节点的子节点的值。考虑这样一个计算集合,它可以被允许在每一个节点和可能的图结构中,并定义了一个函数族。输入节点没有父节点,输出节点没有子节点。

这种流向图的一个特别属性是深度:从一个输入到一个输出的最长路径的长度。

传统的前馈神经网络能够被看作拥有等于层数的深度,比如对于输出层为隐层数加1。支持向量机(SVM)有深度2(图16-2所示左侧神经网络),一个对应于核函数输出或者特征空间,另一个对应于所产生输出的线性混合。

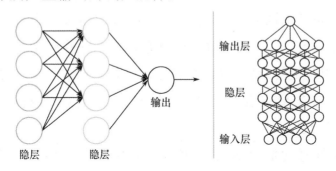

图 16-2　含多个隐层的深度学习模型

人工智能研究的方向之一,是以所谓"专家系统"为代表的,用大量"如果-则"(If-Then)规则定义的,自上而下的思路。人工神经网络(Artifical Neural Network)标志着另外一种自下而上的思路。神经网络没有一个严格的正式定义,它的基本特点是试图模仿大脑的神经元之间传递、处理信息的模式。

(三) 问题

需要使用深度学习解决的问题有以下特征:深度不足会出现问题;人脑具有一个深度结构;认知过程逐层进行,逐步抽象。

在许多情形中深度 2 就足够表示任何一个带有给定目标精度的函数。但是其代价是:图 16-2 中所需要的节点数(如计算和参数数量)可能变得非常大。理论结果证实,那些事实上所需要的节点数随着输入的大小指数增长的函数族是存在的。

我们可以将深度架构看作一种因子分解。大部分随机选择的函数不能被有效地表示,无论是用深的或者浅的架构。但是许多能够有效地被深度架构表示的却不能被用浅的架构高效表示。一个紧的和深度的表示的存在,意味着在潜在的可被表示的函数中存在某种结构。如果不存在任何结构,那将不可能很好地泛化。

大脑有一个深度架构。例如,视觉皮质得到了很好的研究,并显示出一系列的区域,在每一个这种区域中包含一个输入的表示和从一个到另一个的信号流(这里忽略了在一些层次并行路径上的关联,因此更复杂)。这个特征层次的每一层表示在一个不同的抽象层上的输入,并在层次的更上层有着更多的抽象特征,他们根据低层特征定义。

需要注意的是,大脑中的表示是在中间紧密分布并且纯局部,它们是稀疏的,1%的神经元是同时活动的。给定大量的神经元,仍然有一个非常高效的(指数级高效)表示。

认知过程逐层进行、逐步抽象。人类层次化地组织思想和概念;人类首先学习简单的概念,然后用它们去表示更抽象的;工程师将任务分解成多个抽象层次去处理。学习/发现这些概念是很美好的。对语言可表达的概念的反省也建议我们一个稀疏的表示:仅所有可能单词/概念中的一个小的部分是可被应用到一个特别的输入(一个视觉场景)。

(四)基本思想

假设我们有一个系统 S,它有 n 层$(S_1,\cdots,S_n)$,它的输入是 I,输出是 O,形象地表示为:$I => S_1 => S_2 => \cdots => S_n => O$,如果输出 O 等于输入 I,即输入 I 经过这个系统变化之后没有任何的信息损失,设处理 a 信息得到 b,再对 b 处理得到 c,那么可以证明,a 和 c 的互信息不会超过 a 和 b 的互信息。这表明信息处理不会增加信息,大部分处理会丢失信息。保持了不变,这意味着输入 I 经过每一层 S_i 都没有任何的信息损失,即在任何一层 S_i,它都是原有信息(即输入 I)的另外一种表示。现在回到主题 Deep Learning,需要自动地学习特征,假设我们有一堆输入 I(如一堆图像或者文本),假设设计了一个系统 S(有 n 层),通过调整系统中参数,使得它的输

出仍然是输入 I,那么就可以自动地获取得到输入 I 的一系列层次特征,即 $S_1,S_2,\cdots,S_n$。

对于深度学习来说,其思想就是堆叠多个层,也就是说,这一层的输出作为下一层的输入。通过这种方式,就可以实现对输入信息进行分级表达了。

另外,前面是假设输出严格地等于输入,这个限制太严格,可以略微地放松这个限制,如只要使得输入与输出的差别尽可能地小即可,这个放松会导致另外一类不同的 Deep Learning 方法。上述就是 Deep Learning 的基本思想。

把学习结构看作一个网络,则深度学习的核心思路如下:

(1) 无监督学习用于每一层网络的 pre-train。

(2) 每次用无监督学习只训练一层,将其训练结果作为其高一层的输入。

(3) 用自顶而下的监督算法去调整所有层。

(五) 主要技术

线性代数、概率和信息论;欠拟合、过拟合、正则化;最大似然估计和贝叶斯统计;随机梯度下降;监督学习和无监督学习;深度前馈网络、代价函数和反向传播;正则化、稀疏编码和 dropout;自适应学习算法;卷积神经网络;循环神经网络;递归神经网络;深度神经网络和深度堆叠网络;LSTM 长短时记忆;主成分分析;正则自动编码器;表征学习;蒙特卡罗;受限玻耳兹曼机;深度置信网络;softmax 回归、决策树和聚类算法;KNN 和 SVM;生成对抗网络和有向生成网络;机器视觉和图像识别;自然语言处理;语音识别和机器翻译;有限马尔科夫、动态规划;梯度策略算法;增强学习(Q-learning);转折点等。

2006 年前,尝试训练深度架构都失败了。训练一个深度有监督前馈神经网络趋向于产生坏的结果(同时在训练和测试误差中),然后将其变浅为1(1或者2个隐层)。

2006年的三篇论文改变了这种状况,由Hinton的革命性的在深度置信网(Deep Belief Networks,DBNs)上的工作所引领。在这三篇论文中以下主要原理被发现:表示的无监督学习被用于(预)训练每一层;在一个时间里的一个层次的无监督训练,接着之前训练的层次,在每一层学习到的表示作为下一层的输入;用有监督训练来调整所有层(加上一个或者更多的用于产生预测的附加层)。

从2006年以来,大量的关于深度学习的论文被发表。

(六) 成功应用

1. 计算机视觉

香港中文大学的多媒体实验室是最早应用深度学习进行计算机视觉研究的华人团队。在世界级人工智能竞赛LFW(大规模人脸识别竞赛)上,该实验室曾力压脸书夺得冠军,使得人工智能在该领域的识别能力首次超越真人。

2. 语音识别

微软研究人员通过与Hinton合作,首先将RBM和DBN引入到语音识别声学模型训练中,并且在大词汇量语音识别系统中获得巨大成功,使得语音识别的错误率相对减低30%。但是,深度神经网络DNN还没有有效的并行快速算法,很多研究机构都是在利用大规模数据语料通过GPU平台提高DNN声学模型的训练效率。

在国际上,IBM、谷歌等公司都快速进行了深度神经网络DNN语音识别的研究,并且速度飞快。

在国内方面,阿里巴巴、科大讯飞、百度、中科院自动化所等公司或研究单位,也在进行深度学习在语音识别上的研究。

3. 自然语言处理等其他领域

很多机构在开展研究。2013 年,Tomas Mikolov、Kai Chen、Greg Corrado、Jeffrey Dean 发表论文 *Efficient Estimation of Word Representations in Vector Space* 建立 word2vector 模型,与传统的词袋模型(Bag of Words)相比,word2vector 能够更好地表达语法信息。深度学习在自然语言处理等领域的应用,主要用于机器翻译以及语义挖掘等方面。

七、群体智能

(一)概念

群体智能(Swarm/Collection Intelligence)这个概念来自对自然界中昆虫群体的观察,群居性生物通过协作表现出的宏观智能行为特征被称为群体智能[8]。

(二)背景

群体智能作为一个新兴领域自从 20 世纪 80 年代出现以来引起了多个学科领域研究人员的关注,已经成为人工智能以及经济社会生物等交叉学科的热点和前沿领域。

群体智能的提出由来已久,人们很早以前就发现,在自然界中,有的生物依靠其个体的智慧得以生存,有的生物却能依靠群体的力量获得优势。在这些群体生物中,单个个体没有很高的智能,但个体之间可以分工合作、相互协调,完成复杂的任务,表现出比较高的智能。它们具有高度的自组织、自适应性,并表现出非线性、涌现的系统特征。

群体智能指的是无智能或者仅具有相对简单智能的主体通过合作表现出更高智能行为的特性。其中,个体并非绝对的无智能或只具有简单智能，而是与群体表现出来的智能相对而言。当一群个体相互合作或竞争时，一些以前不存在于任何单独个体的智慧和行为会很快出现。

群体智能具有层次性、涌现性和不确定性，网络化数据挖掘方法可以用于大众交互的互联网环境下的群体智能及其涌现机理研究。

（三）基本原则

（1）邻近原则，群体能够进行简单的空间和时间计算。

（2）品质原则，群体能够响应环境中的品质因子。

（3）多样性反应原则，群体的行动范围不应该太窄。

（4）稳定性原则，群体不应在每次环境变化时都改变自身的行为。

（5）适应性原则，在所需代价不太高的情况下，群体能够在适当的时候改变自身的行为。

（四）特点

（1）控制是分布式的，不存在中心控制。因而它更能适应当前网络环境下的工作状态，并且具有较强的鲁棒性，即不会由于某一个或几个个体出现故障而影响群体对整个问题的求解。

（2）群体中的每个个体都能够改变环境，这是个体之间间接通信的一种方式，这种方式称为"激发工作"（Stigmergy）。由于群体智能可以通过非直接通信的方式进行信息的传输与合作，因而随着个体数目的增加，通信开销的增幅较小，因此，它具有较好的可扩充性。

(3) 群体中每个个体的能力或遵循的行为规则非常简单，因而群体智能的实现比较方便，有简单性的特点。

(4) 群体表现出来的复杂行为是通过简单个体的交互过程突

现出来的智能,因此,群体具有自组织性。

(五)典型模型

群体智能的相关研究早已存在,到目前为止也取得了许多重要的结果。自1991年意大利学者Dorigo提出蚁群优化(Ant Colony Optimization, ACO)理论开始,群体智能作为一个理论被正式提出,并逐渐吸引了大批学者的关注,从而掀起了研究高潮。1995年,Kennedy等学者提出粒子群优化算法(Particle Swarm Optimization, PSO),此后群体智能研究迅速展开,但大部分工作都是围绕ACO和PSO进行的。

目前群智能研究主要包括智能蚁群算法和粒子群算法。智能蚁群算法主要包括蚁群优化算法、蚁群聚类算法和多机器人协同合作系统。其中,蚁群优化算法和粒子群优化算法在求解实际问题时应用最为广泛。

八、仿生技术

(一)概念

植物和动物在几百万年的自然进化当中不仅完全适应自然而且其程度接近完美。仿生技术主要指在技术与工程方面模仿动物和植物在自然中的功能。仿生技术是一门综合性交叉技术,涉及生物、物理、材料、能源、信息等诸多学科。仿生技术通过模拟、借鉴自然界生物系统的功能结构、运动原理、感知模式、行为方式,构造具有生物系统特征、功能独特、性能优异的仿生材料、装置或系统,可在多种严酷环境与苛刻要求下,精确、灵活、可靠、高效、持久地完成多种复杂任务。

20世纪80年代以来,仿生技术成为世界关注与发展的重点方向之一。美国是世界上对仿生技术最感兴趣并最早开展研究的国家,仿生技术已列入国家长期规划研究,并在战略性、基础性的高新技术方面进行重点投资,目前在仿生机器人系统和仿生技术两个方面取得了较大成果,并且在军事领域开始了广泛的探索与应用。

(二)内容

1. 仿生材料与结构技术

仿生材料主要通过模仿生物特性,达到隐身或伪装、增强柔性和抗冲击性能等。

(1)仿贝壳、骨骼与鱼鳞结构。2008年,美国和瑞士联合研究小组研究具有仿贝壳结构的陶瓷片——壳聚糖层状复合材料,其强度是天然珠母贝的2倍,而质量仅为钢的1/4~1/2。美国加利福尼亚大学正在研究甲壳类动物材料,可用于制造防弹衣、抗弹头盔,或用于悍马车、无人机、直升机,抵御简易爆炸装置和轻武器威胁,还可用于替换舰炮钢板结构或用于舰船推进系统防气蚀损害(图16-3)。美国空军考虑在A-10"雷电"攻击机上使用这种材料替换钛合金材料,抵御地面轻武器威胁。2017年,美国太平洋西北国家实验室、劳伦斯·伯克利国家实验室和华盛顿大学联合实现了类肽材料的自组装,在矿物表面以高度有序的方式形成了具有六边形图案的纳米带网络,从而可创造出类似于贝壳或骨骼的仿生材料。2010年,美国尖峰装甲公司推出"龙鳞甲"防弹衣。"龙鳞甲"防弹衣是由小块陶瓷防弹瓦和新型防弹纤维编织而成的鱼鳞状防护甲,即便遭到手榴弹袭击,防弹衣也不会碎裂。2016年,加拿大麦吉尔大学研究人员通过将硬质装甲片材与较软的衬底相结合,制备的仿生柔性装甲,与均质陶瓷片的连续层相比,仿鱼鳞的装甲更具柔性,抗穿刺性能是柔性弹性体的10倍。这为未来仿生柔性装甲的设计、优化和制造奠定了基础。

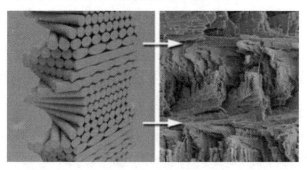

图16-3　螳螂虾的虾钳结构中的螺旋面可阻止裂纹扩展

（2）仿生隐身材料。2014年,美国伊利诺斯大学模仿章鱼的伪装原理,利用热敏染料和光传感器开发出柔性伪装织物。这种柔性伪装织物在1~2秒的响应时间内产生变化的伪装图案,自发与周围环境匹配。加州大学伯克利分校在超薄硅膜上精确蚀刻出微细的图案结构,该图案结构的特征尺寸小于光的波长,能根据薄膜的弯曲程度选择性反射特定颜色的光,产生类似变色龙的伪装效果,反射率高达83%,是世界上第一款仅通过弯曲就可发生变色的柔性伪装材料。法国在"变色龙"隐身发展计划中开发出一种利用自适应仿生伪装材料制备的"多光谱活性皮肤",其具有电致发光、电致反射和电致辐射等功能,可使目标像"变色龙"一样动态变色融入背景中,实现可见光和红外波段的有效隐身。2017年,白俄罗斯、法国、英国和德国研究人员联合,将单层空心碳球封装成二维结构,开发出模仿飞蛾眼睛的空心球结构。这种材料能实现近乎完美的微波吸收,在Ka波段(26.5~40GHz)频率范围内可接近100%地吸收微波,有望在隐身技术中作为雷达吸波材料使用。2016年11月,美国哈佛大学联合沙特阿拉伯阿卜杜拉国王科技大学,基于鸟类羽毛的结构色开发出一种仿生无序纳米结构,该结构可产生不同颜色的光,用于军事装备隐身。

2. 仿生感知与探测技术

开发模仿生物的视觉、听觉、力觉/触觉、嗅觉等感知机能及相应信息处理方式的仿生传感器,可使军事装备具备外形隐蔽、运动灵活以及高效的目标捕获与打击能力。

(1)视觉仿生感知技术。利用传感器准确获得目标的明暗度、色度、位置距离、运动趋势、轮廓形状、姿态等参数,并对这些参数进行存储、传输、识别和理解,使其具有类似生物眼睛的特征或功能。国外对视觉仿生技术的军事应用研究投入了大量人力、物力和财力,多集中在蝇、鲨等动物的复眼视觉系统以及人眼视觉系统仿生方面,取得丰硕成果。其中,美国和英国都开展了基于鹰眼的导弹视觉系统研究,美国在反卫星武器研究中采用了蝇复眼仿生技术。2007年,BAE系统公司在英国国防部的资助下开发出可用于微型飞行器的"虫眼"多孔径成像系统(图16-4)。该系统视场角为60°,还可扩展为120°,目前已用于导弹告警和单兵夜视领域。

图16-4 多孔径复眼摄像机

（2）听觉仿生感知技术。2007年,佐治亚理工学院模拟鱼的内耳解剖结构,开发出一种水下声学传感器,该传感器借助绒毛的运动可对声波做出响应。这种新型仿生传感器被美国军方寄予厚望,有望发展成为超越声纳的超灵敏度、强抗干扰能力新一代水下探测器。2011年,美国斯坦福大学模仿逆戟鲸等海洋鲸类能够改变内耳压力的特性,开发出一种独特的水下声学传感器。该传感器既能听到最安静的声音,也能听到最吵闹的声音,甚至可在水下6英里、压力是水面1000倍的深度下工作。这种水下传感器能探测到160分贝以内的声音,这意味着从图书馆内的窃窃私语到很远距离外梯恩梯（TNT）炸药的爆破声,水下传感器都可无损探测到。

（3）触觉仿生感知技术。仿胡须感知是触觉感知技术的主要研究方向。目前,仿胡须感知技术的开发主要集中在美国、瑞士、日本、德国和澳大利亚的一些大学和研究所。美国东北大学海洋生物学实验室开发出功能强大的带有胡须状触角的龙虾机器人。这种机器人头部左右两边的触角采用聚碳酸酯材料制成,柔韧度高,其内部安装3个二进制MEMS弯曲传感器,可获知障碍物的距离和水流扰动情况,达到模拟龙虾高敏感触角追踪水迹的能力。这种触角传感器与声纳高度计等传感器结合,可准确地确定悬浮于任意方向的水雷。美国海军研究办公室也在研制类似机器人,以便在部队行动前探测敌方埋设的水雷。

（4）嗅觉仿生感知技术。嗅觉仿生传感器又称"电子鼻",是受生物嗅觉原理启发,使用由气敏元件组成的传感器阵列来提取、感知及识别气味信息的技术。2007年,美国通用电气公司发现蝴蝶翅鳞的一种特殊纳米结构表现出十分敏锐的化学感知特性,在接触到含有微量化学成分挥发物的空气时会反射出各种颜色,根据颜色变化可了解周围气体的化学成分。该公司利用这一机理开发出仿生化学物质感知技术，具有灵敏度高、速度快、准确率高的特点，可用于战场上的危险战剂及爆炸物探测。2010年，美国国防高级研究计划局投资630万美元，利用这一技术开发新型仿生纳米结构传感器。2012年，该技术发展到可用于探测目标的红外热特征。2017年，美国研制出外部特征和呼吸速率与犬鼻相似的人造鼻。在试验中，人造鼻在距蒸气源10厘米处的灵敏度提升了4倍，在20厘米处提升了18倍。

3. 仿生导航与制导技术

（1）视觉导航。澳大利亚国防科学与技术组织及美国空军研究实验室弹药处联合开展了微型飞行器自动导航技术研究，利用光学地平线稳定技术等解决小型军用平台的导航与制导问题。为了能够模拟蜻蜓复眼工作机制，研究人员设计了一种全景扫描装置。该装置可形成大小为400×200像素的全景偏振图，对应偏航方向上360°的视界和俯仰方向上180°的视界。当微型飞行器飞行不平稳时，左右两只单眼探测到的地平线在各自视场内的高度不一致，其差值用于直接生成对飞行器副翼偏转角度的控制量，控制副翼向消除高度差的方向偏转。

（2）光流导航。光流导航是在视觉原理的基础上发展的仿生导航技术。光流失量流探测技术的基本原理就是通过检测物体间相对运动时光流矢量的变化，来测量高度、定向定距、检测旋转速度和方向等。当蜻蜓周围所有点的光流矢量都为零时，其处于悬停状态；当在它飞行过程中某一边光流矢量迅速增大时，说明这一边出现障碍物，需调整飞行航迹，实现躲避目标，还可根据环境光流矢量的大小调整飞行速度，以适应在复杂狭隘的环境中飞行。

（3）偏振光导航。偏振光导航依赖的是偏振光传感器。偏振光传感器是一种测角传感器，具有体积小、精度高、灵敏度好、集成度高、抗干扰能力强并且导航误差不随时间累积等优点，在导航定位领域有着极其广阔的应用前景。2002年，德国Schmolke等人在室内人造偏振光环境下，成功进行了移动机器人路径跟踪实验。2012年，澳大利亚Chahl等人模仿蜻蜓偏振敏感导航机理，研制了包含三个独立敏感单元的偏振光传感器，并采用该传感器成功进行了无人机航向角测量。

（4）仿生晶须导航。2017年，美国和新加坡研究人员联合进行了动物仿生晶须导航技术研究。研究团队利用五种外覆塑料细管的超弹性金属合金丝开发出一种晶须阵列，这种阵列底部配有应变仪，可记录晶须的动作，并通过收集这些动作信号生成流经这一阵列的气体或流体的影像。这种人工晶须阵列可取代传统视觉、雷达或声纳系统用于机器人导航。

（5）磁导航。美洲蟑螂被置于磁场中会被磁化。新加坡、澳大利亚和波兰联合研究发现，活蟑螂的磁性与死蟑螂显著不同，磁化是蟑螂体内磁性粒子根据外部磁场排列的结果。深入了解生物磁性感知有助于工程师设计更好的微型机器人导航系统。美国国防高级研究计划局的"地球自然地形生物成像原子磁力仪"项目是设计新型磁梯度计，在开放状态下检测皮特斯拉和飞特斯拉磁场特征，无须屏蔽，也不依赖于环境磁场状态。该技术可在常规环境下运行的低成本设备上实现高灵敏度磁感应与磁导航功能。

4. 蜂群控制技术

2007年10月，美空军研究实验室首次开始仿生弹药的概念开发工作，在2015年完成尺寸与麻雀相仿的蜂群式微型仿生弹药在楼内的飞行试验等工作，在2030年完成体积更小的微型仿生弹药（尺寸与蜻蜓相仿）飞行试验。2009年6月，题为"五角大楼内的新计划"报道了美国空军目前明确要制造小型甚至微型仿生弹药,这些弹药适于复杂城区环境,并以"蜂群"协同方式使用,以打击城区内的目标。这类像生物一样"飞行与行走"的仿生弹药被认为是2025年后战场上的重要装备之一。美国国防高级研究计划局2014年计划启动群挑战项目,旨在为无人平台开发自主群智能算法,以在不显著增加地面部队负担条件下增强其在复杂环境中执行任务的能力。该项目将在2015年开展系统方法、功能和认知分解的研究。

5. 仿生控制技术

近年来,无人系统技术的发展催生了多种具备动物运动功能的仿生系统。

(1) 停留与游动控制。2017年,美国斯坦福大学设计出一种带有多个微棘刺和一个尾部棘刺的无人机。微棘刺利用灰泥或炉渣砖墙面的凹凸结构钩住墙壁,并借助摩擦力牢牢停留在上面,使无人机能够像昆虫一样安全地停留在墙壁上或天花板上。美国哈佛大学研制出一款半透明的、硬币大小的机器鱼(图16-5)。当细胞组织收缩时,机器鱼身体会向下运动;当细胞组织放松时骨架会弹回原位,从而使机器鱼能够以类似于黄貂鱼的方式游泳。该机器鱼具备一定的自主能力。

图16-5 美国哈佛大学研制的机器鱼

(2)防撞控制。瑞士为四旋翼无人机提出一种仿生防撞设计。该无人机借鉴了昆虫翅膀的生物力学防撞策略,采用双刚性架构,在其飞行包线内可刚性承受气动载荷,但在发生撞击时会变软和折叠,从而避免损坏。双刚性架构与特殊吸能材料搭配,可保护无人机中央的敏感部件。

(3)纤毛运动控制。韩国研究人员利用3D激光光刻系统由玻璃基板制造出一款微型机器人,该机器人长220微米,高60微米,身体每侧有8根75微米长的纤毛,可模仿草履虫的纤毛运动(图16-6)。该机器人通过8个电磁线圈形成的磁场进行远程触发,可移动和定位。在纯净水和硅油混合物中进行的测试表明,其平均速度为340微米/秒,可用于医学给药。

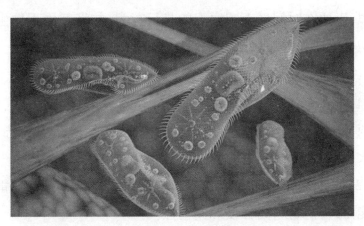

图16-6 纤毛机器人

(4)液动控制。美国和丹麦研究人员联合设计了一款称为"片上树"(tree-on-a-chip)的微流体装置。该装置能够模仿树和植物的泵浦机制,通过芯片以稳定的流量泵取水和糖,时长达数天。其芯片可被动工作,无须活动部件或外泵。该技术可用于小型机器人的液动控制。

(5)软体气动控制。美国加利福尼亚大学和斯坦福大学研究人员制造出一种软体气动机器人。该机器人的长度可以从末梢持续增长,增长方向通过自带的环境刺激传感器进行自主控制。研究人员演示了机器人通过被动变形在受限环境中延展的能力,以及通过沿路径伸长的机器人本体形成三维结构的能力。

(6)蛇形运动控制。2015年,意大利国际高等研究院利用一种模型系统对蛇形运动进行了研究。

(7)仿狗步行控制。2016年,土耳其研究人员基于试验中实时收集的数据,开发出一种可用于描述生物系统行为的皮特里网模型。在试验中,一只狗以1千米/小时的速度在跑步机上行走。该模型可利用色彩、数字及步进模拟技术对狗的实时步行节奏进行模拟,以便在时间域上观察狗的步行行为,并将其用于仿生机器狗的初期概念设计。

(三)发展趋势

(1)仿生系统由结构仿生向功能仿生发展,由单一水、空、地域向两栖、多栖发展,并呈现微型化、智能化、集群化等趋势,最终构建水、陆、空立体仿生作战体系。

(2)积极发展多种复合仿生材料,以提高系统可见光/雷达等隐身能力,轻薄材料高强度和高韧性。

(3)发展视觉、听觉、嗅觉等多种仿生感知技术,提高对复杂环境的感知能力、对各类目标的识别概率和跟踪能力。

(4)仿生控制朝多关节、精准化方向发展,控制精度更高,稳定性更好。

(5)发展仿生系统组网技术,大规模集群分布式、智能化组网,实现与战场信息的实时互通、弹药间协同作战。

九、混合智能

（一）概念

目前，混合智能正处于发展过程中，还没有形成权威、统一的定义和描述。倾向性的观点认为：混合智能主要指通过人机互补、人机协同和人机融合等形式，实现更高级、更鲁棒、更增强的智能。人机融合智能是一种新型智能形式，它不同于人的智能，也不同于机器智能，是一种跨越物种属性结合的下一代智能科学体系。

国内具有代表性的专家认为，将人类的认知能力或人类认知模型引入人工智能系统中，来开发新形式的人工智能，这就是混合智能，这种形态的 AI 或机器智能将是一个可行而重要的成长模式。智能机器与各类智能终端已经成为人类的伴随者，人与智能机器的交互、混合是未来社会的发展形态。

当前的人工智能系统在不同层次都依赖大量的样本训练完成"有监督的学习"，而真正的通用智能会在经验和知识积累的基础上灵巧地"无监督学习"。如果仅仅是利用各种人工智能计算模型或算法的简单组合，不可能得到一个通用的人工智能。因此人机协同的混合增强智能是新一代人工智能的典型特征。

（二）混合智能的两种形态

专家认为，混合智能的形态可分为两种基本实现形式："人在回路的混合增强智能"和"基于认知计算的混合增强智能"。

人在回路的混合增强智能，是将人的作用引入到智能系统中，形成人在回路的混合智能范式。在这种范式中人始终是这类智能系统的一部分，当系统中计算机的输出置信度低时，人主动介入调整参数给出合理正确的问题求解，构成提升智能水平的反馈回路。

把人的作用引入到智能系统的计算回路中,可以把人对模糊、不确定问题分析与响应的高级认知机制与机器智能系统紧密耦合,使得两者相互适应,协同工作,形成双向的信息交流与控制,使人的感知、认知能力和计算机强大的运算和存储能力相结合,构成"1+1>2"的智能增强智能形态。

在军事领域,随着无人技术的发展,人与机器可能呈现多种混合形态。一方面,人与武器逐渐物理脱离,无人机、机器人的逐步成熟,从辅助人作战转向代替人作战,人更加退居到后台;另一方面,在信息和控制领域,人与机器逐渐深度融合为有机共生体,无论是"人在回路中",还是"人在回路上"以及"人在回路外",人的创造性、思想性和智慧,与机器的精准性、快速性、重复性、一致性,始终会以不同的方式有机结合起来。

基于认知计算的混合增强智能,则是指在人工智能系统中引入受生物启发的智能计算模型,构建基于认知计算的混合增强智能。国内学者郑南宁指出:"这类混合智能是通过模仿生物大脑功能提升计算机的感知、推理和决策能力的智能软件或硬件,以更准确地建立像人脑一样感知、推理和响应激励的智能计算模型,尤其是建立因果模型、直觉推理和联想记忆的新计算框架。"对当前人工智能而言,解决某些对人类来说属于智力挑战的问题可能是相对简单的,但是解决对人类来说习以为常的问题却非常困难。例如,很少有三岁的孩童能下围棋(除非受过专门的训练),但所有的三岁孩童都能认出自己的父母,且不需要经过标注的人脸数据集的训练。人工智能研究的重要方向之一是借鉴认知科学、计算神经科学的研究成果,使计算机通过直觉推理、经验学习将自身引导到更高层次。

目前,机器智能仍然是以计算机为中心,人机交互智能化程度较低,尚未形成"以人为中心"的交互理念和系统性设计概念,难以适应未来社会发展对各类工作、生活场景的智能、时敏、海量多源信息处理等要求。如何把人类认知模型引入到机器智能中,让它能够在推理、决策、记忆等方面达到类人智能水平,是当前科技界关注的焦点。

人工智能技术已经在海量数据搜索和完全信息条件下的博弈等方面展现出优于人类的能力。在军事对抗的高动态不确定环境中,人类的经验、直觉、灵感与智能系统的速度、精准具有互补合作的巨大潜力。基于认知科学的人工智能新框架、人机智能融合的新途径、平行智能系统的构建、基于大数据的高效智能学习、军事环境下指挥/操控意图智能交互及人机智能共生,以及语音、视觉、动作等人类自然交互方式等,是未来人机混合智能研究的重点,是智能系统设计的核心内容[9]。

十、云计算

(一) 概念

云计算(Cloud Computing)是基于互联网的相关服务的增加、使用和交付模式,通常涉及通过互联网来提供动态易扩展且经常是虚拟化的资源。云是网络、互联网的一种比喻说法。过去在图中往往用云来表示电信网,后来也用来表示互联网和底层基础设施的抽象。因此,云计算甚至可以让用户体验每秒10万亿次的运算能力,拥有这么强大的计算能力可以模拟核爆炸、预测气候变化和市场发展趋势。用户通过电脑、笔记本、手机等方式接入数据中心,按自己的需求进行运算。

对云计算的定义有多种说法。对于到底什么是云计算,至少可以找到100种解释。现阶段广为接受的是美国国家标准与技术研究院（NIST）定义：云计算是一种按使用量付费的模式，这种模式提供可用的、便捷的、按需的网络访问，进入可配置的计算资源共享池，包括网络、服务器、存储、应用软件、服务等，这些资源能够被快速提供，只需投入很少的管理工作或与服务供应商进行很少的交互。

（二）简史

1983年，太阳电脑提出"网络是电脑"。2006年3月，亚马逊（Amazon）推出弹性计算云服务。2006年8月，谷歌首席执行官埃里克·施密特（Eric Schmidt）在搜索引擎大会上首次提出"云计算"（Cloud Computing）的概念。谷歌"云端计算"源于谷歌工程师克里斯托弗·比希利亚所做的"Google 101"项目。

2007年10月，谷歌与IBM开始在美国大学校园，包括卡内基·梅隆大学、麻省理工学院、斯坦福大学、加利福尼亚大学伯克利分校及马里兰大学等，推广云计算计划。这项计划希望能降低分布式计算技术在学术研究方面的成本，并为这些大学提供相关的软硬件设备及技术支持，包括数百台个人电脑及BladeCenter与System x服务器，这些计算平台将提供1600个处理器，支持包括Linux、Xen、Hadoop等开放源代码平台。而学生则可以通过网络开发各项以大规模计算为基础的研究计划。

2008年1月30日，谷歌宣布在中国台湾启动"云计算学术计划"，将与中国台湾台大、交大等学校合作，将这种先进的云计算技术大规模、快速推广到校园。

2008年2月1日，IBM宣布将在中国无锡太湖新城科教产业园为中国的软件公司建立全球第一个云计算中心（Cloud Computing Center）。

2008年7月29日,雅虎、惠普和英特尔宣布一项涵盖美国、德国和新加坡的联合研究计划,推出云计算研究测试床,推进云计算。该计划要与合作伙伴创建6个数据中心作为研究试验平台,每个数据中心配置1400~4000个处理器。这些合作伙伴包括新加坡资讯通信发展管理局,德国卡尔斯鲁厄大学Steinbuch计算中心,美国伊利诺伊大学香槟分校、英特尔研究院、惠普实验室和雅虎。

2008年8月3日,美国专利商标局网站信息显示,戴尔正在申请"云计算"(Cloud Computing)商标,此举旨在加强对这一未来可能重塑技术架构的术语控制权。

2010年3月5日,Novell与云安全联盟(CSA)共同宣布一项供应商中立计划,名为"可信任云计算计划"(Trusted Cloud Initiative)。

2010年7月,美国国家航空航天局和包括Rackspace、AMD、Intel、戴尔等支持厂商共同宣布"OpenStack"开放源代码计划,2010年10月微软表示支持OpenStack与Windows Server 2008 R2的集成;Ubuntu已把OpenStack加至11.04版本中。

2011年2月,思科系统正式加入OpenStack,重点研制OpenStack的网络服务。

(三) 特点

云计算是使计算分布在大量的分布式计算机上,而非本地计算机或远程服务器中,企业数据中心的运行将与互联网更相似。类似从单台发电机模式转向了电厂集中供电模式。它意味着计算能力也可以作为一种商品进行流通,就像煤气、水电一样,取用方便,费用低廉。最大的不同在于它是通过互联网进行传输的。云计算特点主要体现在八个方面。

1. 超大规模

"云"具有相当的规模。谷歌云计算已经拥有100多万台服务器，亚马逊、IBM、微软、雅虎的"云"均拥有几十万台服务器。企业私有云一般拥有数百上千台服务器。"云"能赋予用户前所未有的计算能力。

2. 虚拟化

云计算支持用户在任意位置、使用各种终端获取应用服务。所请求的资源来自"云"，而不是固定的有形实体。应用在"云"中某处运行，但实际上用户无须了解、也不用担心应用运行的具体位置，只需要一台笔记本或者一个手机，就可以通过网络服务来实现我们需要的一切，甚至包括超级计算这样的任务。

3. 高可靠性

"云"使用了数据多副本容错、计算节点同构可互换等措施来保障服务的高可靠性，使用云计算比使用本地计算机可靠。

4. 通用性

云计算不针对特定的应用，在"云"的支撑下可以构造出千变万化的应用，同一个"云"可以同时支撑不同的应用运行。

5. 高可扩展性

"云"的规模可以动态伸缩，满足应用和用户规模增长的需要。

6. 按需服务

"云"是一个庞大的资源池，可按需购买，云可以像自来水、电、煤气那样计费。

7. 极其廉价

由于"云"的特殊容错措施，可以采用极其廉价的节点来构成云。"云"的自动化集中式管理使大量企业无须负担日益高昂的数据中心管理成本，"云"的通用性使资源的利用率较之传统系统大幅提升。因此用户可以充分享受"云"的低成本优势,经常只要花费几百美元、几天时间就能完成以前需要数万美元、数月时间才能完成的任务。

8. 潜在危险性

云计算服务除提供计算服务外,还必然提供存储服务。由于云计算服务目前垄断在私人机构与企业手中,而他们仅仅能够提供商业信用。对于政府机构、商业机构,特别像银行这样持有敏感数据的商业机构来说,对于选择云计算服务商应保持足够的警惕。一旦商业用户大规模使用私人机构提供的云计算服务,无论其技术优势有多强,都不可避免地让这些私人机构以"数据信息"的重要性挟制整个社会。另一方面,云计算中的数据对于数据所有者以外的其他用户是保密的,但是对于提供云计算的商业机构而言确实毫无秘密可言。这些潜在的危险,是商业机构和政府机构选择云计算服务特别是国外机构提供的云计算服务时,不得不考虑的一个重要前提。

云计算主要经历了四个发展阶段:电厂模式、效用计算、网格计算和云计算[10]。

十一、大数据

(一) 概念

大数据(Big Data)是指无法在一定时间范围内用常规软件工具进行捕捉、管理和处理的数据集合,是需要新处理模式才能具有更强的决策力、洞察发现力和流程优化能力的海量、高增长率和多样化的信息资产。

麦肯锡全球研究院给出的定义是:一种规模大到在获取、存储、管理、分析方面大大超出了传统数据库软件工具能力范围的数据集合,具有海量的数据规模、快速的数据流转、多样的数据类型和价值密度低四大特征。

(二) 内涵

大数据技术的战略意义不在于掌握庞大的数据信息,而在于对这些含有意义的数据进行专业化处理。换而言之,如果把大数据比作一种产业,那么这种产业实现盈利的关键,在于提高对数据的"加工能力",通过"加工"实现数据的"增值"。

从技术上看,大数据与云计算的关系就像一枚硬币的正反面一样密不可分。大数据必然无法用单台的计算机进行处理,必须采用分布式架构。它的特色在于对海量数据进行分布式数据挖掘。但它必须依托云计算的分布式处理、分布式数据库和云存储、虚拟化技术。

大数据需要特殊的技术,以有效地处理大量的容忍经过时间内的数据。适用于大数据的技术,包括大规模并行处理(MPP)数据库、数据挖掘、分布式文件系统、分布式数据库、云计算平台、互联网和可扩展的存储系统。大数据分析常和云计算联系在一起,因为实时的大型数据集分析需要像 MapReduce 一样的框架来向数十、数百或甚至数千的电脑分配工作。

最小的基本单位是 bit,按顺序给出所有单位:bit、Byte、KB、MB、GB、TB、PB、EB、ZB、YB、BB、NB、DB。

它们按照进率1024(2 的十次方)来计算:

1Byte = 8bit

1KB = 1,024Bytes = 8192bit

1MB = 1,024KB = 1,048,576Bytes

1GB = 1,024MB = 1,048,576KB

1TB＝1,024GB＝1,048,576MB

1PB＝1,024TB＝1,048,576GB

1EB＝1,024PB＝1,048,576TB

1ZB＝1,024EB＝1,048,576PB

1YB＝1,024ZB＝1,048,576EB

1BB＝1,024YB＝1,048,576ZB

1NB＝1,024BB＝1,048,576YB

1DB＝1,024NB＝1,048,576BB

（三）特征

综合来讲，大数据有以下七个方面的特征：

（1）容量(Volume)：数据的大小决定所考虑数据的价值和潜在的信息。

（2）种类(Variety)：数据类型的多样性。

（3）速度(Velocity)：指获得数据的速度。

（4）可变性(Variability)：妨碍了处理和有效地管理数据的过程。

（5）真实性(Veracity)：数据的质量。

（6）复杂性(Complexity)：数据量巨大，来源多渠道。

（7）价值(Value)：合理运用大数据以低成本创造高价值。

（四）结构

大数据包括结构化、半结构化和非结构化数据，非结构化数据越来越成为数据的主要部分。据互联网数据中心(IDC)的调查报告显示，企业中80%的数据是非结构化数据，这些数据每年都按指数增长60%。大数据主要包括互联网大数据、政府大数据、企业大数据和个人大数据等。

（五）趋势

趋势一：数据资源化。大数据成为企业和社会关注的重要战略资源，是竞争能力的体现。

趋势二：与云计算深度结合。大数据离不开云处理，云处理为大数据提供了弹性可拓展的基础设备，是产生大数据的平台之一。未来两者关系将更为密切。此外，物联网、移动互联网等新兴计算形态，也将助力大数据革命，让大数据发挥出更大的影响力。

趋势三：科学理论突破。随着数据挖掘、机器学习和人工智能等相关技术的发展融合，可能会改变很多算法和基础理论，实现科学技术上的突破。

趋势四：数据将成为一门学科。各大高校将设立专门的数据科学专业，也会催生一批与之相关的就业新岗位。跨领域的数据共享平台将建立，数据共享将扩展到企业层面，并且成为未来产业的核心一环。

趋势五：数据泄露泛滥。企业需要从新的角度来确保自身以及客户数据安全。所有数据在创建之初便需要获得安全保障，而并非在数据保存的最后一个环节，仅仅加强后者的安全措施于事无补。

趋势六：数据管理成为核心竞争力。当数据成为企业的核心资产后，数据管理将成为企业核心竞争力，数据资产管理效率与主营业务收入增长、销售收入增长正相关。对于具有互联网思维的企业而言，数据资产竞争力所占比重会越来越高，数据资产管理效果将直接影响企业财务表现。

趋势七：数据质量是BI（商业智能）成功的关键。采用自助式商业智能工具进行大数据处理的企业将会脱颖而出。其中要面临的一个挑战是,很多数据源会带来大量低质量数据。想要成功,企业需要理解原始数据与数据分析之间的差距,从而消除低质量数据并通过 BI 获得更佳决策。

趋势八:数据生态系统将逐步完善。大数据的世界不只是一个巨大的计算机网络,而是由大量多元参与者所构成的生态系统。终端设备提供商、基础设施提供商、网络服务提供商、网络接入服务提供商、数据服务使能者、数据服务提供商、触点服务、数据服务零售商等一系列的参与者共同构建。未来,这样一套数据生态系统将逐步建立和完善[11]。

十二、知识图谱

(一) 概念

知识图谱(Knowledge Graph)又称为科学知识图谱,在图书情报界称为知识域可视化或知识领域映射地图,是显示知识发展进程与结构关系的一系列各种不同的图形,用可视化技术描述知识资源及其载体,挖掘、分析、构建、绘制和显示知识及它们之间的相互联系。

它是通过将应用数学、图形学、信息可视化技术、信息科学等学科的理论与方法,与计量学引文分析、共现分析等方法结合,并利用可视化的图谱形象地展示学科的核心结构、发展历史、前沿领域以及整体知识架构,达到多学科融合目的的现代理论。它把复杂知识通过数据挖掘、信息处理、知识计量和图形绘制而显示出来,揭示知识领域的动态发展规律,为学科研究提供切实的、有价值的参考。

（二）特点

（1）用户搜索次数越多，范围越广，就能获取越多信息和内容。

（2）赋予字串新的意义，而不只是单纯的字串。

（3）融合了所有的学科，以便于用户搜索时的连贯性。

（4）为用户找出更加准确的信息，作出更全面的总结并提供更有深度相关的信息。

（5）把与关键词相关的知识体系系统化地展示给用户。

（6）用户只需登录60多种在线服务中的一种就能获取在其他服务上保留的信息和数据。

（7）从整个互联网汲取有用的信息让用户能够获得更多相关的公共资源。

（三）提升搜索效果

从以下三方面提升搜索效果：

1. 找到最想要的信息

语言可能是模棱两可的，一个搜索请求可能代表多重含义，知识图谱会将信息全面展现出来，让用户找到自己最想要的那种含义。现在，谷歌能够理解这其中的差别，并可以将搜索结果范围缩小到用户最想要的那种含义。

2. 提供最全面的摘要

有了知识图谱，谷歌可以更好地理解用户搜索的信息，并总结出与搜索话题相关的内容。例如，当用户搜索"玛丽·居里"时，不仅可看到居里夫人的生平信息，还能获得关于其教育背景和科学发现方面的详细介绍。此外，Knowledge Graph 也会帮助用户了解事物之间的关系。

3. 让搜索更有深度和广度

由于 Knowledge Graph 构建了一个与搜索结果相关的完整的

知识体系,所以用户往往会获得意想不到的发现。在搜索中,用户可能会了解到某个新的事实或新的联系,促使其进行一系列的全新搜索查询[12]。

十三、混合现实

(一)概念

混合现实(Mixed Reality MR)技术是虚拟现实技术的进一步发展,该技术通过在现实场景呈现虚拟场景信息,在现实世界、虚拟世界和用户之间搭起一个交互反馈的信息回路,以增强用户体验的真实感。混合现实是一组技术组合,不仅提供新的观看方法,还提供新的输入方法,而且所有方法相互结合,从而推动创新。

(二)特点

混合现实(既包括增强现实和增强虚拟)指的是合并现实和虚拟世界而产生的新的可视化环境。在新的可视化环境里物理和数字对象共存,并实时互动。

混合现实的实现需要在一个能与现实世界各事物相互交互的环境中。如果一切事物都是虚拟的那就是VR(图16-7)的领域了。如果展现出来的虚拟信息只能简单叠加在现实事物上,那就是AR。MR的关键点就是与现实世界进行交互和信息的及时获取。

(三)简史

混合现实是由"智能硬件之父"多伦多大学教授Steve Mann提出的介导现实。

图 16-7　VR 虚拟现实

在 20 世纪七八十年代，为了增强简单自身视觉效果，让眼睛在任何情境下都能够"看到"周围环境，Steve Mann 设计出可穿戴智能硬件，这被看作是对 MR 技术的初步探索。

VR 是纯虚拟数字画面，而 AR 虚拟数字画面加上裸眼现实，MR 是数字化现实加上虚拟数字画面。从概念上来说，MR 与 AR 更为接近，都是一半现实一半虚拟影像，但传统 AR 技术运用棱镜光学原理折射现实影像，视角不如 VR 视角大，清晰度也会受到影响。

MR 技术结合了 VR 与 AR 的优势，能够更好地将 AR 技术体现出来。

根据 Steve Mann 的理论，智能硬件最后都会从 AR 技术逐步向 MR 技术过渡。"MR 和 AR 的区别在于 MR 通过一个摄像头让你看到裸眼都看不到的现实，AR 只管叠加虚拟环境而不管现实本身（图 16-8）。"

一般来说，虚拟现实的常见载体都是智能眼镜，如今，第一款融合了 MR 技术的智能眼镜正在开发阶段，离投入商用还需要一定时间。

图 16-8　AR 特效

（四）游戏

真正的混合现实游戏,是可以把现实与虚拟互动展现在玩家眼前的。MR 技术(混合现实)能让玩家同时保持与真实世界和虚拟世界的联系,并根据自身的需要及所处情境调整操作。类似超次元 MR＝VR＋AR＝真实世界+虚拟世界+数字化信息,简单来说,就是 AR 技术与 VR 技术的完美融合以及升华,虚拟和现实互动,不再局限于现实,获得前所未有的体验。

总之,MR 设备给你的是一个混沌的世界:如数字模拟技术(显示、声音、触觉)等,你根本感受不到二者差异。正是因为此 MR 技术更有想象空间,它将物理世界实时并且彻底地比特化了,又同时包含了 VR 和 AR 设备的功能。

（五）前景

有研究机构预估到 2020 年,全球头戴虚拟现实设备年销量将达 4000 万台左右,市场规模约 400 亿元,加上内容服务和企业级应用,市场容量超过千亿元。国内一线科技企业已加入 VR 设备及内容的研发中,而在内容创造方面,也已经有了超次元 MR 这样的作品,这必然推动 VR 更快向 AR、MR 技术过渡。

目前全球从事 MR 领域的企业和团队都比较少,很多都处于研究阶段[13]。

十四、脑机接口

(一) 概念

脑机接口(Brain-Computer Interface,BCI),有时也称作"大脑端口"或者"脑机融合感知",它是在人或动物脑(或者脑细胞的培养物)与外部设备间建立的直接连接通路。在单向脑机接口的情况下,计算机或者接受脑传来的命令,或者发送信号到脑(例如视频重建),但不能同时发送和接收信号。而双向脑机接口允许脑和外部设备间的双向信息交换。

(二) 背景

在该定义中,"脑"一词意指有机生命形式的脑或神经系统,而并非仅仅是"mind"。"机"意指任何处理或计算的设备,其形式可以从简单电路到硅芯片。

直接用大脑思维活动的信号与外界进行通信,甚至实现对周围环境的控制,是人类自古以来就追求的梦想。自从1929年Hans Berger第一次记录了脑电图以来,人们一直推测它或许可以用于通信和控制,使大脑不需要通常的媒介外周神经和肢体的帮助而直接对外界起作用。然而,由于受当时整体科技水平的限制,加之对大脑思维机制了解尚少,这方面的研究进展甚微。

脑机接口技术形成于20世纪70年代。40多年来,随着人们对神经系统功能认识的提高和计算机技术的发展,BCI技术的研究呈明显的上升趋势。特别是1999年和2002年两次BCI国际会议的召开为BCI技术的发展指明了方向。BCI技术的核心是把用户输入的脑电信号转换成输出控制信号或命令的转换算法。BCI

研究工作中相当重要的部分就是调整人脑和 BCI 系统之间的相互适应关系,也就是寻找合适的信号处理与转换算法,使得神经电信号能够实时、快速、准确地通过 BCI 系统转换成可以被计算机识别的命令或操作信号。目前,BCI 技术已引起国际上众多学科科技工作者的普遍关注,成为生物医学工程、计算机技术、通信等领域一个新的研究热点。

(三) BCI 系统基本结构

基于各种不同的需求,人们已经设计出多种可以在实验室中进行演示的基于脑电的 BCI 原型系统。原理上,BCI 系统一般由输入、输出和信号处理及转换等功能环节组成(图 16-9)。输入环节的功能是产生、检测包含有某种特性的脑电活动特征信号,以及对这种特征用参数加以描述。信号处理的作用是对源信号进行处理分析,把连续的模拟信号转换成用某些特征参数(如幅值、自回归模型的系数等)表示的数字信号,以便于计算机的读取和处理,并对这些特征信号进行识别分类,确定其对应的意念活动。信号转换是根据信号分析、分类之后得到的特征信号产生驱动或操作命令,对输出装置进行操作,或直接输出表示大脑意图的字母或单词,达到与外界交流的目的。作为连接输入和输出的中间环节,信号分析与转换是 BCI 系统的重要组成部分。在训练强度不变的情况下,改进信号分析与转换的算法,可以提高分类的准确性,以优化 BCI 系统的控制性能。BCI 系统的输出装置包括指针运动、字符选择、神经假体的运动以及对其他设备的控制等。

(四) 分类

第一次 BCI 国际会议根据输入信号的性质把 BCI 系统分成两大类:使用自发脑电信号的 BCI 系统和使用诱发脑电信号的 BCI 系统。

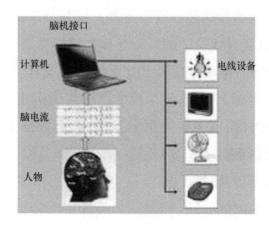

图 16-9　脑机接口

基于自发脑电的 BCI 系统是应用自发脑电作为系统的输入特征信号。其特点是，受试者经过训练之后能够自主地控制脑电变化，从而直接控制外部环境，但通常需要对受试者进行大量的训练，容易受其身体状况、情绪、病情等各种因素的影响。

诱发脑电信号的 BCI 系统使用外在刺激诱发大脑皮层相应部位的电活动产生变化，并以其作为特征信号。外部诱发 BCI 系统不需要对受试者进行过多的训练，但需要特定的环境，如排成矩阵的闪烁视觉刺激输入，这不利于系统的推广和应用。

在系统输出模式上，前者能使操作者把指针移到任意的二维或者多维位置，而后者只能使操作者在所列出的选项中进行选择。

根据信号检测的方式不同，也可以把脑机接口技术分为"植入式"和"非植入式"两类。其中，植入式由于技术较难，对精准度要求高，并需植入脑部皮肤，因此仍在人体实验阶段，主要出于医疗研究目的，荷兰、美国在此领域较为领先。而非植入式装卸方便，已进入商用阶段，以娱乐和医疗为主要目的，较有代表性的企业包括日本本土公司、日本 Neurowear 公司、美国 Emotiv 公司等。

植入式信号检测方法使电极直接和大脑皮层接触或进入大脑皮层,测量的信号噪声小、损失低,但由于涉及外科手术,操作复杂,需要具有专业技术的操作人员,而且容易感染。

非植入式即电极外置式信号检测方法,操作简单、安全,有利于 BCI 系统的推广,但由于电极距离信号源较远,噪声较大。在 BCI 系统设计中,使用何种方案应根据信号的特征、测量技术的水平以及实际要求的精度等因素综合考虑。

(五) 应用

脑机接口技术研究最初瞄准军事领域,以期在未来战场上,使士兵能通过大脑直接操纵武器、甚至远程控制机器人和无人机作战,从而提高战斗力和降低伤亡率。而在民用范围内的研究也具有深远意义。医疗方面,通过 BCI 系统,可以为严重运动残疾人和正常人提供辅助控制,从而改善生活质量,诸如霍金等运动障碍患者已经开始应用相关设备实现与外界的沟通。而在日常生活娱乐中,脑机接口可以取代传统鼠标键盘或其他手控操作设备,实现电脑操作、玩游戏、看电视等活动,增强生活的趣味性。

目前,"植入式"脑机接口技术的研究在动物实验中取得了诸多进展,但是在人体中实现应用难度更大。2006 年,美国布朗大学在瘫痪病人身上实现脑电控制假肢,实现了脑机接口的首次临床应用。2008 年 1 月 10 日,美国杜克大学实验室给一只名叫"艾多亚"的猴子的头部植入多个微型电极(生物传感器),猴子的意念使远在千里之外日本东京 ATR 电脑神经科学实验室的机器人与猴子做同样的散步动作,时间长达 3 分钟(图 16-10)。

2012 年,美国西北大学实现了功能性电刺激控制瘫痪肌肉。同年,美国匹兹堡大学实现人脑 ECoG 信号控制机械手,该大学研发的另一款机械手,使得另一名高截瘫患者在与美国总统奥巴马

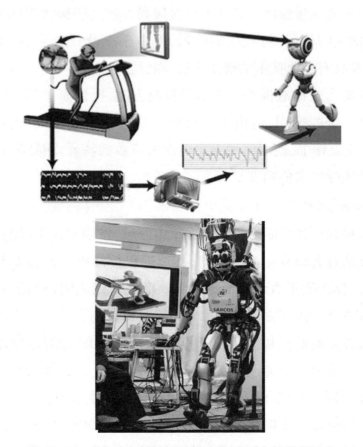

图 16-10 "艾多亚"猴子的意念使千里之外机器人与猴子做同样的散步动作

握手时,能够使其大脑收到机械手回传来的信号,使患者感到两手相握的触感。2015 年,加利福尼亚理工大学的研究团队通过读取病人手部运动相关脑区的神经活动,成功将病人的运动意念转化成控制假肢的信号,这是一名瘫痪 10 年的高位截瘫病人通过意念控制独立的机械手臂完成诸如"喝水"等较为精细的任务。2016 年,荷兰乌特勒支大学的科研团队则成功地使一名因渐冻症(ALS)而失去运动能力乃至眼动能力的患者通过脑机交互技术,实现了其通过意念在计算机上打字,准确率达到95%,使植入式脑机接口技术应用水平又向前迈了一大步。

"非植入式"因其操作相对简便而受到更多研发团队的青睐,主要有脑电图 EEG、脑磁图 MEG、近红外光谱 NIRS、功能磁共振成像 fMRI 等研究方式。一些商用脑机交互产品已经被开发和出现在市场上。例如,日本本田公司生产了意念控制机器人,操作者可以通过想象自己的肢体运动来控制身边机器人进行相应的动作。美国罗切斯特大学的一项研究,受试者可以通过 P300 信号控制虚拟现实场景中的一些物体,例如开关灯或者操作虚拟轿车等。日本科技公司 Neurowear 开发了一款名为 Necomimi 意念猫耳朵的脑机交互设备,这款猫耳朵可以检测人脑电波,进而转动猫耳来表达不同情绪,其姐妹产品"脑电波猫尾",则可由脑电波控制仿喵星人的尾巴装置运动,它可以随着佩戴者的心情的变化而运动,当佩戴者心情放松愉悦时,尾巴就会摇得舒缓温和,当使用者精神紧张时,尾巴就会摇得生硬。美国加利福尼亚旧金山的神经科技公司 Emotiv 则开发出一款脑电波编译设备 Emotiv Insight,能够帮助残障人士用来控制轮椅或电脑。

从 2003 年起,美国 DARPA 投资 2400 万美元,在全美 6 个不同实验室开展"大脑—机器交互界面计划"BMI 研究,最终目标欲打造"思维控制机器战士"或者无人驾驶飞机。2008 年,美国陆军制定了为期 10 年的基于脑机技术的"多人决策系统"计划。2012 年,美国又提出了"阿凡达"类人机器人计划,试图通过脑机技术远程控制半自动双足机器人。NASA 还开发了一套软件能解读嘴巴没有说出来的思维和意念。

迄今人类已经能够修复或者正在尝试修复的感觉功能包括听觉、视觉和前庭感觉。人工耳蜗是迄今为止最成功、临床应用最普及的脑机接口。视觉修复技术尚在研发之中。这方面的研究和应用落后于听觉的主要原因是，视觉传递信息量的巨大和外周感觉器官（视网膜）和中枢视觉系统在功能上的相对复杂性。美国约翰斯·霍普金斯大学的 Della Santina 及其同事开发出一种可以修复三维前庭感觉的前庭植入物。

在动物脑机接口技术方面，做了大量开创性实验，取得了许多实质性的进展。

Phillip Kennedy 及其同事用锥形营养性电极植入术在猴上建造了第一个皮层内脑机接口。

1999 年，哈佛大学的 Garrett Stanley 试图解码猫的丘脑外侧膝状体内的神经元放电信息来重建视觉图像。他们记录了 177 个神经元的脉冲列，使用滤波的方法重建了向猫播放的八段视频，从重建的结果中可以看到可辨认的物体和场景。

杜克大学的 Miguel Nicolelis 是支持用覆盖广大皮层区域的电极来提取神经信号、驱动脑机接口的代表。他认为，这种方法的优点是能够降低单个电极或少量电极采集到的神经信号的不稳定性和随机性。Nicolelis 在 20 世纪 90 年代完成在大白鼠的初步研究后，在夜猴内实现了能够提取皮层运动神经元的信号来控制机器人手臂的实验。到 2000 年为止，Nicolelis 的研究组成功实现了一个能够在夜猴操纵一个游戏杆来获取食物时重现其手臂运动的脑机接口。这个脑机接口可以实时工作。它也可以通过互联网远程操控机械手臂。不过由于猴子本身不接受来自机械手臂的感觉反馈，这类脑机接口是开环的。Nicolelis 小组后来的工作使用了恒河猴。

其他设计脑机接口算法和系统来解码神经元信号的实验室，包括布朗大学的 John Donoghue、匹兹堡大学的 Andrew Schwartz、加利福尼亚理工大学的 Richard Anderson。这些研究者的脑机接在某一时刻使用的神经元数为 15~30，比 Nicolelis 的 50~200 个显著要少。Donoghue 小组的主要工作是实现恒河猴对计算机屏幕上的光标的运动控制来追踪视觉目标。其中猴子不需要运动肢体。Schwartz 小组的主要工作是虚拟现实的三维空间中的视觉目标追踪，以及脑机接口对机械臂的控制。这个小组宣称，他们的猴子可以通过脑机接口控制的机械臂来喂自己吃西葫芦。Anderson 小组正在研究从后顶叶的神经元提取前运动信号的脑机接口。此类信号包括实验动物在期待奖励时所产生信号。

中国在脑机交互研究方面也有所建树，清华大学、华南理工大学、电子科技大学、上海交通大学、浙江大学、国防科技大学、兰州大学、第三军医大学、安徽大学、天津大学、杭州电子科技大学等都已设立课题组研究相关领域，在国际 BCI 大赛中取得成绩，研究成果取得不少突破。例如，浙江大学早期研究大白鼠"动物机器人"意念控制实验和猴子大脑信号"遥控"机械手，并完成了国内首次病人颅内植入电极，然后用意念控制机械手的实验。上海交通大学于 2015 年成功实现了人脑意念遥控蟑螂行动。清华大学早在 2001 年就实现控制鼠标、控制电视各个按键；在 2006 年他们通过运动想象，控制两个机器狗，进行了一场足球大赛，并进行基于运动想象脑机接口及功能性电刺激技术的康复训练新方法。华南理工大学则在研究基于 P300 和运动想象结合的文字输入系统、光标控制上网发邮件，以及在残疾人生活辅助（如家电及轮椅等控制）和神经功能康复中的应用等。2016 年 10 月，由天津大学神经工程团队负责设计研发的在轨脑机交互及脑力负荷、视功能等神经工效测试系统随着"天宫二号"进入太空进行了国内首次太空脑机交互实验[14]。

十五、情感计算

（一）概念

美国 Picard 教授最早提出"情感计算"一词，并给出了定义，即情感计算是关于情感、情感产生以及影响情感方面的计算。一般的观点认为，情感计算的目的是通过赋予计算机识别、理解、表达和适应人的情感的能力，来建立和谐人机环境，并使计算机具有更高的、全面的智能。

人的情感系统包括情感表达系统、情感识别系统和情感计算系统。其中，情感表达系统和情感识别系统是人类情感系统的外围部分，情感计算系统是核心部分。

（二）背景

在较长一段时期内，情感一直位于认知科学研究者的视线以外。直到20世纪末期，情感作为认知过程的重要组成部分得到了学术界的普遍认同。目前人们把情感与知觉、学习、记忆、言语等经典认知过程相提并论，关于情感本身及情感与其他认知过程间相互作用的研究成为当代认知科学的研究热点，情感计算（Affective Computing）也成为一个新兴研究领域。

众所周知，人随时随地都会有喜怒哀乐等情感的起伏变化。那么在人与计算机交互过程中，计算机是否能够体会人的喜怒哀乐，并见机行事呢？情感计算研究就是试图创建一种能感知、识别和理解人的情感，并能针对人的情感做出智能、灵敏、友好反应的计算系统，即赋予计算机像人一样的观察、理解和生成各种情感特征的能力。

目前情感计算研究面临的挑战还很多。例如，情感信息的获取与建模问题,情感识别与理解问题,情感表达问题,以及自然和谐的人性化和智能化的人机交互的实现问题。显然,为解决上述问题,我们需要知道人是如何感知环境的,人会产生什么样的情感和意图,人如何作出恰当的反应。而人类的情感交流是个非常复杂的过程,不仅受时间、地点、环境、人物对象和经历的影响,而且有表情、语言、动作或身体的接触。因此,在人和计算机的交互过程中,计算机需要捕捉关键信息,识别使用者的情感状态,觉察人的情感变化,依据使用者的操作方式、表情特点、态度喜好、认知风格、知识背景等构建的模型,利用有效的线索选择合适的使用者模型,并对使用者情感变化背后的意图形成预期,进而激活相应的数据库,及时主动地提供使用者需要的新信息。

情感计算是一个高度综合化的研究和技术领域。通过计算科学与心理科学、认知科学的结合,研究人与人交互、人与计算机交互过程中的情感特点,设计具有情感反馈的人与计算机的交互环境,提高计算机理解人的情感和意图并作出适当反应的能力,实现人与计算机情感的动态和深度交互。

(三) 基本内容

人们期盼着能拥有并使用更为人性化和智能化的计算机。情感计算研究就是试图创建一种能感知、识别和理解人的情感,并能针对人的情感做出智能、灵敏、友好反应的计算系统。

情感被用来表示各种不同的内心体验,如情绪、心境和偏好等。情绪被用来表示非常短暂但强烈的内心体验,而心境或状态则被用来描述强度低但持久的内心体验。情感是人与环境之间某种关系的维持或改变,当客观事物或情境与人的需要和愿望符合时会引起人积极肯定的情感,而不符合时则会引起人消极否定的情感。

情感具有三种成分：一是主观体验，即个体对不同情感状态的自我感受；二是外部表现，即表情，在情感状态发生时身体各部分的动作量化形式，包括面部表情、姿态表情和语调表情；三是生理唤醒，即情感产生的生理反应，是一种生理的激活水平，具有不同的反应模式。

情感是人适应生存的心理工具，能激发心理活动和行为的动机，是心理活动的组织者，也是人际通信交流的重要手段。从生物进化的角度可以把人的情绪分为基本情绪和复杂情绪。基本情绪是先天的，具有独立的神经生理机制、内部体验和外部表现，以及不同的适应功能。人有五种基本情绪，分别是当前目标取得进展时的快乐，自我保护的目标受到威胁时的焦虑，当前目标不能实现时的悲伤，当前目标受挫或遭遇阻碍时的愤怒，以及与味觉（味道）目标相违背的厌恶。而复杂情绪则是由基本情绪的不同组合派生出来的。

情感测量包括对情感维度、表情和生理指标三种成分的测量。例如，我们要确定一个人的焦虑水平，可以使用问卷测量其主观感受，通过记录和分析面部肌肉活动测量其面部表情，并用血压计测量血压，对血液样本进行化验，检测血液中肾上腺素水平，分析脑电信号和精神状态的变化等。

确定情感维度对情感测量有重要意义，因为只有确定了情感维度，才能对情感体验做出较为准确的评估。情感维度具有两极性，例如，情感的激动性可分为激动和平静两极，激动指的是一种强烈的、外显的情感状态，而平静指的是一种平稳安静的情感状态。心理学的情感维度理论认为，几个维度组成的空间包括了人类所有的情感。但是，情感究竟是二维、三维、还是四维，研究者们并未达成共识。情感的二维理论认为，情感有两个重要维度：一是愉悦度；二是激活度，即与情感状态相联系的机体能量的程度。研究发现，惊反射可用做测量愉悦度的生理指标，而皮肤电反应可用作测量唤醒度的生理指标。

在人机交互研究中已使用过很多种生理指标，例如，皮质醇水平、心率、血压、呼吸、皮肤电活动、掌汗、瞳孔直径、事件相关电位、脑电 EEG 等。生理指标的记录需要特定的设备和技术，在进行测量时，研究者有时很难分离各种混淆因素对所记录的生理指标的影响。情感计算研究的内容包括三维空间中动态情感信息的实时获取与建模，基于多模态和动态时序特征的情感识别与理解，及其信息融合的理论与方法，情感的自动生成理论及面向多模态的情感表达，以及基于生理和行为特征的大规模动态情感数据资源库的建立等。

欧洲和美国的各大信息技术实验室正加紧进行情感计算系统的研究。剑桥大学、麻省理工学院、飞利浦公司等通过实施"环境智能""环境识别""智能家庭"等科研项目来开辟这一领域。例如，麻省理工学院媒体实验室的情感计算小组研制的情感计算系统，通过记录人面部表情的摄像机和连接在人身体上的生物传感器来收集数据，然后由一个"情感助理"来调节程序以识别人的情感。如果你对电视讲座的一段内容表现出困惑，情感助理会重放该片段或者给予解释。麻省理工学院"氧工程"的研究人员和比利时 IMEC 的一个工作小组认为，开发出一种整合各种应用技术的"瑞士军刀"可能是提供移动情感计算服务的关键。而目前国内的情感计算研究重点在于，通过各种传感器获取由人的情感所引起的生理及行为特征信号，建立"情感模型"，从而创建个人情感计算系统。研究内容主要包括脸部表情处理、情感计算建模方法、情感语音处理、姿态处理、情感分析、自然人机界面、情感机器人等。

情境化是人机交互研究中的新热点。自然和谐的智能化人机界面的沟通能力特征包括：①自然沟通，能看、能听、能说、能触摸；②主动沟通，有预期、会提问，并及时调整；③有效沟通，对情境的变化敏感，理解用户的情绪和意图，对不同用户、不同环境、不同任务给予不同反馈和支持。实现这些特征在很大程度上依赖于心理科学和认知科学对人的智能和情感研究所取得的新进展。我们需要知道人是如何感知环境的，人会产生什么样的情感和意图，人如何做出恰当的反应，从而帮助计算机正确感知环境，理解用户的情感和意图，并做出合适反应。因此，人机界面的"智能"不仅应有高的认知智力，也应有高的情绪智力，从而有效地解决人机交互中的情境感知问题、情感与意图的产生与理解问题，以及反应应对问题。

显然，情感交流是一个复杂的过程，不仅受时间、地点、环境、人物对象和经历的影响，而且有表情、语言、动作或身体的接触。在人机交互中，计算机需要捕捉关键信息，觉察人的情感变化，形成预期，进行调整，并做出反应。通过对不同类型的用户建模，例如操作方式、表情特点、态度喜好、认知风格、知识背景等，以识别用户的情感状态，利用有效的线索选择合适的用户模型，并以适合的方式呈现信息。在对当前操作做出即时反馈的同时，还要对情感变化背后的意图形成新的预期，并激活相应的数据库，及时主动地提供用户需要的新信息。

目前情感计算研究面临的挑战仍是多方面的：①情感信息的获取与建模，例如，细致和准确的情感信息获取、描述及参数化建模，海量的情感数据资源库，多特征融合的情感计算理论模型；②情感识别与理解；③情感表达，如图像、语音、生理特征等多模态的情感表达，自然场景对生理和行为特征的影响；④自然和谐的人性化和智能化的人机交互的实现,如情感计算系统需要将大量广泛分布的数据整合,然后再以个性化的方式呈现给每个用户。

(四) 主要应用

传统的人机交互,主要通过键盘、鼠标、屏幕等方式进行,只追求便利和准确,无法理解和适应人的情绪或心境。由于人类之间的沟通与交流是自然而富有感情的,因此,在人机交互的过程中,人们也很自然地期望计算机具有情感能力。情感计算就是要赋予计算机类似于人一样的观察、理解和生成各种情感特征的能力,最终使计算机像人一样能进行自然、亲切和生动的交互。

1. 情感模型

人的情绪与心境状态的变化总是伴随着某些生理特征或行为特征的起伏,它受到所处环境、文化背景、人的个性等一系列因素的影响。要让机器处理情感,首先必须探讨人与人之间的交互过程。那么人是如何表达情感,又如何精确地觉察到它们的呢?人们通过一系列的面部表情、肢体动作和语音来表达情感,又通过视觉、听觉、触觉来感知情感的变化。视觉察觉则主要通过面部表情、姿态来进行;语音、音乐则是主要的听觉途径;触觉则包括对爱抚、冲击、汗液分泌、心跳等现象的处理。

情感计算研究的重点就在于通过各种传感器获取由人的情感所引起的生理及行为特征信号,建立"情感模型",从而创建感知、识别和理解人类情感的能力,并能针对用户的情感做出智能、灵敏、友好反应的个人计算系统,缩短人机之间的距离,营造真正和谐的人机环境。到目前为止,有关研究已经在人脸表情、姿态分析、语音的情感识别和表达方面获得了一定的进展。

2. 脸部表情

在生活中,通过脸部表情来体现情感是人们常用的较自然的表现方式,其情感表现区域主要包括嘴、脸颊、眼睛、眉毛和前额等。人在表达情感时,只稍许改变一下面部的局部特征,譬如皱一下眉毛,便能反映一种心态。1972年,著名学者Ekman提出了脸部情感表达方法——脸部运动编码系统FACS。通过不同编码和运动单元的组合,即可以在脸部形成复杂的表情变化,譬如幸福、愤怒、悲伤等。该成果已经被大多数研究人员所接受,并被应用在人脸表情的自动识别与合成。

随着计算机技术的飞速发展,为了满足通信需要,人们进一步将人脸识别和合成的工作融入通信编码中。最典型的便是MPEG4 V2视觉标准,其中定义了三个重要的参数集:人脸定义参数、人脸内插变换和人脸动画参数。表情参数中具体数值的大小代表人激动的程度,可以组合多种表情以模拟混合表情。

目前的人脸表情处理技术多侧重于对三维图像的更加细致的描述和建模。通常采用复杂的纹理和较细致的图形变换算法,达到生动的情感表达效果。在此基础上,不同的算法形成了不同水平的应用系统。

3. 姿态变化

人的姿态一般伴随着交互过程而发生变化,它们表达着一些信息。例如手势的加强通常反映一种强调的心态,身体某一部位不停地摆动,则通常具有情绪紧张的倾向。相对于语音和人脸表情变化来说,姿态变化的规律性较难获取,但由于人的姿态变化会使表述更加生动,因而人们依然对其表示了强烈的关注。

科学家针对肢体运动,专门设计了一系列运动和身体信息捕获设备,例如运动捕获仪、数据手套、智能座椅等。国外一些著名的大学和跨国公司,如麻省理工学院、IBM等则在这些设备的基础上构筑了智能空间。同时也有人将智能座椅应用于汽车的驾座上,用于动态监测驾驶人员的情绪状态,并提出适时警告。意大利的一些科学家还通过一系列的姿态分析,对办公室的工作人员进行情感自动分析,设计出更舒适的办公环境。

4. 语音理解

在人类的交互过程中,语音是人们最直接的交流通道,人们通过语音能够明显地感受到对方的情绪变化,例如通过特殊的语气词、语调发生变化等。人们在通电话时,虽然彼此看不到,但能从语气中感觉到对方的情绪变化。例如同样一句话"你真行",在运用不同语气时,可以使之成为一句赞赏的话,也可以使之成为讽刺或妒忌的话。

目前,国际上对情感语音的研究主要侧重于情感的声学特征分析。一般来说,语音中的情感特征往往通过语音韵律的变化表现出来。例如,当一个人发怒的时候,讲话的速率会变快、音量会变大、音调会变高等,同时一些音素特征共振峰、声道截面函数等,也能反映情感的变化。中国科学家针对语言中的焦点现象,首先提出了情感焦点生成模型,为语音合成中情感状态的自动预测提供了依据,结合高质量的声学模型,使得情感语音合成和识别率先达到了实际应用水平。

5. 多模态计算

虽然人脸、姿态和语音等均能独立地表示一定的情感,但人在相互交流中却总是通过上面信息的综合表现来进行的。所以,唯有实现多通道的人机界面,才是人与计算机最为自然的交互方式,它集自然语言、语音、手语、人脸、唇读、头势、体势等多种交流通道为一体,并对这些通道信息进行编码、压缩、集成和融合,集中处理图像、音频、视频、文本等多媒体信息。

目前,多模态技术本身也正在成为人机交互的研究热点,而情感计算融合多模态处理技术,则可以实现情感的多特征融合,能够有力地提高情感计算的研究深度,并促使出现高质量、更和谐的人机交互系统。

在多模态情感计算研究中,一个很重要的研究分支就是情感机器人和情感虚拟人的研究。美国麻省理工学院、日本东京科技大学、美国卡内基·梅隆大学均在此领域做出了较好的演示系统。目前中科院自动化所模式识别国家重点实验室已将情感处理融入他们已有的语音和人脸的多模态交互平台中,使其结合情感语音合成、人脸建模、视位模型等一系列前沿技术,构筑了栩栩如生的情感虚拟头像,并正在积极转向嵌入式平台和游戏平台等实际应用。

6. 情感理解

情感状态的识别和理解,则是赋予计算机理解情感并做出恰如其分反应的关键步骤。这个步骤通常包括从人的情感信息中提取用于识别的特征,例如从一张笑脸中辨别出眉毛等,接着让计算机学习这些特征以便日后能够准确地识别其情感。

为了使计算机更好地完成情感识别任务,科学家已经对人类的情感状态进行了合理而清晰的分类,提出了几类基本情感。目前,在情感识别和理解的方法上运用了模式识别、人工智能、语音和图像技术的大量研究成果。例如:在情感语音的声学分析的基础上,运用线性统计方法和神经网络模型,实现了基于语音的情感识别原型;通过对面部运动区域进行编码,采用 HMM 等不同模型,建立了面部情感特征的识别方法;通过对人姿态和运动的分析,探索肢体运动的情感类别等。

不过,受到情感信息的捕获技术的影响,加之缺乏大规模的情感数据资源,有关多特征融合的情感理解模型的研究还有待深入。

随着未来的技术进展,还将提出更有效的机器学习机制。

7. 个性化服务

随着情感计算研究的进一步深入,人们已经不仅仅满足于将其应用在简单的人机交互平台中,而要拓展到广泛的界面设计、心理分析、行为调查等各个方面,以提高服务的质量,并增加服务的个性化内容。在此基础上,有人开始专门进行情感智能体(Affective Agent)的研究,以期通过情感交互的行为模式,构筑一个能进行情感识别和生成的类生命体,并以这个模型代替传统计算中的有些应用模型中,如电脑游戏的角色等,使电脑和应用程序更加鲜活起来,使之能够产生类似于人的一些行为或思维活动。这一研究还将从侧面上对人工智能的整体研究产生较大的推动作用。

8. 日常生活应用

情感计算与智能交互技术试图在人和计算机之间建立精确的自然交互方式,将是计算技术向人类社会全面渗透的重要手段。未来随着技术的不断突破,情感计算对未来日常生活的影响将是方方面面的,我们可以预见的有:

情感计算将有效地改变过去计算机呆板的交互服务,提高人机交互的亲切性和准确性。一个拥有情感能力的计算机,能够对人类的情感进行获取、分类、识别和响应,进而帮助使用者获得高效而又亲切的感觉,并有效减轻人们使用电脑的挫败感,甚至帮助人们便于理解自己和他人的情感世界。

它还能帮助我们增加使用设备的安全性,例如当采用此类技术的系统探测到司机精力不集中时可以及时改变车的状态和反应。使经验人性化、使计算机作为媒介进行学习的功能达到最佳化,并从我们身上收集反馈信息。例如,在汽车中用电脑来测量驾车者感受到的压力水平,以帮助解决所谓驾驶者的"道路狂暴症"

问题。

　　情感计算和相关研究还能够给电子商务领域带来实惠。已经有研究显示,不同的图像可以唤起人类不同的情感。例如,蛇、蜘蛛和枪的图片能引起恐惧,而有大量美元现金和金块的图片则可以使人产生非常强烈的积极反应。如果购物网站和股票交易网站在设计时研究和考虑这些因素,将对客流量上升产生非常积极的影响。

　　在信息家电和智能仪器中,增加自动感知人们的情绪状态的功能,可以提供更好的服务。

　　在信息检索应用中,通过情感分析的概念解析功能,可以提高智能信息检索的精度和效率。

　　在远程教育平台中,情感计算应用能增加教学效果。

　　利用多模式的情感交互技术,可以构筑更贴近人们生活的智能空间或虚拟场景等。

　　情感计算还能应用在机器人、智能玩具、游戏等相关产业中,以构筑更加拟人化的风格和更加逼真的场景。

　　(五) 客观本质

　　情感属于主观意识范畴,情感的表现形式具有高度的主观随意性、变化随机性、特征模糊性和个体差异性,仅仅从情感的表现形式上来分析情感识别、理解、表达过程中的客观规律性,是根本无法实现的梦想。只有跳出主观意识的范围,到客观存在的范围去探索,才能真正找到特点与规律。

　　任何形式的主观意识都是对某一客观存在的反映,情感是人对于事物价值关系的一种主观反映,即情感所对应的客观存在就是事物的价值关系。价值属于客观存在的范畴,一般来说,事物的价值关系具有高度的客观现实性、变化必然性、特征确定性和个体共性。

1. 情感表达本质

人的情感表达最初来源于人对于所接触的价值事物的生理反应的一种自然流露。人的情感一旦产生,它将唤起各种生理反应如呼吸反应、心脏反应、血管反应、肠胃反应、内分泌反应、外分泌反应等,并通过脑电 EEG、皮肤电压、血压、心跳、腺体分泌等生理指标自发地表现出来,它们大部分属于无条件反射,意志对它们的调节和控制作用是非常有限的。这些生理反应的客观目的在于:一是使人能够在事前形成必要的生理、行为和精神方面的预准备状态;二是使人能够在事中正确地引导生理、行为和精神活动;三是使人能够在事后对价值关系的变动情况作出正确的结论,并及时地总结经验、吸取教训,为下一个同类事物的出现形成必要的预准备状态。

2. 情感识别本质

人在进行生产活动和社会交往过程中,为了更好地进行分工合作,就必须及时地、准确地了解彼此之间的价值关系,主要包括三方面的内容:对方所处的价值关系,如能力、职业、身体状况、社会地位等;对方对于同一事物的态度,赞成、反对、中立等;对方对于自己及相关事物的态度,喜欢、讨厌等。

总之,情感表达的客观本质就是人为地向他人展现自身的价值关系,情感识别的客观本质或动机就是了解和掌握对方的价值关系。因此真正科学的、全面的、准确的和深刻的情感计算必须建立在价值计算的基础之上,"情感计算"的客观本质就是"价值计算"。

(六) 逻辑流程

1. 建立事物矩阵

建立所有事物在大脑皮层的相应兴奋灶与大脑网状结构的神

经联系,根据各自与网状结构的联系密度来确立各个事物的情感强度和情感方向。

2. 事物作用矩阵

事物之间的联系主要有并集联系与交集联系两种。如果一个母集是若干子集的并集,则各子集在大脑皮层中所对应的兴奋灶群与母集所对应的兴奋灶产生"并型"联系,并形成不同的吸引力。吸引力越强的子集兴奋灶,就越容易被母集兴奋灶所利用、所接触、所影响,该子集相对于其他子集就具有越大的作用规模。由各个子集的相对作用规模(或各子集的兴奋灶与母集的兴奋灶的相对吸引力)所组成的矢量,称为母集的作用矢量。如果每一个子集是由更小范围内的子集所组成,则是更小范围内的子集所组成的母集,就构成了两维或多维的作用矩阵。

3. 确定方式

如果一个母集是若干个子集的并集,母集的情感强度等于各子集的情感强度以使用频率(或作用规模较大)为权数的加权平均值。如果一个母集是若干个子集的交集,则各子集在大脑皮层中所对应的兴奋灶就直接与母集所对应的兴奋灶产生"串型"联系,这时,母集的兴奋灶的情感强度就直接取决于各子集兴奋灶的情感强度的叠加,当然不是简单的线性叠加。

4. 数学模型

①情感与价值观的哲学本质都是"人脑对于事物价值特性的一种主观反映",其中,情感是对事物价值特性的间接性和相对性反映,而价值观是对事物价值特性的直接性和绝对性反映;②价值观的客观目的在于识别"事物的价值率",可以采用所有不同事物的价值率所组成的数学矩阵来描述一个人的价值观系统;③情感的客观目的在于识别"事物的价值率高差",可以采用所有不同事

物的价值率高差所组成的数学矩阵来描述一个人的情感系统；④情感矩阵与相应的作用系数矩阵一起，可以进行交集运算与并集运算；⑤情感系统中的每个情感元素又可以由若干个情感子元素所组成的情感矩阵来构成，从而构成二维和多维的情感矩阵。

（七）调控机制

情感调控的客观本质就是使情感的动力特性与主体感受的价值关系变化特性相对应。由于事物的价值关系通常都处于不断的变化过程中，主体在识别、分析和判断外界价值关系的变化特征时，通常采用线性分析、数理统计和模糊判断等手段，这就需要预先设置和不断调整一些分析参数和识别参数，这些参数的设置与调整本身就包含着对价值关系变动特性的主观预设，即包含着对于主体情感动力特性的设置与调控。

情感的稳定性与强度性是情感最重要的两个动力特性，因此情感的调控主要是调控这两个动力特性。人的情感活动主要通过两条途径进行调控，一是神经调节，它具有较高的灵活性和较差的稳定性；二是体液调节，它具有较高的稳定性和较差的灵活性。通过物理的方法或化学的方法调控神经调节与体液调节相对比重，就可以调控人的情感稳定性与强度性。

情感的其余几个动力特性如细致性、层次性、效能性、周期性、时序性、差异性等的调控，则可以通过改变大脑网状结构、边缘系统等神经组织的物理或化学状态来实施[15]。

十六、精神状态评估

（一）概念

基于"心理生理计算"有效性分析、数学模型和推理算法对精神状态进行客观化评估的技术,是一门涉及脑机接口、分子生物学信息、脑影像数据、生理电信号、语音、眼动、VR、AR等的交叉学科。

目前,在精神状态客观化评估理论方面,国际上还处于起步阶段,大都是基于生物或心理的某些单一信息进行精神状态的有效性分析、数学模型和推理算法的相关理论。由于使用信息源的特定性,使得产生的模型难以泛化。将精神状态相关的多模态生理、心理信息融合,通过基于"心理生理计算"新的研究概念、新的实验范式,建立精神状态客观化评估的模型,创新精神状态的评估理论,成为重要的发展方向和实用化的途径。

(二) 评估标准

当前国内外广泛使用的精神状态评估方法和评定量表,只有达到阈值时才可生效。如何建立客观化的评估标准体系,从而在未达到阈值早期锁定精神状态不佳人群,是需要解决的一个难题。

通过设计对应于脑电、语音和眼动的实验范式,综合三种生理数据来研究精神状态和生理反应间复杂的对应关系,从中找出具有可靠性、复现性、普遍性的一对一关系,建立针对精神状态的客观、量化评估标准体系。

(三) 关键技术

精神状态评估面临许多关键技术,如普适化可穿戴的生理心理信息获取技术,信号预处理技术,可靠通信与存储技术,面向大数据的数据仓库、数据挖掘、数理统计分析技术,虚拟现实技术,脑功能生物反馈技术以及系统集成等。在反馈调节方面,生物反馈是一种有效的用于解除生理和心理不适的生物反馈调节方法,而虚拟现实技术具有浸沉感强、交互性强、构想性强的优势,可以建立特定虚拟场景,为使用者提供视觉、听觉、触觉等方面的感官体验。因此可以在调节过程中通过可穿戴传感设备采集被试的生理信号实时判断其状态并予以反馈,解除负面精神状态。

（四）应用

相关成果,可以应用在儿童精神状态、新生入学、员工体检、心理诊断、养老、健康、特殊人群无扰环境中精神状态检测和评估等领域。在军事里领域,也可以用在新兵招募、重要岗位人员上岗检验、在岗监测调节、伤员心理康复、人机互动等方面[16]。

参考文献

[1] 潘云鹤. 人工智能迈向 2.0[EB/OL]. 科学网新闻,(2017-1-15)[2018-12-2]. https://news. sciencenet. cn/htmlnews /2017/1/365934. shtm.

[2] 百度. 人工智能[EB/OL]. 百度百科,(2018-06-11)[2018-6-20]. https://baike.baidu.com/item/人工智能/9180.

[3] 百度. 智能化[EB/OL]. 百度百科,(2018-03-04)[2018-6-20]. https://baike.baidu.com/item/智能化/6084673.

[4] 中国国务院《关于印发新一代人工智能发展规划的通知》(国发[2017]35号),2017年7月8日.

[5] 中国国务院《关于印发新一代人工智能发展规划的通知》(国发[2017]35号),2017年7月8日.

[6] 百度. 机器学习[EB/OL]. 百度百科,(2018-12-24)[2018-12-29]. https://baike.baidu.com/item/机器学习.

[7] 百度. 机器学习[EB/OL]. 百度百科,(2019-01-01)[2019-1-29]. https://baike.baidu.com/item/深度学习/3729729.

[8] 百科. 群体智能[EB/OL]. 互动百科,(2017-8-14)[2018-11-29]. http://www.baike.com/wiki/群体智能.

[9] 赵广立. 混合智能[EB/OL]. 求是网,(2017-8-3)[2018-11-29]. http://www.qstheory.cn/science/2017-08/03/c_1121423 678. htm.

[10] 百度. 云计算[EB/OL]. 百度百科,(2018-12-24)[2019-1-29]. http://baike.baidu.com/item/云计算.

[11] 百度. 大数据/[EB/OL]. 百度百科,(2018-08-30)[2018-10-25]. https://baike.baidu.com/item/大数据/1356941.

[12] 百度. 知识图谱[EB/OL]. 百度百科,(2018-08-22)[2018-10-26]. https://

baike. baidu. com/item/知识图谱.

［13］百度． 混合现实［EB/OL］． 百度百科,（2017 - 06 - 28）［2018 - 10 - 27］． https:// baike. baidu. com/item/混合现实/9991750.

［14］吴明曦,杨建． 脑机技术应用研究报告［R］． 中国兵器科学研究院,2013（部分内容参考了百度百科）.

［15］百度． 情感计算［EB/OL］． 百度百科,（2018 - 06 - 27）［2018 - 10 - 27］． https:// baike. baidu. com/item/情感计算.

［16］胡斌,等． 早期抑郁症监测与诊断研究报告［R］． 兰州大学,2016.

结语
美好远景

在新世纪的时空隧道里,我们看到智能化战争的列车正快速行驶,是任由人类的贪婪和科技的强大推向更加残酷的黑暗,还是迈向更加文明和光明的彼岸,这是人类需要思索的重大哲学命题。智能化是未来,但不是全部。智能化胜任多样化军事任务,但不是全能。面对文明之间、宗教之间、国家之间、阶层之间尖锐的矛盾,面对手持菜刀的暴徒、自杀式爆炸、群体性骚乱等极端事件,智能化作用仍然有限。全球政治不平衡、权利不平等、贸易不公平、社会矛盾不解决,战争与冲突将不可避免。世界最终靠实力说了算,而其中科技实力、经济实力、军事实力极其重要。军事实力决定不了政治,但可以影响政治,决定不了经济,但可以为经济发展带来安全。智能化作战能力越强大,其威慑强敌、遏制战争的功能越强,和平就越有希望。就像核威慑那样,为避免可怕的后果和失控的灾难,在防止大规模战争方面,发挥着重要作用。

战争的智能化程度,在某种意义上体现了战争文明的进程。人类战争的历史,最初由族群之间食物和居住区域的争夺,到土地占领、资源掠夺、政治实力扩张、精神世界统治,无不充满着血腥和暴力。战争作为人类社会不可调和矛盾的最终解决手段,所追求的理想目标是文明化:不战而屈人之兵、资源投入最少、人员伤亡最小、对社会的破坏最轻……但以往的战争实践,往往因政治斗争、民族矛盾、经济利益争夺、科技毁伤手段的残酷等原因而事与愿违,常常把国家、城市和家园毁坏殆尽。以往的战争未能实现上述理想,而未来智能化战争由于技术上的突破、透明度的增加、经济利益互利共享的加深,特别是有生力量的对抗逐步让位于机器人之间的对抗、AI之间的博弈,人员伤亡、物质消耗、附带损伤会越来越小,在很大程度上存在实现文明化的可能性,给人类带来了希望。我们期待,未来战争,从人类社会的相互残杀、物质世界的极大破坏,逐步过渡到无人系统和机器人之间的战争,发展到仅限于作战能力和综合实力的威慑与制衡、虚拟世界中AI之间的对抗、高仿真的战争游戏……人类战争的消耗,只限于一定规模的无人系统、模拟对抗与仿真实验,甚至仅仅是打一场战争游戏的能源。人类由战争的谋划者、设计者、参与者、主导者和受害者,转变为理性的思想者、组织者、控制者、旁观者和裁决者。人类的身体不再受到创伤,精神不再受到惊吓,财富不再遭到破坏,家园不再遭到摧毁。虽然美好的理想与愿望,与残酷的现实可能始终存在差距,但衷心希望这一天能够到来,尽早到来。这是智能化战争发展的最高阶段,本书的最终理想,作者的最大愿望,人类的美好远景!

后记

撰写本书的初衷,源于2016年谷歌公司阿法狗与围棋九段李世石的人机大战,其中用到了深度神经网络技术。这让我想起了年轻的时候,在硕士学习期间,有一门关于复杂系统任务规划和决策的课程,老师教我们用神经网络来进行建模和计算,当时我就感到很神奇和着迷,人类居然能够模仿人的大脑神经系统来建立决策模型。20多年过去了,没想到神经网络技术有一天会用到人机围棋大战上。该事件后不久,随着研讨的升温,萌生了系统思索人工智能究竟对未来战争会产生什么影响的念头。2016年8月,我参加了一次高层论坛,就未来智能化战争特点和发展趋势,做了一次较为系统的报告和发言。以那次报告材料为基础,通过广泛学习国内外有关研究和论述,一边工作,一边思考,经过三年时间,终于成稿。

本书2020年1月正式出版发行后,一年之内经过了七次印刷。在第八次印刷之前,增加了2020年土叙边境和纳卡地区无人机攻防战、伊朗核科学家被暗杀、美军"联合全域作战"等内容,更新了有关中国GDP和国际贸易等最新数据,对局部结构和内容进行了优化。

感谢国内外军内外有关领导、学者近年来的相关研究报告和讲话,为本书的撰写提供了借鉴和指导,由于人物众多、身份敏感等多种原因在此不一一列举。

感谢中国电子信息产业集团曾毅和中国兵器科学研究院的蔡

毅、李军、贺红卫、傅理夫、顾晓群、周旭芒、刘文莉、郭雷平、李俊杰、田建辉、陈科、黄丹、倪慧、杨建、任杨，以及兵器计算所的郭永红、刘培志等同志，我们一起参与了有关信息化智能化报告的研究，书中无人机市场、小卫星应用、仿生技术、城市作战、纳卡冲突等部分内容借鉴了他们的一些思想和研究成果。感谢朱南机、刘兴仁、王飞跃、王献昌、孙富春、雷渊深、王鹰等专家和老师，对稿子的修改和完善，提出了宝贵意见。感谢杨建同事为本书许多插图和图片进行了绘制编辑。感谢朱丹、于洋、林利红和王薇，感谢国防工业出版社的有关领导和同志们，他们为本书的编辑、整理、配图、校对和出版提供了帮助和支持。

希望本书能为广大读者提供一些启示和参考，也盼望在读者的批评中、在你我手中进一步深化和完善！